MANUAL DE SOLUÇÕES, REAGENTES E SOLVENTES

PADRONIZAÇÃO
PREPARAÇÃO
PURIFICAÇÃO
INDICADORES DE SEGURANÇA
DESCARTE DE PRODUTOS QUÍMICOS

Revisão:

Claudio Di Vitta
Henrique Eisi Toma
Koiti Araki
Patricia Busko Di Vitta
Sergio Massaro

Professores do Instituto de Química da Universidade de São Paulo

Agradecimentos:

A autora agradece a colaboração da equipe revisora.

TOKIO MORITA
ROSELY MARIA VIEGAS ASSUMPÇÃO

MANUAL DE SOLUÇÕES, REAGENTES E SOLVENTES

PADRONIZAÇÃO
PREPARAÇÃO
PURIFICAÇÃO
INDICADORES DE SEGURANÇA
DESCARTE DE PRODUTOS QUÍMICOS

2.ª edição

Manual de soluções, reagentes e solventes
© 2007 Tokio Morita
Rosely M. V. Assumpção
2ª edição - 2007
4ª reimpressão - 2020
Editora Edgard Blücher Ltda.

Blucher

Rua Pedroso Alvarenga, 1245, 4º andar
04531-012 - São Paulo - SP - Brasil
Tel 55 11 3078-5366
contato@blucher.com.br
www.blucher.com.br

FICHA CATALOGRÁFICA

Morita, Tokio
Manual de soluções, reagentes e solventes: padronização, preparação, purificação com indicadores de segurança e de descarte de produtos químicos / Tokio Morita, Rosely Maria Viegas Assumpção. - São Paulo: Blucher, 2007.

Bibliografia.
ISBN 978-85-212-0414-5

1. Reagentes químicos 2. Solução (Química) 3. Solventes I. Assumpção, Rosely Maria Viegas. II. Título.

07-1164 CDD-540

Índices para catálogo sistemático:
1. Soluções, reagentes e solventes: Química 540

CONTEÚDO

Resumido

Conteúdo completo VI
Introdução – 1.ª edição XXIX
Nomenclatura – 1.ª edição XXXI
Prefácio – 2.ª edição XXXIII
Métodos de inertização e descarte XXXV
Abreviações XXXVIII
Figuras de alguns aparelhos XXXIX

I. Reagentes Inorgânicos - preparo de soluções comuns 1
II. Soluções Inorgânicas Especiais 143
III. Soluções Orgânicas 189
IV. Reagentes Especiais 267
V. Reagentes Segundo Nomes dos Autores 307
VI. Materiais Especiais em Laboratório: Suas Preparações e Purificações 381
VII. Indicadores em Titulação: Preparação de Soluções Padrão e seus usos 419
VIII. Gases Usados em Laboratório e suas Preparações 441
IX. Principais Solventes e suas Purificações 463
X. Solventes Especiais, suas Preparações e Purificações 531
XI. Tabelas
1. Pontos de ebulição dos principais solventes orgânicos 606
2. Pontos azeotrópicos de dois compostos 616
3. Pontos azeotrópicos das misturas de três compostos 620
4. Constantes dielétricas dos principais solventes 621
5. Massas atômicas internacionais — baseadas no carbono-12 623

Bibliografia 625
Índice analítico 636

CONTEÚDO

Completo

CAPÍTULO I – REAGENTES INORGÂNICOS – PREPARO DE SOLUÇÕES COMUNS

I.1 – Solução de acetato de amônio ... 2
I.2 – Solução de acetato de cálcio ... 2
I.3 – Solução de acetato de chumbo ... 2
I.4 – Solução de acetato de potássio ... 7
I.5 – Solução de acetato de sódio ... 7
I.6 – Solução de acetato de zinco ... 7
I.7 – Solução de ácido arsenoso ... 8
I.8 – Solução de ácido bórico ... 10
I.9 – Solução de ácido clorídrico ... 11
I.10 – Solução de ácido fluorídrico ... 14
I.11 – Solução de ácido fosfórico ... 15
I.12 – Solução de ácido hipocloroso ... 17
I.13 – Solução de ácido nítrico ... 17
I.14 – Solução de ácido nitroso ... 20
I.15 – Solução de ácido perclórico ... 21
I.16 – Solução de ácido sulfídrico ... 23
I.17 – Solução de ácido sulfúrico ... 23
I.18 – Solução de ácido sulfuroso ... 27
I.19 – Solução de alúmen de potássio ... 28
I.20 – Solução de antimoniato de potássio ... 29
I.21 – Solução de arseniato de sódio ... 29
I.22 – Solução de bicarbonato de potássio ... 30
I.23 – Solução de bicarbonato de sódio ... 31
I.24 – Solução de bicromato de potássio ... 31
I.25 – Solução de biiodato de potássio ... 34
I.26 – Solução de bissulfato de potássio ... 34
I.27 – Solução de bissulfato de sódio ... 35
I.28 – Solução de bissulfito de sódio ... 35
I.29 – Solução de bromato de potássio ... 35
I.30 – Solução de brometo de amônio ... 37
I.31 – Solução de brometo de bário ... 37
I.32 – Solução de brometo de cálcio ... 38
I.33 – Solução de brometo de potássio ... 38
I.34 – Solução de brometo de sódio ... 39
I.35 – Solução de bromo ... 40
I.36 – Solução de carbonato de amônio ... 42
I.37 – Solução de carbonato de cálcio ... 43
I.38 – Solução de carbonato de magnésio ... 43
I.39 – Solução de carbonato de potássio ... 44

I.40 – Solução de carbonato de sódio 45
I.41 – Solução de cianeto de potássio 47
I.42 – Solução de cianeto de sódio 47
I.43 – Solução de clorato de potássio 48
I.44 – Solução de cloreto de alumínio 49
I.45 – Solução de cloreto de amônio 49
I.46 – Solução de cloreto de antimônio 50
I.47 – Solução de cloreto de bário 51
I.48 – Solução de cloreto de cádmio 53
I.49 – Solução de cloreto de cálcio 54
I.50 – Solução de cloreto estânico 55
I.51 – Solução de cloreto estanoso 56
I.52 – Solução de cloreto férrico 57
I.53 – Solução de cloreto ferroso 59
I.54 – Solução de cloreto de magnésio 60
I.55 – Solução de cloreto manganoso 61
I.56 – Solução de cloreto mercúrico 61
I.57 – Solução de cloreto mercuroso 62
I.58 – Solução de cloreto de potássio 63
I.59 – Solução de cloreto de sódio 63
I.60 – Solução de cloreto de zinco 65
I.61 – Solução de cloro 66
I.62 – Solução de cromato de potássio 66
I.63 – Solução de estanito de sódio 68
I.64 – Solução de ferricianeto de potássio 68
I.65 – Solução de ferrocianeto de potássio 70
I.66 – Solução de fluoreto de potássio 71
I.67 – Solução de fluossilicato de sódio 71
I.68 – Solução de fosfato de cálcio 71
I.69 – Solução de fosfato dissódico 73
I.70 – Solução de fosfato monopotássico 74
I.71 – Solução de ftalato ácido de potássio 74
I.72 – Solução de hidróxido de amônio 75
I.73 – Solução de hidróxido de bário 77
I.74 – Solução de hidróxido de cálcio 78
I.75 – Solução de hidróxido de potássio 80
I.76 – Solução de hidróxido de sódio 82
I.77 – Solução de hipobromito de sódio 85
I.78 – Solução de hipoclorito de cálcio 86
I.79 – Solução de hipoclorito de sódio 87
I.80 – Solução de iodato de potássio 88
I.81 – Solução de iodeto de amônio 89
I.82 – Solução de iodeto de potássio 90
I.83 – Solução de iodeto de sódio 91
I.84 – Solução de iodo 92
I.85 – Solução de molibdato de amônio 94

I.86 – Solução de nitrato de alumínio 96
I.87 – Solução de nitrato de amônio 96
I.88 – Solução de nitrato de bário 97
I.89 – Solução de nitrato de bismuto 97
I.90 – Solução de nitrato de cádmio 98
I.91 – Solução de nitrato de cálcio 98
I.92 – Solução de nitrato de chumbo 99
I.93 – Solução de nitrato de cobalto 99
I.94 – Solução de nitrato cúprico 100
I.95 – Solução de nitrato de cromo 100
I.96 – Solução de nitrato de estrôncio 100
I.97 – Solução de nitrato férrico 101
I.98 – Solução de nitrato de magnésio 101
I.99 – Solução de nitrato de manganês 102
I.100 – Solução de nitrato mercúrico 102
I.101 – Solução de nitrato mercuroso 103
I.102 – Solução de nitrato de níquel 103
I.103 – Solução de nitrato de potássio 104
I.104 – Solução de nitrato de prata 105
I.105 – Solução de nitrato de sódio 108
I.106 – Solução de nitrato de zinco 108
I.107 – Solução de nitrito de potássio 108
I.108 – Solução de nitrito de sódio 109
I.109 – Solução de nitroprussiato de sódio 110
I.110 – Solução de oxalato de amônio 111
I.111 – Solução de oxalato de potássio 111
I.112 – Solução de oxalato de sódio 111
I.113 – Solução de óxido mercúrico 112
I.114 – Solução de perclorato de potássio 113
I.115 – Solução de periodato de potássio 113
I.116 – Solução de permanganato de potássio 113
I.117 – Solução de peróxido de hidrogênio 117
I.118 – Solução de persulfato de amônio 118
I.119 – Solução de piroantimoniato de potássio 118
I.120 – Solução de piroborato de sódio 119
I.121 – Solução de sulfato de alumínio 120
I.122 – Solução de sulfato de amônio 120
I.123 – Solução de sulfato de cálcio 121
I.124 – Solução de sulfato cérico 121
I.125 – Solução de sulfato cérico amoniacal 122
I.126 – Solução de sulfato cúprico 123
I.127 – Solução de sulfato férrico 125
I.128 – Solução de sulfato férrico amoniacal 126
I.129 – Solução de sulfato ferroso 128
I.130 – Solução de sulfato ferroso amoniacal 129
I.131 – Solução de sulfato de magnésio 131

I.132 – Solução de sulfato mangânico ... 131
I.133 – Solução de sulfato manganoso ... 132
I.134 – Solução de sulfato de potássio ... 132
I.135 – Solução de sulfato de prata ... 133
I.136 – Solução de sulfato de sódio ... 133
I.137 – Solução de sulfato de zinco ... 133
I.138 – Solução de sulfeto de amônio ... 134
I.139 – Solução de sulfeto de sódio ... 135
I.140 – Solução de sulfito de sódio ... 136
I.141 – Solução de tartarato de antimônio e potássio ... 136
I.142 – Solução de tartarato de potássio e sódio ... 137
I.143 – Solução de tartarato de sódio ... 138
I.144 – Solução de tiocianato de amônio ... 139
I.145 – Solução de tiocianato de potássio ... 140
I.146 – Solução de tiocianato de sódio ... 140
I.147 – Solução de tiossulfato de sódio ... 140

CAPÍTULO II – SOLUÇÕES INORGÂNICAS ESPECIAIS

II.1 – Solução de acetato de cromo e formol ... 144
II.2 – Solução de acetato mercúrico ... 144
II.3 – Solução de acetato de uranila ... 144
II.4 – Solução de acetato de uranila e cobalto ... 144
II.5. – Solução de acetato de uranila e magnésio ... 145
II.6 – Solução de acetato de uranila e manganês ... 145
II.7 – Solução de acetato de uranila e níquel ... 146
II.8 – Solução de acetato de uranila e zinco ... 146
II.9 – Solução de acetato de zinco e cádmio ... 147
II.10 – Solução de ácido bismútico-iodeto de potássio ... 147
II.11 – Solução de ácido brômico ... 147
II.12 – Solução padrão de ácido carbônico ... 147
II.13 – Solução de ácido cloroplatínico ... 148
II.14 – Solução de ácido crômico ... 149
II.15 – Solução de ácido fluossilícico ... 149
II.16 – Solução de ácido fosfomolibdênico ... 150
II.17 – Solução de ácido fosfotungstênico ... 151
II.18 – Solução de ácido sílico-tungstênico ... 152
II.19 – Solução de ácido vanádico ... 152
II.20 – Solução padrão de alumínio ... 152
II.21 – Solução padrão de amarelo crômio ... 152
II.22 – Solução padrão de antimônio ... 152
II.23 – Solução padrão de arsênio ... 153
II.24 – Solução de azoteto de sódio ... 153
II.25 – Solução padrão de berílio ... 154
II.26 – Solução padrão de bismuto ... 154
II.27 – Solução padrão de boro ... 154
II.28 – Solução de brometo de ouro-brometo de platina ... 155

II.29 – Solução de cádmio - iodeto de potássio ... 155
II.30 – Solução padrão de cálcio ... 155
II.31 – Solução de carbonato de lítio ... 155
II.32 – Solução padrão de chumbo ... 156
II.33 – Solução de cianeto de bromo ... 156
II.34 – Solução de citrato de amônio ... 157
II.35 – Solução de citrato ferroso ... 157
II.36 – Solução de cloreto áurico ... 158
II.37 – Solução de cloreto cobaltoso ... 158
II.38 – Solução de cloreto de cobre e potássio ... 158
II.39 – Solução de cloreto crômico ... 159
II.40 – Solução de cloreto cromoso ... 159
II.41 – Solução de cloreto cuproso ... 160
II.42 – Solução de cloreto de estrôncio ... 161
II.43 – Solução de cloreto de iodo ... 161
II.44 – Solução de cloreto de lítio ... 162
II.45 – Solução de cloreto de paládio ... 162
II.46 – Solução padrão de cobre ... 162
II.47 – Solução de cromato de bário ... 163
II.48 – Solução padrão de cromo ... 164
II.49 – Solução padrão de enxofre ... 164
II.50 – Solução padrão de estanho ... 164
II.51 – Solução padrão de estrôncio ... 164
II.52 – Solução padrão de ferro ... 164
II.53 – Solução de ferroprussiato ... 165
II.54 – Solução padrão de flúor ... 166
II.55 – Solução de fluoreto de amônio ... 166
II.56 – Solução de fluoreto de cromo ... 166
II.57 – Solução de fluossilicato de potássio ... 166
II.58 – Solução padrão de fósforo ... 167
II.59 – Solução de fosfotungstato de sódio ... 167
II.60 – Solução de hexanitrocobaltito de sódio ... 167
II.61 – Solução de hidrossulfito de sódio ... 169
II.62 – Solução de hidroxilamina ... 169
II.63 – Solução de hipofosfito de sódio ... 169
II.64 – Solução de iodeto de bário ... 169
II.65 – Solução de iodeto de potássio-mercúrio ... 170
II.66 – Solução de iodeto de potássio e sódio ... 171
II.67 – Solução de iodo - iodeto de potássio ... 171
II.68 – Solução de iodoplatinato de potássio ... 172
II.69 – Solução padrão de magnésio ... 172
II.70 – Solução padrão de manganês ... 173
II.71 – Solução padrão de mercúrio ... 173
II.72 – Solução de meta-arsenito de sódio ... 174
II.73 – Solução de meta-fosfato de sódio ... 174
II.74 – Solução padrão de molibdênio ... 174

II.75 – Solução de molibdato de sódio 175
II.76 – Solução reagente de níquel 175
II.77 – Solução de nitrato de bismutila 176
II.78 – Solução de nitrato de cério-amônio 176
II.79 – Solução de nitrato de lantânio 176
II.80 – Solução de nitrato de óxido de zinco 177
II.81 – Solução de nitrato de tório 177
II.82 – Solução padrão de nitrogênio 177
II.83 – Solução padrão de ouro 178
II.84 – Solução de óxido de cobre-amônio 178
II.85 – Solução de óxido de prata 179
II.86 – Solução de pentacloreto de antimônio 179
II.87 – Solução padrão de platina 179
II.88 – Solução padrão de potássio 179
II.89 – Solução padrão de prata 180
II.90 – Solução reagente de tiocianato de cobalto 180
II.91 – Solução padrão de selênio 180
II.92 – Solução padrão de sílica 181
II.93 – Solução padrão de sódio 181
II.94 – Solução de sulfato cobaltoso 182
II.95 – Solução de sulfato mercúrico 182
II.96 – Solução reagente de sulfato de molibdênio 183
II.97 – Solução padrão de sulfeto de arsênio 183
II.98 – Solução de tartarato de amônio 183
II.99 – Solução de tartarato de potássio 184
II.100 – Solução de tiocarbonato de potássio 184
II.101 – Solução padrão de tiocromo 184
II.102 – Solução padrão de titânio 184
II.103 – Solução de tricloreto de antimônio 185
II.104 – Solução de tungstato de sódio 186
II.105 – Solução padrão de tungstênio 187
II.106 – Reagente de urânio 187
II.107 – Solução padrão de vanádio 188
II.108 – Solução padrão de zinco 188

CAPÍTULO III – SOLUÇÕES ORGÂNICAS

III.1 – Solução padrão de acetaldeído 190
III.2 – Solução de ácido acetoacético 190
III.3 – Ácido acético 190
III.4 – Solução de ácido acetilsalicílico 193
III.5 – Solução de ácido α-amino-*n*-capróico 193
III.6 – Solução de ácido 3-amino-2-naftóico 193
III.7 – Solução de ácido antranílico 193
III.8 – Solução de ácido aurintricarboxílico 194
III.9 – Solução de ácido benzóico 194
III.10 – Solução de β-naftol e 4-amino-1-naftalenossulfonato de sódio 195

III.11 – Solução de ácido cítrico 195
III.12 – Solução de ácido cromotrópico 195
III.13 – Solução de ácido di-hidroxitartárico 196
III.14 – Solução de ácido esteárico 196
III.15 – Solução de ácido fenilarsônico 197
III.16 – Solução de ácido H 197
III.17 – Solução de ácido iodoacético 197
III.18 – Solução de ácido 7-iodo-8-hidroxiquinolina-5-sulfônico 198
III.19 – Solução de ácido *m*-nitrobenzóico 198
III.20 – Solução padrão de ácido *p*-aminobenzóico 198
III.21 – Solução de ácido *p*-dimetilamino-azofenilarsônico 199
III.22 – Solução de ácido pícrico 199
III.23 – Solução de ácido picrolônico 200
III.24 – Solução de ácido quinaldínico 201
III.25 – Solução de ácido rubeânico 201
III.26 – Solução de ácido salicílico 202
III.27 – Solução de ácido sulfanílico 202
III.28 – Solução de ácido sulfossalicílico 204
III.29 – Solução de ácido tânico 204
III.30 – Solução de ácido tartárico 205
III.31 – Solução de ácido tioglicólico (ácido mercapto acético) 206
III.32 – Solução de ácido tricloroacético 206
III.33 – Solução de albumina 206
III.34 – Solução de α-naftilamina 206
III.35 – Solução de α-naftol 207
III.36 – Solução de α-naftoflavona 208
III.37 – Solução de α-nitroso-β-naftol 208
III.38 – Solução de alizarina 209
III.39 – Solução de alizarina S 210
III.40 – Solução de aluminona 210
III.41 – Solução de amido 211
III.42 – Reagente de anilina 212
III.43 – Solução de antipirina 214
III.44 – Solução de azul de bromotimol 215
III.45 – Solução de azul de metileno 215
III.46 – Solução de benzidina 216
III.47 – Solução de β-naftol 217
III.48 – Solução de β-naftoquinolina 218
III.49 – Solução de bromoxina 218
III.50 – Solução de brucina 218
III.51 – Solução de cacotelina 219
III.52 – Solução de carmim de índigo 219
III.53 – Solução de catecol (Pirocateqina) 219
III.54 – Solução de cinchonina 220
III.55 – Cloramina T 220
III.56 – Solução de clorimida de 2,6-dibromoquinona 221

III.57 – Solução de clorimida de 2,6-dicloroquinona ... 222
III.58 – Solução de cloracetil-l-tirosina ... 222
III.59 – Solução de cupferron ... 222
III.60 – Solução de curcumina ... 223
III.61 – Solução de diazina verde S ... 224
III.62 – Solução de N,N-dietilanilina ... 224
III.63 – Solução de difenilamina ... 224
III.64 – Solução de difenilcarbazida ... 226
III.65 – Solução de dimetilanilina ... 227
III.66 – Solução de dimetil-glioxima ... 228
III.67 – Solução de dinitrofenil-hidrazina ... 229
III.68 – Solução de dinitro-resorcina ... 229
III.69 – Solução de dioxima de α-benzila ... 230
III.70 – Solução de 2,2′-dipiridila ... 230
III.71 – Solução de dipicrilamina ... 230
III.72 – Solução de ditizona ... 231
III.73 – Solução de eritrosina ... 232
III.74 – Solução de espartina ... 232
III.75 – Solução de fenil-hidrazina ... 232
III.76 – Solução de fenol ... 233
III.77 – Solução de fluoresceína ... 234
III.78 – Solução de floroglucina ... 235
III.79 – Solução de formaldoxima ... 236
III.80 – Solução de formiato de amônio ... 236
III.81 – Solução de formiato de sódio ... 236
III.82 – Solução reagente de formol ... 237
III.83 – Solução padrão de frutose ... 237
III.84 – Solução padrão de ftalato de potássio ... 238
III.85 – Solução de fucsina ... 238
III.86 – Solução de furfural ... 239
III.87 – Solução de galocianina ... 239
III.88 – Solução de glicose ... 239
III.89 – Solução de hematoxilina ... 240
III.90 – Solução padrão de hemoglobina ... 241
III.91 – Solução de hidroquinona ... 241
III.92 – Solução de 8-hidroxiquinaldina ... 242
III.93 – Solução de índigo ... 242
III.94 – Solução de isatina ... 243
III.95 – Solução de lactoflavina ... 243
III.96 – Solução de laranja IV ... 244
III.97 – Solução de malaquita verde ... 244
III.98 – Solução de manitol ... 245
III.99 – Solução de mercaptobenzotiazol ... 245
III.100 – Solução de *m*-fenilenodiamina ... 246
III.101 – Solução de metanol ... 246
III.102 – Solução de morina ... 247

III.103 – Solução de ninhidrina 248
III.104 – Solução de nitrona 248
III.105 – Solução de orcina 248
III.106 – Solução de *o*-tolidina 249
III.107 – Solução de oxalenodiuramidoxima 250
III.108 – Solução de oxima de α-benzoína 250
III.109 – Solução de oxina 250
III.110 – Solução de palmitato de potássio 252
III.111 – Solução de *p*-aminoacetofenona 252
III.112 – Solução de *p*-aminodimetilanilina 253
III.113 – Solução de *p*-dimetilaminobenzilideno rodanina 253
III.114 – Solução de *p*-fenilenodiamina 253
III.115 – Solução de *p*-metilaminofenol 254
III.116 – Solução de *p*-nitroanilina 254
III.117 – Solução de *p*-nitrobenzeno-azo-α-naftol 255
III.118 – Solução de *p*-nitrobenzenoazoresorcina 255
III.119 – Solução de pentaclorofenol 255
III.120 – Solução de picro-formol 256
III.121 – Solução de piramidona 256
III.122 – Solução de pirogalol 256
III.123 – Solução de pirrol 258
III.124 – Solução de quinalizarina 258
III.125 – Solução de quinolina 259
III.126 – Solução de resacetofenona 259
III.127 – Solução de resorcina 259
III.128 – Solução de rodamina B 261
III.129 – Solução de rodizonato de sódio 261
III.130 – Solução de rotenona 261
III.131 – Solução de salicilato de aldoxima 262
III.132 – Solução de salicilaldeído 262
III.133 – Solução de sudão III 263
III.134 – Solução padrão de sulfanilamida 263
III.135 – Solução de timol 263
III.136 – Solução de tiouréia 263
III.137 – Solução de urotropina 264
III.138 – Solução de vanilina 264
III.139 – Solução de vermelho de fenol 264
III.140 – Solução padrão de vitamina B_1 265
III.141 – Solução padrão de vitamina B_6 265
III.142 – Solução padrão de vitamina E 265
III.143 – Solução de xantidrol 265

CAPÍTULO IV – REAGENTES ESPECIAIS

IV.1 – Soluções de ácidos mistos 268
IV.2 – Água para uso em medida de eletrocondutividade 269
IV.3 – Água régia 270

IV.4 – Creme de alumina 270
IV.5 – Solução descolorizante de tinta 270
IV.6 – Gel de ácido silícico 271
IV.7 – Indicador de pressão reduzida 271
IV.8 – Solução de resina de guaiacol 271
IV.9 – Solução alcoólica de brometo mercúrico 271
IV.10 – Solução de amido-dextrina 272
IV.11 – Solução de amido-iodeto de potássio 272
IV.12 – Solução de amido-iodeto de zinco 273
IV.13 – Solução de bismutiol 274
IV.14 – Solução de colódio 274
IV.15 – Solução coloidal de ácido silícico 274
IV.16 – Solução coloidal de dióxido de manganês 275
IV.17 – Solução coloidal de enxofre 275
IV.18 – Solução coloidal de hidróxido de alumínio 276
IV.19 – Solução coloidal de ouro 276
IV.20 – Solução coloidal de platina 277
IV.21 – Solução coloidaí de prata 277
IV.22 – Solução coloidal de sulfeto arsenioso 278
IV.23 – Solução coloidal de sulfeto de cádmio 278
IV.24 – Solução coloidal de sulfeto mercúrico 278
IV.25 – Solução de decomposição de enzima da caseína 279
IV.26 – Solução de enzima 279
IV.27 – Solução de etil-xantogenato de potássio 279
IV.28 – Solução de fenolftaleína sódica 279
IV.29 – Solução de ferroxila 280
IV.30 – Solução de gelatina 280
IV.31 – Solução mista de ácido nítrico-ácido perclórico 280
IV.32 – Solução mista de álcool amílico e éter 281
IV.33 – Solução mista de álcool-benzeno 281
IV.34 – Solução mista de α-naftilamina-ácido acético 281
IV.35 – Solução mista de α-naftilamina-ácido sulfanílico 281
IV.36 – Solução de éter-ácido clorídrico 282
IV.37 – Solução mista de magnésia 283
IV.38 – Solução mista de *o*-fenantrolina-sulfato ferroso ou ferroína 284
IV.39 – Solução padrão de cor azul 284
IV.40 – Solução padrão de cor vermelha 284
IV.41 – Solução padrão de escala de cores 284
IV.42 – Solução padrão de grau de turvação 285
IV.43 – Solução de complexo ferroso de pirocatequina 285
IV.44 – Solução de Ponceau GR 286
IV.45 – Solução de sabão de coco 286
IV.46 – Solução de sal complexo periodato-férrico 286
IV.47 – Solução de sal de nitroso-R 286
IV.48 – Solução de sulfato de anilina 287
IV.49 – Solução de sulfato de hidrazina 287

IV.50 – Solução de cloreto de trifenil-estanho 287
IV.51 – Solução de uranilo-formiato de sódio 288
IV.52 – Solução de zircônio-alizarina S 288
IV.53 – Reagente de zircônio-quinalizarina 288
IV.54 – Solução de análises eletrolíticas 289
IV.55 – Solução de galvanoplastia 290
IV.56 – Soluções tampão 297
IV.57 – Solventes de celulose 303
IV.58 – Sulfocrômica 304
IV.59 – Suspensão de carbonato de zinco 304
IV.60 – Tinta de anilina preta 304
IV.61 – Tinta azul 305
IV.62 – Tintura de alcana vermelha 305
IV.63 – Tintura de cochenille 305

CAPÍTULO V – REAGENTES SEGUNDO NOMES DOS AUTORES

V.1 – Reagente de Adams-Hall-Bailey 308
V.2 – Reagente de Agulhon 308
V.3 – Solução de Alexander 308
V.4 – Reagente de Aloy 309
V.5 – Reagente de Aloy-Laprade 309
V.6 – Reagente de Aloy-Valdiguie 309
V.7 – Reagente de Alvarez 310
V.8 – Reagente de Amann 310
V.9 – Solução de Arnold-Mentzel 310
V.10 – Reagente de Aymonier 311
V.11 – Reagente de Bach 311
V.12 – Água de Baeltz 311
V.13 – Reagente de Baginski 311
V.14 – Reagente de Baine 312
V.15 – Reagente de Ball 312
V.16 – Reagente de Barfoed 313
V.17 – Reagente de Barnard 313
V.18 – Reagente de Bechi-Hehner 313
V.19 – Reagente de Benedict 313
V.20 – Solução de Bettendorff 314
V.21 – Reagente de Bial 314
V.22 – Reagente de Blom 314
V.23 – Reagente de Böeseken 315
V.24 – Solução de Bohlig 315
V.25 – Reagente de Bohme 316
V.26 – Reagente de Borde 316
V.27 – Reagente de Böttger 316
V.28 – Reagente de Bougault 317
V.29 – Solução de Bright 317
V.30 – Solução de Brodie 318

V.31 – Reagente de Caley 318
V.32 – Reagente de Candussio 318
V.33 – Reagente de Caron 319
V.34 – Reagente de Carrez 319
V.35 – Reagente de Celsi 319
V.36 – Reagente de Chiarottino 320
V.37 – Reagente de Christensen 320
V.38 – Reagente de Claudius 320
V.39 – Solução de Cohn 320
V.40 – Reagente de Cole 321
V.41 – Reagente de Cone-Cady 321
V.42 – Solução de Corleeis para decomposição 321
V.43 – Reagente de Criswell 322
V.44 – Solução de Curtman 322
V.45 – Reagente de Damien 322
V.46 – Solução de Danheiser 322
V.47 – Reagente de Denigès 323
V.48 – Reagente de Dittmar 323
V.49 – Solução de Doctor 324
V.50 – Reagente de Dodsworth-Lyons 324
V.51 – Reagente de Dohrnêe 324
V.52 – Reagente de Dudley 325
V.53 – Reagente de Duyk 325
V.54 – Reagente de Dwyer-Murphy 325
V.55 – Solução de Eder 326
V.56 – Reagente de Eichler 326
V.57 – Reagente de Ellram 326
V.58 – Solução de Erdmann 327
V.59 – Reagente de Feder 327
V.60 – Solução de Fehling 328
V.61 – Reagente de Fleming 328
V.62 – Solução de Folin-McEllroy 329
V.63 – Solução de Frankel 329
V.64 – Reagente de Franzen 329
V.65 – Solução de Fraude 329
V.66 – Solução de Frernming 329
V.67 – Reagente de Fröhde 330
V.68 – Reagente de Ganassini 330
V.69 – Reagente de Germuth 330
V.70 – Reagente de Giemsa 331
V.71 – Reagente de Gies 331
V.72 – Reagente de Giri 331
V.73 – Reagente de Gmelin 332
V.74 – Reagente de Goldstein 332
V.75 – Agar-Agar de Gorodokowa 332
V.76 – Reagente de Grafe 333

V.77 – Reagente de Grandmougin-Havas ... 333
V.78 – Reagente de Greiss ... 333
V.79 – Reagente de Griess-Romijin ... 333
V.80 – Reagente de Grignard ... 334
V.81 – Reagente de Grossmann ... 334
V.82 – Reagente de Grote ... 335
V.83 – Reagente de Guerin ... 335
V.84 – Reagente de Halden ... 335
V.85 – Reagente de Halphen ... 336
V.86 – Reagente de Hansen ... 336
V.87 – Solução de Hantsh ... 337
V.88 – Solução de Hanus ... 337
V.89 – Solução de Hayduck ... 337
V.90 – Reagente de Hayem ... 338
V.91 – Reagente de Heczko ... 338
V.92 – Solução de Hehner ... 338
V.93 – Solução de Heidenhain ... 339
V.94 – Reagente de Henle ... 339
V.95 – Solução de Hennberg ... 339
V.96 – Solução corante de Herzberg ... 340
V.97 – Agar-Agar de Hess ... 340
V.98 – Reagente de Heyn-Bauer ... 341
V.99 – Reagente de Hick ... 341
V.100 – Reagente de Hirschsohn ... 341
V.101 – Reagente de Hohnel ... 342
V.102 – Reagente de Holl ... 342
V.103 – Reagente de Hopkins-Cole ... 342
V.104 – Reagente de Hoshida ... 343
V.105 – Solução de Huber ... 343
V.106 – Solução de Hübl ... 343
V.107 – Reagente de Ilosvay ... 344
V.108 – Reagente de Iwanow ... 344
V.109 – Reagente de Jaffe ... 344
V.110 – Reagente de Jannasch ... 344
V.111 – Reagente de Jawarowski ... 345
V.112 – Reagente de Jodlbauer ... 345
V.113 – Reagente de Jorissen ... 345
V.114 – Reagente de Karl Fischer ... 346
V.115 – Reagente de Kastle-Clark ... 346
V.116 – Reagente de Kastle-Meyer ... 346
V.117 – Reagente de Kentmann ... 347
V.118 – Reagente de Kerbosch ... 347
V.119 – Reagente de Kharichkov ... 347
V.120 – Solução de Klein ... 348
V.121 – Reagente de Knapp ... 348
V.122 – Solução de Knopp ... 348

V.123 – Reagente de Korenman 349
V.124 – Reagente de Krant-Dragendorff 349
V.125 – Reagente de Kraut 350
V.126 – Reagente de Lailler 350
V.127 – Reagente de Lassaigne 350
V.128 – Reagente de Lea 351
V.129 – Reagente de LeRoy 351
V.130 – Reagente de Leuchter 351
V.131 – Solução de Lieben 352
V.132 – Reagente de Liebig 352
V.133 – Reagente de Liebermann 352
V.134 – Solução de Locke 353
V.135 – Solução de Locke-Ringer 353
V.136 – Reagente de Loof 353
V.137 – Reagente de Ludwig 353
V.138 – Reagente de Lund 354
V.139 – Solução de Maassen 354
V.140 – Reagente de Manchot-Scherer 354
V.141 – Reagente de Mandelin 355
V.142 – Solução de Mangin 355
V.143 – Solução de Marme 355
V.144 – Solução de Marquis 356
V.145 – Reagente de Mato 356
V.146 – Solução de Mayer 357
V.147 – Reagente de Meaurio 357
V.148 – Reagente de Mecke 357
V.149 – Reagente de Merzer 358
V.150 – Reagente de Meyer 358
V.151 – Reagente de Middleton 358
V.152 – Reagente de Miller 358
V.153 – Reagente de Millon 359
V.154 – Reagente de Minnesota 360
V.155 – Reagente de Molisch 360
V.156 – Reagente de Montequi 360
V.157 – Reagente de Montequi-Puncel 361
V.158 – Reagente de Muir 361
V.159 – Solução de Nageli 361
V.160 – Reagente de Nessler 361
V.161 – Solução corante de Newman 363
V.162 – Reagente de Novelli 363
V.163 – Reagente de Nylander 363
V.164 – Solução de Pavy 363
V.165 – Solução de Perenyi 364
V.166 – Reagente de Peterson 364
V.167 – Solução de Pfeffer 365
V.168 – Reagente de Pierce 365

V.169 – Reagente de Pons ... 365
V.170 – Reagente de Primot ... 365
V.171 – Reagente de Raikow ... 366
V.172 – Solução de Raulin ... 366
V.173 – Solução de Renteln ... 366
V.174 – Solução de Richardson ... 366
V.175 – Reagente de Riegler ... 367
V.176 – Reagente de Rimini ... 367
V.177 – Solução de Ringer ... 367
V.178 – Solução de Rithausen ... 368
V.179 – Reagente de Robert ... 368
V.180 – Reagente de Rosenthaler Turk ... 368
V.181 – Reagente de Rothenfusser ... 369
V.182 – Reagente de Sabetay ... 369
V.183 – Reagente de Salkowski ... 369
V.184 – Solução de Schaudinn ... 370
V.185 – Reagente de Schiff ... 370
V.186 – Reagente de Schorn ... 371
V.187 – Reagente de Schweitzer ... 371
V.188 – Reagente de Seeliger ... 372
V.189 – Reagente de Seliwanoff ... 372
V.190 – Reagente de Shear ... 372
V.191 – Reagente de Sorensen ... 373
V.192 – Reagente de Spieger ... 373
V.193 – Reagente de Stamm ... 373
V.194 – Reagente de Sterkin-Helfgat ... 373
V.195 – Reagente de Stewart ... 374
V.196 – Reagente de Storfer ... 374
V.197 – Solução de cobre de Stuszer ... 374
V.198 – Solução de Sutermeister ... 375
V.199 – Reagente de Tananaev ... 376
V.200 – Reagente de Tanret ... 376
V.201 – Reagente de Trammsdorf ... 376
V.202 – Solução de Uschinsky ... 376
V.203 – Reagente de Van Eck ... 377
V.204 – Reagente de Verven ... 377
V.205 – Reagente de Wagner ... 377
V.206 – Solução de Wayne ... 377
V.207 – Reagente de Weppen ... 378
V.208 – Reagente de Wij ... 378
V.209 – Solução indicadora de Willard-Young ... 378
V.210 – Reagente de Winkler ... 379
V.211 – Reagente de Wischo ... 379
V.212 – Solução de Wolesky ... 380
V.213 – Solução de Zimmermann Reinhardt ... 380

CAPÍTULO VI – MATERIAIS ESPECIAIS EM LABORATÓRIOS SUAS PREPARAÇÕES E PURIFICAÇÕES

VI.1 – Absorventes 382
VI.2 – Ácido mono iodo acético 384
VI.3 – Agentes frigoríficos (misturas refrigerantes) 385
VI.4 – Amálgamas 386
VI.5 – Amianto de paládio 387
VI.6 – Ativação de permutita 387
VI.7 – Carbonato básico de cobre 388
VI.8 – Carbonato de prata 388
VI.9 – Cloreto de cromila 388
VI.10 – Descolorizantes 389
VI.11 – Desidratantes 390
VI.12 – Dioxitartarato de sódio-osazona 396
VI.13 – Ditizona 396
VI.14 – Fundentes 397
VI.15 – Hidróxido de alumínio 401
VI.16 – Liga de Arndt 402
VI.17 – Liga de Devarda 402
VI.18 – Materiais para filtração 402
VI.19 – Membrana negativa 404
VI.20 – Membrana de permeação 404
VI.21 – Membrana positiva 406
VI.22 – Método para operação de materiais de platina 407
VI.23 – Níquel para uso em redução 408
VI.24 – Nitrito de prata 409
VI.25 – Papel reativo de alizarina 409
VI.26 – Papel reativo de chumbo-iodeto de potássio 409
VI.27 – Papel reativo de curcumina 410
VI.28 – Papel reativo de guaiacol-cobre 410
VI.29 – Papel reativo de picrato de sódio 410
VI.30 – Papel reativo de resorcina 410
VI.31 – Papel reativo de termo-resistência 411
VI.32 – Papel reativo de violeta de metila 411
VI.33 – Papel reativo de zircônio-alizarina 412
VI.34 – Negro de Paládio 412
VI.35 – Negro de Platina 412
VI.36 – Purificação de carvão preto de osso 413
VI.37 – Purificação de mercúrio 414
VI.38 – Purificação de persulfato de potássio 414
VI.39 – Purificação de tungstato de sódio 414
VI.40 – Negro de Ródio 415
VI.41 – Secantes 415

CAPÍTULO VII – INDICADORES EM TITULAÇÃO: PREPARAÇÃO DE SOLUÇÕES PADRÃO E SEUS USOS

VII.1 – INDICADORES INDIVIDUAIS
VII.1.1 – Ácido carmínico ... 420
VII.1.2 – Ácido isopicrâmico ... 420
VII.1.3 – Ácido rosólico ... 420
VII.1.4 – Alaranjado de metila ... 421
VII.1.5 – Alaranjado de propil-α-naftol ... 421
VII.1.6 – α-dinitrofenol ... 421
VII.1.7 – α-naftol-benzeno ... 422
VII.1.8 – α-naftolftaleína ... 422
VII.1.9 – Alizarina S ... 422
VII.1.10 – Amarelo de alizarina ... 423
VII.1.11 – Amarelo brilhante ... 423
VII.1.12 – Amarelo de metanilina ... 423
VII.1.13 – Amarelo de metila ... 423
VII.1.14 – Amarelo de salicila ... 424
VII.1.15 – Aurina ... 424
VII.1.16 – Azul de alizarina S ... 424
VII.1.17 – Azul de bromocresol ... 424
VII.1.18 – Azul de bromofenol ... 424
VII.1.19 – Azul de bromotimol ... 425
VII.1.20 – Azul do Nilo ... 425
VII.1.21 – Azul de timol (ácida) ... 425
VII.1.22 – Benzeno de cresol ... 425
VII.1.23 – Benzo purpurina ... 426
VII.1.24 – β-dinitrofenol ... 426
VII.1.25 – Cochonilha ... 426
VII.1.26 – Curcumina amarela ... 427
VII.1.27 – Diazo violeta ... 427
VII.1.28 – Fenolftaleína ... 427
VII.1.29 – Lacmóide ... 428
VII.1.30 – Mauveína ... 428
VII.1.31 – Metanitrofenol ... 428
VII.1.32 – Nitramina ... 428
VII.1.33 – *p*-nitrofenol ... 429
VII.1.34 – Pinacromo ... 429
VII.1.35 – Púrpura de bromocresol ... 429
VII.1.36 – Resazurina ... 429
VII.1.37 – Timolftaleína ... 430
VII.1.38 – Tornassol ... 430
VII.1.39 – Trinitrobenzeno ... 430
VII.1.40 – Tropeolina 0 ... 431
VII.1.41 – Tropeolina 00 ... 431
VII.1.42 – Tropeolina 000 ... 431
VII.1.43 – Verde de bromocresol ... 431

VII.1.44 – Vermelho de clorofenol 432
VII.1.45 – Vermelho de Congo 432
VII.1.46 – Vermelho de cresol 432
VII.1.47 – Vermelho de fenol 433
VII.1.48 – Vermelho de metila 433
VII.1.49 – Vermelho neutro 433
VII.1.50 – Vermelho de orto-cresol 434
VII.1.51 – Vermelho de quinaldina 434
VII.1.52 – Violeta de metila 434
VII.1.53 – Xilenoftaleína 434
VII.2 – INDICADORES MISTOS E ESPECIAIS
VII.2.1 – Solução mista de amarelo de dimetila e azul de metileno 435
VII.2.2 – Solução mista de α-naftolftaleína e fenolftaleína 435
VII.2.3 – Solução mista de azul do Nilo e fenolftaleína 435
VII.2.4 – Solução mista de azul de metileno e vermelho neutro... 436
VII.2.5 – Solução mista de fenolftaleína e formol 436
VII.2.6 – Solução mista de fenolftaleína e verde de metila 436
VII.2.7 – Solução mista de formol e timolftaleína 436
VII.2.8 – Indicador de Arrhenius 437
VII.2.9 – Indicador de E. Bogen 437
VII.2.10 – Indicador de H. W. Van Urk 437
VII.2.11 – Indicador de I. M. Kolthoff 438
VII.2.12 – Solução mista de verde de bromocresol e vermelho de metila 438
VII.3 – INDICADORES FLUORESCENTES
VII.3 – Indicadores fluorescentes 439

CAPÍTULO VIII – GASES USADOS EM LABORATÓRIO E SUAS PREPARAÇÕES
VIII.1 – Acetileno 442
VIII.2 – Ácido fluorídrico 442
VIII.3 – Ácido iodídrico 442
VIII.4 – Ácido sulfídrico 443
VIII.5 – Amônia 444
VIII.6 – Antimoneto de hidrogênio 444
VIII.7 – Arsenito de hidrogênio 445
VIII.8 – Bióxido (dióxido) de nitrogênio 445
VIII.9 – Brometo de hidrogênio 446
VIII.10 – Bromo 447
VIII.11 – Cianeto de hidrogênio 447
VIII.12 – Cianogênio 447
VIII.13 – Cloreto arsênico 448
VIII.14 – Cloreto de hidrogênio 448
VIII.15 – Cloro 449
VIII.16 – Dióxido de carbono 450

VIII.17 – Dióxido de cloro 451
VIII.18 – Dióxido de enxofre 451
VIII.19 – Etileno 452
VIII.20 – Fosfeto de hidrogênio 453
VIII.21 – Hidrogênio 454
VIII.22 – Iodo 455
VIII.23 – Metano 455
VIII.24 – Monóxido de carbono 456
VIII.25 – Nitrogênio 457
VIII.26 – Óxido nítrico 458
VIII.27 – Óxido nitroso 459
VIII.28 – Oxigênio 459
VIII.29 – Peróxido de hidrogênio 460
VIII.30 – Siliceto de hidrogênio 461

CAPÍTULO IX – PRINCIPAIS SOLVENTES E SUAS PURIFICAÇÕES

IX.1 – HIDROCARBONETOS
IX.1.1 – Éter de petróleo, ligroína 464
IX.1.2 – *n*-Hexano 464
IX.1.3 – *n*-Heptano 465
IX.1.4 – *n*-Octano 465
IX.1.5 – Ciclo-hexano 466
IX.1.6 – Metil-ciclo-hexano 467
IX.1.7 – Decalinas/Deca-hidronaftaleno 467
IX.1.8 – Benzeno 468
IX.1.9 – Tolueno 470
IX.1.10 – Xilenos 471
IX.1.11 – Alquil-benzenos 473
IX.1.12 – Naftaleno 474
IX.1.13 – Metil-naftalenos 475
IX.1.14 – Tetralina 475
IX.2 – HIDROCARBONETOS HALOGENADOS
IX.2.1 – Dicloreto de metileno/Diclorometano/cloreto de metileno 476
IX.2.2 – Clorofórmio/triclorometano 477
IX.2.3 – Tetracloreto de carbono/tetraclorometano 479
IX.2.4 – Cloreto de etileno/1,2-dicloroetano 480
IX.2.5 – 1,1,2,2-Tetracloroetano/Tetracloroacetileno 481
IX.2.6 – Tricloroetileno/Tricleno 481
IX.2.7 – Clorobenzeno 482
IX.2.8 – *o*-Diclorobenzeno 483
IX.2.9 – *p*-Diclorobenzeno 483
IX.2.10 – Cloronaftaleno 484
IX.3 – ÁLCOOIS E FENÓIS
IX.3.1 – Metanol/álcool metílico 484
IX.3.2 – Etanol/álcool etílico 486

IX.3.3 – *n*-Propanol/álcool *n*-propílico 488
IX.3.4 – Isopropanol/álcool isopropílico 488
IX.3.5 – *n*-Butanol/álcool *n*-butílico 489
IX.3.6 – Outros butanóis 490
IX.3.7 – Álcool isoamílico/3-metil-1-butanol 491
IX.3.8 – Ciclo-hexanol 492
IX.3.9 – Álcool benzílico 492
IX.3.10 – Álcool furfurílico 493
IX.3.11 – Etilenoglicol 493
IX.3.12 – Propilenoglicóis (1,2- e 1,3-Propanodiol) 494
IX.3.13 – Álcool diacetônico/4-hidroxi-4-metil-2-pentanona 495
IX.3.14 – Fenol 495

IX.4 HIDROXI-ÉTERES E SEUS ÉTERES
IX.4.1 – Glicol mono-metil éter/2-metoxietanol e glicol monoetil éter/2-etoxietanol 496
IX.4.2 – Dietilenoglicol, trietilenoglicol, 2-(2-etoxietóxi)etanol 497
IX.4.3 – Álcool tetra-hidrofurfurílico 497

IX.5 – ÉTERES
IX.5.1 – Éter etílico 498
IX.5.2 – Éter isopropílico 501
IX.5.3 – Éter isoamílico 501
IX.5.4 – Tetra-hidrofurano 502
IX.5.5 – 1,4-Dioxana/dioxano/dioxana 503
IX.5.6 – Anisol e fenetol 504
IX.5.7 – Hexa-hidroanisol/éter ciclo-hexil metílico 504

IX.6 – ALDEÍDOS E CETONAS
IX.6.1 – Furfural 505
IX.6.2 – Acetona/propanona 506
IX.6.3 – Metil etil cetona/MEK/2-butanona 507
IX.6.4 – Metil isobutil cetona/4-metil-2-pentanona/MIBK 508
IX.6.5 – Óxido de mesitila 509
IX.6.6 – Ciclo-hexanona 509

IX.7 – ÁCIDOS CARBOXÍLICOS
IX.7.1 – Ácido fórmico/ácido metanóico 510
IX.7.2 – Ácido acético/ácido etanóico 511

IX.8 – ANIDRIDO DE ÁCIDO CARBOXÍLICO
IX.8.1 – Anidrido acético 512

IX.9 – NITRILAS
IX.9.1 – Acetonitrila 513
IX.9.2 – Benzonitrila 513

IX.10 – ACIDAMIDAS
IX.10.1 – Formamida 514
IX.10.2 – *N,N*-Dimetilformamida/DMF/HCON 515
IX.10.3 – *N,N*-Dímetilacetamida 516

IX.11 – ÉSTERES
IX.11.1 – Carbonato de dietila 517

IX.11.2 – Formiato de metila 517
IX.11.3 – Formiato de etila 517
IX.11.4 – Acetato de metila 518
IX.11.5 – Acetato de etila 518
IX.11.6 – Acetato de *n*-butila 519
IX.11.7 – Acetato de isobutila 519
IX.11.8 – Acetato de *n*-amila 520
IX.11.9 – Acetato de isoamila 520
IX.11.10 –Carbonato de etileno/glicol carbonato 520
IX.12 – AMINAS
IX.12.1 – Anilina 521
IX.12.2 – *N*-Metilanilina 522
IX.12.3 – *N,N*-Dimetilanilina 522
IX.12.4 – Piridina 523
IX.12.5 – Quinolina 524
IX — 13. COMPOSTOS DE ENXOFRE
IX.13.1 – Sulfeto de carbono/dissulfeto de carbono 524
IX.13.2 – Sulfóxido de dimetila/DMSO 525
IX.13.3 – Tetrametilenosulfona/Sulfolana 526
IX.14 – COMPOSTOS DE NITROGÊNIO
IX.14.1 – Nitroparafinas, Nitrometano, Nitroetano, 1-Nitropropano, 2-Nitropropano) 427
IX.14.2 – Nitrobenzeno 428

CAPÍTULO X – SOLVENTES ESPECIAIS, SUAS PREPARAÇÕES E PURIFICAÇÕES
X.1 – HIDROCARBONETOS ALIFÁTICOS SATURADOS
X.1.1 – Ciclopentano 532
X.1.2 – 2-Metilpentano 532
X.1.3 – 3-Metilpentano 533
X.1.4 – 2,2-Dimetilbutano 533
X.1.5 – 2,3-Dirnetilbutano 534
X.1.6 – 2,3-Dimetilpentano 535
X.1.7 – 2,4-Dimetilpentano 536
X.1.8 – Nonano 536
X.1.9 – Decano 537
X.2 – HIDROCARBONETOS AROMÁTICOS
X.2.1 – Butilbenzeno 538
X.2.2 – *sec*-Butilbenzeno 539
X.2.3 – terc-Butilbenzeno 540
X.3 – HIDROCARBONETOS INSATURADOS
X.3.1 – 1-Penteno 541
X.3.2 – 2-Penteno (cis- e trans-) 544
X.3.3 – Ciclo-hexano 545
X.3.4 – Estireno 546
X.3.5 – α-Pineno 547

X.4 – ÁLCOOIS E FENÓIS
X.4.1 – 1-Pentanol 548
X.4.2 – 2-Pentanol 549
X.4.3 – 2-Metil-1-butanol 550
X.4.4 – 1-Hexanol 551
X.4.5 – 2-Etil-1-butanol 552
X.4.6 – 2-Metil-ciclo-hexanol 552
X.4.7 – 2-Heptanol 553
X.4.8 – 1-Octanol 553
X.4.9 – 1,2-Etanodiol/etileno glicol 554
X.4.10 – 1,2,3-Propanotriol/glicerina/glicerol 555
X.5 – ÉTERES
X.5.1 – Éter *n*-butil etílico 556
X.5.2 – Éter *n*-butílico 557
X.5.3 – Éter amílico 558
X.5.4 – 1,8-Cineol/Eucaliptol 559
X.5.5 – Furano 560
X.6 – ACETAIS
X.6.1 – Metilal/Dimetoximetano 561
X.6.2 – Acetal 561
X.7 – ALDEÍDOS
X.7.1 – Acetaldeído 562
X.7.2 – Propionaldeído/propanal 564
X.7.3 – Butiraldeído/butanal 565
X.7.4 – Benzaldeído 566
X.7.5 – Acroleína 567
X.8 – CETONAS
X.8.1 – 2-Hexanona 568
X.8.2 – 3-Pentanona 570
X.8.3 – *d*-Cânfora 571
X.8.4 – Acetofenona 572
X.9 – ÁCIDOS
X.9.1 – Ácido capróico/ácido hexanóico 573
X.9.2 – Ácido oléico 574
X.10 – ÉSTERES
X.10.1 – Formiato de *n*-propila 574
X.10.2 – Acetato de *n*-propila 575
X.10.3 – Acetato de isopropila 575
X.10.4 – Isovalerato de etila 576
X.10.5 – Benzoato de metila 577
X.10.6 – Acetato de benzila 577
X.10.7 – Benzoato de etila 578
X.10.8 – Benzoato de *n*-propila 578
X.10.9 – Oxalato de dietila 579
X.10.10 – Borato de tri-*n*-butila 580

X.11 – HIDROCARBONETOS HALOGENADOS
X.11.1 – Fluorobenzeno/fluoreto de fenila 581
X.11.2 – Cloreto de etila/cloroetano 582
X.11.3 – Cloreto de *n*-butila/1-clorobutano 583
X.11.4 – Cloreto de *terc*-butila 584
X.11.5 – 1,1-Dicloreto de etila/1,1 dicloroetano 585
X.11.6 – Pentacloreto de etila/pentacloroetano 585
X.11.7 – 1,2-Dicloroetileno (cis- e trans-) 586
X.11.8 – Tetracloreto de etileno 587
X.11.9 – Brometo de etila/bromoetano 588
X.11.10 – Bromobenzeno/brometo de fenila 590
X.11.11 – 1,2-Dibrometo de etila/1,2-dibromoetano 591
X.11.12 – Iodeto de metila/iodometano 592
X.11.13 – Iodeto de etila/iodoetano 593
X.11.14 – Iodeto de *n*-propila/iodopropano 594
X.11.15 – Iodeto de isopropila/iodopropano 595
X.12 – NITRILAS
X.12.1 – Propionitrila 595
X.12.2 – Isocapronitrila 596
X.12.3 – Cianeto de benzila 596
X.13 – AMINAS
X.13.1 – Toluidina (*o*-, *m*-, *p*-) 597
X.13.2 – Alilamina 601
X.14 – COMPOSTO DE ENXOFRE
X.14.1 – Tiofenol/benzenotiol 602
X.15 – ÉSTER DE OXIÁCIDO
X.15.1 – Salicilato de metila 603
X.16 – ÁLCOOL CLORADO
X.16.1 – Cloroidrina/2-cloroetano/etileno cloroidrina 603

INTRODUÇÃO — 1.ª EDIÇÃO

O progresso tecnológico do Brasil nos últimos anos exige, de forma premente, além de mão-de-obra especializada, livros técnicos para consulta de mais fácil aquisição.

Grandes são as dificuldades encontradas pelos técnicos, professores e estudantes em obter dados sobre os métodos de preparação e padronização de soluções, bem como de purificação de solventes ou reagentes de uso mais imediato no laboratório. A consulta a bibliotecas, nem sempre acessíveis de pronto, a leitura em outras línguas que não o Português, levam-nos a perder um tempo precioso que poderia ser melhor gasto em pesquisas e estudos. Métodos de preparação de reagentes e soluções, de purificação de solventes, identificação e eliminação de impurezas podem ser encontrados na literatura científica, porém, de maneira dispersa e nem sempre acessível. Este livro foi escrito visando diminuir o tempo gasto em consulta permitindo obter dados no próprio laboratório. O livro é dividido em 10 capítulos, sendo que os dois primeiros dizem respeito a soluções inorgânicas. No primeiro capítulo são apresentados métodos de preparação e purificação de soluções de uso mais corrente em laboratório, tais como solução de ácido sulfúrico, hidróxido de sódio, etc. No capítulo II são apresentadas as soluções inorgânicas utilizadas em preparações mais especializadas e que nem sempre estão estocadas no laboratório. O capítulo III traz as soluções orgânicas, enquanto que o capítulo IV diz respeito a soluções coloidais, soluções ácidas mistas, soluções para galvanoplastia, tampões, etc. que não estavam incluídas nos capítulos anteriores. No capítulo V estão as soluções e reagentes classificados segundo o nome dos autores, tais como solução de Fehling, reagente de Karl-Fisher e foram incluídoss visando facilitar a procura do reagente quando se conhece apenas o nome do autor.

O capítulo VI traz materiais utilizados em laboratório não na forma de solução, tais como secantes, papéis reativos, absorventes, etc. No capítulo VII estão os indicadores, sendo que foi dividido em três partes, A, B e C, tendo em vista facilitar a consulta, correspondendo a indicadores simples, a indicadores mistos e a indicadores fluorescentes, respectivamente. O capítulo VIII traz preparação, de gases em laboratório, tais como acetileno, hidrogênio, cloreto de hidrogênio e outros.

Os capítulos IX e X correspondem à preparação de solventes e foram incluídos porque o emprego de solventes em laboratórios e indústrias químicas tem aumentado muito, exigindo, conforme a finalidade do uso, um maior grau de pureza, especialmente quando se destinam à medida de constantes físicas ou a reações químicas especiais. Métodos baseados no ponto de fusão, ponto de ebulição, densidade, índice de refração, poder rotatório, solubilidade ou espectrometria são usados para avaliar o grau de pureza.

No capítulo IX estão os solventes de uso corrente e que podem ser encontrados à venda sem grandes dificuldades. Traz apenas os métodos para purificação, quando um maior grau de pureza se faz necessário.

No capítulo X estão os solventes de uso menos freqüente, que nem sempre podem ser encontrados facilmente e, por isso mesmo, foram incluídos também métodos para preparação, além daqueles para purificação.

Este livro procurou atingir todos aqueles que trabalham no campo da química, quer nas indústrias, nas universidades, ou em escolas técnicas. Será imensa satisfação para os autores que este livro, embora incompleto, preencha as finalidades para as quais foi feito e seja, antes de tudo, um livro útil.

NOMENCLATURA

Explicação sobre nomenclatura, sinais e símbolos referentes à 1ª Edição

A) As referências citadas seguem o sistema usado pelo Chemical Abstracts.

B) Nas referências são citados nominalmente os autores principais. Os demais autores aparecem como "et al.".

C) Nas descrições de solubilidade, a expressão A/B (T°C): X/Y significa que a quantidade X da substância A se dissolve na quantidade Y da substância B na temperatura de T (°C).

D) Nas descrições de pontos azeotrópicos, a expressão de T°C (X % em peso) indica que 100 g de destilados totais contem Xg de substância na temperatura de destilação azeotrópica de T (°C).

E) As dimensões de tubos de absorção e cilindros são indicadas por A × B cm, sendo A o comprimento do tubo ou cilindro e B o diâmetro respectivo.

F) Símbolos

c. P. centipoise (unidade de viscosidade)

$d_{t_2}^{t_1}$, densidade relativa (relação entre densidade do composto à t_1 (°C) e água à t_2 (°C)

n_D^t índice de refração na temperatura t.

Eq. equivalente em gramas

V volt

A ampère

P.M. massa molar em g

G) Nomenclatura

Como se trata de um livro essencialmente prático, os compostos foram designados pelos nomes mais usuais, embora nem sempre coincidam com aqueles recomendados na obra "Notação e Nomenclatura de Química Inorgânica" de W. G. Krauledat. Segue-se uma relação entre a nomenclatura existente no texto e aquela recomendada por Krauledat.

ADOTADA	RECOMENDADA
ácido fluorídrico	fluoreto de hidrogênio
ácido sulfídrico	sulfeto de hidrogênio
antimoneto de hidrogênio	hidreto de antimônio
arsenato de hidrogênio	hidreto de arsênio
áurico	ouro(III)
cérico	cério(IV)
ceroso	cério(III)
cobaltoso	cobalto(II)
crômico	cromo(III)
cromoso	cromo(II)
cúprico	cobre(II)
cuproso	cobre(I)
estânico	estanho(IV)
estanoso	estanho(II)
férrico	ferro(III)
ferricianeto	hexacianoferrato(III)
ferrocianeto	hexacianoferrato(II)
ferroso	ferro(II)
fosfeto de hidrogênio	hidreto de fósforo
mangânico	manganês(III)
manganoso	manganês(II)
mercúrico	mercúrio(II)
mercuroso	mercúrio(I)
pentacloreto de antimônio	cloreto de antimônio(V)
siliceto de hidrogênio	hidreto de silício
tricloreto de antimônio	cloreto de antimônio(III)

PREFÁCIO — 2.ª EDIÇÃO

O Manual de Soluções, Reagentes e Solventes, de Morita e Assumpção, tem sido amplamente utilizado nos laboratórios desde sua publicação em 1972. Os métodos descritos têm uma característica própria cunhada pelos autores, em função de sua vivência e conhecimento de literatura especializada, nem sempre de domínio universal. Em respeito a tais características, que hoje se revestem de um significado histórico, o conteúdo do livro foi mantido integralmente, bem como sua forma, estilo e unidades. Entretanto, nos últimos anos, a segurança e as boas práticas de laboratório têm se tornado cada vez mais importantes na Química. Dessa forma, uma preocupação dos revisores desta obra foi torná-la mais informativa do ponto de vista da segurança na manipulação dos produtos químicos nela mencionados. Assim, foram inseridos alertas sobre toxicidade e periculosidade dos reagentes utilizados no curso de cada preparação, além de sugestões de métodos para tornar inertes e descartar os mesmos. Tais informações foram colhidas principalmente nos catálogos de produtos químicos, notadamente o da Aldrich Co. Cabe aqui mencionar que as informações referentes aos aspectos toxicológicos estão em constante reavaliação e, portanto, aquelas indicadas nesta edição, embora relevantes e dignas de atenção, não devem ser levadas como definitivas. Além disso, os processos de descarte ora sugeridos (abreviados por "**disp.**") foram adaptados das recomendações fornecidas pelos fabricantes e podem apresentar dificuldades de execução, principalmente quando se sugere que se proceda à incineração que deve sempre ser efetuada em incineradores licenciados pelo órgão ambiental local para incineração de produtos químicos. Isto pode impor certas limitações a estes métodos de descarte, principalmente em regiões carentes de tais equipamentos.

A equipe revisora também deseja sugerir que o leitor faça consulta às referências bibliográficas abaixo, que podem servir como fontes alternativas de informação no tocante à manipulação, purificação e descarte de produtos químicos:

1- The Merck Index-An Encyclopedia of Chemicals, Drugs and Biologicals, 12th edition, Ed. by Merck & Co., Inc., 1996.
2- Purification of Laboratory Chemicals, W. L. F. Armarego and D. D. Perrin, 4th edition, Ed. by Butterworth Heinemann, 1997.

3- Manual para Gestão de Resíduos Químicos Perigosos de Instituições de Ensino e Pesquisa, D. V. Figueredo, 1.ª edição, Ed. por Conselho Regional de Química de Minas Gerais.
4- Destruction of Hazardous Chemicals in the Laboratory, G. Lunn and E. B. Sansone, 2nd edition, Ed. by Wiley-Interscience, 1994.
5- Hazardous Laboratory Chemicals Disposal Guide, M.-A Armour, 3rd edition, Ed. by CRC, 1996.

Por fim, é desejo da equipe de revisão aconselhar aos profissionais que, ao prepararem soluções e reagentes, sempre procurem adequar as quantidades de suas preparações ao mínimo das suas necessidades, evitando o desperdício de reagentes e minimizando a necessidade de proceder a descartes que, ademais, sempre representam um custo adicional e um impacto ambiental.

Drs.
Claudio Di Vitta
Henrique Eisi Toma
Koiti Araki
Patricia Busko Di Vitta
Sergio Massaro,
do Instituto de Química da Universidade de São Paulo

Nota:
As informações acerca das características das substâncias utilizadas nas diversas preparações, assim como as metodologias indicadas para o descarte das mesmas, incluídas nesta edição, foram criteriosamente selecionadas conforme os mais recentes conhecimentos e as boas práticas de trabalho seguro. Sua aplicação, todavia, será sempre de estrita responsabilidade dos operadores, não cabendo transferir aos autores, revisores, à editora ou qualquer pessoa agindo em nome dos mesmos, responsabilidade alguma pelo uso que venha a ser feito dessas informações incluídas nesta 2.ª edição.

MÉTODOS

Recomendações de métodos de inertização e descarte

disp. A: o material pode ser dissolvido em um solvente combustível e enviado para incineração em incinerador licenciado.

disp. B: o material é corrosivo/halogenado e deve ser misturado em igual proporção com material cáustico (carbonato de sódio ou hidróxido de cálcio) e enviado para incineração em incinerador licenciado.

disp. C: o material é combustível e pode ser enviado diretamente para incineração em incinerador licenciado.

disp D: o produto é altamente inflamável e deve ser incinerado, com cuidado, em incinerador licenciado.

disp. E: dissolver o produto em água e adicionar excesso de ácido sulfúrico diluído. Após uma noite, remover o material sólido, que deve ser depositado em aterro "classe 1".

disp. F: o material fluorado deve ser dissolvido em água e neutralizado com carbonato de sódio e convertido no fluoreto de cálcio pelo tratamento com excesso de cloreto de cálcio. O sólido formado deve ser depositado em aterro "classe 1".

disp. G: o material é sensível ao ar ou à umidade e deve ser destruído, em quantidades muito pequenas (e diluídas em solvente inerte, caso seja líquido), pela adição cuidadosa sobre butanol anidro, a frio. Pode haver evolução de gases inflamáveis. Após neutralização da solução com ácido diluído, o sólido deve ser removido e enviado para aterro "classe 1". A fase líquida deve ser incinerada em incinerador licenciado.

disp. I: o sólido ou a solução devem ser diluídos em muita água e a solução resultante deve ser tratada com ácido acético diluído, tomando-se precaução com a evolução de gases inflamáveis. Ajustar o pH a 1, se necessário. Após uma noite, neutralizar, evaporar o solvente e depositar o sólido em aterro.

disp. J: diluir o material a ca. de 3% e ajustar o pH a 2 com ácido sulfúrico. Adicionar, à temperatura ambiente, cuidadosamente, solução aquosa de bisssulfito de sódio a 10%, sob agitação. Caso não ocorra reação, perceptível pelo aumento de temperatura, adicionar, cuidadosamente, mais ácido sulfúrico. Precipitar eventuais cations de metais pesados por ajuste do pH a 7 e adição de sulfeto. Enviar os sais destes metais para aterro "classe 1". Destruir excessso de sulfeto em solução (por neutralização e tratamento com hipoclorito), neutralizar e descartar a a solução em rede de esgoto.

disp K: este material deve ser descartado mediante instruções específicas do frabricante.

disp. L: material passível de transformação em sulfeto antes do envio ao aterro "classe 1"; algum material pode requerer a oxidação para solubilização em água antes da precipitação com sulfeto. Restos de sulfeto devem ser oxidados com hipoclorito antes de neutralização e descarte em rede de esgoto.

disp. N: material deve ser dissolvido em grande excesso de água e cuidadosamente neutralizado, tomando-se precaução para evitar aquecimento e evolução de vapores. Os sólidos insolúveis que se formem devem ser separados e enviados a aterro "classe 1".

disp. O: material deve ser enviado a um aterro "classe 1".

disp. P: deve-se procurar recuperar o material/metal/catalisador.

disp. Q: o material deve ser diluído a ca. 5% em água ou ácido diluído, podendo haver evolução de calor ou vapores, que devem ser controlados por resfriamento e velocidade de diluição. Gradualmente adicionar hidróxido de amônio até pH = 10. Filtrar o precipado, caso este se forme, e enviá-lo para aterro "classe 1". O pH da solução deve ser abaixado até 6 ou até que se forme um precipitado, que também deve ser enviado ao aterro "classe 1".

disp. S: tratar uma solução alcalina do material (pH=10-11) com água sanitária comercial em 50% de excesso. Controlar a temperatura da reação pela velocidade de adição do água sanitária. Após uma noite, cuidadosamente ajustar o pH a 7, podendo ocorrer violenta evolução de gases. Filtrar o sólido e enviar ao aterro "classe 1". Precipitar eventuais cátions de metais pesados por adição de sulfeto. Enviar os sais destes metais para aterro "classe 1". Destruir excesso de sulfeto em solução (por novo tratamento com hipoclorito), neutralizar e descartar a solução em rede de esgoto.

disp. W: evaporar a água da solução à temperatura inferior a 50°C. Dissolver o resíduo em solvente combustível e enviar ao material para incineração em incinerador licenciado.

disp. Y: caso o gás esteja contido em torpedo ou cilindro, procure contactar o fabricante para descartá-lo.

ABREVIAÇÕES

Nome abreviado	Nome completo
Anal. Chem.	Analytical Chemistry
Analyst	Analyst
Angew. Chem.	Angewandte Chemie
Chem. Ber.	Berichte der deutschen chemischen Gesellschaft (Chemische Berichte)
B. P.	British Patent
Bull. Soc. Chim.	Bulletin de la Société Chimique de France
Chem. Abstr. (C. A.)	Chemical Abstracts
Chem. Eng. News	Chemical Engineering News
Chem. Revs.	Chemical Reviews
Chem. Zentr.	Chemisches Zentralblatt
Compt rend.	Comptes rendus hebdomadaires des sceances do l'académie des sciences.
D. R. P.	Deutsches Reiches Patent
Fr. P.	French Patent
Frdl.	Fortschritte der Teerfarbenfabrikation und verwandter Industriezweige
Ind. Eng. Chem.	Industrial and Engineering Chemistry
J. Am. Chem. Soc.	Journal of the American Chemical Society
J. Am. Pharm. Assoc, Sci. Ed.	Journal of the American Pharmaceutical Association, Scientific Edition
J. Chem. Phys.	Journal of Chemical Physics
J. Chem. Soc.	Journal of the Chemical Society
J. Chem. Phys.	Journal de Chimie Physique
J. Eletrochem. Soc.	Journal of the Electrochemical Society
J. Phys. Chem.	Journal of Physical Chemistry
J. Polymer Sci.	Journal of Polymer Science
J. prakt. Chem.	Journal für Praktische Chemie
J. Research NBS.	Journal of Research of the National Bureau of Standards
J. Soc. Chem. Ind.	Journal of the Society of Chemical Industry
Mikrochemie	Mikrochemie (vereinigt mit Mikrochimica Acta)
Monatsh. Chem.	Monatshefte für Chemie und verwandte Teil anderer Wissenschaften
Nature	Nature
Physik. A.	Physikalische Zeitschrift
Rec. trav. chim.	Recueil des travaux chimiques des Pays-Bas
Science	Science
Spectrochim Acta	Spectrochimica Acta
Swed. P.	Swedish Patent
U. S. P.	United States Patent
Z. Anal. Chem.	Zeitschrift für analytische Chemie
Z. Anorg. Chem.	Zeitschrift für Anorganische und Allgemeine Chemie
Z. Elektrochem.	Zeitschrift für Elektrochemie
Z. Physik. Chem.	Zeitschrift für Physikalische Chemie

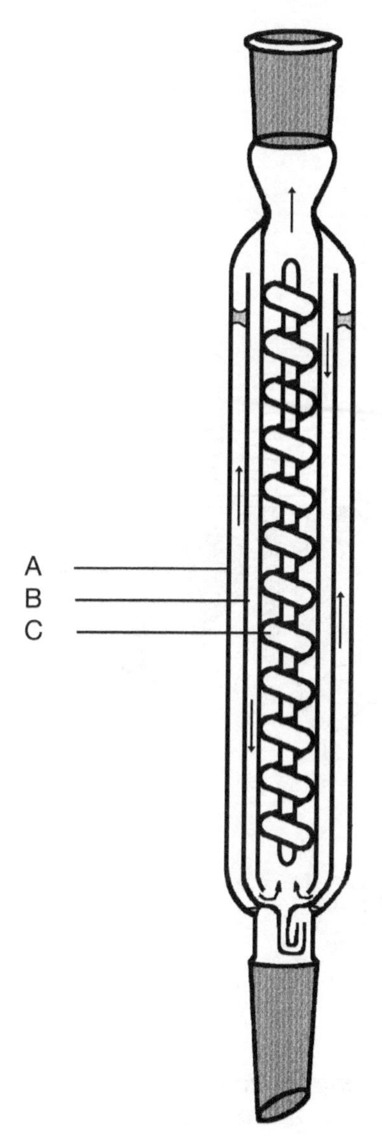

Figura I
Tubo de destilação fracionada de Widmer
O vapor sobe entre os tubos A e B, desce entre os tubos B e C; em seguida, sobe pela porta central em espiral alcançando o topo da coluna. Durante esta passagem, a destilação fracionada é efetuada pela troca de calor entre o líquido em refluxo e o vapor que é coletado após passar por um condensador.

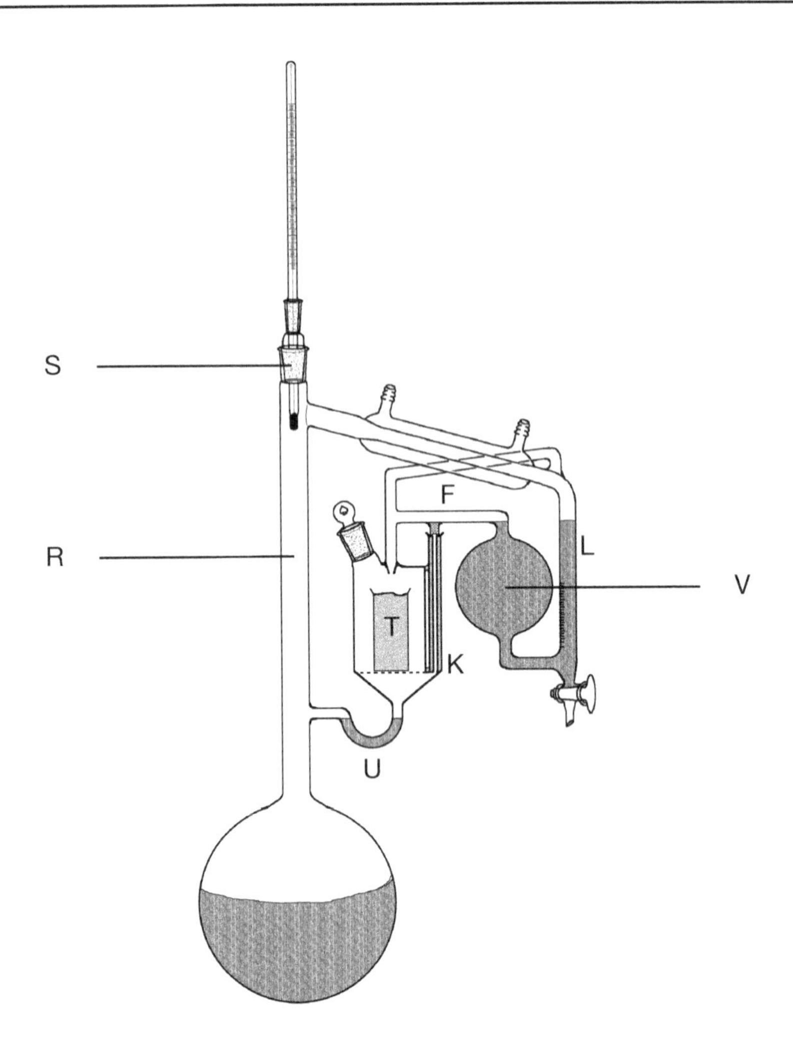

Figura II

Aparelho de Schupp para secagem de solvente

Pode-se secar eficientemente pelo aparelho de Schupp alguns solventes que não reagem com P_2O_5 *[6]. Coloca-se o solvente no balão, para secagem, através de S. O vapor do solvente passa por R, é esfriado no condensador e depositado em L e V. O líquido que foi depositado em L e V passa por F e é secado descendo pelo cilindro T que contém* P_2O_5*. Em seguida, volta para o balão passando por U. Deixa-se continuar esta operação de secagem e, após algum tempo, abre-se a torneira. Pode-se obter o solvente seco. O tubo K é um capilar para ligação atmosférica.*

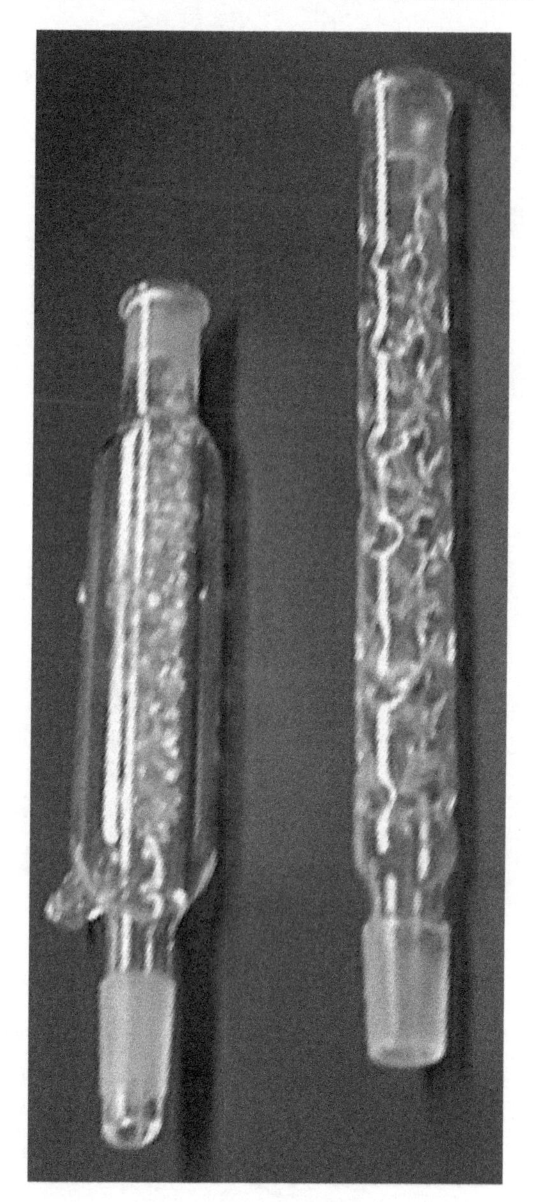

Figura III

Tubo de destilação fracionada de Vigreux

O tubo de Vigreux é um tubo de vidro cuja superfície apresenta reentrâncias que formam entre si ângulos de 90° ou 45°. Pode-se fazer facilmente as reentrâncias em laboratório, usando-se o bastão de carvão.

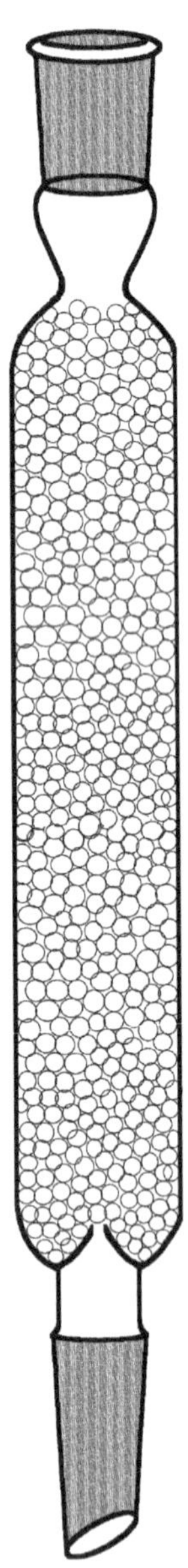

Figura IV
Tubo de destilação fracionada de Hempel
A parte principal é constituída por um tubo de Allihn que é preenchido com bolas de vidro de 4 mm de diâmetro. Este tubo de destilação tem boa eficiência para fracionamento.

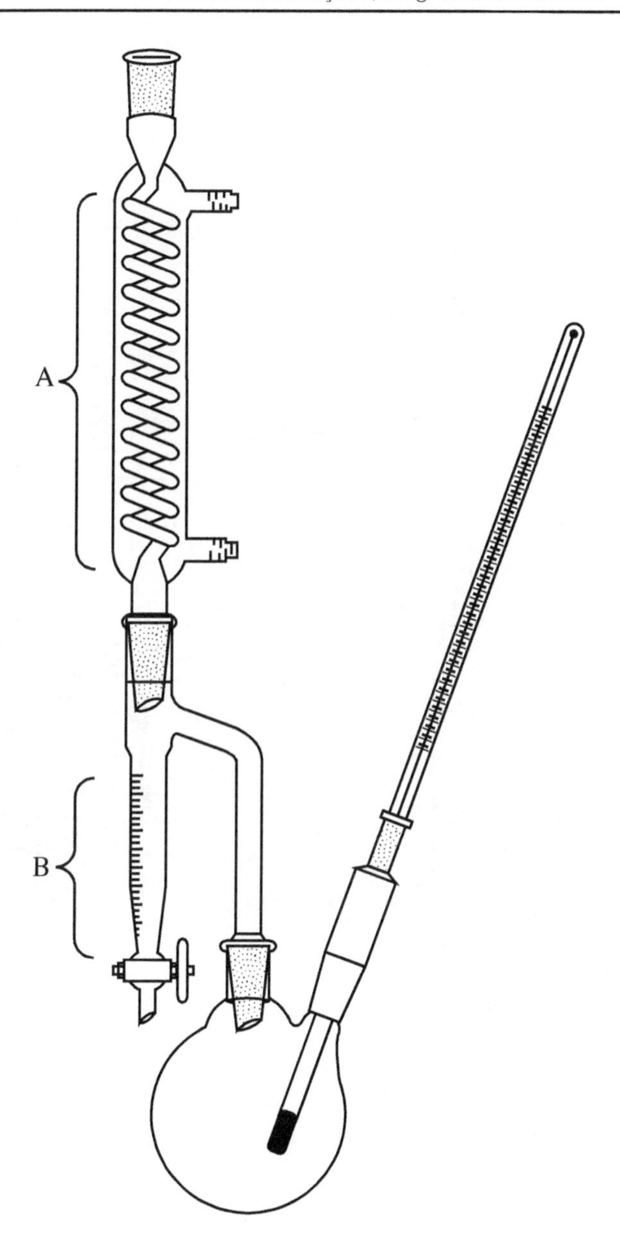

Figura V

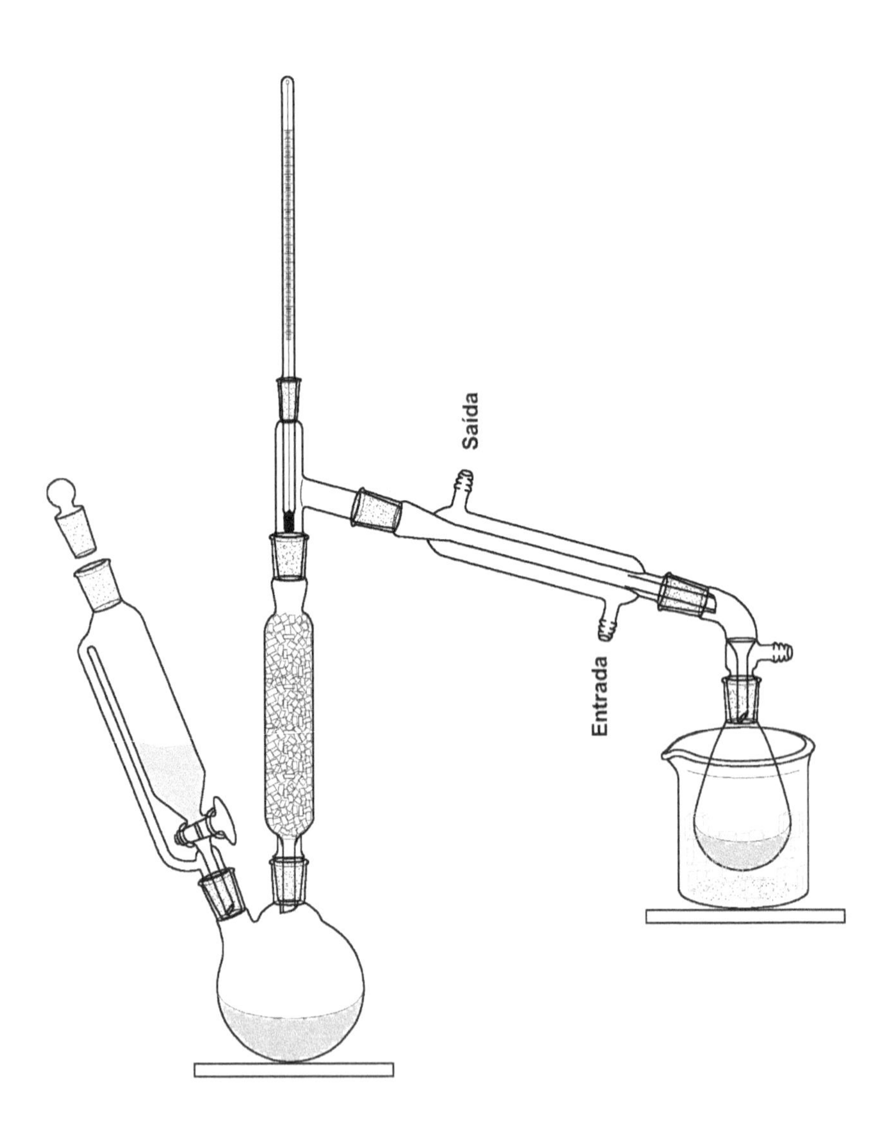

Figura VI

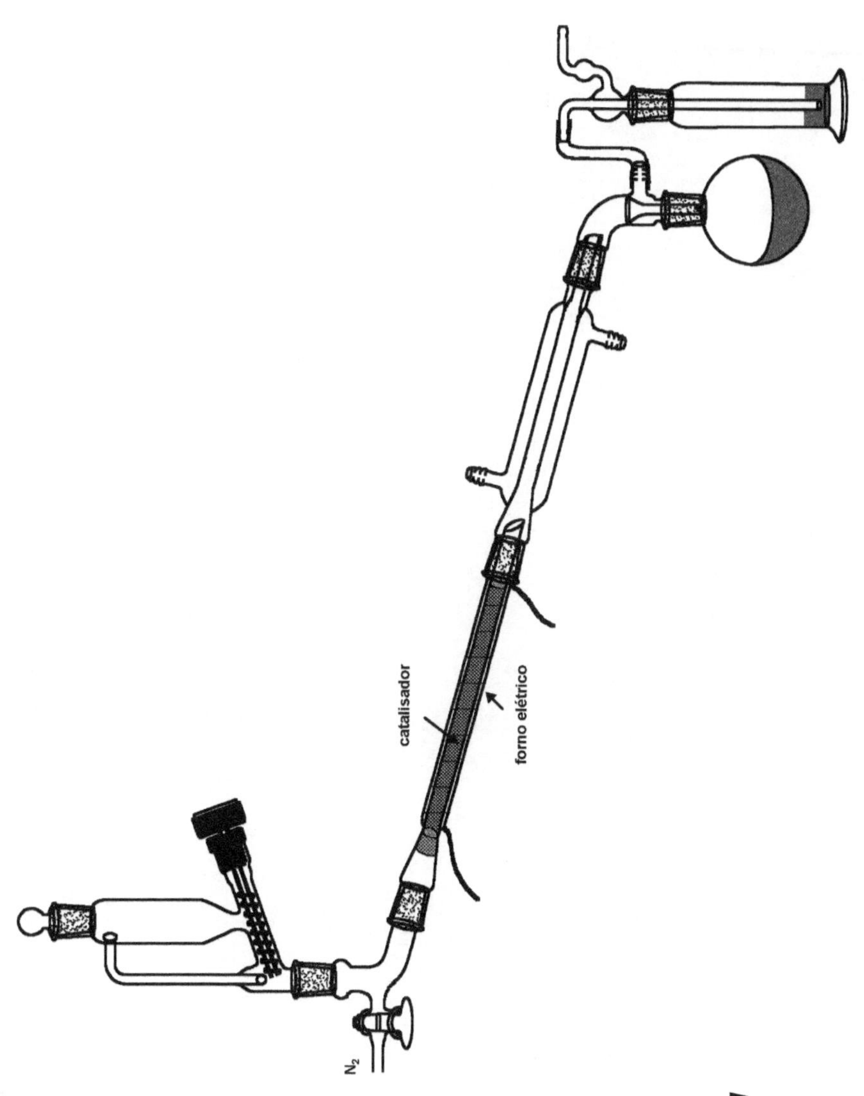

Figura VII

c a p í t u l o

I

REAGENTES INORGÂNICOS

preparo de soluções comuns

I.1 - SOLUÇÃO DE ACETATO DE AMÔNIO

Solução de acetato de amônio
(CH_3COONH_4, Eq.: 77,09)[6,15,32]

CH_3COONH_4 — *3N*: Dissolvem-se cerca de 230 g de acetato de amônio (**irritante; disp. A**) em água e levam-se a 1 litro.
O acetato de amônio é incolor, cristalino, deliquescente e é solúvel em água e álcool.
O produto industrial contém, freqüentemente, o ácido livre. Se esta solução for ácida, neutraliza-se com solução de hidróxido de amônio diluída.

I.2 - SOLUÇÃO DE ACETATO DE CÁLCIO

Uso em determinação quantitativa de fluoreto[15]

$(CH_3COO)_2Ca$ — *0,25N*: Dissolvem-se 12,51 g de carbonato de cálcio (**disp. O**) (pág. 43) em 500 mL de água e 75 mL de ácido acético glacial (**corrosivo; disp. C**), diluem-se com água até completar 1 litro.
Pode-se padronizar esta solução precipitando o oxalato de cálcio por adição de ácido oxálico e, em seguida, titulando-se com solução padrão de $KMnO_4$.
1 mL desta solução contém 5 mg de Ca.

I.3 - SOLUÇÃO DE ACETATO DE CHUMBO

I.3.1 - Solução de acetato de chumbo

[$Pb(C_2H_3O_2)_2 \cdot 3H_2O$, Eq.: 189,67][15]

$Pb(C_2H_3O_2)_2$ — *1N*: Dissolvem-se cerca de 190 g de acetato de chumbo (**tóxico, possível cancerígeno; disp. L**) em água e completa-se 1 litro.
Se tiver turvação branca, goteja-se ácido acético (**corrosivo; disp. C**) até ficar transparente.

$Pb(C_2H_3O_2)_2$ — *0,3M* (10%): Dissolvem-se cerca de 10 g de acetato de chumbo em 90 mL de água.
O acetato de chumbo é um cristal branco (ou agulha) e transparen-

te. Pode-se eliminar água de cristalização em dessecador com ácido sulfúrico. Quando absorve gás carbônico, torna-se difícil a dissolução em água.

$$3Pb(CH_3CO_2)_2 + 2CO_2 + 4H_2O = 2PbCO_3{\cdot}Pb(OH)_2 + 6CH_3COOH$$

Solubilidade em 100 g de água: 45,64 g (15°C) e 200 g (100°C) respectivamente, e a solução é fracamente alcalina. A solução diluída é ácida por causa da hidrólise.

$$(CH_3CO_2)_2Pb + H_2O = CH_3CO_2PbOH + CH_3COOH$$

É solúvel em glicerina e éter etílico.

O tetraacetato de chumbo [$Pb(CH_3COO)_4$] é instável, higroscópico e forma dióxido de chumbo (PbO_2), de cor marrom, pela hidrólise. Por isso é usado para determinação de umidade em gás. É pouco solúvel em solventes orgânicos (clorofórmio, tetracloreto de carbono, benzeno, etc).

I.3.2 – Método de padronização da solução de acetato de chumbo[15,24]

Pipetam-se 25 mL de solução de acetato de chumbo — 0,1N e diluem-se com água até 100 mL.
Aquece-se até ferver, adicionam-se 50 mL de solução $K_2Cr_2O_7$ — 0,1N e deixa-se ferver em banho-maria, agitando-se durante 10 minutos. Em seguida, dilui-se até 200 mL.

$$2Pb^{2+} + Cr_2O_7^{2-} + H_2O = 2PbCrO_4 + 2H^+$$

Filtra-se o precipitado amarelo de cromato de chumbo formado usando papel de filtro seco.

Dissolve-se o precipitado em ácido clorídrico (1:1), adicionam-se cerca de 20 mL de solução de KI a 10% e agita-se bem. Titula-se o iodo liberado com solução padrão de $Na_2S_2O_3$ — 0,1N.

$$PbCrO_4 + 2HCl = H_2CrO_4 + PbCl_2$$
$$2H_2CrO_4 + 6KI + 12HCl = 2CrCl_3 + 6KCl + 3I_2 + 8H_2O$$
$$1\text{ mL de } K_2Cr_2O_7 \text{ — } 0{,}1N = 10{,}84\text{ mg de } Pb(C_2H_3O_2)_2$$

I.3.3 – Preparação de solução de acetato de chumbo para uso em determinação qualitativa de dissulfeto de carbono (CS_2)[15]

Dissolvem-se 2,5 g de acetato de chumbo (**cancerígeno; disp. L**), 5 g de citrato de potássio e 75 g de hidróxido de sódio (**corrosivo, tóxico; disp. N**) em água e diluem-se até 150 mL. Esta solução é, também, chamada solução de plumbita.

I.3.4 – Preparação de solução neutra de acetato de chumbo para uso em determinação quantitativa de açúcar[15]

I.3.4.1 – Dissolvem-se 50 g de acetato de chumbo (**cancerígeno; disp. L**) em 100 mL de água, filtra-se (se necessário) e adiciona-se água até densidade relativa de 1,25. Se esta solução for ácida ou alcalina, então neutraliza-se com hidróxido alcalino ou ácido acético (**corrosivo; disp. C**), respectivamente.

I.3.4.2 – Colocam-se 12 g de acetato de chumbo, 6 g de óxido de chumbo (**tóxico; disp. O**) em pó em 40 mL de água e deixa-se decantar durante 2 a 3 dias ou aquece-se um pouco e deixa-se decantar durante diversas horas. Em seguida, filtram-se as impurezas.

I.3.5 – Preparação de solução neutra de acetato de chumbo para uso em determinação do valor de tiocianato em gordura[15]

I.3.5.1 – Dissolvem-se 50 g de KSCN (**tóxico; disp. N**) ou 20 g de NH_4 SCN (**tóxico, irritante; disp. N**) em 100 mL de água. Adiciona-se solução de acetato de chumbo (50 g dissolvidas em 100 mL de água) na solução acima mencionada e deixa-se precipitar o tiocianato de chumbo ($Pb(SCN)_2$). Filtra-se o precipitado com funil de Buchner, lava-se com água, álcool e éter sulfúrico (**inflamáveis!**), nessa ordem. Elimina-se água a vácuo ou com duas chapas porosas. Seca-se em dessecador com P_2O_5 durante 8 a 10 dias. O tiocianato de chumbo seco deverá ser incolor ou amarelo bem fraco. [N. R. – Este sal pode ser adquirido já preparado de fornecedores]. Despejam-se 10 g deste sal de chumbo em 100 mL de ácido acético glacial (**corrosivo; disp. C**), agita-se bem e em seguida, adiciona-se, gradativamente, a solução de 1 mL de bromo

(**muito tóxico, oxidante; disp. J**) em 100 mL de ácido acético glacial (**corrosivo; disp. C**), agitando-se continuamente.
Assim, deixa-se precipitar o brometo de chumbo, filtra-se a vácuo e filtra-se a solução filtrada com funil de Buchner mais uma vez. Esta solução deve ficar transparente. Coloca-se num vidro escuro e guarda-se em lugar fresco a 18 a 21°C.

I.3.5.2 – Adicionam-se 15 g de tiocianato de chumbo (**tóxico; disp. N**) em 250 mL de ácido acético glacial (**corrosivo; disp. C**) e deixa-se decantar durante 8 horas em lugar escuro. Em seguida, adicionam-se 150 mL de ácido acético glacial, 100 mL de tetracloreto de carbono (**tóxico, cancerígeno; disp. B**; N. R. solvente de uso restrito. Deve-se estudar a possibilidade de substituí-lo por outro.) e 1,32 mL de bromo, agita-se bem até perder a cor e filtra-se.
Esta solução é, também, chamada solução de tiocianato de chumbo ou reagente de Kaufmann.

I.3.6 – Preparação de solução básica de acetato de chumbo para uso em determinação quantitativa de glicerina[15]

Adicionam-se 10 g de PbO (**oxidante, irritante; disp. O**) em solução aquosa de ácido acético a 10%, deixa-se ferver em refluxo durante 1 hora e filtra-se após resfriamento. Esta solução é, também, chamada solução de subacetato de chumbo.

I.3.7 – Preparação de solução padrão de subacetato de chumbo (farmacopéia)[15,28]

I.3.7.1 – Amassam-se 14 g de PbO (**oxidante, irritante; disp. O**) com 10 mL de água, transfere-se a mistura para um recipiente de vidro usando-se mais 10 mL de água.
Dissolvem-se 22 g de acetato de chumbo (**cancerígeno; disp. L**) em 70 mL de água e adicionam-se à mistura de PbO. Em seguida, agita-se vigorosamente durante 5 minutos, deixa-se decantar durante 7 dias agitando-se de vez em quando e, então, filtra-se. Dilui-se com água recém-fervida até completar a 100 mL.

I.3.7.2 – Solução diluída de subacetato de chumbo[15]. Diluem-se 4 g da solução padrão de subacetato de chumbo acima preparada com água recém-fervida até 100 mL.

I.3.8 - Preparação de solução de acetato de chumbo para uso em identificação de fibra[15]

Prepara-se uma solução aquosa de acetato de chumbo a 5%.

I.3.9 - Preparação de solução de acetato de chumbo para uso em determinação colorimétrica quantitativa de H_2S[15]

Dissolvem-se 1g de acetato de chumbo (**cancerígeno; disp. L**), 2,5g de sal Rochelle e 5g de hidróxido de sódio (**corrosivo, tóxico; disp. N**) em água e completa-se 100 mL.

A finalidade da adição de sal Rochelle (tartarato de potássio e sódio, pág. 137) nesta solução é evitar a formação de precipitado de cálcio ou magnésio. Esta solução reage com água que contém H_2S e fica marrom.

I.3.10 - Preparação de solução de acetato de chumbo amoniacal para uso como indicador na determinação quantitativa de enxofre[15]

Misturam-se 1 volume de solução de hidróxido de amônio (**d: 0,9**) e 4 volumes de solução aquosa de acetato de chumbo hidratado a 5%.

I.3.11 - Preparação de solução tampão de acetato de chumbo para uso em determinação quantitativa de molibdênio[15]

Dissolvem-se 20 g de acetato de chumbo (**cancerígeno; disp. L**) em 69 mL de água e misturam-se 137 mL de NH_4OH (**d:0,9; corrosivo, tóxico; disp. N**), 225 mL de ácido acético a 50% e 69 mL de ácido clorídrico concentrado (**corrosivo; disp. N**). Deixa-se decantar durante uma noite e filtram-se as impurezas.

I.3.12 - Papel reativo de acetato de chumbo[15,31]

Mergulham-se pedaços de papel filtro numa solução aquosa de acetato de chumbo a 10% (ou solução aquosa alcalina de acetato de chumbo) e seca-se.

I.4 – SOLUÇÃO DE ACETATO DE POTÁSSIO

Solução de acetato de potássio
(CH_3COOK, Eq.: 98,146)[15,32]

CH_3COOK — 1*N* *(10%)*: Dissolvem-se cerca de 10 g de acetato de potássio (**disp. A**) em 90 mL de água.

I.5 – SOLUÇÃO DE ACETATO DE SÓDIO

I.5.1 – Solução de acetato de sódio ($CH_3COONa·3H_2O$, Eq.: 136,085)[15,32]

CH_3COONa — *2,5N*: Dissolvem-se cerca de 136 g de acetato de sódio (**disp. A**) em água e levam-se a 400 mL.

CH_3COONa — *2N*: Dissolvem-se cerca de 27 g de acetato de sódio em água e completam-se 100 mL.

CH_3COONa — *1N*: Dissolvem-se cerca de 136 g de acetato de sódio em água e completam-se 1 litro.
O acetato de sódio cristaliza em agulhas brancas.

I.5.2 – Preparação de solução de sal de ácido acético para uso em extração de chumbo.

Gotejam-se 2,5 mL de ácido acético glacial (**corrosivo; disp. C**) em 100 mL de solução aquosa de acetato de sódio (ou acetato de amônio) a 25%.

I.6 – SOLUÇÃO DE ACETATO DE ZINCO

Solução de acetato de zinco
[$Zn(CH_3CO_2)_2·2H_2O$, P.M.= 219,50][15,32]

$Zn(CH_3CO_2)_2$ — *0,5 M (10%)*: Dissolvem-se 10 g de cristais brancos de acetato de zinco (**tóxico, irritante; disp. L**) em 90 mL de água.
Esta solução é fracamente ácida. Se for fortemente ácida, goteja-se solução de hidróxido de amônio até formar uma turvação fraca e filtra-se.

I.7 - SOLUÇÃO DE ÁCIDO ARSENOSO

I.7.1 – Solução de ácido arsenoso (óxido de arsênio) (As_2O_3, P.M. : 197,84; Eq.: 32,97 e 49,455)[15,32]

As_2O_3 — *0,1N* (*Solução padrão*): Aquece-se o ácido arsenoso puro (**muito tóxico, possível cancerígeno; disp.L**) a 110°C durante 2 horas e, em seguida, deixa-se secar completamente em dessecador.
Pesam-se exatamente 4,946 g de As_2O_3 seco e deixa-se dissolver em cerca de 40 mL de solução fria de hidróxido de sódio-1N.
Neutraliza-se com HCl-1N ou ácido sulfúrico (1:3) usando fenolftaleína como indicador até ficar neutra ou fracamente ácida e, então, leva-se o volume até 1 litro, a 15°C.
Na titulação desta solução com solução de iodo, adicionam-se mais 20 g de bicarbonato de sódio ($NaHCO_3$).
O ácido arsenoso anidro é um pó branco, estável ao ar, mas, sublima-se a 200°C.
É solúvel em hidróxidos alcalinos, carbonatos alcalinos, glicerina, água, álcool e éter. A solubilidade em água é 1,7 g/100g (16°C).

I.7.2 – Método de purificação do produto comercial

Recristaliza-se em HCl (1:1) e em seguida em água.
Se for usado o material puro para preparação de solução — *0,1N*, não é necessário padronizar, pode-se usar como solução padrão primária e é estável durante longo tempo.

I.7.3 – A equivalência do H_3AsO_3 é 1/2 molar mas, no caso de As_2O_3, usa-se 1/4 molar como equivalente.

$$H_3AsO_3 + H_2O = H_3AsO_4 + 2H^+ + 2\,e^-$$
$$As_2O_3 + 5H_2O = 2H_3AsO_4 + 4H^+ + 4\,e^-$$
$$\text{Ou } As_2O_3 + 2O = As_2O_5$$

I.7.4 – Métodos de padronização de solução 0,1N

Pode-se usar bromato de potássio, permanganato de potássio ou solução padrão de iodo.
Se esta solução é a solução padrão primária, pode ser usada para padronizar as soluções acima descritas.

I.7.4.1 – Na padronização com bromato de potássio, misturam-se 25 mL (exatamente) da solução com 25 mL de água destilada, 15 mL de ácido clorídrico concentrado (**corrosivo; disp. N**) e 1 mL de solução de alaranjado de metila a 0,1% e titula-se com solução padrão de $KBrO_3$ — 0,1N mantendo-se a temperatura da solução entre 40°C e 60°C até desaparecimento da cor vermelha.

$$As_2O_3 + 3H_2O = 2H_3AsO_3$$
$$3H_3AsO_3 + KBrO_3 = KBr + 3H_3AsO_4$$
$$KBrO_3 + 5KBr + 6HCl = 6KCl + 3Br_2 + 3H_2O$$

O ponto final da titulação é o momento em que se libera o bromo formado e a solução fica incolor.
Esta reação é irreversível.

1 mL de $KBrO_3$ — 0,1N = 4,946 mg de As_2O_3

I.7.4.2 – Na padronização com permanganato de potássio, misturam-se 25 mL de solução com 25 mL de água destilada, 25 mL de ácido clorídrico concentrado (**corrosivo; disp. N**) e uma gota de solução de iodeto de potássio (0,41 g de KI (**disp. N**) em 1 L de água) e então, titula-se com solução padrão de $KMnO_4$ 0,1N até que a cor rósea seja mantida durante 30 segundos. Neste caso, o iodeto de potássio é um catalisador e é necessário fazer a prova em branco.

$$5As_2O_3 + 4KMnO_4 + 12HCl = 5As_2O_5 + 4MnCl_2 + 4KCl + 6H_2O$$

1 mL de $KMnO_4$ — 0,1N = 4,946 mg de As_2O_3

I.7.5 – 1 mL de As_2O_3 — 0,1N equivale a:

2,783 mg de $KBrO_3$

4,346 mg de MnO_2

3,5457 mg de Cl_2: $2CaCl(OCl) + As_2O_3 = 2CaCl_2 + As_2O_5$

2,556 mg de H_2S: $3H_2S + As_2O_3 = As_2S_3 + 3H_2O$

11,5 mg de KIO_4: $KIO_4 + 2KI + H_2O = 2KOH + KIO_3 + I_2$

I.7.6 – Solução padrão de ácido arsenoso[31]

Dissolve-se 1 g de ácido arsenoso puro em 25 mL de solução de hidróxido de sódio a 20%, deixa-se ferver uma vez, adicionam-se 500 mL de água destilada isenta de ar e acidifica-se fracamente com ácido clorídrico diluído ou ácido sulfúrico diluído. Em seguida, adiciona-se mais água, isenta de ar, até completar o volume total de 1 litro.
1 mL desta solução contém 1 mg de As_2O_3.

I.8 - SOLUÇÃO DE ÁCIDO BÓRICO

I.8.1 - Solução de ácido bórico (H_3BO_3; Eq.: 61,83)[15,32]

H_3BO_3 — *0,1 N* (*solução padrão*): Seca-se o ácido bórico puro (**irritante; disp. N**) em dessecador de ácido sulfúrico (**oxidante, corrosivo; disp. N**) durante 5 horas, pesam-se exatamente 6,19 g, deixa-se dissolver em água e completa-se o volume total até 1 litro a 15°C.
Pode-se, também, fundir o ácido bórico puro em cadinho de platina, quebrar o B_2O_3 formado a quente e pesar 3,49 g procedendo-se, então, da mesma forma anterior.
O ácido bórico é um pó incolor ou branco e forma ácido meta-bórico ou ácido tetra-bórico pelo aquecimento.

$$H_3BO_3 = HBO_2 + H_2O\ (> 100°C)\ 4HBO_2 = H_2B_4O_7 + H_2O\ (> 140°C)$$

Pode-se obter uma substância vítrea (B_2O_3) transparente pela fusão. O ácido bórico é estável ao ar e 100 g de água (20°C) dissolvem 5,14 g , dando uma solução ácida fraca.

$$H_3BO_3 = H^+ + H_2BO_3^-$$

É solúvel em álcool e glicerina.

I.8.2 - Método de padronização da solução 0,1N[24,39]

Pode-se padronizar esta solução com solução padrão de NaOH 0,1N — até ficar cor de rosa usando manita (0,2 a 0,6 g/10 mL da solução para titular) ou glicerina (2 a 6 mL/10 mL da solução para titular) e fenolftaleína como indicador.

$$H_3BO_3 + NaOH = NaBO_2 + 2H_2O$$
$$1\ mL\ de\ NaOH — 0{,}1N = 6{,}184\ mg\ de\ H_3BO_3$$

A quantidade de equivalência do ácido bórico é 1 molar conforme a equação acima descrita.
Usa-se a glicerina neutra para deixar o ponto final de titulação bem nítido ou então a manita purificada por recristalização em álcool. Pode-se fazer a prova em branco para evitar erros. Quando existe, além do ácido bórico, outro ácido inorgânico, adiciona-se excesso de KI e KIO_3 e titula-se o iodo liberado com solução de tiossulfato de sódio como tratamento preliminar da titulação.

I.9 – SOLUÇÃO DE ÁCIDO CLORÍDRICO

I.9.1 – Solução de ácido clorídrico (HCl, Eq.: 36,465)[15,24,32]

Ácido clorídrico concentrado (12N-HCl), d:1,18, 37,2%): Produto comercial

HCl — *6N (20,10%)* HCl (1:1): certo volume de ácido clorídrico concentrado (**corrosivo; disp. N**) é diluído com água até o dobro do volume original.

HCl — *3N (d:l,05, 10%)* HCl (1:3): certo volume de ácido clorídrico concentrado é diluído com água até ficar com quatro vezes o volume original.

HCl — *2N (7,15%)*: Adiciona-se água em 17 mL de ácido clorídrico concentrado e completa-se o volume a 100 mL.

I.9.2 – Tabela de relação entre concentração e densidade relativa (15°C) do ácido clorídrico. (Lunge, Marchlewski)[32,15]

Densidade relativa (d_4 15)	Concentração (N)	%	g/L	Densidade relativa (d_4 15)	Concentração (N)	%	g/l
1,005	0,32	1,15	12	1,100	6,03	20,01	220
1,010	0,60	2,14	22	1,110	6,66	21,92	243
1,015	0,88	3,12	32	1,120	7,32	23,82	267
1,020	1,15	4,13	42	1,130	7,97	25,75	291
1,030	1,73	6,15	63	1,140	8,63	27,66	315
1,040	2,33	8,16	85	1,150	9,32	29,57	340
1,050	2,93	10,17	107	1,160	10,02	31,52	366
1,055	3,23	11,18	118	1,170	10,72	33,46	391
1,060	3,53	12,19	129	1,175	11,08	34,42	404
1,070	4,17	14,17	152	1,180	11,47	35,39	418
1,080	4,77	16,15	174	1,190	12,13	37,23	443
1,090	5,40	18,11	197	1,200	12,87	39,11	469

I.9.3 - HCl — 0,1 N (solução padrão)[39]

Diluem-se 8,5 mL de ácido clorídrico concentrado (**corrosivo; disp. N**) com água até 1 litro.

I.9.3.1 - Pode-se preparar esta solução 0,1N calculando-se a relação entre concentração do ácido e densidade relativa.
Se a densidade relativa de ácido clorídrico concentrado comercial for 1,185, então, a concentração deste ácido é 11,8N (36,31%) de acordo com a tabela acima descrita.
1 mL deste ácido contém 0,430 g de HCl (= 1,185 X 0,3631) e 1 litro de HCl-0,1N contém 3,646 g de HCl. Conseqüentemente, o volume necessário de HCl concentrado é 3,646 ÷ 0,430 = 8,5 mL.
Esta solução é relativamente estável excetuando-se a dissolução do recipiente vítreo.

I.9.3.2 - É necessário padronizar esta solução para usar como solução padrão, usando-se solução padrão de hidróxido alcalino, carbonato alcalino, nitrato de prata ou bórax. A solução mais usada é a solução padrão de carbonato de sódio. Isto é, misturam-se 25 mL (exatamente) de solução padrão de carbonato de sódio - 0,1N, e solução de alaranjado de metila ou vermelho de metila como indicador, em seguida, titula-se gotejando-se solução de ácido clorídrico até ficar levemente vermelha.

$$Na_2CO_3 + 2HCl = 2NaCl + CO_2 + H_2O$$

Recomenda-se aquecer e agitar o frasco a fim de eliminar o gás carbônico formado e colocar o indicador.

$$1 \text{ mL de } Na_2CO_3 — 0,1N = 3,647 \text{ mg de HCl}$$

I.9.3.3 – 1 mL de solução padrão de HCl—0,1N equivale aos seguintes materiais:[28,29]

Substâncias	*mg*	*Substâncias*	*mg*
Na_2CO_3	5,2995	Sr	4,382
NaOH	3,999	SrO	5,182
$NaNO_3$	8,501	$SrCO_3$	7,382
KOH	5,610	HgO	10,83
K_2CO_3	6,9105	$Hg(CN)_2$	12,632
$KHCO_3$	10,011	AgCl	14,334
Ca	2,0	$Na_2B_4O_7$*	10,063
CaO	2,804	$CO(NH_2)2$	3,003
$Ca(OH)_2$	3,705	Emetina	24,03
$CaCO_3$	5,00	Benzoato de sódio	14,41
CO_2	2,2	Salicilato de sódio	16,01
N	1,401	Efedrina anidra	16,52
Ba	6,87	Morfina	28,53
BaO	7,65	Alcalóides totais da quina	30,94
$BaCO_3$	9,87		

(*) $Na_2B_4O_7 \cdot 10H_2O + 2HCl = 2NaCl + 4H_3BO_3 + 5H_2O$.

I.9.4 – Solubilidade em ácido clorídrico

O ácido clorídrico dissolve os carbonatos ou óxidos de Ca, B, Fe, Zn, Sn, P, Ti, U, etc.
O ácido misto de ácido clorídrico e oxidante (HNO_3 ou $KClO_3$) dissolve as ligas de Al, Bi, Cu ou ferros de Cr, Co, Ni, Ti, B, Si e também os sulfatos de Cu, Pd, Ce, Mo, V, Zn, etc.
O ácido misto (mistura de ácido clorídrico concentrado e ácido sulfúrico concentrado em proporção de 2:1) dissolve ouro e platina.

I.9.5 – Solução padrão de ácido clorídrico

Dilui-se 1 volume de ácido clorídrico concentrado com 5 volumes de água.
1 mL desta solução (**d: 1,035**) contém 0,074 g de HCl e equivale a 0,21 g de Ag.

I.9.6 – Preparação de solução de ácido clorídrico-sulfuroso para uso em determinação quantitativa de selênio em cobre

Deixa-se saturar o ácido clorídrico concentrado (**d: 1,19; corrosivo; disp. N**) com gás sulfuroso (**corrosivo; disp. Y**).

I.9.7 – Método de identificação de cloro livre em ácido clorídrico

Diluem-se 5 mL de ácido (**corrosivo; disp. N**) concentrado com água e levam-se a 10 mL. Adicionam-se 5 mL de solução de amido, diversas gotas de solução de iodeto de potássio a 5% e 1 mL de ácido sulfúrico (1:1). A coloração azul da solução indica a existência do cloro livre. Pode-se determinar quantitativamente pelo método colorimétrico.

I.10 – SOLUÇÃO DE ÁCIDO FLUORÍDRICO

I.10.1 – Solução de ácido fluorídrico (HF, Eq.:20,01)[15,32]

HF — 38 a 48%: Produto comercial (**corrosivo; disp. F**)

O ácido fluorídrico é um líquido incolor, fumegante e mistura-se bem com água ou álcool. Reage com os compostos de silício.

$$SiO_2 + 4HF = SiF_4 + 2H_2O$$

Conserva-se esta solução num recipiente de chumbo ou parafina tampando-se bem. [N. R. – normalmente embalado em recipiente de Teflon].

I.10.2 – Método de padronização da solução de ácido fluorídrico

Mistura-se com ácido acético (**corrosivo; disp. C**) e deixa-se precipitar o fluoreto de cálcio (CaF_2) por adição de solução de acetato de cálcio. Em seguida, deixa-se formar o oxalato de cálcio por adição de oxalato de sódio. Titula-se o cálcio, que equivale ao flúor, com solução padrão de permanganato de potássio.

$$5CaC_2O_4 + 2KMnO_4 + 8H_2SO_4 = 5CaSO_4 + K_2SO_4 + \\ + 2MnSO_4 + 10CO_2 + 8H_2O$$

$$1 \text{ mL de } KMnO_4 — 0{,}1N = 1{,}9 \text{ mg de F} = 2{,}0 \text{ mg de Ca}$$

I.10.3 – Tabela de relação entre concentração e densidade relativa (20°C) do ácido fluorídrico[15,32]

%	*Densidade relativa* (d_4^{20})	%	*Densidade relativa* (d_4^{20})	%	*Densidade relativa* (d_4^{20})
2	1,005	20	1,070	38	1,123
4	1,012	22	1,077	40	1,128
6	1,021	24	1,084	42	1,134
8	1,028	26	1,090	44	1,139
10	1,036	28	1,096	46	1,144
12	1,043	30	1,102	48	1,150
14	1,050	32	1,107	50	1,155
16	1,057	34	1,114		
18	1,064	36	1,118		

I.11 – SOLUÇÃO DE ÁCIDO FOSFÓRICO

I.11.1 – Solução de ácido fosfórico (H_3PO_4, Eq.: 98,00; 49,00; 32,00)[15,32]

Ácido fosfórico concentrado (d: 1,7, 85%): Produto comercial. (**corrosivo; disp. N**)

H_3PO_4 — 6N (d: 1,11, 19,6%): Diluem-se 135 mL de ácido fosfórico concentrado com água e levam-se a 1 litro.
H_3PO_4 — 0,1 N: Diluem-se 2 mL de ácido fosfórico concentrado com água e levam-se a 1 litro.

I.11.2 – Tabela de relação entre concentração e densidade relativa (17,5°C) do ácido fosfórico[15]

Densidade relativa ($d_4^{17,5}$)	P_2O_5 %	H_3PO_4 %	*Densidade relativa* ($d_4^{17,5}$)	P_2O_5 %	H_3PO_4 %
1,017	2,5	3,44	1,422	43,0	59,23
1,062	8,0	11,02	1,476	47,0	64,75
1,100	12,5	17,22	1,551	52,0	71,63
1,150	18,0	24,80	1,629	57,0	78,52
1,198	23,0	31,68	1,693	61,0	84,03
1,249	28,0	38,57	1,725	63,0	86,79
1,303	33,0	45,46	1,775	66,0	90,92
1,359	38,0	52,35	1,809	68,0	93,67

I.11.3 – Métodos de padronização do ácido fosfórico – 0,1N

I.11.3.1 – Método gravimétrico

Adiciona-se ácido nítrico (**oxidante, corrosivo; disp.N**) em solução de ácido fosfórico – 0,1N e em seguida solução de molibdato de amônio (**irritante; disp. J**).

Deixa-se precipitar o fosfomolibdato de amônio amarelo e dissolve-se este precipitado em solução de hidróxido de amônio (**corrosivo, tóxico; disp. N**). Em seguida, deixa-se reagir com solução mista de magnésia e aquece-se o precipitado formado.

Pesa-se como pirofosfato de magnésio.

$$H_3PO_4 + 12(NH_4)_2MoO_4 + 21HNO_3 = (NH_4)_3PO_4 \cdot 12MoO_3 +$$
$$+ 21NH_4NO_3 + 12H_2O$$
$$(NH_4)_3PO_4 12MoO_3 + 24NH_4OH = (NH_4)_3PO_4 +$$
$$+ 12(NH_4)_2MoO_4 + 12H_2O$$
$$2MgNH_4PO_4 = Mg_2P_2O_7 + 2NH_3 + H_2O \quad Mg_2P_2O_7$$
$$X\ 0{,}8806 = H_3PO_4$$

I.11.3.2 – Método volumétrico

Dissolve-se o precipitado amarelo de fosfomolibdato de amônio em solução padrão de NaOH – 0,1N e titula-se o excesso de hidróxido de sódio com ácido padronizado usando fenolftaleína como indicador.

$$2(NH_4)_3PO_4 \cdot 12MoO_3 + 46NaOH =$$
$$= 2(NH_4)_2HPO_4 + (NH_4)_2MoO_4 + 23Na_2MoO_4 + 22H_2O$$
$$NaOH + HNO_3 = NaNO_3 + H_2O$$
$$1\ mL\ de\ NaOH — 0{,}1N = 0{,}490\ mg\ de\ H_3PO_4$$

I.11.4 – Quando for titulado simplesmente com solução de hidróxido de sódio, o ponto final da neutralização varia com o tipo de indicador[24]

$$H_3PO_4 + NaOH = NaH_2PO_4 + H_2O \text{ (Alaranjado de metila)}$$
$$1\ mL\ de\ NaOH — 0{,}1N = 9{,}8\ mg\ de\ H_3PO_4$$
$$H_3PO_4 + 2NaOH = Na_2HPO_4 + 2H_2O \text{ (Fenolftaleína)}$$
$$1\ mL\ de\ NaOH — 0{,}1N = 4{,}9\ mg\ de\ H_3PO_4$$

I.12 – SOLUÇÃO DE ÁCIDO HIPOCLOROSO

I.12.1 – Solução de ácido hipocloroso (HClO, P.M. = 52,4; Eq.: 26,2)[15,32]

I.12.1.1 – Métodos de preparação
Dissolvem-se 50 g de $NaHCO_3$ (**disp. N**) em 600 mL de água, esfria-se esta solução com gelo e passa-se o gás cloro (**tóxico, oxidante; disp K**) agitando-se a solução continuamente até ficar isenta de íon carbonato (CO_3^{2-}).

I.12.1.2 – Passa-se o gás cloro em solução de hidróxido de potássio, decompõe-se o hipoclorito de potássio pelo ácido nítrico (**oxidante, corrosivo; disp. N**) e em seguida, destila-se.

$$2KOH + Cl_2 = KCl + KClO + H_2O; \; KClO + HNO_3 = HClO + KNO_3$$

A solução condensada de ácido hipocloroso (**oxidante, corrosivo; disp. J**) é amarela mas a solução diluída toma-se incolor.
É facilmente decomposto pela luz e calor.

$$2HClO = Cl_2O + H_2O,$$
$$Cl_2O = Cl_2 + O$$

I.13 – SOLUÇÃO DE ÁCIDO NÍTRICO

I.13.1 – Solução de ácido nítrico (HNO_3, Eq.: 63,016; 21,005)[6,15,32]

Ácido nítrico fumegante ($HNO_3 + NO_2$, d:1,48): Produto comercial.

Ácido nítrico concentrado (HNO_3 — 16N, d: 1,42, 69,3%): Produto comercial. (**oxidante, corrosivo; disp. N**)

Ácido nítrico diluído (HNO_3 — 6N, d:1,2, 37,5%): Diluem-se 375 mL de ácido nítrico concentrado com água e leva-se a 1 litro.

HNO_3 — 2N(d: 1,070, 11,8%): Diluem-se 125 mL de ácido nítrico concentrado com água e levam-se a 1 litro.

HNO_3 — 0,1N (solução padrão): Diluem-se 6,5 mL de ácido nítrico concentrado com água e levam-se a 1 litro.

I.13.2 – Tabela de relação entre concentração e densidade relativa (15°C) do ácido nítrico[15,32]

Densidade relativa (d_4^{15})	*N_2O_5 (%)*	*HNO_3 (%)*	*HNO_3 (g/L)*	*Densidade relativa* (d_4^{15})	*N_2O_5 (%)*	*HNO_3 (%)*	*HNO_3 (g/L)*
1,000	0,08	0,10	1	1,380	52,52	61,27	846
1,045	6,97	8,13	85	1,390	54,20	63,23	879
1,095	13,99	16,32	179	1,400	55,97	65,30	914
1,140	19,98	23,31	266	1,420	59,83	69,30	991
1,160	22,60	26,36	306	1,430	61,86	72,17	1032
1,180	25,18	29,38	347	1,450	66,24	77,28	1121
1,200	27,74	32,36	388	1,470	71,06	82,90	1219
1,220	30,24	35,28	430	1,480	73,76	86,05	1274
1,240	32,82	38,29	475	1,490	76,80	89,60	1335
1,260	35,44	41,34	521	1,500	80,65	94,09	1411
1,280	38,07	44,41	568	1,505	82,63	96,39	1451
1,300	40,71	47,49	617	1,510	84,09	98,10	1481
1,320	43,47	50,71	669	1,515	84,92	99,07	1501
1,350	47,82	55,79	753	1,520	85,44	99,67	1515

I.13.3 – Método de padronização da solução de ácido nítrico — 0,1N

I.13.3.1 – Método de nitrona

Adiciona-se solução de acetato de nitrona e deixa-se precipitar o nitrato de nitrona ($C_{20}H_{16}N_4 \cdot HNO_3$). Lava-se com água gelada, seca-se a 110°C e pesa-se.

$$C_{20}H_{16}N_4 \cdot HNO_3 \times 0{,}168 = HNO_3$$

I.13.3.2 – Método de redução pelo sulfato ferroso.

Em ácido sulfúrico, ocorre, principalmente, a seguinte reação:

$$4FeSO_4 + 2HNO_3 + 2H_2SO_4 = 2Fe_2(SO_4)_3 + N_2O_3 + 3H_2O$$

Por outro lado a presença de H_3AsO_4 ou H_3PO_4 causará a redução de ácido nítrico até NO, e a reação será

$$6FeSO_4 + 2HNO_3 + 3H_2SO_4 = 3Fe_2(SO_4)_3 + 2NO + 4H_2O$$

Nesta reação, a equivalência de ácido nítrico é 1/3 molar.

A existência de oxidante como $HClO_3$, HIO_3, HBrO dará maior valor de consumo de sulfato ferroso e não se poderá obter um resultado exato.

I .13.3.3 – Método de neutralização pelo álcali
Titula-se com solução padrão de NaOH-0,1N usando fenolftaleína como indicador (não se pode usar o alaranjado de metila porque é decomposto pelo ácido nítrico).
Se contém outros ácidos como impurezas, o resultado de titulação será calculado como ácidos totais.

$$HNO_3 + NaOH = NaNO_3 + H_2O$$
$$1 \text{ mL de NaOH} — 0{,}1N = 6{,}3016 \text{ mg de } HNO_3$$

I.13.4 – Solubilidade em ácido nítrico

O ácido nítrico é um solvente e também um oxidante. Dissolve os seguintes metais e ligas

(Bi, Cd, Co, Cu, Pb, Mn, P, Si-Mn, Fe — Mn, Fe — Mo, Fe — Ti).

Pode-se dissolver a liga de óxido de vanádio — tungstênio, que é insolúvel em ácido clorídrico ou ácido sulfúrico, em cadinho de platina usando-se a mistura ácida de 15 mL de ácido nítrico concentrado e 6 mL de ácido fluorídrico (**corrosivo; disp. F**).

I.13.5 – Preparação de solução mista de ácido nítrico e ácido sulfúrico

Misturam-se 40 mL de ácido nítrico concentrado (**oxidante, corrosivo; disp. N**), 10 mL de ácido sulfúrico concentrado (**oxidante, corrosivo; disp. N**) e 30 mL de água.

I.13.6 – Preparação de ácido nítrico com sulfúrico

Misturam-se 30 mL de ácido sulfúrico concentrado com 1 litro de ácido nítrico (d: 1,2).

I.13.7 – Preparação de ácido acético com nítrico

Misturam-se 20 mL de ácido acético glacial (corrosivo; disp. C) com 1 mL de ácido nítrico (**oxidante, corrosivo; disp. N**). Este ácido dissolve nitrato de urânio ou uranila (UO_2), mas urânio não.

I.13.8 – Preparação de ácido misto de ácido nítrico – ácido perclórico para uso em determinação quantitativa de molibdênio

Misturam-se 30 mL de ácido perclórico (68 a 70%) (**oxidante, corrosivo; disp. N**), 10 mL de ácido nítrico (**d: 1,42; oxidante, corrosivo; disp. N**) e 10 mL de água.

I.13.9 – Preparação de solução padrão do ânion nitrato

Dissolvem-se 1,4 g de nitrato de sódio puro (**oxidante, irritante; disp. N**) com água e leva-se a 1 litro. 1 mL desta solução contém 1 mg de NO_3.

I.14 – SOLUÇÃO DE ÁCIDO NITROSO

I.14.1 – Solução de ácido nitroso (HNO_2, Eq: 47,016; 23,52)[15,32]

I.14.1.1 – Solução padrão de ácido nitroso (**tóxico, oxidante; disp. N**)
Dissolvem-se 0,4047 g de $AgNO_2$ (**oxidante, corrosivo; disp. R**) em água (isento de HNO_2), adicionam-se 0,3 a 0,5 g de cloreto de sódio (**irritante; disp. N**) e deixa-se precipitar a prata. Em seguida, dilui-se com água e leva-se a 1 litro. Pode-se usar a solução superficial após decantação.
1 mL desta solução contém 0,1 mg de N_2O_3.

I.14.1.2 – Dissolvem-se 0,1097 g de nitrito de prata seco em 20 mL de água quente, adiciona-se 0,1 g de cloreto de sódio e deixa-se precipitar o cloreto de prata. Em seguida, dilui-se com água e leva-se a 1 litro.
1 mL desta solução contém 0,03 mg do ânion NO_2^-.
Adiciona-se uma gota de clorofórmio (**cancerígeno; disp. B**) no recipiente e guarda-se em lugar escuro.
Recomenda-se preparar na hora de usar.

I.14.2 – Métodos de padronização da solução de ácido nitroso — 0,1N

I.14.2.1 – Método pelo permanganato de potássio
Adicionam-se 25 mL de ácido sulfúrico (1:4) em 2,5 mL (exatamente) de solução de ácido nitroso e titula-se, imediatamente, com

solução padrão de $KMnO_4$ — 0,1N. Neste caso, ao chegar perto de ponto final de titulação, goteja-se, gradativamente, a solução dando um intervalo de 3 minutos entre as gotas e confirma-se o ponto final quando a cor rósea se mantiver após esse tempo.

$$5HNO_2 + 2KMnO_4 + 3H_2SO_4 = K_2SO_4 + 2MnSO_4 + 5HNO_3 + 3H_2O$$

1 mL de $KMnO_4$ — 0,1N = 2,351 mg de HNO_2 = 1,9 mg de N_2O_3

I.14.2.2 – Método pelo tiossulfato de sódio
A reação, em caso de padronização pelo método de tiossulfato de sódio, ocorre conforme a seguinte equação:

$$2KI + 2HNO_2 + H_2SO_4 = K_2SO_4 + I_2 + 2H_2O + 2NO_2$$
$$Na_2S_2O_3 + I_2 = 2NaI + Na_2S_4O_6$$

I.14.3 – Equivalente de ácido nitroso

Método de	*Molar*
$KMn0_4$	2
$Na_2S_2O_3$	1

I.15 – SOLUÇÃO DE ÁCIDO PERCLÓRICO[4,15]

I.15.1 – Solução de ácido perclórico ($HClO_4$, Eq.:100,465; 12,56)

Ácido perclórico concentrado ($HClO_4$ 11,7N, 70%, d: 1,675): Produto comercial.

$HClO_4$ — 9N (60 a 65% d: 1,54 a 1,6): Produto comercial.

$HClO_4$ — 6N (54%, d: 1,47): Diluem-se 510 mL de ácido perclórico concentrado (**irritante, corrosivo; disp. N**) com água e levam-se a litro.

$HClO_4$ — 3N: Pode-se usar o produto comercial a 20% (d: 1,125 ou diluem-se 333 mL de $HClO_4$ a 60% com água e levam-se a 1 litro.

I.15.2 – Método de preparação do ácido perclórico

[N. R. – esta preparação deve ser feita cuidadosamente, pois os sais de clorato são muito explosivos].

Colocam-se 100 a 300 g de clorato de sódio comercial ($NaClO_3$) (**oxidante, corrosivo; disp. S**) em cadinho de quartzo de 200 mL tampando-se com vidro de relógio.
Aquece-se gradativamente com a chama direta de bico de gás até 250°C. Nesta temperatura, o conteúdo começa fundir e à 300°C, desprende-se o oxigênio.
Mantém-se nesta temperatura durante uma hora e deixa-se completar a decomposição conforme a seguinte equação:

$$2NaClO_3 = NaCl + NaClO_4 + O_2$$

Após resfriamento, adiciona-se água, filtra-se e lava-se bem com água. Em seguida, transfere-se a solução filtrada para uma cápsula de porcelana, goteja-se, pouco a pouco, o ácido clorídrico em banho-maria e aquece-se até terminar a formação de gás cloro. Deixa-se evaporar até a secura e quebra-se em pó.

I.15.3 – Método de eliminação do potássio em perclorato de sódio comercial

Coloca-se o perclorato de sódio (**oxidante, irritante; disp. O**) em pó em cartucho de papel e extrai-se com álcool a 97% em aparelho Soxhlet, repetidas vezes, trocando o álcool.
Pode-se examinar o final da extração deixando-se evaporar a última solução extraída em banho-maria. Se não tiver parte residual está terminado e então, pode-se juntar os extraídos num frasco deixando destilar a maior parte de álcool.
Transfere-se a solução restante para uma cápsula de porcelana, deixa-se evaporar em banho-maria até a secura e adiciona-se excesso de HCl concentrado para decompor o perclorato de sódio. Deixa-se cristalizar o cloreto de sódio e filtra-se. Recolhe-se o filtrado em cápsula de porcelana e deixa-se evaporar em banho-maria adicionando de vez em quando água para eliminar o ácido clorídrico.
Quando aparecer fumaça pesada de cor branca, interrompe-se o aquecimento e regula-se a concentração a 20% adicionando-se água ($HClO_4$ a 20%).

I.15.4 – Preparação de solução alcoólica do ácido perclórico para uso em determinação quantitativa de potássio

Diluem-se 10 mL de ácido perclórico a 20% até 1 litro com álcool a 96% em peso.

I.16 – SOLUÇÃO DE ÁCIDO SULFÍDRICO

[N.R. O gás H_2S é sulfeto de hidrogênio]

I.16.1 – Solução de ácido sulfídrico (H_2S, Eq.: 17,041)[15]

H_2S — 0,28 N: Passa-se o gás H_2S (**tóxico, inflamável; disp.K**) em água na temperatura ambiente e deixa-se saturar.

437 mL (0°C) de gás sulfídrico são dissolvidos em 100 g de água e a solução é saturada. Esta solução é relativamente estável quando mantida em vidro escuro e lugar frio, mas recomenda-se preparar na hora de usar.

I.16.2 – Método de padronização de solução saturada do ácido sulfídrico

Regula-se a acidez desta solução com HCl até pH próximo àquele da solução de HCl — 0,1N e coloca-se solução padrão de iodo - 0,1N. Titula-se o excesso do iodo com solução padrão de $Na_2S_2O_3$ - 0,1N usando amido como indicador.

$$H_2S + I_2 = 2HI + S$$

$$1 \text{ mL de } I_2 \text{ — } 0{,}1N = 1{,}70 \text{ mg de } H_2S$$

I.17 – SOLUÇÃO DE ÁCIDO SULFÚRICO

I.17.1 – Solução de ácido sulfúrico (H_2SO_4, Eq.: 49,041)[15,32]

Ácido sulfúrico fumegante ($H_2SO_4 + SO_3$): Produto comercial.

Tabela de relação entre concentração de SO_3 e densidade relativa medida do ácido sulfúrico fumegante ($d_4^{15,5}$) (Messel)[15,32]

SO_3 %	*Densidade relativa*	*Estado*	*SO_3 %*	*Densidade relativa*	*Estado*
8,3 30,1	1,842 1,930	Líquido	60,8 65,0 69,4	1,992 1,992 2,002	Líquido
40,0 44,5 46,2 59,4	1,956 1,961 1,963 1,980	Cristalino	72,8 80,0 82,0	1,984 1,959 1,953	Cristalino

Ácido sulfúrico concentrado (H_2SO_4 — 36N, 96 ~ 97%, d:1,84) é um produto comercial. (**oxidante, corrosivo; disp. N**).

Ácido sulfúrico diluído (H_2SO_4 — 18N, 1:1): Diluem-se 465 mL de ácido sulfúrico concentrado em água e levam-se a 1 litro.

H_2SO_4 — 6N (25%, d:1,18): Diluem-se 167 mL de ácido sulfúrico concentrado em água e levam-se a 1 litro.

H_2SO_4 — 2,18N (10%): Diluem-se 57 mL de ácido sulfúrico concentrado em água e levam-se a 1 litro.

H_2SO_4 — 1N: Diluem-se 30 mL de ácido sulfúrico. concentrado em água e levam-se a 1 litro.

H_2SO_4 — 0,1 N (solução padrão): Dilui-se 1 volume de ácido sulfúrico — 1N com 9 volumes de água ou diluem-se 3 mL de ácido sulfúrico concentrado em água e levam-se a 1 litro.

Tabela de relação entre concentração e densidade relativa (15°C) do ácido sulfúrico[15,32]

Densidade relativa (d_4^{15})	Concentração (N)	%	g/L	Densidade relativa (d_4^{15})	Concentração (N)	%	g/L
1,006	0,20	1	10,1	1,449	16,26	55	797
1,013	0,41	2	20,3	1,502	18,38	60	901
1,020	0,62	3	30,6	1,558	20,65	65	1013
1,026	0,84	4	41,1	1,615	23,05	70	1130
1,033	1,05	5	51,7	1,674	25,60	75	1256
1,040	1,27	6	62,4	1,732	28,26	80	1386
1,047	1,49	7	73,3	1,784	30,92	85	1517
1,054	1,72	8	84,3	1,820	33,40	90	1638
1,061	1,95	9	95,5	1,825	33,86	91	1661
1,068	2,18	10	106,8	1,829	34,32	92	1683
1,105	3,38	15	165,7	1,833	34,76	93	1705
1,142	4,66	20	228,5	1,836	35,20	94	1726
1,182	6,02	25	295,4	1,839	35,62	95	1746
1,222	7,48	30	367	1,841	36,03	96	1767
1,264	9,02	35	442	1,841	36,42	97	1786
1,306	10,66	40	523	1,841	36,79	98	1804
1,351	12,40	45	608	1,839	37,13	99	1821
1,399	14,26	50	700	1,838	37,40	100	1834

I.17.2 – Cálculo para preparação do ácido sulfúrico — 0,1 N

Usa-se a tabela acima descrita para calcular a quantidade de ácido sulfúrico concentrado em 1 litro de solução diluída. A quantidade de H_2SO_4 em 1 litro de ácido sulfúrico — 0,1N é 4,904 g e 1 mL de ácido sulfúrico concentrado (96%, d: 1,84) contém 1,70 g de H_2SO_4 (=1,84 × 0,96), então, o volume necessário de ácido sulfúrico concentrado em 1 litro é 3,0 mL (4,904 ÷ 1,70).

I.17.3 – Método de padronização do ácido sulfúrico — 0,1 N

As soluções padrão de carbonato de sódio ou hidróxido de sódio são usadas para padronizar o ácido sulfúrico — 0,1N conforme o método usado na padronização do ácido clorídrico.

Pode-se usar também solução de cloreto de bário (**muito tóxico, irritante; disp. E**), cromato de bário ($BaCrO_4$ – **cancerígeno, oxidante; disp. E/J**) ou cloridrato de benzidina (**muito tóxico, cancerígeno; disp. A**).

$$H_2SO_4 + Na_2CO_3 = Na_2SO_4 + CO_2 + H_2O$$
$$H_2SO_4 + 2NaOH = Na_2SO_4 + 2H_2O$$
$$H_2SO_4 + BaCl_2 = BaSO_4 + 2HCl$$

$$H_2SO_4 + BaCrO_4 = BaSO_4 + H_2CrO_4$$
$$H_2CrO_4 + 3KI + 8HCl = 2HCl + 3KCl + CrCl_3 + 3I + 4H_2O$$
$$2Na_2S_2O_3 + I_2 = 3NaI + Na_2S_4O_6$$
$$1 \text{ mL de } Na_2S_2O_3 — 0{,}1N = 3{,}269 \text{ mg de } H_2SO_4$$

Neste caso, 1 mol de ácido sulfúrico corresponde a três equivalentes ($1\ H_2SO_4 \rightarrow 3\ I$)

$$H_2SO_4 + C_{12}H_8(NH_2)_2{\cdot}2HCl = 2HCl + C_{12}H_8(NH_2)_2{\cdot}H_2SO_4$$
$$C_{12}H_8(NH_2)_2{\cdot}H_2SO_4 + 2NaOH = C_{12}H_8(NH_2)_2{\cdot}2H_2O + Na_2SO_4$$

I.17.4 – 1 mL de solução padrão de H_2SO_4 — 0,1N equivale às seguintes substâncias:[15,28]

Substâncias	*mg*	*Substâncias*	*mg*
Na_2CO_3	5,30	CaO	2,804
$NaHCO_3$	8,402	ZnO	4,069
Na_2O	3,1	MgO	2,016
NaOH	4,00	$MgCO_3$	4,216
$Na_2B_4O_7$	10,06	Li_2CO_3	3,695
$Na_2B_4O_7.10H_2O$	19,07	Citrato de sódio anidro	8,6
KOH	5,61	Tartarato de sódio/potássio	10,508
K_2CO_3	6,910	Hexamina ($C_6H_{12}N_4$)	3,505
$KHCO_3$	10,01	Uretana ($C_3H_7O_2N$)	8,909
N	1,4	Efedrina ($C_{10}H_{15}ON$)	16,52
NH_3	1,70	Estricnina	33,44
N_2O_5	5,401	Emetina	24,05
NO_3	6,2008	Piridina	7,9

I.17.5 – Solubilidade em ácido sulfúrico

O ácido sulfúrico diluído (1:5) é, em geral, usado em decomposições pois dissolve os minérios de Al, Pb, Mn, Ti e V, etc.

I.17.6 – Solução mista de ácido sulfúrico e ácido fosfórico para uso em determinação quantitativa de cério

Dissolvem-se 15 mL de ácido sulfúrico concentrado (**oxidante, corrosivo; disp. N**) e 15 mL de ácido fosfórico concentrado (**corrosivo; disp. N**) em água e completa-se a 1 litro. Esta solução é usada para clarificar o ponto final de titulação deixando perder a cor de Fe^{3+}

I.17.7 – Solução mista de ácido sulfúrico e ácido clorídrico para uso em dissolução de oxicelulose

Misturam-se 25 mL de ácido sulfúrico concentrado (**oxidante, corrosivo; disp. N**), 23 mL de ácido clorídrico concentrado (**corrosivo; disp. N**) e 25 mL de água.

I.17.8 – Solução padrão de ácido sulfúrico (SO_4^{2-})

Dissolvem-se 3,4 g de sulfato de sódio hidratado puro (**irritante; disp. N**) em 1 litro de água. 1 mL desta solução contém 1 mg de SO_4^{2-}.

I.18 – SOLUÇÃO DE ÁCIDO SULFUROSO

I.18.1 – Solução de ácido sulfuroso (H_2SO_3; Eq.: 82,082 e 41,041)[6,15,32]

H_2SO_3 — 0,75N: Passa-se gás de anidrido sulfuroso (SO_2, **gás muito tóxico**) em água e deixa-se saturar. Esta solução saturada (**corrosiva; disp. N**) pode conter cerca de 10% de SO_2 mas é, em geral, 6 a 7%.

Tabela de relação entre concentração e densidade relativa da solução de ácido sulfuroso.[32]

Densidade relativa (d_4^{15})	SO_2 (%)	*Densidade relativa* (d_4^{15})	SO_2 (%)	*Densidade relativa* (d_4^{15})	SO_2 (%)
1,0028	0,5	1,0221	4,0	1,0401	7,5
1,0056	1,0	1,0248	4,5	1,0426	8,0
1,0085	1,5	1,0275	5,0	1,0450	8,5
1,0113	2,0	1,0302	5,5	1,0474	9,0
1,0141	2,5	1,0328	6,0	1,0497	9,5
1,0168	3,0	1,0353	6,5	1,0570	10,0
1,0194	3,5	1,0377	7,0		

28,8 g (0°C) e 0,58 g (90°C) de gás de anidrido sulfuroso são dissolvidas em 100 g de água.

I.18.2 – Métodos de padronização da solução de ácido sulfuroso — 0,1N

I.18.2.1 – Método por neutralização

$$H_2SO_3 + NaOH = NaHSO_3 + H_2O \text{ (Alaranjado de metila)}$$
$$H_2SO_3 + 2NaOH = Na_2SO_3 + 2H_2O \text{ (Fenolftaleína)}$$
$$1 \text{ mL de } NaOH — 0{,}1N = 8{,}209 \text{ mg de } H_2SO_3$$
$$= 6{,}407 \text{ mg de } SO_2$$

I.18.2.2 – Método por oxidação (Br_2 ou I_2)

Adicionam-se 50 mL de solução padrão de $KBrO_3$ — 0,1N, 5 mL de solução de KBr a 10% e 10 mL de ácido clorídrico concentrado (**corrosivo; disp. N**) em 25 mL (exatamente) de solução de H_2SO_3, deixa-se decantar durante pouco tempo e adicionam-se 10 mL de solução de KI a 10%. Em seguida, titula-se o iodo liberado com solução padrão de $Na_2S_2O_3$ – 0,1N, goteja-se solução de amido quando chegar perto do ponto final da titulação e continua-se a titulação até desaparecer a cor azul.

$$H_2SO_3 + Br_2 + H_2O = H_2SO_4 + 2HBr$$
$$5KBr + KBrO_3 + 6HCl — 3Br_2 + 6KCl + 3H_2O$$
$$2KI + Br_2 = I_2 + 2KBr$$
$$2Na_2S_2O_3 + I_2 = 2NaI + Na_2S_4O_6$$
$$1 \text{ mL de } Na_2S_2O_3 — 0{,}1N = 4{,}105 \text{ mg de } H_2SO_3$$

I.19 – SOLUÇÃO DE ALÚMEN DE POTÁSSIO

(SULFATO DE ALUMÍNIO E POTÁSSIO)

I.19.1 – Solução de alúmen de potássio [$AlK(SO_4)_2 \cdot 12H_2O$, P.M. = 474,39][15,32]

$AlK(SO_4)_2$ — 0,25N: Dissolvem-se 120 g de alumen de potássio (**irritante; disp. N**) em 1 litro de água e usa-se a solução superficial. O alúmen de potássio é um cristal incolor de forma octagonal e pode ser preparado pela mistura de duas soluções aquosas, as quais contém 18,37 g de sulfato de potássio e 70,24 g de sulfato de alumínio, respectivamente.

Temperatura	*Estado do alúmen de potássio*
34°C	Funde-se
61°C	Mono-hidratado
92°C	DIssolve-se na água de cristalização
200°C	Anidro
200°C	Mistura de Al_2O_3 e K_2SO_4

$$2AlK(SO_4)_2 = Al_2O_3 + K_2SO_4 + 3SO_3 \ (200°C)$$

100 g de água dissolvem 12 g (20°C) e 357 g (100°C) e a solução é ácida.

$$2AlK(SO_4)_2 = K_2SO_4 + Al_2(SO_4)_3$$
$$Al_2(SO_4)_3 + 6H_2O = 2Al(OH)_3 + 3H_2SO_4$$

I.19.2 – Outros alúmens:

Alúmen amoniacal: $Al(NH_4)(SO_4)_2 \cdot 12H_2O$
Alúmen de sódio: $AlNa(SO_4)_2 \cdot 12H_2O$
Alúmen crômico: $CrK(SO_4)_2 \cdot 12H_2O$
Alúmen crômico amoniacal: $Cr(NH_4)(SO_4)_2 \cdot 12H_2O$
Alúmen férrico: $FeK(SO_4)_2 \cdot 12H_2O$
Alúmen férrico amoniacal: $Fe(NH_4)(SO_4)_2 \cdot 12H_2O$

I.20 – SOLUÇÃO DE ANTIMONIATO DE POTÁSSIO[15]

Solução de antimonato de potássio (KH_2SbO_4, Eq.: 226,872)

KH_2SbO_4 — 0,1N: Adicionam-se 22 g de antimonato de potássio (**disp. L**) comercial de boa qualidade em 1 litro de água em fervura, deixa-se ferver mais 1 a 2 minutos para dissolver e resfria-se rapidamente. Em seguida, colocam-se 35 mL de solução aquosa de KOH-6N, deixa-se decantar durante uma noite e filtra-se. Usa-se este filtrado. A concentração de hidróxido de potássio na solução é 0,5N.

I.21 – SOLUÇÃO DE ARSENIATO DE SÓDIO

Solução de arseniato de sódio ($Na_2HAsO_4 \cdot 7H_2O$, Eq.: 312,02)

Na_2HAsO_4 — 0,1N: Dissolvem-se 31,2 g de arseniato de sódio (**muito tóxico, possivelmente cancerígeno; disp. O**) em água e levam-se a 1 litro. O arseniato de sódio é um cristal branco de forma cilíndrica (pilar) e é estável ao ar.

Temperatura	*Estado do arseniato de sódio*
120 a 130°C	dissolve-se em água de cristalização
180°C	torna-se anidro
250°C	piroarseniato de sódio ($Na_4As_2O_7$)

100 g de água (15°C) dissolvem 61 g de $Na_2HAsO_4 \cdot 7H_2O$.
O arseniato de sódio cristalizado em solução aquosa condensada a quente é 7-hidratado, mas a frio é 12-hidratado.

I.22 – SOLUÇÃO DE BICARBONATO DE POTÁSSIO

[N. R. - nomenclatura oficial: hidrogenocarbonato de potássio]

I.22.1 – Solução de bicarbonato de potássio ($KHCO_3$, Eq.: 100,119) (15) (32)

$KHCO_3$ — 0,1N (1%) : Dissolvem-se 10 g de bicarbonato de potássio (**disp. N**) em água e levam-se a 1 litro.
O bicarbonato de potássio é um cristal incolor ou branco e é estável ao ar seco.
Decompõe-se a 100°C e desprende o gás carbônico e a 210°C, torna-se carbonato de potássio.

$$2KHCO_3 = K_2CO_3 + CO_2 + H_2O$$

100 g de água dissolvem 60 g (60°C) e a solução é alcalina. É quase insolúvel em álcool.

I.22.2 – Método de padronização da solução 0,1N

Titula-se com solução padrão de ácido clorídrico ou ácido sulfúrico usando alaranjado de metila como indicador.
Na titulação, ferve-se a solução perto do ponto final para eliminar o gás carbônico, resfria-se a solução e continua-se a titulação.

$$KHCO_3 + HCl = KCl + CO_2 + H_2O$$
$$2KHCO_3 + H_2SO_4 = K_2SO_4 + 2CO_2 + 2H_2O$$

1 mL de HCl-0,1N = 10,01 mg de $KHCO_3$ = 4,4 mg de CO_2

I.23 – SOLUÇÃO DE BICARBONATO DE SÓDIO

[N. R. - nomenclatura oficial: hidrogenocarbonato de sódio]

I.23.1 – Solução de bicarbonato de sódio ($NaHCO_3$, Eq.: 84,01)[15,32]

$NaHCO_3$ — 0,1N (0,84%): Deixa-se secar o bicarbonato de sódio (**disp N**) em dessecador com ácido sulfúrico (**oxidante, corrosivo; disp. N**) durante cerca de 4 horas, dissolvem-se 8,4 g em água e levam-se a 1 litro.
O bicarbonato de sódio é um cristal ou pó incolor, estável ao ar seco, mas decomposto por ar úmido ou aquecimento soltando gás carbônico.

$$2NaHCO_3 = Na_2CO_3 + CO_2 + H_2O$$

É quase insolúvel em álcool mas 100 g de água dissolvem 6,9 g (0°C) e 16,4 g (60°C) e a solução é fracamente alcalina.

I.23.2 – Método de padronização da solução 0,1 N

Pode-se padronizar a solução de $NaHCO_3$ — 0,1 N pelo mesmo método usado na padronização do bicarbonato de potássio (pág. 30).

I.24 – SOLUÇÃO DE BICROMATO DE POTÁSSIO

[N. R. – nome alternativo: dicromato de potássio]

I.24.1 – Solução de bicromato de potássio ($K_2Cr_2O_7$, Eq.: 147,11; 73,57; 49,037)[15,32]

$K_2Cr_2O_7$— 1N: Dissolvem-se 147 g (ou 73,6 g ou 49 g) de bicromato de potássio (**cancerígeno, oxidante; disp. J**) em água e completa-se 1 litro.

$K_2Cr_2O_7$ — 0,1N (solução padrão)[28,39]
Secam-se cerca de 6 g de bicromato de potássio puro durante 1 hora a 140° a 150°C, pesam-se exatamente 4,904 g e dissolvem-se em água até 1 litro a 15°C.
O bicromato de potássio é um cristal em forma cilíndrica (pilar) ou chapa e funde a 398°C. 4,9 g (0°C) e 80 g (100°C) são dissolvidas em 100 g de água e a solução aquosa torna o papel tornassol vermelho.

Pode-se purificar o produto comercial por recristalização em água quente. A solução 0,1N feita de material puro é usada como solução padrão primária sem padronização.

I.24.2 – O equivalente desta solução de bicromato de potássio é diferente conforme a finalidade de seu uso seja precipitante ou oxidante.

I.24.2.1 – Como precipitante

1 molar (294,24 g) = 4 equivalentes

$$Cr_2O_7^{2-} + 2Ba^{2+} + H_2O = 2BaCrO_4 + 2H^+$$

I.24.2.2 – Como oxidante

1 molar = 6 equivalentes

$$Cr_2O_7^{2-} + 14H^+ + 6\,e^- = 2Cr^{3+} + 7H_2O \text{ ou}$$

$$K_2Cr_2O_7 = K_2O + Cr_2O_3 + 3O$$

I.24.3 – Métodos de padronização de solução — 0,1N[24]

I.24.3.1 – Método de padronização pelo $Na_2S_2O_3$

Deixa-se dissolver 3 g de KI (**disp. N**) isento de IO_3^- em ácido clorídrico diluído (6 mL de ácido clorídrico concentrado (**corrosivo; disp. N**) em 100 mL de água) e adiciona-se esta solução em 25 mL (exatamente) de solução de $K_2Cr_2O_7$ — 0,1N. Logo em seguida, adicionam-se cerca de 300 mL de água, goteja-se solução padrão de tiossulfato de sódio (pág. 140) até a solução ficar verde amarelada. Adiciona-se 1 mL de solução de amido (pág. 211) e continua-se a titulação até a solução ficar fracamente verde (Cr^{III}).

$$K_2Cr_2O_7 + 6KI + 14HCl = 8KCl + 2CrCl_3 + 3I_2 + 7H_2O$$

$$I_2 + 2Na_2S_2O_3 = 2NaI + Na_2S_4O_6$$

$$1 \text{ mL de } Na_2S_2O_3 — 0{,}1N = 4{,}9035 \text{ mg de } K_2Cr_2O_7$$

Se esta é uma solução padrão primária, pode ser usada na padronização de soluções de tiossulfato de sódio e sal ferroso.

I.24.3.2 – Método de padronização pela solução de sal ferroso

$$K_2Cr_2O_7 + 6FeSO_4 + 8H_2SO_4$$

$$= 2KHSO_4 + Cr_2(SO_4)_3 + 3Fe_2(SO_4)_3 + 7H_2O$$

$$K_2Cr_2O_7 + 6FeCl_2 + 14HCl = 2KCl + 2CrCl_3 + 6FeCl_3 + 7H_2O$$

I.24.4 – 1 mL de solução padrão de $K_2Cr_2O_7$ — 0,1N equivale com as seguintes substâncias:[28,29]

Substâncias	*mg*	*Substâncias*	*mg*
Fe	5,585	PbO	7,44
FeO	7,19	$Pb(C_2H_3O_2)_2$(*)	10,84
Ni	2,4	Ba(**)	6,87
Mn	2,747	Etanol	1,13
Cr	1,734	Glicerina	6,576
Cr_2O_3	2,534	Acrinamina	6,666
Pb	10,355		

(*) $2Pb(C_2H_3O_2)_2 + K_2Cr_2O_7 + H_2O = 2PbCrO_4 + 2CH_3COOK + 2CH_3COOH$
(**) $2BaCl_2 + K_2Cr_2O_7 + H_2O = 2BaCrO_4 + 2KCl + 2HCl$

I.24.5 – Solução de bicromato de potássio para uso em lavagem de instrumentos (pág. 304)

I.24.6 – Solução de $K_2Cr_2O_7$ para uso em determinação quantitativa de glicerina

Seca-se bicromato de potássio (**cancerígeno, oxidante; disp J**) a 110°C - 120°C, dissolvem-se 75 g em água, adicionam-se 150 mL de ácido sulfúrico concentrado (**oxidante, corrosivo; disp. N**) e, em seguida, dilui-se com água até 1 litro. 1 g de bicromato de potássio equivale a 0,13411 g de glicerina.

$$3C_3H_8O_3 + 7K_2Cr_2O_7 + 28H_2SO_4 = 7K_2SO_4 + 7Cr_2(SO_4)_3 + 40H_2O + 9CO_2$$

I.24.7 – Solução de $K_2Cr_2O_7$ para uso em precipitação de alcalóides

Deixam-se dissolver 74 g de $K_2Cr_2O_7$ em 1 litro de água. Esta solução deve ser neutra a frio.

I.24.8 – Solução padrão de bicromato de potássio

Deixam-se dissolver 7,117 g de $K_2Cr_2O_7$ em 1 litro de água.
1 mL desta solução equivale a 0,01 g de Pb.

I.24.9 – Solução de $K_2Cr_2O_7$ para uso em determinação colorimétrica

Deixam-se dissolver 0,2 g de $K_2Cr_2O_7$ em 1 litro de água.
Esta solução equivale ao grau de coloração de 0,112 mg de beta-carotina ($C_{40}H_{56}$) em 100 mL de éter de petróleo.

I.24.10 – Solução de $K_2Cr_2O_7$ para uso em determinação quantitativa de molibdênio

Deixam-se dissolver 1,41 g de $K_2Cr_2O_7$ em água e levam-se a 1 litro.

I.25 – SOLUÇÃO DE BIIODATO DE POTÁSSIO

Solução de biiodato de potássio [$KH(IO_3)_2$, Eq.: 389,95; 32,49] [15,32]
[N. R. – nomenclatura oficial: hidrogenoiodato de potássio]

$KH(IO_3)_2$ — 0,1N: Deixam-se dissolver cerca de 39 g de $KH(IO_3)_2$ (**oxidante, corrosivo; disp. J**) em água e levam-se a 1 litro.
O biiodato de potássio é um cristal incolor e pode ser obtido com iodato de potássio (**oxidante, agente teratogênico; disp. J**) e solução diluída de ácido nítrico em fervura.
100 g de água dissolvem 1,33 g (15°C). É insolúvel em álcool.
O equivalente desta solução é 1 molar em determinação quantitativa de álcali, mas é 1/12 molar no uso como oxidante.

I.26 – SOLUÇÃO DE BISSULFATO DE POTÁSSIO

[N. R. – nomenclatura oficial: hidrogenossulfato de potássio]

I.26.1 – Bissulfato de potássio ($KHSO_4$, Eq.: 136,17 g/mol)[32]

$KHSO_4$ — 1N: Deixam-se dissolver cerca de 136 g de $KHSO_4$ (**corrosivo; disp. N**) em água e completa-se 1 litro.
O bissulfato de potássio é produto comercial, adquirido de fornecedores; pode também ser obtido pela fusão de 20 g de cloreto de potássio puro (**disp. N**) com 28 g de ácido sulfúrico (**oxidante, corrosivo; disp. N**) quente até terminar formação de cloreto de hidrogênio.
100 g de água dissolvem 36,3 g (0°C) e 121,6 (100°C). A solução é ácida.

I.27 – SOLUÇÃO DE BISSULFATO DE SÓDIO

Bissulfato de sódio ($NaHSO_4$, Eq.: 120,065)[15,32]
[N. R. – nomenclatura oficial: hidrogenossulfato de sódio]

$NaHSO_4$ — 1N: Deixam-se dissolver cerca de 120 g de $NaHSO_4$ (**corrosivo; disp. N**) em água e completa-se 1 litro.

I.28 – SOLUÇÃO DE BISSULFITO DE SÓDIO

[N. R. – nomenclatura oficial: hidrogenossulfito de sódio]

I.28.1 – Solução de bissulfito de sódio ($NaHSO_3$, Eq.: 104,065)[6,15,32]

$NaHSO_3$ — 1N (10%): Deixam-se dissolver 10 g de $NaHSO_3$ (**tóxico, irritante; disp. N**) em 90 mL de água.
O bissulfito de sódio é um cristal opaco e é obtido pela passagem de gás SO_2 (**gás tóxico, corrosivo; disp. N/Y**) em solução saturada fria de carbonato de sódio. É instável ao ar soltando gás sulfuroso; é insolúvel em álcool e acetona.

I.28.2 – Solução de $NaHSO_3$ para uso em análise de aldeído. Prepara-se a solução aquosa a 0,2%.

$$CH_3CHO + NaHSO_3 = H_3C-CH\langle{}^{OH}_{O_3SNa}$$

I.28.3 – Solução reagente de $NaHSO_3$ (farmacopéia)

Dissolvem-se 10 g de $NaHSO_3$ em água e levam-se a 30 mL.

I.29 – SOLUÇÃO DE BROMATO DE POTÁSSIO

Solução de bromato de potássio ($KBrO_3$, Eq.: 167,02 e 27,834)[15,24,28,32]

$KBrO_3$ — 0,1 N (Solução padrão)
Seca-se o bromato de potássio puro (**possível cancerígeno, oxidante; disp.**

J) a 120°C até 150°C durante cerca de 1 hora, pesam-se exatamente 2,79 g, dissolvem-se em água e levam-se 1 litro a 15°C.

O bromato de potássio é um cristal incolor ou branco e o produto comercial contém, em geral, o brometo de potássio (KBr). Pode-se purificar pela recristalização em água.

100 g de água dissolvem 3,11 g (0°C) e 49,75 g (100°C). É quase insolúvel em álcool e insolúvel em éter.

A solução 0,1N feita de $KBrO_3$ puro é usada como solução padrão primária e é adequada para padronizar as soluções de ácido arsenioso e tiossulfato de sódio.

$$3H_3AsO_3 + KBrO_3 = KBr + 3H_3AsO_4$$
$$KBrO_3 + 6KI + 6HCl = KBr + 3I_2 + 3KCl + 3H_2O$$
$$I_2 + 2Na_2S_2O_3 = 2NaI + Na_2S_4O_6$$

O equivalente desta solução de $KBrO_3$ usada como oxidante é 1/6 molar.

$$BrO_3^- + 6H^+ + 6e^- = Br^- + 3H_2O$$
$$\text{ou } KBrO_3 = KBr + 3O$$

1 mL desta solução padrão de $KBrO_3$ — 0,1N equivale às seguintes substâncias.

Substâncias	*mg*	*Substâncias*	*mg*	*Substâncias*	*mg*
Br	7,992	Al	0,2248	Mo	1,200
As	3,7455	Cd	1,4050	U	1,985
As_2O_3	4,946	Zn	0,8172	Mn	0,687
Sb(*)	6,0	Ni	0,7335	P	0,259
Sb_2O_3 (**)	7,29	Co	0,7368	V	1,985
Mg	0,304	Ti	0,5988		
MgO	0,5040	Zr	0,5701		

Substâncias	*mg*	*Substâncias*	*mg*
Hidroxilamina(***)	0,5505	Benzaldeído	2,65
Fenol	1,567	Fenol-sulfoftaleína	4,430
Ácido salicílico	2,31	Hexil-resorcina	4,857
Salicilato de sódio	2,668	Resorcina	1,835
Fenil-hidrazina	2,7		

(*) $3SbCl_3 + KBrO_3 + 6HCl = 3SbCl_5 + KBr + 3H_2O$

(**) $3Sb_2O_3 + 2KBrO_3 + 2HCl = 2HBr + 3Sb_2O_5 + 2KCl$ (***) $NH_2OH + KBrO_3 = KBr + HNO_3 + H_2O$.

I.30 - SOLUÇÃO DE BROMETO DE AMÔNIO

Brometo de amônio (NH_4Br, Eq.: 97,96)[15,32]

I.30.1 — NH_4Br — 0,1 N

Dissolvem-se 9,8 g de brometo de amônio (**irritante; disp. N**) em água e levam-se a 1 litro.
O brometo de amônio é um cristal incolor ou branco e o produto puro é estável à luz ou ao ar, porém, o produto comercial é higroscópico.
100 g de água dissolvem 68 g (10°C) e 145,6 g (100°C) e 100 g de álcool dissolvem cerca de 8,7 g.
Por aquecimento da solução aquosa, com solução de hidróxido de sódio, forma-se amônia.

I.30.2 - Método de padronização da solução 0,1 N[24]

Adicionam-se 50 mL de solução de $AgNO_3$ 0,1N e 2 mL de ácido nítrico concentrado (**oxidante, corrosivo; disp. N**) em 50 mL da solução 0,1N e titula-se com solução padrão de tiocianato de amônio 0,1N (pág. 139) usando-se o excesso de nitrato de prata e solução de sulfato férrico amoniacal como indicador (pág. 126).

$$NH_4Br + AgNO_3 = AgBr + NH_4NO_3$$

1 mL de $AgNO_3$ — 0,1N = 9,796 mg de NH_4Br

I.31 - SOLUÇÃO DE BROMETO DE BÁRIO

Solução de brometo de bário ($BaBr_2 \cdot 2H_2O$, Eq.:166,61)[15,32]

$BaBr_2$ — 1N: Dissolvem-se cerca de 166 g de $BaBr_2 \cdot 2H_2O$ (**irritante; disp. E**) em água e completa-se 1 litro.
O brometo de bário é um cristal em escamas, higroscópico e torna-se anidro por aquecimento a 150°C.
100 g de água dissolvem 98 g (0°C) e 149 g (100°C) do sal hidratado. É facilmente solúvel em etanol e metanol.

I.32 – SOLUÇÃO DE BROMETO DE CÁLCIO

I.32.1 – Solução de brometo de cálcio ($CaBr_2$, Eq.: 99,96)[15,32]

$CaBr_2$ — 1N (10%): Dissolvem-se cerca de 100 g de $CaBr_2$ (**irritante; disp. N**) em água e completa-se 1 litro.
$CaBr_2$ — 0,1N (solução padrão)
Seca-se $CaBr_2$ a 100°C durante 4 horas, dissolvem-se 10 g em água e completa-se 1 litro.
O brometo de cálcio é um cristal branco higroscópico. 100 g de água dissolvem 125 g (0°C) e 310 g (100°C). É solúvel em álcool e acetona.
O hexa-hidratado é um cristal em agulhas e dissolve-se na água de cristalização a 38°C.

I.32.2 – Método de padronização de solução — 0,1N

Coloca-se 1 mL de ácido clorídrico concentrado (**corrosivo; disp. N**) em 50 mL desta solução 0, 1N, deixa-se ferver e adiciona-se excesso de solução quente de oxalato de amônio 0,5N. Em seguida, deixa-se precipitar o oxalato de cálcio gotejando-se a solução de solução de hidróxido de amônio (**corrosivo, tóxico; disp. N**) e usando alaranjado de metila como indicador. Deixa-se dissolver em 30 mL de ácido sulfúrico (1:3) e titula-se com solução padrão de permanganato de potássio, mantendo-se a temperatura da solução a 80°C.

$$CaBr_2 + (NH_4)_2C_2O_4 = CaC_2O_4 + 2NH_4Br\ .$$

$$1\ mL\ de\ KMnO_4 — 0{,}1N = 9{,}996\ mg\ de\ CaBr_2$$

I.33 – SOLUÇÃO DE BROMETO DE POTÁSSIO

I.33.1 – Solução de brometo de potássio (KBr, Eq.: 119,02)[15,32]

KBr — 0,1 N: Dissolvem-se cerca de 12 g de KBr (**irritante; disp. N**) em água e completa-se 1 litro.

KBr — 0,062N: Dissolvem-se 7,447 g de KBr puro em água e completa-se 1 litro. 1 mL desta solução contém 5 mg de Br.

O brometo de potássio é um cristal incolor ou branco e é estável ao ar. 100 g de água dissolvem 53,5 g (0°C) e 104 g (100°C) e 100 g de álcool 0,13 g (25°C). É também solúvel em glicerina.

I.33.2 – Método de padronização da solução de KBr[24]

Pode-se padronizar a solução de KBr da mesma forma que a usada na padronização de brometo de amônio.

$$KBr + AgNO_3 = AgBr + KNO_3$$

$$1 \text{ mL de } AgNO_3 — 0{,}1N = 11{,}90 \text{ mg de KBr}$$

I.33.3 – Solução de KBr para uso em determinação quantitativa de telúrio

Adicionam-se cerca de 10 mL de bromo (**muito tóxico, oxidante; disp. J**) em 16 g de brometo de potássio.

I.34 – SOLUÇÃO DE BROMETO DE SÓDIO

I.34.1 – Solução de brometo de sódio (NaBr, Eq.: 102,90)[15,32]

NaBr — 1N: Dissolvem-se cerca de 103 g de NaBr (**irritante; disp. N**) em água e completa-se 1 litro.

NaBr — 0,1 N (solução padrão)
Seca-se NaBr em pó a 110°C durante 4 horas, dissolvem-se 10,3 g em água e completa-se 1 litro.
O brometo de sódio é um cristal incolor e é obtido anidro quando cristalizado acima de 50,7°C.
É higroscópico e 100 g de água dissolvem 90,0 g (20°C) e 121 g (100°C).
O ponto de ebulição da solução saturada de NaBr é 121°C.
100 g de etanol dissolvem 2,32 g e 100 g de metanol 17,4 g, respectivamente.
O cristal obtido na temperatura ambiente é bi-hidratado, incolor e é solúvel em água.

I.34.2 – Método de padronização da solução 0,1N[24]

Pode-se padronizar a solução de NaBr — 0,1N da mesma forma usada em brometo de amônio.

$$NaBr + AgNO_3 = AgBr + NaNO_3$$

$$1\ mL\ de\ AgNO_3 - 0{,}1N = 10{,}29\ mg\ de\ NaBr$$

I.34.3 – Solução de NaBr para uso em determinação quantitativa de triptofana

Misturam-se as soluções de 51,5 g de NaBr e 15,1 g de $NaBrO_3$ dissolvidas em 1 litro de água, respectivamente.
1 g de triptofana equivale a 3,3 g de Br.

I.35 – SOLUÇÃO DE BROMO

I.35.1 – Solução de bromo (Br_2, P.M.:159,82; Eq.: 79,915)[6,15,32]

Br_2 — 0,5N (4%): Adicionam-se 2 a 3 mL de bromo (**muito tóxico, oxidante; disp. J**) em 100 mL de água e deixa-se saturar.

Br_2 — 0,1N (28): Dissolvem-se 2,784 g de bromato de potássio puro e 15 g de brometo de potássio em pouca quantidade de água e levam-se até 1 litro.
O bromo é um líquido volátil com odor desagradável e é produzido pela passagem de gás cloro (**tóxico, oxidante; disp K**) em solução aquosa de brometo.

$$MgBr_2 + Cl_2 = MgCl_2 + Br_2$$

Ponto de ebulição: 58,8°C, ponto de fusão: —7,2°C e densidade relativa: 3,119 ($^{20}_{4}$).
100 g de água dissolvem 4,22 g (0°C) e 3,13 g (30°C). É solúvel em álcool, éter, clorofórmio, tetracloreto de carbono e dissulfeto de carbono.
Pode-se purificar o bromo pelo seguinte método: lava-se com água, dissolve-se em solução concentrada de brometo de potássio e despeja-se grande quantidade de água. Então, o bromo se separa formando uma camada inferior.
Conserva-se, em geral, a solução de bromo ao abrigo de luz e veda-se a tampa do frasco com com vaselina.

I.35.2 – Método de padronização da solução de bromo – 0,1 N[24,28]

Adicionam-se 5 mL de solução de iodeto de potássio (**irritante, disp. N**) a 10% em 25 mL (exatamente) de solução de bromo 0,1N e titula-se com solução padrão de $Na_2S_2O_3$ 0,1N usando solução de amido como indicador.

$$Br_2 + 2KI = I_2 + 2KBr$$
$$I_2 + 2Na_2S_2O_3 = 2NaI + Na_2S_4O_6$$
$$1\ mL\ de\ Na_2S_2O_3 - 0{,}1N = 7{,}99\ mg\ de\ Br$$

I.35.3 – Solução neutra de bromo para uso em determinação quantitativa de enxofre

Dissolvem-se 16 g de brometo de potássio (**disp. N**) em pouca quantidade de água, mistura-se 10 mL de bromo (**muito tóxico, oxidante; disp. J**) e dilui-se com água até 100 mL.

I.35.4 – Solução alcalina de bromo para uso em determinação quantitativa de enxofre

Deixa-se dissolver 8 mL de bromo (**muito tóxico, oxidante; disp. J**) em 100 mL de solução aquosa de hidróxido de sódio.

I.35.5 – Solução de bromo-tetracloreto de carbono para uso em determinação quantitativa de enxofre

Deixa-se saturar o bromo (**muito tóxico, oxidante; disp. J**) em tetracloreto de carbono (**tóxico, cancerígeno; disp. B**. N. R. – solvente de uso restrito. Deve-se estudar a possibilidade de substituí-lo por outro).

I.35.6 – Solução de bromo para uso em determinação quantitativa de bismuto

Dissolvem-se 75 g de brometo de potássio (**disp. N**) em água, adicionam-se 50 g de bromo (**muito tóxico, oxidante; disp. J**) e diluem-se com água até 500 mL.

I.35.7 – Solução padrão do ânion brometo

Deixa-se dissolver 6,439 g de brometo de sódio (**disp. N**) em 1 litro de água.
1 mL desta solução contém 5 mg de Br^-.

I.35.8 – Solução reagente de bromo (farmacopéia)

Deixa-se dissolver 2 a 3 mL de bromo (**muito tóxico, oxidante; disp. J**) em 100 mL de água fria.

I.35.9 – Solução de bromo — 0,1N (farmacopéia)

Deixa-se dissolver 3 g de bromato de potássio (**oxidante, tóxico; disp. J**) e 15 g de brometo de potássio (**irritante; disp. N**) em 1 litro de água. 1 mL desta solução equivale a 2,302 mg de ácido salicílico ou a 1,569 mg de fenol.

I.36 – SOLUÇÃO DE CARBONATO DE AMÔNIO

I.36.1 – Solução de carbonato de amônio [$(NH_4)_2CO_3 \cdot H_2O$, Eq.:57,054][6,15,32]

$(NH_4)_2CO_3$ — 6N: Dissolvem-se cerca de 340 g de $(NH_4)_2CO_3 \cdot H_2O$ (**irritante; disp. N**) em água e levam-se a 500 mL. Em seguida adicionam-se 500 mL de NH_4OH — 6N a frio.

$(NH_4)_2CO_3$ — 2N (9,4%): Dissolvem-se 115 g de $(NH_4)_2CO_3 \cdot H_2O$ e completa-se 1 litro.
O carbonato de amônio é um pó branco e semi-transparente.
A solução pode ser obtida pela passagem de gás carbônico em solução de hidróxido de amônio (**corrosivo, tóxico; disp. N**) ou pela reação de sulfato de amônio com carbonato de cálcio.

$$2NH_3 + H_2O + CO_2 = (NH_4)_2CO_3$$
$$(NH_4)_2SO_4 + CaCO_3 = (NH_4)_2CO_3 + CaSO_4$$

O carbonato de amônio é sensível à luz e passa a bicarbonato de amônio desprendendo amoníaco.

$$(NH_4)_2CO_3 = NH_4HCO_3 + NH_3$$

Ou, então, passa a carbamato de amônio (sal de amônio do ácido carbâmico), desprendendo água.

$$(NH_4)_2CO_3 = NH_2COONH_4 + H_2O$$

Em conseqüência, o produto comercial contém bicarbonato de amônio e carbamato de amônio. É dissolvido pela mesma quantidade de água a 15°C e a solução é alcalina.
Por aquecimento acima de 58°C, decompõe-se formando amônia e gás carbônico.

I.36.2 – Método de padronização da solução de $(NH_4)_2CO_3$

Adiciona-se certa quantidade de ácido sulfúrico padronizado em solução de $(NH_4)_2CO_3$ e titula-se o excesso do ácido sulfúrico com solução padrão de hidróxido de sódio usando alaranjado de metila como indicador.

$$(NH_4)_2CO_3 + H_2SO_4 = (NH_4)_2SO_4 + CO_2 + H_2O$$
$$2NH_4HCO_3 + H_2SO_4 = (NH_4)_2SO_4 + 2CO_2 + 2H_2O$$

I.37 – SOLUÇÃO DE CARBONATO DE CÁLCIO

[N. R. - o carbonato de cálcio, $CaCO_3$, é muito pouco solúvel em água. As preparações são efetuadas a partir do $CaCO_3$ sólido]

I.37.1 – Uso para dissolução de lignina

Colocam-se 5 g de $CaCO_3$ (**irritante; disp. O**)em 100 mL de água e deixa-se saturar com gás sulfuroso (SO_2) (**corrosivo; disp. Y**). Esta solução não reage com celulose, mas tem a propriedade de dissolver a lignina.

I.37.2 – Uso em padronização de água de sabão

Dissolvem-se 0,2 g de $CaCO_3$ puro em pequena quantidade de HCl diluído e diluem-se com água até 1 litro.

I.38 – SOLUÇÃO DE CARBONATO DE MAGNÉSIO

I.38.1 – Solução de carbonato de magnésio ($MgCO_3$, Eq.: 42,165; $MgCO_3 \cdot 3H_2O$, Eq.: 69,19)

$MgCO_3$ — 0,022N: Colocam-se cerca de 2 g de $MgCO_3$ (**disp. N**) em 1 litro de água e deixa-se saturar por agitação. Usa-se a parte superficial da solução, sobrenadante ao resíduo insulúvel.[15,32]
O carbonato de magnésio é um cristal em forma de agulha e estável ao ar.
Pode-se obter por adição da solução de sulfato de magnésio em solução de bicarbonato de sódio, deixando-se precipitar o $MgCO_3$.
Por aquecimento a 350°C, decompõe-se soltando gás carbônico.

$$MgCO_3 = MgO + CO_2$$

O tri-hidratado é pouco solúvel em álcool, 100 g de água dissolvem 0,152 g (20°C) e a solução saturada é fracamente alcalina.

I.38.2 – Padronização da solução de $MgCO_3$

Adiciona-se certo volume de ácido sulfúrico padronizado em certo volume de solução de $MgCO_3$ e titula-se o excesso do ácido sulfúrico com solução padrão de hidróxido de sódio usando alaranjado de metila como indicador.

1 mL de H_2SO_4 0,1N = 4,216 mg de $MgCO_3$

I.38.3 – Preparação de carbonato de magnésio básico

Preparam-se duas soluções, nas quais 11 g de carbonato de sódio e 10 g de sulfato de magnésio foram dissolvidos em 55 mL de água, respectivamente; em seguida, misturam-se as duas soluções na temperatura de 70 a 80°C. Pode-se obter a precipitação branca de $Mg_2(OH)_2CO_3$.

$$2\,Mg^{2+} + CO_3^{2-} + 2OH^- = Mg_2(OH)_2CO_3$$

É uma substância branca em pó; 100 g de água dissolvem 0,04 g na temperatura ambiente e a solução é fracamente alcalina.

I.39 – SOLUÇÃO DE CARBONATO DE POTÁSSIO

I.39.1 – Solução de carbonato de potássio (K_2CO_3, Eq.: 69,105)[15,32]

K_2CO_3 — 4N: Dissolvem-se cerca de 276 g de carbonato de potássio (**irritante; disp. N**) em água e completa-se 1 litro.

K_2CO_3 — 0,1 N: Dissolvem-se cerca de 7 g de carbonato de potássio em água e completa-se 1 litro.

O carbonato de potássio é um cristal branco em pó, 100 g de água dissolvem 105,5 g (0°C) e é fortemente alcalino. É insolúvel em álcool e éter; o sal diidratado $K_2CO_3 \cdot 2H_2O$ é mais estável na temperatura ambiente.

I.39.2 – Padronização de solução de K_2CO_3 — 0,1N

Titula-se com solução padrão de HCl ou H_2SO_4 usando alaranjado de metila como indicador.

$$K_2CO_3 + 2HCl = 2KCl + CO_2 + H_2O$$

$$K_2CO_3 + H_2SO_4 = K_2SO_4 + CO_2 + H_2O$$

I.40 – SOLUÇÃO DE CARBONATO DE SÓDIO[15,32]

I.40.1 – Solução de carbonato de sódio (Na_2CO_3, Eq.: 52,995; $Na_2CO_3 \cdot 10H_2O$, Eq.: 143,08)

Na_2CO_3 — 3N: Dissolvem-se cerca de 430 g de carbonato de sódio decaidratado (**irritante; disp. N**) em água e completa-se 1 litro.

Na_2CO_3 — 1,4N: Dissolvem-se 200 g de carbonato de sódio decaidratado em água e completa-se 1 litro.

Na_2CO_3 — 0,1N (solução padrão)
Seca-se o carbonato de sódio em pó em cadinho de platina a 200°C durante 1 hora ou recristaliza-se o produto comercial em água quente, seca-se a 200°C até peso constante e deixa-se resfriar em dessecador. Pesam-se exatamente 5,3 g de material seco, dissolvem-se em água e completa-se até 1 litro a 15°C. O produto comercial é um cristal incolor e instável ao ar.
O $Na_2CO_3.10H_2O$ é dificilmente solúvel em álcool, mas 100 g de água dissolvem 238 g (30°C) e é alcalino por hidrólise.

Temperatura	*Estado do carbonato de sódio*
34°C	Dissolve-se na água de cristalização
34°C	Torna-se mono-hidrato
105°C	Anidro (higroscópico)

A solução 0,1N obtida de Na_2CO_3 puro é usada como solução padrão primária sem padronização.
É mais estável e superior à solução de NaOH como solução padrão alcalina.

I.40.2 – Métodos de obtenção do carbonato de sódio

I.40.2.1 – Purifica-se o bicarbonato de sódio (**disp. N**) (produto comercial), colocando-se num cadinho de platina e aquecendo-se em forno elétrico com uma velocidade de elevação da temperatura 5°C/min. Em seguida, mantendo-se a 270° a 300°C durante 1 hora deixa-se decompor o $NaHCO_3$ e resfria-se em dessecador. Repete-se esta operação até ficar peso constante.

$$2NaHCO_3 = Na_2CO_3 + CO_2 + H_2O$$

I.40.2.2 – Coloca-se o oxalato de sódio puro (**disp. A**) num cadinho de platina (ou porcelana) e deixa-se decompor na temperatura de 260° a 300°C.

$$Na_2C_2O_4 = Na_2CO_3 + CO$$

I.40.3 – Método de padronização da solução 0,1N

A padronização de solução de Na_2CO_3 — 0,1N é feita com solução padrão de HCl ou H_2SO_4.

$$Na_2CO_3 + 2HCl = 2NaCl + CO_2 + H_2O$$
$$1\ mL\ de\ HCl — 0{,}1N = 5{,}3\ mg\ Na_2CO_3$$

1 mL de solução padrão de Na_2CO_3 — 0.1N equivale às seguintes substâncias.

Substâncias	*mg*
HCl	3,646
CO_2 livre	4,0
SO_3	2,2

I.40.4 – Solução reagente de Na_2CO_3 (farmacopéia)

Dissolvem-se 12,5 g de carbonato de sódio monohidratado (**irritante; disp. N**) em água e completam-se 100 mL.

I.40.5 – Tabela de relação entre concentração e densidade relativa da solução de carbonato de sódio[15,32]

Na_2CO_3 (%)	*$Na_2CO_3 \cdot 10H_2O$ (%)*	*Densidade relativa $\left(\frac{t°C}{4°C}\right)$*			*g/L de solução (20°C)*	
		15°C	*20°C*	*25°C*	*Na_2CO_3*	*$Na_2CO_3 \cdot 10H_2O$*
1	2,7	1,0096	1,0086	1,0073	10,09	27,22
2	5,4	1,0201	1,0190	1,0176	20,38	55,03
3	8,1	1,0306	1,0294	1,0278	30,88	84,37
4	10,8	1,0411	1,0398	1,0381	41,59	112,3
5	13,5	1,0516	1,0502	1,0484	52,51	141,9
6	16,2	1,0622	1,0606	1,0588	63,64	171,9
7	18,9	1,0728	1,0711	1,0692	74,98	202,5
8	21,6	1,0834	1,0816	1,0797	86,53	233,6
9	23,3	1,0941	1,0922	1,0902	98,20	365,8
10	27,0	1,1048	1,1029	1,1008	110,3	297,8
11	29,7	1,1156	1,1136	1,1115	122,5	330,8
12	32,4	1,1265	1,1244	1,1223	134,9	364,3
13	35,1	1,1375	1,1354	1,1332	147,6	398,6
14	37,8	1,1485	1,1463	1,1442	160,5	433,3

I.41 – SOLUÇÃO DE CIANETO DE POTÁSSIO

I.41.1 – Solução de cianeto de potássio (KCN, Eq.: 65.118)[15,32]

KCN — 1N: Dissolvem-se cerca de 65,2 g de KCN (**muito tóxico, irritante; disp. S**) em água e completa-se 1 litro.

KCN — 0,8N (5%): Dissolvem-se 10 g de KCN em 190 mL de água.
O cianeto de potássio é um cristal incolor, inodoro e obtido passando-se gás cianídrico (**tóxico, inflamável; disp K**) numa solução alcoólica de hidróxido de potássio.
100 g de água dissolvem 71,6 g (25°C) e 122 g (103°C) e fica alcalina.
100 g de álcool dissolvem, também, 0,88 g (19,5°C). É necessário preparar a solução na hora de usar e tomar cuidado no manejo porque é extremamente venenosa.

I.41.2 – Solução reagente de KCN (farmacopéia)

Prepara-se a solução aquosa a 10%.

I.42 – SOLUÇÃO DE CIANETO DE SÓDIO

Solução de cianeto de sódio (NaCN, Eq.: 49,01)[15,32]

NaCN — 1N: Dissolvem-se cerca de 49 g de NaCN (**muito tóxico, irritante; disp. S**) em água e completa-se 1 litro.
O cianeto de sódio é um cristal incolor.
Pode-se preparar o NaCN por adição de HCN liquefeito (**tóxico, inflamável; disp. K**) em solução alcoólica anidra de hidróxido de sódio.
Pode-se obter, também, o sal bi-hidratado pela cristalização da solução alcoólica a 70%.

I.43 - SOLUÇÃO DE CLORATO DE POTÁSSIO

I.43.1 - Solução de clorato de potássio ($KClO_3$, Eq.: 122,557 e 20,426)[15,32]

$KClO_3$ — 1N: Dissolvem-se 123 g de $KClO_3$ (**oxidante, explosivo; disp. J**) em água e completa-se 1 litro.

$KClO_3$ — 0,1N (solução padrão)
Purifica-se o $KClO_3$ comercial por recristalização em água repetidas vezes, seca-se a 110°C durante 1 hora e resfria-se. Em seguida pesam-se exatamente 2,043 g de $KClO_3$ puro, dissolvem-se em água e completa-se 1 litro a 15°C.
O $KClO_3$ é um pó incolor ou branco e é explosivo. 100 g de água dissolvem 3,3 g (0°C) e 57 g (100°C) e a solução de $KClO_3$ é neutra. 100 g de álcool dissolvem, também, 0,83 g e 100 g de glicerina 1 g, respectivamente.
Quando se usar esta solução como oxidante, o peso equivalente é 1/6 molar (20,427).

$$KClO_3 + 6H^+ + 6e^- = KCl + 3H_2O$$

I.43.2 - Padronização de solução de $KClO_3$ — 0,1N[24]

Colocam-se 50,00 mL de solução de $KClO_3$ — 0,1N num balão aferido de 250 mL, adicionam-se 35 mL de solução de sulfato ferroso 0,25N (pág. 128) e tampa-se com válvula de Bunsen. Deixa-se ferver durante 10 minutos, resfria-se e adicionam-se 7 g de $MnSO_4$, 13 mL de H_2SO_4 concentrado (**oxidante, corrosivo; disp. N**) e 10 mL de H_3PO_4 diluído (diluem-se 1,4 mL de H_3PO_4 concentrado (**corrosivo; disp. N**) em 100 mL de água). Em seguida, titula-se o excesso de sulfato ferroso com solução padrão de $KMnO_4$ até a solução ficar fracamente rósea.

$$KClO_3 + 6FeSO_4 + 3H_2SO_4 = KCl + 3Fe_2(SO_4)_3 + 3H_2O$$
$$10FeSO_4 + 2KMnO_4 + 8H_2SO_4 = 5Fe_2(SO_4)_3 + 2MnSO_4 + \\ + K_2SO_4 + 8H_2O$$

1 mL de $KMnO_4$ — 0,1N = 2,043 mg de $KClO_3$

I.43.3 - Solução ácida de $KClO_3$ para uso em determinação quantitativa do bismuto

Dissolvem-se 10 mL de $KClO_3$ (**oxidante, irritante; disp. J**) em 500 mL de ácido clorídrico (1:1).

I.44 – SOLUÇÃO DE CLORETO DE ALUMÍNIO

I.44.1 – Solução de cloreto de alumínio ($AlCl_3$, Eq.: 44,45; $AlCl_3 \cdot 6H_2O$, Eq.: 80,48)[15,32,42]

$AlCl_3$ - 1N Dissolvem-se 80,5 g de cristal de $AlCl_3.6H_2O$ (**corrosivo; disp.N**) em água e completa-se 1 litro. 1 mL desta solução contém 9 mg de Al. O $AlCl_3 \cdot 6H_2O$ é um cristal higroscópico, 100 g de água dissolvem 400 g (temp. ambiente) e 100 g de álcool, 50 g, respectivamente. Decompõe-se por aquecimento ao ar passando a óxido de alumínio.

I.44.2 – Solução para uso em determinação quantitativa de vitamina

Prepara-se a solução alcoólica anidra de $AlCl_3$ a 10%. Adapta-se um tubo de $CaCl_2$ na rolha de vidro, dissolve-se por agitação e filtra-se rapidamente.

I.45 – SOLUÇÃO DE CLORETO DE AMÔNIO

I.45.1 – Solução de cloreto de amônio (NH_4Cl, Eq.: 53,497)[6,15,32]

NH_4Cl — 6N: Dissolvem-se 321 g de cloreto de amônio (**irritante; disp. N**) em água e completa-se 1 litro.

NH_4Cl — 2N: Dissolvem-se 107 g de cloreto de amônio em água e completa-se 1 litro.

NH_4Cl — 0,1N: Dissolvem-se 5,4 g de cloreto de amônio em água e completa-se 1 litro.
O cloreto de amônio é um cristal incolor ou branco e higroscópico. Pode ser obtido pela passagem de gás amônia em ácido clorídrico. Sublima facilmente e decompõe-se parcialmente em amônia e cloreto de hidrogênio.
100 g de água dissolvem 29,4 g (0°C) e 77,3 g (100°C). É pouco solúvel em álcool e glicerina.
A solução aquosa de cloreto de amônio é ácida, devido à hidrólise.

I.45.2 – Determinação quantitativa de cloreto de amônio

Seca-se o cloreto de amônio em dessecador com ácido sulfúrico (**oxidante, corrosivo; disp. N**) durante 4 horas, pesam-se exatamente 2 g e deixam-se dissolver em 40 mL de água. Colocam-se primeiramente 50 mL de solução padrão de $AgNO_3$ — 0,1N, 3 mL de ácido nítrico concentrado (**oxidante, corrosivo; disp. N**) e depois 3 mL de nitrobenzeno (**muito tóxico, irritante; disp. C**) agita-se bem e titula-se o excesso de $AgNO_3$ com NH_4SCN — 0,1N.

O nitrobenzeno é usado para evitar a reação entre o tiocianato de amônio e o cloreto de prata precipitado na primeira etapa.

$$Ag^+ + Cl^- = AgCl$$
$$Ag^+ + SCN^- = AgSCN$$

1 mL de $AgNO_3$ — 0,1N = 5,35 mg NH_4Cl

I.45.3 – Solução reagente de cloreto de amônio amoniacal

Deixa-se saturar a solução de hidróxido de amônio (1:1) com cloreto de amônio.

Tabela de relação entre concentração e densidade relativa da solução aquosa de cloreto de amônio (15°C)[15]

%	Densidade relativa (d_4^{15})	%	Densidade relativa (d_4^{15})	%	Densidade relativa (d_4^{15})
1	1,00316	10	1,0381	19	1,05648
2	1,00632	11	1,03370	20	1,05929
3	1,00948	12	1,03658	21	1,06204
4	1,01264	13	1,03947	22	1,06479
5	1,01580	14	1,04225	23	1,06754
6	1,01850	15	1,04524	24	1,07029
7	1,02180	16	1,04805	25	1,07304
8	1,02481	17	1,05806	26	1,07575
9	1,02781	18	1,05367	27	1,07658

I.46 – SOLUÇÃO DE CLORETO DE ANTIMÔNIO (V)

[N. R. – a substância pura é um líquido; normalmente é armazenado em ampolas com atmosfera de argônio ou em frascos selados sob nitrogênio]

I.46.1 – Solução de cloreto de antimônio V —0,2N ($SbCl_5$, Eq.: 149,53)

Dissolvem-se 30 g de $SbCl_5$ (**muito tóxico, corrosivo; disp. L**) em 50 mL de HCl 6N por aquecimento, dilui-se com água até 1 litro.
1 mL desta solução contém cerca de 12 mg de Sb.

I.46.2 – Uso em determinação de hidrocarbonetos aromáticos[15]

Dissolvem-se 10 mL de pentacloreto de antimônio (d = 2,33) em 20 mL de tetracloreto de carbono (**tóxico, cancerígeno; disp. B**; N. R.- solvente de uso restrito. Deve-se estudar a possibilidade de substituí-lo por outro.).
Esta solução é chamada reagente de Hilpertwolf.

Hidrocarbonetos	*Cor de reação com $SbCl_5$*
Benzeno (puro)	amarelo ou amarelo avermelhado
Benzeno (comercial)	amarelo ou verde
Naftaleno	lilás
Antraceno	precipitado verde
Carbazol	precipitado verde pálido
Indeno	precipitado vermelho escuro
Fluoreno	precipitado verde
Di e trifenil-metano	precipitado verde

I.47 – SOLUÇÃO DE CLORETO DE BÁRIO

I.47.1 – Solução de cloreto de bário[15,32] ($BaCl_2$, Eq.: 104,135; $BaCl_2{\cdot}2H_2O$, Eq.: 122,16)

$BaCl_2$ — 1N (11,2%): Dissolvem-se 122 g de $BaCl_2{\cdot}2H_2O$ (**tóxico, irritante; disp. E**) em água e completa-se 1 litro.

$BaCl_2$ — 0,8N (10%): Dissolvem-se 10 g de $BaCl_2{\cdot}2H_2O$ em 90 mL de água.

$BaCl_2$ (solução padrão)
Dissolvem-se 0,523 g de cloreto de bário puro em água e completa-se 1 litro. 10 mL desta solução equivalem a 12 mg de CaO (grau de dureza: 12°)

$BaCl_2$ (na preparação de suspensão de bário)
Dissolvem-se separadamente 9 g de $BaCl_2 \cdot 2H_2O$ e 3,6 g de $Na_2CO_3 \cdot 10H_2O$ em 50 mL de água, respectivamente, e em seguida misturam-se as duas soluções.
O cloreto de bário é um cristal incolor ou branco e quando bi-hidratado é estável ao ar. Torna-se anidro por aquecimento a 100°C. 100 g de água dissolvem 39,3 g (0º) e 76,8 g (100°C) de $BaCl_2 \cdot 2H_2O$ e estas soluções são neutras.
Pode-se purificar pela passagem de gás clorídrico (**tóxico; disp. K**) em solução aquosa saturada.

I.47.2 – Solução de $BaCl_2$ para uso em determinação quantitativa de enxofre

Prepara-se a solução de cloreto de bário anidro a 5% ou de cloreto de bário bi-hidratado a 6%.

I.47.3 – Solução de $BaCl_2$ para uso em análise turbidimétrica de SO_4^{2-}

Dissolvem-se 10 g de $BaCl_2 \cdot 2H_2O$ (**tóxico; irritante; disp. E**) e 59 g de NaCl puro em 400 mL de água, adicionam-se 20 g de gelatina pura e deixa-se dissolver completamente aquecendo-se em banho-maria durante 30 minutos. Neste caso, se contiver íon SO_4^{2-} forma-se precipitação branca de $BaSO_4$, então filtra-se e adiciona-se uma clara de ovo. Agita-se e aquece-se durante 30 minutos. Em seguida, filtra-se o $BaSO_4$ formado e a clara de ovo, adiciona-se água até 500 mL e aquece-se novamente em banho-maria a 60 – 70°C. Coloca-se 1 gota de xileno ou tolueno, tampa-se bem e guarda-se.

I.47.4 – Tabela de relação entre concentração e densidade relativa da solução aquosa de $BaCl_2$ (21,5°C)[15]

Densidade relativa ($d_4^{21,5}$)	*$BaCl_2 \cdot 2H_2O$ (%)*	*$BaCl_2$ (%)*	*Densidade relativa* ($d_4^{21,5}$)	*$BaCl_2 \cdot 2H_2O$ (%)*	*$BaCl_2$ (%)*
1,0073	1	0,852	1,1302	16	13,64
1,0147	2	1,705	1,1394	17	14,49
1,0222	3	2,557	1,1488	18	15,35
1,0298	4	3,410	1,1584	19	16,20
1,0374	5	4,262	1,1683	20	17,05
1,0452	6	5,115	1,1783	21	17,90
1,0530	7	5,967	1,1884	22	18,75
1,0610	8	6,820	1,1986	23	19,61
1,0692	9	7,672	1,2090	24	20,46
1,0776	10	8,525	1,2197	25	21,31
1,0861	11	9,377	1,2304	26	22,16
1,0947	12	10,23	1,2413	27	23,02
1,1034	13	11,08	1,2523	28	23,87
1,1122	14	11,93	1,2636	29	24,72
1,1211	15	12,79	1,2750	30	25,57

I.48 – SOLUÇÃO DE CLORETO DE CÁDMIO

I.48.1 – Uso para absorção de H_2S

Dissolvem-se 12 g de cloreto de cádmio ($CdCl_2 \cdot 2H_2O$, P.M.:219,31; **muito tóxico, cancerígeno; disp. L**) em 150mL de água e adicionam-se 60 mL de solução de hidróxido de amônio concentrada (**corrosivo, tóxico; disp. N**). Diluem-se cada 10 mL desta solução com 50 mL de água pura.

Se formar precipitado branco de hidróxido de cádmio na hora da diluição, goteja-se solução de hidróxido de amônio até ficar transparente.

I.48.2 – Uso em determinação quantitativa de enxofre

Dissolvem-se 22 g de cloreto de cádmio (**muito tóxico, cancerígeno; disp. L**) em 200 mL de água, adicionam-se 480 mL de solução de hidróxido de amônio concentrada (**d:0,90; corrosivo, tóxico; disp. N**) e dilui-se com água até 1 litro. 50 mL desta solução precipitam aproximadamente 0,175 g de S (na forma de ânions sulfeto).

I.49 – SOLUÇÃO DE CLORETO DE CÁLCIO

I.49.1 – Solução de cloreto de cálcio[15,32] ($CaCl_2$, Eq.: 55,5; $CaCl_2 \cdot 6H_2O$, Eq.: 109,545)

$CaCl_2$ — 1N: Dissolvem-se cerca de 110 g de $CaCl_2 \cdot 6H_2O$ (**irritante; disp. N**) em água e completa-se 1 litro.

$CaCl_2$ — 0,1 N: Dissolvem-se cerca de 11 g de $CaCl_2 \cdot 6H_2O$ em água e completa-se 1 litro.
O $CaCl_2 \cdot 6H_2O$ é apresentado em bloco ou lentilha e é dissolvido na água de cristalização a 21°C.
Água fria dissolve 83% e a água quente 143%. É também solúvel em álcool e acetona.

I.49.2 – Padronização de $CaCl_2$ — 0,1N

Adiciona-se solução de oxalato de amônio a 4% em certa quantidade de solução de $CaCl_2$, goteja-se solução de hidróxido de amônio (**corrosivo, tóxico; disp. N**) na temperatura de 70° a 80°C usando-se vermelho de metila como indicador e deixa-se precipitar o oxalato de cálcio em solução amoniacal. Em seguida, filtra-se o oxalato de cálcio, dissolve-se em ácido sulfúrico e titula-se o ácido oxálico liberado com solução padrão de $KMnO_4$ — 0,1N mantendo-se a temperatura da solução ao redor de 60°C.

$$CaCl_2 + (NH_4)_2C_2O_4 = CaC_2O_4 + 2NH_4Cl$$
$$CaC_2O_4 + H_2SO_4 = CaSO_4 + H_2C_2O_4$$
$$2KMnO_4 + 3H_2SO_4 + 5H_2C_2O_4 = K_2SO_4 + 2MnSO_4 + 10CO_2 + 8H_2O$$
$$1 \text{ mL de } KMnO_4 — 0{,}1N = 10{,}95 \text{ mg de } CaCl_2 \cdot 6H_2O$$

I.49.3 – Solução de $CaCl_2$ para uso em identificação de solução de sabão

Pesa-se 1 g de $CaCl_2$ (**irritante; disp. N**) e adicionam-se 10 mL de água e ácido clorídrico a 10% até completa dissolução, deixa-se evaporar até a secura em banho-maria e dissolve-se em água. Em seguida, adicionam-se algumas gotas de solução de KOH a 10%, dilui-se com água até 1 litro.
1 mL desta solução equivale a 1 mg de $CaCO_3$

I.49.4 – Tabela da solução entre concentração e densidade relativa de $CaCl_2$ (18,3°C)[15]

Densidade relativa $(d_4^{18,3})$	$CaCl_2 \cdot 6H_2O$ (%)	$CaCl_2$ (%)	*Densidade relativa* $(d_4^{18,3})$	$CaCl_2 \cdot 6H_2O$ (%)	$CaCl_2$ (%)
1,0039	1	0,507	1.1480	34	17,23
1,0079	2	1,014	1,1575	36	18,24
1,0159	4	2,028	1,1671	38	19,25
1,0241	6	3,042	1,1768	40	20,27
1,0323	8	3,055	1,1865	42	21,28
1,0407	10	5,068	1,1963	44	22,30
1,0491	12	6,08	1,2062	46	23,31
1,0663	14	7,09	1,2162	48	24,32
1,0750	16	8,10	1,2262	50	25,34
1,0838	20	10,13	1,2363	52	26,35
1,0927	22	11,15	1,2465	54	27,36
1,1017	24	12,16	1,2567	56	28,38
1,1107	26	13,17	1,2669	58	29,39
1,1199	28	14,19	1,2773	70	30,40
1,1292	30	15,20	1,2877	62	31,42
1,1386	32	16,21	1,2981	64	3,243

I.50 – SOLUÇÃO DE CLORETO ESTÂNICO

[N. R. - nomenclatura recomendada: cloreto de estanho (IV)]

I.50.1 – Solução de cloreto estânico ($SnCl_4 \cdot 3H_2O$, Eq.: 78,64)[15,32]

$SnCl_4$ — 0,4N

I.50.1.1 – Dissolvem-se 31,4 g de $SnCl_4 \cdot 3H_2O$ (**corrosivo; disp. L**) em 50 mL de HCl 6N a quente, dilui-se com água e completa-se 1 litro.

I.50.1.2 – Dissolvem-se 31,4 g de $SnCl_4 \cdot 3H_2O$ em HCl 6N, goteja-se água de bromo até ficar incolor. Dilui-se com água e completa-se 1 litro.

I.50.2 – Solução de $SnCl_4$ para uso em identificação de fibras

Dissolvem-se 15 g de $SnCl_4 \cdot 3H_2O$ (**corrosivo; disp. L**) em 15 mL de ácido clorídrico concentrado (**corrosivo; disp. N**), adicionam-se, pouco a pouco, 3 g de $KClO_3$ (pág. 48) e dilui-se com água até 100 mL.

I.51 - SOLUÇÃO DE CLORETO ESTANOSO

[N. R. – nomenclatura recomendada: cloreto de estanho (II)]

I.51.1 - Solução de cloreto estanoso[15,32] ($SnCl_2$, Eq.: 94,805; $SnCl_2.2H_2O$, Eq.: 112,825)

$SnCl_2$ — 0,5N

a) Dissolvem-se 56,5 g de $SnCl_2.2H_2O$ (**tóxico, corrosivo; disp. L**) em 100 mL de HCl 12N (**corrosivo; disp. N**) a quente e dilui-se com água até 1 litro.
b) Dissolvem-se 3 g de fita de estanho em HCl — 12N (**corrosivo; disp. N**), dilui-se com água e completam-se 100 mL.

$SnCl_2$ — 0,2N

Dissolvem-se 22,6 g de $SnCl_2 \cdot 2H_2O$ em 50 mL de HCl 6N, dilui-se com água até 1 litro.
O $SnCl_2$. $2H_2O$ é um cristal incolor; é dissolvido pela água de cristalização a 40°C. Torna-se a anidro pelo aquecimento ou em vácuo.
Se a solução de $SnCl_2$ ficar preta ou cinza por adição de solução de NaOH ou KOH, então esta solução contém Bi, Pb ou Hg e não pode ser usada como reagente.
A solução de $SnCl_2$ é instável ao contato com o ar sofrendo oxidação e então deve-se preparar na hora de usar.
Guarda-se em vidro escuro com um pedaço de estanho puro.

I.51.2 - Determinação de Sn em solução de $SnCl_2$

Adiciona-se solução de amido em certa quantidade de solução de $SnCl_2$ e titula-se com solução padrão de I_2 0,1N até ficar fracamente azul passando-se o gás carbônico na superfície da solução.

$$SnCl_2 + I_2 + 2HCl = SnCl_4 + 2HI$$

I.51.3 - Solução de $SnCl_2$ para uso em redução de cloreto férrico

Jogam-se cerca de 6 g de cloreto estanoso puro (**tóxico, corrosivo; disp. L**) em 60 mL de HCl concentrado (**corrosivo; disp. N**), deixa-se saturar agitando-se em banho-maria e dilui-se com água até 100 mL. A reação com cloreto férrico se dá conforme a seguinte equação:

$$2FeCl_3 + SnCl_2 = 2FeCl_2 + SnCl_4$$

I.51.4 – Solução de $SnCl_2$ para uso em determinação quantitativa colorimétrica de ácido fosfórico

Dissolvem-se 2,5 g de $SnCl_2$ (**tóxico, corrosivo; disp. L**) em 10 mL de HCl concentrado (**corrosivo; disp. N**), diluem-se com água e completam-se 100 mL.
Usa-se esta solução junto com a solução de molibdato de amônio.

I.52 – SOLUÇÃO DE CLORETO FÉRRICO

[N. R. – nome recomendado: cloreto de ferro(III)]

I.52.1 – Solução de cloreto férrico ($FeCl_3 \cdot 6H_2O$, Eq.: 90,1)[15,32]

$FeCl_3$ — 1N (ácida): Dissolvem-se 90 g de $FeCl_3 \cdot 6H_2O$ (**corrosivo; disp. L**) em 25 mL de HCl concentrado (**corrosivo; disp. N**), diluem-se com água e completa-se 1 litro.

$FeCl_3$ — 0,5N (neutra): Dissolvem-se 45 g de $FeCl_3 \cdot 6H_2O$ em água e completa-se 1 litro.
1 mL desta solução contém 9,3 mg de Fe.
O cloreto férrico hidratado é um cristal verde à refração da luz, intensamente higroscópico e funde a 37°C, tornando-se uma solução marrom.
100 g de água dissolvem 74,4 g (0°C) e 535,7 g (100°C) de $FeCl_3$.
É também facilmente solúvel em álcool e éter.
É reduzido pela luz, passando a sal ferroso e, então, deve-se guardar em lugar escuro e frio.
Quando há necessidade de se ter a concentração exata da solução, pode-se usar a solução de nitrato férrico, porque a solução de cloreto férrico dificilmente mantém concentração constante.

I.52.2 – Padronização de solução de cloreto férrico

Deixa-se reduzir a solução de cloreto férrico a sal ferroso e em seguida titula-se com solução padrão de bicromato de potássio (pág. 31) ou permanganato de potássio (pág. 113).
Pode-se usar zinco metálico, amálgama de zinco (pág. 386), solução de cloreto estanoso (pág. 56), ácido sulfuroso (pág. 27) ou sulfeto de hidrogênio (pág. 23 e pág. 443) como redutores.

$$2FeCl_3 + Zn = 2FeCl_2 + ZnCl_2$$
$$2FeCl_3 + SnCl_2 = 2FeCl_2 + SnCl_4$$
$$2Fe^{3+} + SO_3^{2-} + H_2O = 2Fe^{2+} + SO_4^{2-} + 2H^+$$
$$2Fe^{3+} + H_2S = 2Fe^{2+} + 2H^+ + S$$

O zinco metálico não é muito usado, devido à sua velocidade de redução.
Quando for usado sulfeto de hidrogênio, acidula-se a solução com ácido sulfúrico regulando-se a 1,2 – 2,5% em volume, e borbulha-se com a velocidade de 1 a 2 bolinhas por segundo durante 30 minutos. Ferve-se antes da titulação.
Pode-se aplicar o mesmo método de titulação usado para cloreto ferroso ou para sulfeto ferroso.

I.52.3 – Solução padrão de cloreto férrico

Deixa-se dissolver 1 g de fio de ferro puro em ácido clorídrico (**corrosivo; disp. N**) e dilui-se com água até 1 litro.
Pode-se padronizar esta solução com solução de estanho (1 g de estanho puro dissolvido em 200 mL de ácido clorídrico concentrado) cortando-se o contato com o ar e passando-se o gás carbônico, até a solução ficar amarela.
A solução de estanho a 1% equivale à solução de oxidante 0,1N.

I.52.4 – Solução de cloreto férrico para uso em determinação quantitativa de fósforo

Dissolvem-se 25 g de cloreto férrico (**corrosivo; disp. L**) em 100 mL de água e adicionam-se 25 mL de ácido clorídrico (**corrosivo; disp. N**).

I.52.5 – Solução de cloreto férrico para uso em determinação qualitativa de formaldeído

Adicionam-se 2 mL de solução aquosa de cloreto férrico a 10% em 100 mL de ácido clorídrico (**d: 1,2; corrosivo; disp. N**).

I.52.6 – Solução de cloreto férrico para uso em determinação qualitativa de indicana

Dissolvem-se 1,5 g de cloreto férrico (**corrosivo; disp. L**) em 500 mL de ácido clorídrico (**corrosivo; disp. N**). Esta solução é chamada reagente de Obermeyer.

I.52.7 – Solução de cloreto férrico para uso em identificação de fenol

Dissolvem-se 54 g de cloreto férrico (**corrosivo; disp. L**) em água e completa-se 1 litro. Adicionam-se 4 a 5 gotas de solução de hidróxido de amônio diluída para eliminar o excesso de ácido.

I.52.8 – Solução de cloreto férrico para uso em determinação de ácido láctico

Dissolvem-se 2 g de cloreto férrico (**corrosivo; disp. L**) em água, gotejamse 5 mL de ácido clorídrico 1N e diluem-se com água até 200 mL.

I.52.9 – Solução de cloreto férrico para uso em análise de ácido nucléico

Dissolvem-se 0,2 g de alúmen férrico em 200 mL de ácido clorídrico concentrado (**corrosivo; disp. N**).

I.52.10 – Solução reagente de cloreto férrico

Dissolvem-se 9 g de cloreto férrico (**corrosivo; disp. L**) em água e completa-se 1 litro.

I.53 – SOLUÇÃO DE CLORETO FERROSO

Solução de cloreto ferroso ($FeCl_2 \cdot 4H_2O$, Eq.: 99,415)[15,32]
[N. R. – nome recomendado: cloreto de ferro(II)]

$FeCl_2$ — 1N: Dissolvem-se 10,0 g de cloreto ferroso (**tóxico, irritante; disp. L**) em HCl-0,6N (**corrosivo; disp. N**), diluem-se até 100 mL e colocam-se diversos pregos novos no recipiente.
O cloreto ferroso hidratado é um cristal verde transparente e higroscópico. Passa gradativamente a sal férrico básico em contato com o ar e fica marrom. 100 g de água dissolvem 160,1 g (10°C) e 415,5 g (100°C) e é, também, solúvel em álcool.
Pode-se preparar esta solução dissolvendo-se pregos novos em ácido clorídrico concentrado (**corrosivo; disp. N**)
Pode-se padronizar esta solução pelo método de permanganato de potássio (pág. 113) ou bicromato de potássio (pág. 31) usando solução de ferricianeto de potássio como indicador.

$$6FeCl_2 + K_2Cr_2O_7 + 14HCl = 6FeCl_3 + 2CrCl_3 + 2KCl + 7H_2O$$
$$6FeCl_2 + 6HCl + 3O = 6FeCl_3 + 3H_2O$$

I.54 – SOLUÇÃO DE CLORETO DE MAGNÉSIO

I.54.1 – Solução de cloreto de magnésio ($MgCl_2$, Eq.: 47,615; $MgCl_2{\cdot}6H_2O$, Eq.: 101,67)[15,32]

$MgCl_2$ — 1N: Dissolvem-se 102 g de cloreto de magnésio hexa-hidratado (**irritante; disp. N**) em água e completa-se 1 litro.
1 mL desta solução contém 12,16 mg de Mg.
O cloreto de magnésio hexa-hidratado é um cristal branco, higroscópico e 100 g de água dissolvem 281 g (0°C) e 918 g (100°C). É, também, solúvel em álcool.

I.54.2 – Tabela de relação entre concentração e densidade relativa da solução aquosa de $MgCl_2$ (24°C)[15]

Densidade relativa (d_4^{24})	$MgCl_2{\cdot}6H_2O$ (%)	$MgCl_2$ (%)	*Densidade relativa* (d_4^{24})	$MgCl_2{\cdot}6H_2O$ (%)	$MgCl_2$ (%)
1,0069	2	0,93	1,1519	42	19,67
1,0138	4	1,87	1,1598	44	20,61
1,0207	6	2,81	1,1677	46	21,55
1,0276	8	3,75	1,1756	489	22,48
1,0345	10	4,68	1,1836	50	23,42
1,0415	12	5,62	1,1918	52	24,36
1,0485	14	6,56	1,2000	54	25,29
1,0556	16	7,49	1,2083	56	26,23
1,0627	18	8,43	1,2167	58	27,19
1,0698	20	9,37	1,2252	60	28,10
1,0770	22	10,30	1,2338	62	29,04
1,0842	24	11,24	1,2425	64	29,98
1,0915	26	12,18	1,2513	66	30,91
1,0988	28	13,11	1,2602	68	31,85
1,1062	30	14.05	1,2692	70	32,79
1,1137	32	14.99	1,2783	72	33,72
1,1212	34	15.92	1,2875	74	34,66
1,1288	36	16.86	1,2968	76	35,53
1,1364	38	17.80	1,3065	78	36,53
1,1441	40	18,74	1,3159	80	37,47

I.55 – SOLUÇÃO DE CLORETO MANGANOSO

I.55.1 – Solução de cloreto manganoso ($MnCl_2$, Eq.: 62,925; $MnCl_2 \cdot 4H_2O$, Eq.: 98.96)[15,32]

$MnCl_2$ — 0,35N: Dissolvem-se 36 g de cloreto manganoso tetra-hidratado (**irritante; disp. L**) em água e completa-se 1 litro.
1 mL desta solução contém 10 mg de Mn.
O cloreto manganoso é um cristal vermelho e higroscópio.
Passa a $MnCl_2 \cdot 2H_2O$ borbulhando-se gás cloro (**tóxico, oxidante; disp K**) na solução aquosa ou pelo vácuo em dessecador com ácido sulfúrico concentrado (**oxidante, corrosivo; disp. N**) e fica, finalmente, anidro pelo aquecimento a 70°C.
100 g de água dissolvem 63,4 g (0°C) e 123,8 g (106°C) de $MnCl_2$ e é solúvel em álcool.

I.55.2 – Solução de cloreto manganoso para uso em determinação quantitativa de oxigênio

Dissolvem-se 400 g de cloreto manganoso hidratado (**irritante; disp. L**) isento de ferro e 2 mL de ácido clorídrico concentrado (**corrosivo; disp. N**) em água e completa-se 1 litro.

I.55.3 – Solução ácida de cloreto manganoso

Deixa-se saturar HCl 12N (**corrosivo; disp. N**) com cloreto manganoso (**irritante; disp. L**).

I.56 – SOLUÇÃO DE CLORETO MERCÚRICO

[N. R. – nome recomendado: cloreto de mercúrio(II)]

I.56.1 – Solução de cloreto mercúrio ($HgCl_2$, Eq.: 135,76)[15,32]

$HgCl_2$ — 0,5N: Dissolvem-se cerca de 68 g de cloreto mercúrico (**tóxico, irritante; disp. O**) em água e completa-se 1 litro.

$HgCl_2$ — 0,4N (5%): Dissolvem-se 10 g de cloreto mercúrico em 190 mL de água.
Esta solução é usada como reagente na precipitação de alcalóides.

O $HgCl_2$ é um cristal branco semi-transparente sendo também chamado de sublimado corrosivo.
É estável ao ar e 100 g de água dissolvem 3,6 g (0°C) e 61,3 g (100°C), 100 g de álcool a 99% dissolvem 33 g (25°C) sendo, também, solúvel em éter e benzeno.

I.56.2 – Solução de cloreto mercúrico para uso em determinação quantitativa de ácido fórmico

Dissolvem-se 50 g de cloreto mercúrico (**tóxico, irritante; disp. O**) e 27,5 g de acetato de sódio em água e completa-se 1 litro.

I.56.3 – Solução de cloreto mercúrico para uso em fixação de enzima

Dissolvem-se 4 g de cloreto mercúrico (**tóxico, irritante; disp. O**) e 3 mL de ácido acético glacial (**corrosivo; disp. C**) em 100 mL de álcool a 70%.

I.56.4 – Solução de cloreto mercúrico para uso em absorção de hidrocarbonetos acetilênicos

Dissolvem-se 25 g de cloreto mercúrico (**tóxico, irritante; disp. O**) e 30 g de iodeto de potássio (**disp. M**) em 100 mL de água.

I.57 – SOLUÇÃO DE CLORETO MERCUROSO

[N. R. – nome recomendado: cloreto de mercúrio(I)]

I.57.1 – Solução de cloreto mercuroso (Hg_2Cl_2, Eq.: 236,07)[15,32]

Hg_2Cl_2 — 0,1N: Aquecem-se 23,6 g de cloreto mercuroso (**tóxico, irritante; disp. O**) com ácido clorídrico (1:1) até dissolução completa, dilui-se com água e completa-se 1 litro.
O cloreto mercuroso é um pó incolor e inodoro, também chamado de mercúrio doce, calomel ou calomelano.
É estável ao ar mas é sensível à luz, ficando escuro. É pouco solúvel em água e álcool e 100 g de água dissolvem 0,14 mg (0°C).

I.57.2 – Padronização de solução de cloreto mercuroso

Adicionam-se 25 mL de solução de iodo 0,5N, 10 mL de solução de iodeto de potássio a 40% em 25,00 mL de solução de cloreto mercuroso e titula-se o excesso de iodo com solução padrão de $Na_2S_2O_3$.

$$Hg_2Cl_2 + I_2 + 6KI = 2K_2[HgI_4] + 2KCl$$

$$1 \text{ mL de } I_2 — 0,1N = 23,61 \text{ mg de } Hg_2Cl_2$$

I.58 – SOLUÇÃO DE CLORETO DE POTÁSSIO

I.58.1 – Solução de cloreto de potássio (KCl, Eq.: 74,56)[15,32]

KCl — 0,3N: Dissolvem-se 22,4 g de cloreto de potássio (**irritante; disp. N**) em água e completa-se a 1 litro.
1 mL desta solução contém 11,73 mg de K.

KCl — 0,1N (solução padrão): Seca-se o cloreto de potássio durante 2 horas a 110°C, dissolvem-se 7,46 g em água e completa-se 1 litro.
O cloreto de potássio é um cristal incolor ou branco estável ao ar.
100 g de água dissolvem 27,6 g (0°C) e 56,7 g (100°C) e a solução é neutra. É, também, solúvel em álcool.

I.58.2 – Método de padronização da solução de KCl

Pode-se usar a mesma forma de padronização empregada para cloreto de amônio.
1 mL de $AgNO_3$ — 0,1N = 7,455 mg de KCl

I.58.3 – Solução padrão de KCl — 0,2M

Recristaliza-se o KCl (**irritante; disp. N**) em água 3 a 4 vezes e em seguida, seca-se durante 2 dias a 120°C.
Dissolvem-se 14,912 g em água e completa-se 1 litro.

I.59 – SOLUÇÃO DE CLORETO DE SÓDIO

I.59.1 – Solução de cloreto de sódio (NaCl, Eq.: 58,448)[15,24,32]

NaCl — 1,7N (10%): Dissolvem-se 10 g de cloreto de sódio (**irritante; disp. N**) puro em 90 mL de água.

NaCl — 0,1 N (solução padrão): Seca-se o cloreto de sódio puro a 250° - 300°C durante uma hora, pesam-se exatamente 5,8448 g, dissolve-se em água e completa-se 1 litro (15°C). Pode-se usar esta solução como solução padrão primária sem padronização, 1 mL desta solução equivale a 10,788 mg de Ag ou 16,989 mg de $AgNO_3$.
O cloreto de sódio é, geralmente, chamado sal de cozinha e é um cristal branco não higroscópico.
O produto comercial é higroscópico porque contém sulfatos de cálcio e magnésio bem como seus cloretos como impurezas. Pode-se purificar pela passagem de gás cloro (**tóxico, oxidante; disp K**; pág. 449) em solução aquosa saturada.
É pouco solúvel em ácido sulfúrico fumegante ou álcool, mas 100 g de água dissolvem 35,7 g (0°C) e 39,8 g (100°C) e a solução é neutra.

I.59.2 – Métodos de padronização da solução de NaCl — 0,1N

I.59.2.1 – Método de Mohr pelo nitrato de prata (pág. 106).

I.59.2.2 – Método de Volhard pelo sal de tiocianato (pág. 106).
1 mL de $AgNO_3$ — 0,1N ou NH_4SCN — 0,1N — 5,845 mg de NaCl.

I.59.3 – Solução padrão de cloreto de sódio

Dissolvem-se 5,4202 g de cloreto de sódio puro (**irritante; disp. N**) em água e completa-se 1 litro.
1 mL desta solução equivale a 0,01 g de Ag.

I.59.4 – Solução de cloreto de sódio para uso em determinação quantitativa de tanino

Adiciona-se o ácido sulfúrico concentrado (**oxidante, corrosivo; disp. N**) em 97,5 mL da solução saturada aquosa de cloreto de sódio e completa-se 100 mL.

I.59.5 – Solução biológica de cloreto de sódio

Prepara-se uma solução de cloreto de sódio a 0,9%.

I.59.6 – Tabela de relação entre concentração e densidade relativa da solução de cloreto de sódio (15°C)[32]

%	*Densidade relativa* (d_4^{15})	%	*Densidade relativa* (d_4^{15})
1	1,0071	13	1,0972
2	1,0144	14	1,1049
3	1,0218	15	1,1127
4	1,0292	16	1,1206
5	1,0366	17	1,1285
6	1,0441	18	1,1364
7	1,0516	19	1,1445
8	1,0591	20	1,1525
9	1,0666	21	1,1607
10	1,0742	22	1,1689
11	1,0819	23	1,1772
12	1,0895	24	1,1856

I.60 – SOLUÇÃO DE CLORETO DE ZINCO

I.60.1 – Solução de cloreto de zinco ($ZnCl_2$, Eq.: 68,145)[15,32]

$ZnCl_2$ — 0,3N: Dissolvem-se 20,5 g de cloreto de zinco (**tóxico, corrosivo; disp. L**) em água e completa-se 1 litro.
1 mL desta solução contém 9,8 mg de Zn.
O cloreto de zinco é apresentado em forma de pó ou bloco branco e é higroscópico.
100 g de água dissolvem 432 g (25°C) e 615 g (100°C), 100 mL de álcool, 100 g (12,5°C), e é facilmente solúvel em éter. A solução aquosa é ácida e o cloreto de zinco cristalizado acima de 28°C é anidro.

I.60.2 – Solução de cloreto de zinco para uso em identificação de fibras

Dissolvem-se 100 g de cloreto de zinco (**tóxico, corrosivo; disp. L**) em 85 mL de água, adicionam-se 4 g de óxido de zinco (ZnO; **disp. O**) e deixa-se dissolver por aquecimento.

I.60.3 – Solução amoniacal de cloreto de zinco para uso em determinação quantitativa de enxofre

Dissolvem-se 50 g de cloreto de zinco (**tóxico, corrosivo; disp. L**) em cerca de 500 mL de água, adicionam-se 125 mL de solução de hidróxido de amônio (**corrosivo, tóxico; disp. N**) e 50 g de cloreto de amônio (**irritante; disp. N**) e dilui-se até 1 litro.

I.60.4 – Solução ácida de cloreto de zinco ($ZnCl_2$+HCl) para uso em dissolução de celulose

Dissolve-se 1 parte de cloreto de zinco (**tóxico, corrosivo; disp. L**) em 2 partes de ácido clorídrico concentrado (**corrosivo; disp.N**).
15 mL desta solução dissolvem 0,1 g de celulose, mas se for diluída com água, a celulose precipitará novamente.

I.61 – SOLUÇÃO DE CLORO

I.61.1 – Água de cloro (Cl_2, Eq.: 35,457)[15,32]

Cl_2 — 0,2N: Deixa-se saturar água fria com gás cloro (**tóxico, oxidante; disp K**; pág. 449). 100 g de água dissolvem 1,46 g (0°C), 1 g (10°C) e 0,57 g (30°C) de gás cloro. Recomenda-se preparar na hora de usar porque é instável à luz.

I.61.2 – Solução padrão de cloro (como ânion cloreto)

Dissolvem-se 0,1648 g de cloreto de sódio (**irritante; disp. N**) em água e completa-se 1 litro.
1 mL desta solução contém 0,1 mg de Cl^-.

I.62 – SOLUÇÃO DE CROMATO DE POTÁSSIO

I.62.1 – Solução de cromato de potássio (K_2CrO_4, Eq.: 97,105 e 64,91)[15,32]

K_2CrO_4 — 3N: Dissolvem-se 29,1 g de cromato de potássio (**cancerígeno, oxidante; disp. J**) em 100 mL de água.

K_2CrO_4 — 1N (9%, d:1,075): Dissolvem-se cerca de 97 g de cromato de potássio em água e completa-se 1 litro.
O cromato de potássio é um cristal amarelo e é estável ao ar. Pode ser obtido pelo seguinte método: adicionam-se 4 partes de água em 2 partes de bicromato de potássio, aquece-se até a fervura e adiciona-se carbonato de potássio até a solução ficar fracamente alcalina.
É insolúvel em álcool mas 100 g de água dissolvem 58,0 g (0°C) e 75,6 g (100°C) e a solução é fracamente alcalina (fenolftaleína) e amarela.

Torna-se vermelha por adição de ácido.

$$Cr_2O_7^{2-} + 2OH^- = 2CrO_4^{2-} + H_2O$$
$$2CrO_4^{2-} + 2H^+ = Cr_2O_7^{2-} + H_2O$$

I.62.2 – Solução indicadora de cromato de potássio para uso no método de Mohr

Dissolvem-se 5 g de cromato de potássio (**cancerígeno, oxidante; disp. J**), isento de halogênio, em 95 mL de água.
Pode-se usar 1 mL desta solução para cada 50 a 100 mL de solução a titular.

$$K_2CrO_4 + 2AgNO_3 = Ag_2CrO_4 + 2KNO_3$$
$$Ag_2CrO_4 + 2NaCl = 2AgCl + Na_2CrO_4$$

I.62.3 – Solução de cromato de potássio para uso em determinação colorimétrica quantitativa de ácido silícico

Dissolvem-se 0,530 g de cromato de potássio (**cancerígeno, oxidante; disp. J**) em 100 mL de água. 1 mL desta solução equivale ao grau de coloração de 1 mg de SiO_2.

I.62.4 – Solução de cromato de potássio para uso em determinação colorimétrica quantitativa de SO_4^{2-}

Dissolvem-se 0,6055 g de cromato de potássio (**cancerígeno, oxidante; disp. J**) em 1 litro de água. 1 mL desta solução equivale a 0,1 mg de S ou 0,3 mg de SO_4^{2-}. Pode-se usar esta solução quando 1 litro da solução problema contém acima de 20 mg de SO_4^{2-}.

I.62.5 – Solução de cromato de potássio para uso em determinação colorimétrica quantitativa de cloro

Dissolvem-se 0,75 g de cromato de potássio puro (**cancerígeno, oxidante; disp. J**) e 0,25 g de bicromato de potássio (**cancerígeno, oxidante; disp. J**) em água e completa-se a 1 litro.

I.63 – SOLUÇÃO DE ESTANITO DE SÓDIO

Solução de estanito de sódio (Na_2SnO_2, P.M.: 196,694; Eq.: 98,347)

Na_2SnO_2 — 0,5M (10%): Dissolvem-se, por aquecimento, 10 g de cristais de cloreto estanoso (pág. 56, **corrosivo, tóxico; disp. L**) em 10 mL de ácido clorídrico concentrado (**corrosivo; disp. N**) e 80 mL de água e mistura-se o mesmo volume de solução de hidróxido de sódio a 15%. Quando misturar, adiciona-se solução de hidróxido de sódio, pouco a pouco, esfriando-se a solução de cloreto estanoso com água corrente até que a precipitação formada desapareça e fique transparente.

$$SnCl_2 + 2NaOH = Sn(OH)_2 + 2NaCl$$
$$Sn(OH)_2 + 2NaOH = Na_2SnO_2 + 2H_2O$$

Pode-se preparar esta solução da mesma forma usando-se solução de $SnCl_2$ 0,5N (pág. 56).
Prepara-se na hora de usar porque esta solução é instável. (**disp. L**).

I.64 – SOLUÇÃO DE FERRICIANETO DE POTÁSSIO

[N. R. – nomenclatura oficial: hexacianoferrato(III) de potássio]

I.64.1 – Solução de ferricianeto de potássio [$K_3Fe(CN)_6$, Eq.: 329,26 e 109,75][15,32]

$K_3Fe(CN)_6$ — 1N: Dissolvem-se 110 g ou 330 g de ferricianeto de potássio (**disp. S**) comercial (sensível à luz) em água e completa-se 1 litro.

$K_3Fe(CN)_6$ — 0,5N: Dissolvem-se 11 g ou 33 g de ferricianeto de potássio em água e levam-se a 200 mL.
O ferricianeto de potássio é um cristal vermelho e decompõe-se antes de fundir.
É facilmente auto-reduzido pela luz ou sofre ação de redutor passando a ferrocianeto de potássio.
Pode-se purificar o produto comercial, que contém ferrocianeto de potássio como impureza, pelo seguinte método: lava-se sua superfície com água, dissolve-se em água e deixa-se ferver. Em seguida, filtra-se a quente usando papel de filtro previamente lavado pela água quente, deixa-se cristalizar por resfriamento e filtra-se em vácuo. Repete-se a mesma operação e finalmente seca-se a 50°C.

100 g de água dissolvem 33 g (4,4°C) e 77,5 g (100°C) e a solução é verde-amarelada.
A quantidade equivalente da solução é 1/3 molar em método de titulação por precipitação mas é 1 molar em método de titulação por oxidação e redução.
Guarda-se, em geral, esta solução ao abrigo da luz.

I.64.2 – Padronização da solução de ferricianeto de potássio

Adicionam-se cerca de 20 mL de solução de KI a 10%, 2 mL de H_2SO_4 — 2N ou HCl — 2N e 15 mL de solução de sulfato de zinco a 16% em 25,00 mL de solução de ferricianeto de potássio e titula-se com solução padrão de tiossulfato de sódio até desaparecer a cor azul da solução, usando a solução de amido como indicador.

$$2K_3Fe(CN)_6 + 2KI = 2K_4Fe(CN)_6 + I_2$$
$$2K_4Fe(CN)_6 + 3ZnSO_4 = K_2Zn_3\,[Fe(CN)_6]_2 + 3K_2SO_4$$
$$1\text{ mL de } Na_2S_2O_3 - 0{,}1N = 32{,}92\text{ mg de } K_3Fe(CN)_6$$

I.64.3 – Solução padrão de ferricianeto de potássio

Dissolvem-se 1,5 g de ferricianeto de potássio (**disp. S**) em 1 litro de água. 1 mL desta solução contém 1 mg de $[Fe(CN)_6]^{3-}$.

I.64.4 – Solução de ferricianeto de potássio como indicador

Dissolve-se 0,01 g de ferricianeto de potássio (**disp. S**) isento de ferrocianeto de potássio em 50 mL de água.

I.64.5 – Solução alcalina de ferricianeto de potássio

Dissolvem-se 1,65 g de ferricianeto de potássio (**disp. S**) e 10,6 g de carbonato de sódio (**irritante; disp. N**) puro anidro em água e completa-se 1 litro.

I.64.6 – Solução de ferricianeto de potássio para uso em determinação quantitativa de vitamina

Prepara-se a solução de ferricianeto de potássio a 1%.

I.65 – SOLUÇÃO DE FERROCIANETO DE POTÁSSIO

[N. R. – nomenclatura oficial: hexacianoferrato(II) de potássio]

I.65.1 – Solução de ferrocianeto de potássio [$K_4Fe(CN)_6 \cdot 3H_2O$, Eq.: 422,41 e 105,60][15,32]

$K_4Fe(CN)_6$ — 1N: Dissolvem-se cerca de 106 g de ferrocianeto de potássio comercial (tri-hidratado) (**disp. S**) em água e completa-se 1 litro.

$K_4Fe(CN)_6$ — 0,4N (5%): Dissolvem-se 10 g de ferrocianeto de potássio em 190 mL de água.
O ferrocianeto de potássio é um cristal amarelo ou alaranjado e é relativamente estável ao ar.
Torna-se a anidro a 70°C e decompõe-se a 230°C.
100 g de água dissolvem 27,8 g (12,2°C) e 90,6 g (96,3°C) e a solução fica amarela. É insolúvel em álcool e éter.

I.65.2 – Método de padronização da solução de $K_4Fe(CN)_6$[16]

Pode-se padronizar esta solução pelas soluções de permanganato de potássio, zinco e cloramina T (pág. 220).
Exemplo:

$$2Fe(CN)_6^{4-} + C_6H_4CH_3.SO_2 \cdot NClNa + 2H^+$$
$$= 2Fe(CN)_6^{3-} + C_6H_4 \cdot CH_3 \cdot SO_2NH_2 + NaCl$$

1 mL de cloramina T 0,1N = 36,832 mg de $K_4Fe(CN)_6$

= 42,237 mg de $K_4Fe(CN)_6 \cdot 3H_2O$

I.65.3 – Solução padrão de ferrocianeto de potássio

Dissolvem-se 3,48 g de ferrocianeto de potássio puro (**disp. S**) em 1 litro de água e usa-se após 4 semanas.
1 mL desta solução equivale a 10 mg de Zn ou 12,448 mg de ZnO.
Guarda-se esta solução ao abrigo da luz.

I.66 – SOLUÇÃO DE FLUORETO DE POTÁSSIO[4,15]

Uso em análise de Al
Dissolvem-se 100 g de fluoreto de potássio (**corrosivo, tóxico; disp. F**) em 100 mL de água quente isenta de gás carbônico, neutraliza-se com ácido sulfúrico diluído ou solução de KOH usando a fenolftaleína como indicador e regula-se até que 1 mL desta solução dê coloração levemente rósea quando for gotejada em 10 mL de água isenta de CO_2.

I.67 – SOLUÇÃO DE FLUOSSILICATO DE SÓDIO[4,15]

Solução de fluossilicato de sódio (Na_2SiF_6, Eq.: 31,35)
[N. R. – nomenclatura oficial: hexafluossilicato de sódio]

Na_2SiF_6 — 0,1N: Dissolvem-se 3,1 g de fluossilicato de sódio (**irritante, tóxico; disp. O**) em água e completa-se 1 litro.

I.68 – SOLUÇÃO DE FOSFATO DE CÁLCIO

I.68.1 – Solução de mono-hidrogenofosfato de cálcio ($CaHPO_4 \cdot 2H_2O$, Eq.: 86,05)[15,32]

$CaHPO_4$ — 0,1 N: Dissolvem-se cerca de 8,6 g de fosfato de cálcio (bi-hidratado) (**irritante; disp. N**) em 100 mL de ácido clorídrico a 10% e dilui-se com água até completar 1 litro.
O fosfato de cálcio é um pó branco e estável ao ar.
100 g de água dissolvem 0,02 g (24,5°C) e 0,075 g (100°C). Torna-se anidro por aquecimento acima de 100°C e passa a piro-fosfato de cálcio por aquecimento em temperatura mais alta.

$$2CaHPO_4 = Ca_2P_2O_7 + H_2O$$

Outros ortofosfatos de cálcio
Mono-ortofosfato [N. R. – di-hidrogenofosfato] de cálcio $Ca(H_2PO_4)_2.H_2O$ – Tri-ortofosfato de cálcio $Ca_3(PO_4)_2$

I.68.2 – Métodos de padronização de solução de fosfato de cálcio

I.68.2.1 – Método pelo oxalato de amônio

Diluem-se 40 mL de solução de fosfato de cálcio com água até 150 mL, adicionam-se 15 mL de solução de oxalato de amônio (**corrosivo; disp. A**) 0,1N e ferve-se.

Deixa-se precipitar o oxalato de cálcio, filtra-se e dissolve-se em 30 mL de ácido sulfúrico (1:3).

Em seguida, titula-se com solução padrão de permanganato de potássio mantendo-se a temperatura da solução ao redor de 80°C.

$$CaHPO_4.2H_2O + (NH_4)_2C_2O_4 = CaC_2O_4 + (NH_4)_2HPO_4 + 2H_2O$$
$$CaC_2O_4 + H_2SO_4 = H_2C_2O_4 + CaSO_4$$
$$5H_2C_2O_4 + 2KMnO_4 + 3H_2SO_4 = K_2SO_4 + 2MnSO_4 + 10CO_2 + + 8H_2O$$

1 mL de $KMnO_4$ — 0,1N = 8,605 mg de $CaHPO_4 \cdot 2H_2O$

I.68.2.2 – Método pelo molibdato de amônio

Pode-se usar a mesma forma de padronização empregada para ácido fosfórico.

I.68.3 – Solução neutra obtida de suspensão de fosfato de cálcio

Dissolvem-se, separadamente, 7,6 g de ortofosfato de sódio ($Na_3PO_4 . 12H_2O$) e 6,57 g de cloreto de cálcio ($CaCl_2.6H_2O$; **irritante; disp. O**) em 100 mL de água e então mistura-se. Em seguida, separa-se o precipitado de fosfato de cálcio formado e água-mãe por centrifugação, adiciona-se água e agita-se bem. Após decantação do precipitado, elimina-se a solução superficial por meio de sifão, adiciona-se água outra vez e agita-se. Repete-se esta operação até que a solução fique isenta de cloreto (examina-se com solução de nitrato de prata), então, finalmente centrifuga-se e adiciona-se água até 150 mL.

Esta solução é usada para extração de catalase e deve ser guardada em lugar escuro e frio.

I.68.4 – Solução padrão do ânion fosfato

Dissolvem-se 16 g de $Ca_3(PO_4)_2$ em ácido nítrico 3N e dilui-se com água até completar 1 litro.

1 mL desta solução contém 10 mg de PO_4^{3-}

I.69 – SOLUÇÃO DE FOSFATO DISSÓDICO

[N. R. – nomenclatura oficial: mono-hidrogenofosfato de sódio]

I.69.1 – Solução de fosfato dissódico[15,32]

[Na_2HPO_4, Eq.: 141,965; $Na_2HPO_4 \cdot 7H_2O$, Eq.: 268,07 ; $Na_2HPO_4 \cdot 12H_2O$, Eq.: 358,157)

Na_2HPO_4 — 0,1N: Dissolvem-se cerca de 36 g de $Na_2HPO_4 \cdot 12H_2O$ (ou 27 g de $Na_2HPO_4 \cdot 7H_2O$) (**irritante; disp. N**) em água e completa-se 1 litro.
O fosfato dissódico é um cristal incolor e transparente; absorve gás carbônico formando NaH_2PO_4 e $NaHCO_3$.

$$\underset{}{Na_2HPO_4} + CO_2 + H_2O = \underset{\substack{\text{Di-hidro}\\ \text{ortofosfato}\\ \text{de sódio}}}{NaH_2PO_4} + \underset{\substack{\text{bicarbonato}\\ \text{de sódio}}}{NaHCO_3}$$

É insolúvel em álcool mas 100 g de água dissolvem 4,3 g (0°C) e 76,7 g (30°C) e a solução fica fracamente alcalina.

Temperatura da cristalização	*Fosfato dissódico*
30°C	12 H_2O
30°C	7 H_2O

Torna-se anidro na temperatura de 180°C e passa a pirofosfato de sódio em temperatura acima de 240°C.

$$2Na_2HPO_4 = Na_4P_2O_7 + H_2O$$

O pirofosfato de sódio torna-se hepta-hidratado por absorção de umidade.

Outros fosfatos de sódio
Di-hidro-ortofosfato de sódio $NaH_2PO_4 \cdot H_2O$ [N. R. – também denominado fosfato monossódico ou di-hidrogenofosfato de sódio]

Ortofosfato de sódio $Na_3PO_4 \cdot 12H_2O$

I.69.2 – Solução alcalina de fosfato de sódio para uso em determinação quantitativa de cálcio

Dissolve-se 1 g de ortofosfato de sódio (**irritante; disp. N**) em 50 mL de água e adicionam-se 50 mL de solução de hidróxido de sódio a 20%.

I.70 – SOLUÇÃO DE FOSFATO MONOPOTÁSSICO

[N. R. – nomenclatura oficial: di-hidrogenofosfato de potássio]

I.70.1 – Solução de fosfato monopotássico (KH_2PO_4, Eq.: 136,09)[15,32]

KH_2PO_4 - 0,2N (0,2M): Recristaliza-se fosfato monopotássico (**disp. N**), 3 vezes em água e seca-se a 110 a 115°C durante uma hora. Pesam-se 27,24 g de fosfato monopotássico purificado (**irritante; disp. N**), dissolvem-se em água e completa-se 1 litro.
O fosfato monopotássico é um cristal branco e pode ser obtido pelo seguinte método: adiciona-se solução de carbonato de potássio em solução aquosa de ácido fosfórico até que a solução fique fracamente ácida e, em seguida, deixa-se cristalizar pela condensação por evaporação em banho maria.
100 g de água dissolvem 14,8 g (18°C) e 83,5 g (90°C) e a solução fica ácida.

I.70.2 – Outros fosfatos de potássio

Metafosfato de potássio KPO_3
Mono-hidro ortofosfato de potássio K_2HPO_4
Ortofosfato de potássio K_3PO_4

I.71 – SOLUÇÃO DE FTALATO ÁCIDO DE POTÁSSIO

[N. R. – nomenclatura oficial: hidrogenoftalato de potássio]

I.71.1 – Solução de ftalato ácido de potássio ($C_6H_4COOK{\cdot}COOH$, Eq.: 204,23)[15,32]

$C_6H_4COOK{\cdot}COOH$ — 1N: Dissolvem-se cerca de 20,5 g de ftalato ácido de potássio em água e levam-se a 100 mL (**disp. A**).

$C_6H_4COOK{\cdot}COOH$ — 0,1 N (solução padrão); Seca-se o ftalato ácido de potássio puro a 110 - 120°C durante 30 minutos, pesam-se exatamente 20,43 g, dissolvem-se em água quente a 50-70°C (previamente fervida e eliminado o gás carbônico) e completa-se 1 litro a 15°C.
O ftalato ácido de potássio é um pó branco e não higroscópico, e

puro pode ser preparado pelo seguinte método: dissolvem-se 60 g de hidróxido de potássio (**corrosivo, tóxico; disp. N**) em 400 mL de água, adicionam-se 50 g de $C_6H_4(COO)_2$ (**irritante; disp. A**) (anidrido ortoftálico) e deixa-se dissolver por aquecimento. Em seguida, neutraliza-se com ácido ftálico (se a solução é alcalina) ou hidróxido de potássio (se a solução é ácida) usando a fenolftaleína como indicador. Adicionam-se mais 50 g de anidrido ftálico, deixa-se dissolver por aquecimento e filtra-se a quente. Deixa-se cristalizar por resfriamento, dissolvem-se os cristais em água quente e repete-se a recristalização duas vezes. Seca-se a 110 -115°C até atingir o peso constante.
Quando se preparar a solução com ftalato de potássio puro, pode-se usar como solução padrão primária sem padronização.

I.71.2 – Padronização de álcali pela solução padrão de ftalato ácido de potássio

Goteja-se a solução alcalina a ser padronizada em certo volume de solução padrão de ftalato ácido de potássio usando-se fenolftaleína (pág. 427) ou azul de timol (pág. 425) como indicador até que a solução fique colorida.

$$C_6H_4COOK{\cdot}COOH + NaOH = NaKC_8H_4O_4 + H_2O$$

I.72 – SOLUÇÃO DE HIDRÓXIDO DE AMÔNIO[6,15,32]

[N. R. – denominação também usual: solução de amônia]

I.72.1 – Solução de hidróxido de amônio (NH_4OH, Eq.: 35,048; NH_3, Eq.: 17,032)

NH_4OH — 15N (d: 0,9, concentrada): produto comercial (**corrosivo, tóxico; disp. N**).

NH_4OH — 6N (diluída): Diluem-se 400 mL de solução de hidróxido de amônio concentrada (**corrosivo, tóxico; disp. N**) com água e completa-se 1 litro.

NH_4OH — 0,1N: Diluem-se 6,7 mL de solução de hidróxido de amônio concentrada (**corrosivo, tóxico; disp. N**) com água e completa-se 1 litro.
A solução de hidróxido de amônio tem forte odor e é muito alcalina.

Tabela de relação entre concentração e densidade relativa de solução de hidróxido de amônio (15°C) (Lunge)[15,32]

Densidade relativa (d_4^{15})	*Concentração (N)*	*NH_3 (%)*	*NH_3 (g/L)*	*Densidade relativa* (d_4^{15})	*Concentração (N)*	*NH_3 (%)*	*NH_3 (g/L)*
0,996	0,54	0,91	9,1	0,950	7,1	12,74	121,0
0,992	1,07	1,84	18,2	0,940	8,6	15,63	146,9
0,990	1,30	2,31	22,9	0,930	10,2	18,64	173,4
0,984	2,20	3,80	37,4	0,920	11,8	21,75	200,1
0,980	2,80	4,80	47,0	0,918	12,1	22,39	105,6
0,976	3,33	5,80	56,6	0,910	13,4	24,99	227,4
0,970	4,20	7,31	70,9	0,900	15,0	28,33	255,0
0,960	5,60	9,91	95,1	0,890	16,6	31,75	282,6
0,956	6,21	11,03	105,4	0,880	18,5	35,70	314,2

I.72.2 – Método de padronização da solução de NH_4OH

Pode-se padronizar esta solução com solução padrão de ácido sulfúrico usando alaranjado de metila como indicador.

$$2NH_4OH + H_2SO_4 = (NH_4)_2SO_4 + 2H_2O$$

I.72.3 – Solução padrão de amônio

I.72.3.1 – Seca-se cloreto de amônio puro (**irritante; disp. N**) a 100 a 105°C; dissolvem-se 0,314 g em água e completa-se 1 litro.
1 mL desta solução contém 0,1 mg de NH_3

I.72.3.2 – Adicionam-se 100 mL da solução de cloreto de amônio acima descrita em 20 mL de solução de tartarato de potássio e sódio (dissolvem-se 50 g de tartarato de potássio e sódio (**disp. A**) em 100 mL de água e adicionam-se 5 mL de reagente de Nessler e dilui-se com água até completar 1 litro.

1 mL desta solução contém 0,01 mg de NH_3 e pode ser usada para determinação colorimétrica.

I.72.4 – Solução alcoólica de hidróxido de amônio para uso em análise de corante

Adiciona-se 1 mL de solução de hidróxido de amônio concentrada (**corrosivo, tóxico; disp. N**) em 100 mL de álcool a 50%.

I.72.5 - Solução padrão de hidróxido de amônio (farmacopéia)

Diluem-se 400 mL de solução de hidróxido de amônio concentrada (**corrosivo, tóxico; disp. N**) em água e completa-se 1 litro. Tampa-se bem e guarda-se.

I.73 - SOLUÇÃO DE HIDRÓXIDO DE BÁRIO

I.73.1 - Solução de hidróxido de bário [$Ba(OH)_2 \cdot 8H_2O$, Eq.: 157,75][6,15,32]

$Ba(OH)_2$ — 0,33N (5%): Deixa-se saturar 100 mL de água (isenta de CO_2), com cerca de 7 g de hidróxido de bário (**muito tóxico, corrosivo; disp. N**), deixa-se decantar durante uma noite e transfere-se a solução superficial a outro recipiente por meio de um sifão. Guarda-se, cortando o contato com o ar.

$Ba(OH)_2$ — 0,1 N: Dissolvem-se 18 g de hidróxido de bário puro em água e completa-se 1 litro. Deixa-se decantar durante 2 dias e transfere-se a solução superficial a um vidro e adapta-se um tubo de cal de soda.
1 mL desta solução equivale a 1,4 mg de nitrogênio de proteína ou 22 mg de urasiol ($C_{21}H_{32}O_3$).
O hidróxido de bário é um cristal branco e estável ao ar seco. Pode ser preparado pelo seguinte método: dissolvem-se 100 g de cloreto de bário (**muito tóxico, irritante; disp. E**) em 200 mL de água quente, deixa-se cristalizar o hidróxido de bário por adição de 30 mL de solução aquosa de hidróxido de sódio a 50%.
100 g de água dissolvem 5,6 g (15°C) de $Ba(OH)_2.8H_2O$ e é insolúvel em álcool.
Torna-se anidro a 77,9°C e 100 g de água dissolvem 4,29 g (25°C) de hidróxido de bário anidro. A solução é fortemente alcalina, turva-se por absorção de gás carbônico.
Esta solução é, também, chamada de solução de barita e deve ser padronizada na hora de usar com solução padrão de ácido clorídrico, usando-se fenolftaleína como indicador.

Tabela de relação entre concentração e densidade relativa da solução de hidróxido de bário (18°C) (Kohlrausch)[15]

Densidade relativa (d_4^{18})	$Ba(OH)_2$ (%)	*Densidade relativa* (d_4^{18})	$Ba(OH)_2$ (%)
1,0120	1,25	1,1520	15,43
1,0253	2,50	1,2190	20,12
1,0310	5,02	1,2780	24,67
1,0760	9,83	1,3680	30,30

I.73.2 – Solução mista de barita para uso em determinação quantitativa de uréia

Adiciona-se solução de hidróxido de bário a 5% em solução saturada de cloreto de bário.

I.73.3 – Solução de hidróxido de bário para uso em análise de gás carbônico

Dissolvem-se 3,5 g de hidróxido de bário puro isento de álcali e 4 g de cloreto de bário em 1 litro de água, deixa-se decantar e elimina-se o precipitado de carbonato de bário ($BaCO_3$) formado.

I.74 – SOLUÇÃO DE HIDRÓXIDO DE CÁLCIO

I.74.1 – Solução de hidróxido de cálcio [CaO, Eq.: 28,04; $Ca(OH)_2$, Eq.: 37,05][6,15,32]

$Ca(OH)_2$ — 0,04N: Colocam-se cerca de 5 g de CaO (**corrosivo; disp. 0**) em 20 mL de água, adiciona-se 1 litro de água e deixa-se saturar. Filtra-se na hora de usar.

O óxido de cálcio (cal) é um pó branco insolúvel em álcool, mas 100 g de água dissolvem 0,14 g (0°C) como CaO e 0,185 g (0°C) como $Ca(OH)_2$.

A solução é fortemente alcalina.

O óxido de cálcio absorve umidade e gás carbônico.

$$CaO + H_2O = Ca(OH)_2$$
$$CaO + CO_2 = CaCO_3$$

O hidróxido de cálcio absorve, também, gás carbônico passando a carbonato de cálcio.

$$Ca(OH)_2 + CO_2 = CaCO_3 + H_2O$$

O óxido de cálcio pode ser obtido pelo aquecimento de carbonato de cálcio a 700 a 800°C.

$$CaCO_3 = CaO + CO_2$$

I.74.2 – Métodos de padronização de solução de hidróxido de cálcio

I.74.2.1 – Método pelo ácido clorídrico

Titula-se a solução de hidróxido de cálcio com solução padrão de ácido clorídrico usando fenolftaleína como indicador.

$$Ca(OH)_2 + 2HCl = CaCl_2 + 2H_2O$$

$$1 \text{ mL de } HCl - 0{,}1N = 3{,}705 \text{ mg de } Ca(OH)_2$$

I.74.2.2 – Método pelo ácido oxálico

Adicionam-se 25 mL de ácido sulfúrico (1:1) em certo volume da solução de hidróxido de cálcio, dilui-se a 250 a 300 mL e adiciona-se certo volume de solução de ácido oxálico fatorado. Em seguida, titula-se o excesso do ácido oxálico com solução padrão de permanganato de potássio, mantendo-se a temperatura da solução a 60-70°C.

$$CaO + H_2C_2O_4 = CaC_2O_4 + H_2O$$

$$5CaC_2O_4 + 2KMnO_4 + 8H_2SO_4$$

$$= 5CaSO_4 + K_2SO_4 + 2MnSO_4 + 10\ CO_2 + 8H_2O$$

$$1 \text{ mL de } KMnO_4 - 0{,}1N = 2{,}0 \text{ mg de } Ca = 2{,}804 \text{ mg de } CaO$$

I.74.3 – Solução de hidróxido de cálcio para uso em análise de álcool

Adiciona-se pouca quantidade de água em 100 g de óxido de cálcio puro (**irritante; disp. 0**), mistura-se bem e dilui-se com água até completar 1 litro. Usa-se a solução superficial.

I.74.4 – Tabela de relação entre concentração e densidade relativa de leite de cal[32]

CaO (g/L)	CaO (%)	$Ca(OH)_2$ (%)	Densidade relativa (d_4^{20})	CaO (g/L)	CaO (%)	$Ca(OH)_2$ (%)	Densidade relativa (d_4^{20})
10	0,99	1,31	1,0085	160	14,30	18,90	1,1185
20	2,96	2,59	1,0170	170	15,10	19,95	1,1255
30	2,93	3,87	1,0245	180	15,89	21,00	1,1325
40	3,88	5,13	1,0315	190	16,67	22,03	1,1400
50	4,81	6,36	1,0390	200	17,43	23,03	1,1475
60	5,74	7,58	1,0460	210	18,19	24,04	1,1545
70	6,65	8,79	1,0535	220	18,94	25,03	1,1615
80	7,54	9,96	1,0605	230	19,68	26,01	1,1685
90	8,43	11,14	1,0675	240	20,41	26,96	1,1760
100	9,30	12,29	1,0750	250	22,21	27,91	1,1835
110	10,16	13,43	1,0825	260	22,84	28,86	1,1905
120	11,01	14,55	1,0895	270	22,55	29,80	1,1975
130	11,86	15,67	1,0965	280	23,24	30,71	1,2050
140	12,68	16,76	1,1040	290	23,92	31,61	1,2125
150	13,50	17,84	1,1110	300	24,60	32,51	1,2195

I.75 - SOLUÇÃO DE HIDRÓXIDO DE POTÁSSIO

I.75.1 – Solução de hidróxido de potássio (KOH, Eq.: 56,11)[6,15,32]

KOH — 6N: Dissolvem-se 336 g de hidróxido de potássio (**corrosivo, tóxico; disp. N**) em água e completa-se 1 litro.

KOH — 2N (10,3%): Dissolvem-se 112 g de hidróxido de potássio em água e completa-se 1 litro.

KOH — 0,1 N: Dissolvem-se 6 g de hidróxido de potássio em água e completa-se 1 litro.
O hidróxido de potássio pode ser apresentado na forma de lentilha, floco ou bastão de cor branca. Absorve gás carbônico ao ar e é higroscópico.
100 g de água dissolvem 97 g (0°C) e 178 g (100°C) e a solução é fortemente alcalina. 100 g de álcool dissolvem, também, 33 g e 100 mL de glicerina, 40 g.

I.75.2 – Método de padronização da solução de hidróxido de potássio

Mantendo-se a temperatura da solução abaixo de 15°C para evitar a hidrólise, goteja-se solução padrão de ácido sulfúrico usando fenolftaleína como indicador até a cor vermelha da solução desaparecer (pH: 8,2).

Neste ponto, a quantidade total de hidróxido de potássio e metade da quantidade de carbonato de potássio, que foi formado por absorção de gás carbônico, foram neutralizadas.

$$2KOH + H_2SO_4 = K_2SO_4 + 2H_2O$$
$$2K_2CO_3 + H_2SO_4 = 2KHCO_3 + K_2SO_4$$

Em seguida, adicionam-se algumas gotas de alaranjado de metila (pág. 421) e continua-se a titulação até a solução ficar levemente vermelha. Neste ponto, a outra metade da quantidade do carbonato de potássio ($KHCO_3$) foi neutralizada.

$$2KHCO_3 + H_2SO_4 = K_2SO_4 + 2CO_2 + 2H_2O$$

Aqui, supondo-se que o volume (mL) do ácido sulfúrico usado na titulação com fenolftaleína é A e o volume (mL) usado em titulação com alaranjado de metila é B, então, o volume do ácido sulfúrico usado somente para neutralização de KOH será A-B.

$$KOH\ (mg) = 5{,}61 \times (A - B)$$
$$K_2CO_3\ (mg) = 6{,}91 \times 2B$$

Por outro lado, a quantidade total de álcali é: quantidade total de álcali (mg) = 5,61 X (A + B).

1 mL de H_2SO_4 — 0,1N = 5,611 mg de KOH.

1 mL de solução padrão de KOH — 0,1N equivale às seguintes substâncias.

Substâncias	*mg*
Fluor	1,9
Ácido láctico ($C_4H_6O_3$)	9,008
Salicilato de metila ($C_8H_8O_3$)	15,214
Acetato delinalila ($C_{12}H_{20}O_2$)	19,628
Anidrido ftálico ($C_8H_6O_4$)	7,4055

I.75.3 – Solução de hidróxido de potássio para uso em absorção de gás carbônico

Dissolvem-se 50 g de hidróxido de potássio (**corrosivo, tóxico; disp. N**) em água e completam-se 100 mL. 1 mL desta solução absorve 44 mL de gás carbônico. Pode-se usar, também, a solução de KOH a 5% para absorção de gás carbônico, monóxido de carbono e vapor de bromo.

I.75.4 – Solução alcoólica de hidróxido de potássio para uso em saponificação de gordura

Adicionam-se 5 mL de solução aquosa saturada de hidróxido de potássio em 100 mL de álcool a 95%, agita-se e filtra-se por funil de vidro sinterizado após 24 horas de decantação.

I.75.5 – Solução alcoólica de hidróxido de potássio — 0,5N (farmacopéia)

Dissolvem-se 35 g de hidróxido de potássio (**corrosivo, tóxico; disp. N**) em 20 mL de água, diluem-se com álcool isento de aldeídos e completa-se 1 litro.

I.75.6 – Tabela de relação entre concentração e densidade relativa de hidróxido de potássio (15°C) (Lunge)[32]

Densidade relativa (d_4^{15})	*Concentração* (N)	*KOH* (%)	*KOH* (g/L)
1,045	1,03	5,6	58
1,083	1,95	10,1	109
1,125	2,97	14,8	167
1,180	4,31	20,5	242
1,231	5,50	25,1	309
1,297	7,09	30,7	398
1,345	8,35	34,9	469
1,410	10,01	39,9	563
1,483	12,20	45,8	679
1,546	13,88	50,6	779

I.76 – SOLUÇÃO DE HIDRÓXIDO DE SÓDIO

I.76.1 – Solução de hidróxido de sódio (NaOH, Eq.: 40,01)[6,15,32]

NaOH 6N: Dissolvem-se cerca de 240 g de hidróxido de sódio puro (**corrosivo, tóxico; disp. N**) em água e completa-se 1 litro.

NaOH 2N (7,4%, d: 1,084):

a) Dissolvem-se cerca de 8 a 9 g de hidróxido de sódio puro em água e completam-se 100 mL.
b) Diluem-se 33 mL de NaOH 6N com água e completam-se 100 mL.

NaOH — 0,1N (solução padrão): Dissolvem-se cerca de 4,0 g de hidróxido de sódio puro em água (isenta de gás carbônico) e completa-se 1 litro. Para eliminar o gás carbônico contido, adiciona-se 1 a 2 g de cloreto de bário.

O hidróxido de sódio pode ser apresentado na forma de lentilha, floco ou bastão branco.

Absorve gás carbônico ao ar até 3% no máximo. 100 g de água dissolvem 42 g (0°C) e 347 g (100°C) e a solução fica fortemente alcalina. É, também, solúvel em álcool.

As impurezas contidas no hidróxido de sódio, tais como o carbonato de sódio e os cloretos alcalinos, são insolúveis em álcool e, então o hidróxido de sódio pode ser purificado por dissolução em álcool.

I.76.2 – Método de padronização da solução de NaOH

Pode-se padronizar a solução de hidróxido de sódio da mesma maneira que o hidróxido de potássio (pag. 81).

Pode-se usar também o ácido clorídrico, ácido oxálico, ftalato ácido de potássio e ácido benzóico.

$$2NaOH + H_2SO_4 = Na_2SO_4 + 2H_2O$$
$$NaOH + HCl = NaCl + H_2O$$
$$2NaOH + H_2C_2O_4 = Na_2C_2O_4 + 2H_2O$$
$$NaOH + C_6H_4COOK{\cdot}COOH = NaKC_8H_4O_4 + H_2O$$
$$NaOH + C_6H_5COOH = NaC_7H_5O_2 + H_2O$$

1 mL de ácidos — 0,1N = 40,01 mg de NaOH

I.76.3 – 1 mL de solução padrão de NaOH — 0,1N equivale às seguintes substâncias[15,29]

Substâncias	*mg*	*Substâncias*	*mg*
HCl	3,646	P (Alaranjado de metila)	3,1
SO_2	6,047	P_2O_5 (Fenolftaleína)	3,549
$Na_2S_2O_8$	11,91	P (Fenolftaleína)	1,55
$BaS_2O_8.4H_2O$	20,08	H_3PO_4	0,429
HBO_2	4,383	H_2S	1,704
B_2O_3	3,5	Na_2S	3,904
B	1,082	FeS	4,904
$Na_2B_4O_7$	5,03	HF	2,0
$Na_2B_4O_7.H_2O$	9,54	NH_3	1,7032
SiO_2	1,5	W	9,2
P_2O_5 (Alaranjado de metila)	7,1	WO_3	11,6
Ácido oxálico	6,3034	$NaHSO_3$*1	10,408
Ácido benzóico	12,21	SO_3*2	8,209

continuação...

Substâncias	*mg*	*Substâncias*	*mg*
Benzoato de sódio	14,412	$Na_2S_2O_5$*3	9,507
Naftaleno	12,82	H_3BO_3*4	6,184
Glicerina	3,069	Na_2SiF_6*5	4,7016
Formaldeído	3,0	H_3PO_4*6 (Alaranjado de metila)	9,80
Glicocol	7,5	H_3PO_4*7 (Fenolftaleína)	4,9
Ácido succínico	5,9	Ácido acético *8	6,0052
Ácido salicílico	13,805	Acetato de etila *9	8,8
Ácido láctico	9,008	Ácido tricloroacético *10	16,34
Ácido tartárico	7,5	Piretrina I	32,8
Ácido oléico	28,24	Piretrina II	18,6
Ácido butírico	8,8	Ácido cítrico	7,005
$N_2(NH_2)$	1,4		

*1 $NaHSO_3 + NaOH = Na_2SO_3 + H_2O$
*2 $H_2SO_3 + NaOH = NaHSO_3 + H_2O$
*3 $Na_2S_2O_5 + H_2O = 2NaHSO_3$, $2NaHSO_3 + 2NaOH = 2Na_2SO_3 + 2H_2O$
*4 $H_3BO_3 + NaOH = NaBO_2 + 2H_2O$
*5 $Na_2SiF_6 + 3H_2O = 2NaF + H_2SiO_3 + 4HF$, $HF + NaOH = NaF + H_2O$
*6 $H_3PO_4 + NaOH = NaH_2PO_4 + H_2O$
*7 $H_3PO_4 + 2NaOH = Na_2HPO_4 + 2H_2O$
*8 $CH_3COOH + NaOH = CH_3COONa + H_2O$
*9 $CH_3COOC_2H_5 + NaOH = CH_3COONa + C_2H_5OH$
*10 $CCl_3COOH + NaOH = CCl_3COONa + H_2O$

I.76.4 – Solução alcoólica de hidróxido de sódio para uso em determinação quantitativa de piretrina

Dissolvem-se 19 g de hidróxido de sódio puro (**corrosivo, tóxico; disp. N**) em 10 mL de água, dilui-se com álcool até completar 500 mL.

I.76.5 – Solução alcoólica de hidróxido de sódio para uso em determinação quantitativa de óleo

Dissolvem-se 22 g de hidróxido de sódio (**corrosivo, tóxico; disp. N**) em álcool a 95% e completa-se 1 litro.

I.76.6 – Solução padrão de NaOH — 0,2M

Dissolvem-se 8 g de NaOH puro (**corrosivo, tóxico; disp. N**), isento de sal carbônico, em água e completa-se 1 litro.

I.76.7 – Solução de NaOH para uso em dissolução de alumínio ou absorção de gás

Prepara-se a solução aquosa de NaOH a 35%.

I.76.8 – Tabela de concentração e densidade relativa da solução de hidróxido de sódio (15°C) (Lunge)[32]

Densidade relativa (D_4^{15})	*Concentração (N)*	*NaOH (%)*	*NaOH (g/L)*	*Na_2O (%)*
1,007	0,15	0,59	6,0	0,46
1,022	0,45	1,85	18,9	1,43
1,052	1,18	4,50	47,3	3,48
1,091	2,20	8,07	88,0	6,25
1,116	2,87	10,30	114,9	7,98
1,152	3,89	13,50	155,5	10,47
1,190	5,03	16,91	201,2	13,11
1,241	6,68	21,55	267,4	16,69
1,285	8,19	25,50	327,7	19,75
1,320	9,53	28,83	380,6	22,35
1,357	11,03	32,50	441,0	25,18
1,370	11,53	33,73	462,1	26,13
1,410	13,29	37,65	530,9	29,17
1,438	14,54	40,47	582,0	31,32
1,530	19,33	50,10	766,5	38,82

I.77 – SOLUÇÃO DE HIPOBROMITO DE SÓDIO

Uso em determinação quantitativa de nitrogênio
Adiciona-se a solução aquosa e diluída de NaOH em solução saturada de bromo (**muito tóxico, oxidante; disp. J**; ver pág. 40) até que a solução fique incolor ou fracamente amarela e então adiciona-se um excesso de 1 a 2 gotas.

$$Br_2 + 2NaOH = NaBrO + NaBr + H_2O$$

Conserva-se esta solução em lugar escuro e fresco, porque ela facilmente se decompõe:

$$3NaBrO = 2NaBr + NaBrO_3$$

I.78 – SOLUÇÃO DE HIPOCLORITO DE CÁLCIO

I.78.1 – Solução de hipoclorito de cálcio [$Ca(ClO)_2.4H_2O$, Eq.: 107,53][15,32]

$Ca(ClO)_2$ — 0,1N: Dissolvem-se cerca de 11 g de hipoclorito de cálcio tetra-hidratado (**oxidante, irritante; disp. J**) em 250 mL de água por agitação, filtra-se se necessário, e dilui-se com água até completar 1 litro. O pó de alvejar ou branquear é hipoclorito de cálcio impuro e contém hidróxido de cálcio ou cloreto de cálcio.

O pó de branquear puro é $CaOCl_2$, sensível à luz e desprende oxigênio. Reage com água ou ácido liberando cloro (gás muito tóxico).

$$CaOCl_2 + H_2O = Ca(OH)_2 + Cl_2$$
$$CaOCl_2 + 2HCl = CaCl_2 + Cl_2 + H_2O \text{ ou}$$
$$2CaOCl_2 = Ca(ClO)_2 + CaCl_2$$

[N. R. o $CaOCl_2$ pode também ser formulado como CaCl(ClO) para mostrar que o composto possui duplo ânion: cloreto e hipoclorito.]

I.78.2 – Método de padronização de solução de hipoclorito de cálcio

Dissolvem-se 1 g de KI (**disp. N**) e 0,5 g de $NaHCO_3$ (**disp. N**) em 25,00 mL de As_2O_3 (**muito tóxico, cancerígeno; disp. L**) 0,1N, goteja-se a solução de $Ca(ClO)_2$ a ser padronizada, adiciona-se 1 gota de solução de Bordeaux pouco antes do ponto final e continua-se a titulação até que a solução fique amarela.

$$Ca(ClO)_2 + As_2O_3 = CaCl_2 + As_2O_5$$
$$1 \text{ mL de } As_2O_3 \text{ 0,1N} = 10{,}75 \text{ mg de } Ca(ClO)_2{\cdot}4H_2O$$

I.78.3 – Solução de pó de branquear 0,1N

Dissolvem-se 13 g de pó de branquear em água acima de 20°C e dilui-se até completar 1 litro.

I.79 – SOLUÇÃO DE HIPOCLORITO DE SÓDIO

I.79.1 – Solução de hipoclorito de sódio (NaClO, Eq.:37,24)[15,32]

NaClO — 0,1N: Dissolvem-se 3,8 g de hipoclorito de sódio (**corrosivo, oxidante; disp. J**) em água e completa-se 1 litro.

NaClO - 1N: Colocam-se 40 g de pó de branquear em 100 mL de água, mistura-se bem e adiciona-se solução de sulfato de sódio (25 g em 500 mL de água). Filtra-se se necessário.
Pode-se preparar a solução de NaClO 0,1 N pela adição de algumas gotas de NaOH-6N (pág. 82) em 50 mL de solução aquosa saturada de cloro (pág. 66).
Guarda-se a solução de hipoclorito de sódio em lugar escuro e frio mas recomenda-se preparar na hora de usar.

I.79.2 – Método de padronização de solução de hipoclorito de sódio

Goteja-se a solução padrão de ácido arsenoso 0,1N (preparada pela dissolução de 4,95 g de As_2O_3 [**muito tóxico, possível cancerígeno; disp. L**] puro e 20 g de $NaHCO_3$ em 200 mL de água e diluição com água até completar 1 litro) em certo volume de solução de hipoclorito de sódio até não aparecer mancha azul quando em contacto com papel amido-iodeto de potássio.

$$2NaOCl + As_2O_3 = As_2O_5 + 2NaCl$$

I.7.9.3 – Solução de hipoclorito de sódio para uso em determinação qualitativa de proteína

Deixa-se saturar o gás cloro (**tóxico, oxidante; disp K**) em 100 mL de solução de hidróxido de sódio a 10%.

I.80 – SOLUÇÃO DE IODATO DE POTÁSSIO

I.80.1 – Solução de iodato de potássio (KIO_3, Eq.: 214,00, 53,505 e 35,67)[15,32]

KIO_3 — 0,1N (solução padrão): Seca-se o iodato de potássio puro (**oxidante, irritante; disp. J**) a 180°C durante 1 hora, dissolvem-se 21,4 g em água e completa-se 1 litro.

O iodato de potássio tem ponto de fusão 560°C e é dissolvido em 12 volumes de água na temperatura ambiente. Pode ser purificado facilmente por recristalização em água.

O equivalente de iodato de potássio é 1 molar em reação de precipitação mas será 1/6 molar (35,669) ou 1/4 molar (53,505), conforme o grau de redução, em reação de oxidação e redução.

$$IO_3^- + 6H^+ + 6e^- = I^- + 3H_2O$$
$$IO_3^- + 6H^+ + 4e^- = I^+ + 3H_2O$$

A solução de iodato de potássio, quando for preparada de material puro, é usada como solução padrão primária.

I.80.2 – Método de padronização da solução de iodato de potássio pelo tiossulfato de sódio

Adicionam-se cerca de 2 g de iodeto de potássio (**disp. N**) (isento de KIO_3) e 2 mL de ácido clorídrico concentrado (**corrosivo; disp. N**) em 25,00 mL de solução de iodato de potássio e mistura-se bem. Em seguida, titula-se com solução padrão de tiossulfato de sódio e ao chegar perto do ponto final, adicionam-se 200 mL de água e 1 mL de solução de amido e continua-se a titulação até desaparecer a cor azul-esverdeada.

$$KIO_3 + 5KI + 6HCl = 6KCl + 3I_2 + 3H_2O$$
$$I_2 + 2Na_2S_2O_3 = Na_2S_4O_6 + 2NaI$$

1 mL de $Na_2S_2O_3$ — 0,1N = 35,679 mg de KIO_3

I.80.3 – 1 mL de solução padrão de KIO_3 0,1N equivale às seguintes substâncias:

Substâncias	*mg*	*Substâncias*	*mg*
KI	8,30	V*6	5,095
I*1	6,347	Tl*7	10,22
As*2	3,746	Bi	1,742
Cu*3	9,081	NaI	7,45
Hg	20,06	Hidrazina*8	0,8013
Hg_2Cl_2*4	23,61	Sulfato de hidrazina	3,253
Sn*5	5,935		

*1 $KIO_3 + 2I_2 + 6HCl = 5ICl + KCl + 3H_2O$
*2 $KIO_3 + AS_2O_3 + 2HCl = AS_2O_5 + KCl + ICl + H2O$
*3 $7KIO_3 + 2Cu_2(CNS)_2 + 14HCl = 4CuSO_4 + 7KCl + 5ICl + 4HCN + 5H_2O$
*4 $KIO_3 + 2Hg_2Cl_2 + 6HCl = 4HgCl_2 + KCl + ICl + 2H_2O$
*5 $KIO_3 + 2SnCl_2 + 6HCl = 2SnCl_4 + KCl + ICl + 3H_2O$
*6 $KIO_3 + 4H_3VO_4 + 4HI + 14HCl = 4VOCl_2 + 5ICl + 15H_2O + KCl$
*7 $KIO_3 + 2TlCl + 6HCl = 2TlCl_3 + KCl + ICl + 3H_2O$
*8 $KIO_3 + N_2H_4 + 2HCl = N_2 + KCl + ICl + 3H_2O$

I.80.4 – Solução padrão de KIO_3 0,1 M

Dissolvem-se 21,4 g de KIO_3 (**oxidante, irritante; disp. J**) seco em água e completa-se 1 litro.

1 mL desta solução equivale a 33,20 mg de KI, 29,98 mg de NaI e 25,38 mg de I.

I.80.5 – Solução de KIO_3 para uso em precipitação de cério

Dissolvem-se 10 g de KIO_3 (**oxidante, irritante; disp. J**) em 33,3 mL de ácido nítrico concentrado (**oxidante, corrosivo; disp. N**) e dilui-se com água até completar 100 mL.

I.81 – SOLUÇÃO DE IODETO DE AMÔNIO

Solução de iodeto de amônio (NH_4I; Eq.: 144,94)[15,32]

NH_4I — 0,1N: Dissolvem-se 14,5 g de iodeto de amônio (**irritante; disp. N**) em água e completa-se 1 litro.

O iodeto de amônio é um pó incolor e higroscópico.

O iodeto de amônio pode ser obtido pela mistura de quantidades equivalentes de soluções aquosas de iodeto de potássio e sulfato de amônio a quente.

100 g de água dissolvem 154,2 g (0°C) e 250,3 g (100°C). É também, solúvel em álcool e acetona.

I.82 – SOLUÇÃO DE IODETO DE POTÁSSIO

I.82.1 – Solução de iodeto de potássio (KI, Eq.: 166,01 e 83,00)[6,15,32,39]

KI — 0,1N (solução padrão): Seca-se o iodeto de potássio puro (**irritante; disp. N**) a 110°C durante 4 horas, dissolvem-se 16,6 g ou 8,3 g em água e completa-se 1 litro.
O iodeto de potássio puro é um cristal incolor ou branco e não higroscópico mas o produto comercial é higroscópico porque contém iodeto de sódio e carbonato de potássio como impurezas.
Torna-se amarelo com o tempo porque libera iodo pelo contato com a luz e gás carbônico.
100 g de água, dissolvem 127,5 g (0°C), 144 g (20°C) e 208 g (100°C); 100 g de etanol, 4g (20°C); e 100 g de metanol, 16,5 g (20°C). É também solúvel em acetona e piridina mas dificilmente solúvel em éter.
A solução aquosa é neutra ou alcalina e dissolve o iodo, formando multiiodeto:

$$KI + I_2 = KI_3$$

Coloca-se em vidro escuro e guarda-se em abrigo de luz.

I.82.2 – Padronização da solução de iodeto de potássio[24]

Adicionam-se 40 mL de ácido clorídrico concentrado (**corrosivo; disp. N**) e 50 mL de clorofórmio (**muito tóxico, possível cancerígeno; disp. B**) em 25,00 mL de solução de iodeto de potássio e titula-se com solução padrão de iodato de potássio (KIO_3) até desaparecer a cor roxa do clorofórmio.
No fim da titulação, agita-se o frasco e deixa-se decantar durante 5 minutos para confirmar a descoloração da cor roxa.

$$2\,KI + KIO_3 + 6HCl = 3KCl + 3ICl + 3H_2O$$

1 mL de KIO_3 — 0,1N = 8,3 mg de KI.

I.82.3 – Solução padrão de iodeto de potássio e sulfato de zinco (farmacopéia)

Dissolvem-se 5 g de KI, 10 g de sulfato de zinco ($ZnSO_4$, **irritante; disp. L**) e 50 g de NaCl em água e completam-se 200 mL.

I.82.4 – Solução reagente de iodeto de potássio (farmacopéia)

Dissolvem-se 16,5 g de iodeto de potássio (**disp. N**) em água e completam-se 100 mL.

I.83 – SOLUÇÃO DE IODETO DE SÓDIO

I.83.1 – Solução de iodeto de sódio (NaI, Eq.: 149,89 e 74,95)[15,32]

NaI — 0,1N (solução padrão): Seca-se o iodeto de sódio puro (**irritante; disp. N**) a 120°C durante 2 horas, dissolvem-se 15 g em água e completa-se 1 litro.
O iodeto de sódio é um cristal incolor ou branco e higroscópico.
Oxida-se ao ar e fica marrom devido ao iodo formado.
Pode ser obtido da seguinte maneira: deixa-se reagir o iodo (pág. 92; **muito tóxico; disp. P**) com hidróxido de sódio (**corrosivo, tóxico; disp. N**) e, em seguida, após secagem por evaporação, deixa-se fundir com carvão em pó e recristaliza-se em água.

$$3I_2 + 6NaOH = 5NaI + NaIO_3 + 3H_2O$$
$$2NaIO_3 + 3C = 2NaI + 3CO_2$$

100 g de água dissolvem 158,7 g (0°C) e 256,8 g (60°C) de iodeto de sódio anidro; 100 g de etanol, 43 g (23°C); e 100 g de metanol, 78 g (23°C).
Pode-se padronizar esta solução da mesma forma que o iodeto de potássio (pág. 90).

$$2NaI + KIO_3 + 6HCl = 2NaCl + KCl + 3ICl + 3H_2O$$

I.83.2 – Solução de iodeto de sódio para uso em determinação qualitativa de Iperite $(CH_2CH_2Cl)_2S$

Misturam-se 10 g de KI (**disp. N**), 2 mL de solução aquosa de Cu SO_4 a 7,5% e 1 mL de goma arábica a 35% com 100 mL de água até ficar em estado coloidal.
Esta solução forma precipitação amarela de $(CH_2CH_2I)_2S$ em contato com o gás Iperite.

I.84 - SOLUÇÃO DE IODO

I.84.1 - Solução de iodo (I_2, Eq.: 126,91)[15,24,32]

I_2 — 0,1 N (solução padrão):[16,28] Dissolvem-se 36 g de iodeto de potássio puro (**irritante; disp. N**) em 100 mL de água, adicionam-se 12,75 g de iodo puro (**muito tóxico, corrosivo; disp. P**) e dilui-se com água até completar 1 litro.
O iodo é um cristal preto-cinzento e brilhante. Tem ponto de fusão: 113,5°C e ponto de sublimação: 184,35°C. O vapor é venenoso. É facilmente solúvel em solução aquosa de KI, solventes orgânicos (álcool, éter, acetona, clorofórmio, dissulfeto de carbono e tetracloreto de carbono) mas é pouco solúvel em água (0,0162 g/100 g) a 0°C. Coloca-se em vidro escuro de rolha esmerilhada e guarda-se em lugar escuro e frio.

I.84.2 - Padronização da solução de iodo[24]

Adiciona-se solução de bicarbonato de sódio (**disp. N**) (2 g em 500 mL de água) em 25,00 mL de solução padrão de As_2O_3 — 0,1N e em seguida, adicionam-se 2 mL de solução de amido como indicador. Titula-se com a solução de iodo a ser padronizada até que a solução fique levemente azulada.
Para diminuir o erro da titulação, titula-se inversamente um certo volume desta solução de iodo com solução de ácido arsenioso até que a diferença das duas titulações se torne menor que 0,1 mL. Quando se titular com ácido arsenioso, adiciona-se a solução de amido perto do ponto final da titulação.

$$H_3AsO_3 + I_2 + 5NaHCO_3 = Na_3AsO_4 + 2NaI + 5CO_2 + 4H_2O$$

1 mL de As_2O_3 — 0,1N = 12,691 mg de I.

I.84.3 – 1 mL de solução padrão de iodo equivale às seguintes substâncias:[28,29]

Substâncias	*mg*	*Substâncias*	*mg*	*Substâncias*	*mg*
As_2O_5	5,748	$Na_2S_2O_3$	15,814	Ácido láctico	4,5
As_2O_3	4,948	$Na_2S_2O_3.5H_2O$	24,822	Glucose	9,0
S	1,604	H_2SO_3	4,105	Vitamina C	8,806
CaS	3,607	Pb	6,907	As*1	3,75
CaO	10	PbS	11,959	H2S*2	1,74
BaS	8,471	PbO_2	10,36	CdS*3	7,224
Hg_2Cl_2	23,61	Pb_3O_4	34,28	NaHS*4	2,802
HgS	11,634	SnO	0,735	Na_2SO_3*5	6,303
Hg	10,03	Sb_2O_3	7,289	SCN*6	0,968
CuS	4,782	SbCls	11,4	Sn*7	5,935
ZnS	4,872	Mo	9,6	Sb*8	6,088
Zn	3,269	TeO_2	3,988	Sb*9	4,01
FeS	4,396	Acetaldeído	2,2015	MoO_3*10	14,4
Cd	5,62	Formaldeído	1,501	SeO_a*11	2,78
Na_2S	3,9025	$C_6H_{12}O_6$	9,005	$Na_2SO_3.7H_2O$	12,61
C5H10O5	7,504				

*1 $As_2O_3 + 2H_2O + 2I_2 = As_2O_5 + 4HI$
*2 $H_2S + I_2 = 2HI + S$
*3 $CdS + 2HCl + I_2 = CdCl_2 + 2HI + S$
*4 $NaHS + I_2 = NaI + HI + S$
*5 $Na_2SO_3 + I_2 + H_2O = Na_2SO_4 + 2HI$
*6 $NaSCN + 6I + 8NaHCO_3 + HCl = Na_2SO_4 + 6NaI + NaCl + HCN + 8CO_2 + 4H_2O$
*7 $SnCl_2 + I_2 + 2HCl = SnCl_4 + 2HI$
*8 $Sb_2O_3 + 2I_2 + 2H_2O = Sb_2O_5 + 4HI$
*9 $Sb_2S_3 + 6HCl = 2SbCl_3 + 3H_2S$, $Sb_2O_5 + 6HCl = 2SbCl_3 + S_2 + 3H_2S$
*10 $2MoO_3 + 4KI + 4HCl = 2MoO_2I + I_2 + 4KCl + 2H_2O$
*11 $SeO_2 + 4HI = Se + 2I_2 + 2H_2O$

I.84.4 – Solução padrão de iodo

Dissolvem-se 20 g de iodeto de potássio (**disp. N**) em 50 mL de água, adicionam-se 12,7 g de iodo (**corrosivo, lacrimogênio; disp. P**) e dilui-se com água até completar 1 litro.
1 mL desta solução equivale a 5,935 mg de Sn e 3,75 mg de As.

I.84.5 – Água de iodo

Dissolvem-se 5 g de KI (**disp. N**) em 100 mL de água, adiciona-se excesso de iodo (**corrosivo, lacrimogênio; disp. P**) e deixa-se decantar durante várias horas. Usa-se a solução superficial.

I.84.6 – Tintura de iodo

Dissolvem-se 60 g de iodo (**corrosivo, lacrimogênio; disp. P**) e 40 g de iodeto da potássio (**disp. N**) em álcool a 70% v e dilui-se até completar 1 litro.

I.85 – SOLUÇÃO DE MOLIBDATO DE AMÔNIO

I.85.1 – Uso em determinação qualitativa de ácido fosfórico[15,43]

I.85.1.1 – Dissolvem-se 15 g de molibdato de amônio ([$(NH_4)_2MoO_4$], P.M.: 196,02; **irritante; disp. J**) em 300 mL de água e adicionam-se 100 mL de HNO_3 (d: 1,2) (**oxidante, corrosivo, disp. N**).

I.85.1.2 – Dissolvem-se 72 g de óxido de molibdênio (MoO_3, **irritante; disp. O**) em 400 mL de NH_4OH 1N, adicionam-se 500 mL de HNO_3 6N e água até completar 1 litro.
Usa-se a parte límpida da solução.

I.85.2 – Uso em determinação quantitativa de ácido fosfórico[15,42]

I.85.2.1 – Dissolvem-se 90 g de molibdato de amônio em 100 mL de NH_4OH 6N, adicionam-se 240 g de nitrato de amônio e dilui-se com água até 1 litro.
Usa-se a parte límpida da solução.

I.85.2.2 – Dissolvem-se 30 g de molibdato de amônio (**irritante; disp. J**) em 150 mL de água, goteja-se esta solução em 100 mL de HNO_3 (d: 1,35; **oxidante, corrosivo; disp. N**) agitando-se continuamente e, em seguida, coloca-se solução de nitrato de amônio (**oxidante, irritante; disp. N**) (120 g de nitrato de amônio dissolvidas (**oxidante, irritante; disp. N**) em 150 mL de água). Deixa-se ecantar durante cerca de 24 horas em lugar quente e filtra-se.
Usam-se 120 mL e 15 mL desta solução para cada 0,1 g e 0,01 g de P_2O_5, respectivamente.

I.85.2.3 – Adicionam-se 10,0 g de molibdato de amônio (**irritante; disp. J**) em 24 mL de água, jogam-se 14 mL de solução de hidróxido de amônio (d: 0,9; **corrosivo, tóxico; disp. N**) e deixa-se dissolver. Após filtração, adicionam-se 6 mL de HNO_3 (d: 1,42) (**oxidante, cor-**

rosivo; disp. N). Em seguida, adiciona-se a solução mista de 40 mL de HNO_3 (d: 1,42) e 96 mL de água agitando-se continuamente, goteja-se 1 mL de solução de fosfato de amônio 0,1% e deixa-se decantar durante 24 horas.
Usam-se 100 mL desta solução para cada 0,1 g de P_2O_5.

I.85.2.4 – Dissolvem-se 15 g de molibdato de amônio em 40 mL de água quente, adiciona-se a solução de sulfato de amônio [5 g de sulfato de amônio dissolvidos em 50 mL de HNO_3 (d: 1,36)] e dilui-se com água até 100 mL.

I.85.3 – Solução reagente de molibdato de amônio (farmacopéia)[28]

Dissolvem-se 6,5 g de ácido molibdênico em pó (**irritante; disp. J**) em solução mista de 14 mL de água e 14,5 mL de solução de hidróxido de amônio concentrada (**corrosivo, tóxico; disp. N**). Após esfriamento, joga-se esta solução em solução fria de 32 mL de HNO_3 concentrado (**oxidante, corrosivo; disp. N**) e 40 mL de água agitando-se continuamente e filtra-se, usando amianto (**tóxico**; N. R. o uso de amianto tem se tornado proibitivo, pois este material pode causar asbestose. Consulte a legislação vigente antes de usá-lo), após decantação de 48 horas.
5 mL desta solução devem formar imediatamente um precipitado amarelo de $[(NH_4)_3PO_4 \cdot 12MoO_3]$ quando se fizer a adição de 2 mL de solução de Na_2HPO_4 —1N.
Esta solução reage, também, com ácido arsênico formando precipitado de $[(NH_4)_3AsO_4 \cdot 12MoO_3]$.

$$H_3AsO_4 + 12(NH_4)_2MoO_4 + 21HNO_3 = (NH_4)_3AsO_4 \cdot 12MoO_3 + \\ + 21NH_4NO_3 + 12H_2O$$

I.85.4 – Solução padrão de molibdato de amônio

I.85.4.1 – Dissolvem-se 3,35 g de molibdato de amônio (**tóxico, irritante; disp. J**) em 100 mL de água.
1 mL desta solução equivale a 1 mg de P_2O_5.

I.85.5 – Uso em determinação colorimétrica quantitativa de ácido fosfórico

I.85.5.1 – Misturam-se 10 mL de solução aquosa de molibdato de amônio a 10% com 30 mL de H_2SO_4 (1:1).
Esta solução reage com ácido fosfórico em presença de cloreto estanoso (pág. 56) tornando-se azul. Prepara-se na hora de usar.

I.85.5.2 – Misturam-se 50 mL de cada uma das seguintes soluções:

Solução (I)

50 mL de H_2SO_4 a 15%

Solução (II)

50 mL de solução aquosa de molibdato de amônio a 3,3%.

Solução (III)

Dissolvem-se 0,4 g de amidol ($C_6H_8ON_2 \cdot 2HCl$) para uso em fotografia e 8 g de clorito de sódio ácido (**oxidante, tóxico; disp. J**) em água, deixa-se perder a cor usando-se carvão de osso e dilui-se com água até 100 mL.

I.85.6 – Uso em coloração de alcalóides[15]

Dissolve-se 0,1 g de molibdato de amônio (**tóxico, irritante; disp. J**) em 60 mL de H_2SO_4 concentrado (**oxidante, corrosivo; disp. N**) e frio.

Esta solução é chamada reagente de Fröehde e deve ser incolor. Prepara-se na hora de usar.

I.86 – SOLUÇÃO DE NITRATO DE ALUMÍNIO

Solução de nitrato de alumínio [$Al(NO_3)_3 \cdot 9H_2O$, Eq.: 125,05][15,32]

$Al(NO_3)_3$ — 0,55 N: Dissolvem-se 70 g de nitrato de alumínio hidratado (**oxidante; disp. N**) em água e completa-se 1 litro.

1 mL desta solução contém 5 mg de Al.

I.87 – SOLUÇÃO DE NITRATO DE AMÔNIO

I.87.1 – Solução de nitrato de amônio (NH_4NO_3, Eq.: 80,04)[15,32]

NH_4NO_3 — 1,2N (10%): Dissolvem-se 10 g de nitrato de amônio (**oxidante, irritante; disp. N**) em 90 mL de água.

O nitrato de amônio é um cristal transparente e pode ser purificado facilmente por recristalizaçao em água.

100 g de água dissolvem 118,3 g (0°C) e 241,8 g (30°C); 100 g de etanol, 3,8 g (20°C); e 100 g de metanol, 17,1 g (20°C).

I.87.2 – Solução de nitrato de amônio para uso em determinação quantitativa de ácido fosfórico

Dissolvem-se 34 g de nitrato de amônio (**oxidante, irritante; disp. N**) em 100 mL de água.

I.88 – SOLUÇÃO DE NITRATO DE BÁRIO

I.88.1 – Solução de nitrato de bário [$Ba(NO_3)_2$, Eq.: 130,69][6,15,32]

$Ba(NO_3)_2$ — 1N (12,4%): Dissolvem-se 131 g de nitrato de bário (**oxidante, tóxico; disp. E**) em água e completa-se 1 litro.
O nitrato de bário é um cristal incolor ou branco e é venenoso. Pode ser obtido pelo seguinte método: deixa-se reagir o ácido nítrico diluído com carbonato de bário ou hidróxido de bário.
É pouco higroscópico e 100 g de água dissolvem 5,0 g (0°C) e 34,2 g (100°C).

I.88.2 – Solução de $Ba(NO_3)_2$ — 0,25M

Dissolvem-se 6,5 g de nitrato de bário em água e leva-se a 100 mL. Pode-se usar esta solução para separação de cálcio em sulfito ou cromato.

I.89 – SOLUÇÃO DE NITRATO DE BISMUTO[4,15]

Solução de nitrato de bismuto [$Bi(NO_3)_3 \cdot 5H_2O$, Eq.: 161,70]

$Bi(NO_3)_3$ — 1N: Dissolvem-se cerca de 162 g de nitrato de bismuto (**oxidante, irritante; disp. L**) em 200 mL de HNO_3 3N, dilui-se com água e completa-se 1 litro. O nitrato de bismuto é um cristal incolor e é dissolvido pela água de cristalização a 30°C. É solúvel, também, em acetona e ácido acético.

I.90 – SOLUÇÃO DE NITRATO DE CÁDMIO[4,32]

I.90.1 – Solução de nitrato de cádmio [$Cd(NO_3)_2 \cdot 4H_2O$, Eq.: 154,25].

$Cd(NO_3)_2$ — 0,2N: Dissolvem-se 31 g de nitrato de cádmio tetra-hidratado (**possível cancerígeno, oxidante; disp. L**) em água e completa-se 1 litro. 1 mL desta solução contém 11,2 mg de Cd.
O nitrato de cádmio é um cristal higroscópico e é dissolvido pela água de cristalização a 60°C.
100 g de água dissolvem 215 g (0°C).

I.90.2 – Solução de nitrato de cádmio-anilina para uso em determinação qualitativa de SO_4^{2-}

Misturam-se 5 g de nitrato de cádmio e 2,5 mL de anilina (**muito tóxico, irritante; disp. C**) com 100 mL de água a frio.
Esta solução, acidificada com ácido acético, reage com ácido sulfuroso formando precipitação branca.

I.91 – SOLUÇÃO DE NITRATO DE CÁLCIO

I.91.1 – Solução de nitrato de cálcio [$Ca(NO_3)_2 \cdot 4H_2O$, Eq.: 118,08][15,32]

$Ca(NO_3)_2$ — 1M: Dissolvem-se 23,6 g de nitrato de cálcio (**oxidante, irritante; disp. N**) em 100 mL de água.

$Ca(NO_3)_2$ — 0,8N: Dissolvem-se 10 g de nitrato de cálcio em 90 mL de água. Se esta solução for ácida, neutraliza-se com solução de $Ca(OH)_2$.
O nitrato de cálcio é um cristal branco e higroscópico. Dissolve-se na água de cristalização a 42,7°C e torna-se anidro poroso a 130°C.
100 g de água dissolvem 266 g (0°C) e é, também, solúvel em álcool.

I.91.2 – Solução de nitrato de cálcio-iodo para uso em coloração de celulose

Dissolve-se 1 g de iodo (**corrosivo, lacrimogênio; disp. P**) e 5 g de iodeto de potássio (**irritante; disp. N**) em 50 mL de água (Solução A). Adicionam-se 3 mL de (solução A) em solução de nitrato de cálcio [100 g de nitrato de cálcio dissolvidas em 90 mL de água (solução B)]. Filtra-se se necessário.

I.92 – SOLUÇÃO DE NITRATO DE CHUMBO

Solução de nitrato de chumbo [$Pb(NO_3)_2$, Eq.: 165,621][15,32]

$Pb(NO_3)_2$ — 1N: Dissolvem-se 166 g de nitrato de chumbo (**tóxico, irritante, oxidante; disp. L**) em água e completa-se 1 litro. 1 mL desta solução contém 0,1 g de Pb.

100 g de água dissolvem 38,8 g (0°C) e 138,8 g (100°C) de nitrato de chumbo e a solução é ácida.

O nitrato de chumbo pode ser obtido pelo aquecimento de chumbo com ácido nítrico (**oxidante, corrosivo; disp. N**).

I.93 – SOLUÇÃO DE NITRATO DE COBALTO

Solução de nitrato de cobalto [$Co(NO_3)_2 \cdot 6H_2O$, Eq.: 145,53][15,32]

$Co(NO_3)_2$ — 1N: Dissolvem-se cerca de 146 g de nitrato de cobalto hexa-hidratado (**oxidante, irritante; disp. L**) em água e completa-se 1 litro.

O nitrato de cobalto é um cristal vermelho e higroscópio. É dissolvido pela água de cristalização a 57°C e torna-se anidro a temperatura mais elevada.

100 g de água dissolvem 84 g (0°C) e 334,9 g (90°C) do sal anidro. É também solúvel em álcool e acetona.

I.94 – SOLUÇÃO DE NITRATO CÚPRICO

[N.R. - Nomenclatura oficial: nitrato de cobre(II)]
Solução de nitrato cúprico [$Cu(NO_3)_2 \cdot 6H_2O$, Eq.: 147,83][15,32]

$Cu(NO_3)_2$ — 0,3N: Dissolvem-se 44,4 g de nitrato cúprico hexa-hidratado (**oxidante, corrosivo; disp. L**) em água e completa-se 1 litro.
1 mL desta solução contém 9,4 mg de Cu.
O nitrato cúprico é um cristal verde e 100 g de água dissolvem 243 g (0°C).

I.95 – SOLUÇÃO DE NITRATO DE CROMO

Solução de nitrato de cromo [$Cr(NO_3)_3 \cdot 9H_2O$, Eq.: 133,4][15,32]

$Cr(NO_3)_3$ — 0,5N: Dissolvem-se 66,7 g de nitrato de cromo nona-hidratado (**oxidante, irritante; disp. L**) em água e completa-se 1 litro.
1 mL desta solução contém 8,6 mg de Cr.
O nitrato de cromo é um cristal roxo e decompõe-se por aquecimento a 100°C. É facilmente solúvel em água, também em álcool e acetona.

I.96 – SOLUÇÃO DE NITRATO DE ESTRÔNCIO[4,15,32]

I.96.1 – Solução de nitrato de estrôncio [$Sr(NO_3)_2 \cdot 4H_2O$, Eq.: 141,86]

$Sr(NO_3)_2$ — 1N (10%): Dissolvem-se cerca de 142 g de nitrato de estrôncio (**oxidante, irritante; disp. E**) em água e completa-se 1 litro.
O nitrato de estrôncio tetra-hidratado é um cristal incolor ou branco e 100 g de água dissolvem 62,2 g (0°C) e 124 g (20°C).

I.97 – SOLUÇÃO DE NITRATO FÉRRICO

[N.R. - Nomenclatura oficial: nitrato de ferro(III)]
Solução de nitrato férrico [$Fe(NO_3)_3 \cdot 9H_2O$, Eq. 134,67][15,32]

$Fe(NO_3)_3$ — 1N: Dissolvem-se cerca de 135 g de nitrato férrico (**oxidante, irritante; disp. L**) em água e completa-se 1 litro.

$Fe(NO_3)_3$ — 0,8N (10%): Dissolvem-se cerca de 10 g de nitrato férrico em 90 mL de água.
O nitrato férrico é um cristal roxo e higroscópico. 100 g de água dissolvem 150 g (10°C). É também solúvel em álcool e acetona.

I.98 – SOLUÇÃO DE NITRATO DE MAGNÉSIO

I.98.1 – Solução de nitrato de magnésio [$Mg(NO_3)_2 \cdot 6H_2O$, Eq.: 128,22][15,32]

$Mg(NO_3)_2$ — 1N: Dissolvem-se 128 g de nitrato de magnésio (**oxidante, irritante; disp. N**) em água e completa-se 1 litro.

I.98.2 – Solução de nitrato de magnésio amoniacal

Dissolvem-se 13 g de nitrato de magnésio e 24 g de nitrato de amônio em água, adicionam-se 3,5 mL de NH_4OH — 6N e dilui-se com água até completar 100 mL.
A concentração desta solução é $Mg(NO_3)_2$ — 1N e NH_4NO_3 — 3N.

I.98.3 – Solução de magnésia-ácido nítrico para uso em determinação quantitativa de ácido fosfórico

Dissolvem-se 16 g de óxido de magnésio em pequena quantidade de ácido nítrico (**oxidante, corrosivo; disp. N**), adiciona-se excesso de óxido de magnésio e deixa-se ferver. Em seguida, filtra-se a parte insolúvel, adiciona-se água à solução filtrada e completa-se 1 litro.

I.99 – SOLUÇÃO DE NITRATO DE MANGANÊS

Solução de nitrato de manganês [$Mn(NO_3)_2 \cdot 6H_2O$, Eq.: 143,53][15,32]

$Mn(NO_3)_2$ — 0,7N (10%): Dissolvem-se 10 g de nitrato de manganês (**oxidante, corrosivo; disp. L**) em 90 mL de água.

I.100 – SOLUÇÃO DE NITRATO MERCÚRICO

[N.R. Nomenclatura oficial: nitrato de mercúrio(II)]

I.100.1 – Solução de nitrato mercúrico $Hg(NO_3)_2 \cdot ½H_2O$, Eq.: 166,82][15,32]

$Hg(NO_3)_2$ — 4N: Dissolvem-se 40 g de nitrato mercúrico (**muito tóxico, oxidante; disp. L**) em 32 mL de HNO_3 concentrado (**oxidante, corrosivo; disp. N**) e 15 mL de água.

$Hg(NO_3)_2$ — 1N: Dissolvem-se 171 g de nitrato mercúrico mono-hidratado em HNO_3 0,6N e completa-se 1 litro.

$Hg(NO_3)_2$ — 0,1N: Dissolvem-se 17,1 g de nitrato mercúrico mono-hidratado em HNO_3 — 0,6N e completa-se 1 litro.
O nitrato mercúrico é um cristal transparente e higroscópico.
Pode ser obtido pelo seguinte método: adiciona-se excesso de ácido nítrico (**oxidante, corrosivo; disp. N**) em mercúrio ou óxido de mercúrio (mercúrio elementar e seus compostos são tóxicos), deixa-se concentrar por aquecimento e adiciona-se ácido nítrico fumegante (vapores nítricos são muito tóxicos).

I.100.2 – Solução de nitrato mercúrico para uso em determinação qualitativa de dulcina-ácido p-oxibenzóico

Goteja-se solução de NaOH a 30% em solução aquosa de nitrato mercúrico ou cloreto mercúrico e deixa-se precipitar o óxido de mercúrio. Filtra-se, lava-se com água e dissolvem-se 1 a 2 g de óxido de mercúrio em ácido nítrico (**oxidante, corrosivo; disp. N**). Em seguida, neutraliza-se lentamente o excesso de ácido nítrico com solução de hidróxido de sódio, dilui-se com água até 15 a 25 mL e usa-se a solução superficial. Esta solução não deve ser ácida.

I.101 - SOLUÇÃO DE NITRATO MERCUROSO

[N.R. Nomenclatura oficial: nitrato de mercúrio(I)]

I.101.1 - Solução de nitrato mercuroso [$Hg_2(NO_3)_2 \cdot 2H_2O$, Eq.: 280,63][15,32]

$Hg_2(NO_3)_2$ — 0,5N: Dissolvem-se cerca de 140 g de nitrato mercuroso (**muito tóxico, oxidante; disp. L**) em HNO_3-0,3N, dilui-se com água e completa-se 1 litro. 1 mL desta solução contém 0,1 g Hg^+. O nitrato mercuroso é um cristal incolor e torna-se anidro em ar seco ou em dessecador com ácido sulfúrico. Água quente dissolve cerca de 50%.

A solução de nitrato mercuroso (10,5 g de nitrato mercuroso dissolvidos em 150 mL de água e que contém 2 mL de HNO_3 concentrado) equivale à solução de permanganato de potássio (1,5 g de permanganato de potássio dissolvidos em 1 litro de água).

I.101.2 - Solução de nitrato mercuroso para uso em determinação quantitativa de vanádio

I.101.2.1 - Colocam-se 15 a 22 g de mercúrio (**tóxico**) em 25 mL de água contendo 6 mL de HNO_3 concentrado (**oxidante, corrosivo; disp. N**), mantém-se no ponto de ebulição durante 1 hora e meia (saída de vapores tóxicos) e deixa-se decantar durante 24 horas a quente. Em seguida, adiciona-se água e completa-se 1 litro.

I.101.2.2 - Dissolvem-se 10 g de nitrato mercuroso em 1 litro de água. Se aparecer turvação branca, goteja-se ácido nítrico (**oxidante, corrosivo; disp. N**) até ficar transparente. Adicionam-se 2 a 3 gotas de mercúrio puro (**muito tóxico; disp. P**) para evitar a oxidação do mercúrio e guarda-se em vidro escuro.

I.102 - SOLUÇÃO DE NITRATO DE NÍQUEL

I.102.1 - Solução de nitrato de níquel [$Ni(NO_3)_2 \cdot 6H_2O$, Eq.: 145,41][15,32]

$Ni(NO_3)_2$ — 1N: Dissolvem-se 146 g de nitrato de níquel (**possível cancerígeno, oxidante; disp. L**) em água e completa-se 1 litro.

$Ni(NO_3)_2$ — 0,3N: Dissolvem-se 43,6 g de nitrato de níquel em 1 litro de água. 1 mL desta solução contém 8,8 mg de Ni.
O nitrato de níquel é um cristal verde e higroscópico. É dissolvido pela água de cristalização a 57°C. 100 g de água dissolvem 243 g (0°C). É insolúvel em álcool.

I.102.2 – Solução de nitrato de níquel e potássio para uso em determinação quantitativa de cálcio

Dissolvem-se 10 g de nitrato de potássio (**oxidante, irritante; disp. N**) em 100 mL de solução aquosa de nitrato de níquel (**possível cancerígeno, oxidante; disp. L**) (isento de cobalto) a 30%, adicionam-se 10 mL de ácido acético glacial (**corrosivo; disp. C**) e filtra-se, se necessário. Mantém-se a solução filtrada a 60°C e elimina-se o ácido acético por destilação a vácuo. Em seguida, dilui-se com água até 100 mL, adicionam-se 45 g de nitrato de potássio, deixa-se decantar durante uma noite e, finalmente, filtra-se.

I.103 - SOLUÇÃO DE NITRATO DE POTÁSSIO

I.103.1 – Solução de nitrato de potássio (KNO_3, Eq.: 101,104)[15,32]

KNO_3 - 0,1 N: Dissolvem-se 10,1 g de nitrato de potássio (**irritante, oxidante; disp. N**) em água e completa-se 1 litro.
O nitrato de potássio é um cristal incolor ou branco e é estável em ar seco. Decompõe-se pelo aquecimento desprendendo oxigênio.

$$2KNO_3 = 2KNO_2 + O_2$$

100 g de água dissolvem 13,3 g (0°C) e 246 g (100°C) e é quase insolúvel em álcool.

I.103.2 – Método de padronização da solução de nitrato de potássio

Adicionam-se 10 mL de HCl concentrado (**corrosivo; disp. N**) em 25,00 mL de solução de nitrato de potássio, deixa-se evaporar até a secura (resíduo de KCl e saída de vapores tóxicos) e dissolve-se em água. Em seguida, adicionam-se 5 mL de ácido nítrico concentrado (**oxidante, corrosivo; disp. N**) e 50,00 mL de solução padrão de $AgNO_3$ 0,1N e dilui-se com água até 200 mL.

Titula-se esta solução com solução padrão de NH_4SCN 0,1N usando solução de sulfato férrico amoniacal (pág. 127) como indicador.

$$KNO_3 + HCl = KCl + HNO_3$$
$$KCl + AgNO_3 = AgCl + KNO_3$$

1 mL de $AgNO_3$ 0,1N = 10,11 mg de KNO_3

I.103.3 – Solução padrão de nitrato de potássio para uso em determinação colorimétrica quantitativa

Dissolvem-se 0,7218 g de nitrato de potássio puro em água e completa-se 1 litro. Em seguida, deixam-se concentrar 50 mL desta solução em banho-maria até 2 a 3 mL, goteja-se solução de ácido fenol-dissulfônico (pág. 233) e dilui-se com água até 500 mL.
1 mL desta solução equivale a 0,010 mg de N, 0,0443 mg de NO_3^- e 0,0386 mg de N_2O_5.

I.104 – SOLUÇÃO DE NITRATO DE PRATA

I.104.1 – Solução de nitrato de prata ($AgNO_3$, Eq.: 169,888)[6,15,32]

$AgNO_3$ — 1N: Dissolvem-se cerca de 170 g de nitrato de prata (**tóxico, oxidante, corrosivo; disp. L**) em água e completa-se 1 litro.

$AgNO_3$ — 0,5N (8%): Dissolvem-se 85 g de nitrato de prata em água e completa-se 1 litro.

$AgNO_3$ — 0,1 N (solução padrão)[28,39]

a) Seca-se o nitrato de prata puro a 100 - 150°C durante 1 hora, pesam-se exatamente 17 g até 0,1 mg, dissolve-se em água e completa-se 1 litro.
b) Dissolvem-se 1,08 g de prata pura em ácido nítrico (1:1) a quente, deixa-se desprender totalmente o gás nitroso (muito tóxico) por aquecimento e adiciona-se água, após resfriamento, até completar 100 mL.

O nitrato de prata é um cristal incolor ou branco e é sensível à luz. É facilmente reduzido pelo contato com substâncias orgânicas formando prata metálica.

100 g de água dissolvem 122 g (0°C) e 952 g (100°C) e a solução é neutra. É pouco solúvel em álcool e benzeno.
Coloca-se a solução de nitrato de prata em vidro escuro e conserva-se em lugar escuro e fresco.

I.104.2 – Métodos de padronização da solução de nitrato de prata[16,24,39]

I.104.2.1 – Método de Mohr

Adicionam-se 50 mL de água e 1 mL de solução de cromato de potássio (pág.66) em 25,00 mL de solução padrão de NaCl 0,1N (pág. 63) e titula-se esta solução com solução de nitrato de prata até que a turvação branca de AgCl fique marrom avermelhada.

$$NaCl + AgNO_3 = AgCl + NaNO_3$$
$$2\ AgNO_3 + K_2CrO_4 = Ag_2CrO_4 + 2KNO_3$$

Esta reação de titulação deverá ser feita em meio neutro (pH = 6,5 a 10,5) e então deve-se neutralizar previamente com bicarbonato de sódio ou ácido nítrico conforme a solução seja ácida ou alcalina. Isto porque a precipitação de Ag_2CrO_4 não ocorre em meio ácido ou alcalino e haverá dificuldade na obtenção de ponto final nítido. Neste método, não se pode inverter a forma de titulação.

I.104.2.2 – Método de Volhard

Deixa-se acidular a solução de nitrato de prata com ácido nítrico (**oxidante, corrosivo; disp. N**) e titula-se com solução padrão de NH_4SCN —0,1N (pág. 139) usando a solução de sulfato férrico amoniacal (pág. 126) como indicador.

$$AgNO_3 + NH_4SCN = AgSCN + NH_4NO_3$$

1 mL de NH_4SCN — 0,1N = 16,99 mg de $AgNO_3$

I.104.3 – 1 mL de solução padrão de $AgNO_3$ —0,1N equivale às seguintes substâncias[28,29]

Substâncias	*mg*	*Substâncias*	*mg*	*Substâncias*	*mg*
NaCl	5,8459	KBr	11,9	NH_4I	14,496
AgCl	14,334	NaBr	10,29	K_2O	4,710
HCl	3,6465	NH_4Br	9,80	KNO_3	10,11
HCl (gás, 0°C,		I	12,692	FeI_2	15,49
1 atm)	2,224 mL	HI	12,793	CN	4,382
KCl	7,456	Formaldeído	1,501	KCN*1	5,203
NH_4Cl	5,350	KI	16,602	SCN	13,022
Cl	3,5457	NaI	14,992 HCl	LiCl	5,808
Br	7,9916	HIO_3	2,932	Li_2O	4,24
HBr	8,0924	KIO_3	3,567	Sr	1,494

*1 $Ag(CN)_2K + AgNO_3 = 2AgCN + KNO_3$

I.104.4 – Solução padrão de nitrato de prata

Seca-se o nitrato de prata (**altamente tóxico, oxidante; disp. R**) em dessecador com ácido sulfúrico (**oxidante, corrosivo; disp. N**) durante 4 horas, pesa-se 0,4792 g e dissolve-se em água até completar 100 mL. 1 mL desta solução equivale a 1 mg de Cl.

I.104.5 – Solução de nitrato de prata para uso em precipitação de cloro (como o ânion cloreto)

Dissolvem-se 0,17 g de nitrato de prata (**altamente tóxico, oxidante; disp. R**), 2,53 g de nitrato de potássio (**oxidante, irritante; disp. N**) e 1,7 mL de solução de hidróxido de amônio concentrada (**corrosivo, tóxico; disp. N**) em água e completam-se 100 mL. Esta solução é usada para separação seletiva de íons cloreto entre haletos e é chamada reagente de Miller.

I.104.6 – Solução de nitrato de prata para uso em determinação qualitativa de aldeído e açúcar

Mistura-se o mesmo volume de solução aquosa de nitrato de prata a 10% e solução de hidróxido de sódio a 10%. Na hora de usar, goteja-se solução de hidróxido de amônio a 2% até desaparecer a precipitação formada. Esta solução é também chamada de reagente de Tollens.

I.104.7 – Solução alcoólica de nitrato de prata

Dissolvem-se 4 g de nitrato de prata (**altamente tóxico, oxidante; disp. R**) em 100 mL de álcool a 95% (**inflamável, tóxico; disp. J**) e deixa-se ferver em refluxo.

I.104.8 – Solução de nitrato de prata para uso em identificação de celulose

Prepara-se a solução aquosa de nitrato de prata a 5%.

I.105 – SOLUÇÃO DE NITRATO DE SÓDIO

Solução de nitrato de sódio ($NaNO_3$, Eq.: 85 e 28,33)[15,24,32]

$NaNO_3$ — 1N: Dissolvem-se 85 g de nitrato de sódio (**tóxico, oxidante; disp. N**) em água e completa-se 1 litro.
O nitrato de sódio é um cristal incolor ou branco e higroscópico. Decompõe-se por aquecimento a 380°C. 100 g de água dissolvem 73 g (0°C) e 180 g (100°C) e é quase insolúvel em álcool.

I.106 – SOLUÇÃO DE NITRATO DE ZINCO

Solução de nitrato de zinco [$Zn(NO_3)_2 \cdot 6H_2O$, Eq.: 148,75][15,32]

$Zn(NO_3)_2$ — 0,3N: Dissolvem-se cerca de 44,7 g de nitrato de zinco (**oxidante, corrosivo; disp L**) em água e completa-se 1 litro. 1 mL desta solução contém 9,8 mg de Zn.

I.107 – SOLUÇÃO DE NITRITO DE POTÁSSIO

Solução de nitrito de potássio (KNO_2, Eq.: 85,108 e 42,554)[15,32]

KNO_2 — 6N: Dissolvem-se cerca de 510 g de nitrito de potássio (**oxidante, tóxico; disp N**) em água e completa-se 1 litro.

KNO_2 — 1,2N (10%): Dissolvem-se cerca de 10 g de nitrito de potássio em 90 mL de água.

KNO_2 — 0,5N (4,2%): Dissolvem-se 4,25 g de nitrito de potássio em água e completam-se 100 mL.

O nitrito de potássio é um cristal branco em forma de lentilha e higroscópico. 100 g de água dissolvem 2,81 g (0°C) e 413 g (100°C) de KNO_2 e é insolúvel em álcool.
Pode-se padronizar esta solução da mesma forma que o ácido nitroso.

I.108 – SOLUÇÃO DE NITRITO DE SÓDIO

I.108.1 – Solução de nitrito de sódio ($NaNO_2$, Eq.: 68,999 e 34,5)[6,15,24,32]

$NaNO_2$ — 3N: Dissolvem-se cerca de 210 g de nitrito de sódio (**oxidante, tóxico; disp. N**) em água e completa-se 1 litro.

$NaNO_2$ — 1,5N (10%): Dissolvem-se 10 g de nitrito de sódio em 90 mL de água.
$NaNO_2$ — 0,1N (solução padrão): Seca-se o nitrito de sódio puro em dessecador com ácido sulfúrico (**oxidante, corrosivo; disp. N**) durante 4 horas, dissolvem-se 7,0 g em água e completa-se 1 litro.
O nitrito de sódio se apresenta na forma de pó ou massa levemente amarelada e é higroscópico. 100 g de água dissolvem 72,1 g (0°C) e 163,2 g (100°C) e a solução fica alcalina. É pouco solúvel em álcool.
A solução de nitrito de sódio é, em geral, instável e recomenda-se preparar na hora de usar.
Quando se quiser conservar, adiciona-se 1 mL de clorofórmio (**cancerígeno; disp. B**) e guarda-se em lugar escuro e frio.

I.108.2 – Método de padronização da solução de nitrito de sódio[24]

Pode-se padronizar a solução de nitrito de sódio com soluções de permanganato de potássio, tiossulfato de sódio, sulfato cérico e sulfanilamida-ácido clorídrico.
Quando for feita a padronização com solução de permanganato de potássio, pode-se usar o mesmo método que o ácido nitroso mas deve-se manter a temperatura da solução a 40°C e gotejar a solução de nitrito de sódio em certo volume de solução de permanganato de potássio para evitar a dispersão do gás nitroso formado.

$$2KMnO_4 + 5NaNO_2 + 3H_2SO_4 = 2MnSO_4 + K_2SO_4 + 5NaNO_3 + 3H_2O$$

1 mL de $KMnO_4$ — 0,1N = 3,450 mg de $NaNO_2$

I.108.3 – 1 mL de solução padrão de $NaNO_2$ — 0,1M equivale às seguintes substâncias

Substâncias	*mg*
Sulfamina ($C_6H_8O_2N_2S$)	17,22
Resorcina [$C_6H_4(OH)_2$]	5,4
Alfa-naftilamina ($C_{10}H_7NH_2$)	5,72
Acetosulfamina ($C_8H_{10}O_3N_2S$)	21,42
Sulfadiazina ($C_{10}H_{10}O_2N_4S$)	25,03
Sulfaguanidina ($C_7H_{10}O_2N_4S$)	21,42
Sulfatiazol ($C_9H_9O_2N_3S_2$)	25,53
Sulfameladina ($C_{11}H_{12}O_2N_4S$)	26,43
Pamaquina ($C_9H_{29}ON_3$)	31,54

I.108.4 – Quando se fizer a identificação do íon ClO_3^- usando a solução de nitrito de sódio, deve-se verificar, previamente, se esta solução está isenta de Cl^-.

I.108.5 – Solução reagente de nitrito de sódio (farmacopéia)

Dissolvem-se 10 g de nitrito de sódio em água e completam-se 100 mL.

I.108.6 – Solução de nitrito de sódio para uso em determinação quantitativa de vitamina B

Dissolvem-se 22 g de nitrito de sódio (**oxidante, tóxico; disp. N**) em 100 mL de água.

I.109. SOLUÇÃO DE NITROPRUSSIATO DE SÓDIO

[N. R. – também chamado nitroferricianeto de sódio ou, oficialmente, mononitropentacianoferrato(III) de sódio]

I.109.1 – Solução de nitroprussiato de sódio ($Na_2[Fe(CN)_5NO]\cdot 2H_2O$, P.M.: 297,95)

Dissolvem-se 1 a 10 g de nitroprussiato de sódio di-hidratado (**muito tóxico; disp. S**) em 100 mL de água. Prepara-se na hora de usar.

Esta solução é usada como indicador ou reagente qualitativo e é especialmente sensível a Hg^{++}, formando turvação branca.

I.110. SOLUÇÃO DE OXALATO DE AMÔNIO

I .110.1 – Solução de oxalato de amônio[6,15,32] [$(NH_4)_2C_2O_4 \cdot H_2O$, Eq.: 71,05; $(NH_4)_2C_2O_4 \cdot 2H_2O$, Eq.: 80,0]

$(NH_4)_2C_2O_4$ — 1 N: Dissolvem-se 80 g de oxalato de amônio di-hidratado (**corrosivo; disp. A**) em água e completa-se 1 litro.
O oxalato de amônio é um cristal incolor e pode ser obtido pela neutralização de ácido oxálico com solução de hidróxido de amônio (**corrosivo, tóxico; disp. N**).

I.110.2 – Solução padrão de oxalato de amônio (farmacopéia)

Prepara-se a solução de oxalato de amônio 0,5N.

I.111. SOLUÇÃO DE OXALATO DE POTÁSSIO

Solução de oxalato de potássio ($K_2C_2O_4 \cdot H_2O$, Eq.: 92,115)[15,32]

$K_2C_2O_4$ — 3N: Dissolvem-se cerca de 277 g de oxalato de potássio (**irritante; disp. A**) em água e completa-se 1 litro.

$K_2C_2O_4$ — 1N: Dissolvem-se 92 g de oxalato de potássio em água e completa-se 1 litro.

I.112 - SOLUÇÃO DE OXALATO DE SÓDIO

I.112.1 – Solução de oxalato de sódio ($Na_2C_2O_4$, Eq.: 67,005)[15,32]

$Na_2C_2O_4$ — 0,1N (solução padrão): Seca-se o oxalato de sódio puro (**irritante; disp. A**) a 105 a 110°C durante 2 horas, pesam-se exatamente 6,7 g até 0,1 mg e deixa-se dissolver em água quente. Em seguida, dilui-se com água a 15°C e completa-se 1 litro.
O oxalato de sódio é um pó branco e não absorve umidade. Pode-se encontrar o oxalato de sódio de alta pureza no comércio.
Não se pode conservar esta solução durante muito tempo porque ataca o vidro.

Pode-se usar esta solução na padronização de permanganato de potássio (pág. 115) ou hidróxido de álcali como solução padrão primária.

I.112.2 – Solução padrão de oxalato de sódio

Dissolvem-se 1,52 g de oxalato de sódio (**irritante; disp. A**) em água e completa-se 1 litro.
1 mL desta solução contém 1 mg de oxalato.

I.112.3 – Solução de $Na_2C_2O_4$ — 0,25N para uso em determinação quantitativa de fósforo

Dissolvem-se 16,75 g de oxalato de sódio (**irritante; disp. A**) em 1 litro de água.

I.113 – SOLUÇÃO DE ÓXIDO MERCÚRICO

I.113.1 – Solução de óxido mercúrico (HgO, Eq.: 108,405)[15,32]

HgO — 0,1N: Dissolvem-se 1,08 g de óxido mercúrico (**muito tóxico, irritante; disp. O**) em 100 mL de H_2SO_4 a 10% ou HCl a 10%.
O óxido mercúrico amarelo é um pó amorfo estável ao ar, porém, é sensível à luz.
É solúvel em ácido diluído, mas é pouco solúvel em água [0,0052 g (25°C) em 100 g de água].
O óxido mercúrico amarelo pode ser obtido pelo seguinte método: adiciona-se solução de cloreto mercúrico em solução aquosa de hidróxido de sódio a 60%, mantém-se a 30°C durante pouco tempo e, em seguida, aumenta-se a temperatura da solução até 60 a 80°C.
O óxido mercúrico vermelho pode ser obtido da seguinte maneira: adicionam-se 50 mL de solução de carbonato de potássio a 21% em 50 mL de solução de cloreto mercúrico a 16% e aquece-se.

I.113.2 – Método de padronização da solução de óxido mercúrico —0,1N

Adicionam-se 5 mL de água e 5 mL de ácido nítrico concentrado (**oxidante, corrosivo; disp N**) em 5,00 mL da solução de óxido mercúrico e titula-se esta solução com solução padrão de tiocianato de amônio —0,1N (pág. 139) usando a solução de sulfato férrico amoniacal (pág.

127) como indicador.

$$Hg(NO_3)_2 + 2NH_4SCN = Hg(SCN)_2 + 2NH_4NO_3$$
$$1\ mL\ de\ NH_4SCN - 0{,}1N = 10{,}83\ mg\ de\ HgO$$

I.114 – SOLUÇÃO DE PERCLORATO DE POTÁSSIO

Solução de perclorato de potássio ($KClO_4$, Eq.: 17,32)[15,32]

$KClO_4$ — 0,1N (solução padrão): Purifica-se o perclorato de potássio (**oxidante, irritante; disp. N**) comercial por recristalização em água, seca-se a 110°C durante 1 hora e pesam-se exatamente 1,733 g até 0,1 mg. Em seguida, dissolve-se em água e completa-se 1 litro.
100 g de água dissolvem 0,75 g (0°C) e 21,8 g (100°C) de perclorato de potássio e a solução é neutra. É insolúvel em álcool.
A quantidade equivalente do perclorato de potássio como oxidante é 1/8 molar (17,32).

$$KClO_4 + 8H^+ + 8e^- = KCl + 4H_2O$$

I.115 – SOLUÇÃO DE PERIODATO DE POTÁSSIO

Uso em análise de Na
Dissolve-se 1 g de periodato de potássio (KIO_4, P.M.: 230,00; **oxidante, irritante; disp. J**) em 20 mL de ácido fosfórico (**corrosivo; disp. N**) e 160 mL de água.
Usa-se esta solução juntamente com solução de acetato de uranila e manganês (pág. 145) para oxidação do sal de sódio.

I.116 – SOLUÇÃO DE PERMANGANATO DE POTÁSSIO

I — 116.1 Solução de permanganato de potássio ($KMnO_4$, Eq.: 31,6 e 52,68)[6,15,24,32]

$KMnO_4$ - 1N: Dissolvem-se 31,6 g de permanganato de potássio (**oxidante, corrosivo, tóxico; disp. J**) em água e completa-se 1 litro.

$KMnO_4$ - 0,3N (1%): Dissolvem-se 10 g de permanganato de potássio em água e completa-se 1 litro.

$KMnO_4$ - 0,1 N (solução padrão):[16,39] Dissolvem-se cerca de 3,2 g de permanganato de potássio em 1 litro de água, mantém-se entre 60 e 70°C por 2 horas e filtra-se a parte insolúvel usando funil de vidro sinterizado.
O permanganato de potássio é um cristal roxo-avermelhado brilhante e é estável ao ar. 100 g de água dissolvem 2,83 g (0°C) e 32,35 g (75°C).
Pode ser obtido pelo seguinte método: misturam-se 80 g de hidróxido de potássio e 40 g de clorato de potássio (**CUIDADO: PERIGO DE EXPLOSÃO SE HOUVER TRAÇOS DE MATÉRIA ORGÂNICA!**), fundem-se em cadinho de níquel e adicionam-se, pouco a pouco, 80 g de MnO_2 em pó a quente. Pode-se obter o manganato de potássio (K_2MnO_4).

$$MnO_2 + 2KOH + O = K_2MnO_4 + H_2O$$

Após o esfriamento, dissolve-se o material fundido em 1,5 litros de água e neutraliza-se o excesso de álcali pela passagem de gás carbônico.

$$3K_2MnO_4 + 2H_2O = 2KMnO_4 + MnO_2 + 4KOH$$

É, em geral, difícil de obter o permanganato de potássio de alta pureza no comércio.
É sensível à luz formando MnO_2.

I.116.2 – O permanganato de potássio é usado como oxidante, mas a quantidade equivalente do permanganato de potássio varia com o grau de redução do manganês.
Por exemplo: Quando for reduzido até Mn^{2+} sua quantidade equivalente é 1/5 molar (31,6).

$$MnO_4^- + 8H^+ + 5e^- = Mn^{2+} + 4H_2O \text{ ou } 2KMnO_4 = K_2O + 2MnO + 5O$$

Quando for reduzido até Mn^{4+}, sua quantidade equivalente é 1/3 molar (52,68).

$$MnO_4^- + 4H^+ + 3e^- = MnO_2 + 2H_2O \text{ ou } 2KMnO_4 = K_2O + 2MnO_2 + 3O$$

A solução de permanganato de potássio é, geralmente, usada acidificada com ácido sulfúrico, mas também poderá ser usada acidificada com ácido clorídrico.

$$2KMnO_4 + 16HCl = 2KCl + 2MnCl_2 + 5Cl_2 + 8H_2O$$

Neste caso, entretanto, haverá dificuldade na determinação do ponto final da titulação por causa do gás cloro formado.

I — 116.3 Métodos de padronização da solução de permanganato de potássio[24]

Solução ácida	método de Kubel
Solução alcalina	método de Schulze

A padronização da solução de $KMnO_4$ é feita em geral em solução ácida, mas considera-se que a padronização em solução alcalina apresenta a vantagem de uma melhor oxidação e não sofre influência da existência de cloreto.

I.116.3.1 – Pode-se usar as seguintes soluções em padronização ácida: ácido arsenoso, ácido oxálico, oxalato de sódio, oxalato de amônio e tiossulfato de sódio.

Exemplo de padronização pelo oxalato de sódio[15,16,39]

Pipetam-se exatamente 200 mL de solução padrão de oxalato de sódio 0,1N (pág. 111) num frasco, adicionam-se 10 mL de ácido sulfúrico (1:1) e mantém-se a temperatura da solução a 60°C. Em seguida, goteja-se a solução de $KMnO_4$ com uma velocidade de 10 a 15 mL por minuto até que a solução fique levemente vermelha e mantenha esta coloração mais que 30 segundos.

Faz-se uma prova em branco usando a mesma quantidade de água, 10 mL de H_2SO_4 na mesma concentração e a mesma temperatura da solução.

Subtrai-se o volume usado (mL) da solução de $KMnO_4$ na titulação da prova em branco do volume usado na padronização.

$$5Na_2C_2O_4 + 2KMnO_4 + 8H_2SO_4$$
$$= K_2SO_4 + 2MnSO_4 + 5Na_2SO_4 + 10CO_2 + 8H_2O$$

1 mL de $Na_2C_2O_4$ — 0,1N = 3,16 mg de $KMnO_4$

I.116.3.2 – Podem-se usar as soluções de formiato de potássio ou formiato de sódio (pág. 236) em padronização alcalina.

Neste caso, a reação primária é rápida

$$MnO_4^- + e^- = MnO_4^{2-}$$

e a reação secundária é lenta

$$MnO_4^{2-} + 2H_2O + 2e^- = MnO_2 + 4OH^-$$

Pode-se acelerar com álcali forte.

Quando for feita a padronização com formiato alcalino recomenda-se adicionar carbonato alcalino para que se possa obter um resultado exato.

$$3HCOOK + 2KMnO_4 = 2MnO_2 + KHCO_3 + 2K_2CO_3 + H_2O$$

1 mL de HCOOK — 0,1N = 5,268 mg de $KMnO_4$
Padroniza-se a solução de $KMnO_4$ cada dois meses durante a estocagem.

I.116.4 – 1 mL de solução padrão de $KMnO_4$ — 0,1N equivale às seguintes substâncias[28,29]

Substâncias	*mg*	*Substâncias*	*mg*	*Substâncias*	*mg*
As_2O_3	4,946	$CaCl_2.2H_2O$	7,351	$NaBO_3.4H_2O$	7,7032
$H_2C_2O_4$	4,5008	$CaCl_2.6H_2O$	10,95	Mo	3,2
$H_2C_2O_4.2H_2O$	6,3025	$CaCO_3$	5,005	MoO_3	4,8
$Na_2C_2O_4$	6,6007	$CaBr_2$	9,996	$H_2S_2O_8$	9,708
H_2SO_4	4,90	Bi	10,4	$K_2S_2O_8$	13,52
SO_2	3,2	P_2O_5	3,552	$(NH_4)_2S_2O_8$	11,4
Na_2SO_3	6,304	$CaHPO_4$	8,605	Tl	10,2
$NaHSO_3$	5,204	N_2O_3	1,9	V	5,1
$Na_2SO_4.7H_2O$	12,610	N_2O_4	4,6	V_2O_5	9,1
$KClO_3$	2,043	$NaNO_2$	3,4502	Ti	4,79
$NaClO_3$	1,7743	KNO_2	4,2552	TiO_2	8,01
Fe	5,584	HNO_2	2,3508	Se	3,948
FeO	7,184	H_2O_2	1,7008	Ce	14,03
Fe_2O_3	7,984	BaO_2	8,468	Nb	4,646
$FeSO_4$	15,19	Na_2O_2	7,7994	Nb_2O_5	6,646
$FeSO_4.7H_2O$	27,801	O	8,0	U	11,93
$Fe_2(SO_4)_3.9H_2O$	28,102	Mn	1,648	U_3O_8	14,0
$K_4Fe(CN)_6$	36,83	MnO	3,547	$K_2C_2O_6$	9,91
$K_3Fe(CN)_6$	32,92	MnO_2	4,346	HCOOH	2,301
F	1,9	Cu	6,357	Tanina	4,157
CaO	2,804	Cr	1,734	$CaCl_2$	5,55
PbO_2	11,9605				

I — 116.5 Solução alcalina de $KMnO_4$ — 0,05N

Dissolvem-se 100 g de hidróxido de sódio (**corrosivo, tóxico; disp. N**) em 500 mL de água, adicionam-se 1,58 g de $KMnO_4$ (**oxidante, corrosivo, tóxico; disp. J**) na solução quente e deixa-se dissolver. Após o esfriamento, dilui-se com água e completa-se 1 litro.

I.116.6 – Solução alcalina de $KMnO_4$ para uso em determinação quantitativa de amônio em proteína[8]

Dissolvem-se 8 g de $KMnO_4$ e 200 g de KOH (**tóxico, corrosivo; disp. N**) em 1 litro de água, deixa-se ferver durante 10 minutos e recupera-se o volume total por adição de água. Transfere-se para um vidro escuro enquanto quente e conserva-se em lugar escuro.

I.116.7 – Solução alcalina de $KMnO_4$ para uso em determinação quantitativa de aminoácido[8]

Dissolvem-se 5 g de $KMnO_4$ (**oxidante, corrosivo, tóxico; disp. J**) e 25 g de KOH (**corrosivo, tóxico; disp. N**) em 100 mL de água.

I.116.8 – Solução de $KMnO_4$ para uso em análise de metanol[8]

Dissolvem-se 3 g de $KMnO_4$ (**oxidante, corrosivo, tóxico; disp. J**) e 15 mL de ácido fosfórico a 85% (**corrosivo; disp. N**) em água e completam-se 100 mL. Prepara-se na hora de usar.

I.116.9 – Solução padrão de $KMnO_4$

Dissolvem-se 0,4 g de $KMnO_4$ (**oxidante, corrosivo, tóxico; disp. J**) em 1 litro de água.
1 mL desta solução equivale a 0,1 mg de O.

I.117 – SOLUÇÃO DE PERÓXIDO DE HIDROGÊNIO

I.117.1 – Solução de peróxido de hidrogênio (água oxigenada) (H_2O_2, Eq.: 17,01)[6,15,32]

H_2O_2 a 3%: Dilui-se o produto comercial (30%) (**oxidante, corrosivo, irritante; disp. J**) com água 10 vezes.
Esta solução é um líquido incolor e fracamente ácida.
Decompõe-se em contato com oxidante, redutor, calor e luz.
Pode-se usar ácido fosfórico, ácido uréico, hidroxiquinolina e ácido barbitúrico como estabilizadores.

I.117.2 – Método para padronização da solução de peróxido de hidrogênio[24,39]

Adicionam-se 10 mL de água e 10 mL de H_2SO_4 a 10% para 1 mL da solução de peróxido de hidrogênio e, em seguida, titula-se com solução padrão de $KMnO_4$ 0,1N.

$$2KMnO_4 + 5H_2O_2 + 4H_2SO_4 = 2KHSO_4 + 2MnSO_4 + 5O_2 + 8H_2O$$

I.117.3 – Solução padrão de H_2O_2

Diluem-se 5,6 mL de H_2O_2 a 3% com água e completam-se 100 mL. 1 mL desta solução equivale a 1 mL de $KMnO_4$ 0,1N e 2,754 mg de Mn.

I.118 – SOLUÇÃO DE PERSULFATO DE AMÔNIO

I.118.1 – Uso em determinação quantitativa de Mn

Dissolvem-se 10,5 g de persulfato de amônio [$(NH_4)_2S_2O_8$, Eq.: 114,10; **oxidante, corrosivo; disp. J**] em 100 mL de água.

I.118.2 – Métodos de padronização da solução

I.118.2.1 – Adiciona-se o sulfato ferroso (**disp. L**) e titula-se de volta o excesso de sulfato ferroso com solução padrão de $KMnO_4$ 0,1N.

$$2FeSO_4 + (NH_4)_2S_2O_8 = Fe_2(SO_4)_3 + (NH_4)_2\,SO_4$$

$$2KMnO_4 + 8H_2SO_4 + 10\,FeSO_4$$
$$= 2MnSO_4 + 5Fe_2(SO_4)_3 + K_2SO_4 + 8H_2O$$

$$1\text{ mL } KMnO_4 - 0{,}1N = 15{,}19\text{ mg } FeSO_4 = 16{,}4\text{ mg } (NH_4)_2S_2O_8$$

I.118.2.2 – Deixa-se reduzir pelo ácido oxálico na presença de SO_4^{2-}.

$$H_2C_2O_4 + (NH_4)_2S_2O_8 = 2(NH_4)HSO_4 + 2CO_2$$

I.118.2.3 – Titula-se com a solução padrão de hidróxido de sódio, usando alaranjado de metila como indicador.

I.119 – SOLUÇÃO DE PIROANTIMONIATO DE POTÁSSIO

I.119.1 – Solução de piroantimonato de potássio ($K_2H_2Sb_2O_7{\cdot}4H_2O$, Eq.: 253,90)

[N. R. – o sal comumente encontrado no comércio é o hexa-hidroxiantimonato (V) de potássio (fórmula: $KSb(OH)_6$, Eq.: 262,90)].

$K_2H_2Sb_2O_7$ — 0,1N: Dissolvem-se 2,2 g de piroantimonato de potássio (**disp. L**) em 100 mL de água em fervura.

Quando houver parte insolúvel, deixa-se ferver mais tempo e em seguida, resfria-se rapidamente. Adicionam-se 4 mL de solução de hidróxido de potássio 1N, deixa-se decantar durante uma noite e filtra-se.
O piroantimonato de potássio é apresentado na forma de lentilha branca e é pouco solúvel em água (1 g/250 mL de água).

I.119.2 – Solução reagente de piroantimonato de potássio

Adicionam-se 2 g de $K_2H_2Sb_2O_7.4H_2O$ (**disp. L**) em 100 mL de água, ferve-se durante 5 minutos e deixa-se resfriar.
Adicionam-se 10 mL de solução aquosa de KOH a 15%, deixa-se decantar durante 24 horas e filtra-se.

I.120 – SOLUÇÃO DE PIROBORATO DE SÓDIO

[N. R. – outros nomes: tetraborato de sódio, bórax]

I.120.1 – Solução de piroborato de sódio (Bórax)

($Na_2B_4O_7.10H_2O$, Eq.: 190,71)[6,15,32]

$Na_2B_4O_7$ — 0,1N (solução padrão): Pesam-se exatamente 19,72 g de piroborato de sódio (**irritante; disp. N**), dissolve-se em água e completa-se 1 litro. O piroborato de sódio é um cristal branco e é instável ao ar. 100 g de água dissolvem 6 g (temperatura ambiente) e a solução aquosa é alcalina. É solúvel em glicerina, mas insolúvel em álcool.
O piroborato de sódio comercial pode ser purificado pelo seguinte método: dissolvem-se 15 g de piroborato de sódio comercial para cada 50 mL de água em temperatura mais baixa do que 55°C. Recristaliza-se duas vezes em água, filtra-se a vácuo e lava-se duas vezes com água, álcool a 95% e éter, nessa ordem, usando 7 mL cada vez. Em seguida, deixa-se secar espontaneamente na temperatura ambiente durante 12 - 18 horas e seca-se em dessecador com brometo de sódio durante cerca de 16 horas, até ficar com peso constante.

I.120.2 – Método de padronização da solução de piroborato de sódio

Neutraliza-se a solução de piroborato de sódio com solução padrão de HCl 0,1N usando alaranjado de metila ou vermelho de metila como indicador e então, titula-se de volta o ácido bórico liberado com solução padrão de NaOH 0,1N em presença de manita (ou glicerina).

$$Na_2B_4O_7 \cdot 10H_2O + 2HCl = 2NaCl + 4H_3BO_3 + 5H_2O$$
$$H_3BO_3 + NaOH = NaBO_2 + 2H_2O$$

1 mL de HCl —0,1N = 10,06 mg de $Na_2B_4O_7$

I — 120.3 – Solução padrão de piroborato de sódio

Dissolvem-se 9 g de piroborato de sódio (**irritante; disp. N**) em 1 litro de água.
1 mL desta solução contém 10 mg de BO_2.

I.121 – SOLUÇÃO DE SULFATO DE ALUMÍNIO

Solução de sulfato de alumínio[15,32]
[$Al_2(SO_4)_3$, Eq.: 57,03; $Al_2(SO_4)_3 \cdot 18H_2O$, Eq.: 111,075]

$Al_2(SO_4)_3$ — 1N: Dissolvem-se 12 g de sulfato de alumínio hidratado (**disp. N**) em água e completam-se 100 mL.
O sulfato de alumínio é um cristal branco brilhante e é estável ao ar. Pode ser obtido pela dissolução de hidróxido de alumínio em ácido sulfúrico e condensação a vácuo na temperatura de 50 a 70°C. 100 g de água dissolvem 86,9 g (0°C), 107,4 g (20°C) e 1104 g (100°C) do sal hidratado. É insolúvel em álcool.

I.122 – SOLUÇÃO DE SULFATO DE AMÔNIO

I.122.1 – Solução de sulfato de amônio [$(NH_4)_2SO_4$, Eq.: 66,08][6,15,32]

$(NH_4)_2SO_4$ — 1N: Dissolvem-se 66 g de sulfato de amônio (**irritante; disp. N**) em água e completa-se 1 litro.
O sulfato de amônio é um cristal incolor e transparente, sendo quase insolúvel em solventes orgânicos.
100 g de água dissolvem 70,6 g (0°C) e 103,3 g (100°C).

I.122.2 – Solução de sulfato de amônio para uso em determinação qualitativa de estrôncio

Dissolvem-se 13 g de sulfato de amônio (**irritante; disp. N**) em 100 mL de água.

I.123 – SOLUÇÃO DE SULFATO DE CÁLCIO

Solução de sulfato de cálcio ($CaSO_4$, Eq.: 68,08; $CaSO_4 \cdot 2H_2O$, Eq.: 86,08)[15,32]

$CaSO_4$ — 0,03N (0,25%): Adicionam-se 2,5 a 5 g de sulfato de cálcio (**irritante; disp. O**) em 1 litro de água e deixa-se saturar. Usa-se parte superficial.

O sulfato de cálcio anidro é um pó branco e pouco solúvel em água [0,17 g/100 g (0°C) e 0,30 g/100 g (20°C)].

1 g de $CaSO_4$ equivale a 0,5735 g de CaF_2.

I.124 – SOLUÇÃO DE SULFATO CÉRICO

[N. R. – nomenclatura oficial: sulfato de cério(IV)]

I.124.1 – Solução de sulfato cérico [$Ce(SO_4)_2$, Eq.: 332,24][15,32]

$Ce(SO_4)_2$ — 0,1 N (solução padrão)[39]

a) Adicionam-se 20 g de óxido de cério (CeO_2, **disp L**) em 100 mL de H_2SO_4 (2:1), deixa-se dissolver por aquecimento durante 1 hora e dilui-se com água até completar o volume total de 500 mL. Em seguida, aquece-se em banho-maria durante diversas horas, deixa-se decantar durante 24 horas e filtra-se.

$$CeO_2 + 2H_2SO_4 = Ce(SO_4)_2 + 2H_2O$$

b) Dissolvem-se 42 g de sulfato cérico (**oxidante; disp. L**) em 500 mL de água, contendo 28 mL de H_2SO_4 concentrado (**oxidante, corrosivo; disp. N**), por aquecimento. Após resfriamento, dilui-se com água e completa-se 1 litro.[28] Conserva-se ao abrigo da luz e a frio.

I.124.2 – Métodos de padronização da solução de sulfato cérico[24]

I.124.2.1 – Método pelo ácido oxálico

Pode-se padronizar da mesma forma usada para o sulfato cérico amoniacal (pag. 122).

I.124.2.2 – Método pelo sulfato ferroso

Usa-se a solução de ortofenantrolina-sulfato ferroso (pág. 284) como indicador.

$$2Ce(SO_4)_2 + 2FeSO_4 = Fe_2(SO_4)_3 + Ce_2(SO_4)_3$$

I.124.2.3 – Método pelo permanganato de potássio
Deixa-se reduzir o sulfato cérico a sulfato ceroso com excesso de peróxido de hidrogênio e titula-se o peróxido de hidrogênio que não reagiu com solução padrão de permanganato de potássio.

$$2Ce(SO_4)_2 + H_2O_2 = Ce_2(SO_4)_3 + O_2 + H_2SO_4$$
$$5H_2O_2 + 3H_2SO_4 + 2KMnO_4 = K_2SO_4 + 2MnSO_4 + 5O_2 + 8H_2O$$

1 mL de $KMnO_4$ —0,1N = 14,03 mg de Ce

I.124.3

1 mL de solução padrão de $Ce(SO_4)_2$ —0,1N equivale às seguintes substâncias.

Substâncias	*mg*	*Substâncias*	*mg*
Fe	5,585	$K_4Fe(CN)_6$*1	36,84
NO_2*2	2.301	Na	0,3833
KCl	1.245	Tl	10,22
$H_2C_2O_4$*3	9,004		

*1 $2K_4Fe(CN)_6 + 2Ce(SO_4)_2 = 2K_3Fe(CN)_6 + Ce_2(SO_4)_3 + K_2SO_4$
*2 $2Ce^{IV} + NO_2^- + H_2O = NO_3^- + 2Ce^{III} + 2H^+$
*3 $H_2C_2O_4 + 2Ce(SO_4)_2 = Ce_2(SO_4)_3 + H_2SO_4 + 2CO_2$

I.125 – SOLUÇÃO DE SULFATO CÉRICO AMONIACAL

[N. R. – nome recomendado: sulfato de amônio e cério(IV)]

I.125.1 – Solução de sulfato cérico amoniacal [$Ce(SO_4)_2 \cdot 2(NH_4)_2SO_4 \cdot 2H_2O$, Eq.: 632,58][15,32]

$Ce(SO4)_2 \cdot 2(NH_4)_2.SO_4$ — 0,1N (solução padrão): Dissolvem-se 63 g de sulfato cérico amoniacal (**oxidante, irritante; disp L**) em solução mista de 500 mL de água e 30 mL de H_2SO_4 concentrado (**oxidante, corrosivo; disp. N**), filtra-se após o esfriamento, se necessário, e dilui-se com água até completar 1 litro. Faz-se a padronização após 2 semanas.

I.125.2 – Método de padronização da solução de sulfato cérico amoniacal

Adicionam-se 10 a 20 mL de HCl concentrado (**corrosivo; disp. N**) para cada 100 mL de solução padrão de $Na_2C_2O_4$ —0,1N (pág. 111), mantém-se a temperatura da solução acima de 90°C e goteja-se a solução de sulfato cérico amoniacal até que fique fracamente amarela. Pode-se adicionar solução de cloreto de iodo (ICl) (pág. 161) como catalisador da reação. Faz-se a prova em branco.

$$C_2O_4^{2-} + 2Ce^{4+} = 2Ce^{3+} + 2CO_2$$

I.126 - SOLUÇÃO DE SULFATO CÚPRICO

[N. R. – nomenclatura oficial: sulfato de cobre(II)]

I.126.1 – Solução de sulfato cúprico[15,32]

($CuSO_4$, Eq.: 79,805; $CuSO_4 \cdot 5H_2O$, Eq.: 124,85)

$CuSO_4$ — 1N (8%): Dissolvem-se cerca de 125 g de sulfato cúprico hidratado (**tóxico, corrosivo, irritante; disp. L**) em água e completa-se 1 litro.

$CuSO_4$ — 0,1 N: Dissolvem-se 12,5 g de sulfato cúprico hidratado e completa-se 1 litro.
O sulfato cúprico penta-hidratado é, também, chamado de vitríolo azul; 100 g de água dissolvem 24,3 g (0°C) e 205 g (100°C). A solução fica azul e fracamente ácida.

Temperatura	*Estado do $CuSO_4$*
Ambiente	$CuSO_4 . 5H_2O$
110°C	$CuSO_4 . H_2O$
220°C	$CuSO_4$ anidro
630°C	decomposto

Pode ser purificado pelo seguinte método: adicionam-se 3 a 4 volumes de álcool em solução aquosa saturada de sulfato cúprico, agita-se bem e deixa-se precipitar o sulfato cúprico.

I.126.2 – Método de padronização da solução de sulfato cúprico[24]

Adicionam-se 2 a 3 gotas de ácido acético glacial (**corrosivo; disp. C**) em 25,00 mL de solução de $CuSO_4$ e deixa-se acidificar (pH 4 a 5,5). Em seguida, adicionam-se 6 mL de solução de KI a 50% e titula-se com solução padrão de tiossulfato de sódio (pág. 140). Ao chegar perto do ponto final, adicionam-se 1 a 2 mL de solução de amido (pág. 211) e continua-se a titulação até desaparecer a coloração azul.

$$CuSO_4 + 2CH_3COOH = Cu(CH_3CO_2)_2 + H_2SO_4$$
$$2Cu(CH_3CO_2)_2 + 4KI = Cu_2I_2 + 4KC_2H_3O_2 + I_2$$
$$I_2 + 2Na_2S_2O_3 = Na_2S_4O_6 + 2NaI$$

1 mL de $Na_2S_2O_3$ — 0,1N = 15,96 mg de $CuSO_4$ = 6,357 mg de Cu.

I.126.3 – Solução padrão amoniacal de sulfato cúprico[6]

Dissolvem-se 12,486 g de sulfato cúprico puro (**tóxico, corrosivo, irritante; disp. L**) em água quente, adicionam-se 320 mL de solução de hidróxido de amônio (d: 0,9; **corrosivo, tóxico; disp. N**) e dilui-se com água até 1 litro.
1 mL desta solução equivale a 4,35 mg de $Na_2S_2O_4$

$$2CuSO_4 + 4NH_3 + Na_2S_2O_4 + 2H_2O =$$
$$= Cu_2SO_4 + Na_2SO_3 + (NH_4)_2SO_3 + (NH_4)_2SO_4$$

I.126.4 – Solução de cobre — cromo — ácido sulfúrico para uso em oxidação de carbono

Dissolvem-se 36 g de ácido crômico (**muito tóxico, cancerígeno, corrosivo; disp J**) em 35 mL de água e adicionam-se 150 mL de solução aquosa de $CuSO_4$ a 20% e 200 mL de H_2SO_4 concentrado (**oxidante, corrosivo; disp. N**).
Esta solução é usada para oxidação de carbono em ferro ou aço, formando gás carbônico, o qual é absorvido em solução de cal sodada.

I.126.5 – Solução de cobre-glicerina para uso em identificação de celulose[32]

Dissolvem-se 10 g de sulfato cúprico (**tóxico, corrosivo, irritante; disp. L**) em 100 mL de água, adicionam-se 5 g de glicerina (**irritante; disp. A**) e em seguida, goteja-se solução de hidróxido de potássio até desaparecer a precipitação formada.

I.126.6 – Solução alcalina de sulfato cúprico para uso em determinação quantitativa de piretrina[2,24,28]

Dissolvem-se separadamente 2,5 g de sulfato cúprico (**tóxico, corrosivo, irritante; disp. L**), 25 g de sal Rochelle (pág.137) em 500 mL de água (soluções originais).
Misturam-se 20 mL de cada uma das soluções na hora de usar e dilui-se com água até completar 100 mL.
Pode-se guardar a solução diluída durante 3 dias.

I.126.7 - Reagente de Denis para uso em determinação quantitativa de cistina[8]

Dissolvem-se 25 g de sulfato cúprico puro (**tóxico, corrosivo, irritante; disp. L**), 25 g de NaCl (**irritante; disp. N**) e 10 g de nitrato de amônio (**oxidante, irritante; disp. N**) em 100 mL de água.

I.126.8 - Reagente de Haines para uso em determinação qualitativa de açúcar[8]

Dissolvem-se 2 g de sulfato cúprico (**tóxico, corrosivo, irritante; disp. L**) em 15 mL de água e adicionam-se 15 mL de glicerina (**irritante; disp. A**) e 150 mL de solução de hidróxido de potássio a 5%. Conserva-se esta solução em vidro escuro.

I.126.9 - Reagente de Biuret para uso em análise de proteína[8]

Adicionam-se 25 mL de solução aquosa de sulfato cúprico a 3% (5 mL cada vez) em 100 mL de solução aquosa de NaOH a 10%. Esta solução reage com solução aquosa de proteína e fica rosa-arroxeada.

I.126.10 - Reagente de Ottel

Misturam-se 125 g de sulfato cúprico (**tóxico, corrosivo, irritante; disp. L**), 27 mL de H_2SO_4 concentrado (**oxidante, corrosivo; disp. N**) e 63 mL de álcool (**inflamável, tóxico; disp. D**) com 1 litro de água.

I.127 - SOLUÇÃO DE SULFATO FÉRRICO

[N. R. – nomenclatura oficial: sulfato de ferro(III)]

I.127.1 - Solução de sulfato férrico [$Fe_2(SO_4)_3 \cdot 9H_2O$, Eq.: 230,8][6,15,32]

$Fe_2(SO_4)_3$ — 0,1N: Dissolvem-se 28 g de sulfato férrico (**irritante; disp. L**) em água, adicionam-se 200 mL de H_2SO_4 — 6N e dilui-se com água até 1 litro. O sulfato férrico é um cristal branco ou amarelo e 100 g de água dissolvem 440 g.

Temperatura	*Estado do $Fe_2(SO_4)_3$*
Ambiente	$Fe_2(SO_4)_3 \cdot 9H_2O$
98°C	$Fe_2(SO_4)_3 \cdot 4H_2O$
175°C	$Fe_2(SO_4)_3$ anidro

O sulfato férrico pode ser preparado pelo seguinte método: deixa-se reagir 100 g de sulfato ferroso (**disp. L**) com 35,3 g de ácido sulfúrico (**oxidante, corrosivo; disp. N**).

$$2FeSO_4{\cdot}7H_2O + 2H_2SO_4 = Fe_2(SO_4)_3 + SO_2 + 16H_2O$$

I.127.2 – Método de padronização da solução de sulfato férrico

Pode-se padronizar da mesma forma que a solução de cloreto férrico ou então titula-se com solução padrão de tiossulfato de sódio (pág. 140).

I.127.3 – Solução de sulfato férrico para uso em determinação quantitativa de açúcar

Dissolvem-se 50 g de sulfato férrico (**irritante; disp. L**) em 200 mL de H_2SO_4 (1:1), dilui-se com água e completa-se 1 litro.

I.128 – SOLUÇÃO DE SULFATO FÉRRICO AMONIACAL

[N. R. – outros nomes: sulfato de ferro(III) e amônio; alúmen de ferro e amônio]

I.128.1 – Solução de sulfato férrico amoniacal [$Fe(NH_4)(SO_4)_2{\cdot}12H_2O$, Eq.: 241,1][15,32]

$Fe(NH_4)(SO_4)_2$ — 0,1N: Dissolvem-se 24,1 g de sulfato férrico amoniacal (**irritante; disp. L**) em água e completa-se 1 litro.

O sulfato férrico amoniacal puro é um. cristal branco ou levemente amarelo, mas geralmente contém traços de manganês e é roxo. 100 g de água dissolvem 124,4 g (25°C) e a solução fica marrom-esverdeada. É insolúvel em álcool.

O sulfato férrico amoniacal pode ser obtido pelo seguinte método: dissolvem-se 400 g de sulfato ferroso (**disp. L**) em 400 mL de água, adicionam-se 400 mL de H_2SO_4 concentrado (**oxidante, corrosivo; disp. N**) e oxida-se com 22 mL de HNO_3 concentrado (**oxidante, corrosivo; disp. N**).

I.128.2 – Solução de sulfato férrico amoniacal para uso como indicador

Deixa-se saturar 25 mL de água com 9 g de sulfato férrico amoniacal (**irritante; disp.** L) e goteja-se HNO_3 6N (**oxidante, corrosivo; disp. N**) até desaparecer a cor marrom da solução. Usam-se 3 mL desta solução para cada 100 mL da solução a titular.

I.128.3 – Solução de sulfato férrico amoniacal para uso em determinação quantitativa de ácido fosfórico

Dissolvem-se 20 g de sulfato férrico amoniacal (**irritante; disp. L**) em 195 mL de água e adicionam-se 5 mL de H_2SO_4 concentrado (**oxidante, corrosivo; disp. N**) e 8 mL de ácido fosfórico a 85% (**corrosivo; disp. N**).

I.128.4 – Solução de sulfato férrico amoniacal para uso em determinação da valência do cobre

Dissolvem-se 10 g de sulfato férrico amoniacal (**irritante; disp. L**) em 14 mL de H_2SO_4 concentrado (**oxidante, corrosivo; disp. N**) e água, dilui-se com água e completam-se 100 mL.

I.128.5 – Solução de sulfato férrico amoniacal para uso em determinação quantitativa de titânio

Dissolvem-se 30 g de sulfato férrico amoniacal (**irritante; disp. L**) em 300 mL de água, os quais contém 10 mL de H_2SO_4 concentrado (**oxidante, corrosivo; disp. N**), adiciona-se a solução de permanganato de potássio gota a gota até desaparecer a cor vermelha da solução e dilui-se com água até 1 litro.

I.128.6 – Solução padrão de sulfato férrico amoniacal (farmacopéia)

Dissolvem-se 8 g de sulfato férrico amoniacal (**irritante; disp. L**) em 100 mL de água.

I.129 – SOLUÇÃO DE SULFATO FERROSO

[N. R. – nomenclatura oficial: sulfato de ferro(II)]

I.129.1 – Solução de sulfato ferroso ($FeSO_4$, Eq.: 75,96; $FeSO_4 \cdot 7H_2O$, Eq.: 139,02)[15,32]

$FeSO_4$ — 1N: Dissolvem-se cerca de 139 g de sulfato ferroso hidratado (**disp. L**) em 1 litro de H_2SO_4-6N.

$FeSO_4$ — 0,25N: Dissolvem-se cerca de 3,5 g de sulfato ferroso hidratado em solução mista de 90 mL de água fria previamente fervida e 10 mL de H_2SO_4 concentrado (**oxidante, corrosivo; disp. N**).
O sulfato ferroso hepta-hidratado é um cristal ou pó verde e 100 g de água dissolvem 32,9 g (0°C) e 149 g (50°C). É oxidado por contato com o ar ficando marrom-amarelado.

$$4FeSO_4 \cdot 7H_2O + O_2 = 2Fe_2SO_4(OH)_4 + 2H_2SO_4 + 22H_2O$$

O sulfato ferroso pode ser purificado da seguinte maneira: passa-se gás de H_2S (**tóxico, inflamável; disp. K**) em solução aquosa de sulfato ferroso acidulada com ácido sulfúrico para reduzir o sulfato férrico, nela contido, a sulfato ferroso. Em seguida, filtra-se e concentra-se a solução filtrada por evaporação ou adiciona-se o álcool para acelerar a cristalização.
Seca-se em dessecador com brometo de sódio (**disp. N**) até peso constante. A solução de sulfato ferroso é sensível ao ar, e então, colocam-se diversos pregos novos no recipiente conservando-se em lugar escuro e fresco.

I.129.2 – Métodos de padronização da solução de sulfato ferroso

I.129.2.1 – Método pelo bicromato de potássio (pág. 31)

$$K_2Cr_2O_7 + 6FeSO_4 + 7H_2SO_4$$
$$= K_2SO_4 + Cr_2(SO_4)_3 + 3Fe_2(SO_4)_3 + 7H_2O$$

I.129.2.2 – Método pelo permanganato de potássio
Pode-se usar o mesmo método que para o sulfato ferroso amoniacal (ver pág. 130).

$$2KMnO_4 + 10FeSO_4 + 8H_2SO_4$$
$$= K_2SO_4 + 2MnSO_4 + 5Fe_2(SO_4)_3 + 8H_2O$$

1 mL de $K_2Cr_2O_7$ – 0,1N = 1 mL de $KMnO_4$ – 0,1N = 15,19 mg de $FeSO_4$ = 5,584 mg de Fe.

I.129.3 – Solução de sulfato ferroso para uso em determinação quantitativa de ácido nítrico contido em ácido sulfúrico

Dissolvem-se 176,5 g de sulfato ferroso (**disp. L**) em cerca de 400 mL de água, adicionam-se 50 mL de ácido sulfúrico a 60% e dilui-se com água, agitando-se continuamente, até 1 litro.
1 mL desta solução equivale a 0,02 g de HNO_3

$$4FeSO_4 + 2HNO_3 + 2H_2SO_4 = 2Fe_2(SO_4)_3 + N_2O_3 + 3H_2O$$

Nesta determinação, outros oxidantes não deverão estar presentes ($HClO_3$, HIO_3, $HBrO_3$) e a temperatura de titulação deverá ser menor que 60°C. O limite máximo de ácido nítrico contido em ácido sulfúrico deverá ser 25%.

I.129.4 – Solução de sulfato ferroso para uso em determinação quantitativa de ácido nítrico em ácido arsênico ou ácido fosfórico

Dissolvem-se 264,7 g de sulfato ferroso (**disp. L**) em 500 mL de água e 50 mL de H_2SO_4 a 93,2% (**oxidante, corrosivo; disp. N**), dilui-se com água e completa-se 1 litro.
1 mL desta solução equivale a 0,02 g de HNO_3.

I.130 – SOLUÇÃO DE SULFATO FERROSO AMONIACAL

[N. R.–outros nomes: sulfato de ferro(II) e amônio; Sal de Mohr]

I.130.1 – Solução de sulfato ferroso amoniacal[15,32]

[$FeSO_4·(NH_4)_2SO_4.6H_2O$, Eq.: 392,14]

$FeSO_4(NH_4)_2SO_4$ — 0,1 N: Dissolvem-se 39,2 g de sulfato ferroso amoniacal (**irritante; disp. L**), recristalizado em água, em 200 mL de água, adicionam-se 5 mL de H_2SO_4 concentrado (**oxidante, corrosivo; disp.N**) e dilui-se com água até 1 litro.
O sulfato ferroso amoniacal é um cristal verde e é chamado sal de Mohr.
100 g de água dissolvem 18 g (0°C) e 100 g (75°C) e é insolúvel em álcool.

O sulfato ferroso amoniacal pode ser obtido pelo seguinte método: dissolvem-se, separadamente, 139 g de sulfato ferroso (**disp. L**) e 66 g de sulfato de amônio (**disp. N**) em ácido sulfúrico bem diluído, misturam-se as duas soluções e deixa-se reduzir com o prego novo de ferro. Conserva-se a solução em lugar escuro e fresco.

I.130.2 – Método de padronização da solução de sulfato ferroso amoniacal

I.130.2.1 – Método pelo bicromato de potássio (pág. 31).

I.130.2.2 – Método pelo permanganato de potássio (pág. 113).
Acidula-se a solução de sulfato ferroso amoniacal até pH aproximadamente igual ao de solução 2N de ácido sulfúrico e goteja-se a solução padrão de permanganato de potássio, até que a solução fique levemente vermelha. Faz-se a prova em branco.

$$10FeSO_4 + 2KMnO_4 + 8H_2SO_4$$
$$= K_2SO_4 + 2MnSO_4 + 5Fe_2(SO_4)_3 + 8H_2O$$

Quando for acidulado com ácido clorídrico, usa-se a solução de Zimmermann-Reinhardt (pág. 380).

I.130.3 – 1 mL de solução padrão de $FeSO_4 \cdot (NH_4)_2SO_4$ — 0,1N equivale às seguintes substâncias:

Substâncias	*mg*	*Substâncias*	*mg*
Mn	1,0986	Cr	1,734
Ce	14,0	C	0,3
$KClO_3$	2,043		

I.130.4 – Solução de sulfato ferroso amoniacal para uso em determinação quantitativa de oxigênio

Dissolvem-se 10,75 g de sal de Mohr (**irritante; disp. L**) e 1 mL de H_2SO_4 concentrado (**oxidante, corrosivo; disp. N**) em água e completa-se 1 litro. Dilui-se com mesmo volume de água, previamente fervida, na hora de usar.
1 mL desta solução equivale a 125 mg de oxigênio dissolvido em água.

I.130.5 – Solução de sulfato ferroso amoniacal para uso em determinação quantitativa de molibdênio

Dissolvem-se 5 g de sal de Mohr (**irritante; disp. L**) e 5 mL de H_2SO_4 (1:1) em água e completam-se 100 mL.

I.130.6 – Solução de sulfato ferroso amoniacal para uso em determinação quantitativa de cério

Dissolvem-se 10 g de sal de Mohr puro (**irritante; disp. L**) e 50 mL de H_2SO_4 concentrado (**oxidante, corrosivo; disp. N**) em água e completa-se 1 litro. Determina-se, previamente, o fator desta solução com solução padrão de $KMnO_4$.

I.131 – SOLUÇÃO DE SULFATO DE MAGNÉSIO

Solução de sulfato de magnésio ($MgSO_4$; Eq.: 60,195; $MgSO_4{\cdot}7H_2O$, Eq.: 123.25)[15,32]

$MgSO_4$ — 0,1N: Dissolvem-se cerca de 12,3 g de sulfato de magnésio hidratado (**disp. N**) em 1 litro de água ou dissolvem-se 12,3 g de sulfato de magnésio hidratado em 500 mL de água e H_2SO_4 a 10% e completa-se 1 litro.

O sulfato de magnésio hidratado é um cristal branco. 100 g de água dissolvem 178 g (40°C) e é, também, solúvel em álcool. A solução aquosa é neutra.

Pode-se padronizar a solução de $MgSO_4$ 0,1N pelo método de oxima (pág. 250) que usa solução de $KBrO_3$ (pág. 35). Pode-se usar também o método gravimétrico.

I.132 – SOLUÇÃO DE SULFATO MANGÂNICO

[N.R. - nomenclatura oficial: sulfato de manganês(III)

I.132.1 – Solução de sulfato mangânico [$Mn_2(SO_4)_3$, 398,06 g/mol][6,15,32] (irritante; disp. L)

$Mn_2(SO_4)_3$ — 0,07N: Dissolvem-se 1,51 g de sulfato manganoso (**irritante; disp. L**) (pág. 132) em 100 mL de H_2SO_4 —16N, adicionam-se 6 mL de H_2SO_4 concentrado (**oxidante, corrosivo; disp. N**) esfriando com água e em seguida, adicionam-se 24 mL de solução de $KMnO_4$ —0,5N pouco a pouco. Finalmente, adicionam-se 4 mL de H_2SO_4 concentrado.

O sulfato mangânico é um pó verde escuro, higroscópico, porém é estável ao ar seco.

Esta solução é sensível à luz formando precipitação e, então, deve-se conservar em vidro verde e em lugar escuro e fresco.

I.132.2 – Método de padronização da solução de sulfato mangânico

Titula-se certo volume de solução padrão de sulfato ferroso amoniacal com a solução de sulfato mangânico a ser padronizada, até que a solução fique levemente vermelha.
Nesta titulação, a adição de 2 gotas de ácido fosfórico tornará o ponto final mais nítido.

I.133 – SOLUÇÃO DE SULFATO MANGANOSO

[N.R. - nomenclatura oficial: sulfato de manganês(II)

I.133.1 – Solução de sulfato manganoso ($MnSO_4$, Eq.: 75,505; $MnSO_4.5H_2O$, Eq.: 120,55)[15,32]

$MnSO_4$ — 1N Dissolvem-se 120 g de sulfato manganoso hidratado (**irritante; disp. L**) em água e completa-se 1 litro.
O sulfato manganoso é um cristal vermelho e é dissolvido pela água de cristalização a 54°C.
100 g de água dissolvem 53 g (0°C) e 73 g (50°C) do $MnSO_4$.

I.133.2 – Solução de sulfato manganoso para uso em determinação quantitativa de ferro

Solução de Zimmermann - Reinhardt (pág. 380).

I.134 – SOLUÇÃO DE SULFATO DE POTÁSSIO

Solução de sulfato de potássio (K_2SO_4, Eq.: 87,133)[15,32]

K_2SO_4 — 1N: Dissolvem-se cerca de 87 g de sulfato de potássio (**disp. N**) em água e completa-se 1 litro.
O sulfato de potássio é um cristal branco, estável ao ar. 100 g de água dissolvem 7,35 g (0°C), 24,1 g (100°C) e a solução é neutra.

I.135 - SOLUÇÃO DE SULFATO DE PRATA

I.135.1 - Solução de sulfato de prata (Ag_2SO_4, Eq.: 155,913)[15,32]

Ag_2SO_4 — 0,05N (0,8%): Adiciona-se 1 g de sulfato de prata (**irritante; disp. P**) em 100 mL de água e deixa-se saturar. Usa-se a parte superficial.
O sulfato de prata é um cristal branco e sensível à luz. 100 g de água dissolvem 0,57 g (0°C), 0,8 g (25°C) e 1,41 g (100°C). É solúvel em ácido nítrico e solução de hidróxido de amônio.

I.135.2 - Solução padrão de sulfato de prata

Dissolvem-se 4,3972 g de sulfato de prata (**irritante; disp. L**) (isento de NO_3^-) em água e completa-se 1 litro.
1 mL desta solução equivale a 1 mg de Cl.

I.136 - SOLUÇÃO DE SULFATO DE SÓDIO

Solução de sulfato de sódio ($Na_2SO_4.10H_2O$, Eq.: 161,104)[15,32]

Na_2SO_4 — 1N: Dissolvem-se cerca de 160 g de sulfato de sódio hidratado (**irritante; disp. N**) em água e completa-se 1 litro.

Na_2SO_4 — 0,1 N: Dissolvem-se 16 g de sulfato de sódio hidratado em água e completa-se 1 litro.
O sulfato de sódio é um cristal incolor e a água dissolve 40%. Dissolve também em glicerina. Tem o ponto de transição a 32,383°C.

I.137 - SOLUÇÃO DE SULFATO DE ZINCO

I.137.1 - Solução de sulfato de zinco[6,15,32] ($ZnSO_4$, Eq.: 80,723; $ZnSO_4{\cdot}7H_2O$, Eq.: 143,78)

$ZnSO_4$ — 0,5N: Dissolvem-se 72 g de sulfato de zinco hidratado (**irritante; disp. L**) em água e completa-se 1 litro.
O sulfato de zinco hepta-hidratado é um cristal incolor e 100 g de água dissolvem 115,2 g(0°C) e 653,6 g (100°C) e a solução é ácida.

Temperatura	*Estado de* $ZnSO_4$	*Temperatura de cristalização*	*Forma*
ambiente	$ZnSO_4 \cdot 7H_2O$, $ZnSO_4.6H_2O$, $ZnSO_4 \cdot H_2O$*	39°C	$ZnSO_4 \cdot 7H_2O$
		39°C a 70°C	$ZnSO_4 \cdot 6H_2O$
100°C	$ZnSO_4 \cdot H_2O$	70°C	$ZnSO_4 \cdot H_2O$
240°C	$ZnSO_4$ anidro		
240°C	decomposição		

O sulfato de zinco pode ser obtido pelo seguinte método: dissolve-se o zinco metálico em H_2SO_4 diluído, deixa-se oxidar o sal ferroso contido pela passagem de gás cloro (**tóxico, oxidante; disp K**) e precipita-se o sulfato de zinco por adição de carbonato de zinco.

$$Zn + H_2SO_4 = ZnSO_4 + H_2$$

I.137.2 – Método de padronização da solução de sulfato de zinco

Pode-se padronizar a solução de $ZnSO_4$ pelo método gravimétrico.
1 mL de $ZnSO_4$ 0,1N = 3,91 mg de Na_2S.

I.137.3 – Solução amoniacal de $ZnSO_4$ para uso em determinação quantitativa de enxofre

Dissolvem-se 2 g de sulfato de zinco (**irritante; disp. L**) em 100 mL de água e adicionam-se 92 mL de solução de hidróxido de amônio (d: 0,9; **corrosivo, tóxico; disp. N**).

I.138 – SOLUÇÃO DE SULFETO DE AMÔNIO

I.138.1 – Solução de sulfeto de amônio [$(NH_4)_2S$, Eq.: 34,073][6,15,32]

I.138.1.1 – Solução de sulfeto de amônio incolor

$(NH_4)_2S$ - 6N: Saturam-se 200 mL de solução de hidróxido de amônio concentrada (pág. 75; **corrosivo, tóxico; disp. N**) com H_2S (**tóxico, inflamável; disp. K**), esfriando-se com água; adicionam-se 200 mL de solução de hidróxido de amônio concentrada e dilui-se com água até 1 litro.

$(NH_4)_2S$ - 2N (7%): Saturam-se 100 mL de hidróxido de amônio a 10% com H_2S, esfriando-se com água e adicionam-se 100 mL de hidróxido de amônio a 10%. As reações que ocorrem na preparação são as seguintes:

$$NH_4OH + H_2S = NH_4SH + H_2O$$
$$NH_4SH + NH_4OH = (NH_4)_2S + H_2O$$

Esta solução desprende enxofre lentamente e fica amarela.

$$(NH_4)_2S + H_2O = NH_4SH + NH_4OH$$
$$2(NH_4)_2S + O_2 + 2H_2O = 4NH_4OH + 2S$$

I.138.1.2 – Solução de poli-sulfeto de amônio amarela $(NH_4)_2S_{(1+x)}$[6,15]

$(NH_4)_2S_{(1+x)}$-6N: Adicionam-se 10 g de enxofre em pó (**irritante; disp. L**) por 1 litro de $(NH_4)_2S$-6N, agita-se bem e filtra-se o excesso de enxofre usando o algodão de vidro (**disp. S**).

$(NH_4)_2S_{(1+x)}$-2N: Adiciona-se 1 g de enxofre em pó em 1 mL de $(NH_4)_2S$-2N, agita-se bem e filtra-se. Prepara-se na hora de usar.

I.139 – SOLUÇÃO DE SULFETO DE SÓDIO

I.139.1 – Solução de sulfeto de sódio[15,32]

I.139.1.1 – Solução de sulfeto de sódio incolor (Na_2S, Eq.: 39,024)

Na_2S — 4N; Saturam-se 400 mL de solução aquosa de NaOH a 20% com H_2S (**tóxico, inflamável; disp. K**), adiciona-se solução aquosa de NaOH a 20% até completar 1 litro e filtra-se o precipitado preto usando algodão de vidro.

Na_2S — 2N: Dissolvem-se cerca de 10 g de sulfeto de sódio comercial [$Na_2S.9H_2O$, (**inflamável, corrosivo; disp. S**)] em 40mL de água.

I.139.1.2 – Solução de poli-sulfeto de sódio amarela [$Na_2S_{(1+x)}$]

$Na_2S_{(1+x)}$-4N: Dissolvem-se 480 g de sulfeto de sódio (**inflamável, corrosivo; disp. S**) e 40 g de NaOH (**corrosivo, tóxico; disp. N**) em água, adicionam-se 16 g de enxofre em pó (**irritante; disp. B**) e agita-se bem. Dilui-se a parte superficial com água e completa-se 1 litro.

$Na_2S_{(1+x)}$-1N: Adicionam-se 16 g de enxofre em pó puro para 1 litro de solução de sulfeto de sódio 1N, agita-se bem e filtra-se. Esta solução é em Na_2S 3N e em NaOH 1N.

I.139.2 – Solução de sulfeto de sódio-glicerina para uso em determinação qualitativa de chumbo

Dissolvem-se 5 g de sulfeto de sódio (**inflamável, corrosivo; disp. S**) em solução mista de 10 mL de água e 30 mL de glicerina (**irritante; disp. A**), passa-se o H_2S (**tóxico, inflamável; disp. K**) em metade da quantidade da solução acima preparada e deixa-se saturar. Em seguida, adiciona-se a outra metade da solução, deixa-se decantar durante 2 a 3 dias. Filtra-se, usando o algodão, se necessário.

I.140 SOLUÇÃO DE SULFITO DE SÓDIO

Solução de sulfito de sódio (Na_2SO_3, Eq.: 63,024; $Na_2SO_3 \cdot 7H_2O$, Eq.: 126,08)[15,32]

Na_2SO_3 — 1N: Dissolvem-se cerca de 126 g de sulfito de sódio hepta-hidratado (**irritante; disp. N**) (ou 63 g do sal anidro) em água e completa-se 1 litro.

Na_2SO_3 — 0,8N (10%): Dissolvem-se 10 g de sulfito de sódio hepta-hidratado em 90 mL de água.
O sulfito de sódio ($Na_2SO_3 \cdot 7H_2O$) é um cristal transparente, mas perde a transparência ao ar e torna-se anidro por aquecimento a 150°C. 100 g de água dissolvem 34,7 g (2°C) e 67,8 g (18°C) e a solução é alcalina. Pode-se padronizar a solução de sulfito de sódio da mesma forma que a usada para ácido nitroso (pág. 20).

I.141 – SOLUÇÃO DE TARTARATO DE ANTIMÔNIO E POTÁSSIO

[N. R. - ou tartrarato de potássio e antimonila]

I.141.1 – Solução de tartarato de antimônio e potássio [$K(SbO)C_4H_4O_6 \cdot 1/2\ H_2O$, Eq.: 166,97][15,32]

$K(SbO)C_4H_4O_6$ — 0,1N: Dissolvem-se 16,7 g de tartarato de antimônio e potássio (**irritante, tóxico; disp. L**) em água e completa-se 1 litro.
O tartarato de antimônio e potássio é um cristal incolor e perde água de cristalização a 100°C.
100 g de água dissolvem 8,3 g (20°C) e 35/7 g (100°C) e a solução é fracamente ácida.

100 g de glicerina dissolvem, também, 6,7 g, porém é insolúvel em álcool.

I.141.2 – Método de padronização da solução de tartarato de antimônio e potássio pela solução padrão de iodo

Adicionam-se 15 mL de solução aquosa saturada fria de bicarbonato de sódio em 25,00 mL de solução de tartarato de antimônio e potássio e titula-se com solução padrão de iodo.

$$2KSbOC_4H_4O_6{\cdot}1/2\ H_2O + 2I_2 + 2H_2O = 2KSbC_4H_4O_8 + 4HI + H_2O$$

1 mL de I_2 0,1N = 16,7 mg de $KSbOC_4H_4O_6{\cdot}1/2\ H_2O$ $KSbO\text{-}C_4H_4O_6{\cdot}1/2\ H_2O$ X 0,3617 = Sb

I.141.3 – Solução de tartarato de antimônio e potássio para uso em determinação quantitativa de antimônio

Dissolvem-se 0,5 g de tartarato de antimônio e potássio puro (**irritante, tóxico; disp. L**) em solução mista de 100 mL de água e 10 mL de HCl concentrado (**corrosivo; disp. N**).

I.142 – SOLUÇÃO DE TARTARATO DE POTÁSSIO E SÓDIO

I.142.1 – Solução de tartarato de potássio e sódio ($KNaC_4H_4O_6{\cdot}4H_2O$, Eq.: 141,156)[15,32]

$KNaC_4H_4O_6$ — 0,1 N (solução padrão): Seca-se o tartarato de potássio e sódio (**disp. A**) a 130 a 150°C durante 3 horas, dissolvem-se 10,5 g em água e completa-se 1 litro.

O tartarato de potássio e sódio é, também, chamado Sal de Rochelle ou Sal de Seignette e torna-se anidro por aquecimento a 70° - 80°C. A água dissolve cerca de 50% e a solução aquosa dissolve hidróxido de cobre [$Cu(OH)_2$] em presença de hidróxido de sódio. Pode-se padronizar esta solução pelo ácido sulfúrico.

I.142.2 – Solução alcalina de tartarato de potássio e sódio

Dissolvem-se 34,6 g de Sal de Rochelle (**disp. A**) e 25 g de KOH (**tóxico, corrosivo; disp. N**) em água e completam-se 100 mL. Filtra-se, se necessário, usando amianto (**tóxico**; N. R. o uso de amianto tem se tornado proibitivo, pois este material pode causar asbestose. Consulte a legislação vigente antes de usá-lo).

I.142.3 – Solução de tartarato de potássio e sódio para uso em identificação do oxigênio

Dissolvem-se 35 g de Sal de Rochelle (**disp. A**) e 10 g de NaOH (**corrosivo, tóxico; disp. N**) em 100 mL de água.

I.142.4 – Solução de tartarato de potássio e sódio para uso em determinação colorimétrica quantitativa de chumbo

Dissolvem-se 25 g de Sal de Rochelle (**disp. A**) em 50 mL de água, adiciona-se pequena quantidade de solução de hidróxido de amônio (**corrosivo, tóxico; disp. N**) e sulfeto de sódio a 10% e filtra-se após pouco tempo de decantação. Acidula-se a solução filtrada, com HCl, elimina-se o H_2S por aquecimento (evolução de gás tóxico) e, em seguida, goteja-se solução de hidróxido de amônio até que a solução fique amoniacal. Finalmente, dilui-se com água e completam-se 100 mL.

I.142.5 – Solução amoniacal de tartarato de potássio e sódio

Dissolvem-se 50 g de Sal de Rochelle (**disp. A**) em 100 mL de água, filtra-se e adicionam-se 5 mL de Reagente de Nessler na solução filtrada.

I.142.6 – Solução reagente de tartarato de potássio e sódio (farmacopéia)

Dissolvem-se 14,1 g de Sal de Rochelle (**disp. A**) em 100 mL de água.

I.143 - SOLUÇÃO DE TARTARATO DE SÓDIO

I.143.1 – Solução de tartarato de sódio ($Na_2C_4H_4O_6 \cdot 2H_2O$, Eq.: 115,045)[15,32]

$Na_2C_4H_4O_6$ — 0,1 N: Dissolvem-se cerca de 12 g de tartarato de sódio hidratado (**disp. A**) em água e completa-se 1 litro. O tartarato de sódio é um cristal transparente, insolúvel em álcool, mas facilmente solúvel em água.

I.143.2 – Solução reagente de tartarato de sódio (farmacopéia)

Dissolvem-se 11,5 g de tartarato de sódio (**disp. A**) em água e completam-se 100 mL.

I.144 – SOLUÇÃO DE TIOCIANATO DE AMÔNIO

I.144.1 – Solução de tiocianato de amônio (NH_4SCN, Eq.: 76,125)[6,15,32,39]

NH_4SCN — 1N: Dissolvem-se cerca de 76 g de tiocianato de amônio comercial (**tóxico, irritante; disp. N**) em água e completa-se 1 litro.

NH_4SCN — 0,1N: Dissolvem-se cerca de 8 g de tiocianato de amônio em água e completa-se 1 litro.
O tiocianato de amônio é também chamado sulfocianato de amônio ou rodanato de amônio e decompõe-se a 170°C. 100 g de água dissolvem 170 g (20°C). É também solúvel em álcool e acetona.

I.144.2 – Método de padronização da solução de tiocianato de amônio[24,28]

Adicionam-se 20 mL de HNO_3 a 10% (isento de HNO_2), 2 mL de solução de sulfato férrico amoniacal (pág. 126) como indicador e 50 mL de água em 25,00 mL de solução padrão de $AgNO_3$ —0,1N. Mantém-se a temperatura da solução menor que 25°C e goteja-se solução de tiocianato de amônio a ser padronizada até que a parte superficial fique levemente marrom.

$$AgNO_3 + NH_4SCN = AgSCN + NH_4NO_3$$
$$Fe^{3+} + SCN^- = Fe(SCN)^{2+}$$

Não se pode gotejar a solução de $AgNO_3$ em solução de tiocianato de amônio.
1 mL da solução padrão de NH_4SCN 0,1N equivale às seguintes substâncias:

Substâncias	*mg*	*Substâncias*	*mg*
Ag	10,79	Hg	10,03
$AgNO_3$	16,99	HgO	10,83

I.145 – SOLUÇÃO DE TIOCIANATO DE POTÁSSIO

Solução de tiocianato de potássio (KSCN, Eq.: 97,185)[15,32,39]

KSCN — 1N: Dissolvem-se cerca de 97 g de tiocianato de potássio (**tóxico; disp. N**) em água e completa-se 1 litro.

KCNS — 0,1 N: Dissolvem-se cerca de 10 g de tiocianato de potássio em água e completa-se 1 litro.
O tiocianato de potássio é, também, chamado sulfocianato de potássio ou rodanato de potássio e decompõe-se a 500°C. 100 g de água dissolvem 217 g (20°C). É também solúvel em álcool e acetona.
Pode-se padronizar esta solução pela mesma forma usada em tiocianato de amônio.

I.146 – SOLUÇÃO DE TIOCIANATO DE SÓDIO

Solução de tiocianato de sódio (NaSCN, Eq.: 81,07)[15,32]

NaSCN — 1N: Dissolvem-se cerca de 81 g de tiocianato de sódio (**tóxico, irritante; disp. N**) em água e completa-se 1 litro.
O tiocianato de sódio é, também, chamado sulfocianato de sódio ou rodanato de sódio. 100 g de água dissolvem 140 g (22°C) e 225 g (100°C).
100 g de álcool dissolvem, também, 18,4 g (19°C).

I.147 – SOLUÇÃO DE TIOSSULFATO DE SÓDIO

I.147.1 – Solução de tiossulfato de sódio ($Na_2S_2O_3 \cdot 5H_2O$, Eq.: 248,18)[15,32]

$Na_2S_2O_3$ - 0,1N (solução padrão): Dissolvem-se 24,9 g de tiossulfato de sódio hidratado puro (**irritante; disp. N**) e 0,2 g de carbonato de sódio anidro (Na_2CO_3) (**irritante; disp. N**) em 1 litro de água previamente fervida, deixa-se decantar durante 24 horas e padroniza-se.
O tiossulfato de sódio hidratado é um cristal incolor, é dissolvido pela água de cristalização a 45° a 50°C e decompõe-se a 100°C.

100 g de água dissolvem 74,7 g (0°C) e 301,8 g (60°C) e a solução é neutra ou fracamente alcalina.
Pode-se secar o tiossulfato de sódio em dessecador com cloreto de cálcio.
A quantidade equivalente do tiossulfato de sódio é 2 molar em reação de precipitação, mas é 1 molar quando age como redutor em solução neutra ou ácida.

$$S_2O_3^{2-} + 2Ag^+ = Ag_2S_2O_3 \text{ (reação de precipitação)}$$
$$2S_2O_3^{2-} + 2Fe^{3+} = 2Fe^{2+} + S_4O_6^{2-} \text{ (reação de redução)}$$
$$2S_2O_3^{2-} + I_2 = 2I^- + S_4O_6^{2-} \text{ (reação de redução)}$$

Em solução alcalina, entretanto, tem a equivalência diferente de acordo com a seguinte equação:

$$Na_2S_2O_3 + 4\ I_2 + 10\ NaOH = 2\ Na_2SO_4 + 8\ NaI + 5\ H_2O$$

I.147.2 – Método de padronização da solução de tiossulfato de sódio[16,24]

Adicionam-se 100 mL de água em 25,00 mL de solução padrão de $KMnO_4$ 0,1N e mistura-se com solução de iodeto de potássio (2 g de KI dissolvidos completamente em 30 mL de água e 100 mL de H_2SO_4 a 20%).
Goteja-se a solução de $Na_2S_2O_3$ a ser padronizada na solução de $KMnO_4$ acima preparada, adiciona-se 1 mL de solução de amido ao chegar perto do ponto final e continua-se a titulação até desaparecer a cor azul.

$$2KMnO_4 + 3H_2SO_4 + 10KI = K_2SO_4 + 2MnSO_4 + 5I_2 + 3H_2O$$
$$I_2 + 2Na_2S_2O_3 = 2NaI + Na_2S_4O_6$$

Esta operação deverá ser feita em lugar escuro e em temperatura de solução menor que 30°C.
A presença de ácido nitroso ou íon de cobre influi no resultado da titulação.

$$Cu^{2+} + I^- = Cu^+ + \frac{1}{2}\ I_2$$

I.147.3 – 1 mL de solução padrão de $Na_2S_2O_3$ —0,1N equivale às seguintes substâncias[29]

Substâncias	*mg*	*Substâncias*	*mg*	*Substâncias*	*mg*
I	12,692	H_2O_2*8	1,701	$Pb(C_2H_3O_2)_2$	3,084
HIO_3	2,932	Fe	5,584	Cu	6,357
KIO_3*1	3,567	$FeSO_4$	15,191	$CuSO_4$*13	15,96
$KClO_4$*2	2,875	$FeSO_4.7H_2O$	27,802	Pt*14	9,76
KIO_4	2,399	$K_3Fe(CN)_6$*9	32,92	CaO	5,0
$HIO_4.2H_2O$	2,849	$C_0Cl_2.6H_2O$	23,80	MnO_2	4,347
Br*3	7,992	$NaBiO_3$	14,0	S	1,069
$KBrO_3$*4	2,784	Sb	6,0	K_2SO_4	5,808
Cl*5	3,546	As	3,746	Se (II)	3,96
ClO_3	1,1391	As_2O_3	4,946	Se (IV)*15	1,98
$KClO_3$*6	2,043	As_2Os	5,746	Te	6,375
HClO	2,624	Cr	1,7336	V_2O_5	9,1
$HClO_3$	1,408	Cr_2O_3*10	2,53	OsO_4	6,3725
NaClO	3,723	$K_2Cr_2O_7$	4,904	Fenol	1,567
$NaClO_3$	1,774	Ba*11	4,579	HCHO*16	1,5
O_2	0,8	Pb*12	6,907	Glucose*17	9,0
O_3*7	0,24	PbO_2	10,36	Glicerina	0,6575
CO_2 (90°C; 1atm)	5,6	Pb_3O_4	34,28		

*1 $KIO_3 + 5KI + 6HCl = 6KCl + 3I_2 + 3H_2O$
*2 $KClO_4 + 8KI + 8HCl = 9KCl + 4I_2 + 4H_2O$
*3 $Br_2 + Na_2S_2O_3 + H_2O = Na_2SO_4 + 2HBr + S$
*4 $KBrO_3 + 6KI + 6HCl = KBr + 6KCl + 3I_2 + 3H_2O$
*5 $Cl + KI = KCl + I$
*6 $KClO_3 + 6HCl = KCl + 3Cl_2 + 3H_2O$, $3Cl_2 + 6KI = 6KCl + 3I_2$
*7 $2KI + O_3 + H_2O = I_2 + O_2 + 2KOH$
*8 $H_2O_2 + 2H^+ + 2I^- = I_2 + 2H_2O$
*9 $2K_3Fe(CN)_6 + 2KI = 2K_4Fe(CN)_6 + I_2$
*10 $2CrO_3 + 6KI = Cr_2O_3 + 3K_2O + 6I$
*11 $2BaCrO_4 + 6KI + 16HCl = 2BaCl_2 + 2CrCl_3 + 6KCl + 6I + 8H_2O$
*12 $PbO_2 + 2Na_2S_2O_3 = Na_2S_4O_6 + Na_2O + PbO$
*13 $2CuSO_4 + 4KI = Cu_2I_2 + 2K_2SO_4 + I_2$
*14 $PtCl_4 + 4KI = PtI_2 + 4KCl + I_2$
*15 $H_2SeO_3 + 4Na_2S_2O_3 + 4HCl = Na_2S_4SeO_6 + Na_2S_4O_6 + 4NaCl + 3H_2O$
*16 $HCHO + I_2 + H_2O = HCOOH + 2HI$
*17 $C_6H_{12}O_6 + I_2 + 3KOH = C_5H_{11}O_5COOK + 2KI + 2H_2O$

I.147.4 – Solução de tiossulfato de sódio para uso em fixação de fotografia

Prepara-se solução aquosa de $Na_2S_2O_3$ a 20 a 40%.

capítulo

II

SOLUÇÕES INORGÂNICAS ESPECIAIS

II.1 – SOLUÇÃO DE ACETATO DE CROMO E FORMOL

Uso em fixação de enzima[15]

Misturam-se 1 mL de ácido acético glacial (**corrosivo; disp. C**) e 4 mL de formol comercial (**muito tóxico, cancerígeno; disp. A**) com 25 mL de solução aquosa de ácido crômico a 10% na hora de usar.

II.2 – SOLUÇÃO DE ACETATO MERCÚRICO

Uso em determinação quantitativa de vitamina C[15]

Prepara-se a solução aquosa de acetato mercúrico [$Hg(C_2H_3O_2)_2$] (**muito tóxico, corrosivo; disp. L**) a 20% (0,63 M).

II.3 – SOLUÇÃO DE ACETATO DE URANILA[15,36]

Dissolvem-se 35 g de acetato de uranila amarelo [$UO_2(C_2H_3O_2)_2 \cdot 2H_2O$] (**muito tóxico, possível cancerígeno**) em 1 L de água e filtra-se se necessário.

II.4 – SOLUÇÃO DE ACETATO URANILA E COBALTO[15,28]

Solução "A": Adicionam-se 40 g de acetato de uranila (**muito tóxico, possível cancerígeno**) em 28 mL de ácido acético glacial (**corrosivo; disp. C**), dilui-se com água e completam-se 500 mL.

Solução "B": Adicionam-se 200 g de acetato de cobalto [$Co(C_2H_3O_2)_2 \cdot 4H_2O$] (**possível cancerígeno; disp. L**) em 28 mL de ácido acético glacial, dilui-se com água e completam-se 500 mL.

A solução "A" e a solução "B" são separadamente aquecidas a 75°C e então misturadas. Em seguida, deixa-se decantar a solução mista durante 2 horas a 20°C e elimina-se a parte insolúvel por filtração, usando-se o papel de filtro seco. Coloca-se num vidro marrom e conserva-se em lugar escuro e fresco.

II.5 – SOLUÇÃO DE ACETATO DE URANILA E MAGNÉSIO[15,20,43,44]

Uso em análise de Na

Solução "A": Adicionam-se 9 g de acetato de uranila em 100 mL de ácido acético diluído (contém 6 mL de ácido acético glacial (**corrosivo; disp. C**)) e deixa-se dissolver aquecendo-se a 70°C.

Solução "B": Adicionam-se 6 g de acetato de magnésio [$Mg(C_2H_3O_2)_2 \cdot 4H_2O$] (**disp. A**) em 100 mL de ácido acético diluído (contém 6 mL de ácido acético glacial) e deixa-se dissolver, aquecendo-se a 70°C.

Misturam-se as duas soluções acima preparadas antes de resfriar, deixa-se decantar durante 24 horas e elimina-se a parte insolúvel por filtração usando o papel de filtro seco.
Necessitam-se cerca de 12,5 mL desta solução para precipitar 1 mg de Na.

$$NaC_2H_3O_2 \cdot Mg(C_2H_3O_2)_2 \cdot 3UO_2(C_2H_3O_2)_2 \cdot 3H_2O \text{ X } 0{,}0159 = Na$$

Conserva-se em lugar escuro e fresco.

II.6 – SOLUÇÃO DE ACETATO DE URANILA E MANGANÊS[15,20]

Uso em análise de Na

Solução "A": Dissolvem-se 10 g de acetato de uranila em 6 mL de ácido acético glacial (**corrosivo; disp. C**), dilui-se com água e completam-se 50 mL.

Solução "B": Dissolvem-se 30 g de acetato de manganês [$Mn(C_2H_3O_2)_2 \cdot 4H_2O$] (**disp. L**) em solução mista de 3 mL de ácido acético a 30% e 50 mL de água, por aquecimento.

Misturam-se mesmos volumes das solução "A" e solução "B", adiciona-se 1/3 do volume em álcool a 95% e, após decantação de 24 horas, elimina-se a parte insolúvel por filtração.

II.7 – SOLUÇÃO DE ACETATO DE URANILA E NÍQUEL[15,20]

Uso em determinação qualitativa de Na

Dissolvem-se 14 g de acetato de uranila e 40 g de acetato de níquel [$Ni(C_2H_3O_2)_2$] (**tóxico, possível cancerígeno; disp. L**) em solução mista de 12 mL de ácido acético glacial (**corrosivo; disp. C**) e 200 mL de água, por aquecimento, deixa-se resfriar e elimina-se a parte insolúvel por filtração usando o papel de filtro seco. Coloca-se num vidro marrom e conserva-se em lugar escuro e fresco.

II.8 – SOLUÇÃO DE ACETATO DE URANILA E ZINCO[15,20]

Uso em análise de Na[43]

Solução "A": Dissolvem-se 10 g de acetato de uranila em solução mista de 6 mL de ácido acético a 30% e 50 mL de água.

Solução "B": Dissolvem-se 30 g de acetato de zinco [$Zn(C_2H_3O_2)_2 \cdot 2H_2O$] (**tóxico; disp L**) em solução mista de 3 mL de ácido acético a 30% e 50 mL de água.

Misturam-se as duas soluções na temperatura de 60 a 70°C, adiciona-se um pouco de NaCl e deixa-se precipitar completamente o sódio, contido como impureza no reagente, por decantação durante 24 horas e filtra-se.

Esta solução reage com sódio em solução neutra formando precipitado amarelo. 10 mL desta solução precipitam cerca de 8 mg de Na.

$$(UO_2)_3\,ZnNa(C_2H_3O_2)_9 \cdot 6H_2O \times 0{,}01495 = Na$$

Com uso desta solução, amônio, magnésio e cálcio não interferem na precipitação de sódio, mas lítio, grande quantidade de cálcio, ácido oxálico, ácido tartárico e ácido fosfórico afetam o resultado.

Coloca-se num vidro marrom e conserva-se em lugar escuro e fresco.

II.9 – SOLUÇÃO DE ACETATO DE ZINCO E CÁDMIO

Uso em absorção de H_2S

Dissolvem-se 0,5 g de acetato de zinco [$Zn(C_2H_3O_2)_2 \cdot 2H_2O$] (**tóxico; disp. A**) e 0,5 g de acetato de cádmio [$Cd(C_2H_3O_2)_2$] (**muito tóxico, possível cancerígeno; disp. L**) em 10 mL de água, adicionam-se 3 mL de ácido acético glacial (**corrosivo; disp. C**) e dilui-se com água até completar 100 mL. Esta solução é usada da mesma maneira que o cloreto de cádmio (pág. 53).

II.10 – SOLUÇÃO DE ÁCIDO BISMÚTICO-IODETO DE POTÁSSIO

Uso em determinação qualitativa de Cs

Dissolve-se 1 g de óxido de bismuto (Bi_2O_3; **disp. O**) em 10 mL de solução aquosa e saturada de iodeto de potássio (pág. 90) pela fervura, mistura-se com 25 mL de ácido acético glacial (**corrosivo; disp. C**) e deixa-se a solução ficar amarela.

II.11 – SOLUÇÃO DE ÁCIDO BRÔMICO

Borbulha-se gás de cloro (**tóxico, oxidante; disp K**) em solução aquosa e saturada de bromo. (cloro e bromo são tóxicos)

$$Br_2 + 5Cl_2 + 6H_2O = 2HBrO_3 + 10\ HCl$$

II.12 – SOLUÇÃO PADRÃO DE ÁCIDO CARBÔNICO[15]

Dissolvem-se 12 g de carbonato de sódio anidro (Na_2CO_3) (**irritante; disp. N**), secado na temperatura de 160 a 180°C, em água em fervura e, após o esfriamento, diluem-se com água até 1 litro ou diluem-se 22,8 mL de solução de Na_2CO_3 1N (pág. 45) com água até 100 mL.
1 mL destas soluções contém 5 mg de CO_2.
Para preparar a solução de H_2CO_3 0,02N, deixa-se saturar água com gás carbônico em temperatura ambiente.

II.13 – SOLUÇÃO DE ÁCIDO CLOROPLATÍNICO

II.13.1 – *Solução de ácido cloroplatínico:*

($H_2PtCl_6 \cdot 6H_2O$ Eq.: 258,97)

H_2PtCl_6 - *0,5N:* Dissolvem-se 12,952 g de ácido cloroplatínico (**irritante; disp. P**) em água e levam-se a 100 mL.
O ácido cloroplatínico é higroscópico e solúvel em álcool e éter. O produto comercial contém, em geral, 37% de platina.

II.13.2 –*Solução de Pt a 5%*

II.13.2.1 – Dissolvem-se 10 g de ácido cloroplatínico comercial em 50 mL de água fria, filtra-se com papel de filtro quantitativo, lava-se com água e leva-se o volume total de filtrado a 75 mL.

II.13.2.2 – Dissolvem-se 5 g de fita de platina em água-régia e deixa-se evaporar até a secura (**vapores tóxicos, irritantes**). Em seguida, adiciona-se ácido clorídrico (**corrosivo; disp. N**) e aquece-se até ficar quase seco. Dissolve-se em água e leva-se a 100 mL.
Esta solução a 5% é usada para determinação quantitativa de K, Rb e Cs.

Substância 0,1 g	*volume de solução de Pt a 5%*	*material formado*
Cloreto de sódio	3,36 mL	Na_2PtCl_6
Cloreto de potássio	2,62 mL	K_2PtCl_6

$$2K^+ + H_2PtCl_6 = K_2PtCl_6 + 2H^+$$

II.13.3 – *Preparação de solução de ácido cloroplatínico para uso em precipitação de alcalóides*

Prepara-se a solução aquosa a 10%.

II.14 - SOLUÇÃO DE ÁCIDO CRÔMICO

II.14.1 - *Solução padrão de ácido crômico*

Dissolvem-se 2,555 g de cromato de potássio (**possível cancerígeno, oxidante; disp. J**) (pág. 66) em pó em água e completa-se 1 litro.
1 mL desta solução contém 1 mg de Cr_2O_3.
O ácido crômico (Este ácido corresponde ao óxido CrO_3 hidratado. O óxido CrO_3, P.M.: 99,99, é **muito tóxico e possível cancerígeno; disp. J**) é um cristal marrom-avermelhado escuro e 100 g de água dissolvem 164,9 g (0°C). É solúvel também em álcool e éter. Funde na temperatura de 196°C e decompõe-se a 330°C soltando oxigênio.

II.14.2 - *Uso em absorção de gás de SO_2*

Dissolvem-se 100 g de ácido crômico (**possível cancerígeno, altamente tóxico; disp. J**) em 100 mL de água.

II.14.3 - *Uso em determinação quantitativa de corrosão (0,4N)*[15]

Dissolvem-se 16 g de ácido crômico anidro (**possível cancerígeno, altamente tóxico; disp. J**) ou 20 g de bicromato de potássio (pág. 31) (**possível cancerígeno, altamente tóxico; disp. J**) em 500 mL de água e completa-se 1 litro com ácido sulfúrico concentrado (**oxidante, corrosivo; disp. N**).

II.15 - SOLUÇÃO DE ÁCIDO FLUOSSILÍCICO

II.15.1 - *Solução de ácido fluossilícico:* (H_2SiF_6, Eq.: 24,01)

H_2SiF_6 — *38 a 48%*: Produto comercial.
Pode-se preparar soluções usando-se ácido fluossilícico comercial (**irritante; disp. A**) através da seguinte tabela:

Tabela de relação entre concentração e densidade relativa (17,5°C) do ácido fluossilícico

%	Desidade relativa ($d_4^{17,5}$)	%	Desidade relativa ($d_4^{17,5}$)	%	Desidade relativa ($d_4^{17,5}$)
1	1,007	10	1,082	20	1,173
2	1,015	12	1,100	24	1,212
4	1,031	14	1,117	28	1,252
6	1,048	16	1,136	32	1,293
8	1,065	18	1,154	34	1,314

O ácido fluossilícico é difícil de ser obtido anidro. A solução aquosa é incolor e fortemente ácida.
A equivalência desta solução é 1/6 molar (24,01).

$$H_2SiF_6 + 6KOH = 6KF + SiO_2 + 4H_2O$$

II.15.2 – *Método de padronização da solução — 1N*

Adiciona-se excesso de solução padrão de hidróxido alcalino e deixa-se ferver. Em seguida, titula-se de volta com solução padrão de ácido, usando fenolftaleína como indicador, a quente.

II.16 – SOLUÇÃO DE ÁCIDO FOSFOMOLIBDÊNICO

[N. R. - nome também utilizado: ácido fosfomolíbdico]

II.16.1 – *Uso em determinação qualitativa de proteínas*[15]

Dissolvem-se 15 g de ácido fosfomolibdênico (**corrosivo, oxidante; disp. D ou J**) em 100 mL de H_2SO_4 a 0,5%.

II.16.2 – *Uso em precipitação de alcalóides*[15]

Aquece-se solução de fosfato dissódico (Na_2HPO_4, pág.73) (**irritante; disp. N**) a 50 - 60°C, adiciona-se solução ácida (HNO_3) de molibdato de amônio [$(NH_4)_2MoO_4$] (pág. 94) e filtra-se o precipitado amarelo formado de fosfomolibdato de amônio [$(NH_4)_3PO_4 \cdot 12MoO_3 \cdot 6H_2O$]. Em seguida, adiciona-se solução de carbonato de sódio, deixa-se evaporar até secura e aquece-se ainda mais para eliminar o amônio.
Dissolve-se em água 10 vezes seu volume e adiciona-se ácido nítrico (**oxidante, corrosivo; disp. N**) até o precipitado formado desaparecer.
Esta solução, também chamada reagente de Sonnenschein, reage com os alcalóides em meio de solução de H_2SO_4 formando precipitado amarelo ou marrom.

II.17 – SOLUÇÃO DE ÁCIDO FOSFOTUNGSTÊNICO

[N.R. Nome também utilizado: ácido fosfotungstico]

II.17.1 – *Uso em determinação quantitativa de uréia*[15]

Misturam-se 90 mL de ácido fosfotungstênico (**corrosivo, tóxico; disp. O**) a 10% com 10 mL de HCl a 25%.

Esta solução reage com uréia ou ácido uréico formando um precipitado.

II.17.2 – *Preparação de ácido fosfotungstênico*

Dissolvem-se 40 g de tungstato de sódio puro ($NaWO_4 \cdot 2H_2O$, **tóxico; disp. O**) em 40 mL de água quente, adicionam-se 10 g de fosfato de potássio puro, isento de amônio, e deixa-se ferver para decompor o fosfato completamente. Antes de esfriar, goteja-se cuidadosamente uma mistura de 10 mL de água e 10 mL de H_2SO_4 concentrado (**oxidante, corrosivo; disp. N**) até que a solução fique fracamente ácida e, então, deixa-se evaporar até que se forme uma membrana fina cristalina na superfície da solução. Esta membrana fina desaparecerá por esfriamento da solução e deixa-se decantar durante 24 a 36 horas. Filtram-se os cristais de Na_2SO_4.

Transfere-se este ácido oleoso de densidade relativa de 1,8 a 2,0 ao funil de separação, adicionam-se duas vezes seu volume em éter (**inflamável, irritante; disp. D**) e agita-se durante pouco tempo. Após o esfriamento, adiciona-se pequena quantidade de H_2SO_4 a 70%. Após diversas horas separa-se a camada inferior etérica de ácido fosfotungstênico oleoso e amarelo vivo e, em seguida, adiciona-se H_2SO_4 até que a solução oleosa não fique mais separada.

Atenção!

(A adição de grande quantidade do H_2SO_4 de uma só vez causará formação de solução emulsificada e dificultará a separação das camadas).

Extrai-se a solução etérica assim obtida mais uma vez com éter, adiciona-se água e destila-se o máximo possível de éter em banho maria, introduzindo-se vapor até a solução ficar escura. Em seguida, passa-se gás cloro (**tóxico, oxidante; disp K**) até a solução quente ficar cor amarelo vivo, deixa-se esfriar e filtra-se o ácido fosfotungstênico cristalizado.

II.18 – SOLUÇÃO DE ACIDO SÍLICO-TUNGSTÊNICO

Uso em determinação quantitativa de nicotina[15]
[N. R. - nome também utilizado: ácido sílico-túngstico]

Dissolvem-se 120 g de ácido sílico-tungstênico ($SiO_2 \cdot 12WO_3 \cdot 26H_2O$, **irritante; disp. O**) em água e completa-se 1 litro.

II.19 – SOLUÇÃO DE ÁCIDO VANÁDICO

Uso em determinação qualitativa de H_2O_2[15,42]

Dissolve-se 1 g de ácido vanádico (**tóxico, irritante; disp. O**) em 100 mL de ácido sulfúrico a 10%. Pode ser usada para determinação qualitativa de peróxidos em éter. Fica vermelho em presença de peróxidos.

II.20 – SOLUÇÃO PADRÃO DE ALUMÍNIO[15,20]

Dissolvem-se 8,8 g de alúmen de potássio [$AlK(SO_4)_2 \cdot 12H_2O$] (pág. 28) (**disp. N**) em água e leva-se a 1 litro.
1 mL desta solução contém 0,5 mg de Al.
Esta solução roxo-avermelhada é instável e, então, deve ser preparada na hora de usar.

II.21 – SOLUÇÃO PADRÃO DE AMARELO CRÔMIO[15]

Prepara-se a solução de cromato de potássio (pág 66, **muito tóxico, possível cancerígeno; disp. J**) a 0,02% ou 0,004% .

II.22 – SOLUÇÃO PADRÃO DE ANTIMÔNIO

II.22.1 – *Solução padrão de antimônio*[15,20,31]

II.22.1.1 – Dissolvem-se 0,2765 g de tartarato de antimônio e potássio (pág. 136, **tóxico; disp. L**) em água e levam-se a 1 litro.
1 mL desta solução contém 0,1 mg de Sb.

II.22.1.2 – Dissolve-se 1 g de pó de antimônio metálico (**tóxico, irritante; disp. P**) em 100 mL de HCl concentrado (**corrosivo; disp. N**) e 20 mL de solução saturada de bromo (**muito tóxico, irritante; disp. J**). Se não dissolver, adiciona-se mais HCl e Br_2, deixa-se ferver para eliminar o excesso de bromo, adicionam-se 35 mL de HCl concentrado e dilui-se com água até 1 litro.
1 mL desta solução contém 1 mg de Sb.

II.23 – SOLUÇÃO PADRÃO DE ARSÊNIO

II.23.1 – *Solução padrão de arsênio*

II.23.1.1 – Dissolvem-se 13,2 g de ácido arsenoso (pág. 8, **muito tóxico, possível cancerígeno; disp. L**) em solução mista de 10 mL de água e 20 mL de $HNO_3$16N (**oxidante, corrosivo; disp. N**) por aquecimento; deixa-se evaporar até quase secura e adiciona-se água até 1 litro.
1 mL desta solução contém 10 mg de As(V).

II.23.1.2 – Dissolve-se 1 g de ácido arsenoso em 25 mL de solução de NaOH a 20%, neutraliza-se com H_2SO_4 diluído e adiciona-se H_2SO_4 a 1% até completar 1 litro.
1 mL desta solução contém 1 mg de As_2O_3 ou 0,7575 mg de As(III).

II.23.2 – *Solução padrão de arsenito de sódio*

Adicionam-se 1,5 g de ácido arsenoso (**muito tóxico, possível cancerígeno; disp. L**) e 4,5 g de carbonato de sódio anidro (**irritante; disp. N**) em 15 mL de água, deixa-se dissolver em banho-maria e, após esfriamento, adiciona-se água até 100 mL (solução original).
1 mL de solução diluída (20 mL de solução original e 250 mL de água) equivale a 0,25 mg de Mn.

II.24 – SOLUÇÃO DE AZOTETO DE SÓDIO[4,15]

II.24.1 – *Uso em decomposição de ácido nitroso*

Misturam-se 5 mL de solução de azoteto de sódio (NaN_3, **muito tóxico, explosivo; disp. K**) a 4% e 10 mL de ácido acético 0,6N.
Esta solução decompõe o ácido nitroso, mas não reage com ácido nítrico.

II.24.2 – *Uso em determinação qualitativa de ácido tiossulfúrico*
Prepara-se a solução aquosa de azoteto de sódio a 2%.

II.25 – SOLUÇÃO PADRÃO DE BERÍLIO[15]

Dissolve-se 0,1 g de óxido de berílio (BeO, **muito tóxico, possível cancerígeno; disp. O**) seco em 100 mL de solução de NaOH 0,25N.
1 mL desta solução contém 0,3603 mg de Be ou 1 mg de BeO.

II.26 – SOLUÇÃO PADRÃO DE BISMUTO[15]

II.26.1 – *Solução padrão de bismuto*

II.26.1.1 – Dissolvem-se 0,2321 g de nitrato de bismuto (pág. 97) (**irritante, oxidante; disp. L**) em 50 mL de HNO_3 (1:1) e dilui-se com água até 100 mL.
1 mL desta solução contém 1 mg de Bi.

II.26.1.2 – Dissolve-se 1 g de bismuto (**disp. P**) em 3 mL de HNO_3 concentrado (**oxidante, corrosivo; disp. N**) e 2,8 mL de água e adiciona-se mais água (ou glicerina) até 100 mL.
1 mL desta solução contém 0,01 g de Bi.

II.27 – SOLUÇÃO PADRÃO DE BORO[15]

II.27.1 – *Solução padrão de boro*

II.27.1.1 – Dissolvem-se 5,7 g de ácido bórico puro (H_3BO_3, pág. 10) (**disp. N**) em 20 mL de H_2SO_4 (1:5) ou HCl (1:1), dilui-se com água e leva-se até 1 litro. 1 mL desta solução contém 1 mg de B.
II.27.2.2 – Funde-se o ácido bórico puro em cadinho de platina, retira-se o ácido bórico fundido (B_2O_3) antes de esfriar e dissolvem-se 1,741 g de B_2O_3 em 250 mL de água quente. Após o esfriamento, adiciona-se água até 500 mL.
1 mL desta solução equivale a 1 mL de solução de NaOH 0,1N.

II.28 - SOLUÇÃO DE BROMETO DE OURO-BROMETO DE PLATINA[15]

Uso em determinação qualitativa de Rb e Cs

Dissolvem-se 0,36 g de $PtBr_4$ (**muito tóxico; disp. R**) e 0,86 g de $AuBr_3$ (**disp. P**) em 10 mL de água.

II.29 - SOLUÇÃO DE CÁDMIO - IODETO DE POTÁSSIO

Uso para precipitação de alcalóides[15]

Dissolvem-se 60 g de KI (**disp. N**) e 30 g de CdI_2 (**tóxico, possivelmente cancerígeno; disp L**) em 180 mL de água. Esta solução é, também, chamada reagente de Marmès, reage com morfina e codeína em solução de H_2SO_4 formando precipitado branco ou amarelo.

II.30 - SOLUÇÃO PADRÃO DE CÁLCIO[7,15]

II.30.1 – *Solução padrão de cálcio*

II.30.1.1 – Dissolvem-se 0,231 g de nitrito de prata ($AgNO_2$, **oxidante, irritante; disp. P**) em 75 mL de água, adiciona-se solução aquosa de cloreto de cálcio (pág. 54) (0,275 g de $CaCl_2$ dissolvidas em 25 mL de água) e filtra-se se necessário.
1 mL desta solução contém 0,1 mg de Ca e 0,69 mg de NO_2^-.

II.30.1.2 – Dissolvem-se 5,9 g de nitrato de cálcio tetra-hidratado (pág. 98) (**oxidante, irritante; disp. N**) em 1 litro de água.
1 mL desta solução contém 1 mg de Ca.

II.31 - SOLUÇÃO DE CARBONATO DE LÍTIO[15]

II.31.1 – *Solução de carbonato de lítio:* (Li_2CO_3, Eq.: 36,945)

Li_2CO_3 — *0,1N:* Dissolvem-se cerca de 3,7 g de Li_2CO_3 (**tóxico, irritante; disp. N**) em água e completa-se 1 litro.
O carbonato de lítio é um cristal cilíndrico e é estável ao ar. É mais

solúvel em água fria (1,54 g/100 g) (0°C) do que em água quente (0,72 g/100 g) (100°C) e a solução é alcalina. É insolúvel em álcool e acetona.

II.31.2 – *Método de padronização da solução de Li_2CO_3*

Adiciona-se certa quantidade de ácido clorídrico ou ácido sulfúrico padronizado e titula-se o excesso de ácido com solução padrão de hidróxido de sódio usando alaranjado de metila como indicador.

$$Li_2CO_3 + 2HCl = 2LiCl + CO_2 + H_2O$$
$$Li_2CO_3 + H_2SO_4 = Li_2SO_4 + CO_2 + H_2O$$

1 mL de HCl — 0,1N = 3,695 mg de Li_2CO_3

II.32 – SOLUÇÃO PADRÃO DE CHUMBO

II.32.1 – *Solução padrão de chumbo*[15,20,28,31]

II.32.1.1 – Dissolvem-se 1,598 g de nitrato de chumbo (pág. 99) (**oxidante, irritante; disp. L**) em pó, seco a 100°C, e 1 mL de HNO_3 concentrado (**oxidante, corrosivo; disp. N**) em água e leva-se a 1 litro.
1 mL desta solução contém 1 mg de Pb.

II.32.1.2 – Dissolvem-se 1,831 g de acetato de chumbo tri-hidratado (pág. 2) (**possível cancerígeno; disp. L**) em 100 mL de água, adicionam-se várias gotas de ácido acético (**corrosivo; disp. C**) para eliminar a turvação e dilui-se com água até 1 litro.
1 mL desta solução contém 1 mg de Pb.

II.33 – SOLUÇÃO DE CIANETO DE BROMO

Uso em determinação quantitativa de ácido nicotínico[15]

Adiciona-se solução de KCN (pág. 47) a 10% à solução aquosa de bromo (pág. 40) bem resfriada com o gelo até que a cor de bromo desapareça. Prepara-se esta solução na hora de usar.

II.34 – SOLUÇÃO DE CITRATO DE AMÔNIO

II.34.1 – *Uso em determinação quantitativa do chumbo*

Dissolvem-se 40 g ácido cítrico puro (**irritante; disp. A**) em 90 mL de água, goteja-se solução de hidróxido de amônio concentrada (**corrosivo, tóxico; disp. N**) até que a solução fique vermelha, usando-se vermelho de fenol como indicador. Em seguida, elimina-se o chumbo contido por repetidas extrações com solução de ditizona (pág. 231) até que a ditizona mantenha sua cor verde, usando-se 20 mL cada vez.

II.34.2 – *Uso em determinação quantitativa de fósforo*

Dissolvem-se 173 g de ácido cítrico puro (**irritante; disp. A**) em pouca quantidade de água, adicionam-se gradativamente 515 mL de solução de hidróxido de amônio (d: 0,90; **corrosivo, tóxico; disp. N**) a frio e dilui-se com água até completar 1 litro.

Esta solução, que é, também, chamada solução de Peterman, contém 0,42g de N por 10 mL e a sua densidade relativa é 1,082 a 1,083.

II.34.3 – *Uso em determinação colorimétrica de cobre*

Dissolve-se 1 g de citrato de amônio [$(NH_4)_3C_6H_5O_7$; **irritante; disp. A**] em 90 mL de água.

II.35 – SOLUÇÃO DE CITRATO FERROSO[15]

Uso em revelação de fotografia

Solução (I): Dissolvem-se 25 g de ácido cítrico (**irritante; disp. A**) em 16 mL de solução de hidróxido de amônio concentrada (**corrosivo, tóxico; disp. N**) e 70 mL de água.

Solução (II): Dissolvem-se 100 g de sulfato ferroso (pág. 128) em 300 mL de água.

Solução (III): Dissolve-se 1 g de NaCl (pág. 63) em 30 mL de água.

Misturam-se 15 mL de solução (I), 5 mL de solução (II) e 1 mL de solução (III).

II.36 – SOLUÇÃO DE CLORETO ÁURICO

II.36.1 – *Uso em precipitação de alcalóides*

Prepara-se a solução aquosa de cloreto áurico ($AuCl_3$, **irritante; disp. P**) a 10%. Esta solução reage com os alcalóides em solução clorídrica e forma um precipitado cristalino amarelo ou vermelho.

II.36.2 – *Solução de cloreto áurico —0,2N para uso em análise orgânica*[15]

Dissolve-se 1 g de ácido cloroáurico ($HAuCl_4.4H_2O$, **corrosivo; disp. P**) em 35 mL de água.

O ácido cloroáurico é deliquescente e, então, deve ser conservado num recipiente bem vedado.

II.37 – SOLUÇÃO DE CLORETO COBALTOSO

$CoCl_2$ — 0,27N: Dissolvem-se 65 g de cloreto cobaltoso hexa-hidratado (**tóxico, irritante; disp. L**) em 100 mL de H_2O contendo 25 mL de HCl concentrado (**corrosivo; disp. N**) e completa-se 1 litro.

Pode-se padronizar esta solução por titulação com solução padrão de KIO_3 ou $Na_2S_2O_3$.

1mL de $Na_2S_2O_3$ — 0,1N = 23,80 mg de $CoCl_2{\cdot}6H_2O$

100 g de água dissolvem 116,5 g (0°C) e 177 g (30°C).

[N. R. – a solução é azul devido ao complexo tetraclorocobaltato(II) estável na solução de HCl concentrado; a perda de HCl por volatilização e/ou a diluição com água fazem aparecer o aquocomplexo de cobalto(II) de cor avermelhada.]

II.38 – SOLUÇÃO DE CLORETO DE COBRE E POTÁSSIO

II.38.1 – *Uso em determinação quantitativa de carbono*

Dissolvem-se 170 g de cloreto cúprico (**tóxico, irritante; disp. O**) e 150 g de cloreto de potássio em água e deixa-se cristalizar o sal complexo de cloreto de cobre e potássio (ou pode-se usar o cloreto de cobre e potássio comercial).

Dissolvem-se 330 g de cloreto de cobre e potássio, acima cristalizado, em água e completa-se 1 litro.
Pode-se usar esta solução para determinação quantitativa de carbono contido em ferro ou aço. Usam-se 150 mL desta solução e 10 mL de HCl concentrado (**corrosivo; disp. N**) para dissolver 1 g de ferro, sendo a temperatura de solução 50°C.

$$Fe + CuCl_2 = FeCl_2 + Cu$$
$$Cu + CuCl_2 = Cu_2Cl_2 \text{ (+ C: resíduo)}$$

II.38.2 – *Uso em determinação quantitativa de selênio*

Dissolvem-se 5 g de cloreto de cobre e potássio em solução mista de 20 mL de água e 1 mL de HCl concentrado (**corrosivo; disp. N**).
Se aparecer turvação nesta solução, filtra-se com amianto (tóxico; N. R. -o uso de amianto tem se tornado proibitivo, pois este material pode causar asbestose. Consulte a legislação vigente antes de usá-lo) e conserva-se num vidro com rolha esmerilhada.

II.39 – SOLUÇÃO DE CLORETO CRÔMICO

Solução de cloreto crômico: ($CrCl_3{\cdot}6H_2O$, Eq.: 88,826)

$CrCl_3$ — *1N:* Dissolvem-se cerca de 89 g de $CrCl_3$ (**muito tóxico, corrosivo; disp. L**) em água e completa-se 1 litro.
O $CrCl_3.6H_2O$ é um cristal roxo e higroscópico. Dissolve facilmente em água e álcool e a solução é azul. A forma anidra é pouco solúvel em água e álcool.

II.40 – SOLUÇÃO DE CLORETO CROMOSO

Uso em absorção de oxigênio

Jogam-se 5,5 a 20 g de cromo metálico (**disp. P**) em 100 mL de HCl —2N e deixa-se dissolver. (**solução tóxica; disp. L**)
É necessário usar equipamento protegido contra a entrada de ar, porque, embora a dissolução do cromo metálico cause formação de hidrogênio, a solução azul formada tem grande capacidade de absorção de oxigênio, e resulta uma solução roxa que já perdeu sua eficiência.

II.41 – SOLUÇÃO DE CLORETO CUPROSO

II.41.1 – *Uso para absorção de CO (solução ácida)*

II.41.1.1 – Dissolvem-se 30 g de cloreto cuproso (Cu_2Cl_2 , **tóxico; disp. O**) em 150 mL de HCl concentrado (**corrosivo; disp. N**) e dilui-se com água até 200 mL.

II.41.1.2 – Dissolvem-se 30 g de óxido cuproso vermelho (**irritante; disp. O**) em 200 mL de HCl concentrado.
Quando pequena quantidade desta solução for gotejada em grande quantidade de água, a turvação que aparece deverá ser na forma de nuvem branca. Se aparecer em azul, esta solução já foi oxidada e não tem eficiência como reagente. Pode ser recuperada adicionando-se 0,2 a 0,3 g de cloreto estanoso (pág. 56) para cada 16 a 18 g de Cu_2Cl_2.

II.41.2 – *Uso para absorção de CO (solução amoniacal)*

II.41.2.1 – Dissolvem-se 20 g de cloreto cuproso e 25 g de cloreto de amônio em 75 mL de água e adiciona-se 1/3 do seu volume em solução de hidróxido de amônio concentrada (d = 0,91; **corrosivo, tóxico; disp. N**) antes de usar.
1 mL desta solução absorve 16 mL de CO.

II.41.2.2 – Adicionam-se 15 g de cloreto cuproso em cerca de 150 mL de água, passa-se amoníaco (NH_3) (**gás tóxico**) até dissolver completamente e, em seguida, dilui-se com água até 200 mL.
1 mL desta solução absorve 6 mL de CO.

$$Cu_2Cl_2 + 2CO = Cu_2Cl_2 \cdot 2CO$$

Esta solução amoniacal é, em geral, usada somente no caso de determinação quantitativa de hidrogênio após absorção de monóxido de carbono. São necessários mais de 15 minutos para absorção perfeita de CO.

II.41.3 – *Uso em identificação de ligação acetilênica*[15]

Dissolvem-se 0,75 g de cloreto cúprico ($CuCl_2.2H_2O$, **tóxico, irritante; disp. L**) e 1,5 g de cloreto de amônio em 3 mL de solução de hidróxido de amônio a 20-21% (**corrosivo, tóxico; disp. N**) e pequena quantidade de água, adicionam-se 2,5 g de cloridrato de hidroxilamina ($NH_2OH \cdot HCl$, **corrosivo, tóxico; disp. A**) para reduzir o sal cúprico a cuproso e, então, dilui-se com água até 50 mL.

O cloreto cuproso é um pó cristalino branco e passa a cloreto básico verde ou marrom pelo contato com o ar. Por aquecimento intenso funde com decomposição.
É facilmente solúvel em ácido clorídrico e solução de hidróxido de amônio e 100 g de água dissolvem 1,5 g (25°C).

II.41.4 – *Obtenção do cloreto cuproso*

Dissolvem-se 10 g de NaCl e 20 g de sulfato cúprico ($CuSO_4 \cdot 5H_2O$, pág 123) em água, passa-se gás carbônico e lava-se o precipitado formado com ácido sulfuroso (pág. 27) e em seguida com ácido acético glacial (**corrosivo; disp. C**). A solução de cloreto cuproso (ácida ou amoniacal) é instável; então, para sua conservação, mergulham-se 3 a 5 g de fios de cobre puro no recipiente.

II.42 – SOLUÇÃO DE CLORETO DE ESTRÔNCIO[15,32]

Solução de cloreto de estrôncio: ($SrCl_2 \cdot 6H_2O$, Eq.: 133,32)

$SrCl_2$ — *0,2N:* Dissolvem-se 26,7 g de cloreto de estrôncio (**disp. E**) em água e completa-se 1 litro.
1 mL desta solução contém, teoricamente, 8,8 mg de Sr.

II.43 – SOLUÇÃO DE CLORETO DE IODO

II.43.1 – *Uso como catalisador (0,005M)*[15,32,36,39]

Dissolvem-se 0,27 g de KI e 0,178 g de KIO_3 (**oxidante, irritante; disp. J**) em 250 mL de água, adicionam-se imediatamente 250 mL de HCl concentrado (**corrosivo; disp. N**) e 15 mL de clorofórmio (**muito tóxico, possivelmente cancerígeno; disp B**). Goteja-se KIO_3 0,1N ou KI 0,1N até que a camada de clorofórmio fique levemente avermelhada.

$$KIO_3 + 2KI + 6HCl = 3KCl + 3ICl + 3H_2O$$

Esta solução é também chamada solução de monocloreto de iodo e é usada como catalisador na titulação de sulfato cérico com oxalato de sódio (ver I.125.2, pág. 122).

II.43.2 – *Uso para identificação de índice de iodo*

II.43.2.1 – Reagente de Wij (pág. 378).

II.43.2.2 – Dissolvem-se 1,3 g de iodo puro em 100 mL de ácido acético glacial (**corrosivo; disp. C**) e passa-se o gás cloro seco (**tóxico, oxidante; disp K**) agitando-se continuamente.
A solução marrom escura não transparente torna-se cor de cerveja clara por passagem de cloro. Pode-se controlar a quantidade de iodo conforme a finalidade de uso.

II.44 – SOLUÇÃO DE CLORETO DE LÍTIO[15,32]

Solução de cloreto de lítio: (LiCl, Eq.: 42,4)

LiCl — *1N:* Dissolvem-se 42,4 g de cloreto de lítio (**irritante; disp. N**) em água e completa-se 1 litro.
1 mL desta solução contém 6,94 mg de Li.

II.45 – SOLUÇÃO DE CLORETO DE PALÁDIO[15,32]

Uso para absorção de hidrogênio

Dissolvem-se 5 g de fio de paládio em 30 mL de HCl concentrado (**corrosivo; disp. N**) e 2 mL de HNO_3 concentrado (**oxidante, corrosivo; disp. N**), deixa-se evaporar em banho-maria até a secura e, em seguida, adicionam-se 5 mL de HCl concentrado e 25 mL de água. Aquece-se até dissolução completa e dilui-se com água até 750 mL.
Esta solução contém 1% de $PdCl_2$ e absorve 2/3 de seu volume em H_2.
Reage com iodo formando um precipitado marrom escuro.

II.46 – SOLUÇÃO PADRÃO DE COBRE[15]

II.46.1 – *Solução padrão de cobre*

II.46.1.1 – Dissolvem-se 3,928 g de cristal de sulfato de cobre penta-hidratado (v. Pág. 123: sulfato cúprico) em água, adiciona-se 1 mL de H_2SO_4 concentrado (**oxidante, corrosivo; disp. N**) e dilui-se com água até 1 litro.
1 mL desta solução contém 1 mg de Cu.[20,43]

II.46.1.2 – Dissolve-se 1 g de fio de cobre puro em 20 mL de solução mista de HNO_3 – H_2SO_4 (pág. 19), deixa-se evaporar até a secura e dissolve-se em água quente. Após esfriamento, dilui-se com água até 1 litro.

II.46.1.3 – Dissolvem-se 3,8 g de nitrato cúprico [$Cu(NO_3)_2 \cdot 3H_2O$] (pág. 100) em água e leva-se a 1 litro.
1 mL desta solução contém 1 mg de Cu.

II.47 – SOLUÇÃO DE CROMATO DE BÁRIO

II.47.1 – *Padrão de suspensão*[15]

Dissolvem-se 48,86 g de cloreto de bário ($BaCl_2 \cdot 2H_2O$, pág. 51) em 250 mL de água.
Dissolvem-se 29,45 g de bicromato de potássio (pág. 31) e 20 g de bicarbonato de potássio em 750 mL de água, ferve-se para eliminar o gás carbônico e esfria-se. Mistura-se de uma vez a solução de cloreto de bário com a solução mista e deixa-se decantar o precipitado amarelo formado. Rejeita-se a parte límpida, lava-se com água fria diversas vezes até a solução lavada não apresentar reação de cromo com solução de nitrato de prata e dilui-se com água até 500 mL.
1 mL desta solução (suspensão) contém 0,1 g de $BaCrO_4$ e equivale a 38 mg de SO_4^{2-}.

II.47.2 – *Solução emulsificada*[15]

Acidula-se a solução de cloreto de bário com ácido acético (**corrosivo; disp. C**), ferve-se e adiciona-se o excesso de cromato de potássio (pág. 66). Em seguida, lava-se o precipitado formado com água e adiciona-se este precipitado em água até que se forme uma emulsão.

II.47.3 – *Uso em análise de enxofre*[15]

Ferve-se a solução de sulfato de bário a 10 – 20%, goteja-se excesso de solução de cromato de potássio em fervura e lava-se o precipitado amarelo de cromato de bário com água quente, a qual contém ácido acético, diversas vezes, por decantação. Em seguida, filtra-se o precipitado e seca-se.
Dissolvem-se 0,4 g em HCl concentrado (**corrosivo; disp. N**) e dilui-se com água até 100 mL.

II.48 – SOLUÇÃO PADRÃO DE CROMO[15]

II.48.1 – *Solução padrão de cromo*

II.48.1.1 – Dissolvem-se 0,566 g de bicromato de potássio (pág. 31) em água e leva-se a 1 litro.
1 mL desta solução contém 0,2 mg de Cr.

II.48.1.2 – Dissolvem-se 3,116 g de cromato de sódio (**oxidante, cancerígeno; disp. J**) anidro em água e leva-se a 1 litro.
1 mL desta solução contém 1 mg de Cr.

II.49 – SOLUÇÃO PADRÃO DE ENXOFRE[4,15]

Dissolvem-se 0,5437 g de sulfato de potássio (pág. 132) puro em água e leva-se a 1 litro.
1 mL desta solução contém 0,1 mg de S ou 0,3 mg de SO_4^{2-}.

II.50 – SOLUÇÃO PADRÃO DE ESTANHO[2,15]

Dissolve-se 0,1 g de estanho puro em 10 mL de HCl concentrado (**corrosivo; disp. N**) por aquecimento e dilui-se com água até 100 mL.
1 mL desta solução contém 1 mg de Sn.

II.51 – SOLUÇÃO PADRÃO DE ESTRÔNCIO[15]

Dissolvem-se 2,4 g de nitrato de estrôncio anidro (**oxidante, irritante; disp. E**) em água e leva-se a 1 litro.
1 mL desta solução contém 1 mg de Sr (pág. 100).

II.52 – SOLUÇÃO PADRÃO DE FERRO[15,20]

II.52.1 – *Solução padrão de ferro*

II.52.1.1 – Dissolve-se 1g de fio de ferro puro em 20 mL de H_2SO_4 (1:1) ou HCl (1:1) e dilui-se com água até 1 litro. Para oxidar, goteja-se ácido nítrico (**oxidante, corrosivo; disp. N**) ou então adiciona-se solução de $KMnO_4$ (pág. 113) até que a solução fique levemente rósea. 1 mL desta solução contém 1 mg de Fe.

II.52.1.2 – Dissolvem-se 10 g de cristais de sulfato férrico (pág. 125) anidro em 90 mL de água e 10 mL de H_2SO_4 concentrado (**oxidante, corrosivo; disp. N**). 1 mL desta solução contém 28 mg de Fe.

II.52.1.3 – Dissolvem-se 0,49 g de cloreto, férrico ($FeCl_3 \cdot 6H_2O$) (pág. 57) em 10 mL de HCl (1:1) e dilui-se com água até 100 mL. 1 mL desta solução contém 1 mg de Fe.

II.52.1.4 – Dissolvem-se 7,02 g de sulfato ferroso amoniacal (pág. 129) em cerca de 50 mL de água, adicionam-se 20 mL de H_2SO_4 concentrado (**oxidante, corrosivo; disp. N**) e goteja-se solução de $KMnO_4$ (pág. 113) até que a solução fique levemente rósea aquecendo-se a solução durante a adição do $KMnO_4$. Finalmente, dilui-se com água até 1 litro. 1 mL desta solução contém 1 mg de Fe.

II.52.1.5 – Dissolvem-se 6,26 g de nitrato férrico hexa-hidratado (**oxidante, irritante; disp. L**) em água e leva-se a 1 litro. 1 mL desta solução contém 1 mg de Fe.

II.52.1.6 – Dissolvem-se 8,632 g de sulfato férrico amoniacal [$Fe(NH_4)(SO_4)_2 \cdot 12H_2O$] (pág. 126) em HCl (1:1) e dilui-se com água até 1 litro. 1 mL desta solução contém 1 mg de Fe.

NOTA: Se for necessário o valor exato da concentração, deve-se padronizar.

II.53 – SOLUÇÃO DE FERROPRUSSIATO

Solução (I): Dissolvem-se 15 g de citrato férrico amoniacal [$Fe(NH_4)_2H(C_6H_5O_7)_2$] (**irritante; disp. L**) em 60 mL de água.

Solução (II): Dissolvem-se 13,5 g de ferricianeto de potássio (pág. 68) em 60 mL de água.

Misturam-se as duas; soluções (I) e (II).
Pinta-se esta solução em papel em lugar escuro. Pela ação da luz ocorre a seguinte reação: o Fe^{3+} do citrato férrico amoniacal é reduzido a Fe^{2+} pela luz e este Fe^{2+} reage com ferricianeto de potássio formando um precipitado azul.

$$Fe^{3+} + luz \rightarrow Fe^{2+}$$

$$3Fe^{2+} + 2\,[Fe(CN)_6]^{3-} \rightarrow \underset{\text{Precipitado azul}}{Fe_3[Fe(CN)_6]_2}$$

II.54 – SOLUÇÃO PADRÃO DE FLÚOR[31]

Dissolvem-se 2,215 g de fluoreto de sódio (NaF, **tóxico, irritante; disp. F**) em água e leva-se a 1 litro.
1 mL desta solução contém 1 mg de F.

II.55 – SOLUÇÃO DE FLUORETO DE AMÔNIO

Solução de fluoreto de amônio: (NH_4F, Eq.: 37,04)

NH_4F — *0,1N:* Dissolvem-se 3,7 g de fluoreto de amônio (**tóxico, corrosivo; disp. F**) em água e completa-se 1 litro.

II.56 – SOLUÇÃO DE FLUORETO DE CROMO[15]

Uso para indicador de corante

Dissolvem-se 10 g de fluoreto de cromo (CrF_3, **corrosivo; disp. O**) e 5 g de acetato de sódio ($NaC_2H_3O_2 \cdot 3H_2O$, pág. 7) em 100mL de água.

II.57 – SOLUÇÃO DE FLUOSSILICATO DE POTÁSSIO

Solução de fluossilicato de potássio: (K_2SiF_6, Eq.: 36,71)

K_2SiF_6 — *0,038N:* Deixa-se saturar 1,2 g de fluossilicato de potássio (**irritante, tóxico; disp. O**) em 1 litro de água.
O fluossilicato de potássio é um pó branco e pode ser obtido pela neutralização da solução aquosa de ácido fluossilícico com solução concentrada de hidróxido de potássio.
Decompõe-se por aquecimento a:

$$K_2SiF_6 = 2KF + SiF_4$$

É insolúvel em álcool e água amoniacal, mas 100 g de água dissolvem 0,12 g (17,5°C) e 0,95 g (100°C).

II.58 – SOLUÇÃO PADRÃO DE FÓSFORO

II.58.1 – *Solução padrão de fósforo*

II.58.1.1 – Dissolvem-se 4,39 g de fosfato monopotássico (pág. 74) em água ou 10 mL de H_2SO_4 a 33% e dilui-se com água até 1 litro. 1 mL desta solução contém 1 mg de P ou 2,29 mg de P_2O_5 ou 3,066 mg de PO_4^{3-} ou 3,17 mg de H_3PO_4 e equivale a 784 mg de Mg.

II.58.1.2 – Dissolvem-se 11,56 g de fosfato dissódico (pág. 73) em água ou 10 mL de HNO_3 (1:5) e dilui-se com água até 1 litro. 1 mL desta solução contém 1 mg de P.

NOTA: Adicionam-se 0,5 mL de tolueno ou xileno (**tóxicos, inflamáveis**) como preservativos.

II.59 – SOLUÇÃO DE FOSFOTUNGSTATO DE SÓDIO

II.59.1 – *Uso para precipitação de alcalóides*

Dissolvem-se 10 g de fosfotungstato de sódio (**tóxico; disp. 0**) e 8 g de fosfato de sódio (pág. 73) em 50 mL de ácido nítrico diluído.
Esta solução é, também, chamada reagente de Scheibler.

II.59.2 – *Uso em análise de ácido uréico*

Dissolvem-se 20,0 g de tungstato de sódio e 12,0 g de fosfato de sódio em 100 mL de água e adicionam-se 10 mL de H_2SO_4 (1:3).

II.60 – SOLUÇÃO DE HEXANITROCOBALTITO DE SÓDIO

[Nomenclatura oficial: Hexanitrocobaltato(III) de sódio, outro nome comum, também usado: cobaltinitrito de sódio]

O hexanitrocobaltito de sódio é higroscópico e então, deve ser conservado em vidro vedado. É oxidante e tóxico (**disp. L**).
A solução de $Na_3Co(NO_2)_6$, também chamada de Reagente de Konink, reage com potássio, precipitando-o na forma de complexo e é usada para determinação qualitativa.

$$Na_3Co(NO_2)_6 + 2KCl = K_2NaCo(NO_2)_6 + 2NaCl$$

II.60.1 – *$Na_3Co(NO_2)_6$ —0,3N*

II.60.1.1 – Dissolvem-se 5 g de nitrato de cobalto (pág. 99) em 15 mL de água, adiciona-se solução de nitrito de sódio (11 g de $NaNO_2$ – pág. 109 – dissolvidos em 15 mL de água) e, em seguida, adicionam-se vagarosamente 4 mL de ácido acético a 50%. Elimina-se o monóxido de nitrogênio (NO) formado, por aspiração em pressão reduzida, deixa-se decantar durante uma noite e filtra-se a parte insolúvel.

$$Co(NO_3)_2 + 6NaNO_2 = Na_4Co(NO_2)_6 + 2NaNO_3$$
$$Na_4Co(NO_2)_6 + 2CH_3COOH + NaNO_2 =$$
$$= Na_3Co(NO_2)_6 + 2CH_3COONa + NO + H_2O$$

ATENÇÃO: os óxidos de nitrogênio – NO e, por oxidação ao ar, NO_2 – formados nesta reação são tóxicos e irritantes

II.60.1.2 – Dissolvem-se 5 g de nitrato de cobalto em 10 mL de água, adicionam-se 2,5 mL de ácido acético glacial (**corrosivo; disp. C**)e adiciona-se à solução de nitrito de sódio (28 g de nitrito de sódio dissolvidas em 42 mL de água).
Passa-se ar até a eliminação completa de monóxido de nitrogênio e filtra-se a parte insolúvel na hora de usar.

II.60.2 – *$Na_3Co(NO_2)_6$ a 10%*

II.60.2.1 – Dissolvem-se 15 g de nitrito de sódio (pág. 109) em 15 mL de água quente, adicionam-se 5 g de nitrato de cobalto (pág. 99) e, em seguida, 5 mL de ácido acético, a 50%, mantendo-se a temperatura a 40°C e agita-se vigorosamente. Deixa-se decantar durante uma noite, colocam-se 20 mL de álcool na parte límpida e deixa-se precipitar o hexanitro-cobaltito de sódio. Seca-se este precipitado e conserva-se. Na hora de usar, dissolve-se em água na proporção de 10%.

II.60.2.2 – Dissolvem-se 10 g de hexanitrocobaltito de sódio em 90 mL de álcool.

II.60.3 – *Solução reagente de $Na_3Co(NO_2)_6$ (farmacopéia)*

Dissolvem-se 10 g de hexanitrocobaltito de sódio em 50 mL de água e filtra-se a parte insolúvel.

II.61 – SOLUÇÃO DE HIDROSSULFITO DE SÓDIO

[N. R. – nome alternativo: ditionito de sódio]

II.61.1 – *Uso em absorção de oxigênio*

Dissolvem-se 10 g de hidrossulfito de sódio ($Na_2S_2O_4 \cdot 2H_2O$; **disp. N**) em 60 mL de solução aquosa de NaOH (**corrosivo, tóxico; disp. N**) a 5%. O grau de absorção desta solução é maior do que a da solução pirogalol.

II.61.2 – *Solução de hidrossulfito de potássio*

Dissolvem-se 31 g de hidrossulfito de potássio (**disp. N**) e 11 g de hidróxido de potássio (**corrosivo, tóxico; disp. N**) em 180 mL de água.

II.62 – SOLUÇÃO DE HIDROXILAMINA

Uso em determinação quantitativa de ácido fosfórico

Prepara-se a solução aquosa de cloridrato de hidroxilamina a 1%. (**tóxico, corrosivo; disp. A**)

II.63 – SOLUÇÃO DE HIPOFOSFITO DE SÓDIO

Solução de hipofosfito de sódio: ($NaH_2PO_2 \cdot H_2O$, Eq.: 105,998)

NaH_2PO_2 – *1N (6%):* Dissolvem-se 10 g de hipofosfito de sódio (**disp. N**) comercial em 20 mL de água, adicionam-se 90 mL de ácido clorídrico concentrado (**corrosivo; disp. N**) e filtra-se o precipitado formado.

II.64 – SOLUÇÃO DE IODETO DE BÁRIO

Solução de iodeto de bário

($BaI_2 \cdot 6H_2O$, Eq.: 249,64 e 124,82; $BaI_2 \cdot 2H_2O$, Eq.: 213,60 e 106,80)

BaI_2 — *0,1N:* Dissolvem-se 24,9 g (ou 21,5 g) de iodeto de bário (**tóxico, irritante; disp. E**) em água e completa-se 1 litro.
O iodeto de bário é um cristal branco e além do hexa-hidratado, existem o bi-hidratado e o anidro.

100 g de água dissolvem 410 g (0°C) de hexa-hidratado. É, também, solúvel em álcool.

II.65 – SOLUÇÃO DE IODETO DE POTÁSSIO-MERCÚRIO

(Nome recomendado: Tetraiodomercurato de potássio,$K_2[HgI_4]$)

II.65.1 – *Uso em precipitação de alcalóides*[42]

Solução (I): Dissolvem-se 13,546 g de cloreto mercúrico (pág. 61) (**muito tóxico, irritante; disp. O**) em 600 mL de água.

Solução (II): Dissolvem-se 49,8 g de iodeto de potássio (pág. 90) em 100 mL de água.
Misturam-se as soluções (I) e (II) e dilui-se com água até 1 litro. Esta solução, também chamada Reagente de Mayer; é fracamente ácida e reage com alcalóides formando precipitado branco ou amarelo.

II.65.2 – *Solução Reagente de Brücke*

Dissolvem-se 1,35 g de iodeto mercúrico (HgI_2, **muito tóxico, irritante; disp. L**) e 4,98 g de KI (pág. 90) em água e dilui-se até 100 mL.

II.65.3 – *Uso em análise de cobre*

Dissolvem-se 22,7 g de iodeto mercúrico (**muito tóxico, irritante; disp. L**) em 100 mL de solução aquosa de KI (pág. 90) a 16,6% por aquecimento e, após o esfriamento, filtra-se a parte insolúvel.

II.65.4 – *Solução alcalina de iodeto de potássio-mercúrio*[42]

Dissolvem-se 11,5 g de iodeto mercúrico (**muito tóxico, irritante; disp. L**) e 8 g de KI em água, diluem-se até 50 mL e misturam-se com 500 mL de solução de NaOH 3N. Filtra-se, se necessário, usando lã de vidro. É chamado Reagente de Rhodes e usado na determinação de oxicelulose em seda artificial.

II.66 – SOLUÇÃO DE IODETO DE POTÁSSIO E SÓDIO

II.66.1 – *Uso em determinação quantitativa de oxigênio*[15,36]

II.66.1.1 – Dissolvem-se 18 g de NaOH puro (**corrosivo, tóxico; disp. N**) em 50 mL de água e dissolvem-se 5 g de iodeto de potássio (pág. 90) nesta solução.

II.66.1.2 – Mistura-se certa quantidade de carbonato de sódio com cal, deixa-se dissolver em água e filtra-se se necessário. Deixa-se evaporar até densidade relativa de 1,35 e dissolvem-se 10 g de KI em 100 mL desta solução.
Prepara-se também desta forma alternativa, porque o hidróxido de sódio comercial contém traços de ácido nitroso.

II.67 – SOLUÇÃO DE IODO-IODETO DE POTÁSSIO[15,28]

II.67.1 – *Uso em determinação quantitativa de SO_2*
Dissolvem-se 2,5 g de KI (pág 90) e 1,16 g de I_2 (**muito tóxico, corrosivo; disp. P**) em 100 mL de água.
1 mL desta solução equivale a 1 mL de gás SO_2.

II.67.2 – *Uso em precipitação de alcalóides*
Dissolvem-se 4 g de KI e 2 g de I_2 em 100 mL de água. Esta solução é, também, chamada o reagente de Bouchardat e a solução neutra ou ácida reage com alcalóides formando um precipitado marrom.

II.67.3 – *Uso em determinação qualitativa de morfina*
Dissolvem-se 10 g de KI e 5 g de I_2 em 100 mL de água.

II.67.4 – *Uso em determinação qualitativa de celulose*
Dissolvem-se 5 g de KI e 1 g de I_2 em 330 mL de água.
Esta solução tinge a celulose [$C_6H_{10}O_5)_n$] de marrom-amarelado, porém, perde a cor por lavagem com água.

II.67.5 – *Uso em determinação qualitativa de algodão*
Dissolvem-se 1 g de KI e 1 g de I_2 em 100 mL de água. Mergulha-se o algodão nesta solução, retira-se e em seguida mergulha-se em so-

lução aquosa de cloreto de zinco (pág. 65) a 66%. Então, o algodão torna-se roxo.

II.67.6 – *Uso em identificação de fibras*

Misturam-se 2 g de KI e 1,15 g de I_2 com 2 mL de glicerina e 2 mL de água.

Esta solução tinge o algodão e linho de marrom e a polpa branqueada de madeira fica incolor.

II.67.7 – *Solução de Lugol*

Dissolvem-se 100 g de KI e 50 g de I_2 em 100 mL de água e completa-se 1 litro.

II.68 – SOLUÇÃO DE IODOPLATINATO DE POTÁSSIO[15]

[Nome recomendado: hexaiodoplatinato (IV) de potássio, K_2PtI_6]

Uso em determinação qualitativa de hidrazona

Adicionam-se 45 mL de solução aquosa de KI (pág. 90) a 10% em 5 mL de solução ácida (HCl 1N) de cloreto de platina (**corrosivo, tóxico; disp. P**) a 5% e diluem-se com água até 100 mL. Conserva-se a solução em lugar escuro e fresco.

II.69 – SOLUÇÃO PADRÃO DE MAGNÉSIO[6,15]

II.69.1 – *Solução padrão de magnésio*

II.69.1.1 – Adicionam-se 10 g de cloreto de amônio (pág.49) em 100 mL de solução aquosa de sulfato de magnésio (pág. 131) a 1%, adiciona-se solução de hidróxido de amônio concentrada (**corrosivo, tóxico; disp. N**) até que a solução fique rósea, usando-se a fenolftaleína como indicador, e aquece-se até a fervura. Adicionam-se 10 mL de solução alcoólica de oxina (também chamada 8-hidroxiquinolina, **irritante; disp. A**) a 2%, deixa-se ferver durante 10 minutos e filtra-se usando o cadinho de Gooch. Lava-se o precipitado $[Mg(C_9H_6ON)_2{\cdot}2H_2O]$ com solução de hidróxido de amônio diluída, seca-se na temperatura de 100°C e dissolvem-se 0,1433 g deste precipitado seco em 20 mL de HCl 0,5N. Em seguida, dilui-se com água até 1.000 mL. 1 mL desta solução contém 0,01 mg de Mg.

II.69.1.2 – Dissolvem-se 10,6 g de nitrato de magnésio (pág. 101) em água e leva-se a 1 litro. 1 mL desta solução contém 1 mg de Mg.

II.70 – SOLUÇÃO PADRÃO DE MANGANÊS[6]

II.70.1 – *Solução padrão de manganês*

II.70.1.1 – Dissolvem-se 2,877 g de permanganato de potássio (pág. 113) em água que contém 20 mL de H_2SO_4 concentrado (**corrosivo, oxidante; disp.N**), goteja-se solução de sulfito de sódio (pág. 136) ou então passa-se gás SO_2 (**muito tóxico, corrosivo**) até que a solução roxo-avermelhada fique incolor e, então, elimina-se o excesso de sulfito por aquecimento (emissão de SO_2, **muito tóxico**). Após esfriamento, dilui-se com água e leva-se a 1 litro. 1 mL desta solução contém 1 mg de Mn.

II.70.1.2 – Dissolvem-se 3,144 g de sulfato de manganês ($MnSO_4.4H_2O$) (**irritante; disp. L**) em pequena quantidade de H_2SO_4 (1:3) e dilui-se com água até 1 litro. 1 mL desta solução contém 0,7744 mg de Mn ou 1 mg de MnO.

II.70.1.3 – Dissolvem-se 5,3 g de nitrato de manganês (pág. 102) (**irritante, corrosivo; disp. L**) em água e leva-se a 1 litro. 1 mL desta solução contém 1 mg de Mn.

II.71 – SOLUÇÃO PADRÃO DE MERCÚRIO[15]

Solução de cloreto mercúrico: ($HgCl_2$, Eq.: 135,76)

II.71.1.1 – Dissolvem-se 0,1357 g de cloreto mercúrico (pág. 61) em água e leva-se a 1 litro.
1 mL desta solução contém 1 mg de Hg.

II.71.1.2 – Fervem-se 0,5 g de mercúrio puro (**muito tóxico; disp. P**) em 15 mL de HNO_3 (1:1) para eliminar o gás de NO_2 (**gás tóxico e corrosivo**) e dilui-se com água até 1 litro.
1 mL desta solução contém 0,5 mg de Hg.

II.71.1.3 – Prepara-se a solução de $Hg_2(NO_3)_2$ —0,5N (pág. 103).
1 mL desta solução contém 0,1 g de Hg^+.

II.72 – SOLUÇÃO DE META-ARSENITO DE SÓDIO

II.72.1 – *Solução de meta-arsenito de sódio:* ($NaAsO_2$, Eq.: 64,955)

$NaAsO_2$ — *0,1N:* Dissolvem-se cerca de 6,5 g de meta-arsenito de sódio (**muito tóxico, possívelmente cancerígeno; disp.L**) em água e completa-se 1 litro.

II.72.2 – *Solução de meta-arsenito de sódio para uso em análise de cloro*
Dissolvem-se 5 g de $NaAsO_2$ em água e completa-se 1 litro.

II.73 – SOLUÇÃO DE META-FOSFATO DE SÓDIO

[N. R.-também denominado polifosfato de sódio: $(NaPO_3)_n$]
Solução de meta-fosfato de sódio: ($NaPO_3$, Eq.: 101,97)

$NaPO_3$ — *0,1 N (1%):* Deixa-se dissolver 1 g de $NaPO_3$ (**irritante; disp. N**) em 100 mL de água.
O meta-fosfato de sódio é um pó branco pouco solúvel em água. Pode ser obtido pelo seguinte método: dissolvem-se 20 g de nitrato de sódio ($NaNO_3$) (**tóxico, oxidante; disp. N**) em 25 mL de água, jogam-se 32 mL de ácido fosfórico (**corrosivo; disp. N**) a 44,7% e deixa-se evaporar em banho-maria até a secura. Em seguida, aquece-se a 330°C.

II.74 – SOLUÇÃO PADRÃO DE MOLIBDÊNIO

II.74.1 – *Solução padrão de molibdênio*

II.74.1.1 – Dissolvem-se 2,042 g de molibdato de amônio anidro (pág. 94) (**irritante; disp. J**) em água e leva-se a 1 litro.
1 mL desta solução contém 1 mg de Mo.

II.74.1.2 – Dissolvem-se 2,5 g de molibdato de sódio (ver adiante: ítem II-75) em 1 litro de água que contém 5 mL de H_2SO_4 concentrado (**oxidante, corrosivo; disp. N**).
1 mL desta solução contém 1 mg de Mo.

II.74.1.3 – Dissolvem-se 2,084 g de molibdato de cálcio (**tóxico, irritante; disp J**) em 30 mL de HCl (1:1), adicionam-se 15 mL de H_2SO_4 concentrado (**oxidante, corrosivo; disp. N**) e deixa-se aquecer até que se formem fumaças brancas (**muito tóxicas, corrosivas, irritantes**) de H_2SO_4. Esfria-se, joga-se em água e filtra-se. Em seguida, dilui-se esta solução filtrada com água até 1 litro.
1 mL desta solução contém 1 mg de Mo.

II.75 – SOLUÇÃO DE MOLIBDATO DE SÓDIO[15]

Uso em determinação quantitativa de piretrina

Dissolvem-se 15 g de molibdato de sódio ($Na_2MoO_4 \cdot 2H_2O$; P.M.: 241,95; **irritante; disp. J**) em 30 mL de água, filtra-se, se necessário, e lava-se com 7,5 mL de água. Juntam-se as soluções filtradas, adicionam-se 1 a 2 gotas de bromo (**muito tóxico, oxidante; disp. J**) e deixa-se decantar durante cerca de uma hora. Em seguida, adicionam-se 22,5 mL de ácido fosfórico a 85% (**corrosivo; disp. N**) e 15 mL de H_2SO_4 (1:3) agitando-se continuamente e então, elimina-se o bromo pela passagem de ar (evolução de gás tóxico). Adicionam-se 7,5 mL de ácido acético glacial (**corrosivo; disp. C**) e dilui-se com água até 100 mL.

II.76 – SOLUÇÃO REAGENTE DE NÍQUEL

Uso em análise de nitrogênio

Dissolvem-se 40 g de nitrato de níquel (pág. 103) e 20 g de nitrato de amônio (pág. 96) em 100 mL de solução de níquel-guanil-uréia (deixa-se saturar o niquelato de dicianodiamidina em solução de hidróxido de amônio a 2% - **solução tóxica, possível cancerígena**) e elimina-se a parte insolúvel por filtração.

II.77 – SOLUÇÃO DE NITRATO DE BISMUTILA

Solução de nitrato de bismutila: [$Bi(OH)_2NO_3$ ou $BiO(NO_3)\cdot H_2O$, Eq.: 101,7]

$Bi(OH)_2NO_3$ — *0,1N:* Dissolvem-se 12,2 g de nitrato de bismutila (**oxidante, irritante; disp. L**) em HNO_3 6N (**oxidante, corrosivo; disp. N**), dilui-se com água e completa-se 1 litro.
1 mL desta solução contém 10,2 mg de Bi.
O nitrato de bismutila é um cristal branco e higroscópico. É insolúvel em água e álcool.

II.78 – SOLUÇÃO DE NITRATO DE CÉRIO-AMÔNIO

[N. R. – nome recomendado: nitrato de amônio e cério(IV)]
Solução de nitrato de cério-amônio: [$(NH_4)_2Ce(NO_3)_6$, Eq.: 548,26]

$(NH_4)_2Ce(NO_3)_6$ — *0,1N:* Dissolvem-se 54,8 g de nitrato de cério-amônio (**oxidante, irritante; disp. L**) em 500 mL de H_2SO_4 2N, dilui-se com água e completa-se 1 litro.
O nitrato de cério-amônio não absorve umidade e é estável.
Pode ser purificado pela recristalização em água obtendo-se acima de 99,5% de pureza.
Pode-se padronizar esta solução da mesma forma que o sulfato cérico amoniacal (pág. 122).

II.79 – SOLUÇÃO DE NITRATO DE LANTÂNIO

Uso em determinação qualitativa de ácido acético

Prepara-se a solução de nitrato de lantânio [$La(NO_3)_3\cdot 6H_2O$; P.M.: 433,02] a 5% (**oxidante, irritante; disp. Q**). Esta solução reage com ácido acético em presença de solução alcoólica de iodo e solução de hidróxido de amônio tornando-se azul.

II.80 – SOLUÇÃO DE NITRATO DE ÓXIDO DE ZINCO

Uso em determinação quantitativa de Se

Dissolvem-se 20 g de óxido de zinco em 71 mL de HNO_3 concentrado (**oxidante, corrosivo; disp. N**)

II.81 – SOLUÇÃO DE NITRATO DE TÓRIO

Uso em determinação quantitativa de F

Dissolvem-se 3,4813 g de nitrato de tório [$Th(NO_3)_4 \cdot 12H_2O$] (**tóxico, oxidante, possível cancerígeno**) em água e leva-se a 1 litro.
A concentração desta solução é 0,02N e pode ser padronizada pelo fluoreto de sódio usando vermelho de alizarina como indicador.

$$1 \text{ mL de } Th(NO_3)_4 \text{ 0,02N} = 0{,}38 \text{ mg de F.}$$

[N. R. – embora os compostos de tório contenham preponderantemente isótopos não ativos, eles sempre emitem pequena taxa de radiação; seu manuseio cuidadoso não apresenta inconveniente, mas a incorporação dos mesmos ao organismo, por inalação ou contato direto, é muito perigosa; por este motivo eles são classificados como tóxicos e possíveis cancerígenos.]

II.82 – SOLUÇÃO PADRÃO DE NITROGÊNIO[15]

II.82.1 – *Solução padrão de nitrogênio*

II.82.1.1 – Dissolvem-se 0,493 g de nitrito de sódio (pág. 109) puro em 1 litro de água.
1 mL desta solução equivale a 0,1 mg de N, 0,33 mg de NO_2^- e 0,27 mg de N_2O_3.

II.82.1.2 – Dissolve-se 1 g de nitrito de prata (**oxidante, irritante; disp. N**) em água, adiciona-se excesso de NaCl, deixa-se precipitar o cloreto de prata. Em seguida, filtra-se e dilui-se a solução filtrada com água até 1 litro.
Esta solução equivale à solução (II - 82.1.1).

II.82.1.3 – Dissolvem-se 3,82 g de cloreto de amônio (pág. 49) em água e leva-se a 1 litro.
1 mL desta solução contém 1 mg de N ou 1,29 mg de NH_4^+.

II.82.1.4 – Dissolvem-se 0,7218 g de nitrato de potássio (pág. 104) puro em água e leva-se a 1 litro.
1 mL desta solução contém 0,1 mg de N.[43]

II.82.1.5 – Dissolvem-se 0,607 g de nitrato de sódio (pág. 108) puro em 1 litro de água, deixa-se evaporar 50 mL desta solução até a secura e esfria-se. Em seguida, adicionam-se 20 mL de solução de fenol-H_2SO_4 (pág. 234), agita-se bem e dilui-se com água até 500 mL.
1 mL desta solução contém 0,01 mg de N.

II.83 – SOLUÇÃO PADRÃO DE OURO

Dissolvem-se 5 mg de ouro puro em 100 mL de água régia (vapores corrosivos e tóxicos) e dilui-se com água até 1 litro.
1 mL desta solução contém 5×10^{-3} mg de ouro (**disp. P**).

II.84 – SOLUÇÃO DE ÓXIDO DE COBRE-AMÔNIO[15]

Uso em medida de viscosidade de fibras

Colocam-se 22 g de pedaços de cobre puro em 2 litros de solução de hidróxido de amônio (28%; ver tabela pág. 76; **corrosivo, tóxico; disp. N**) bem gelada, adicionam-se 20 g de sacarose e passa-se o ar por aspiração durante 2 a 3 horas.
Esta solução contém 11 g de cobre, 250 g de amônio e 10 g de sacarose em 1 litro.
Conserva-se em lugar escuro, colocando-se em vidro marrom.

II.85 – SOLUÇÃO DE ÓXIDO DE PRATA

Uso em oxidação de aldeídos[15]

Dissolvem-se 3 g de nitrato de prata (pág. 105) (**corrosivo, tóxico, oxidante; disp. L**) em 30 mL de solução de hidróxido de amônio (d: 0,923; ver tabela pág. 76; **corrosivo, tóxico; disp. N**) e adicionam-se 30 mL de solução de NaOH a 10% (ver tabela pág. 85). (**disp. P**). Esta solução é também chamada reagente de Tollens.

II.86 – SOLUÇÃO DE PENTACLORETO DE ANTIMÔNIO

Usa em determinação qualitativa de tiofeno[15]

Adiciona-se o pentacloreto de antimônio (v. pág. 50; **tóxico; disp. K**) em solução mista de benzeno (**inflamável, cancerígeno; disp. D**; N. R.- solvente de uso restrito. Deve-se estudar a possibilidade de substituí-lo por outro) e tetracloreto de carbono (**tóxico, cancerígeno; disp B**; N. R. solvente de uso restrito. Deve-se estudar a possibilidade de substituí-lo por outro).
Esta solução reage com tiofeno contido em benzeno (3 mg/mL) formando uma turvação azul-esverdeada.

II.87 – SOLUÇÃO PADRÃO DE PLATINA[15]

Dissolvem-se 10 g de ácido cloroplatínico (pág. 148) (**irritante; disp. P**) em 50mL de água, filtra-se se necessário, e diluem-se com água até 75 mL.
1 mL desta solução contém 0,05 g de Pt.

II.88 – SOLUÇÃO PADRÃO DE POTÁSSIO[15]

II.88.1 – *Solução padrão de potássio*

II.88.1.1 – Dissolvem-se 6,24 g de cloroplatinato de potássio (K_2PtCl_6) em água e leva-se a 1 litro (**disp. P**).
1 mL desta solução contém 1 mg de K.

II.88.1.2 – Dissolvem-se 1,907 g de cloreto de potássio (pág. 63) em água e leva-se a 1 litro.
1 mL desta solução contém 1 mg de K.

II.89 – SOLUÇÃO PADRÃO DE PRATA[15]

Seca-se o nitrato de prata em pó (pág. 105) em dessecador de H_2SO_4 (**oxidante, corrosivo; disp. N**) durante cerca de 4 horas, dissolvem-se 0,16 g de $AgNO_3$ seco em água e leva-se a 1 litro.
1 mL desta solução contém 0,1 mg de Ag.

II.90 – SOLUÇÃO REAGENTE DE TIOCIANATO DE COBALTO[15]

Uso em determinação qualitativa de lignina

Misturam-se 10 mL de solução aquosa e saturada de sulfato de cobalto (pág. 182) e 20 mL de solução tiocianato de amônio 1N (pág. 139). Esta solução reage com lignina ficando azul-marinho.

II.91 – SOLUÇÃO PADRÃO DE SELÊNIO

II.91.1 – *Solução padrão de selênio*[15]

II.91.1.1 – Dissolvem-se l,404g de dióxido de selênio (SeO_2, **muito tóxico, corrosivo; disp. L**) em 1 litro de água.
1 mL desta solução contém 1 mg de Se.

II.91.1.2 – Dissolvem-se 1,632 g de ácido selenoso (H_2SeO_3, **muito tóxico, oxidante; disp. O**) em água e leva-se a 1 litro.
1 mL desta solução contém 1 mg de Se.

II.91.1.3 – Adicionam-se 5 mL de HNO_3 concentrado (**oxidante, corrosivo; disp. N**) e 10 mL de HCl concentrado (**corrosivo; disp. N**) a 0,1 g de selênio puro, deixa-se evaporar até secura (**vapores nítricos e clorídricos são muito tóxicos e corrosivos**) e dissolve-se em pequena quantidade de H_2SO_4 bem diluído. Dilui-se com água até 1 litro.
1 mL desta solução contém 0,1 mg de Se.

II.91.2 – *Solução padrão para uso em determinação colorimétrica*
Goteja-se 1 gota de goma-arábica, HCl 1,5N e solução de KI a 50% na solução (II - 91.1.3).

$$H_2SeO_3 + 4KI + H_2O = 2I_2 + Se + 4KOH$$

II.91.3 – *Solução reagente de selênio — H_2SO_4 para uso em determinação qualitativa de narcotina*
Dissolvem-se 0,5 g de ácido selenoso em 100 mL de H_2SO_4 concentrado (**oxidante, corrosivo; disp. N**).

II.92 – SOLUÇÃO PADRÃO DE SÍLICA

II.92.1 – *Solução padrão de sílica*[15]

II.92.1.1 – Dissolvem-se 0,670 g de fluossilicato de sódio (Na_2SiF_6) (pág. 71) em água e leva-se a 1 litro.
1 mL desta solução contém 0,1 mg de Si.

II.92.1.2 – Dissolvem-se 0,0548 g de ácido pícrico [$C_6H_2(OH)(NO_2)_3$] (**inflamável, tóxico; disp. K**) em água e leva-se a 1 litro.
O grau de cor desta solução equivale a 50 mg Si/litro e 0,567 g K_2CrO_4/litro.

II.92.2 – *Solução padrão de ácido meta-silícico*
Colocam-se 0,2 g de ácido silícico anidro (SiO_2, **irritante; disp. O**) e 3 g de carbonato de sódio num cadinho de platina, deixa-se fundir e dissolve-se em água. Leva-se o volume total a 200 mL.
1 mL desta solução contém silicatos equivalentes a 1,3 mg de H_2SiO_3.

II.93 – SOLUÇÃO PADRÃO DE SÓDIO

II.93.1 – *Solução padrão de sódio*[15]

II.93.1.1 – Dissolvem-se 3,7 g de nitrato de sódio (pág. 108) em 1 litro de água.
1 mL desta solução contém 1 mg de Na.

II.93.1.2 – Dissolvem-se 2,542 g de NaCl (pág. 63) em água e leva-se a 1 litro.
1 mL desta solução contém 1 mg de Na.

II.94. SOLUÇÃO DE SULFATO COBALTOSO

Solução de sulfato cobaltoso: ($CoSO_4 \cdot 7H_2O$, Eq.: 140,56)

$CoSO_4$ — *1N:* Dissolvem-se cerca de 14 g de sulfato cobaltoso (**irritante; disp. L**) em 40 mL de H_2SO_4-8N (**oxidante, corrosivo; disp. N**) a quente, dilui-se com água e completam-se 100 mL.
O sulfato cobaltoso é um cristal rosa avermelhado e é estável ao ar. 100 g de água dissolvem 94 g (20°C) e é solúvel 30% em metanol.

Temperatura	*Estado de* $CoSO_4$
98°C	dissolve em água de cristalização
420°C	anidrido, vermelho e não transparente

II.95 – SOLUÇÃO DE SULFATO MERCÚRICO

II.95.1 – *Uso em análise de álcool*

Dissolvem-se 10 g de sulfato mercúrico ($HgSO_4$; **muito tóxico, corrosivo; disp. L**) em 50 mL de água, adicionam-se 5,6 mL de H_2SO_4 concentrado (**oxidante, corrosivo; disp. N**) e dilui-se com água até 100 mL.

II.95.2 – *Uso em determinação qualitativa de cetona e ácido cítrico*

Dissolvem-se 5g de óxido mercúrico amarelo (HgO, **muito tóxico, irritante; disp. O**) em 40 mL, de água, adicionam-se 20 mL de H_2SO_4 concentrado (**oxidante, corrosivo; disp. N**), agitando-se continuamente e, em seguida, colocam-se 40 mL de água. Deixa-se decantar até dissolver completamente.

II — 95.3 *Uso em análise de proteínas e triptofana*[42]

Dissolvem-se 10 g de sulfato mercúrico em 90 mL de H_2SO_4 a 5%. Esta solução, também chamada reagente de Hopkins-Cole, reage com proteínas formando um anel roxo-avermelhado na camada superficial.

II.96 – SOLUÇÃO REAGENTE DE SULFATO DE MOLIBDÊNIO

Uso em determinação quantitativa de ácido fosfórico contido no silicato

Dissolvem-se 5 g de sulfato de amônio (pág. 120) em 50 mL de ácido nítrico (**oxidante, corrosivo; disp. N**) (d: 1,36); adiciona-se, pouco a pouco, solução de molibdato de amônio (pág. 94) [15 g de $(NH_4)_2MoO_4$ dissolvidos em 40 mL de água em fervura e resfriados até a temperatura ambiente] e agita-se. Em seguida, dilui-se com água e completa-se até 100 mL. Após decantação de 2 dias, filtra-se a parte insolúvel. Coloca-se num vidro marrom e conserva-se em lugar escuro.

II.97 – SOLUÇÃO PADRÃO DE SULFETO DE ARSÊNIO

Dissolve-se 1 g de ácido arsenoso (pág. 8) em HCl diluído (1:1), joga-se esta solução em 100 mL de solução de ácido sulfídrico recém-preparada (**muito tóxico, gás inflamável; disp. Y**) e separa-se o sulfeto de arsênio (As_2S_3) formado por filtração.
Lava-se com água e seca-se a 100°C.
Pesam-se 0,367 g, dissolvem-se em diversas gotas de solução de hidróxido de amônio (**corrosivo, tóxico; disp. N**) e diluem-se com água até 100 mL.
1 mL desta solução equivale a 1 mL de H_2S (0°C, 760mm Hg).

II.98 – SOLUÇÃO DE TARTARATO DE AMÔNIO

Uso em determinação quantitativa de Bi

Dissolvem-se 10g de ácido tartárico [$HO_2CCH(OH)CH(OH)CO_2H$, P.M.: 150,09; **irritante; disp. A**] em 33 mL de água, filtra-se, se necessário, e goteja-se solução de hidróxido de amônio concentrada (pág. 75; **corrosivo, tóxico; disp. N**) até a solução ficar fracamente alcalina, usando-se o ácido rosólico como indicador. Esta solução não deve formar precipitado marrom ou preto quando se fizer a adição de gotas da solução de sulfeto de sódio (pág.135).

II.99 – SOLUÇÃO DE TARTARATO DE POTÁSSIO

Uso em determinação quantitativa de Be

Dissolvem-se cerca de 11,4 g de tartarato de potássio ($KHC_4H_4O_6$) em 100 mL de água (**disp A**).
Esta solução amoniacal reage com Be (**compostos de berílio são tóxicos e possíveis cancerígenos**) formando um precipitado.

II.100 – SOLUÇÃO DE TIOCARBONATO DE POTÁSSIO (K_2CS_3)

Dividem-se 50 mL de solução de KOH (pág. 80) a 50% em duas partes, deixa-se saturar uma parte com gás H_2S (**tóxico, inflamável; disp. K**) e, em seguida, adiciona-se a outra parte e 2 mL de dissulfeto de carbono (CS_2, **tóxico, inflamável; disp. D**). Mistura-se e agita-se vigorosamente durante 5 minutos e filtra-se usando funil molhado. Esta solução é também chamada reagente de níquel.

II.101 – SOLUÇÃO PADRÃO DE TIOCROMO[15]

Uso em determinação fluorumétrica de vitamina B_1

Coloca-se 1 mL de solução alcoólica de vitamina B_1 ($C_{12}H_{17}ON_4SCl \cdot HCl$) a 1 mg % num tubo de centrifugação, adiciona-se solução ácida de cloreto de potássio (pág. 63) até completar 5 mL e, em seguida, 3 mL de solução de ferricianeto de potássio (pág. 68) (4 mL de ferricianeto de potássio dissolvidos em 96 mL de hidróxido de sódio a 15%). Agita-se vigorosamente durante 1 1/2 minutos e adicionam-se 13 mL de álcool iso-butírico (**irritante, inflamável**). Centrifuga-se e usa-se a camada sobrenadante. Seca-se com 2 g de sulfato de sódio anidro, se necessário.

II.102 – SOLUÇÃO PADRÃO DE TITÂNIO

II.102.1 – *Solução padrão de titânio*

Pesam-se exatamente 0,58 g de fluoreto de titânio e potássio puro [N. R. -composto também comercializado sob o nome: hexafluorotitanato de potássio, K_2TiF_6, (**disp. O**)] numa cápsula de platina, goteja-se H_2SO_4

(1:1) e aquece-se. Quando houver formação de fumaças brancas de H_2SO_4, goteja-se mais H_2SO_4 (1:1) e repete-se esta operação até que haja eliminação completa do fluoreto de hidrogênio (**tóxico, irritante, corrosivo**). Após o esfriamento, dilui-se com H_2SO_4 a 5% até 200 mL.
1 mL desta solução contém 0,6 mg de Ti ou 1 mg de TiO_2.

II.102.2 – *Solução de titânio para uso em determinação colorimétrica*
Adicionam-se 1 a 2 mL de H_2O_2 a 3% em 5 mL de solução padrão de titânio (II — 102.1) e dilui-se com H_2SO_4 a 5% até 50 mL.
1 mL desta solução contém 0,06 mg de Ti ou 0,1 mg de TiO_2.

II.103 – SOLUÇÃO DE TRICLORETO DE ANTIMÔNIO

II.103.1 – *Solução padrão de tricloreto de antimônio —0,2N:*
($SbCl_3$; Eq.: 114,07)
Dissolvem-se 22,8 g. de $SbCl_3$ (**tóxico, corrosivo; disp. L**) em 5,0 mL de HCl 6N, diluem-se com água e completa-se 1 litro.
1 mL desta solução contém cerca de 11 mg de Sb.

II.103.2 – *Método de padronização de solução de tricloreto de antimônio*
Adicionam-se 20 mL de solução de tartarato de sódio e potássio (pág. 137) a 10% em certa quantidade de solução de tricloreto de antimônio, agita-se e em seguida, adicionam-se 2 g de bicarbonato de sódio. Titula-se com solução de I_2 0,1 N (pág. 92), usando solução de amido como indicador. 1 mL de I_2 0,1N = 11,4 mg de $SbCl_3$.
Pode-se conservar durante um mês, colocando-se num vidro marrom e em lugar escuro.

II.103.3 – *Uso em determinação quantitativa de vitamina*[15,42]
Dissolvem-se 25 g de tricloreto de antimônio ($SbCl_3$) em 10 mL de clorofórmio (**muito tóxico, possível cancerígeno; disp. B**) e deixa-se recristalizar. Em seguida, dissolvem-se vagarosamente 20 g de $SbCl_3$ purificado em 80 mL de clorofórmio. Se houver turvação, filtra-se ou então goteja-se ácido acético a 2%.

II.103.4 – *Uso em determinação de duplas ligações em compostos orgânicos*[15]
Dissolvem-se 30 g de tricloreto de antimônio em 70 g de clorofórmio. Esta solução é também, chamada reagente de Sabetay.

II.104 – SOLUÇÃO DE TUNGSTATO DE SÓDIO

II.104.1 – *Uso em determinação qualitativa de adrenalina*[15]
Adicionam-se 10 g de tungstato de sódio ($Na_2WO_4{\cdot}2H_2O$; **tóxico; disp. O**) e 1,8 g de óxido de molibdênio (MoO_3; **irritante; disp. D**) ou 2 g de ácido fosfomolibdênico (pág. 150), em solução mista de 75 mL de água e 5 mL de ácido fosfórico a 85% (pág. 15). Deixa-se ferver em refluxo durante 2 horas e, após o esfriamento, filtra-se se necessário. Dilui-se com água até 100 mL.
Esta solução é também chamada Reagente de Folin.

II.104.2 – *Uso em determinação qualitativa de ácido uréico*[15,42]
Adicionam-se 100 g de tungstato de sódio à solução mista de 80 mL de ácido fosfórico a 85% e 750 mL de água, deixa-se ferver em refluxo durante 2 horas e, após o esfriamento, dilui-se com água até 1 litro. Esta solução reage com ácido uréico na presença de excesso de carbonato de sódio tornando-se azul intensa.

II.104.3 – *Uso em determinação quantitativa de triptofana*[15]
Adicionam-se 12,5 g de tungstato de sódio e 12,5 g de molibdato de sódio ($Na_2MoO_4{\cdot}2H_2O$; **irritante; disp. J**) em 350 mL de água, transfere-se para um balão de fundo redondo de 1 litro e adicionam-se 25 mL de ácido fosfórico a 85% e 25 mL de HCl concentrado (**corrosivo; disp. N**). Deixa-se ferver em refluxo durante 10 horas, adicionam-se 75 g de sulfato de lítio ($Li_2SO_4.H_2O$; **disp N**), 25 mL de água e diversas gotas de solução de bromo e, em seguida, deixa-se ferver sem condensador, durante 15 minutos, para eliminar o excesso de bromo (**vapores tóxicos**). Após o esfriamento, dilui-se com água até 500 mL e filtra-se a parte insolúvel.
Esta solução é chamada reagente de fenol.

II.104.4 – *Uso em identificação de enzima*[15]
Dissolvem-se 50 g de tungstato de sódio e 12,5 g de molibdato de sódio em 350 mL de água.

II.104.5 – *Uso em determinação quantitativa de vitamina C*[15]
Colocam-se 17,7 g de tungstato de sódio num frasco, adicionam-se 6,5 mL de ácido fosfórico a 85% e 30 mL de água e agita-se. Em seguida, colocam-se diversas bolinhas de vidro, adapta-se o condensador de refluxo e aquece-se vagarosamente em cima da tela de amianto. Aquece-se por mais de hora e, após o esfriamento, adiciona-se o bromo (**muito tóxico, oxidante; disp. J**) até a solução ficar colorida. Em seguida, aquece-se em banho de areia para eliminar o excesso do bromo (vapores tóxicos), esfria-se até temperatura ambiente e dilui-se com água até 100 mL.
O pH desta solução, fracamente amarelo-esverdeada, é cerca de 3,35.

II.104.6 – *Uso em análise de sangue*[15]
Dissolvem-se 6 g de tungstato de sódio e 15 g de sulfato de sódio (pág. 133) anidro em água e leva-se a 1 litro.

II.105 – SOLUÇÃO PADRÃO DE TUNGSTÊNIO[15]

Dissolvem-se 1,26 g de óxido de tungstênio (WO_3; **irritante; disp. O**) em 100 mL de solução de NaOH 0,1N e dilui-se com água até 1 litro.
1 mL desta solução contém 1 mg de W.

II.106 – REAGENTE DE URÂNIO[6,15]

Uso em determinação quantitativa de acetato de zinco

Goteja-se o ácido acético (**corrosivo; disp. C**) em solução aquosa de acetato de uranila $[(CH_3CO_2)UO_2 \cdot 2H_2O]$ a 5% até acidular a solução.
Pode-se usar o nitrato de uranila a 10% em lugar de acetato de uranila.
[N. R. – embora os compostos de urânio contenham preponderantemente isótopos não ativos, eles sempre emitem pequena taxa de radiação; seu manuseio cuidadoso não apresenta inconveniente, mas

a incorporação dos mesmos ao organismo, por inalação ou contato direto, é muito perigosa; por este motivo eles são classificados como tóxicos e possíveis cancerígenos.]

II.107 – SOLUÇÃO PADRÃO DE VANÁDIO[15]

II.107.1 – *Solução padrão de vanádio*

II.107.1.1 – Dissolvem-se 2,3 g de vanadato de amônio (NH_4VO_3; **muito tóxico, irritante; disp. O**) em H_2SO_4 (ou HNO_3) a 10%, deixa-se esfriar e dilui-se com água até 1 litro.
1 mL desta solução contém 1 mg de V.

II.107.1.2 – Dissolvem-se 1,784 g de óxido de vanádio (V_2O_5; **muito tóxico, irritante; disp. O**) em H_2SO_4 concentrado (**oxidante, corrosivo; disp. N**) por aquecimento e adiciona-se H_2SO_4 concentrado até completar 100 mL.
1 mL desta solução contém 10 mg de V.

II.108 – SOLUÇÃO PADRÃO DE ZINCO[2]

Jogam-se 5 g de zinco puro ou 6,224 g de óxido de zinco (ZnO; **disp O**) aquecido em 300 mL de H_2SO_4 (d: 1,4), ferve-se e deixa-se dissolver. Em seguida, adiciona-se água até 1 litro.
1 mL desta solução contém 5 mg de Zn ou 6,22 mg de ZnO.

c a p í t u l o

III

SOLUÇÕES ORGÂNICAS

III.1 – SOLUÇÃO PADRÃO DE ACETALDEÍDO[15,42]

Purifica-se o acetaldeído amoniacal (**irritante; disp. A**) [$CH_3CH(OH)NH_2$] pela seguinte operação: extrai-se com éter etílico (**inflamável, irritante; disp. D**) diversas vezes, seca-se em corrente de ar e, em seguida, deixa-se secar em dessecador com H_2SO_4 (**oxidante, corrosivo; disp. N**). Pesam-se, então, 1,386 g de acetaldeído amoniacal purificado, deixam-se dissolver em 50 mL de etanol a 95% (**inflamável, tóxico; disp. D**) e adicionam-se 22,7 mL de solução alcoólica de H_2SO_4—1N (adicionam-se 49,04 g de H_2SO_4 concentrado em etanol a 95% e leva-se a 1 litro). Em seguida, completa-se o volume total a 100 mL com etanol a 95%. Se houver formação de um precipitado branco de sulfato de amônio, adiciona-se 0,8 mL de etanol a 95% e deixa-se decantar durante uma noite. Após decantação, filtra-se e guarda-se como solução original. 1 mL desta solução contém 0,01 g de acetaldeído.

III.2 – SOLUÇÃO DE ÁCIDO ACETOACÉTICO[15,42]

Solução a 2%: Colocam-se 100 mL de NaOH—1N em 13 g de acetoacetato de etila ($CH_3COCH_2COOC_2H_5$) (**irritante; disp. C**), dilui-se com água até 500 mL e deixa-se decantar durante 24 horas.

III.3 – ÁCIDO ACÉTICO[15,32,42]

Uso em determinação quantitativa de fluoreto[15]

III.3.1 – *Solução de ácido acético* (CH_3COOH, Eq.: 60,03; P.M. 60,03 g/mol) *Ácido acético glacial (99%)* (17N—CH_3COOH) (**corrosivo; disp. C**): Produto comercial.

CH_3COOH — *6N (36%):* Diluem-se 350 mL de ácido acético glacial com água até 1 litro.

CH_3COOH — *3N (11,8%, d: 1,017):* Diluem-se 117 mL de ácido acético glacial com água até 1 litro.

CH_3COOH — *1N:* Diluem-se 58 mL de ácido acético glacial com água até 1 litro.

Pode-se identificar a existência de água em ácido acético glacial da seguinte maneira: agita-se o ácido acético glacial com o mesmo volume de dissulfeto de carbono (**inflamável, tóxico; disp. D**) e observa-se se há turvação.
Se o ácido não contém água, pode-se misturar em qualquer proporção sem aparecer turvação branca.
A fim de eliminar completamente a água, adiciona-se P_2O_5 (**corrosivo; disp. N**) em quantidade necessária para formar o H_3PO_4 ou ácido acético anidro e destila-se.
O ácido acético glacial é estável em relação a oxidantes ou ao ácido nítrico, mas reage com ácido sulfúrico formando ácido aceto-sulfúrico.
Mistura-se com água, etanol, éter etílico, acetona, clorofórmio e benzeno em quaisquer proporções.
Dissolve bromo, iodo, ácido crômico, breu, resina de uréia, alumina ou fibrina.
O ácido acético a 10% dissolve óxido de zinco (ZnO).

III.3.2 - *Método de padronização da solução de ácido acético*

Titula-se certo volume da solução com solução padrão de hidróxido de sódio usando-se fenolftaleína como indicador

$$CH_3COOH + NaOH = CH_3\ COONa + H_2O$$

1mL de NaOH — 0,1N = 6,003 mg de CH_3COOH

III.3.3 – *Tabela de relação entre concentração e densidade relativa (20°C) do ácido acético*[32]

Observação: A densidade de ácido acético atinge o valor máximo na concentração 14N (78 a 80%).

Densidade relativa (d_4^{20})	*Concentração* (N)	%	g/L
1,0012	0,33	2	20,02
1,0040	0,50	3	30,10
1,0042	0,67	4	40,16
1,0080	1,01	6	60,50
1,0097	1,35	8	80,78
1,0130	1,52	9	91.2
1,0154	2,03	12	121,8
1,0200	2,56	15	153,2
1,0290	2,72	16	163,3
1,0260	3,08	18	184,7
1,0263	3,42	20	205,3
1,0313	4,13	24	247,5
1,0361	4,84	28	290,1
1,0406	5,55	32	333,0
1,0420	5,75	33	344,9
1,0428	5,91	34	354,6
1,0469	6,63	38	387,8
1,0507	7,35	42	441,3
1,0542	8,08	46	484,9
1,0559	8,45	48	506,8
1,0575	8,81	50	528,8
1,0590	9,18	52	550,7
1,0618	9,91	56	594,6
1,0642	10,64	60	638,5
1,0662	11,37	64	682,4
1,0672	12,10	68	726,1
1,0685	12,71	72	769,7
1,0694	13,54	76	813,0
1,0700	13,91	78	834,6
1,0700	14,27	80	856,0
1,0698	14,62	82	877,2
1,0685	15,31	86	918,9
1,0661	15,99	90	959,5
1,0619	16,63	94	998,2
1,0549	17,23	98	1034
1,0498	17,50	100	1050

III.4 – SOLUÇÃO DE ÁCIDO ACETILSALICÍLICO

Uso em determinação qualitativa de manganês[43]

Dissolvem-se 0,3 g de ácido acetilsalicílico (*o*-$CH_3COOC_6H_4COOH$) (**irritante; disp. A**) em 1 mL de NH_4OH a 10% e adicionam-se 0,5 mL de H_2O_2 (**oxidante, corrosivo; disp. J**).

III.5 – SOLUÇÃO DE ÁCIDO α-AMINO-n-CAPRÓICO

Uso em determinação qualitativa de cobre[43]

Dissolvem-se, por aquecimento, 0,67 g de ácido α-amino-n-capróico (dl-leucina, $C_6H_{13}O_2N$) em 100 mL de água e filtra-se.

III.6 – SOLUÇÃO DE ÁCIDO 3-AMINO-2-NAFTÓICO

Uso em determinação quantitativa de cobre[20,43]

Dissolvem-se 3 g de ácido 3-amino-2-naftóico ($H_2NC_{10}H_6COOH$) (**irritante; disp. A**) em 15,9 mL de solução de NaOH — 1N e dilui-se com água até 100 mL.

III.7 – SOLUÇÃO DE ÁCIDO ANTRANÍLICO

(Ácido 2-aminobenzóico)

Uso em determinação quantitativa de zinco, cádmio, cobalto, cobre, níquel, mercúrio e chumbo[20,43]

Dissolvem-se 3 g de ácido antranílico puro ($H_2NC_6H_4COOH$) (**irritante; disp. A**) em 22 mL de solução de NaOH—1N, filtra-se e dilui-se a solução filtrada, fracamente amarela, com água, até 100 mL. Em seguida, adiciona-se cuidadosamente o ácido antranílico até que a solução dê reação de ácido fraco com papel de tornassol.
Esta solução reage com zinco, cádmio, cobalto, cobre, níquel, mercúrio e chumbo, dando as seguinte colorações:

Metais	*Cor do precipitado*	*Precipitado*	*Fator*
Zinco	Branca	$Zn(C_7H_6O_2N)_2$	0,1937
Cádmio	Branca	$Cd(C_7H_6O_2N)_2$	0,2923
Cobalto	Vermelha	$Co(C_7H_6O_2N)_2$	0,17803
Cobre	Verde	$Cu(C_7H_6O_2N)_2$	0,1838
Níquel	Ligeiramente verde	$Ni(C_7H_6O_2N)_2$	0,17742
Mercúrio	Incolor	$Hg(C_7H_6O_2N)_2$	0,4237
Chumbo	Incolor	$Pb(C_7H_6O_2N)_2$	0,4323

III.8 – SOLUÇÃO DE ÁCIDO AURINTRICARBOXÍLICO

Uso em determinação quantitativa de alumínio[15,20,43]

Dissolvem-se 78 g de acetato de amônio (**disp. A**) e 54 g de cloreto de amônio (**irritante; disp. N**) em 50 mL de água, adicionam-se 50 mL de solução de ácido aurintricarboxílico a 0,1% [$(NH_4)_3C_{22}H_{11}O_9$] (**irritante; disp. A**) e 60 mL de HCl a 18% e dilui-se com água até completar 1 litro.

III.9 – SOLUÇÃO DE ÁCIDO BENZÓICO

Solução padrão de ácido benzóico
(C_6H_5COOH, P.M. 122,12; Eq.: 122,12)

O ácido benzóico é um cristal branco na forma de agulha. É solúvel em álcool, clorofórmio, éter etílico e em gordura, mas pouco solúvel em água (0,36 g/100 g a frio e 5 g/100 g a quente).
Pode-se purificar o ácido benzóico por sublimação em cadinho de platina na temperatura de 140°C.

C_6H_5COOH — *0,1 N (solução padrão):* Pesam-se, exatamente, 12,21 g de ácido benzóico puro (**irritante; disp. A**) e deixa-se dissolver em etanol (**inflamável, tóxico; disp. A**) até completar 1 litro.
Esta solução pode ser usada como solução padrão primária para padronizar as soluções de hidróxidos alcalinos. É necessário titular o álcool empregado como solvente, numa prova em branco, usando fenolftaleína como indicador.

$$C_6H_5COOH + NaOH = C_6H_5COONa + H_2O$$

1 mL de C_6H_5COOH — 0,1N = 4,0 mg de NaOH

III.10 – SOLUÇÃO DE β-NAFTOL e 4-AMINO-1-NAFTALENOSSULFONATO DE SÓDIO

Uso em determinação qualitativa de nitritos[15]

Dissolvem-se 1 g de β-naftol (**irritante; disp. A**) e 4 g de 4-amino-1-naftalenossulfonato de sódio (**disp. A**) [$C_{10}H_5(NH_2)SO_3HNa$] em 100 mL de água e filtra-se, se necessário. Coloca-se num vidro marrom e conserva-se em lugar escuro e fresco. Esta solução reage com NO_2^- em solução amoniacal ficando vermelha.

III.11 – SOLUÇÃO DE ÁCIDO CÍTRICO

III.11.1 – *Uso em determinação quantitativa de ácido fosfórico*[15]

Dissolvem-se 10 g de ácido cítrico mono hidratado [$HOOC(OH)C(CH_2CO_2H)_2 \cdot H_2O$] (**irritante; disp. A**) em água e completam-se a 100mL (solução original). Dilui-se 4 vezes com água na hora de usar. Adiciona-se 0,05 g de ácido salicílico (**tóxico; disp. A**) para cada 100 mL da solução original para conservar durante longo tempo.

III.11.2 – *Uso em determinação quantitativa de níquel*[15]

Dissolvem-se 12 g de ácido cítrico (**irritante; disp. A**), 20 g de sulfato de amônio (**disp. N**) e 15 mL de solução de hidróxido de amônio concentrada (**corrosivo, tóxico; disp. N**), em água, e completa-se a 100 mL.

III.12 – SOLUÇÃO DE ÁCIDO CROMOTRÓPICO

(ÁCIDO 4,5-DI-HIDROXINAFTALENO-2,7-DISSULFÔNICO)

III.12.1 – *Uso em determinação qualitativa de química inorgânica*[15]

Dissolvem-se 5 g de cromotropato de sódio [$(OH)_2C_{10}H_4(SO_3Na)_2$] (**irritante; disp. A**) em 100 mL de etanol (**inflamável, tóxico; disp. D**) ou água.

Esta solução neutra, a quente, reage com sal de prata e forma precipitado marrom preto.

Esta solução reage com Hg_2^{2+}, Hg^{2+}, Fe^{3+}, titânio, UO_2, Fe^{2+} e urânio, dando as seguintes colorações:

Substância	*Coloração*
Hg_2^{2+}	branca
Hg^{2+}	amarela
Fe^{3+}	verde escura
Titânio	marrom avermelhada
UO_2	marrom
Fe^{2+}	não reage
Urânio	não reage

III.12.2 – *Uso em determinação qualitativa de metanol*[15]

Dissolvem-se 0,05 g de cromatropato de sódio (**irritante; disp. A**) ou ácido cromotrópico $[(OH)_2C_{10}H_4(SO_3H)_2]$ (**irritante; disp. A**) em 100mL de H_2SO_4 a 75% [adicionam-se 90mL de H_2SO_4 concentrado (**oxidante, corrosivo; disp. N**) em 40mL de água].

III.13 – SOLUÇÃO DE ÁCIDO DI-HIDROXITARTÁRICO

Uso em determinação quantitativa de sódio[20,43]

Dissolve-se 1 g de ácido di-hidroxitartárico $[HO_2CC(OH)_2C(OH)_2CO_2H]$ (**disp. A**) em 20 mL de água, adiciona-se 1 gota de fenolftaleína (**irritante, disp. A**) e 30 mL de água com gelo e, em seguida, goteja-se solução fria de NaOH —1N (ou K_2CO_3 —1N), até que a solução fique fracamente alcalina.

III.14 – SOLUÇÃO DE ÁCIDO ESTEÁRICO

III.14.1 – *Uso em determinação quantitativa de lítio*[43]

Dissolvem-se 20 g de ácido esteárico $(C_{18}H_{36}O_2)$ (**disp. A**) em 1 litro de éter etílico (**inflamável, irritante; disp. D**), passa-se gás amônio (**corrosivo; disp. N**) até completa precipitação do estearato de amônio e, em seguida, deixa-se evaporar o éter. Dissolvem-se 2 g de estearato de amônio em 100 mL de álcool amílico (**tóxico; disp. D**) a quente (não se pode aquecer a mais do que 50°C). Prepara-se na hora de usar.

III.14.2 – *Uso em determinação quantitativa de cálcio*[20,43]

Dissolvem-se 4 g de ácido esteárico (**disp. A**) e 0,5 g de ácido oléico (**irritante; disp. A**) em 425 mL de etanol a 95% (**inflamável, tóxico; disp. D**) aquecendo-se em banho-maria, adiciona-se solução de carbonato de amônio (**irritante; disp. N**) (20 g dissolvidos em 100 mL de água) e deixa-se esfriar. Em seguida, adicionam-se 425 mL de etanol, 50 mL de água e 20 mL de hidróxido de amônio (**corrosivo, tóxico; disp. N**), filtra-se e usa-se o filtrado.

III.14.3 – *Uso em determinação quantitativa de sulfatos*[43]

Dissolvem-se 3 g de ácido esteárico (**disp. A**) em 22 a 23 mL de solução alcoólica de KOH — 0,5N, adicionam-se 100 mL de etanol neutro a 95% (**inflamável, tóxico; disp. D**) e neutraliza-se usando fenolftaleína como indicador. Adiciona-se, finalmente, o etanol até 450 mL e, então, adicionam-se 50 mL de água.

III.15 – SOLUÇÃO DE ÁCIDO FENILARSÔNICO

Uso em determinação quantitativa de zircônio[15,42]

Dissolvem-se 25 g de ácido fenilarsônico (**tóxico, irritante; disp. O**) [$C_6H_5AsO(OH)_2$] em 100 mL de água.
Esta solução é usada principalmente para determinação quantitativa de zircônio, mas reage também com tório, ferro, estanho e bismuto.

III.16 – SOLUÇÃO DE ÁCIDO H

Uso em determinação quantitativa de naftol[15]

Dissolvem-se 0,5 g de ácido H [ácido 1,8-aminonaftol-3,6-dissulfônico, $HONH_2C_{10}H_4(SO_3H)_2$], (**irritante; disp. A**) em 5 mL de solução de Na_2CO_3 — 2N.

III.17 – SOLUÇÃO DE ÁCIDO IODOACÉTICO

Uso em determinação quantitativa de vitamina C[15]

Dissolvem-se 18,6 g de ácido iodo acético (ICH_2COOH) (**corrosivo, tóxico; disp. A**) em água, goteja-se solução de $Na_2S_2O_3$ —1N para eliminar o iodo livre, até a completa descoloração e dilui-se com água até 100 mL de volume total.

III.18 – SOLUÇÃO DE ÁCIDO 7-IODO-8-HIDRÓXI-QUINOLINA-5-SULFÔNICO

III.18.1 – *Uso em determinação quantitativa de fluoretos*[43]
Misturam-se 90 mL de solução saturada de ácido 7-iodo-8-hidróxi-quinolina-5-sulfônico [$HO_3SC_9H_4NI(OH)$] com 10 mL de solução de cloreto férrico — 0,1N em HCl — 2N e adicionam-se 100 mL de água. Pode-se conservar esta solução durante 6 meses.

III.18.2 – *Uso em determinação quantitativa de cálcio*[43]
Agitam-se 8,8 g de ácido 7-iodo-8-hidróxi-quinolina-5-sulfônico (**corrosivo; disp. A**) com 200 mL de água e adicionam-se 6,5 mL de solução de NaOH — 4N. Dilui-se com água até 250 mL e filtra-se.

III.19 – SOLUÇÃO DE ÁCIDO *m*-NITROBENZÓICO

Uso em determinação quantitativa de tório[20,43]

Dissolvem-se de 3,5 a 4,0 g de ácido *m*-nitrobenzóico (**irritante; disp. A**) em 1 litro de água previamente aquecida a 80°C, deixa-se decantar durante uma noite e filtra-se.

III.20 – SOLUÇÃO PADRÃO DE ÁCIDO *p*-AMINO-BENZÓICO

III.20.1 – *Solução padrão de ácido p-amino-benzóico*[15]
Dissolvem-se 0,2 g de ácido *p*-amino-benzóico ($H_2NC_6H_4CO_2H$) (**irritante; disp. A**) em água e leva-se a 1 litro.
1 mL desta solução contém 0,2 mg de ácido *p*-amino-benzóico.

III.20.2 – *Método de preparação de solução padrão para uso em determinação quantitativa*[15]
Adiciona-se a solução aquosa de ácido tricloroacético a 2,7% a 1 mL de solução padrão de ácido *p*-amino-benzóico, acima preparada, até completar 100 mL. 1 mL desta solução contém 0,002 mg de ácido *p*-amino-benzóico.

III.21 – SOLUÇÃO DE ÁCIDO *p*-DIMETILAMINO-AZOFENILARSÔNICO[20,43]

Dissolve-se 0,1 g de ácido p-dimetilaminoazofenilarsônico [$(CH_3)_2C_6H_4N{=}NC_6H_4AsO(OH)_2$], (**tóxico; disp. A**)] em 100 mL de solução alcoólica de HCl (contém 5 mL de HCl concentrado (**corrosivo; disp. N**)).
Esta solução forma precipitado marrom-amarelado com zircônio e também reage com antimônio, ouro, molibdênio, tungstênio e titânio.

III.22 – SOLUÇÃO DE ÁCIDO PÍCRICO

O ácido pícrico absorve o amônio do ar tornando-se amarelo pela formação do picrato de amônio ($C_6H_2O_7N_3NH_4$). O ácido pícrico apresenta a seguinte solubilidade: cerca de 1,2% em água fria, 6% em água quente, 8% em álcool, 1,5% em éter etílico e cerca de 3% em clorofórmio.

III.22.1 – *Uso em padrão colorimétrico*[15]

Dissolvem-se 25,6 g de ácido pícrico [$C_6H_2(NO_2)_3OH$] (**inflamável, tóxico; disp. K**), secado em dessecador a vácuo (**cuidado, pode explodir!**), em água e completa-se a 1 litro.
O grau de coloração desta solução corresponde a 50 mg SiO_2/litro.

III.22.2 – *Uso em identificação de celulose*[15]

Dissolvem-se 0,5 g de ácido pícrico (**inflamável, tóxico; disp. K**) em 100 mL de água.
A lã e fio de seda são tingidos de amarelo, mas as fibras vegetais não.

III.22.3 – *Uso em precipitação de alcalóides*[15]

Deixa-se saturar 80 mL de água com 1 g de ácido pícrico (**inflamável, tóxico; disp. K**).

III.22.4 – *Uso em determinação qualitativa de química inorgânica*[15,20]

Misturam-se 2 partes de solução aquosa de ácido pícrico saturada e 1 parte de solução de hidróxido de amônio a 10%.

Esta solução reage com cobre e forma um precipitado amarelo-esverdeado. A solução de ácido pícrico para uso em determinação qualitativa de potássio é a solução alcoólica saturada em lugar de aquosa.

III.22.5 – *Uso em determinação qualitativa de açúcar (sacarose)*[15]

III.22.5.1 – Misturam-se 20 mL de solução aquosa de ácido pícrico saturada e 10 mL de solução aquosa de carbonato de sódio a 20%. Usa-se 3 vezes o volume desta solução para 1 volume da solução de açúcar a 1%.

III.22.5.2 – Dissolve-se 1 g de ácido pícrico (**inflamável, tóxico; disp. K**) e 2 g de ácido cítrico (**irritante; disp. A**) ($C_6H_8O_7 \cdot H_2O$) em água e completa-se a 1 litro.
Esta solução é chamada de reagente de Esbach.

III.22.6 – *Uso em solução padrão (farmacopéia)*[15]

Dissolve-se 1 g de ácido pícrico (**inflamável, tóxico; disp. K**) em 100 mL de água em fervura.

III.22.7 – *Uso em determinação qualitativa de creatinina*[15]

Dissolve-se 1 g de ácido pícrico (**inflamável, tóxico; disp. K**) em 90 mL de solução de NaOH —1N.

III.23 - SOLUÇÃO DE ÁCIDO PICROLÔNICO

III.23.1 – *Uso em análise de química inorgânica*[15,20,43]

Adicionam-se 2,64 g de ácido picrolônico ($C_{10}H_8O_5N_4$) (**levemente tóxico; disp. A**) em 1 litro de água, aquece-se com agitação e, após decantação de 24 horas, elimina-se a parte insolúvel por filtração.
Pode-se purificar o ácido picrolônico por recristalização em ácido acético a 33% e, em seguida, em pequena quantidade de etanol (**inflamável, tóxico; disp. D**). A concentração da solução assim preparada é 0,01N e pode ser padronizada por titulação com solução padrão de hidróxido alcalino, usando fenolftaleína como indicador.

III.23.2 – *Uso em determinação qualitativa de tório*[15,20,43]

Dissolvem-se 4 g de ácido picrolônico (**levemente tóxico; disp. A**) em 8 mL de ácido acético glacial (**corrosivo; disp. C**) e dilui-se com água até 160 mL.

III.24 – SOLUÇÃO DE ÁCIDO QUINALDÍNICO

(ÁCIDO *o*-CARBOXIQUINOLÍNICO)

Uso em análise de química inorgânica[15]

Dissolvem-se 3,3 g de ácido quinaldínico (C_9H_6NCOOH) (**irritante; disp. A**) em 100 mL de água.

Esta solução é usada para análise de cobre, cádmio, zinco, ferro e urânio.

III.25 – SOLUÇÃO DE ÁCIDO RUBEÂNICO

III.25.1 – *Uso em análise de química inorgânica*[15,20,43]

Dissolvem-se de 0,5 a 1 g de ácido rubeânico ($NH_2CSCSNH_2$) (**tóxico, irritante; disp. A**) em 100 mL de etanol (**inflamável, tóxico; disp. D**).

Esta solução fracamente ácida ou amoniacal reage com cobre, níquel e cobalto, formando os respectivos precipitados.

III.25.2 – *Preparação do ácido rubeânico*

III.25.2.1 – Adiciona-se solução de hidróxido de amônio (**corrosivo, tóxico; disp. N**), em solução concentrada de sulfato de cobre, até que o precipitado de hidróxido de cobre se dissolva novamente, esfria-se e adiciona-se, gradativamente, solução de cianeto de potássio (**cuidado! altamente tóxico**) até que a cor azul da solução desapareça, agitando-se continuamente durante a adição. Filtra-se, se necessário, e passa-se vigorosamente o gás sulfídrico (**tóxico, inflamável; disp. K**). Quando ficar colorida, esfria-se imediatamente. Recolhem-se os cristais, lava-se com água fria e recristaliza-se em etanol (**inflamável, tóxico; disp. D**).[43]

III.25.2.2 – Passa-se gás cianídrico (**tóxico, inflamável; disp. K**) em etanol (**inflamável, tóxico; disp. D**) ao mesmo tempo. A solução fica amarela no início da passagem de gás e, depois, formam-se cristais vermelhos de ácido rubeânico. Pode-se purificar por recristalizações repetidas em etanol, a quente.[15,43]

III.26 – SOLUÇÃO DE ÁCIDO SALICÍLICO

III.26.1 – *Uso em determinação qualitativa de prata*[15]

Dissolvem-se 20 g de ácido salicílico (**tóxico; disp. A**) em água, neutraliza-se com solução de hidróxido de amônio (**corrosivo, tóxico; disp. N**), e adiciona-se pequeno excesso de solução de hidróxido de amônio. Em seguida, dilui-se com água e completa-se a 1 litro.

O ácido salicílico é um cristal branco, que sublima a 200°C e se decompõe por aquecimento rápido ou por aquecimento com HCl, H_2SO_4 e HIO_3 formando fenol e CO_2.

$$C_6H_4(OH)COOH = C_6H_5OH + CO_2$$

Esta solução e a solução de persulfato de amônio a 5% reagem com prata e a solução torna-se marrom. Pode-se identificar a prata até 0,01 mg.

III.26.2 – *Uso em determinação qualitativa inorgânica*[43]

Substâncias	*Solução*
Ferro	Solução saturada de ácido salicílico
Cobre	Solução de ácido salicílico a 0,5%
Titânio	10g de salicilato de amônio dissolvidos em 50 mL de água
Urânio	Solução de ácido salicílico a 2%

III.27 – SOLUÇÃO DE ÁCIDO SULFANÍLICO

III.27.1 – *Uso em determinação qualitativa de nitrogênio*[15]

Dissolvem-se 8 gramas de ácido sulfanílico (**irritante; disp. A**) ($NH_2C_6H_4SO_3H{\cdot}H_2O$) em 1 litro de ácido acético (**corrosivo; disp. C**) (d: 1,04).

III.27.2 – *Uso em determinação qualitativa de proteína e hidroxila*[15]

Dissolve-se 1 g de ácido sulfanílico (**irritante; disp. A**) em 50 mL de HCl — 5N, dilui-se com água e completa-se a 1 litro.

Esta solução e a solução de nitrito de sódio a 0,7% adquirem cor vermelha por adição de NaOH.

Esta reação é chamada reação de diazo.

III.27.3 – *Uso em determinação qualitativa de nitritos e nitratos*[15,20,43]

Dissolve-se 1 g de ácido sulfanílico (**irritante; disp. A**) em 100 mL de solução de ácido acético a 30% por aquecimento.

III.27.4 – *Uso em determinação quantitativa de ácido H (pág. 197)*[15]

Dissolvem-se 17,31 g de ácido sulfanílico (**irritante; disp. A**) em 10 mL de solução de hidróxido de amônio a 20% (**corrosivo, tóxico; disp. N**) e dilui-se com água até 200 mL na temperatura de 15°C. A concentração desta solução é 0,05 N.

III.27.5 – *Solução de ácido diazobenzeno sulfônico*

Adicionam-se 250 mL de água em 50 mL da solução preparada em (III-27.4) e deixa-se esfriar a 10°C. Adicionam-se 25 mL de H_2SO_4 concentrado (**oxidante, corrosivo; disp. N**) e 50 mL de $NaNO_2$ —0,5N e deixa-se diazotar. Em seguida, dilui-se com água até 500 mL.

III.27.6 – *Uso em determinação qualitativa de compostos carbonílicos*[15]

Dissolve-se 1 g de ácido diazobenzeno sulfônico ($C_6H_4N_2SO_3$) em 60 mL de água fria e adiciona-se pequena quantidade de solução de NaOH.

III.27.7 – *Uso em determinação quantitativa de vitamina B_6*[15]

Dissolvem-se 1,6 g de ácido sulfanílico (**irritante; disp. A**) em 400 mL de água, a qual contém 45 mL de HCl concentrado (**corrosivo; disp. N**), e dilui-se com água até 500 mL. Em seguida, colocam-se 2,5 mL desta solução num cilindro graduado e esmerilhado de cor marrom e deixa-se mergulhar em água gelada durante cerca de 5 minutos. Adicionam-se 0,4 mL de solução de $NaNO_2$ a 10% e dilui-se com água até 10 mL.

III.27.8 – *Solução padrão (farmacopéia)*[15]

Seca-se o ácido sulfanílico (**irritante; disp. A**) a 105°C durante 3 horas, adicionam-se 80 mL de água e 10 mL de HCl a 10% em 1,57 g de ácido sulfanílico seco e deixa-se dissolver em banho-maria. Deixa-se esfriar até 15°C, gotejam-se 6,5 mL de solução de $NaNO_2$ a 10%, agitando-se continuamente, e dilui-se com água até 100 mL. Prepara-se na hora de usar ou conserva-se em água a 10°C.

III.28 – SOLUÇÃO DE ÁCIDO SULFOSSALICÍLICO

III.28.1 – *Uso em determinação quantitativa de Ferro(III)*[43]
Dissolvem-se 10 g de ácido sulfossalicílico (**corrosivo; disp. A**) em 20 mL de água, adiciona-se a solução de NaOH a 10% até pH 2,0 e dilui-se até 100 mL.

III.28.2 – *Uso em determinação quantitativa de Ferro(II)*[43]
Dissolvem-se 20 g de ácido sulfossalicílico (**corrosivo; disp. A**) em 100 mL de água.

III.29 – SOLUÇÃO DE ÁCIDO TÂNICO

Todas as soluções de ácido tânico devem ser preparadas na hora de usar

III.29.1 – *Uso em determinação qualitativa de química inorgânica*[15,20,43]
Prepara-se a solução de ácido tânico de 2 a 10% ou dissolvem-se 3 g de ácido tânico (**cancerígeno; disp. A**) em 100 mL de solução aquosa e saturada de acetato de amônio a frio.
O ácido tânico reage com sal férrico e forma um precipitado preto.
Esta solução é usada para determinação qualitativa ou quantitativa de alumínio, berílio, gálio, tungstênio, vanádio e solução de hidróxido de amônio.

III.29.2 – *Uso como indicador em determinação quantitativa de chumbo*[15]
Dissolve-se 1 g de ácido tânico (**cancerígeno; disp. A**) em 48 mL de etanol a 50% e gotejam-se 3 mL de ácido acético glacial (**corrosivo; disp. C**).
Esta solução é chamada reagente de Almen.

III.29.3 – *Uso em precipitação de alcalóides*[15]
Dissolvem-se 10 g de ácido tânico (**cancerígeno; disp. A**) em 80 mL de água e 12 mL de etanol (**inflamável, tóxico; disp. D**).
Esta solução neutra ou ácida reage com alcalóides formando precipitado branco ou amarelo.

III.29.4 – *Uso em identificação de corantes*[15]

Dissolvem-se 5 g de ácido tânico (**cancerígeno; disp. A**) e 5 g de acetato de sódio (**disp. A**) em 100 mL de água.
Esta solução precipita os corantes e mordentes básicos.

III.29.5 – *Uso em mordentação*[15]

Gotejam-se 2 mL de solução alcoólica saturada de fucsina em solução mista de 20 mL de solução de ácido tânico a 20% e 10 mL de solução aquosa e saturada de sulfato ferroso, a frio. Filtra-se na hora de usar.
Esta solução é chamada reagente de Löffler.

III.29.6 – *Solução padrão (farmacopéia)*[15]

Dissolve-se 1 g de ácido tânico (**cancerígeno; disp. A**) em 1 mL de etanol (**inflamável, tóxico; disp. D**)e dilui-se com água até completar 100 mL.

III.30 – SOLUÇÃO DE ÁCIDO TARTÁRICO

III.30.1 – *Solução de ácido tartárico*

$[CHOH(CO_2H)]_2$, Eq.: 75,045, P.M. 75,045)[15]

$C_4H_6O_6$ — *2N (14%):* Dissolvem-se cerca de 150 g do ácido tartárico (**provoca queimaduras; disp. A**) em água e completa-se a 1 litro.

$C_4H_4O_6$ — *0,1 N (0,7%)*
Seca-se o ácido tartárico (**provoca queimaduras; disp. A**) em dessecador com ácido sulfúrico (**oxidante, corrosivo; disp. N**) durante 3 horas e dissolvem-se 7,5 g em 1 litro de água.
O ácido tartárico é um pó branco, solúvel em água e álcool e estável ao ar.
Pode-se padronizar a solução — 0,1N titulando-se com solução padrão de hidróxido de sódio usando fenolftaleína como indicador.
1 mL de NaOH — 0,1N = 7,505 mg de $C_4H_6O_6$
Solução reagente de ácido tartárico é a solução — 4N.

III.31 – SOLUÇÃO DE ÁCIDO TIOGLICÓLICO (ÁCIDO MERCAPTO ACÉTICO)[15,43]

Misturam-se 8 mL de ácido tioglicólico (**corrosivo, tóxico; disp. A**) ($HSCH_2COOH$) e 16 mL de solução de hidróxido de amônio concentrada (**corrosivo, tóxico; disp. N**), dilui-se com água e leva-se a 100 mL. Esta solução amoniacal reage com Fe^{3+}, cobalto, níquel e manganês dando as seguintes colorações:

Fe^{3+}	roxa
Cobalto	marrom avermelhada
Níquel	marrom avermelhada
Manganês	verde

III.32 – SOLUÇÃO DE ÁCIDO TRICLOROACÉTICO

III.32.1 – *Uso em determinação quantitativa de vitamina C*[15]

III.32.1.1 – *Vitamina C no sangue*

Prepara-se a solução aquosa de ácido tricloroacético (**corrosivo; disp. A**) a 6%.

III.32.1.2 – *Vitamina C na urina*

Prepara-se a solução aquosa de ácido tricloroacético a 4%.

III.33 – SOLUÇÃO DE ALBUMINA

Uso em análise de ácido tânico[15]

Adicionam-se 100 mL de água em gema de ovo fresco, agita-se bem e filtra-se a parte insolúvel.
Prepara-se esta solução na hora de usar.

III.34 – SOLUÇÃO DE α-NAFTILAMINA

III.34.1 – *Uso em determinação qualitativa de* NO_2^- [43]

III.34.1.1 – Dissolve-se 0,1 g de α-naftilamina (**irritante; disp. A**) em 100 mL de água em fervura, adicionam-se 5 mL de ácido acético glacial (**corrosivo; disp. C**) e, então, adiciona-se a solução de ácido sulfanílico [1 g (**irritante; disp. A**) dissolvido em 100 mL de água].

III.34.1.2 - *Solução A:* dissolvem-se 0,5 g de ácido sulfanílico (**irritante; disp. A**) em 150 mL de ácido acético diluído.

Solução B: deixa-se ferver 0,1 g de α-naftilamina (**irritante; disp. A**) com 20 mL de água, separa-se a solução límpida por decantação e adiciona-se esta solução a 150 mL de ácido acético diluído.
Adicionam-se de 2 a 3 mL de solução A na solução a ser examinada e aquece-se até 75°C. Em seguida, adicionam-se de 2 a 3 mL de solução B.
Se aparecer cor vermelha, existe nitrito.
Esta reação é sensível a até 1 ppb.

III.34.2 - *Uso em determinação quantitativa de tungstênio*[43]
Dissolvem-se 25 g de α-naftilamina (**irritante; disp. A**) e 22 mL de HCl concentrado (**corrosivo; disp. N**) em 1 litro de água.

III.35 - SOLUÇÃO DE α-NAFTOL

III.35.1 - *Uso em determinação qualitativa de proteínas*[15]
Dissolve-se 0,1 g de α-naftol (**tóxico, irritante; disp. A**) ($C_{10}H_7OH$) em 100 mL de etanol a 70% v.

III.35.2 - *Uso em identificação de fibras*[15]
Dissolvem-se de 10 a 20 g de α-naftol (**tóxico, irritante; disp. A**) em 100 mL de etanol (**inflamável, tóxico; disp. D**) a 95% v. Esta solução dá coloração marrom-avermelhada com fibra animal e violeta com fibra vegetal.

III.35.3 - *Uso em determinação qualitativa de peroxidase*[15]
Mistura-se o mesmo volume de solução de α-naftol (**tóxico, irritante; disp. A**) a 1 % em etanol 50% e solução aquosa de cloridrato de dimetil-*p*-fenilenodiamina a 1%.
Esta solução é chamada reagente de Nadi e reage com o peroxidase na presença de H_2O_2, tornando-se escarlate.

III.35.4 – *Uso em determinação qualitativa de cetose*[15]

Adicionam-se 0,2 mL de solução de α-naftol (2,5 g dissolvidos em 50 mL de etanol a 95% (**inflamável, tóxico; disp. D**) em 100 mL de solução de H_2SO_4 [10 mL de H_2SO_4 concentrado, (**oxidante, corrosivo; disp. N**) adicionados vagarosamente em 37,5 mL de etanol a 95%].
Esta solução é chamada reagente de Pinoff e reage com cetose tornando-se violeta na temperatura de fervura.

III.36 – SOLUÇÃO DE α-NAFTOFLAVONA

III.36 – 1 *Uso em determinação qualitativa de Cobre(II)*[15]

Prepara-se a solução etanólica de α-naftoflavona ($C_{19}H_{12}O_2$; **disp. A**) a 0,5%. Esta solução reage com Cu^{2+} na presença de KI e aparece uma fluorescência.

III.36.2 – *Uso em determinação qualitativa de Bromo*[15,43]

Dissolve-se 0,1 g de α-naftoflavona (**disp. A**) em 100 mL de ácido acético glacial (**corrosivo; disp. C**).
Esta solução reage com bromo na presença de ácido molibdênico (**irritante; disp. J**) e H_2O_2 (**oxidante, corrosivo; disp. J**) acidificada com ácido sulfúrico (**oxidante, corrosivo; disp. N**), ficando cor de laranja.

III.37 – SOLUÇÃO DE α-NITROSO-β-NAFTOL

III.37.1 – *Uso em determinação qualitativa de química inorgânica*[15]

III.37.1.1 – *Solução ácida*[20]

a) Dissolvem-se 2 g de α-nitroso-β-naftol (**irritante; disp. A**) [$C_{10}H_6(NO)OH$] em pó em 50 mL de ácido acético glacial (**corrosivo; disp. C**) a frio e adicionam-se 50 mL de água quente. Filtra-se se necessário.

O α-nitroso-β-naftol é um pó marrom com o ponto de fusão de 109°C. É insolúvel em água, mas é solúvel em álcool, benzeno e ácido acético. Reage quantitativamente com substâncias inorgânicas (cobalto, cobre e ferro (III)) em solução neutra ou fracamente ácida formando um precipitado. Também reage com prata, cromo, estanho, chumbo, urânio, titânio, tungstênio e zircônio. Pode-se preparar a solução de α-nitroso-β-naftol para uso em determinação

quantitativa dissolvendo-se 1 g de α-nitroso-β-naftol (**irritante; disp. A**) em 15 mL de ácido acético glacial (**corrosivo; disp. C**).
O precipitado de sal de níquel formado por esta solução dissolve-se em HCl diluído ou H_2SO_4 diluído, mas o sal de cobalto não se dissolve.
b) Dissolvem-se 4 g de α-nitroso-β-naftol (**irritante; disp. A**) em 100 mL de ácido acético glacial (**corrosivo; disp. C**) e adicionam-se 100 mL de água destilada quente.
Filtra-se para obter a solução límpida.[20,43]

III.37.1.2 – *Solução alcalina para uso em determinação colorimétrica de Cobalto*[43]
Dissolve-se 0,1 g de α-nitroso-β-naftol (**irritante; disp. A**) em solução mista de 20 mL de água e 1 mL de NaOH —1N a quente, filtra-se se necessário e adiciona-se água até completar 200 mL.
A reatividade desta solução é influenciada pela presença de íons ferro e, então, elimina-se antecipadamente a parte férrica e ferrosa.
Prepara-se na hora de usar.

III.37.2 – *Solução em acetona*[15,20]
Dissolve-se 0,1 g de α-nitroso-β-naftol (**irritante; disp. A**) em 100 mL de acetona (**inflamável; disp. D**).
O β-nitroso-α-naftol tem, também, reatividade semelhante ao do α-nitroso-β-naftol.

III.38 – SOLUÇÃO DE ALIZARINA

III.38.1 – *Solução padrão de alizarina*[15]
Dissolvem-se 0,6 g de alizarina comercial $[C_6H_4(CO)_2C_6H_2(OH)_2]$ (**disp. A**) em 100 mL de etanol (**inflamável, tóxico; disp. D**).
1 mL desta solução contém 6 mg de alizarina e equivale a 1 mg de cálcio.

III.38.2 – *Uso em determinação qualitativa de química inorgânica*[15,43]
Goteja-se o ácido clorídrico diluído a 10% em solução alcoólica de alizarina a 5% e deixa-se ficar colorida de amarelo. Adiciona-se mesmo volume de etanol (**inflamável, tóxico; disp. D**) e filtra-se se necessário.
Esta solução reage com titânio, tório e zircônio.

III.38.3 – *Uso em identificação de celulose*[15]

Dissolvem-se 2 g de alizarina (**disp. A**) em 100 mL de etanol (**inflamável, tóxico; disp. D**). Esta solução reage com algodão e linho tingindo de amarelo e alaranjado, respectivamente.

III.39 – SOLUÇÃO DE ALIZARINA S

III.39.1 – *Uso em determinação qualitativa de ácido bórico*[15]

Prepara-se a solução de alizarina sulfonato de sódio (sulfonato de alizarina sódico) (**irritante; disp. A**) $[C_6H_4(CO)_2C_6H(OH)_2SO_3Na]$ a 0,2% em ácido sulfúrico concentrado (**oxidante, corrosivo; disp. N**).

III.39.2 – *Uso em determinação qualitativa de alumínio*[15]

Prepara-se a solução aquosa de alizarina S (**irritante; disp. A**) a 0,1%. A alizarina S é um pó amarelo-alaranjado, solúvel em água e álcool e sua solução amoniacal reage com alumínio formando um precipitado roxo-avermelhado. Esta reação é influenciada por sulfetos, Sn(IV), nitrato e íons coloridos.

III.40 – SOLUÇÃO DE ALUMINONA

Uso em determinação qualitativa de alumínio, ferro (III) e cromo (III)[15,42]

Dissolve-se 0,1 g de aluminona (aurinotricarboxilato de amônio), (**irritante; disp. A**) $([C_6H_3(OH)CO_2NH_4]_2CC_6H_3OCO_2NH_4)$ em 100 mL de água e deixa-se decantar durante diversos dias em lugar escuro.

Esta solução reage com alumínio formando um lago de cor vermelho brilhante.

$$3[C_6H_3(OH)\,CO_2NH_4]_2C = C_6H_3OCO_2NH_4 + Al^{3+}$$
$$= [(NH_4O_2C(OH)C_6H_3)_2C = C_6H_3OCO_2]_3Al + 3NH_4^+$$

Reage, também, com berílio, zircônio e fosfato

III.41 - SOLUÇÃO DE AMIDO

III.41.1 - *Uso como indicador*[15]

Amassa-se 1 g de amido solúvel com pequena quantidade de água, despeja-se em 105 mL de água em fervura e deixa-se ferver durante 5 minutos.

Após resfriamento, filtra-se usando algodão.

Na titulação quantitativa, colocam-se 2 mL desta solução em 100 mL de solução para titular proximamente ao ponto final da titulação.

A coloração azul do amido com iodo é atribuída à formação de um composto com a fórmula $(C_{24}H_{40}O_{20}I)_4HI$, mas, este ponto não foi bem investigado até a data da publicação deste livro.

Para cada litro da solução de amido adicionam-se as seguintes substâncias, conforme a finalidade de uso: 10 mL de HCl —2N, 1 g de ácido benzóico (**irritante; disp. A**), 2 gotas de dissulfeto de carbono (**inflamável; tóxico; disp. D**), 1 pedaço de cristal de timol (**irritante; disp. A**) ou 20 g de NaCl (**irritante; disp. N**).

III.41.2 - *Uso como indicador em titulação de enxofre contido em ferro ou aço pela solução de iodato de potássio*[15]

III.41.2.1 - Dissolvem-se 6 g de amido em 100 mL de água, despeja-se em 1 litro de água em fervura e deixa-se esfriar. Adiciona-se solução de cloreto de zinco (**tóxico, irritante; disp. L**) (6 g dissolvidos em 50 mL de água fria), deixa-se repousar durante 24 horas e decanta-se a parte transparente. Em seguida, adicionam-se 3 g de iodeto de potássio (**irritante; disp. N**).

III.41.2.2 - Dissolvem-se 6 g de amido em 25 mL de água, adiciona-se a solução de NaOH a 10% e agita-se.
Dilui-se com água até 1 litro e adicionam-se 3 g de iodeto de potássio (**irritante; disp. N**).

III.41.3 - *Solução de amido de batata-inglesa*[15]

Colocam-se 19 g de *batata,* em cerca de 20 g de água e despeja-se em 50 mL de água em fervura. Deixa-se ferver durante 20 minutos e esfria-se.

III.41.4 – *Uso em identificação de enzima*[15]
Adicionam-se 15 g de amido seco em 360 mL de água e colocam-se 40 mL de NaOH —2N, agitando-se continuamente. Após 15 minutos, adicionam-se 40 mL de ácido acético —3N e, em seguida, 45 mL de água e agita-se durante 1 minuto.

III.41.5 – *Solução de amido (farmacopéia)*[15]
Dissolve-se 1 g de amido em 200 mL de água em fervura e usa-se a parte transparente.

III.41.6 – *Solução de amido-NaCl (farmacopéia)*[15]
Deixa-se saturar o NaCl (**irritante; disp. N**) na solução de amido de III-41.5

III.42 – REAGENTE DE ANILINA

III.42.1 *Uso em determinação qualitativa de fosgênio*[15]
Anilina (**cancerígeno; disp. A**) é um líquido oleoso, incolor, venenoso e torna-se amarela ou preta pelo contato com o ar. Pode-se purificar a anilina colorida por destilação.
Dissolvem-se 3 g de anilina ($C_6H_5NH_2$) (**cancerígeno; disp. A**) em 100 mL de água.
Esta solução reage com fosgênio ($COCl_2$) formando precipitado branco de fenil-uréia ($C_{14}H_{15}ON$).

III.42.2 – *Uso em determinação qualitativa de furfural*[15]
Misturam-se 2 mL de anilina (**cancerígeno; disp. A**) com 20 mL de solução aquosa de ácido acético a 10%.

III.42.2.1 – *Papel reagente de ácido acético-anilina*[15]
Mergulha-se o papel de filtro na solução acima preparada e deixa-se secar.

III.42.3 – *Uso em determinação qualitativa de cobre*[20,42,43]
Agitam-se 20 mL de solução de tiocianato de amônio a 5% com 18,6 g de anilina (**cancerígeno; disp. A**), adiciona-se HCl —5N até que a emulsão fique clara e, então, adicionam-se de 3 a 4 gotas de anilina e dilui-se com água até completar 100 mL. Torna-se esta solução clara por adição de pequena quantidade de etanol (**inflamável, tóxico;**

disp. D). Não deve aparecer turvação quando se fizer a adição de 1 a 3 gotas desta solução em 5 mL de água. Esta solução reagente é estável durante diversos meses, conservando-se em vidro escuro e protegendo-se contra a oxidação. Tratam-se 5 mL da solução que contém cobre com 3 a 4 gotas de solução acima preparada. Haverá uma precipitação (ou coloração) marrom-amarelada em dois minutos pela presença de um grama de cobre.

III.42.4 – *Uso em separação e determinação quantitativa de potássio e sódio*[43]

Dissolvem-se 9,3 g de anilina pura (**cancerígeno; disp. A**) e 15 g de ácido tartárico (**irritante**) em 1 litro de etanol (**inflamável, tóxico; disp. D**) (1:1).
Adicionam-se 9 volumes de etanol (1:1) e 4 volumes de solução de bitartarato de anilina em 1 volume da solução que contém sais de potássio e sódio, deixa-se decantar durante 15 minutos e filtra-se. Em seguida, lava-se o precipitado de bitartarato de potássio com etanol (1:1).
Esta reação é sensível até a concentração de cloreto de potássio 0,0004 N e o sódio não precipita.

III.42.5 – *Uso em determinação colorimétrica de cloratos*[43]

Solução A: Dissolvem-se 50 g de cloridrato de anilina puro (**cancerígeno; disp. A**) em 1 litro de HCl (1:2). Esta solução deve ser incolor.

Solução B: Dissolvem-se 50 g de cloridrato de anilina puro (**cancerígeno; disp. A**) em 1 litro de HCl (1:3).
Usa-se a solução A (ou solução B), conforme a concentração de cloratos, em 5 mL da solução a ser examinada de acordo com a seguinte tabela:

Concentração de cloratos	*Solução a ser usada*
0,5 a 7,0 mg/5 mL	20 mL de solução A
0,1 a 2,0 mg/5 mL	20 mL de solução B

Haverá formação imediata de uma coloração violeta, que passa a azul pela presença de cloratos. Após 25 minutos ou 15 minutos de decantação, conforme o uso de solução A ou solução B, respectivamente, compara-se o grau de coloração com aqueles de uma série de colorações padrões preparadas simultaneamente e da mesma forma.

III.42.6 – *Uso em determinação qualitativa de nitritos*[43]

Misturam-se 150 mL de água com 1 mL de anilina (**cancerígeno; disp. A**), 1 g de fenol (**tóxico, corrosivo; disp. A**) e 15 mL de HCl concentrado (**corrosivo; disp. N**).

Neutraliza-se a solução a ser examinada e adicionam-se 0,5 mL da solução acima preparada. Haverá formação de uma coloração amarela profunda pela adição de solução de NaOH até que a solução mista fique alcalina.

III.42.7 – *Uso em determinação qualitativa de cobre e vanádio*

Deixa-se saturar a solução mista de HCl concentrado (**corrosivo; disp. N**) e ácido fosfórico a 85% (**corrosivo; disp. N**), na proporção de 3:2, com cloridrato de anilina ($C_6H_5NH_2 \cdot HCl$) (**cancerígeno; disp. A**).

III.42.8 – *Uso em determinação qualitativa de pentose e hexose*[15]

Mistura-se a anilina recém-destilada ($C_6H_5NH_2$) (**cancerígeno; disp. A**) com o mesmo volume de água, goteja-se HCl concentrado (**corrosivo; disp. N**), agitando-se continuamente até a solução ficar transparente.

III.43 – SOLUÇÃO DE ANTIPIRINA

III.43.1 – *Uso em análise inorgânica*[15]

Dissolve-se 1 g de antipirina (**irritante; disp. A**) ($C_{11}H_{12}N_2O$) e 1 g de tiocianato de amônio (**irritante; disp. N**) em 10 mL de água.

Esta solução, acidificada com ácido acético (**corrosivo; disp. C**), reage com zinco na presença de acetato de sódio formando um precipitado branco.

III.43.2 – *Uso em determinação qualitativa de antimônio e bismuto*[43]

Dissolve-se 1 g de antipirina (**irritante; disp. A**) e 2 g de KI (**irritante; disp. N**) em 30 mL de água. Esta solução é chamada reagente de Caille-Viel.

III.43.3 *Uso em determinação qualitativa de nitritos*[43]

Prepara-se a solução de antipirina a 10% em ácido acético (**corrosivo; disp. C**) e dilui-se a 1% na hora de usar.

III.44 – SOLUÇÃO DE AZUL DE BROMOTIMOL

III.44.1 – *Uso em análise de água*[15]

Dissolve-se 0,1 g de azul de bromotimol (**irritante; disp. A**) (pág. 425) em 8 mL de solução de NaOH —N/50, dilui-se com água recém fervida e completa-se ao volume total de 250 mL.

III.44.2 – *Uso em identificação de fungos*[15]

III.44.2.1 – Dissolve-se 1 g de azul de bromotimol (**irritante; disp. A**) em 250 mL de solução de NaOH — 0,1N e dilui-se com água até 500 mL.

III.44.2.2 – Prepara-se a solução alcoólica de azul de bromotimol a 0,04%.

III.45 – SOLUÇÃO DE AZUL DE METILENO

III.45.1 – *Uso em determinação qualitativa inorgânica*[15]

Prepara-se a solução aquosa (ou alcoólica) e saturada de azul de metileno ($C_{16}H_{18}N_3SCl \cdot 3H_2O$) (**irritante; disp. A**).
Esta solução reage com platina, cromo, manganês, cério e molibdênio, dando coloração.

III.45.2 – *Uso em tingimento de fungos*[15]

Misturam-se 30 mL de solução alcoólica anidra e saturada de azul de metileno e 100 mL de solução de NaOH a 0,01% e elimina-se a parte insolúvel por filtração.
Esta solução é, também, chamada solução alcoólica de azul de metileno de Löffler.

III.45.3 – *Uso em medida de intensidade de ultravioleta*[15]

Adicionam-se 50 mL de acetona pura (**inflamável; disp. D**) (pág. 506) em 2,5 mL de solução aquosa de azul de metileno, dilui-se com água e leva-se a 100 mL. Na hora de usar, mistura-se na seguinte proporção:

Solução de azul de metileno	*Água*
5,5 mL	4,5 mL
4,5 mL	5,5 mL

III.45.4 – *Solução de azul de metileno-perclorato de potássio (farmacopéia)*[15]

Goteja-se a solução aquosa de azul de metileno a 1% em 500 mL de solução de perclorato de potássio a 0,1% até formar fraca turvação, deixa-se decantar durante pouco tempo e usa-se a parte límpida da solução.

III.46 – SOLUÇÃO DE BENZIDINA

A benzidina é um cristal branco ou róseo-brilhante e funde a 122°C. É solúvel em éter etílico, mas é pouco solúvel em água.

III.46.1 – *Uso em determinação qualitativa inorgânica*[15]

III.46.1.1 – *Solução ácida com ácido acético*[15, 43]

a) Dissolve-se 0,05 g de benzidina (**irritante; disp. A**) (H_2N-$C_6H_4C_8H_4NH_2$) em 10 mL de ácido acético (**corrosivo; disp. C**) e dilui-se com água até 100 mL.

b) Dissolvem-se 10 mL desta solução com 100 mL de água e filtra-se a parte insolúvel.

c) Preparação de solução de benzidina para uso em determinação qualitativa de ouro e platina[20,43]

Dissolve-se 1 g de benzidina (**irritante; disp. A**) em 100 mL de ácido acético a 10%. Esta solução reage com ouro tornando-se violeta e, também, forma precipitado verde com platina.

III.46.1.2 – *Solução ácida com ácido clorídrico*[15]

a) Dissolvem-se 28 g de cloridrato de benzidina (**irritante; disp. A**) em 1 litro de água, contendo 7 mL de HCl (d: 1,19; **corrosivo; disp. N**).

b) Dissolvem-se 20 g de benzidina (**irritante; disp. A**), a qual foi triturada em almofariz com água, em solução mista de 25 mL de HCl (d: 1,19) e 400 mL de água, filtra-se, se necessário, e dilui-se com água até 1 litro. 56 mL desta solução precipitam 0,1 g de WO_3^-.

c) Misturam-se 40 g de benzidina (**irritante; disp. A**) com 40 mL de água, transfere-se a mistura para um balão aferido de 1 litro usando-se 750 mL de água para lavagem, adicionam-se 50 mL de HCl concentrado (**corrosivo; disp. N**) e dilui-se até a marca. Agita-se bem e filtra-se, se necessário. Na hora de usar para determinação de sulfatos, diluem-se 10 mL desta solução com 190 mL de água.[43]

III.46.1.3 – *Solução saturada de sulfato de benzidina*[15]
Adiciona-se o excesso de ácido sulfúrico (**oxidante, corrosivo; disp. N**) em solução aquosa e saturada de cloridrato de benzidina e deixa-se decantar. Em seguida, filtra-se o precipitado, lava-se com água e adiciona-se excesso de precipitado de sulfato de benzidina em 1 litro de água. Filtra-se na hora de usar.

III.47 – SOLUÇÃO DE β-NAFTOL

O β-naftol é um pó branco ou marrom e funde a 120 - 122°C.
É solúvel em solução aquosa de hidróxido de álcali e solventes orgânicos.
A solução aquosa e alcalina de β-naftol reage com cobre e torna-se amarela.
Forma, também, precipitado pelo contacto com o gás iperita (mostarda).

III.47.1 – *Uso em análise inorgânica*[15]

III.47.1.1 – Dissolvem-se 14,4 g de β-naftol ($C_{10}H_7OH$) (**irritante; disp. A**) em etanol (**inflamável, tóxico; disp. D**) e completa-se a 1 litro.

III.47.1.2 – Dissolvem-se 14,4 g de β-naftol (**irritante; disp. A**) em 20 mL de solução de NaOH a 30% e dilui-se com água até 1 litro. A concentração desta solução é 0,1 N e pode ser padronizada da seguinte maneira: diluem-se 100 mL desta solução com água até 400 mL, adicionam-se 25 mL de solução de carbonato de sódio a 10% e titula-se com a solução padrão bem fria de β-nitro anilina diazotada 0,1 N.

III.47.2 – *Solução padrão de β-naftol (farmacopéia)*[15]

Dissolve-se 0,01 g de β-naftol (**irritante; disp. A**) em 5 mL de solução aquosa de NaOH (1:6).

III.48 – SOLUÇÃO DE β-NAFTOQUINOLINA

A β-naftoquinolina é um pó amarelo, solúvel em ácido, álcool, éter etílico, benzeno e acetona.

Uso em determinação qualitativa inorgânica[15,43]

Dissolvem-se 5 g de β-naftoquinolina ($C_{13}H_9N$) em 100 mL de H_2SO_4 — 1N e dilui-se com água até 200 mL. Filtra-se, se necessário. Esta solução reage com as substâncias inorgânicas (prata, cobre, chumbo, estanho, bismuto e cádmio) na presença de KI formando precipitado. Pode-se usar especialmente para determinação qualitativa e quantitativa do cádmio.

III.49 – SOLUÇÃO DE BROMOXINA

III.49.1 – *Uso em análise de ferro*[15,43]

Dissolvem-se de 30 a 35 mg de bromoxina (5,7-dibromo-8-hidroxiquinolina, $C_9H_4Br_2NOH$) (**irritante; disp. A**) em solução mista de 75 mL de água, 25 mL de acetona (**inflamável; disp. D**) e 0,15 mL de HCl (0,05 a 0,025N).

III.49.2 – *Uso em análise de chumbo*[15,43]

Dissolve-se a bromoxina (**irritante; disp. A**) na proporção de 0,5% em HCl — 5N.

III.50 – SOLUÇÃO DE BRUCINA

A brucina é um pó cristalino branco, funde a 178°C e é pouco solúvel em água, porém facilmente solúvel em solventes orgânicos.

Uso em determinação qualitativa de NO_3^-[15]

Dissolve-se 0,1 g de brucina ($C_{23}H_{26}O_4N_2 \cdot 4H_2O$) (**irritante; disp. B**) em 50 mL de H_2SO_4 concentrado (**oxidante, corrosivo; disp. N**).

Esta solução reage com NO_3^- tornando-se vermelha e depois amarela.

Não reage com NO_2^- em baixa temperatura.

A solução ácida de brucina (H_2SO_4 diluído) reage com cádmio na presença de KI formando um precipitado branco.

III.51 – SOLUÇÃO DE CACOTELINA

Uso em determinação qualitativa de estanho(II)[15,42]

Deixa-se saturar a água com a cacotelina pura [$C_{20}H_{22}N_2O_5(NO_2)_2$]. Esta solução reage com solução ácida que contém Sn^{2+} tornando-se roxa.

III.52 – SOLUÇÃO DE CARMIM DE ÍNDIGO

III.52.1 – *Uso em determinação quantitativa de tanino*[15,42]

Dissolvem-se 6 g de carmim de índigo ($C_{16}H_8N_2Na_2S_2O_8$) (**disp. A**) em 500 mL de água, a quente. Após o esfriamento, adicionam-se 50 mL de H_2SO_4 concentrado (**oxidante, corrosivo; disp. N**) e dilui-se com água até 1 litro. Se necessário, filtra-se usando dois papéis de filtro.
Pode-se determinar o fator da solução usando-se solução padrão de $KMnO_4$.

III.52.2 – *Uso em identificação de enzima*[15]

Dissolvem-se 0,02 g de carmim de índigo em pó (**disp. A**) em 100 mL de água a quente.
Pode-se usar também esta solução para identificação de glucose e oxigênio.

III.52.3 – *Uso como indicador para determinação quantitativa de ácido antranílico*[15]

Dissolvem-se 0,2 g de carmim de índigo (**disp. A**) e 0,2 g de ácido atifânico [*styphnic* acid, 1,4,6 — trinitro resorcina, $C_6H(OH)_2(NO_2)_3$] em 100 mL de água.

III.53 – SOLUÇÃO DE CATECOL (PIROCATEQUINA)

Uso em determinação qualitativa de titânio[20,43]

Dissolvem-se 10 g de catecol (**tóxico, irritante; disp. A**) [$C_6H_4(OH)_2$] em 90 mL de água e 1 gota de H_2SO_4 — 6N.
Esta solução reage com titânio tornando-se amarelo-avermelhada.

III.54 – SOLUÇÃO DE CINCHONINA

A cinchonina é um tipo de alcalóide, sendo apresentado na forma de pó cristalino branco ou amarelo. É pouco solúvel em água, álcool e clorofórmio.

III.54.1 – *Uso em determinação qualitativa de tungstênio e enxofre*[15,43]

Dissolvem-se 10 g de cinchonina (**irritante; disp. A**) ($C_{19}H_{22}ON$) em HCl (1:3) e adiciona-se HCl, na mesma concentração, até completar 100 mL.

III.54.2 – *Uso em análise de bismuto*[15,20,43]

Dissolve-se 1 g de cinchonina (**irritante; disp. A**) em 100 mL de HNO_3 a 0,5%, aquecendo um pouco. Após esfriamento, adicionam-se 2 g de KI (**irritante; disp. N**). Por decantação durante 48 horas, forma-se um precipitado e, então, filtra-se na hora de usar.
Esta solução fracamente ácida reage com bismuto e forma um precipitado vermelho alaranjado.

$$C_{19}H_{22}N_2OKI + 3KI + Bi^{3+} = C_{19}H_{22}N_2OKIBiI_3 + 3K^+$$

III.55 – CLORAMINA T

III.55.1 – *Solução de cloramina T*

($CH_3C_6H_4SO_2NClNa{\cdot}3H_2O$, P.M.: 140,85; Eq.: 140,85)

Cloramina T — 0,1N (solução padrão): Dissolvem-se cerca de 14,5 g de cloramina T (**irritante; disp. K**) em água e completa-se a 1 litro.
A cloramina T é um pó cristalino branco que contém acima de 12,5% de cloro efetivo. Decompõe-se ao ar, desprendendo gradativamente Cl_2 e é sensível à luz.
A solução aquosa da cloramina T é alcalina ao tornassol e à fenolftaleína. É solúvel em etanol, mas insolúvel em éter etílico e em clorofórmio.
A cloramina T é, em geral, tri-hidratada e torna-se anidra por aquecimento a 95° - 100°C. A forma anidra decompõe-se com explosão por aquecimento a 175° a 180°C.

III.55.2 – *Padronização de solução de cloramina T — 0,1N pelo ácido arsenioso*[15]

Adicionam-se 2 g de KI puro (**irritante; disp. N**) (pág. 90) e 1 mL de solução de amido (pág. 211) em 25,00 mL de solução padrão de ácido arsenoso e goteja-se a solução de cloramina T. Pode-se considerar como ponto final da titulação aquele no qual a solução se torna fracamente esverdeada.

$$2\,H_3CC_6H_4SO_2NClNa + As_2O_3 + 2H_2O$$
$$= 2CH_3C_6H_4SO_2NH_2 + As_2O_5 + 2NaCl$$

1 mL de As_2O_3 — 0,1 N = 14,08 mg de cloramina T.

III.55.3 – 1 mL de solução padrão de cloramina T — 0,1 N equivale às seguintes substâncias:

estanho(*): 5,935 mg; K_4FeCN_6: 36,84 mg; antimônio: 6,088 mg

$$(*)\ CH_3C_6H_4SO_2\,NClNa + SnCl_2 + 2HCl =$$
$$= CH_3C_6H_4SO_2NH_2 + SnCl_4 + NaCl$$

III.56 – SOLUÇÃO DE CLORIMIDA DE 2,6-DIBROMOQUINONA[15]

III.56.1 – *Solução emulsificada*

Adiciona-se 1 g de clorimida de 2,6-dibromoquinona (**irritante; disp. A**) em 10 a 15 mL de água e agita-se, vigorosamente, na hora de usar.

III.56.2 – *Uso para prova de leite*

Dissolvem-se 0,04 g de clorimida de 2,6-dibromoquinona (**irritante; disp. A**) em 10 mL de metanol (**inflamável, irritante; disp. D**) ou etanol a 95% (**inflamável, tóxico; disp. D**).

Recomenda-se preparar na hora de usar, mas, para conservar, veda-se o recipiente e coloca-se em câmara fria.

III.57 – SOLUÇÃO DE CLORIMIDA DE 2,6-DICLOROQUINONA[15]

Uso em determinação quantitativa de vitamina B_6

Dissolve-se 0,1 g de clorimida de 2,6-dicloroquinona (**irritante; disp A**) em 1600 mL de butanol isento de ácido (**inflamável, irritante; disp. D**). Esta solução se condensa com vitamina B_6 na presença de solução tampão de Veronal (pág. 303) e forma indofenol azul. Conserva-se em lugar escuro e fresco colocando-se num vidro marrom durante duas semanas, no máximo.

III.58 – SOLUÇÃO DE CLORACETIL-L-TIROSINA[15]

Solução — 0,002M – Dissolvem-se 9 g de l-tirosina (**irritante; disp. A**) [$HOC_6H_4CH_2CH(NH_2)COOH$] em 100 mL de solução de NaOH —1N, deixa-se reagir, parceladamente, com 6,2 g de cloreto de cloroacetila (**corrosivo, lacrimogênio; disp. B**) e 50 mL de solução fria de NaOH —1N, esfriando-se a solução de tirosina. Filtra-se a parte insolúvel. Em seguida, acidula-se a solução filtrada com 30 mL de HCl —5N e evapora-se em vácuo. Após secagem, extrai-se com acetona quente (**inflamável; disp. D**), deixa-se evaporar a acetona e, finalmente, recristaliza-se em água.
Pode-se obter 3g de cloroacetil-l-tirosina ($C_{11}H_{12}NO_4{\cdot}Cl$).
Dissolvem-se 0,5150 g deste produto em 10 mL de água.

III.59 – SOLUÇÃO DE CUPFERRON

O cupferron é um pó cristalino branco ou fracamente amarelo e facilmente solúvel em água, etanol e éter etílico. Conserva-se num vidro que contém um pedaço de carbonato de amônio (**tóxico, irritante; disp. N**).

III.59.1 – *Uso em análise inorgânica*[15,18,20,43]

Prepara-se a solução aquosa de cupferron (**cancerígeno; disp. A**) [$C_6H_5N(NO)ONH_4$] a 5 - 10% e filtra-se a parte insolúvel.
Esta solução de cupferron é, também, chamada reagente de Baudisch. A sua solução ácida concentrada e fria reage com substâncias inorgânicas, formando complexos. Forma os precipitados marrom-

avermelhado, branco-cinzento e amarelo com ferro, cobre e titânio, respectivamente. Reage, também, com prata, mercúrio, chumbo, bismuto, antimônio, manganês, molibdênio, cério, urânio e telúrio. Esta solução decompõe-se pela ação da luz e forma nitrobenzeno. Conservando-se num frasco escuro e em lugar fresco, pode-se usar durante 1 semana.

III.59.2 – *Solução de cupferron para uso em precipitação de urânio*[15]

Dissolvem-se 1,5 g de cupferron (**cancerígeno; disp. A**) em 100 mL de H_2SO_4 a 4% e usa-se a solução fria.

A solução reage, também, com boro, tornando-se marrom-avermelhada. Pode-se detectar até 0,00002 mg de boro, mas a reação é influenciada pela presença de clorato, cromato, peróxido de hidrogênio, ácido nitroso, ferro, chumbo, níquel, alumínio, magnésio e zircônio.

III.60 – SOLUÇÃO DE CURCUMINA

A curcumina é um pó cristalino amarelo-alaranjado e funde a 183°C. É solúvel em etanol, ácido acético e em álcali, mas é insolúvel em água.

III.60.1 – *Uso em determinação qualitativa de ácido bórico e ácidos orgânicos*[15,43]

Fervem-se 200 g de curcumina ($[CH_3O(OH)C_6H_3CH{=}CHCO]_2CH_2$) (**disp. A**) com 50 mL de etanol (**inflamável, tóxico; disp. D**), filtra-se e dilui-se com 50 mL de água destilada. Esta solução é, também, chamada tintura de curcumina e reage com ácido e álcali tornando-se amarelo e marrom, respectivamente, sendo portanto, usada como indicador.

III.60.2 – *Método de purificação de curcumina*[15]

Extraem-se 30 g de pó seco a 100°C com éter de petróleo (**inflamável, irritante; disp. D**) para eliminar as gorduras, seca-se e, em seguida, deixa-se mergulhar em solução mista de 100 mL de benzeno (**cancerígeno, inflamável; disp. D**; N. R. solvente de uso restrito. Deve-se estudar a possibilidade de substituí-lo por outro) e glicerina (**irritante; disp. A**), de ponto de fusão 115 a 120°C, durante 8 - 10 horas.

Após o esfriamento, coloca-se a curcumina (**disp. A**) cristalizada em cima de papel de filtro e elimina-se o benzeno.

III.61 – SOLUÇÃO DE DIAZINA VERDE S

Uso em determinação qualitativa de estanho[15,20,43]

Dissolve-se 0,01 g de diazina verde S em 100 mL de água.
Esta solução verde, reage com Sn^{2+} ficando roxo-avermelhada.

III.62 – SOLUÇÃO DE N,N-DIETILANILINA

A N,N-dietilanilina é um líquido incolor e inflamável, solúvel em etanol e éter etílico.

Uso em determinação qualitativa de zinco[15,20,43]

Dissolvem-se 0,25 g de N,N-dietilanilina (**tóxico, irritante; disp. A**) [$C_6H_5N(C_2H_5)_2$] em 200 mL de H_2SO_4 (1:1).
Esta solução ácida reage com zinco em presença de ferrocianeto de potássio formando um precipitado marrom.

III.63 – SOLUÇÃO DE DIFENILAMINA

A difenilamina é uma substância cristalina incolor ou fracamente amarela e seu ponto de fusão é 54°C. É pouco solúvel em água, mas é solúvel em etanol, éter etílico e benzeno. É oxidada pelo HNO_3 em presença de H_2SO_4 ficando azul e sua solução alcoólica reage com cloro tornando-se violeta.
A difenil-benzidina é mais sensível do que a difenilamina.

III.63.1 – *Uso em determinação qualitativa inorgânica*[15,42]

III.63.1.1 – Dissolvem-se 0,5 g de difenilamina (**tóxico, irritante; disp. A**) ($C_6H_5NHC_6H_5$) em solução mista de 20 mL de água em 100 mL de H_2SO_4 concentrado (**oxidante, corrosivo; disp. N**).

III.63.1.2 – Dissolvem-se 0,7 g de difenilamina (**tóxico, irritante; disp. A**) em solução mista de 28,8 mL de água e 60 mL de H_2SO_4 concentrado (**oxidante, corrosivo; disp. N**) e, após esfriamento, adicionam-se vagarosamente 11,3 mL de HCl concentrado (**corrosivo; disp. N**).[43]

III.63.1.3 – Esta solução reage, também, com NO_3^-, NO_2^-, ClO_3^-, BrO_3^-, CrO_4^{2-} ,MnO_4^-, VO_3^{3-} , SeO_4^{2-} e Fe^{3+} tornando-se azul-escura.

III — 63.2 *Solução reagente de Tillmans*[15]

Adicionam-se 0,085 g de difenilamina (**tóxico, irritante; disp. A**) a 190 mL de H_2SO_4 (1:3), agita-se e deixa-se dissolver.

Após o esfriamento, adiciona-se H_2SO_4 concentrado (**oxidante, corrosivo; disp. N**) até completar 500 mL.

III.63.3 *Uso como indicador*[15]

Dissolve-se 1 g de difenilamina (**tóxico, irritante; disp. A**) em 100 mL de H_2SO_4 concentrado (**oxidante, corrosivo; disp. N**). Esta solução é usada como indicador no caso de determinação quantitativa de ferro pelo bicromato de potássio. Usam-se 3 gotas por 150 - 200 mL da solução para titular.

III.63.4 – *Uso em determinação qualitativa de sacarose*[15]

Adiciona-se solução mista de 60 mL de ácido acético glacial (**corrosivo; disp. C**) e 120 mL de HCl concentrado (**corrosivo; disp. N**) a 20 mL de solução etanólica de difenilamina a 1% ou então prepara-se a solução etanólica de difenilamina a 20%.

III.63.5 – *Uso em determinação colorimétrica de dezoxipentose*[15]

Adicionam-se 1,1 mL de H_2SO_4 concentrado (**oxidante, corrosivo; disp. N**) em 40 mL de solução ácida [ácido acético glacial (**corrosivo; disp. C**)] de difenilamina a 1%.

III.63.6 – *Uso em identificação de celulose*[15]

Dissolvem-se 0,3 g de difenilamina (**tóxico, irritante; disp. A**) em solução mista de 12 mL de H_2SO_4 concentrado (**oxidante, corrosivo; disp. N**) e 10 mL de ácido acético glacial (**corrosivo; disp. C**).

Esta solução reage com fio de seda de proteína e nitrato de celulose, colorindo de azul. Também, dissolve o fio de seda de viscose e do cobre-amoniacal.

III.63.7 – *Solução padrão (farmacopéia)*[15]

Dissolve-se 1 g de difenilamina (**tóxico, irritante; disp. A**) em 100 mL de H_2SO_4 concentrado (**oxidante, corrosivo; disp. N**). A solução de difenilamina é incolor e pode-se descolorir a solução azul por fervura. Pode-se conservar durante longo tempo vedando-se o vidro.

III.64 – SOLUÇÃO DE DIFENILCARBAZIDA

A difenilcarbazida é um pó cristalino branco. É insolúvel em água, mas solúvel em etanol, éter etílico e benzeno. Torna-se difenilcarbazona ao ar ficando colorida de rosa-alaranjada.

III.64.1 – *Uso em determinação qualitativa inorgânica*[15,20]

III.64.1.1 – Prepara-se a solução alcoólica de difenilcarbazida ($C_6H_5NHHNCONHNHC_6H_5$) a 1%.
Esta solução reage com prata, mercúrio, chumbo, cobre, cálcio, níquel, cobalto, zinco, manganês, ferro, magnésio e berílio, ficando colorida de azul.

III.64.1.2 – Deixa-se saturar a difenilcarbazida (**irritante, disp. A**) e tiocianato de potássio (**irritante; disp. N**) em etanol a 90% (**inflamável, tóxico; disp. D**) e dissolve-se, em pequena quantidade de KI (**irritante; disp. N**).

III.64.2 – *Uso em determinação colorimétrica de cromo*[15]

III.64.2.1 – Dissolvem-se 0,2 g de difenilcarbazida (**irritante; disp. A**) em 10 mL de ácido acético glacial (**corrosivo; disp. C**) e dilui-se com etanol 95% (**inflamável, tóxico; disp. D**) ou água até 100 mL.[20,43]

III.64.2.2 – Dissolvem-se 0,5 g de difenilcarbazida (**irritante; disp. A**) em 50 mL de etanol 95% (**inflamável, tóxico; disp. D**) e adicionam-se 3 gotas de H_2SO_4 concentrado (**oxidante, corrosivo; disp. N**).

As soluções (III — 64.2.1) e (III — 64.2.2) reagem quantitativamente com cromo ficando roxas, mas as reações são influenciadas pela presença de vanádio e molibdênio. Prepara-se na hora de usar.

III.64.3 – *Uso em determinação quantitativa de molibdênio*[15]

Dissolvem-se 0,5 g de difenilcarbazida (**irritante; disp. A**) em 200 mL de etanol a 25% e usa-se após a decantação por 2 semanas. Esta solução é amarelo-marrom e não se pode usar a solução quando colorida de vermelho.

III.64.4 – *Uso em determinação qualitativa de mercúrio*[15]
Adicionam-se 1 g de difenilcarbazida (**irritante; disp. A**) e 1 g de KOH (**corrosivo, tóxico; disp. N**) em 7 mL de etanol a 95% (**inflamável, tóxico; disp. D**), nessa ordem e proporção. Ferve-se durante cerca de 10 minutos para dissolução completa. Esta solução reage com mercúrio, tornando-se roxa.

III.64.5 – *Uso como indicador*[15]

III.64.5.1 – Prepara-se a solução alcoólica de difenilcarbazida a 2%. Pode-se usar esta solução para titulação de cloretos pelo nitrato mercúrico.

Dissolve-se 0,1 g de difenilcarbazida (**irritante; disp. A**) em 30 mL de ácido acético glacial (**corrosivo; disp. C**) e dilui-se com água até 100 mL. Pode-se usar esta solução para titulação de ferro pelo bicromato de potássio.

III.64.6 – *Método de preparação de difenilcarbazida*[15,43]
Colocam-se 14 g de uréia (**disp. A**), que foi secada a 100°C durante 3 horas, e 40 g de fenil-hidrazina recém-destilada (**cancerígeno, tóxico; disp. C**) num balão de fundo redondo de 250 mL. Adapta-se um tubo longo e aquece-se em banho de óleo, previamente aquecido a 155°C, durante cerca de duas horas e meia. Em seguida, joga-se a solução quente, cor-de-ouro, em 250 mL de álcool a 96% (**inflamável, tóxico; disp. D**), ferve-se em béquer de 600 mL durante cerca de 15 minutos e deixa-se cristalizar por esfriamento. Separam-se os cristais por filtração, lava-se com éter etílico (**inflamável, irritante; disp. D**) em funil de Buchner e seca-se pelo ar. Ponto de fusão: 172°C.

III.65 – SOLUÇÃO DE DIMETILANILINA

III.65.1 – *Uso em determinação colorimétrica de nitritos*[20,43]
Dissolvem-se 8 g de dimetilanilina (**tóxico, irritante; disp. B**) e 4 g de HCl concentrado (**corrosivo; disp. N**) em 100 mL de água.

III.65.2 – *Uso em determinação qualitativa de* H_2O_2 [43]
Dissolvem-se 5 gotas de dimetilanilina (**tóxico, irritante; disp. B**) em 1 litro de água contendo 0,03 g de dicromato de potássio (**cancerígeno, oxidante; disp. J**).

III.66 – SOLUÇÃO DE DIMETIL-GLIOXIMA

A dimetil-glioxima é, também, chamada de diacetil-dioxima e é um pó cristalino branco.
Funde na temperatura de 238 - 240°C com sublimação ou decomposição. É insolúvel em água, mas é solúvel em etanol, éter etílico e acetona.

III.66.1 – *Uso em análise inorgânica*[15,43]

III.66.1.1 – *Solução alcoólica*[20,43]

Dissolvem-se de 1 a 1,2 g de dimetil-glioxima (**tóxico, irritante; disp. A**) $[(CH_3)_2C_2(NOH)_2]$ em 100 mL de etanol (**inflamável, tóxico; disp. D**).
Esta solução alcoólica neutra ou amoniacal reage com níquel formando um precipitado vermelho de ($NiC_8H_{14}O_4N_4$) em forma de agulha. A solução neutra ou fracamente ácida reage com paládio formando um precipitado nitidamente amarelo de ($PdC_8H_{14}O_4N_4$).
Para determinação quantitativa de níquel, prepara-se a solução com dimetil-glioxima secada a 110-120°C durante cerca de 2 horas. Usam-se 50 mL desta solução para cada 0,1 g de níquel.

III.66.1.2 – *Solução alcalina*

Dissolvem-se 3 g de dimetil-glioxima (**tóxico, irritante; disp. A**) em 100 mL de solução aquosa de NaOH a 3%.
Esta solução forma complexos intermoleculares com as seguintes substâncias: níquel e ferro (II) (vermelho), platina, chumbo e bismuto (amarelo), cobre (marrom-escuro), vanádio (vermelho-marrom) e cobalto e ouro (verde a verde-escuro).

III.66.1.3 – *Solução neutra*

Dissolve-se a dimetil-glioxima (**tóxico, irritante ; disp. A**) em água na fervura e prepara-se a solução a 1%.
O paládio reage com etanol e, então, usa-se esta solução neutra para determinação de paládio.

III.66.1.4 – *Solução em acetona*

Dissolvem-se 1,6 g de dimetil-glioxima (**tóxico, irritante; disp. A**) em 100 mL de acetona (**inflamável; disp. D**). Esta solução é, principalmente, usada para análise de cobalto.

III.66.2 – *Uso em teste de galvanoplastia de níquel*[15]
Dissolvem-se 10 mL de solução alcoólica de dimetil-glioxima a 1%, 20 g de cloreto de amônio (**irritante; disp. N**) e 0,5 mL de amônia concentrada (**corrosivo, lacrimogênio; disp. N**) em água e leva-se a 100 mL.
Deixa-se molhar o papel de filtro com a solução acima preparada, coloca-se na superfície da amostra e esfrega-se com algodão molhado com HNO_3 a 30%. Haverá formação de pontos vermelhos onde houver deposição imperfeita.

III.67 – SOLUÇÃO DE DINITROFENIL-HIDRAZINA

III.67.1 – *Uso em determinação quantitativa de ácido α-ceto glutárico*[15]
Colocam-se 0,5 g de dinitrofenil-hidrazina (**inflamável; disp. A**) [$(O_2N)_2C_6H_3NHNH_2$] (pó vermelho-alaranjado) e 100 mL de HCl —2N num frasco com condensador de refluxo e agitador mecânico e deixa-se dissolver por aquecimento. Após esfriamento, filtra-se a parte insolúvel.

III.67.2 – *Uso em determinação quantitativa de vitamina C*[15]
Dissolvem-se 2 g de dinitrofenil-hidrazina (**inflamável; disp. A**) em 100 mL de H_2SO_4 (1:3) e filtra-se se necessário.

III.67.3 – *Solução padrão (farmacopéia)*[15]
Dissolvem-se 1,5 g de dinitrofenil-hidrazina (**inflamável; disp. A**) em 20 mL de H_2SO_4 (1:1), adiciona-se etanol (1:3) (**inflamável, tóxico; disp. D**) até completar 100 mL e filtra-se se necessário.

III.68 – SOLUÇÃO DE DINITRO-RESORCINA

Uso em determinação qualitativa de cobre[15,43]

Dissolve-se 0,1 g de dinitro-resorcina [Vicinol, $(NO_2)_2C_6H_2(OH)_2$] em 100 mL de água.
Pode-se determinar até 4 mg de cobre por litro de solução, na forma de um precipitado marrom.

III.69 – SOLUÇÃO DE DIOXIMA DE α-BENZILA

Uso em determinação quantitativa de níquel[15,43]

Deixa-se ferver, em refluxo, 10 g de benzila ($C_6H_5COCOC_6H_5$) (**irritante; disp. A**) e de 8 a 10 g de cloridrato de hidroxilamina (**corrosivo; disp. A**) ($NH_2OH{\cdot}HCl$) em 50 mL de metanol (**inflamável, tóxico; disp. D**) durante 3 - 4 horas. Separa-se, por filtração, o precipitado formado, lava-se com água quente e, em seguida, com etanol a 50% e seca-se. Pesam-se 0,2 g de dioxima de α-benzila pura acima preparada, deixa-se dissolver em solução alcoólica de hidróxido de amônio a 5% e leva-se a 1 litro.

Pode-se usar a acetona (**inflamável; disp. D**) em lugar de etanol.

Seca-se o complexo com níquel a 110°C e pesa-se.

$$m\ C_{28}H_{22}N_4O_4Ni \times 0,1092 = m\ Ni$$

III.70 – SOLUÇÃO DE 2,2'-DIPIRIDILA

III.70.1 – *Uso em determinação qualitativa de molibdênio*[43]

Prepara-se a solução a 3% de 2,2' - dipiridila em etanol a 96% (**inflamável, tóxico; disp. D**).

III.70.2 – *Uso em determinação qualitativa de ferro*

Prepara-se a solução a 0,2% de 2,2'-dipiridila em ácido clorídrico —3N.

III.71 – SOLUÇÃO DE DIPICRILAMINA

III.71.1 – *Uso em análise de potássio*[15]

III.71.1.1 – Misturam-se 0,2 g de dipicrilamina (**inflamável, irritante; disp. D**) (hexanitrodifenilamina, $[(NO_2)_3C_6H_2]_2NH$) com solução mista de 2 mL de Na_2CO_3 —1N e 20 mL de água, deixa-se dissolver por aquecimento e, após o esfriamento, filtra-se a parte insolúvel.[43]

III.71.1.2 – Adicionam-se 12 g de dipicrilamina (**inflamável, irritante; disp. D**) e 5 g de óxido de magnésio (**disp. N**, MgO) em 400 mL

de água, agita-se bem e deixa-se decantar durante 15 - 20 horas. Filtra-se a parte insolúvel. Esta solução é a solução de sal de magnésio a 3%.[43]
Esta solução é, também, chamada reagente de magnésio.
No caso de coexistência de fosfato, usa-se o sal de sódio em lugar de magnésio.
Como sal de sódio, prepara-se a solução aquosa de dipicrilamina a 3% adicionando-se carbonato de sódio (**irritante; disp. N**).

III.71.2 – *Método de preparação de dipicrilamina*[15]

Dissolvem-se 5 g de aurantia ($C_{12}H_8O_{12}N_8$) em 1 litro de água, aquece-se em banho-maria com agitação e filtra-se a parte insolúvel. Adicionam-se 10 mL de H_2SO_4 —2N na solução filtrada, deixa-se cristalizar a dipicrilamina (**inflamável, irritante; disp. D**) por decantação e separa-se por filtração. Lava-se com água e seca-se espontaneamente. É um cristal amarelo em forma de agulha, pouco solúvel em água e ácido diluído, mas solúvel em etanol, éter etílico e acetona.

III.72 – SOLUÇÃO DE DITIZONA

III.72.1 – *Uso para extração de chumbo*[15,20]

Dissolvem-se 0,03 g de ditizona (**tóxico, irritante; disp. A**) em 1 litro de clorofórmio (**muito tóxico, possível cancerígeno; disp. B**; N. R. -solvente de uso restrito. Deve-se estudar a possibilidade de substituí-lo por outro) e adicionam-se 5 mL de etanol (**inflamável, toxico; disp. D**).

III.72.2 – *Uso em análise inorgânica*[15,20]

Dissolvem-se de 1 a 6 mg de ditizona (**tóxico, irritante; disp. A**) em 100 mL de tetracloreto de carbono (**cancerígeno, tóxico; disp. B**; N. R.- solvente de uso restrito. Deve-se estudar a possibilidade de substituí-lo por outro.). Esta solução reage com prata, mercúrio, chumbo, bismuto, zinco, antimônio, magnésio, cério e telúrio, formando os respectivos precipitados.
Usa-se solução alcoólica de ditizona a 1% para determinação qualitativa de mercúrio.

III.72.3 – *Solução padrão de ditizona*[15,43]
Dissolvem-se 10 mg de ditizona (**tóxico, irritante; disp. A**) em 1 litro de clorofórmio (**muito tóxico, possível cancerígeno; disp. B**) N. R. -solvente de uso restrito. Deve-se estudar a possibilidade de substituí-lo por outro).
1 mL desta solução contém 0,01 mg de ditizona. A solução clorofórmica de ditizona é, em geral, instável, devendo ser conservada em lugar escuro, fresco e colocando-se num vidro marrom.

III.73 – SOLUÇÃO DE ERITROSINA

Uso em determinação de alcalinidade[15]

Dissolve-se 0,1 g de eritrosina B ($C_{20}H_6I_4O_5Na_2 \cdot H_2O$; **tóxico ; disp. A**)) em água previamente fervida e leva-se a 1 litro.
Esta solução é usada para determinação de alcalinidade da água e outros líquidos na presença de clorofórmio e H_2SO_4.

III.74 – SOLUÇÃO DE ESPARTINA

$C_{15}H_{26}N_2$ (P.M.: 234,22)
A espartina é uma substância oleosa, incolor e muito amarga. Tem ponto de ebulição de 326°C, é pouco solúvel em água, mas solúvel em etanol, clorofórmio e éter etílico.

Uso em determinação qualitativa de antimônio, cobalto, ouro, ferro, ósmio, paládio e urânio.
Dissolvem-se 40 g de tiocianato de amônio (**irritante; disp. N**) e 5 g de espartina (**tóxico; disp. A**) em 100 mL de água.

III.75 – SOLUÇÃO DE FENIL-HIDRAZINA

A fenil-hidrazina é uma substância cristalina e tem ponto de fusão de 20°C. Na temperatura ambiente, é um líquido incolor ou levemente amarelo (d: 1,098). É oxidada pelo ar tornando-se marrom. É pouco solúvel em água, mas solúvel em etanol e éter etílico.

III.75.1 – *Uso em determinação qualitativa de molibdênio*[15,20,43]
Dissolvem-se 10 mL de fenil-hidrazina (**tóxico, cancerígeno; disp. C**) ($C_6H_5NHNH_2$) em 20mL de ácido acético glacial (**corrosivo; disp. C**). Esta

solução é usada para determinação qualitativa de molibdênio e para determinação quantitativa de benzaldeído. Reage, também, com alumínio, berílio, cromo, titânio e zircônio, formando os respectivos precipitados.
Enche-se o vidro com gás de hidrogênio (**inflamável; disp. K**) para conservar e evitar a decomposição.

III.75.2 – *Uso em determinação qualitativa de sacarose*
Dissolvem-se 2 g de cloridrato de fenil-hidrazina (**tóxico, cancerígeno; disp. A**) ($C_6H_5NHNH_2 \cdot HCl$) e 3 g de acetato de sódio (**disp. A**) em 20 mL de água.
Esta solução fria reage com manose formando um precipitado branco.

III.75.3 – *Uso em determinação colorimétrica de fenil-hidrazina*[43]
Dissolvem-se 3 mL de fenil-hidrazina (**tóxico, cancerígeno; disp. C**) e 3 mL de ácido sulfúrico concentrado (**oxidante, corrosivo; disp. N**) em 65 mL de água.

III.76 – SOLUÇÃO DE FENOL

O fenol é um cristal incolor ou branco em forma de agulha, tem odor característico e é corrosivo. O ponto de fusão de fenol é 40,71°C e o produto comercial contém, em geral, cerca de 5% de água. Mistura-se completamente com os solventes orgânicos (etanol, éter etílico, glicerina, clorofórmio e dissulfeto de carbono) e 100 g de água dissolvem 8,3 g de fenol (20°C). O fenol reage com HNO_3 e H_2SO_4 e, também, com HNO_3 contido em H_2SO_4, tornando-se amarelo. Quando aquecido com pó de zinco, forma benzeno.

III.76.1 – *Uso em determinação quantitativa de vitamina B1*[15]
Dissolvem-se 0,5 g de fenol (**tóxico, corrosivo; disp. A**) (C_6H_5OH) em 100 mL de etanol a 95% (**inflamável, tóxico; disp. D**).

III.76.2 – *Uso em determinação qualitativa de ácido láctico*[15]
Adiciona-se 1 gota de solução de cloreto férrico em 50 mL de solução aquosa de fenol de 1,5 a 2%.

Esta solução roxa é, também, chamada reagente de Uffermann e reage com ácido láctico tornando-se amarela. Reage, também, com ácido oxálico, ácido tartárico e ácido cítrico.

III.76.3 – *Uso em tingimento de fungos*[15]

Adicionam-se 100 mL de solução de fenol a 5% em 10 mL de etanol absoluto (**inflamável, tóxico; disp. D**) saturado de corante de violeta de gelatina. Se formar a turvação, filtra-se.

III.76.4 – *Uso em determinação colorimétrica quantitativa de nitratos*[15,42]

Dissolvem-se 25 g de fenol (**tóxico, corrosivo; disp. A**) em 150 mL de H_2SO_4 concentrado (**oxidante, corrosivo; disp. N**) esfriando-se continuamente, jogam-se 75 mL de H_2SO_4 fumegante (contém mais que 15% de SO_3) e agita-se. Mantém-se a 100°C durante cerca de duas horas. Esta solução é, também, chamada solução de ácido fenol-dissul-fônico e, em presença de nitratos, torna-se amarela.

III.76.5 – *Método de padronização da solução de fenol*[15]

Em solução de HCl, o fenol reage com bromo (**muito tóxico, oxidante; disp. J**), e então, determina-se o excesso de bromo com iodeto de potássio (**irritante; disp. N**) e titula-se o iodo liberado com a solução de tiossulfato de potássio.

$$C_6H_5OH + 3\,Br_2 = C_6H_2Br_3(OH) + 3HBr$$

$$Br_2 + 2KI = I_2 + 2KBr$$

1 mL de $Na_2S_2O_3$ — 0,1N = 1,567 mg de C_6H_5OH.

III.77 – SOLUÇÃO DE FLUORESCEÍNA

A fluoresceína é um pó cristalino vermelho. Funde e decompõe-se entre 314 e 316°C.

É insolúvel em água, benzeno e clorofórmio, mas solúvel em solução alcalina, em etanol a quente e em ácido acético glacial a quente.

III.77.1 – *Uso em determinação qualitativa de HCN*[43]

Adicionam-se 5 mL de etanol (**inflamável, tóxico; disp. D**), 5 mL de água, 2 mL de solução de NaOH a 33% e zinco em pó (**inflamável; disp. P**) a 0,01 g de fluoresceína (**disp. A**) ($C_{20}H_{12}O_5$), aquece-se em banho de

água até perder a cor e dilui-se com 200 mL de álcool a 50%. Deixa-se decantar durante uma noite, filtra-se e diluem-se 10 mL de solução com água até 200 mL.
A solução acima preparada reage com CN^- em presença de Cu^{2+} formando uma fluorescência. A solução metanólica alcalina e saturada de fluoresceína reage com chumbo, magnésio e prata.

III.77.2 – *Método de preparação de papel de fluoresceína*[15,43]
Deixa-se saturar a fluoresceína (**disp. A**) em etanol a 50%, mergulha-se o papel de filtro e seca-se.
Este papel reage com Br_2 ficando vermelho vivo.

III.77.3 – *Solução para uso em determinação qualitativa de flúor*[15]
Dissolve-se a fluoresceína (**disp. A**) em solução de NaOH — 0,1 N na proporção de 3,3%, diluem-se 5 mL desta solução com água até 1 litro.

III.78 – SOLUÇÃO DE FLOROGLUCINA

III.78.1 – Uso em análise orgânica[15]

III.78.1.1 – Dissolve-se 1 g de floroglucina (**irritante; disp. A**) [$C_6H_3(OH)_3 \cdot 3H_2O$] em 50 mL de etanol (**inflamável, tóxico; disp. D**) e adicionam-se 25 mL de HCl concentrado (**corrosivo; disp. N**)

III.78.1.2 – Dissolve-se 1 g de floroglucina (**irritante; disp. A**) em 100 mL de HCl a 12%. Esta solução é também chamada reagente de Wisner e é decomposta pelo ar e luz.
Reage com lignina tornando-se roxo-avermelhada.
Usa-se a solução aquosa para determinação qualitativa de óxido de metileno ou determinação quantitativa de pentose.

III.78.2 – *Uso em determinação qualitativa de formaldeído*[15]
Dissolvem-se 0,1 g de floroglucina (**irritante; disp. A**) e 20 g de NaOH (**corrosivo, tóxico; disp. N**) em 100 mL de água.

III.78.3 – *Uso em determinação qualitativa de ácido clorídrico liberado e ácido láctico.*[15,43]

Dissolvem-se 0,4 g de floroglucina (**irritante; disp. A**) e 0,2 g de vanilina (**irritante; disp. A**) em 30 mL de etanol (**inflamável, tóxico; disp. D**).
Esta solução é, também, chamada reagente de Gunzberg.
Para determinação, adiciona-se esta solução à solução que contém HCl liberado ou ácido láctico e deixa-se evaporar em banho-maria até a secura. Haverá formação de uma cor vermelho vivo. Conserva-se em lugar escuro e fresco, mas recomenda-se preparar na hora de usar. Filtra-se antes de usar.

III.79 – SOLUÇÃO DE FORMALDOXIMA

Uso em determinação colorimétrica de manganês[15,20,43]

Colocam-se 20 g de trioximetileno (**paraformaldeído; irritante; disp. C**) e 47 g de sulfato de hidroxilamina (**corrosivo, lacrimogênio; disp. A**) em 100 mL de água e aquece-se até que a solução fique transparente.

III.80 – SOLUÇÃO DE FORMIATO DE AMÔNIO

Uso em determinação quantitativa de zinco[15]

Misturam-se 200 mL de ácido fórmico (**corrosivo; disp. C**) e 30 mL de solução de hidróxido de amônio concentrada (**corrosivo, tóxico; disp. N**) e dilui-se com água até 1 litro.

III.81 – SOLUÇÃO DE FORMIATO DE SÓDIO

III.81.1 – *Solução de formiato de sódio* (HCOONa; P.M.: 68; Eq.: 68)[15]

HCOONa — *0,1 N (solução padrão):* Dissolvem-se 6,8 g de formiato de sódio (**irritante; disp. A**) em água e completa-se 1 litro.
Pode-se usar esta solução para padronizar a solução alcalina de permanganato de potássio em presença de excesso de álcali ($NaOH$, Na_2CO_3).

$$2MnO_4^- + 3HCOO^- = 2MnO_2 + HCO_3^- + 2CO_3^{2-} + H_2O$$

III.81.2 – *Padronização de solução padrão de formiato de sódio*[15]

Dissolve-se excesso de carbonato de sódio (**irritante; disp. N**) em solução de formiato de sódio (**irritante; disp. A**), aquece-se e adiciona-se certo volume, em excesso, de solução padrão de $KMnO_4$ — 0,1 N até a solução ficar cor-de-rosa. Em seguida, torna-se a solução fortemente ácida com solução diluída de ácido sulfúrico, adiciona-se certo volume, em excesso, de solução padrão de oxalato de sódio — 0,1 N e deixa-se dissolver o precipitado formado por aquecimento.

Titula-se o excesso de oxalato de sódio com solução padrão de $KMnO_4$ — 0,1N.

III.82 – SOLUÇÃO REAGENTE DE FORMOL

III.82.1 – *Uso em determinação quantitativa de nitrogênio em forma de radical amina*[15,43]

Goteja-se solução de NaOH — 0,2N (ou solução de $Ba(OH)_2$) em 50 mL de formol comercial (**cancerígeno, tóxico; disp. A**) usando-se a fenolftaleína como indicador até que a solução fique fracamente avermelhada. Prepara-se esta solução na hora de usar.

III.82.2 – *Uso em coloração de alcalóides*[15,42]

Mistura-se o mesmo volume de formol (**cancerígeno, tóxico; disp. A**) e H_2SO_4 concentrado (**oxidante, corrosivo; disp. N**). Esta solução é, também, chamada reagente de Marquis.

III.83 – SOLUÇÃO PADRÃO DE FRUTOSE[15]

Dissolve-se 1 g de d-frutose (**disp. A**) em 100 mL de solução aquosa e saturada de ácido benzóico (**irritante; disp. A**).

1 mL desta solução contém 0,01 g de frutose.

III.84 – SOLUÇÃO PADRÃO DE FTALATO DE POTÁSSIO[15]

Dissolvem-se 16,613 g de ácido ftálico purificado (**irritante; disp. A**) [$C_6H_4(COOH)_2$] em solução mista de 695 mL de etanol a 94% (**inflamável, tóxico; disp. D**) e 200 mL de solução alcoólica (94%) de KOH — 1N e dilui-se com água até 1 litro.
Esta solução é a solução padrão — 0,1 N e a concentração de álcool é 80%.
Esta solução deve ficar azul com azul de bromofenol e incolor com fenolftaleína.

III.85 – SOLUÇÃO DE FUCSINA

A fucsina é, também, chamada de anilina rósea, magenta, vermelho de magenta ou vermelho de anilina e é um pó verde brilhante. É solúvel em água, tornando-se vermelho vivo e é também, solúvel em etanol e álcool amílico. Reage com aldeídos e bromo, tornando-se rosa-violeta e roxo-azulado, respectivamente, mas não reage com iodo.

III.85.1 – *Uso em identificação de celulose*[15]

Dissolve-se 1 g de fucsina [$(CH_3C_6H_3NH_2)(C_6H_4NH_2)C{=}C_6H_4NH_2 \cdot HCl$] (**cancerígeno; disp. A**) em 100 mL de água, goteja-se solução diluída de NaOH até perder a cor e filtra-se a parte insolúvel.
Esta solução tinge as fibras animais como lã e seda de vermelho, mas não reage com a celulose.

III.85.2 – *Uso em determinação qualitativa de bromo*[15,43]

Adicionam-se 10 mL de solução de fucsina a 0,1% em 100 mL de H_2SO_4 a 5 % e deixa-se decantar até que fique incolor. Esta solução é a solução original.
Na hora de usar, misturam-se 25 mL de solução original, 25 mL de ácido acético glacial (**corrosivo; disp. C**) e 1 mL de H_2SO_4 concentrado (**oxidante, corrosivo; disp. N**).
Esta solução reage com cloro e bromo tornando-se amarela e roxo-avermelhada, respectivamente.

III.85.3 – *Uso em tingimento de esporângio de bactérias*[15,42]
Dissolvem-se 1 g de fucsina (**cancerígeno; disp. A**) e 5 g de fenol (**corrosivo, tóxico; disp. A**) em 10 mL de etanol absoluto (**inflamável, tóxico; disp. D**). Adicionam-se 500 mL de água e filtra-se se necessário. Esta solução é, também, chamada solução de fenol-fucsina de Ziehl.

III.86 – SOLUÇÃO DE FURFURAL[15]

O furfuraldeído é um líquido incolor e transparente e tem a densidade relativa de 1,16.
Conserva-se em vidro marrom, vedando-se bem. Recomenda-se destilar na hora de usar. A solução diluída de furfuraldeído é instável.

III.86.1 – *Solução padrão de furfural*
Dissolve-se 1 g de furfuraldeído (**tóxico, irritante; disp. C**) (C_4H_3OCHO) em 100 mL de etanol a 95% (**inflamável, tóxico; disp. D**).
1 mL desta solução contém 10 mg de furfuraldeído.

III.86.2 – *Uso em análise orgânica*
Dissolvem-se 2 g de furfuraldeído (**tóxico, irritante; disp. C**) em 100 mL de etanol (**inflamável, tóxico; disp. D**).

III.87 – SOLUÇÃO DE GALOCIANINA

Uso em determinação qualitativa de chumbo(II)[15,20]

Dissolve-se 1 g de galocianina (**irritante; disp. A**) ($C_{15}H_{22}N_2O_5$) em 100 mL de água. Esta solução neutra ou amoniacal reage com Pb^{2+} formando um precipitado roxo.

III.88 – SOLUÇÃO DE GLICOSE[15]

III.88.1 – *Solução padrão de glicose*
Dissolve-se 1 g de glicose (**disp. A**) anidra em pequena quantidade de água, adicionam-se 40 mL de etanol puro (**inflamável, tóxico; disp. D**) e dilui-se com água até 200 mL (solução original). Na hora de usar, adicionam-se 210 mL de etanol puro em 10 mL de solução original e

dilui-se com água, até 250 mL. 10 mL desta solução contém 2 mg de glicose.
Pode-se conservar a solução original mais que um mês, mas deve-se preparar a solução diluída na hora de usar.

III.88.2 – *Uso em fermentação de vitamina B_1*
Dissolvem-se 200 g de glicose (**disp. A**), 2,2 g de fosfato monopotássico (**irritante; disp. N**), 1,7 g de cloreto de cálcio (**irritante; disp. O**), 10 g de sulfato de magnésio (**disp. N**), 0,067 g de ácido nicotínico (**irritante; disp. A**) [$C_5H_4N(COOH)$], 0,01 g de cloreto férrico (**irritante; disp. L**) e 0,01 g de sulfato de manganês (**irritante; disp. L**) em 1 litro de água.

III.88.3 – *Uso em cultura de fermento*
Dissolvem-se 150 g de glicose (**disp. A**), 5 g de fosfato dissódico (**irritante; disp. N**), 0,8 g de fosfato ácido de cálcio (**irritante; disp. N**) ($CaHPO_4 \cdot 2H_2O$) e 1g de sulfato de magnésio (**disp. N**) em 1 litro de água. Esta solução é também chamada solução de Mayer.

III.89 – SOLUÇÃO DE HEMATOXILINA

A hematoxilina, também chamada hematina, é um pó cristalino branco levemente amarelo e funde a 140°C.
É pouco solúvel em água, mas facilmente solúvel em solventes orgânicos.

III.89.1 – *Solução padrão de hematoxilina*[15,42]
Dissolve-se 0,1 g de hematoxilina (**irritatnte; disp. A**) ($C_{16}H_{14}O_6 \cdot 3H_2O$) em 100 mL de água em fervura.
1 mL desta solução contém 1 mg de hematoxilina.

III.89.2 – *Uso em determinação qualitativa de alumínio e solução de hidróxido de amônio*[15,20,43]
Dissolve-se 0,1 g de hematoxilina (**irritante; disp. A**) em 100 mL de ácido acético a 1 % (**corrosivo; disp. C**) e filtra-se, se necessário.
Esta solução reage com alumínio em presença de carbonato de amônio e forma um lago de cor lilás e a solução ácida (ácido acético) marrom-amarelada reage, também, com amônio, ficando vermelha.

III.89.3 – *Uso em análises orgânicas*[15]

Solução (I): Dissolve-se 1 g de hematoxilina (**irritante; disp. A**) em 12 mL de etanol puro (**inflamável, tóxico; disp. D**).

Solução (II): Dissolvem-se 20 g de alúmen de potássio (**disp. N**) em 300 mL de água quente e esfria-se.

Após decantação de 24 horas, misturam-se as duas soluções, deixa-se decantar durante 8 dias e filtra-se, se necessário.

III.89.4 – *Uso em determinação quantitativa de flúor*[15]

Dissolvem-se 0,8045 g de alúmen amoniacal (**disp. N**) em 100 mL de água, diluem-se 3 mL desta solução com água até 250 mL e adicionam-se 5 mL de solução aquosa saturada de carbonato de amônio (**tóxico, irritante; disp. N**) e 3 mL de solução padrão de hematoxilina. Deixa-se decantar durante cerca de 15 minutos, adicionam-se 5 mL de ácido acético (1:1) e agita-se para eliminar o gás carbônico.
Esta solução roxo-avermelhada é instável e, então, deve ser preparada na hora de usar.

III.90 – SOLUÇÃO PADRÃO DE HEMOGLOBINA[15]

Dissolve-se 0,1 g de hemoglobina ($C_{758}H_{1203}N_{195}S_3FeO_{218}$) em 100 mL de água.
1 mL desta solução contém 1 mg de hemoglobina.

III.91 – SOLUÇÃO DE HIDROQUINONA

III.91.1 – *Uso em determinação colorimétrica de ácido fosfórico*[15,20,43]

Dissolvem-se 0,5 g de hidroquinona (**tóxico, irritante; disp. A**) [$C_6H_4(OH)_2$] em 100 mL de H_2SO_4 —0,01N.
Esta solução reage com ácido fosfórico em presença de sulfito de sódio e molibdato de amônio, tornando-se azul.

III.91.2 – *Uso em revelação de filmes*[15]

III.91.2.1 – Dissolvem-se 12 g de hidroquinona (**tóxico, irritante; disp. A**), 33 g de sulfito de sódio anidro (**irritante; disp. N**) e 70 g de carbonato de sódio anidro (**irritante; disp. N**) em 1 litro de água (solução original). Na hora de usar, dilui-se com mesmo volume de água e a temperatura da solução deve estar entre 15 e 20°C.
Esta solução aumenta o contraste.

III.91.2.2 – Dissolve-se 1 g de metol ($2C_7H_9ON \cdot H_2SO_4$; **tóxico; disp A**), 75 g de sulfito de sódio anidro (**irritante; disp. N**), 4 g de hidroquinona (**tóxico, irritante; disp. A**), 50 g de carbonato de sódio anidro (**irritante; disp. N**) e de 0,5 a 1 g de brometo de potássio (**tóxico, irritante; disp. N**) em 500 mL de água, nessa ordem.

(Solução original)
Revelação em banho: (18 a 20°C)
10 mL de solução original e 20 mL de água.

Revelação em tina: (18 a 20°C)
10 mL de solução original e 50 mL de água.

III.92 – SOLUÇÃO DE 8-HIDROXIQUINALDINA

Uso em determinação quantitativa de zinco e magnésio[15,43]

Dissolvem-se 5 g de 8-hidroxiquinaldina (**disp. A**) ($CH_3C_9H_5NOH$) em 12 g de ácido acético glacial (**corrosivo; disp. C**) e dilui-se com água até 100 mL.

$Zn(C_{10}H_8NO)_2$ X 0,1713 = Zn $Mg(C_{10}H_8NO)_2$ X 0,07139 = Mg

III.93 – SOLUÇÃO DE ÍNDIGO

III.93.1 – *Uso em determinação qualitativa de* NO_3^- [15]

Adicionam-se 4 g de índigo em pó (**irritante; disp. A**) [$(C_6H_4CONHC)_2$] em 28 g de H_2SO_4 fumegante (8 a 10% SO_3) (**oxidante, corrosivo; disp. N**), deixa-se dissolver em banho de água fria, agitando-se continuamente e, em seguida, joga-se em 128 mL de água. Na hora de usar, diluem-se 4 mL desta solução com água até 100 mL.

III.93.2 – *Solução padrão de índigo*[15]

Adicionam-se, lentamente, 35 mL de H_2SO_4 concentrado (**oxidante, corrosivo; disp. N**) em 1,05 g de índigo (**irritante; disp. A**), agitando-se continuamente. Mantém-se a temperatura da solução a 80°C durante cerca de uma hora e agita-se algumas vezes durante esta decantação. Após o resfriamento, dilui-se com água até 1 litro.
Esta solução é usada para titulação com solução padrão de permanganato de potássio.
1 mL de $KMnO_4$ — 0,1N = 7,5 mg de índigo.

III.94 – SOLUÇÃO DE ISATINA

III.94.1 – *Uso em determinação qualitativa de tiofeno*[15]

Dissolve-se 0,1 g de isatina (**tóxico; disp. A**) em 110 mL de H_2SO_4 concentrado (**oxidante, corrosivo; disp. N**). Esta solução reage com tiofeno (C_4H_4S) em presença de uma gota de HNO_3 concentrado (**oxidante, corrosivo; disp. N**), tornando-se azul-marinho. Esta reação é chamada de reação de indofenina.

III.94.2 – *Uso em determinação qualitativa de cobre e prata*[20,43]

Dissolvem-se 0,5 g de isatina (**tóxico; disp. A**) em 100 mL de solução de hidróxido de amônio a 5% .

III.95 – SOLUÇÃO DE LACTOFLAVINA

Uso em determinação quantitativa de vitamina B_2 [15]

Colocam-se 4 mg de lactoflavina (**riboflavina, irritante; disp. A**) ($C_{17}H_{20}O_6N_4$) em 100 mL de água, deixa-se dissolver em banho-maria a 50°C e adiciona-se 1 gota de ácido acético glacial (**corrosivo; disp. C**) (solução original). Na hora de usar, diluem-se 40 vezes com água.
Esta solução original é sensível à luz, e então, deve-se conservar em vidro marrom e lugar escuro.

III.96 – SOLUÇÃO DE LARANJA IV

Uso em determinação quantitativa de zinco[15,43]

Dissolve-se 0,01 g de laranja IV (**tóxico; disp. A**) em 100 mL de água. A laranja IV ($C_{18}H_{15}O_3N_3S$), também chamada tropeolina OO, em solução fracamente ácida (H_2SO_4) é vermelha e reage com zinco em presença de ferricianeto de potássio tornando-se verde.

III.97 – SOLUÇÃO DE MALAQUITA VERDE[15,35]

A malaquita verde é um corante verde com o ponto de fusão de 93°C e é solúvel em etanol, éter etílico e benzeno.
A solução aquosa verde é descolorida pelo íon de bissulfito, porém, fica colorida outra vez pela adição de aldeído.

III.97.1 – *Uso em determinação qualitativa de irídio e tungstênio*[15,20,43]

Dissolve-se 1 g (W ≡ 0,005 g) de malaquita verde (**disp. A**) ($C_{23}H_{27}N_2$) em 100 mL de ácido acético (**corrosivo; disp. C**).
Esta solução neutra reage com irídio tornando-se verde e a solução ácida (HCl) reage com tungstênio, tornando-se levemente roxa ou incolor.

III.97.2 – *Uso em determinação qualitativa de SO_3^{2-}*[15,20,43]

Dissolvem-se 100 g de malaquita verde (**disp. A**) em 400 mL de água.

III.97.3 – *Uso em identificação de fibras*[15]

Misturam-se 10 mL de solução aquosa de malaquita verde a 2% e 20 mL de solução aquosa de magenta a 1% na hora de usar. Esta solução é, também, chamada solução de Loston Meritt.

III.98 – SOLUÇÃO DE MANITOL

III.98.1 – *Uso em determinação de boro e ânion bórico*[15]

III.98.1.1 – Dissolve-se manitol (d-manita) (**irritante; disp. A**) em água na proporção de 1:1, aquece-se até a fervura e adiciona-se solução de azul de bromotimol, ajustada no ponto de viragem. Torna-se a solução ligeiramente alcalina com hidróxido de sódio — 0,01N .

Na solução a ser ensaiada, adiciona-se, também, azul de bromotimol e ajusta-se o pH no mesmo valor que o da solução de manitol, usando solução ácida ou alcalina diluída.

Misturando-se iguais volumes das duas soluções acima preparadas, o indicador deverá mudar de cor se houver boro presente.

III.98.1.2 – Prepara-se a solução aquosa de manitol a 10% adiciona-se solução alcoólica de azul de bromotimol a 0,04% e torna-se ligeiramente alcalina com hidróxido de sódio — 0,01N.

III.99 – SOLUÇÃO DE MERCAPTOBENZOTIAZOL

III.99.1 – *Uso em determinação quantitativa de cobre, ouro e mercúrio*[15,43]

Deixa-se saturar etanol (**inflamável, tóxico; disp. D**) com mercaptobenzotiazol (**tóxico; disp. A**) (C_6H_4NSCSH).

III.99.2 – *Uso em determinação quantitativa de chumbo, tálio e bismuto*[15,20,43]

Prepara-se a solução a 1% de mercaptobenzotiazol em solução de hidróxido de amônio a 2,5%.

III.99.3 – *Uso em determinação quantitativa de cádmio*[15,43]

Prepara-se a solução a 5% de mercaptobenzotiazol em solução de hidróxido de amônio (**corrosivo, tóxico; disp. N**) (d: 0,96).

III.100 – SOLUÇÃO DE *m*-FENILENODIAMINA

A *m*-fenilenodiamina é um pó cristalino incolor, com ponto de fusão 62,8°C e solúvel em água, etanol e éter etílico. A solução neutra ou ácida de *m*-fenilenodiamina reage com cromo tornando-se marrom-avermelhada.

III.100.1 – *Uso em determinação qualitativa de* NO_2^- [15]

III.100.1.1 – Dissolvem-se 2 g de *m*-fenilenodiamina ($C_6H_4(NH_2)_2$; **irritante, tóxico; disp. A**) em 10 mL de HCl —12N (**corrosivo; disp. N**) e dilui-se com água até 100 mL.[15]

III.100.1.2 – Dissolvem-se 0,5 g de *m*-fenilenodiamina (**irritante, tóxico; disp. A**) em 30 mL de água, que contém 3 mL de H_2SO_4 diluído e, então, dilui-se com água até 100 mL.[43]

III.100.2 – *Uso em determinação qualitativa de aldeídos*[15]

Dissolvem-se 10 g de cloridrato de *m*-fenilenodiamina ($C_6H_4(NH_2)_2 \cdot HCl$; **irritante; disp. A**) em 90 mL de água fervida de uma vez.
Adicionar cuidadosamente esta solução numa solução que contém aldeídos. Na superfície limite aparece uma camada amarela e vermelha.

III.100.3 – *Uso em determinação qualitativa de bromo e brometos*[20,43]

Prepara-se a solução aquosa de *m*-fenilenodiamina a 0,5%.

III.101 – SOLUÇÃO DE METANOL

III.101.1 – *Solução padrão de metanol*[15]

Mistura-se o metanol a 0,1% com etanol a 95% (**inflamável, tóxico; disp. D**) e água de acordo com a seguinte tabela:

TABELA DE CONCENTRAÇÃO DE METANOL

Metanol 0,1% (mL)	*Etanol a 95% (mL)*	*Água (mL)*	*Metanol (mg/mL)*
0,05	0,25	4,70	0,1
0,10	0,25	4,65	0,2
0,15	0,25	4,60	0,3
0,20	0,25	4,55	0,4
0,30	0,25	4,45	0,6
0,40	0,25	4,35	0,8
0,50	0,25	4,25	1,0
0,60	0,25	4,15	1,2
0,75	0,25	4,00	1,5
1,00	0,25	3,75	2,0

III.101.2 – *Uso em eliminação de ácido bórico*[15,20,43]

Deixa-se saturar gás clorídrico (HCl) seco (**tóxico; disp. K**) em metanol (**inflamável, irritante; disp. D**). Adiciona-se esta solução à solução que contém ácido bórico e deixa-se evaporar até secura em banho-maria. Dessa forma o ácido bórico será eliminado.

III.102 – SOLUÇÃO DE MORINA

A morina é um pó branco, transparente ou levemente amarelo, e solúvel em soluções alcalinas e em etanol, mas quase insolúvel em éter etílico e em ácido acético.

Uso em determinação qualitativa inorgânica[15,20,43]

Deixa-se saturar metanol (**inflamável, irritante; disp. D**) ou etanol (**inflamável, tóxico; disp. D**) com morina (**irritante; disp. A**) (penta hidroxiflavona, $C_{15}H_{10}O_7 \cdot 2H_2O$).

Esta solução, neutra ou ácida (CH_3COOH), reage com alumínio e produz um complexo com fluorescência verde e a solução ácida (HCl) reage com ácido arsenioso, ácido arsênico, estanho e Sb(III) produzindo os respectivos compostos fluorescentes. Neste caso, a adição de etanol aumenta a intensidade da fluorescência.

III.103 – SOLUÇÃO DE NINHIDRINA

Uso em determinação qualitativa de proteínas[15]

Dissolve-se 0,1 g de ninhidrina (**irritante; disp. A**) [$C_6H_4COCOC(OH)_2$] em 50 mL de água.
Esta solução reage com proteínas em presença de piridina, tornando-se azul-arroxeada.

III.104 – SOLUÇÃO DE NITRONA

A nitrona (1,4-difenil-3,5-endo-anilino-4,5-di-hidro-1,2,4-triazol) é um pó cristalino, levemente amarelo, com o ponto de fusão de 189°C. É solúvel em solventes orgânicos, mas é insolúvel em água.

Uso em análise de NO_3^- [15,20,43]

Dissolvem-se 10 g de nitrona (**tóxico, irritante; disp. A**) ($C_{20}H_{16}N_4$) em 100 mL de ácido acético a 5 % e elimina-se a parte insolúvel por filtração usando algodão de vidro.
Esta solução reage com íon NO_3^- formando um precipitado branco, portanto, é usada na sua determinação qualitativa ou quantitativa.

$$KNO_3 + CH_3CO_2H + C_{20}H_{16}N_4 = C_{20}H_{17}N_4NO_3 + KC_2H_3O_2$$

Esta solução, entretanto, não é usada como reação característica com íon de NO_3^-, porque reage, também, com Br^-, I^-, NO_2^-, CrO_3^{2-}, ClO_3^-, SCN^-, $Fe(CN)_6^{3-}$ e $Fe(CN)_6^{4-}$
A solução de nitrona-ácido fórmico é preparada por dissolução de nitrona em ácido fórmico em lugar de ácido acético e é chamada fornitral.

III.105 – SOLUÇÃO DE ORCINA

III.105.1 – *Uso em determinação qualitativa de pentose*[15,42]
Dissolve-se 1 g de hidrato de orcina (**irritante; disp. A**) ($CH_3C_6H_3(1,3\text{-}OH)_2.H_2O$) em 500 mL de HCl a 2,5% e adiciona-se 1 mL de solução aquosa de cloreto férrico a 10%. Esta solução é, também, chamada reagente de Bial e reage com solução de pentose, a quente, tornando-se azul-verde. Esta reação é chamada reação de orcinol.

III.105.2 – *Uso em análise de ácido nucléico*[15]
Dissolve-se 1 g de cloridrato de orcina (**irritante; disp. A**), recristalizada em benzeno (**cancerígeno, inflamável; disp. D**; N. R. -solvente de uso restrito. Deve-se estudar a possibilidade de substituí-lo por outro), em 10 mL de etanol (**inflamável, tóxico; disp. D**) a 95%.

III.105.3 – *Uso em determinação qualitativa de açúcar*[15]
Dissolve-se 1 g de orcina (**irritante; disp. A**) em 100 mL de HCl (1:1). Usam-se 23 mL desta solução para cada 10 mg de açúcar, aquece-se a 40 - 50°C durante cerca de 15 minutos e então a solução passa a verde e a vermelho vivo.

III.106 – SOLUÇÃO DE *o*-TOLIDINA

III.106.1 – *Uso em análise de cloro*[15,20,43]
Dissolve-se 1 g de *o*-tolidina ($H_2N(CH_3)_2C_6H_3$; **cancerígeno; disp. A**) em 5 mL de HCl a 10%, dilui-se até 150 mL e transfere-se para um balão aferido de 1.000 mL. Em seguida, adicionam-se 500 mL de água e 100 mL de HCl a 10% e dilui-se até 1 litro.
Esta solução é usada em análise de água porque reage com cloro, tornando-se marrom.
Para determinação quantitativa colorimétrica, adotam-se 100 mL de água natural (ou 20 mL de água usada) como amostra e adicionam-se 5 mL de HCl concentrado (**corrosivo; disp. N**) e 1 mL desta solução.

III.106.2 – *Solução reagente de o-tolidina (farmacopéia)*[15]
Dissolve-se 0,1 g de *o*-tolidina ($H_2N(CH_3)_2C_6H_3$; **cancerígeno; disp. A**) em 18 mL de HCl (**corrosivo; disp. N**) (d: 1,18) usando almofariz e dilui-se com água até 100 mL.

III.106.3 – *Uso em determinação quantitativa de iodo, prata, cobalto e cobre*[20,43]
Prepara-se a solução etanólica de *o*-tolidina [$H_2N(CH_3)_2C_6H_3$] de 0,7 a 2,0%.

III.106.4 – *Uso em determinação colorimétrica de ouro*[20,43]
Dissolve-se 0,1 g de *o*-tolidina (**cancerígeno; disp. A**) em 100 mL de HCl (1:10).

III.106.5 – *Uso em separação de tungstênio*[43]

Prepara-se a suspensão de 20 g de *o*-tolidina (**cancerígeno; disp. A**) em água, adicionam-se 28 mL de HCl concentrado (**corrosivo; disp. N**) e aquece-se. Em seguida, filtra-se e dilui-se até 1 litro. 10 mL desta solução precipitam 0,22 g de WO_3^-.

III.107 – SOLUÇÃO DE OXALENODIURAMIDOXIMA

Uso em determinação qualitativa de níquel[15,43]

Prepara-se a solução aquosa e saturada de oxalenodiuramidoxima. Esta solução amoniacal reage com níquel em presença de sal de amônio formando um precipitado amarelo.

III.108 – SOLUÇÃO DE OXIMA DE α-BENZOÍNA

Uso em análise de cobre, tungstênio e molibdênio[15,20,43]

Dissolvem-se de 1 a 5 g de oxima de α-benzoína (**irritante; disp. A**) (cuprona, $C_6H_5CH(OH)C = NOHC_6H_5$] em 100 mL de etanol (**inflamável, tóxico; disp. D**) e elimina-se a parte insolúvel, filtrando-se com algodão de vidro.

Esta solução é, também, chamada solução de cuprona e a solução amoniacal reage com cobre tornando-se verde.

A solução ácida (H_2SO_4) reage com molibdênio dando turvação branca.

III.109 – SOLUÇÃO DE OXINA

A oxina (C_9H_7ON) é a *o*-hidroxiquinolina e é quase insolúvel em água fria, mas solúvel em água quente.

A solução de oxina é, em geral, sensível à luz e ao ar e, portanto, deve ser preparada na hora de usar.

As reações de oxina e os metais (M) ocorrem, geralmente, segundo as seguintes equações:

Solução amoniacal:

$$M^{2+} + 2C_9H_7ON = M\ (C_9H_6ON)_2 + 2H^+$$

Solução ácida:

$$M(C_9H_6ON)_2 + 2H^+ = M^{++} + 2C_9H_7ON$$

III.109.1 – *Solução ácida (CH_3COOH) a 5%*[15,20,43]

Prepara-se a solução a 5% de oxina em ácido acético 2N e filtra-se usando amianto, se necessário (**tóxico**; N. R. -o uso de amianto tem se tornado proibitivo, pois este material pode causar asbestose. Consulte a legislação vigente antes de usá-lo).

Esta solução é usada para precipitação de alumínio, ferro, cobre, magnésio, berílio e tungstênio.

III.109.2 – *Solução ácida (CH_3COOH) a 2%*[15,20,43]

Prepara-se a solução a 2% de oxina em ácido acético - 2N, goteja-se solução de hidróxido de amônio (1:3) até formar um pouco de precipitado e, em seguida, goteja-se ácido acético (1:3) até dissolver o precipitado formado. Esta solução é usada para precipitação de zinco, bromo, cálcio e alumínio.

III.109.3 – *Solução alcoólica*[15,20,43]

Dissolvem-se 2 g de oxina (**tóxico; disp. A**) em 100 mL de etanol (**inflamável, tóxico; disp. D**).

Esta solução é usada para precipitação de manganês, cádmio, níquel, cobalto, magnésio e titânio.

III.109.4 – *Solução acetônica*[15,43]

Dissolvem-se 4 g de oxina (**tóxico; disp. A**) em 40 mL de ácido acético 2N e adiciona-se acetona (**inflamável; disp. D**) até completar 100 mL.

Esta solução é usada para precipitação de molibdênio e urânio.

III.109.5 – *Solução clorofórmica*[15,43]

Dissolve-se 0,25 g de oxina (**tóxico; disp. A**) em 10 mL de ácido acético 2N e adicionam-se 200 mL de clorofórmio (**muito tóxico, possível cancerígeno; disp. B**; N. R.-solvente de uso restrito. Deve-se estudar a possibilidade de substituí-lo por outro). Esta solução é usada para extração de vanádio.

III.110 – SOLUÇÃO DE PALMITATO DE POTÁSSIO

Uso para determinação de dureza de água[15,42]

Adicionam-se 30,3 g de palmitato de potássio em 600 mL de etanol a 88%, agita-se e, em seguida, colocam-se 300 mL de glicerina (**irritante; disp. A**). Deixa-se decantar durante 24 horas mantendo-se a temperatura de 30 a 40°C e filtra-se a parte insolúvel, se necessário. Finalmente, adiciona-se etanol na temperatura ambiente, até completar 1 litro. A concentração desta solução é 0,1 N e deve dar reação alcalina com fenolftaleína.

III.111 – SOLUÇÃO DE *p*-AMINOACETOFENONA

III.111.1 – *Uso em determinação quantitativa de ácido nicotínico*[15]

Dissolvem-se 10 g de *p*-aminoacetofenona ($CH_3COC_6H_4NH_2$) (**tóxico; disp. A**) em 30 mL de HCl a 10% e dilui-se com água até 100 mL.

III — 111.2 – *Uso em determinação quantitativa de vitamina*[15]

III.111.2.1 – Dissolvem-se 0,6 g de *p*-aminoacetofenona (**tóxico; disp. A**) em 9 mL de HCl concentrado (**corrosivo; disp. N**) e dilui-se com água até 1 litro.

III.111.2.2 – Dissolvem-se 3,18 g de *p*-aminoacetofenona (**tóxico; disp. A**) em 45 mL de HCl concentrado (**corrosivo; disp. N**) e dilui-se com água até 500 mL. Em seguida, pipetam-se 20 mL desta solução, esfria-se com gelo durante cerca de 10 minutos e adicionam-se 80 mL de solução de nitrito de sódio (dissolvem-se 4,5 g de nitrito de sódio (**oxidante, tóxico; disp. N**) em 100 mL de água). Agita-se, deixa-se decantar durante 20 minutos e, então, usa-se dentro de uma hora.
Esta solução é, também, chamada solução de diazotação.

III.111.3 – *Uso em determinação qualitativa de paládio*[43]

Dissolve-se 1 g de *p*-aminoacetofenona (**tóxico; disp. A**) em 40 mL de água, que foi acidulada por 2 mL de HCl concentrado (**corrosivo; disp. N**), por aquecimento, deixa-se esfriar e dilui-se até 100 mL.

III.112 – SOLUÇÃO DE *p*-AMINODIMETILANILINA

Uso em determinação qualitativa de H_2S[15,20,43]

Dissolve-se 1 g de *p*-aminodimetilanilina [$(CH_3)_2NC_6H_4NH_2$] (**tóxico; disp. A**) em 100 mL de água.
Esta solução ácida (HCl) reage com H_2S em presença de cloreto férrico, formando azul de metileno.

III.113 – SOLUÇÃO DE *p*-DIMETILAMINOBENZILIDENO RODANINA

A *p*-dimetilaminobenzilideno rodanina é um pó cristalino vermelho e brilhante e decompõe-se por aquecimento acima de 200°C. É insolúvel em água e pouco solúvel em etanol e acetona.

Uso em determinação qualitativa inorgânica[15,43]

Dissolve-sem 0,03 g de *p*-dimetilaminobenzilideno rodanina ($C_{10}H_{12}OS_2N_2$) em 100 mL de acetona (**inflamável; disp. D**).
Esta solução reage com prata, mercúrio, ouro, platina, chumbo e cobre formando precipitados coloridos.

III.114 – SOLUÇÃO DE *p*-FENILENODIAMINA

III.114.1 – *Uso em determinação qualitativa inorgânica*[15,20,43]
Prepara-se a solução aquosa de *p*-fenilenodiamina (**tóxico, irritante; disp. A**) [$C_6H_4(NH_2)_2$] a 0,5 - 10%.
Esta solução amoniacal reage com cobre em presença de KSCN formando um precipitado preto e a solução alcalina (KOH) reage com magnésio e forma um precipitado vermelho.

III.114.2 – *Uso em teste de leite*[15]
Dissolvem-se 2 g de *p*-fenilenodiamina (**tóxico, irritante; disp. A**) em 100 mL de água quente. Pode-se conservar em vidro marrom durante cerca de dois meses sem que perca a sua eficiência.

III.115 – SOLUÇÃO DE *p*-METILAMINOFENOL

III.115.1 – *Uso em determinação quantitativa de ouro*[43]

Dissolvem-se 1,284 g de cloridrato de *p*-metilaminofenol (**irritante; disp. A**) [$HOC_6H_4NH(CH_3)\cdot HCl$] em 1 litro de HCl a 2% em volume.
1 mL desta solução equivale a 1 mg de ouro.

III.115.2 – *Uso em determinação qualitativa de prata*[43]

Dissolvem-se 10 g de *p*-metilaminofenol (**irritante; disp. A**) e 50 g de ácido cítrico (**irritante; disp. A**) em 500 mL de água e adicionam-se 2 mL de nitrato de prata — 0,1 M em 50 mL de solução acima preparada, na hora de usar.

III.116 – SOLUÇÃO DE *p*-NITROANILINA

III.116.1 – *Uso em determinação qualitativa de lignina*[15]

Dissolve-se 1 g de *p*-nitroanilina (**tóxico; disp. A**) [$C_6H_4(NH_2)NO_2$] em 405 mL de água e adicionam-se 30,5 mL de H_2SO_4 concentrado (**oxidante, corrosivo; disp. N**).
Esta solução reage com lignina, tornando-se nitidamente cor de laranja.

III.116.2 – *Uso em determinação qualitativa de amônio*[15]

Dissolve-se 1 g de *p*-nitroanilina (**tóxico; disp. A**) em solução mista de 20 mL de água e 2 mL de HCl — 6N a quente, adicionam-se 160 mL de água, agitando-se continuamente e, após esfriamento, misturam-se 20 mL de solução de nitrito de sódio a 2-5%. Filtra-se se necessário.
Esta solução é, também, chamada o reagente de Riegler.

III.116.3 – *Uso em análise de β-naftol*[15]

Dissolvem-se 3,451 g de *p*-nitroanilina (**tóxico; disp. A**) em solução mista de 40 mL de água e 20 mL de HCl concentrado (**corrosivo; disp. N**), em temperatura menor que 40°C, e adiciona-se água gelada até 100 mL. Em seguida, mantendo-se a temperatura da solução a cerca de 10°C, adicionam-se 8,7 mL de solução de $NaNO_2$ — 36 N de uma só vez e adiciona-se água até 250 mL, mantendo-se a temperatura da solução de 0°C. Conserva-se em gelo quebrado.

III.117 – SOLUÇÃO DE *p*-NITROBENZENO-AZO-α-NAFTOL

Uso em determinação qualitativa de magnésio[15,43]

Deixa-se diazotar a solução de cloridrato de *p*-nitroanilina (0,6 g como *p*-nitroanilina (**tóxico; disp. A**) pelo nitrito de sódio (**oxidante, tóxico; disp. N**) e, em seguida, deixa-se reagir com solução alcalina de α-naftol (**tóxico, irritante; disp. A**) (0,5 g) até a solução ficar arroxeada. Acidula-se esta solução e separa-se o precipitado formado por filtração. Lava-se o precipitado com HCl diluído e, em seguida, com água e seca-se. Obtém-se um pó vermelho brilhante. Dissolve-se 1 mg deste pó em, 100 mL de solução de NaOH – 1N.[20]
A solução alcalina de *p*-nitrobenzeno-azo-α-naftol (4-(4-nitrofenilazo)-1-naftol, **irritante; disp. A**) ($NO_2C_6H_4N_2C_{10}H_6OH$) tem cor roxo-avermelhada e é fluorescente.
Reage com magnésio formando precipitado azulado. Esta reação é dificultada pela presença de níquel, cobalto, cádmio e cálcio.

III.118 – SOLUÇÃO DE *p*-NITROBENZENOAZORESORCINA

Uso em determinação qualitativa de magnésio[15,43]

Dissolvem-se 0,5 g de *p*-nitrobenzenoazoresorcina [4-(4-nitrofenilazo) resorcinol; **irritante; disp. A**] ($C_{12}H_9N_3O_4$) em 100 mL de solução de NaOH a 1%.
Esta solução roxa reage com magnésio, formando um precipitado azulado e a presença de cobalto, níquel, amônio, ácido acético e ácido tartárico dificulta esta reação.

III.119 – SOLUÇÃO DE PENTACLOROFENOL

Uso em determinação qualitativa de nitratos[43]

Dissolvem-se 10 g de pentaclorofenol (**tóxico, irritante; disp. A**) em 500 mL de ácido acético glacial (**corrosivo; disp. C**) e adicionam-se 100 mL de H_2SO_4 concentrado (**oxidante, corrosivo; disp. N**).

III.120 – SOLUÇÃO DE PICRO-FORMOL

Uso em tingimento dos fungos[15]

Adicionam-se 5 mL de ácido acético glacial (**corrosivo; disp. C**) e 20 mL de formol (37%) (**cancerígeno, tóxico; disp. A**) em 75 mL de solução aquosa e saturada de ácido pícrico (**inflamável, tóxico; disp. K**).

III.121 – SOLUÇÃO DE PIRAMIDONA[15]

Dissolvem-se de 0,1 a 1,0 g de piramidona (4-dimetilaminoantipirina, $C_{12}H_{17}N_3O$) e 1 g de tiocianato de amônio (**irritante; disp. N**) em 10 mL de água.

Tabela de reação de solução ácida (CH_3COOH) de piramidona

Substâncias	*Evidência Reacionais*
Zinco e Cádmio	Precipitado branco
Fe^{2+}	Precipitado marrom avermelhado
Cobalto	Coloração de azul a verde
Níquel	Precipitado violeta

III.122 – SOLUÇÃO DE PIROGALOL

III.122.1 – *Uso em determinação qualitativa inorgânica*[15,43]

III.122.1.1 – Determinação de NO_3^- e NO_2^- [15,43]
Dissolvem-se 0,5 g de pirogalol (**tóxico, irritante; disp. A**) em 90 mL de água e 10 mL de H_2SO_4 concentrado (**oxidante, corrosivo; disp. N**).

III.122.1.2 – Determinação de ouro[43]
Prepara-se a solução de pirogalol a 0,1%.

III.122.1.3 – Determinação de prata e bismuto[43]
Deixa-se saturar a água com pirogalol (**tóxico, irritante; disp. A**).

III.122.1.4 – Determinação de ferro[43]
Dissolvem-se 5g de pirogalol (**tóxico, irritante; disp. A**) em 100 mL de solução saturada de sulfito de sódio.

III.122.2 – *Uso em determinação quantitativa de vitamina D*[15]
Dissolve-se 0,1 g de pirogalol (**tóxico, irritante; disp. A**) em etanol absoluto (**inflamável, tóxico; disp. D**) e dilui-se até 100 mL.

III.122.3 – *Uso em absorção de oxigênio*[15]

III.122.3.1 – Dissolvem-se 20 g de pirogalol (**tóxico, irritante; disp. A**) em 200 mL de solução KOH a 10 - 20%.

III.122.3.2 – *Solução (I):* Dissolvem-se 95 g de pirogalol (**tóxico, irritante; disp. A**) em 200 mL de água.

Solução (II): Dissolvem-se 95 g de KOH (**corrosivo, tóxico; disp. N**) em 85 mL de água. Misturam-se as duas soluções (I) e (II).
1 mL desta solução absorve 8 mL de oxigênio, mas em temperatura menor que 7°C perde sua eficiência.

III.122.3.3 – a) *No caso do conteúdo de oxigênio ser menor que 28%,* dissolvem-se 50 g de KOH (**corrosivo, tóxico; disp. N**) em 100 mL de água e adicionam-se 5 g de pirogalol (**tóxico, irritante; disp. A**).
b) *No caso do conteúdo de oxigênio ser maior que 28%,* dissolvem-se 120 g de KOH (**corrosivo, tóxico; disp. N**) em 100 mL de água e adicionam-se 5 g de pirogalol (**tóxico, irritante; disp. A**).

Estas soluções absorvem o oxigênio ou gás carbônico do ar e tem sua eficiência diminuída. Portanto, devem ser preparadas na hora de usar.

III.122.4 – *Soluções de pirogalol para uso em revelação fotográfica*[15]

III.122.4.1 – Misturam-se as seguintes soluções na proporção de 5:1.
Solução (I): Dissolvem-se 4 g de pirogalol (**tóxico, irritante; disp. A**), 10 g de dietil-paramina (N,N-dietil-1,4-fenilenodiamina) (**altamente tóxico, irritante; disp. A**), 1 g de ácido salicílico (**tóxico; disp. A**) e 60 g de sulfito de sódio (**irritante; disp. N**) em 1 litro de água.

Solução (II): Dissolvem-se 10 g de sulfato de níquel amoniacal (**cancerígeno; disp. L**) [$NiSO_4(NH_4)_2SO_4 \cdot 6H_2O$] em 200 mL de água.

III.122.4.2 – Misturam-se os mesmos volumes das seguintes soluções, na hora de usar, e dilui-se quatro vezes com água.
Solução (I): Dissolvem-se 50 g de pirogalol (**tóxico, irritante; disp. A**), 50 g de pirossulfito de potássio (**irritante**) ($K_2S_2O_5$) e 270 g de sulfito de sódio ($Na_2SO_3{\cdot}7H_2O$) (**irritante; disp. N**) em 1 litro de água.

Solução (II): Dissolvem-se 210 g de carbonato de sódio (**irritante; disp. N**) em 1 litro de água.

III.122.4.3 – Dissolvem-se 3,5 g de pirogalol (**tóxico, irritante; disp. A**), 1 g de metol (**tóxico; disp A**), 38 g de sulfito de sódio anidro (**irritante; disp. N**), 3,5 g de hidroquinona (**tóxico, irritante; disp. A**), 19 g de carbonato de sódio anidro (**irritante; disp. N**) e 0,5 g de brometo de potássio (**tóxico, irritante; disp. N**) em 1 litro de água e dilui-se com água 5 vezes na hora de usar.

III.123 – SOLUÇÃO DE PIRROL

Uso em determinação qualitativa de SiO_3^{2-} e ácido silícico[15,20,43]

Dissolve-se 1 g de pirrol (**inflamável; disp. D**) (C_4H_5N) em 100 mL de etanol a 95% (**inflamável, tóxico; disp. D**).
O pirrol é, também, chamado azol ou inidol e esta solução reage com SiO_3^{2-} em presença de $FeCl_3$ e ácido fosfórico, tornando-se azul.

III.124 – SOLUÇÃO DE QUINALIZARINA

III.124.1 – *Uso em determinação quantitativa de boro*[15,43]
Dissolve-se 0,01 g de quinalizarina (**disp. A**) (tetra-hidroxiantraquinona, $C_{14}H_8O_6$) em 100 mL de H_2SO_4 concentrado (**oxidante, corrosivo; disp. N**).

III.124.2 – *Uso em determinação qualitativa inorgânica*[15,43]
Dissolve-se 0,01 g de quinalizarina (**disp. A**) em 100 mL de etanol (**inflamável, tóxico; disp. D**).

III.124.3 – *Uso em determinação qualitativa de berílio, alumínio e magnésio*[15,43]

Dissolvem-se 0,05 g de quinalizarina (**disp. A**) em 100 mL de solução de NaOH — 0,1 N ou então prepara-se a solução alcoólica, e saturada. Esta solução é, também, chamada solução de magnésio de Hahn ou solução de alizarina de Bordeaux.

A solução fracamente ácida reage com alumínio tornando-se vermelho-violeta e a solução alcalina reage com magnésio, berílio e lantânio tornando-se azul. Prepara-se na hora de usar.

III.125 – SOLUÇÃO DE QUINOLINA

III.125.1 – *Uso em determinação qualitativa de bismuto*[43]

Dissolve-se 1 g de quinolina (**tóxico, irritante; disp. A**) (C_9H_7N) em 100 mL de etanol (**inflamável, tóxico; disp. D**) e mistura-se esta solução com 20 mL de solução de KI a 25 %.

III.125.2 – *Uso em determinação colorimétrica inorgânica*[43]

Mistura-se 1 parte de quinolina (**tóxico, irritante; disp. A**) com 1 parte de solução aquosa e saturada de tiocianato de amônio (**irritante; disp. N**) ou KI (**irritante; disp. N**) e, então, adiciona-se, pouco a pouco, o HNO_3 diluído até a dissolução completa de quinolina.

III.126 – SOLUÇÃO DE RESACETOFENONA

Uso em determinação qualitativa de ferro[15,43]

Dissolve-se a resacetofenona (**irritante; disp. A**) [2,4-di-hidroxiacetofenona, $CH_3COC_6H_3(OH)_2$] em etanol a 95% (**inflamável, tóxico; disp. D**), em proporção de 10%. Esta solução neutra ou fracamente ácida (HCl) reage com ferro tornando-se vermelha.

III.127 – SOLUÇÃO DE RESORCINA

III.127.1 – *Solução neutra*[15,20,43]

III.127.1.1 – Dissolvem-se de 5 a 10 g de resorcina (resorcinol; **irritante, tóxico; disp. A**) [$C_6H_4(OH)_2$] em 100 mL de etanol (**inflamável, tóxico; disp. D**).

Esta solução é usada para determinação qualitativa inorgânica e na determinação quantitativa de frutose.
Esta solução reduz as seguintes espécies:

Espécies	*Coloração*
$FeCl_3$	roxa
Zinco, Cobre e Cádmio (amoniacal)	azul
Manganês e Níquel	verde
Cobalto	violeta
Platina	vermelha

Para a determinação quantitativa de frutose, usa-se a solução diluí-da 5 vezes.

III.127.1.2 – Dissolvem-se 2,5 g de resorcina (resorcinol - **irritante, tóxico; disp. A**) e 1,5 g de sucrose (sacarose; **disp. A**) em 50 mL de álcool a 50% v/v e filtra-se a parte insolúvel. Esta solução é usada para determinação qualitativa de ácido clorídrico liberado.

III.127.2 – *Solução ácida de HCl*[15]

Dissolvem-se 0,05 g de resorcina (resorcinol - **irritante, tóxico; disp. A**) em 100 mL de HCl concentrado (**corrosivo; disp. N**) e dilui-se com água até 200 mL.
Esta solução é chamada reagente de Seliwanoff e reage com frutose a quente, tornando-se vermelha ou formando precipitado vermelho.
Para preparar a solução reagente de resorcina, dissolve-se 1 g de resorcina (resorcinol) em 100 mL de HCl concentrado (farmacopéia).

III.127.3 – *Solução ácida* (H_2SO_4)[15]

III.127.3.1 – Dissolve-se 1 g de resorcina (resorcinol; **irritante, tóxico; disp. A**) em 55 mL de H_2SO_4 concentrado (**oxidante, corrosivo; disp. N**)
Esta solução reage com íon de ácido oxálico tornando-se azul.

III.127.3.2 – Adicionam-se 0,4 mL de solução (I) para cada 10 mL de solução (II):
Solução (I); Dissolvem-se 2,5 g de resorcina (resorcinol; **irritante, tóxico; disp. A**) em 50 mL de etanol a 95% (**inflamável, tóxico; disp. D**).

Solução (II): Misturam-se 37,5 mL de etanol a 95% com 10 mL de H_2SO_4 concentrado (**oxidante, corrosivo; disp. N**).
Esta solução é, também, chamada solução reagente de Seliwanoff e reage especialmente com cetose a quente e torna-se vermelho forte. Esta reação é chamada reação de resorcina de Seliwanoff.

III.128 - SOLUÇÃO DE RODAMINA B

Uso em determinação qualitativa inorgânica[15,20,43]

Dissolve-se 0,01 g de rodamina B ($[C_6H_3(C_2H_5)_2N]_2OCC_6H_4CO_2 \cdot HCl$; **cancerígeno; disp. B**) em 100 mL de água.
Esta solução vermelha reage com os cloretos de antimônio (V), mercúrio, ouro e bismuto, tornando-se roxa. A solução diluída produz, também, fluorescência.

III.129 - SOLUÇÃO DE RODIZONATO DE SÓDIO

Uso em determinação qualitativa inorgânica[15,20,43]

Prepara-se a solução aquosa de rodizonato de sódio [$(COCOCONa)_2$] (**disp. A**) a 0,3%.
Esta solução é usada como indicador na determinação quantitativa de bário, mas prepara-se a solução a 5% para determinação qualitativa de estrôncio e SO_4^{2-}.

III.130 - SOLUÇÃO DE ROTENONA

III.130.1 - *Uso em análises farmacêuticas*[15]

III.130.1.1 - *Solução alcoólica*

Deixa-se saturar etanol a 95% (**inflamável, tóxico; disp. D**) com rotenona (**irritante, tóxico; disp. A**) ($C_{23}H_{22}O_6$), conserva-se em câmara frigorífica durante uma noite e filtra-se na hora de usar.

III.130.1.2 - *Solução de tetracloreto de carbono*

Dissolve-se a rotenona (**irritante, tóxico; disp. A**) em CCl_4 (**cancerígeno, tóxico; disp. B**; N. R.: - solvente de uso restrito. Deve-se estudar a possibilidade de sustituí-lo por outro.) a quente e deixa-se saturar. Conserva-se, também, em câmara frigorífica e filtra-se na hora de usar.

III.131 – SOLUÇÃO DE SALICILATO DE ALDOXIMA

Uso em determinação quantitativa de cobre[15,20,43]

Adicionam-se 6,2 g de cloridrato de hidroxilamina (**corrosivo; disp. A**) ($NH_2OH{\cdot}HCl$) a 12,9 g de salicilaldeído (HOC_6H_4CHO) (**irritante, tóxico; disp. C**), colocam-se 110 mL de solução de NaOH —2N e aquece-se em banho maria durante cerca de 30 minutos. Acidula-se com ácido acético (**corrosivo; disp. C**), esfria-se com água gelada, e separa-se a oxima em forma de óleo. Purifica-se por recristalização em benzeno quente (**cancerígeno, inflamável; disp. D**; N. R.- solvente de uso restrito. Deve-se estudar a possibilidade de substituí-lo por outro.) e, em seguida, em éter de petróleo (**inflamável, irritante; disp. D**) com benzeno.
Dissolve-se 1 g de oxima purificada em 5 mL de etanol (**inflamável, tóxico; disp. D**), joga-se esta solução em 95 mL de água a 80°C misturando-se bem e filtrando-se a parte insolúvel.
Esta solução fracamente ácida é usada para precipitação de sal de cobre e a solução neutra ou alcalina precipita níquel, cobalto, zinco e cálcio.

III.132 – SOLUÇÃO DE SALICILALDEÍDO

Uso em determinação quantitativa de níquel e cobre[43]

Dissolve-se 1 g de salicilaldeído (**irritante, tóxico; disp. C**) (HOC_6H_4CHO) em 100 mL de solução de hidróxido de amônio (1:9).

	Precipitado	*Fator*
Níquel	alaranjado	0,1963
Cobre	verde	0,2092

III.133 – SOLUÇÃO DE SUDÃO III

Uso em tingimento de gordura[15]

Dissolvem-se 0,1 g de Sudão III (**disp. A**) ($C_6H_5N{=}NC_6H_4N{=}NC_{10}H_6OH$) e 50 mL de glicerina (**irritante; disp. A**) em 50 mL de etanol a 90 - 96% (**inflamável, tóxico; disp. D**).

III.134 – SOLUÇÃO PADRÃO DE SULFANILAMIDA

Seca-se a sulfanilamida (**irritante; disp. A**) a 100°C, dissolvem-se 0,5 g de sulfanilamida seca em solução mista de 5 mL de HCl concentrado (**corrosivo; disp. N**) e 50 mL de água.[15] Conserva-se em lugar escuro e fresco.

III.135 – SOLUÇÃO DE TIMOL

III.135.1 – *Uso em determinação qualitativa de titânio*[20,43]

Dissolvem-se 5 g de timol (**irritante; disp. A**) [$C_3H_7C_6H_3CH_3(OH)$] em 5 mL de ácido acético diluído, adicionam-se 95 mL de H_2SO_4 concentrado (**oxidante, corrosivo; disp. N**) e mistura-se bem. Conserva-se ao abrigo da luz.

III.135.2 – *Uso em determinação qualitativa de amônio*[43]

Prepara-se a solução alcoólica de timol a 25%.

III.136 – SOLUÇÃO DE TIOURÉIA

III.136.1 – *Uso em determinação qualitativa inorgânica*[15,20]

Dissolvem-se de 5 a 10 g de tiouréia (**cancerígeno, tóxico; disp. A**) [$CS(NH_2)_2$] em 90 mL de água. Esta solução dá reação colorimétrica com substâncias inorgânicas.

III.136.2 – *Uso em determinação quantitativa de vitamina C*[15]

Dissolvem-se 10 g de tiouréia (**cancerígeno, tóxico; disp. A**) em etanol a 50% e leva-se a 100 mL. Esta solução deve reduzir rapidamente o cloreto mercúrico ou o permanganato de potássio.

III.137 – SOLUÇÃO DE UROTROPINA

Uso em análises inorgânicas[15,43]

Prepara-se a solução aquosa e saturada de urotropina (metenamina, hexametilenotetramina; **irritante, inflamável; disp. A**) [$(CH_2)_6N_4$].
Esta solução produz os seguintes complexos:

Substâncias	*Cor de complexos*
Cobalto, ferro e vanádio	vermelho
Índio e zinco	branco
Cobre	amarelo

III.138 – SOLUÇÃO DE VANILINA

III.138.1 – *Uso em determinação qualitativa de antipirina*[15]
Dissolve-se 0,1 g de vanilina (**irritante; disp. A**) [$C_6H_3CHO(OCH_3)OH$] em 100 mL de etanol (**inflamável, tóxico; disp. D**), adicionam-se 10 mL de água e 60 mL de HCl concentrado (**corrosivo; disp. N**). Prepara-se esta solução na hora de usar.

III.138.2 – *Uso em análise de óleo fúsel*[15]
Dissolve-se 1 g de vanilina (**irritante; disp. A**) em 200 mL de H_2SO_4 concentrado (**oxidante, corrosivo; disp. N**). Esta solução torna-se roxo-avermelhada por agitação com óleo fúsel.

III.138.3 – *Solução reagente de vanilina (farmacopéia)*[15]
Dissolvem-se 5 mg de vanilina (**irritante; disp. A**) em 0,5 mL de etanol (**inflamável, tóxico; disp. D**) e adicionam-se 0,5 mL de água e 3 mL de HCl concentrado (**corrosivo; disp. N**).

III.139 – SOLUÇÃO DE VERMELHO DE FENOL

III.139.1 – *Uso em análise de água*[15]
Dissolve-se 0,1 g de vermelho de fenol (**irritante; disp. A**) em solução de NaOH — N/50 e adiciona-se água recém-destilada até 250 mL.
Esta solução é chamada solução reagente de fenol de Gibbs.

III.139.2 – *Uso em determinação colorimétrica*[15]
Dissolve-se 0,033 g de vermelho de fenol (**irritante; disp. A**) em 3 mL de solução de NaOH — 0, 1N e dilui-se com água até 100 mL.

III.140 – SOLUÇÃO PADRÃO DE VITAMINA B_1[15]

Dissolve-se 0,1 g de vitamina B_1 ($C_{12}H_{19}ON_4SCl \cdot HCl$) em pequena quantidade de água, adicionam-se 25 mL de etanol (**inflamável, tóxico; disp. D**) e 1 mL de HCl — 1 N e dilui-se com água até 100 mL.
1 mL desta solução contém 1 mg de vitamina B_1.
Coloca-se esta solução em vidro colorido e conserva-se em lugar escuro e fresco.

III.141 – SOLUÇÃO PADRÃO DE VITAMINA B_6 [15]

Dissolve-se 0,1 g de vitamina B_6 ($C_8H_{10}O_3N$) em 100 mL de água e adicionam-se 2 gotas de HCl concentrado (**corrosivo; disp. N**).
1 mL desta solução contém 1 mg de vitamina B_6.
Coloca-se esta solução em vidro marrom e conserva-se em câmara frigorífica.

III.142 – SOLUÇÃO PADRÃO DE VITAMINA E[15]

Dissolve-se 0,1 g de vitamina E (tocoferol, $C_{28}H_{50}O_2$) em 100 mL de etanol absoluto (**inflamável, tóxico; disp. D**).
1 mL desta solução contém 1 mg de vitamina E.

III.143 – SOLUÇÃO DE XANTIDROL

III.143.1 – *Uso em determinação quantitativa de dulcina*[15]
Dissolvem-se 2 g de xantidrol (**inflamável, irritante; disp A**) [$C_{13}H_9O$ (OH)] em 30 mL de metanol anidro (**inflamável, tóxico; disp. D**) aquecendo-se um pouco e, após o esfriamento, elimina-se a parte insolúvel por filtração. Usa-se esta solução em, no máximo, 10 minutos.

III.143.2 – *Uso em determinação de antipirina*[42]

Prepara-se a solução a 10% em ácido acético glacial (**corrosivo; disp. C**). Esta solução aquecida com solução contendo antipirina produz cor vermelha.

capítulo

IV

REAGENTES ESPECIAIS

IV.1 – SOLUÇÕES DE ÁCIDOS MISTOS[4,6,15]

IV.1.1 – *Uso em dissolução de ferro fundido e ferro coado*
Misturam-se 80 mL de HNO_3 (d: 1,42; **oxidante, corrosivo; disp. N**), 50 mL de H_2SO_4 (d: 1,84; **oxidante, corrosivo; disp. N**) e 170 mL de água.

IV.1.2 – *Uso em decomposição de aço, ferro forjado e aço de baixo teor de silício*
Misturam-se 80 mL de HNO_3 (d: 1,42; **oxidante, corrosivo; disp. N**), 40 mL de H_2SO_4 (d: 1,84; **oxidante, corrosivo; disp. N**) e 150 mL de água ou, então, 60 mL de HCl (d: 1,2; **corrosivo; disp. N**). Usam-se cerca de 25 mL desta solução por 1 g de amostra.

IV.1.3 – *Uso em decomposição de aço de silício sem grafite*
Misturam-se 120 mL de H_2SO_4 a 25% em volume, 60 mL de HCl (d: 1,2; **corrosivo, disp N**) e 20 mL de HNO_3 (d: 1,42; **oxidante, corrosivo; disp. N**).

IV.1.4 – *Uso em decomposição de bronze de manganês*
Misturam-se 50 mL de H_2SO_4 (d: 1,84; **oxidante, corrosivo; disp. N**), 200 mL de HNO_3 (d: 1,42; **oxidante, corrosivo; disp. N**) e 17 mL de água.

IV.1.5 – *Uso em decomposição de bauxita*
Misturam-se 30 mL de H_2SO_4 (d: 1,84; **oxidante, corrosivo; disp. N**), 60 mL de HCl (d: 1,2; **corrosivo; disp. N**), 20 mL de HNO_3 (d: 1,4; **oxidante, corrosivo; disp. N**) e 90 mL de água.

IV.1.6 – *Uso em decomposição de alumínio metálico*
Misturam-se 50 mL de H_2SO_4 (d: 1,84; **oxidante, corrosivo; disp. N**), 45 mL de HCl (d: 1,2; **corrosivo; disp. N**), 45 mL de HNO_3 (d: 1,4; **oxidante, corrosivo; disp. N**) e 100 mL de água.

IV.1.7 – *Uso em dissolução de platina*
Misturam-se 50 mL de HCl (4:1) e 20 mL de HNO_3 (1:1).

IV.2 – ÁGUA PARA USO EM MEDIDA DE ELETROCONDUTIVIDADE[15,19]

Dissolvem-se 8 g de $KMnO_4$ (**oxidante, corrosivo**) e 300 g de KOH (**corrosivo, tóxico; disp. N**) em 1 L de água, adicionam-se 50 mL desta solução em 1 L de água normalmente destilada e destila-se usando condensador de estanho. Rejeita-se a fração inicial e final porque pode conter amônia e recolhe-se a fração intermediária num balão. Adaptam-se dois tubos de vidro e deixa-se passar o ar isento de gás carbônico durante um mínimo de 24 horas. Destila-se novamente, regulando-se a velocidade de destilação para 4 mL/minuto e esta água assim obtida, tem a eletrocondutividade específica de 1×10^{-6} S. Conserva-se fora do contato com o ar usando uma rolha de cortiça fervida em parafina.

A água destilada deve obedecer às seguintes especificações:

a) Adicionando-se 2 gotas de solução de vermelho de metila ou azul de bromotimol em 10 mL de água, não deve ficar colorida de vermelho ou azul, respectivamente.

b) Adicionando-se separadamente, 0,5 mL de solução de $BaCl_2$ 1N, 0,5 mL de reagente de Nessler, 1 mL de solução de oxalato de amônio 0,5 N ou 50 mL de solução aquosa saturada de cal em 50 mL de água, respectivamente, deve continuar transparente.

c) Adicionando-se 1 mL de reagente de o-toluidina em 20 mL de água, não deve ficar colorida após 5 minutos de decantação.

[N. R.. Atualmente existem equipamentos comerciais, baseados em colunas trocadoras de íons ou em osmose reversa, que fornecem água com alto grau de pureza e dispensa qualquer tipo de tratamento. O cuidado maior a ser adotado está no armazenamento da água, que sempre estará sujeita à contaminação proveniente do material empregado nos recipientes e da exposição ao ar.]

IV.3 – ÁGUA RÉGIA[15,16,42]

Mistura-se 1 volume (p. exemplo, 10 mL) de HNO_3 concentrado (d: l,42; **oxidante, corrosivo; disp. N**), e 3 volumes (p. exemplo 30 mL) de HCl concentrado (d: 1,2; **corrosivo; disp. N**).

[N. R.. A solução de água régia é extremamente oxidante, corrosiva e tóxica (**disp. N**), e decompõe-se gradualmente liberando agentes muito reativos.]

$$HNO_3 + 3HCl \rightarrow 2H_2O + NOCl + Cl_2$$

IV.4 – CREME DE ALUMINA

Uso em clarificação de açúcar[15]

Prepara-se a solução aquosa saturada de alúmen de potássio e adiciona-se NH_4OH (**corrosivo, tóxico; disp. N**) com agitação constante, até que a solução se torne levemente alcalina ao papel litmus. Deixa-se decantar o precipitado e lava-se sucessivamente com água por decantação. O processo pode ser interrompido quando a água de lavagem não apresentar indícios significativos de precipitação de sulfatos com solução de $BaCl_2$. Decanta-se o excesso de água e guarda-se o creme residual num frasco fechado.

IV.5 – SOLUÇÃO DESCOLORIZANTE DE TINTA[15]

Solução (A):

a) Dissolvem-se 20 g de pó de branquear [hipoclorito de cálcio (**corrosivo, tóxico; disp. N**)] em 100 mL de água.

b) Dissolvem-se 15 g de carbonato de potássio (**irritante; disp. N**), ou 12 g de carbonato de sódio (**irritante; disp. N**) em 100 mL de água.

Misturam-se as duas soluções.

Solução (B): Dissolvem-se 5 g de ácido oxálico (**irritante; disp. A**) em 100 mL de água.

Passa-se primeiramente a solução (A) em cima da mancha e, em seguida, goteja-se a solução (B).

IV.6 – GEL DE ÁCIDO SILÍCICO[15]

Ajusta-se a densidade relativa de uma solução do vidro solúvel para 1,15 misturando-se com água, adiciona-se um mesmo volume de HCl 9 N e deixa-se decantar durante 1 a 2 semanas tampado com rolha de cortiça.

IV.7 – INDICADOR DE PRESSÃO REDUZIDA[15]

Solução (A): Misturam-se 4,2 mL de solução de glicose a 10% e 0,1 mL de solução de NaOH 0,1 N.

Solução (B): Dissolve-se 0,01 g de azul de metileno (**irritante; disp. A**) em 6 mL de água.
Adiciona-se 0,1 mL de solução (A) na solução (B).
Esta solução é, também, chamada solução de Rijmsdijk e perde a cor quando a pressão for inferior a 20 mm Hg. Usa-se umedecendo-a em gaze.

IV.8 – SOLUÇÃO DE RESINA DE GUAIACOL[15,20,43,44]

Uso em determinação qualitativa de cobre

Dissolvem-se 0,5 g de resina de guaiacol em 100 mL de álcool absoluto. Esta solução é, também, chamada tintura de guaiacol e torna-se azul pelo íon de cobre, na presença de solução neutra de KCN (**extremamente tóxico**). Esta cor passa para a camada de clorofórmio (tóxico, cancerígeno; disp B).

IV.9 – SOLUÇÃO ALCOÓLICA DE BROMETO MERCÚRICO[15,31]

Dissolvem-se 5 g de brometo mercúrico ($HgBr_2$, **muito tóxico, irritante; disp. L**) em 100 mL de álcool (**inflamável**) por aquecimento em chapa elétrica ou banho de água. A concentração desta solução é 0,3 N. Coloca-se num vidro marrom e conserva-se em lugar escuro. Se possível, reduza a receita ao mínimo, por questões de estocagem e descarte.

Preparação de papel de brometo mercúrico.
Mergulha-se um papel de filtro quantitativo na solução acima preparada durante 1 hora, seca-se ao ar e conserva-se em vidro pardo de boca larga e esmerilhada.

IV.10 – SOLUÇÃO DE AMIDO-DEXTRINA[15]

Uso em análise colorimétrica de Fe^{3+}

Solução (A): Dissolvem-se 2,5 g de dextrina (**disp. A**) em 100 mL de água em fervura e deixa-se esfriar.

Solução (B): Dissolve-se 1 g de amido em 100 mL de água e adicionam-se 9 g de NaCl.

Colocam-se 9 mL da solução (B) na solução (A) e dilui-se com água até 400 mL. Em seguida, adicionam-se 5 mL de solução alcoólica de I_2 0,01 N (mol/L) , mistura-se bem e adiciona-se água até completar o volume total de 500 mL.
[N. R. - É recomendável o preparo da solução B no volume e proporções adequadas ao procedimento, para evitar sobras.]
Compara-se a coloração azul formada pelo iodo liberado por adição desta solução à solução a ser examinada quanto à presença de íons férricos.

$$2Fe^{3+} + 2I^- \rightarrow 2Fe^{2+} + I_2$$

Pode-se conservar esta solução durante duas semanas, no máximo, em lugar escuro e fresco.

IV.11 – SOLUÇÃO DE AMIDO-IODETO DE POTÁSSIO

IV.11.1 –

Dissolvem-se 0,5 g de KI em 100 mL de solução aquosa de amido, 0,5%, recém-preparada. Esta solução libera iodo pela adição de excesso de oxidante e torna-se azul. Usa-se dentro de 24 horas após a preparação.

IV.11.2 – *Preparado pastoso de amido-iodeto de potássio*
Mistura-se 1 g de amido solúvel e 0,5 g de KI (**irritante; disp. N**) em 10 mL de água quente.

VI.11.3 – *Solução reagente de amido-iodeto de potássio*[28] *(farmacopéia)*
Dissolvem-se 0,5 g de KI (**irritante; disp. N**) em 100 mL de solução de amido recém-preparada (pág. 211).

IV.11.4 – *Papel reativo de amido-iodeto de potássio*
Dissolvem-se 1 g de KI (**irritante; disp. N**) em pequena quantidade de água, adiciona-se esta solução em 100 mL de preparado pastoso de amido-iodeto de potássio acima mencionado. Mergulha-se o papel de filtro nesta solução e seca-se em dessecador a vácuo. Este papel torna-se azul-esverdeado pelo contato com oxidante forte como ozônio, cloro e peróxido de hidrogênio. Coloca-se num vidro escuro e conserva-se em lugar protegido da luz.

IV.12 – SOLUÇÃO DE AMIDO-IODETO DE ZINCO

IV.12.1 – *Uso em determinação qualitativa de* NO_2^-
Dissolvem-se 4 g de amido solúvel e 20 g de cloreto de zinco em 100 mL de água quente, ferve-se por várias horas e adicionam-se 2 g de iodeto de zinco (**disp. L**). Dilui-se se com água até completar 1 litro. Esta solução não deverá ficar azul, ou de outra cor, quando for diluída 50 vezes com água e acidulada por ácido sulfúrico diluído. Porém, deverá ficar azul claro por contato com um bastão de vidro, que foi molhado numa solução mista de 1 mL de $NaNO_2$ 0,1 M, 500 mL de água e 10 mL de HCl concentrado.

IV.12.2 – *Solução reagente de amido-iodeto de zinco (farmacopéia)*
Dissolvem-se, separadamente, 0,75 g de KI (**irritante; disp. N**) e 2 g de $ZnCl_2$ em 5 mL e 10 mL de água, respectivamente. Adicionam-se as duas soluções em 100 mL de água em fervura e, em seguida, adiciona-se uma suspensão na qual foram misturados 5 g de amido com 30 mL de água, agitando-se continuamente. Deixa-se ferver 2 minutos e esfria-se. Conserva-se esta solução em lugar escuro e fresco, em frasco vedado.

IV.13 – SOLUÇÃO DE BISMUTIOL[15,43]

Uso em determinação qualitativa de bismuto

Dissolvem-se 0,7 g de bismutiol [$N_2C_2S(SH)_2$, 2,5-dimercapto-l,3,4-tiodiazol] (**irritante; disp. A**) em 35 mL de solução de KOH 0,1 N.

IV.14 – SOLUÇÃO DE COLÓDIO[15,25]

Dissolvem-se 40 g de piroxilina em solução mista de 750 mL de éter dietílico (**inflamável, tóxico; disp. D**) e 250 mL de álcool, tampa-se bem e deixa-se decantar. Em seguida, transfere-se rapidamente a parte límpida a um recipiente bem vedado. O componente principal de piroxilina é tetranitrato de celulose [$C_{12}H_{16}O_6(NO_3)_4$] o qual é inflamável, sensível à luz e decompõe-se, mesmo quando conservado num recipiente vedado. Então, conserva-se ao abrigo da luz, na presença de papel de amido-iodeto de potássio. 25 mL de solução mista de éter e álcool (3:1) dissolvem 1 g de piroxilina.

O ácido acético glacial e a acetona também dissolvem a piroxilina. A solução de piroxilina acima preparada tem densidade relativa de 0,765 a 0,775 e mistura-se facilmente com álcool, éter, óleo de rícino e bálsamo do Canadá formando uma membrana macia pelo contato com o ar.

Pode-se eliminar a membrana de colódio usando-se acetato de etila ou solução mista de éter e álcool (6:1). Se a solução ficar viscosa, adiciona-se solução mista de éter e álcool (3:1).

É necessário tomar cuidado porque esta solução é inflamável, devendo-se conservar em lugar fresco.

IV.15 – SOLUÇÃO COLOIDAL DE ÁCIDO SILÍCICO[15]

Solução (A): Adiciona-se água em vidro solúvel e ajusta-se a densidade relativa para 1,16.

Solução (B): Misturam-se 25 mL de HCl concentrado (d: 1,2; corrosivo; disp. N) com 100 a 150 mL de água.

Misturam-se 75 mL de solução (A) com a solução (B).

IV.16 – SOLUÇÃO COLOIDAL DE DIÓXIDO DE MANGANÊS[15,40]

IV.16.1 – *Solução coloidal de dióxido de manganês*

IV .16.1.1 – Dissolvem-se 0,8 g de permanganato de potássio (**oxidante**) em 50 mL de água, ferve-se e goteja-se solução de hidróxido de amônio concentrada (**corrosivo, tóxico; disp. N**) com um intervalo de 3 minutos entre cada 2 gotas, até que a solução fique marrom.

IV.16.1.2 – Gotejam-se 10 mL de água oxigenada a 3% em 60 mL de solução de permanganato de potássio a 0,3%.

IV.17 – SOLUÇÃO COLOIDAL DE ENXOFRE[15,40]

IV.17.1 – *Solução coloidal de enxofre*

IV.17.1.1 – Dissolvem-se 50 g de tiossulfato de sódio ($Na_2S_2O_3.5H_2O$, **irritante; disp. A**) em 30 mL de água, gotejam-se cerca de 40 mL de H_2SO_4 concentrado (**oxidante, corrosivo; disp. N**), mantendo a solução em banho de gelo. Adicionam-se 30 a 50 mL de água na massa amarela formada. Em seguida, aquece-se em banho-maria durante 10 a 15 minutos para eliminar o gás sulfuroso (**tóxico, extremamente irritante**), cuidando-se para não ultrapassar a temperatura de 80°C. Após esfriamento, filtra-se a solução coloidal amarela usando algodão de vidro.

IV.17.1.2 – Dissolve-se o enxofre (**irritante; disp. A**) em álcool e dilui-se em um grande volume de água.
O enxofre dissolve-se mais facilmente em dissulfeto de carbono (**líquido inflamável, tóxico; disp. D**), e até em óleo de oliva. É pouco solúvel em água. O álcool etílico dissolve 0,05% de enxofre.

IV.18 – SOLUÇÃO COLOIDAL DE HIDRÓXIDO DE ALUMÍNIO[15,40]

IV.18.1 – *Solução coloidal de hidróxido de alumínio*
Dissolvem-se 100 g de cloreto de alumínio hidratado ($AlCl_3.6H_2O$, **irritante; disp. N**) em água, adiciona-se solução de hidróxido de amônio (**corrosivo, tóxico; disp. N**) e lava-se o precipitado formado repetidas vezes. Adiciona-se este precipitado a uma solução de 4 mL de ácido acético glacial (**corrosivo; disp. C**) e 100 mL de água e aquece-se.

IV.18.2 – *Emulsão para uso em clarificação de solução de sacarose*
Adiciona-se solução de hidróxido de amônio (**corrosivo, tóxico; disp. N**) em solução aquosa e saturada de alúmen de potássio e lava-se o precipitado formado repetidas vezes com água, por decantação. Despeja-se o excesso d'água e deixa-se formar emulsão.

IV.19 – SOLUÇÃO COLOIDAL DE OURO[15,40]

IV.19.1 – *Solução coloidal de ouro*

IV.19.1.1 – Dissolve-se 0,1 g de ácido cloroáurico ($HAuCl_4.H_2O$; **irritante; disp. P**) em 50 mL de água, adicionam-se 2 mL desta solução em 100 mL de água e, em seguida, goteja-se 1 mL de solução de KOH 0,1 N. Transfere-se esta solução para uma cápsula de porcelana e deixa-se aquecer cuidadosamente sob a chama externa incolor de um bico de Bunsen. Esta solução é roxo-escura no início, mas, torna-se escarlate. Se esta solução for acidulada, precipitará ouro; porém, é estável quando conservada em vidro vedado.

IV.19.1.2 – Dissolve-se 0,1 g de cloreto de ouro ($AuCl_3$; **irritante; disp. P**) em 15 mL de água e adicionam-se 2,5 mL desta solução e 3,5 mL de solução aquosa de carbonato de potássio (1,2 g de K_2CO_3 dissolvidos em 100 mL) em 120 mL de água em fervura, agitando-se continuamente. Em seguida, adicionam-se 3 a 5 mL de solução de formaldeído (0,3 mL de formaldeído comercial a 37% misturado com 100 mL de água).

IV.19.1.3 – Mistura-se a mesma quantidade de solução de cloreto de ouro 0,0010 M e solução de cloreto estanoso 0,0012 M e deixa-se precipitar o ouro. Em seguida, recolhe-se este precipitado no papel de filtro, adicionam-se 2 a 3 gotas de solução de hidróxido de amônio (**corrosivo, tóxico; disp. N**) e pequena quantidade de água. A solução filtrada é coloidal.

IV.20 – SOLUÇÃO COLOIDAL DE PLATINA[15,40]

IV.20.1 – *Solução coloidal de platina*

IV.20.1.1 – Adicionam-se 5 mL de solução de ácido cloroplatínico ($H_2PtCl_6.6H_2O$; **irritante; disp. P**) a 0.2% em 100 mL de água em cápsula de evaporaçao e deixa-se aquecer por toque na chama externa incolor de um bico de Bunscn. Esta solução é marrom-escuro.

IV.20.1.2 – Colocam-se dois bastões de platina em água numa cápsula de evaporação, passa-se corrente elétrica (30 a 110 V, 5 a 10 A) entre os dois bastões e deixa-se formar faísca elétrica na água.

IV.21 – SOLUÇÃO COLOIDAL DE PRATA[15,40]

IV.21.1 – *Solução coloidal de prata*

IV.21.1.1 – Coloca-se solução de nitrato de prata ($AgNO_3$; **tóxico, oxidante; disp. P**) a 0,02% numa cápsula de evaporação e deixa-se tocar a chama externa incolor de um bico de Bunsen. Esta solução torna-se marrom-amarelada, mas, se a água ou o recipiente estiverem contaminados, a solução torna-se preta.

IV.21.1.2 – Goteja-se solução de hidróxido de amônio diluída em solução de nitrato de prata a 1%, deixa-se dissolver o precipitado formado e dilui-se 20 vezes com água. Em seguida, adiciona-se solução aquosa e diluída de ácido tânico e aquece-se. A solução torna-se a marrom-vermelhada.

IV.21.1.3 – Passa-se corrente elétrica (110 V, DC) entre dois bastões de prata pura em água e deixa-se formar faísca elétrica.

IV.22 – SOLUÇÃO COLOIDAL DE SULFETO ARSENIOSO[15,40]

Dissolve-se 1g de ácido arsenioso puro (**tóxico**) em 100 mL de água por aquecimento, esfria-se e filtra-se. Adiciona-se mesmo volume de solução saturada de ácido sulfídrico (**tóxico, inflamável; disp. K**), ferve-se para eliminar o excesso de H_2S e, em seguida, esfria-se, passando-se hidrogênio (**inflamável; disp. K**). Pode-se assim obter solução coloidal de sulfeto arsenioso amarelo-alaranjado (**muito tóxico, cancerígeno; disp. O**). Esta solução torna-se amarela por filtração.

IV.23 – SOLUÇÃO COLOIDAL DE SULFETO DE CÁDMIO[15,40]

Dissolvem-se 0,5 g de cloreto de cádmio (**muito tóxico, cancerígeno; disp. L**) em 20 mL de água, goteja-se solução concentrada de sulfeto de amônio (**inflamável, corrosivo; disp. S**) e deixa-se precipitar o sulfeto de cádmio (**cancerígeno, mutagênico; disp. O**). Separa-se este precipitado por filtração, lava-se com água e faz-se uma suspensão com 300 a 400 mL de água. Em seguida, agitando-se intermitentemente, passa-se vagarosamente gás sulfídrico (**tóxico, inflamável; disp. K**). A maior parte do precipitado desaparece em 20 a 30 minutos. Filtra-se esta solução obtendo-se um filtrado transparente e amarelo.
Pode-se usar sulfato de cádmio (**cancerígeno, tóxico; disp. L**) ou nitrato de cádmio (**cancerígeno, oxidante; disp. L**) em lugar de cloreto de cádmio.

IV.24 – SOLUÇÃO COLOIDAL DE SULFETO MERCÚRICO[15,40]

Dissolvem-se 6 g de cianeto mercúrico $[Hg(CN)_2]$ (**muito tóxico, irritante; disp. O**) em 200 mL de água e adicionam-se 200 mL de solução saturada de ácido sulfídrico (**fétido, tóxico**). Obtém-se uma solução coloidal preta.

IV.25 - SOLUÇÃO DE DECOMPOSIÇÃO DE ENZIMA DA CASEÍNA[15]

Adicionam-se 120 g de caseína (**disp. A**) pura em 2 litros de solução de bicarbonato de sódio a 0,8%, em seguida, adicionam-se 600 mL de pan-creatina (**irritante; disp. A**) em suspensão aquosa contendo 15 a 20 mL de tolueno(**inflamável, tóxico; disp. D**) e agita-se. Deixa-se decantar durante 48 horas na temperatura de 37°C, elimina-se o tolueno e adiciona-se ácido acético glacial (**corrosivo; disp. C**). Agita-se durante 30 minutos e filtra-se em vácuo. Regula-se o pH desta solução filtrada para 3,8 usando-se ácido acético, adicionam-se 24 g de carvão ativo (**irritante; disp. O**) e agita-se durante 30 minutos. Filtra-se e dilui-se a solução filtrada com água até 2,4 litros.

IV.26 - SOLUÇÃO DE ENZIMA[15]

Adicionam-se 0,6 g de takadiastase em solução mista de 10 mL de água e 0,5 mL de HCl 0,1 N, misturam-se 0,6 g de terra diatomácea e agita-se bem. Em seguida, centrifuga-se e usa-se a parte límpida.

IV.27 - SOLUÇÃO DE ETILXANTOGENATO DE POTÁSSIO[15]

Uso em determinação colorimétrica de cobre

Dissolve-se 1 g de etilxantogenato de potássio puro ($CS_2KOC_3H_5$) em água e leva-se a 1 litro. Esta solução reage com cobre tornando-se amarela. Conserva-se em vidro de cor de âmbar.

IV.28 - SOLUÇÃO DE FENOLFTALEÍNA SÓDICA[15]

Uso em determinação qualitativa inorgânica

Misturam-se 10 mL de solução de Na_2CO_3 —0,1 N e 100 mL de água com 20 mL de solução alcoólica de fenolftaleína (**irritante; disp. A**) a 5% (pág. 427).

IV.29 – SOLUÇÃO DE FERROXILA[15]

Uso para teste de galvanoplastia

Dissolvem-se 60 g de NaCl, 10 g de ferricianeto de potássio e 10 g de ferrocianeto de potássio em cerca de 950 mL de água, adicionam-se 5 a 10 mL de HCl concentrado (**corrosivo; disp. N**) e completa-se com água até 1 litro. Esta solução é usada para detectar a existência de parte exposta por causa de depósito imperfeito na galvanoplastia. Para isso deixa-se molhar o papel de filtro pela solução acima preparada e cola-se na superfície galvanizada durante 2 a 3 minutos. Se tiver partes de ferro ou cobre expostas, formam-se pontos azuis ou marrom-avermelhados, respectivamente.

$$K_3Fe(CN)_6 + FeCl_2 \rightarrow KFe[Fe(CN)_6] + 2\,KCl \text{ (Azul de Turnbull)}$$
$$K_4Fe(CN)_6 + 2CuCl_2 \rightarrow Cu_2[Fe(CN)_6] + 4KCl \text{ (Marrom de Hatchett)}$$

IV.30 – SOLUÇÃO DE GELATINA[15]

Uso em análise de ácido tânico

Dissolvem-se 1 g de gelatina para fotografia e 10 g de NaCl em 100 mL de água quente a uma temperatura inferior a 60°C e adiciona-se ácido (ou álcali) para regular o pH em 4,7.

Recomenda-se preparar esta solução na hora de usar, mas, para conservar, adicionam-se 2 mL de tolueno.

IV.31 – SOLUÇÃO MISTA DE ÁCIDO NÍTRICO – ÁCIDO PERCLÓRICO[15,25,32]

Uso em determinação quantitativa de molibdênio

Adicionam-se 10 mL de água em solução mista de 10 mL de HNO_3 concentrado (**oxidante, corrosivo; disp. N**) e 30 mL de ácido perclórico 68 a 70% (**oxidante, corrosivo; disp. N**).

IV.32 – SOLUÇÃO MISTA DE ÁLCOOL AMÍLICO E ÉTER[15,25,32]

Uso em determinação quantitativa de aminoácido

Misturam-se 200 mL de álcool amílico (pentanol, **corrosivo, tóxico; disp. C**), 250 mL de éter (**líquido inflamável; disp. D**) e 10 mL de etanol (**tóxico, inflamável; disp. D**).

IV.33 – SOLUÇÃO MISTA DE ÁLCOOL-BENZENO[15,25,32]

Uso em determinação quantitativa envolvendo oxidação

Mistura-se o mesmo volume de álcool (**tóxico, inflamável; disp. D**) a 94% e benzeno (**inflamável, cancerígeno, disp. D**; N. R.- solvente de uso restrito. Deve-se estudar a possibilidade de substituí-lo por outro.) puro, goteja-se solução aquosa de hidróxido de potássio diluído usando fenolftaleína como indicador, até que a solução fique levemente rósea.

IV.34 – SOLUÇÃO MISTA DE α-NAFTILAMINA-ÁCIDO ACÉTICO[15,25,32]

Uso em determinação qualitativa de NO_2^- e NO_3^-

Dissolvem-se 0,3 g de α-naftilamina ($C_{10}H_7NH_2.2H_2O$; **muito tóxico, cancerígeno, disp. A**) em 70 mL de água por fervura, separa-se a parte límpida e adicionam-se 30 mL de ácido acético glacial (**corrosivo; disp. C**). Elimina-se a parte insolúvel por filtração com algodão.

IV.35 – SOLUÇÃO MISTA DE α-NAFTILAMINA-ÁCIDO SULFANÍLICO[15,25,32]

IV.35.1 – *Uso em determinação qualitativa de NO_2^-*

Solução (A): Dissolvem-se 0,5 g de ácido sulfanílico ($H_2NC_6H_4SO_3H$, **irritante; disp. A**) em 150 mL de ácido acético a 30%.

Solução (B): Dissolve-se 0,1 g de α-naftilamina ($C_{10}H_7NH_2.2H_2O$, **muito tóxico, cancerígeno; disp. A**) em 20 mL de água por aquecimento, filtra-se a parte insolúvel e adicionam-se 15 mL de ácido acético a 30%. Misturam-se volumes iguais de solução (A) e (B).

Esta solução reage com ácido nitroso tornando-se vermelha e, pode-se identificar 0,001 mg de NO_2^- em 1 litro.
Para identificação de ácido nitroso em solução de cultura, usa-se a solução acima preparada diluída 10 vezes.
Recomenda-se conservar as duas soluções separadamente em vidro marrom e misturar na hora de usar, porque, esta solução mista torna-se vermelha por contato com o ar. Se estiver colorida de vermelho, coloca-se pó de zinco para perder a cor.

IV.35.2 – *Solução de ácido α-naftilamina sulfanílico (farmacopéia)*
Solução (A): Dissolvem-se 0,5 g de ácido sulfanílico ($H_2NC_6H_4SO_3H$; **irritante; disp. A**) em 150 mL de ácido acético a 36%.

Solução (B): Dissolvem-se 0,1 g de α-naftilamina ($C_{10}H_7NH_2.2H_2O$; **muito tóxico, cancerígeno; disp. A**) em 0,26 mL de HC1 concentrado (**corrosivo; disp. N**) e 150 mL de ácido acético a 36%.
Misturam-se as duas soluções.

IV.36 – SOLUÇÃO DE ÉTER-ÁCIDO CLORÍDRICO[15,32]

IV.36.1 – *Uso em extração de metais*

IV.36.1.1 – Goteja-se éter (**inflamável, tóxico; disp. D**) em ácido clorídrico concentrado (d = 1,19; **corrosivo; disp. N**) até saturar, esfriando-se continuamente com água fria (1 volume de HCl conc. dissolve cerca de 1,5 volumes de éter).

IV.36.1.2 – Goteja-se éter (**inflamável, tóxico; disp. D**) em ácido clorídrico 6N até saturar, esfriando continuamente. (1 volume de HCl 6N dissolve cerca de 0,5 volumes de éter).

IV.37 - SOLUÇÃO MISTA DE MAGNÉSIA[15,28,43]

IV.37.1 - *Uso em análises inorgânicas*

IV.37.1.1 - Dissolvem-se 55 g de cloreto de magnésio (**irritante; disp. N**) em pequena quantidade de água, adicionam-se 140 g de cloreto de amônio (**irritante; disp. N**) e 350 mL de solução de hidróxido de amônio (d:0,9, 28% NH_3, **corrosivo, tóxico; disp. N**) e dilui-se com água até 1 litro. 10 mL desta solução precipitam fosfato equivalente a 0,1 g de P_2O_5.

IV.37.1.2 - Dissolvem-se 50 g de cloreto de magnésio (**irritante; disp. N**) e 100 g de cloreto de amônio (**irritante; disp. N**) em água, adiciona-se solução de hidróxido de amônio concentrada (d:0,9, 28% NH_3, **corrosivo, tóxico; disp. N**) usando fenolftaleína como indicador até que a solução fique vermelho forte e deixa-se decantar durante 2 a 3 horas, no mínimo. Em seguida, elimina-se a parte insolúvel por filtração, goteja-se HC1 diluído na solução filtrada até a cor vermelha desaparecer e dilui-se com água até 1 litro. Ajusta-se o pH desta solução a 5 a 6 usando a solução de para-nitrofenol (**tóxico, irritante; disp. A**) a 2% até que a solução fique levemente amarelada.

IV.37.2 - *Uso em análises de elementos raros*

Dissolvem-se 4 g de sulfato de magnésio hepta-hidratado ($MgSO_4 \cdot 7H_2O$; **disp. N**) e 8 g de cloreto de amônio (**irritante; disp. N**) em 100 mL de água e adiciona-se 1 mL de solução de hidróxido de amônio concentrada (d:0,9, 28% NH_3, **corrosivo, tóxico; disp. N**).

IV.37.3 - *Solução mista de magnésia (farmacopéia)*[28]

Dissolvem-se 5,5 g de cloreto de magnésio hepta-hidratado (**irritante; disp. N**) e 7 g de cloreto de amônio (**irritante; disp. N**) em 65 mL de água, adicionam-se 35 mL de solução de hidróxido de amônio a 10% e deixa-se decantar durante diversos dias em vidro vedado. Após a decantação, filtra-se a parte insolúvel.

IV.38 – SOLUÇÃO MISTA DE ORTO-FENANTROLINA-SULFATO FERROSO OU FERROÍNA[15]

Uso como indicador de determinação quantitativa de Cério

Dissolvem-se 1,5 g de orto-fenantrolina ($C_{12}H_8N_2.H_2O$; **disp. A**), em pó, em 100 mL de água contendo 0,7 g de sulfato ferroso hepta-hidratado (**disp. L**). Esta solução é, também, chamada solução de ferroína.

IV.39 – SOLUÇÃO PADRÃO DE COR AZUL[15]

Misturam-se 100 mL de solução de sulfato de cobre ($CuSO_4.5H_2O$; **tóxico, irritante; disp. L**) a 30% e 10 mL de solução de nitrato de cobalto [$Co(NO_3)_2.6H_2O$, **oxidante, tóxico; disp. L**] a 10%.
O grau de azul desta solução é 9° e a solução preparada diluindo-se 20 vezes esta solução (5 mL — 100 mL) tem o grau de azul de 1°. Para preparar a solução de grau de azul de 10°, misturam-se 100 mL de solução de sulfato de cobre a 34% e 16 mL de solução de nitrato de cobalto a 11,3%.

IV.40 – SOLUÇÃO PADRÃO DE COR VERMELHA[15]

Prepara-se a solução aquosa de nitrato de cobalto [$Co(NO_3)_2.6H_2O$; **oxidante, tóxico; disp. L**] a 1,5%, 0,6% e 0,3% respectivamente.

IV.41 – SOLUÇÃO PADRÃO DE ESCALA DE CORES[15]

IV.41.1 – *Uso em análise de água*

IV.41.1.1 – Dissolvem-se 2,492 g de cloroplatinato de potássio (K_2PtCl_6; **muito tóxico, irritante; disp. P**) e 2,002 g de cloreto de cobalto ($CoCl_2.6H_2O$; **tóxico, irritante; disp. L**) em 200 mL de HCl a 37% (**muito tóxico, corrosivo; disp. N**) e dilui-se com água até 1 litro.

IV.41.1.2 – Dissolve-se 1 g de platina metálica pura em água régia, adiciona-se excesso de HCl e deixa-se evaporar até a secura para eliminar o ácido nítrico. Em seguida, adicionam-se 2,00 g de cloreto de cobalto ($CoCl_2.6H_2O$, **tóxico, irritante; disp. L**), dissolve-se em 200 mL de HCl a 37% (**muito tóxico, corrosivo; disp. N**) e dilui-se com água até 1 litro.

IV.41.1.3 - Seca-se cerca de 0,5 g de marrom de Bismark [$NH_2C_6H_4N:NC_6H_3(CN_2)_2$; **disp. A**] em dessecador de vidro marrom, pesam-se 0,25 g e dissolvem-se em água. Dilui-se até 1 litro.
0 grau de cor da solução preparada diluindo-se 10 vezes esta solução (100 mL → 1 litro) corresponde ao grau das soluções (IV — 41.1.2) e (IV — 41.1.3). Também, o grau de cor da solução diluída 1.000 vezes é 1°. Pode-se conservar as soluções assim preparadas durante cerca de 1 mês, colocando-se em vidro marrom e lugar escuro.

IV.42 - SOLUÇÃO PADRÃO DE GRAU DE TURVAÇÃO[15]

Aquecem-se 5 g de caulim ($Al_2O_3.2SiO_2.2H_2O$) em cápsula de platina, esfria-se em dessecador e reduz-se a pó em almofariz. Passa-se por uma peneira de 6 mesh, pesa-se 1 g de pó peneirado e adiciona-se água até 1 litro.
1 mL desta solução agitada contém 1 mg de caulim.

IV.43 - SOLUÇÃO DE COMPLEXO FERROSO DE PIROCATEQUINA[15,32]

A pirocatequina é, também, chamada catecol e é um cristal incolor em forma de agulha. Tem o ponto de fusão de 104°C e dissolve em água, álcool e éter. A solução alcalina de pirocatequina torna-se verde e em seguida preta, pelo contato com o ar.

Uso em determinação qualitativa de oxigênio

Dissolvem-se 14 g de sulfato ferroso (**disp. L**). e 18 g de pirocatequina [$C_6H_4(OH)_2$, **corrosivo, tóxico; disp. A**] em 75 mL de água fracamente acidulada com 10 gotas de H_2SO_4 e adicionam-se cuidadosamente uma solução de 33 g de KOH (**corrosivo, tóxico; disp. N**) em 75 mL de água, cortando o contato com o ar. Esta solução pura é incolor ou fracamente rósea, mas, por absorção de oxigênio, torna-se vermelha.

IV.44 – SOLUÇÃO DE PONCEAU GR[15]

Uso em prova de enzima

Dissolvem-se 0,02 g de Ponceau GR (**cancerígeno; disp. A**) em 100 mL de água.

IV.45 – SOLUÇÃO DE SABÃO DE COCO[15,34]

Uso em análise de gordura

Misturam-se 50 mL de álcool (**tóxico, inflamável; disp. D**) a 96% e 20 mL de solução de KOH a 75% com 50 g de óleo de coco purificado, aquece-se cuidadosamente adaptando-se um condensador de refluxo até formar sabão transparente. Em seguida, ferve-se durante mais 10 minutos, elimina-se o álcool pela destilação e seca-se o sabão residual. Dissolve-se este sabão seco em água e leva-se até 500 mL.

IV.46 – SOLUÇÃO DE SAL COMPLEXO PERIODATO-FÉRRICO[32]

Uso em determinação qualitativa de lítio

Dissolvem-se 2 g de periodato de potássio (KIO_4, **oxidante, irritante; disp. J**) em 10 mL de solução de KOH —2N, coloca-se água até 50 mL e adicionam-se 3 mL de solução de cloreto férrico a 10%. Em seguida, adiciona-se maior quantidade de KOH 2 N até completar 100 mL.

IV.47 – SOLUÇÃO DE SAL DE NITROSO-R[15]

O sal de nitroso-R (ácido 1-nitroso-2-hidroxinaftaleno-3,6-dissulfônico; **disp. A**) é um pó amarelo, dissolve-se em água e forma solução verde. *Uso em determinação qualitativa inorgânica*

Dissolvem-se 0,5 g de sal de nitroso-R [$C_{10}H_4NO(OH)(S0_3H)_2$; **disp. A**] em 100 mL de água.
Reage com Co, Ba, Pb, Ag, Ca, Fe^{3+} e Ni, formando os respectivos precipitados de cores características.

IV.48 – SOLUÇÃO DE SULFATO DE ANILINA

Uso em determinação qualitativa de lignina

Dissolvem-se 5 g de sulfato de anilina [$2C_6H_5NH_2 \cdot H_2SO_4$; **tóxico; disp. A**] em 50 mL de água e adiciona-se 1 gota de H_2SO_4 concentrado (**oxidante, corrosivo; disp. N**). Esta solução reage com lignina tornando-se amarela.

IV.49 – SOLUÇÃO DE SULFATO DE HIDRAZINA[15]

IV.49.1 – *Uso em determinação quantitativa de álcali*

Dissolvem-se 6,5 g de sulfato de hidrazina ($N_2H_4 \cdot H_2SO_4$, **cancerigeno, corrosivo; disp. A**) em água e completa-se 1 litro.

Esta solução tem concentração de 0,1N e é usada para determinação quantitativa de álcali ou iodo.

Na iodometria, sua quantidade equivalente é 1/4 do mol.[32,51]

IV.49.2 – *Uso em determinação quantitativa de arsênio*

Dissolvem-se 20 g de sulfato de hidrazina ($N_2H_4.H_2SO_4$; **cancerígeno, corrosivo; disp. A**) e 20 g de brometo de sódio (NaBr; **irritante; disp. N**) em 1 litro de HCl (1:4).

IV.50 – SOLUÇÃO DE CLORETO DE TRIFENIL-ESTANHO[15]

Uso em determinação quantitativa de flúor

Dissolvem-se 20 g de cloreto de trifenil-estanho [$(C_6H_5)_3SnCl$; **muito tóxico; disp. A**] em 1 litro de álcool etílico a 95% e agita-se vigorosamente. Filtra-se, usando-se o filtrado como reagente.

IV.51 – SOLUÇÃO DE URANILO-FORMIATO DE SÓDIO[15]

Uso em determinação qualitativa de ácido acético

Dissolve-se 1 g de formiato de urânio (**tóxico; disp. L**), 1 g de formiato de sódio (**irritante; disp. A**) em 75 mL de água, adiciona-se 1 mL de ácido fórmico (**corrosivo, tóxico; disp. C**) a 50% e elimina-se a parte insolúvel por filtração. Conserva-se esta solução em vidro marrom.

IV.52 – SOLUÇÃO DE ZIRCÔNIO-ALIZARINA S[15]

Uso em análise de flúor

Prepara-se separadamente a solução de alizarina S (1 g dissolvida em 100 mL de álcool) e a solução de nitrato de zircônio, $Zr(NO_3)_4.5H_2O$ (1 g dissolvido em 250 mL de água). Conserva-se separadamente e misturam-se as soluções de alizarina S (**irritante; disp. A**) e nitrato de zircônio (**tóxico; disp. Q**) na relação volumétrica de 3:2 respectivamente, na hora de usar. Esta solução é roxo-avermelhada e torna-se amarela por reação com o fluoreto.

IV.53 – REAGENTE DE ZIRCÔNIO-QUINALIZARINA[15]

Uso em determinação quantitativa colorimétrica de flúor

Dissolvem-se 0,14 g de quinalizarina (pág. 258) em 100 mL de NaOH a 0,3%, adicionam-se 100 mL de solução aquosa de nitrato de zircônio, $Zr(NO_3)_4.5H_2O$ a 0,87% e guarda-se como solução original. Usa-se a solução diluída 40 vezes.

IV.54 - SOLUÇÃO PARA ANÁLISES ELETROLÍTICAS[4,6,15,19]

IV.54.1 – *Solução de zinco*

Adicionam-se 10 mL de solução de formiato de sódio a 40% e 10 mL de solução de bórax a 5% em solução neutra ou fracamente acidificada com H_2SO_4, a qual contém menos que 0,3 g de Zn, dissolve-se o precipitado formado gotejando-se 2 mL de ácido fórmico e dilui-se com água até 120 mL.

Usa-se o elétrodo cilíndrico de Fischer previamente eletrogalvanizado com cobre.

Tensão para eletroanálise: 4,5 V, corrente elétrica: 1,0 A. Tempo para análise: uma hora.

Pode-se determinar o ponto final da análise por adição de solução de ferrocianeto de potássio. Adicionando-se gotas de ferrocianeto de potássio à solução, esta não deve ficar marrom. Esta solução é influenciada por ácido clorídrico, ácido nítrico e ferro.

IV.54.2 – *Solução de cobre*

Dissolve-se certa quantidade de amostra, que contém 1-2 g de cobre, em solução mista de 7 mL de HNO_3 concentrado (**oxidante, corrosivo; disp. N**), 10 mL de H_2SO_4 concentrado (**oxidante, corrosivo; disp. N**) e 25 mL de água, elimina-se o ácido nitroso por aquecimento e, em seguida, dilui-se com água até 150 mL. Usa-se o mesmo elétrodo usado com o zinco.

Tensão: 2 a 3 V; corrente elétrica: 0,5 a 1 A; temperatura da solução: 30 a 40°C; tempo: 8 a 15 horas.

Pode-se determinar o ponto final da análise por uma reação de coloração com solução de ferrocianeto de potássio ou solução de sulfeto de hidrogênio. Lava-se o elétrodo com água e álcool após a eletrólise e seca-se na temperatura de 100°C. É influenciada por As, Sb, Mo, Au, Ag, Hg, Ba e Se.

IV.54.3 – *Solução de níquel*

Dissolve-se a amostra em H_2SO_4 ou em solução mista de H_2SO_4 e HNO_3, aquece-se até formar fumaça branca de H_2SO_4 e esfria-se. Dilui-se com água, neutraliza-se com solução de hidróxido de amônio (**corrosivo, tóxico; disp. N**) e adicionam-se 35 mL de solução de hidróxido de amônio concentrada.

Finalmente, dilui-se com água até 150 a 200 mL. Usa-se o mesmo eletrodo usado anteriormente no caso do zinco.
Voltagem: 2 a 3V; amperagem: 0,8 a 1,2A; temperatura da solução: 40°C; tempo da análise: 5 a 6 horas. Pode-se determinar o ponto final da eletrólise, no momento em que a solução deixa de ficar preta por adição de solução de sulfeto de amônio.
Nesta eletrólise, o aumento de peso no catodo corresponde à soma de níquel e cobalto quando ambos estão presente, e então, recomenda-se dissolver em ácido nítrico e determinar quantitativamente após a separação.
No caso de co-existência de cobalto, adicionam-se 2 g de bissulfito de sódio nesta solução acima preparada para evitar a influência de manganês. A falta de amônia durante a eletrólise causa uma precipitação preta de óxido de níquel no ânodo e, nesse caso, coloca-se maior quantidade de solução de hidróxido de amônio.
Pode-se examinar o ponto final de eletrólise pelo teste com a dimetilglioxima. É necessário eliminar previamente o ferro.

IV. 54.4 – *Solução de chumbo*
Dissolve-se a amostra (Pb: 0,1 g) por adição de 15 mL de HNO_3 concentrado (**oxidante, corrosivo, tóxico; disp. N**) e dilui-se com água até 100 a 120 mL. Usa-se o mesmo eletrodo descrito para o zinco, porém, o chumbo deposita-se no catodo.
Tensão: 2 a 3V; corrente elétrica: 1,5 a 3A; temperatura da solução: 60°C; tempo: 0,5 a 1 hora.
Seca-se o catodo em estufa a 180 a 220°C durante alguns minutos e pesa-se como dióxido de chumbo.

$$PbO_2 \times 0{,}8662 = Pb$$

Nesta eletrólise, podem estar misturados com chumbo os seguintes materiais: Bi, Sn, Sb, Ag e Mn. A deposição do chumbo é dificultada pelo Hg, As e Te, porém facilitada pelo cobre.

IV.55 – SOLUÇÃO PARA GALVANOPLASTIA[6,15]

IV.55.1 – *Solução de zinco*

IV.55.1.1 – Dissolvem-se 240 g de sulfato de zinco ($ZnSO_4.7H_2O$; **irritante, disp. L**), 15 g de cloreto de amônio (**irritante; disp. N**), 30 g de sulfato de alumínio (**disp. N**) e 1 g de extrato de erva-doce em 1 litro de água.

IV.55.1.2 – Dissolvem-se 240 g de sulfato de zinco ($ZnSO_4 \cdot 7H_2O$, **irritante; disp. L**), 30 g de sulfato de sódio (**irritante; disp. N**), 15 g de acetato de sódio (**disp. A**) e 1 g de extrato de erva-doce em 1 litro de água.
Tensão: 2,2 a 2,5V, densidade de corrente 1 a 2,7A/dm^2; temperatura da solução: 20 a 30°C; pH = 3,5 a 4,5 e ânodo: zinco puro.
A finalidade da adição de acetato de sódio é controlar a concentração de ácido e é necessário que o pH não se torne maior que 4,5. O extrato de erva-doce é usado para melhorar o brilho e o estado cristalino do zinco, mas pode-se usar, também, gelatina ou breu.
A galvanoplastia de zinco pode reter hidrogênio e ser frágil, mas pode-se modificar esta característica pelo seguinte tratamento: mergulha-se o material em água quente durante cerca de 30 minutos e, em seguida, aquece-se a 120°C.

IV.55.2 – *Solução alcalina de zinco*

IV.55.2.1 – Dissolvem-se 60 g de cianeto de zinco (**muito tóxico; disp. S**), 40 g de cianeto de sódio (**muito tóxico; disp. S**) e 80 g de hidróxido de sódio (**corrosivo, tóxico; disp. N**) em 1 litro de água.

IV.55.2.2 – Dissolvem-se 90 g de cianeto de zinco (**muito tóxico; disp. S**), 37 g de cianeto desódio (**muito tóxico; disp. S**), 90 g de hidróxido de sódio (**corrosivo, tóxico; disp. N**)e quantidade moderada de abrilhantador em 1 litro de água.
Densidade de corrente: 2 A/dm^2; temperatura da solução: 20 a 30°C. Usando-se solução alcalina pode-se conseguir cristalização mais homogênea do que com a solução ácida. O excesso de NaOH conduz à formação de zincato de sódio.

$$Na_2Zn(CN)_4 + 4NaOH \rightarrow Na_2ZnO_2 + 4NaCN + 2H_2O$$

Mas a falta de NaOH causa precipitação de hidróxido e turvação de solução. Conseqüentemente, a resistência aumenta e diminui a quantidade de zinco depositada.
Pode-se usar sulfato de alumínio, fluoreto de sódio, gelatina, goma arábica, glucose ou heliotropina como abrilhantador (3 a 0,5 g/litro).

IV.55.3 – *Solução de cádmio*

Dissolvem-se 200 g de sulfato de cádmio (**cancerígeno, tóxico; disp. L**) 30 g de sulfato de amônio (**irritante; disp. N**) e 2,5 g de peptona em 1 litro de água.

Densidade de corrente: 1 a 1,5 A/dm^2; temperatura da solução: 20 a 30°C; pH: 3 a 4; ânodo: cádmio.

Nesta solução, o cádmio é depositado sob a forma de esponja e, então, usa-se, em geral, a solução alcalina.

IV.55.4 –*Solução alcalina de cádmio*

Dissolvem-se 23 g de óxido de cádmio (**muito tóxico, cangerígeno, disp. L**), 85 g de cianeto de sódio (**muito tóxico; disp. S**) e quantidade moderada de abrilhantador em 1 litro de água.

Densidade de corrente: 1 a 2 A/dm^2; temperatura da solução: ambiente; pH: 12; ânodo: cádmio, chumbo ou ferro. O cádmio é venenoso, e então, não pode ser usado quando se trata de recipiente para alimentos.

Pode-se usar dextrina, peptona, glucose e níquel como abrilhantador e sua quantidade é 0,1 a 0,51 g/litro.

Para reforçar a camada depositada de cádmio (Cadmiagem), mergulha-se em água fervendo durante cerca de 30 minutos e, em seguida, trata-se na temperatura de 120°C.

Para reforçar o aço cadmiado, mantém-se a 250°C durante 4 horas até que forme uma liga. Este processo é chamado de Udylite. Para examinar a parte com depósito imperfeito, mergulha-se o material cadmiado em solução de HCl a 1%.

Se houver depósito imperfeito, haverá formação de espuma após diversos minutos.

IV.55.5 – *Solução de prata*

IV.55.5.1 – Dissolvem-se 26,5 g de cianeto de prata (**muito tóxico; disp. K**), 33,75 g de cianeto de potássio (**muito tóxico; disp. S**) e 37,5 g de carbonato de potássio em 1 litro de água.

IV.55.5.2 – Dissolvem-se 33,5 g de cianeto de prata (**muito tóxico; disp. K**), 5,25 g de cianeto de potássio (**muito tóxico; disp. S**) e 37,5 g de carbonato de potássio (**irritante; disponível N**) em 1 litro de água.

Densidade de corrente: 0,4 a 2,5 A/dm^2; temperatura ambiente; ânodo: chapa de prata pura, chapa de ferro ou chapa de carbono.

Pode-se pratear diretamente cobre, bronze e prata tipo alemã, mas aplica-se a prateação após feito um cobreamento no caso de ferro e estanho. Usa-se a seguinte solução para aperfeiçoar a galvanoplastia de cobre e bronze: dissolvem-se 7 g de cloreto mercúrico ($HgCl_2$, **muito tóxico; disp. L**), 4 g de cloreto de amônio (ou 7 g de óxido de mercúrio) e 60 g de cianeto de potássio (**muito tóxico; disp. S**) em 1 litro de água. Mergulha-se o material na solução acima preparada e, então, faz-se a galvanoplastia. Neste caso, deve-se tomar cuidado sobre a fenda de amadurecimento. Adicionam-se 25 a 50 mL de CS_2 (**inflamável, tóxico**) (ou 0,7 a 1,0 g de $Na_2S_2O_3$ e 0,6 mL de solução de hidróxido de amônio concentrada (**corrosivo, tóxico; disp. N**)) por 1 litro de solução como abrilhantador.

IV.55.6 – *Solução de crômio*

Dissolvem-se 200 a 250 g de ácido crômico anidro (**muito tóxico, cancerígeno; disp. J**) e 1,8 a 2,3 g de H_2SO_4 concentrado (**oxidante, corrosivo; disp. N**) em 1 litro de água.

Tensão: 4 a 6 V; densidade de corrente: 15 a 30 A/dm^2; temperatura da solução: 45 a 55°C.

Pode-se usar o ferro ou chumbo como ânodo, mas, recomenda-se usar liga de chumbo que contém 6% de Sn.

Pode-se cromear diretamente sobre cobre, mas é necessário um cobreamento prévio se o material for bronze ou ferro, antes de cromear. A cromeação após niquelação deve ser feita logo depois da niquelação para evitar a separação da membrana.

IV.55.7 – *Solução de cobalto*

IV.55.7.1 – Dissolvem-se 470 g de sulfato cobaltoso ($CoSO_4 \cdot 7H_2O$, **irritante; disp. L**), 17 g de NaCl e 40 g de ácido bórico (**irritante; disp. N**) em água e leva-se a 1 litro.

Densidade de corrente: 16 a 17 A/dm^2; temperatura ambiente; ânodo: metal fundido e cobalto; carvão e platina.

IV. 55.7.2 – Dissolvem-se 52 g de sulfato cobaltoso amoniacal, [$(NH_4)_2 Co(SO_4)_2 \cdot 6H_2O$; disp. L], 20 g de carbonato de cobalto (**disp. L**) e 26 g de ácido bórico (**irritante; disp. N**) em 1 litro de água.

Densidade de corrente: 0,4 a 1 A/dm^2.

IV.55.8 – *Solução de cobre amarelo*

Dissolvem-se 27 g de cianeto de cobre (CuCN, **muito tóxico; disp. S**), 9 g de cianeto de zinco (**muito tóxico; disp. S**), 54 g de cianeto de sódio (**muito tóxico; disp. S**) e 30 g de carbonato de sódio (**irritante; disp. N**) em 1 litro de água.
Densidade de corrente: 0,3 a 0,5 A/dm^2; temperatura da solução: 24 a 38°C; ânodo: cobre amarelo.

IV.55.9 – *Solução ácida de estanho*

Dissolvem-se 55 g de sulfato estanoso (**corrosivo; disp. L**), 100 g de H_2SO_4 concentrado (**oxidante, corrosivo; disp. N**), 100 g de ácido cresol-sulfônico (**corrosivo, tóxico; disp. C**), 2 g de gelatina e 1 g de beta-naftol (**irritante, tóxico; disp. A**) em 1 litro de água.
Densidade de corrente: 1,0 a 5,0 A/dm^2; temperatura da solução 20 a 35°C.

IV.55.10 – *Solução alcalina de estanho*

Dissolvem-se 30 g de cloreto estanoso (**corrosivo; disp. L**), 75 g de NaOH (**corrosivo, tóxico; disp. N**) e 0,5 g de gelatina em 1 litro de água.
Densidade de corrente: 1 A/dm^2; temperatura da solução: 60 a 70°C; ânodo: metal fundido de estanho puro.
Pode-se obter espessura maior pelo método seco de estanhação, mergulhando o material em estanho fundido, mas é difícil de se obter uma espessura homogênea, havendo maior perda de estanho.

IV.55.11 – *Solução de ferro*

IV.55.11.1 – Dissolvem-se 280 g de sulfato férrico (**irritante; disp. L**) e 0,3 mL de H_2SO_4 concentrado (**oxidante, corrosivo; disp. N**) em 1 litro de água.
Densidade de corrente: 2 A/dm^2; temperatura da solução: 70°C.

IV.55.11.2 – Dissolvem-se 200 g de sulfato ferroso (**irritante; disp. L**), 50 g de sulfato de magnésio (**disp. N**) e 5 g de bicarbonato de sódio (**irritante; disp. N**) em 1 litro de água.
Densidade de corrente: 0,2 a 0,3 A/dm^2; temperatura da solução: 50°C.

IV.55.11.3 – Dissolvem-se 285 g de cloreto ferroso (**irritante; disp. L**), 102 g de NaCl e 10 mL de HCl concentrado (**corrosivo, tóxico; disp. N**) em 1 litro de água.

Densidade de corrente: 0,4 a 0,5 A/dm^2; temperatura da solução: 50°C; pH = 1.
Pode-se obter o material mais macio, aumentando-se a temperatura da solução.
O NaCl é usado para aumentar a eletrocondutividade da solução e retardar a oxidação de Fe^{2+} bem como a evaporação da solução.

IV.55.12 – *Solução ácida de cobre*

Dissolvem-se 250 g de sulfato de cobre (**tóxico, irritante; disp. L**) e 60 a 70 g de H_2SO_4 concentrado (**oxidante, corrosivo; disp. N**) em 1 litro de água.
Densidade de corrente: 2 a 5 A/dm^2; temperatura da solução: 15 a 50°C.
Não se pode usar esta solução na galvanoplastia de metais que têm grau de ionização mais elevado do que cobre como, por exemplo, ferro e zinco.
Neste caso, trata-se antecipadamente com banho de cianeto.
O H_2SO_4 é usado para aumentar a eletrocondutividade da solução e para inibir a deposição de óxido cuproso (Cu_2O).

IV.55.13 – *Solução alcalina de cobre*

IV.55.13.1 – Dissolvem-se 21 g de cianeto de cobre (CuCN, **muito tóxico, irritante; disp. S**), 32 g de cianeto de sódio (**muito tóxico; disp. S**) e 14 g de carbonato de sódio (**irritante; disp. N**) em água e leva-se a 1litro.
Densidade de corrente: 5 a 75 A/dm^2; temperatura da solução: 30 a 40°C; anodo: chapa de cobre.
Esta solução é usada como camada intermediária de níquel e outros metais nobres.
O $Na_2S_2O_3$ e o acetato de chumbo são usados como abrilhantadores.

IV.55.13.2 – Dissolvem-se 45 g de carbonato de cobre (**tóxico; disp. O**), 20 g de cianeto de sódio (**muito tóxico; disp. S**) e 20 g de bicarbonato de sódio em 1 litro de água.
Densidade de corrente: 1 A/dm^2; temperatura da solução: 30 a 40°C.

IV.55.14 – *Solução de chumbo*

IV.55.14.1 – 6 g de ácido perclórico (**oxidante, corrosivo, tóxico; disp. S**), 7 g de acetato de chumbo (**tóxico, cancerígeno; disp. L**) e 0,5 g de peptona (ou gelatina) em 1 litro de água.
Densidade de corrente: 2 a 3 A/dm^2; temperatura da solução: ambiente; ânodo: chumbo; cátodo: cobre ou cobreado.

IV.55.14.2 – Dissolvem-se 150 g de carbonato básico de chumbo [$2PbCO_3.Pb(OH)_2$; **disp. O**], 240 g de ácido fluorídrico a 50% (**corrosivo; disp. F**), 105 g de ácido bórico (**irritante; disp.N**) e 0,2 g de breu em água e leva-se a 1 litro.
Densidade de corrente: 1 a 2 A/dm^2; temperatura ambiente.

Processo de preparação desta solução
Adiciona-se, pouco a pouco, o ácido bórico em ácido fluorídrico (**corrosivo, ataca o vidro**), deixa-se esfriar e adiciona-se também, gradativamente, o carbonato de chumbo básico.
Filtra-se se houver precipitação, adiciona-se o breu na solução filtrada e dilui-se com água até 1 litro.
Esta solução não contém ácido fluorídrico livre, mas, recomenda-se usar um recipiente forrado com ebonite.
Pode-se usar esta solução para galvanoplastia direta ao ferro.

IV.55.15 – *Solução de níquel*

IV.55.15.1 – Dissolvem-se 150 g de sulfato de níquel ($NiSO_4.7H_2O$; **cancerígeno, tóxico; disp. L**), 15 g de cloreto de amônio (**irritante; disp. N**) e 15 g de ácido bórico (**irritante; disp. N**) em 1 litro de água.
Tensão: abaixo de 1,8 V; densidade de corrente 1 A/dm^2; temperatura da solução: 20 a 30°C; pH: 5,8 a 6,2 e ânodo: níquel.
O cloreto de amônio aumenta a eletrocondutividade da solução e controla a dissolução do ânodo.
O ácido bórico controla a acidez, regula a formação de gás hidrogênio e inibe a oxidação do ânodo.
Esta solução é usada na galvanoplastia de cobre ou cobre amarelo.

IV.55.15.2 – Dissolvem-se 240 a 330 g de sulfato de níquel, 45 a 60 g de cloreto de amônio e 30 a 45 g de ácido bórico em 1 litro de água.
Pode-se usar as mesmas condições da solução anterior (IV – 55.15.1)

Para examinar a parte com depósito imperfeito de níquel, mergulha-se nas soluções seguintes conforme o material usado:

1) *Cobre amarelo* — mergulha-se uma solução mista de 1 volume da solução de Na_2CO_3 a 10% e 1 volume de solução de hidróxido de amônio concentrada (**corrosivo, tóxico; disp. N**). Haverá formação de pontos pretos.
2) *Cobre* — mergulha-se numa solução mista de 10 g de ácido tricloroacético (**corrosivo; disp. A**) , 400 mL de solução de hidróxido de amônio concentrada (**corrosivo, tóxico; disp. N**) e 400 mL de água.
   Haverá formação de pontos azuis.
3) *Ferro e aço* — mergulha-se em água a 90 a 95°C durante cerca de 6 horas. Haverá formação de ferrugem vermelha.

IV.56 - SOLUÇÕES TAMPÃO[15,28,32]

IV.56.1 - *Solução tampão de ácido bórico · cloreto de potássio e hidróxido de sódio*[42]

IV.56.1.1 - Tabela de solução tampão de H_3BO_3·KCl, NaOH

pH	*H_3BO_3 KCl — 0,1M (mL)*	*NaOH 0,1M (mL)*	*pH*	*H_3BO_3 KCl — 0,1M (mL)*	*NaOH 0,1M (mL)*
7,8	50	2,65	9,0	50	21,40
8,0	50	4,00	9,2	50	26,70
8,2	50	5,90	9,4	50	32,00
8,4	50	8,55	9,6	50	36,85
8,6	50	12,00	9,8	50	40,80
8,8	50	16,40	10,0	50	43,90

Após adição de solução de NaOH, dilui-se com água até 100 mL.

IV.56.1.2 - *Método de preparação de solução de H_3BO_3.KCl — 0,1 M*

Seca-se o ácido bórico recristalizado em água, em dessecador com cloreto de cálcio durante duas semanas, pesam-se 6,2 g de ácido bórico seco e 7,46 g de cloreto de potássio, secado a 120°C durante 2 dias. Em seguida, dissolve-se em água e leva-se a 1 litro.

IV.56.2 – *Solução tampão de Clark-Lubs*

Tabela de solução tampão de Clark e Lubs (20°C)

pH	*KCl — 0,2 M (mL)*	*HCl — 0,2 M (mL)*
1,0	50	97,0
1,2	50	64,5
1,4	50	41,5
1,6	50	26,3
1,8	50	16,6
2,0	50	10,6
2,2	50	6,7

Volume total: 200 mL

IV.56.3 – *Solução tampão de fenil-fosfato de sódio*

Dissolvem-se 1,1 g de fenil-fosfato de sódio puro (**disp. A**) isento de fenol, em 900 mL de solução aquosa e saturada de clorofórmio (**tóxico, cancerígeno; disp. B**) misturam-se 50 mL de solução tampão de bórax e dilui-se com água até 1 litro. Na preparação da solução tampão de bórax (dissolvem-se 28,427 g de bórax em 900 mL de água quente, adiciona-se NaOH (**corrosivo, tóxico; disp. N**) e, após o esfriamento, dilui-se com água até 1 litro).

O pH desta solução é aproximadamente 9,6 e deve ser conservada em lugar fresco.

IV.56.4 – *Solução tampão de ftalato ácido de potássio — HCl*[42]

IV.56.4.1 – Tabela de solução tampão $KC_8H_5O_4$—HCl

pH	*$KC_8H_5O_4$ KCl — 0,1M (mL)*	*NaOH 0,1M (mL)*	*pH*	*$KC_8H_5O_4$ KCl — 0,1M (mL)*	*NaOH 0,1M (mL)*
2,2	50	46,70	3,2	50	14,70
2,4	50	39,60	3,4	50	9,90
2,6	50	32,95	3,6	50	5,97
2,8	50	26,42	3,8	50	2,63
3,0	50	20,32			

Volume total: 100 mL

IV.56.4.2 – *Método de preparação de $KC_8H_5O_4$ 0,1M*

Seca-se o ftalato de potássio ácido (**disp. A**) a 110°C durante 30 minutos, pesam-se 20,42 g e dissolve-se em água. Leva-se o volume total a 1 litro.

IV.56.5 – *Solução tampão de ftalato ácido de potássio — NaOH*[42]

pH	$KC_8H_5O_4$ KCl — 0,1M (mL)	NaOH 0,1M (mL)	pH	$KC_8H_5O_4$ KCl — 0,1M (mL)	NaOH 0,1M (mL)
4,0	50	0,40	5,2	50	29,95
4,2	50	3,70	5,4	50	35,45
4,4	50	7,50	5,6	50	39,85
4,6	50	12,15	5,8	50	43,00
4,8	50	17,70	6,0	50	45,45
5,0	50	23,85	6,2	50	47,00

Volume total: 100 mL

IV.56.6 – *Solução tampão de fosfato de potássio-hidróxido de sódio*[42]

IV.56.6.1 – Tabela de solução tampão de KH_2PO_4 — NaOH

pH	H_2PO_4 KCl — 0,1M (mL)	NaOH 0,1M (mL)	pH	H_2PO_4 KCl — 0,1M (mL)	NaOH 0,1M (mL)
5,8	50	3,72	7,0	50	29,63
6,0	50	5,70	7,2	50	35,00
6,2	50	8,60	7,4	50	39,50
6,4	50	12,60	7,6	50	42,80
6,6	50	17,80	7,8	50	45,20
6,8	50	23,65	8,0	50	46,80

Volume total: 100 mL

IV.56.6.2 – *Método de preparação de KH_2PO_4 0,1 M*

Dissolvem-se 13,62 g de KH_2PO_4 (**disp. N**) em água e leva-se a 1 litro.

IV.56.7 – *Solução de Kolthoff*

Tabela de solução tampão de Kolthoff

pH	*Na_2CO_3 0,1 M (mL)*	*HCl 0,1 M (mL)*
10,17	50	20
10,35	50	15
10,55	50	10
10,86	50	5
11,04	50	3
11,36	50	0

Volume total: 100 mL

IV.56.8 – *Solução tampão de McIlvaine*[42]

(Fosfato dissódico — ácido cítrico)

IV.56.8.1 – Tabela de solução tampão de McIlvaine

pH	*Na_2HPO_4 0,1 M (mL)*	*Ácido cítrico 0,1 M (mL)*	*pH*	*Na_2HPO_4 0,1 M (mL)*	*Ácido cítrico 0,1 M (mL)*
2,2	0,40	19,60	5,2	10,72	9,28
2,4	1,24	18,76	5,4	11,15	8,85
2,6	2,18	17,82	5,6	11,60	8,40
2,8	3,17	16,83	5,8	12,09	7,91
3,0	4,11	15,89	6,0	12,63	7,37
3,2	4,94	15,06	6,2	13,22	6,78
3,4	5,70	14,30	6,4	13,85	6,15
3,6	6,44	13,56	6,6	14,55	5,45
3,8	7,10	12,90	6,8	15,45	4,55
4,0	7,71	12,29	7,0	16,47	3,53
4,2	8,28	11,72	7,2	17,39	2,61
4,4	8,82	11,18	7,4	18,17	1,83
4,6	9,35	10,65	7,6	18,73	1,27
4,8	9,86	10,14	7,8	19,15	0,85
5,0	10,30	9,70	8,0	19,45	0,55

IV.56.8.2 – *Método de preparação de ácido cítrico 0,1 M e Na_2HPO_4 0,1M*

$C_6H_8O_7$ — *0,1M:* Dissolvem-se 21,008 g de ácido cítrico (**irritante; disp. A**) em água e dilui-se até 1 litro.

Na_2HPO_4 — *0,1M:* Dissolvem-se 17,814 g de Na_2HPO_4 (**irritante; disp. N**) em água e dilui-se até 1 litro.

IV.56.9 – *Solução tampão de ácido metafosfórico*

Adicionam-se 25 mL de HCl 2N e 5 mL de água em 30 mL de solução de ácido metafosfórico (HPO_3) a 20%. Esta solução tem o pH cerca de 1,43. Conserva-se em lugar frio.

IV.56.10 – *Solução tampão de Ringer (Na_2HPO_4 — NaOH)*

Tabela de solução tampão de Ringer

pH	*Na_2HPO_4 0,1 M (mL)*	*NaOH 0,1 M (mL)*
10,97	50	15
11,29	50	25
11,77	50	50
12,06	50	75

IV.56.11 – *Solução tampão de Sörensen (Na_2HPO_4 — KH_2PO_4)*

IV.56.11.1 – Tabela de solução tampão de Sörensen (Na_2HPO_4 — KH_2PO_4) (18°C)

pH	*Na_2HPO_4 M/15 (mL)*	*KH_2PO_4 M/15 (mL)*	*pH*	*Na_2HPO_4 M/15 (mL)*	*KH_2PO_4 M/15 (mL)*
5,288	0,25	9,75	6,813	5,0	5,0
5,589	0,5	9,5	6,979	6,0	4,0
5,906	1,0	9,0	7,168	7,0	3,0
6,239	2,0	8,0	7,318	8,0	2,0
6,468	3,0	7,0	7,731	9,0	1,0
6,643	4,0	6,0	8,043	9,5	0,5

IV.56.11.2 – *Método de preparação de solução de Na_2HPO_4 — M/15 e KH_2PO_4 — M/15*

Na_2HPO_4 — *M/15:* Dissolvem-se 11,876 g de Na_2HPO_4 (**irritante; disp. N**) em água e leva-se a 1 litro.

KH_2PO_4 — *M/15:* Seca-se o cristal de KH_2PO_4 (**irritante; disp. N**) a 110° a 115°C, dissolvem-se 9,078 g em água e leva-se a 1 litro.

IV.56.12 – *Solução tampão de Sörensen (glicocol — HCl)*

IV.56.12.1 – Tabela de solução tampão de Sörensen (Glicocol — HCl) (18°C)

pH	*Solução de glicocol 0,1 M (mL)*	*HCl — 1N (mL)*	*pH*	*Solução de glicocol 0,1 M (mL)*	*HCl — 1N (mL)*
1,038	0,0	10,0	2,279	6,0	4,0
1,146	1,0	9,0	2,607	7,0	3,0
1,251	2,0	8,0	2,922	8,0	2,0
1,419	3,0	7,0	3,341	9,0	1,0
1,645	4,0	6,0	3,679	9,5	0,5
1,932	5,0	5,0			

IV.56.12.2 – *Método de preparação de solução de glicocol 0,1 M*

Dissolvem-se 7,505 g de glicocol ($C_2H_5O_2N$, glicina; **disp. A**) e 5,846 g de NaCl em água e leva-se a 1 litro.

IV.56.13 – *Solução tampão de Sörensen (glicocol — NaOH)*

Tabela de solução tampão de Sörensen (Glicocol — NaOH) (18°C)

pH	*Solução de glicocol 0,1 M (mL)*	*NaOH 0,1M (mL)*	*pH*	*Solução de glicocol 0,1 M (mL)*	*NaOH 0,1M (mL)*
8,58	9,5	0,5	11,57	4,9	5,1
8,93	9,0	1,0	12,10	4,5	5,5
9,36	8,0	2,0	12,40	4,0	6,0
9,71	7,0	3,0	12,67	3,0	7,0
10,14	6,0	4,0	12,86	2,0	8,0
10,48	5,5	4,5	12,97	1,0	9,0
11,07	5,1	4,9	13,07	0,0	10,0
11,31	5,0	5,0			

IV.56.14 – *Solução tampão ácido acético — acetato*

IV.56.14.1 – Tabela de solução tampão

pH	*Acetato de sódio 2 M (mL)*	*Ácido acético 2 M (mL)*
3,5	6,4	9,36
4,5	43,0	57,0

Volume total: 1 L

IV.56.14.2 – *Método de preparação de ácido acético — 2M e acetato de sódio — 2M*

H_3C-COOH — 2M: Dissolvem-se 121,0 mL de ácido acético glacial (**corrosivo; disp. C**) em 1litro de água.

H_3C-COONa — 2M: Dissolvem-se 164,08 g de acetato de sódio anidro (**disp. A**) em 1 litro de água.

IV.56.15 – *Solução tampão de veronal* (Michaelis)

IV.56.15.1 – Tabela de solução tampão de veronal (25°C)

pH	*Veronal 0,01 M (mL)*	*Ácido clorídrico 1 N (mL)*	*pH*	*Veronal 0,01 M (mL)*	*Ácido clorídrico 1 N (mL)*
6,4	51,0	49,0	8,2	76,9	23,1
6,6	51,4	48,6	8,4	82,3	17,7
6,8	52,2	47,8	8,6	87,1	12,9
7,0	53,6	46,4	8,8	90,8	9,2
7,2	55,4	44,6	9,0	93,4	6,4
7,4	58,1	41,9	9,2	95,2	4,8
7,6	61,5	38,5	9,4	97,6	2,6
7,8	66,2	33,8	9,6	98,5	1,5
8,0	71,6	28,4	9,8	99,3	0,7

IV.56.15.2 – *Método de preparação da solução de veronal 0,01 M*

Dissolvem-se 20,62 g de dietil-barbiturato de sódio (**irritante; disp. A**) em 1 litro de água.

IV.57 – SOLVENTES DE CELULOSE[15]

IV.57.1 – *Uso para acetil-celulose*

Misturam-se 60 mL de acetona (**inflamável; disp. D**), 19 mL de benzeno (**cancerígeno, inflamável; disp. D**; N. R.- solvente de uso restrito. Deve-se estudar a possibilidade de substituí-lo por outro.) puro, 19 mL de álcool e 2 mL de álcool benzílico puro ($C_6H_5CH_2OH$, **irritante; disp. A**).

IV.57.2 – *Uso para nitrocelulose*

Usam-se 150 mL de solução mista de éter (**inflamável; disp. D**) e álcool (2:1) para cada grama de amostra.

IV.57.3 – *Uso para pirocelulose*

Adicionam-se 100 mL de álcool a 95% por grama de amostra, deixa-se decantar durante cerca de 15 minutos agitando-se de vez em quando e, então, adicionam-se 200 mL de éter (**inflamável; disp. D**).

IV.58 – SULFOCRÔMICA[15]

Uso em lavagem

Dissolvem-se 20 g de bicromato de potássio (**cancerígeno, oxidante; disp. J**) e 17 mL de H_2SO_4 concentrado (**oxidante, corrosivo; disp. N**) em água e leva-se a 100 mL.

Esta solução é usada para oxidação de substâncias resistentes à oxidação e, também, chamada solução mista de ácido crômico de Beckmann.

$$K_2Cr_2O_7 + 4H_2SO_4 \rightarrow K_2SO_4 + Cr_2(SO_4)_3 + 4H_2O + 3\langle O \rangle$$

Pode-se fazer a saturação do bicromato de sódio ($Na_2Cr_2O_7$) ou ácido crômico anidro (CrO_3) em H_2SO_4 concentrado em lugar de se usar o bicromato de potássio.

Esta solução é higroscópica e, por isso, deve ser conservada bem vedada.

IV.59 – SUSPENSÃO DE CARBONATO DE ZINCO[15]

Uso em análise de S

Dissolvem-se 40 g de sulfato de zinco hexa-hidratado (**irritante; disp. L**) em 200 mL de água e mistura-se esta solução com mesmo volume de solução de carbonato de sódio, a 10% na hora de usar, agitando-se na temperatura ambiente. 20 mL desta solução reagem com 30 mL de solução de Na_2S (**muito tóxico, corrosivo; inflamável; disp. S**) 0,2N.

IV.60 – TINTA DE ANILINA PRETA[15]

Solução (A): Dissolvem-se 150 mL de cloridrato de anilina ($C_6H_5NH_2 \cdot HCl$, **muito tóxico, irritante; disp. A**) em 1 litro de água.

Solução (B): Dissolvem-se 2,86 g de cloreto de cobre (**tóxico, irritante; disp. L**), 67 g de clorato de potássio (**irritante; disp. N**) e 33 g de cloreto

de amônio (**irritante; disp. N**) em 1 litro de água.
Misturam-se as duas soluções (A) e (B) na proporção de (4:1) em volume, na hora de usar.

IV.61 – TINTA AZUL[15]

Dissolvem-se 11,7 g de ácido tânico (**irritante**), 3,8 g de ácido gálico (**irritante; disp. A**), 15 g de sulfato ferroso ($FeSO_4.7H_2O$, **irritante; disp. L**), 12,5 g de HCl 6N, 1,0 g de fenol (**muito tóxico, corrosivo; disp. A**) e 3 g de corante de azul de metileno (**irritante; disp. W**) em 1 litro de água.

IV.62 – TINTURA DE ALCANA VERMELHA[15]

Uso em tingimento

Mergulham-se 10 g de raiz de borragem em 100 mL de álcool para extração, deixa-se decantar durante 1 a 2 semanas e, então, filtra-se. Esta solução tinge o óleo de vermelho.

IV.63 – TINTURA DE COCHENILLE[15]

IV.63.1 – *Uso em determinação quantitativa de nitrogênio*

Dissolve-se 1 g de cochenille em pó em solução mista de 20 mL de álcool (ou metanol) e 80 mL de água a quente e filtra-se se for necessário. Esta solução, quando ácida, é vermelho-amarelada e, quando alcalina, roxo-avermelhada.
Não é influenciada pela presença de gás carbônico, mas na presença de acetato de ferro e alumina é mais difícil distinguir a coloração.

IV.63.2 – *Uso em identificação de fibras*

Dissolve-se 1g de cochenille (**disp. A**) em 50 mL de álcool e filtra-se se necessário.

Fibras	*Coloração*
Lã e seda	Rouge
Algodão	Vermelha fraca
Linho	Roxa

capítulo

V

REAGENTES SEGUNDO NOME DOS AUTORES

V.1 – REAGENTE DE ADAMS-HALL-BAILEY

V.1.1 – *Uso em determinação qualitativa de Na^+ e K^+* [42]

Prepara-se uma solução saturada de acetato de cobalto (**irritante; disp. L**) e acetato de zinco (**irritante; disp. L**) e passa-se o gás óxido de nitrogênio (**muito tóxico; disp. K**) produzido pela reação entre HNO_3 (**oxidante, corrosivo; disp. N**) e cobre metálico (**irritante; disp. P**).

V.1.2 – *Método de determinação*

Misturam-se 50 mL de solução reagente com igual volume da solução a ser examinada e deixa-se decantar durante 15 minutos. O aparecimento de um precipitado amarelo indica a presença de íon potássio. Para a determinação de íon sódio, filtra-se e adiciona-se pequena quantidade de solução de acetato de uranila (**muito tóxico**) ao filtrado. O aparecimento de um precipitado amarelo-esverdeado indica a presença de íon sódio.

V.2 – REAGENTE DE AGULHON

Uso em identificação de substâncias redutoras[42]

Dissolvem-se 0,5 g de dicromato de potássio (**cancerígeno, oxidante; disp. J**) em 100 mL de HNO_3 (d:1,33) (**oxidante, corrosivo; disp. N**). Esta solução torna-se azul-violeta pela ação de substâncias facilmente oxidáveis, tais como álcoois, aldeídos, glicerol, etc.

V.3 – SOLUÇÃO DE ALEXANDER

Uso em identificação de polpa[15]

Solução (A): Dissolvem-se 0,2 g de vermelho do Congo em pó em 300 mL de água.

Solução (B): Dissolvem-se 100 g de nitrato de cálcio [$Ca(NO_3)_2 \cdot 4H_2O$] (**oxidante, irritante; disp. N**) em 50 mL de água.

Solução (C): Solução corante de Herzberg (pág. 340).

Método de identificação
Colocam-se 2 gotas de solução (A) sobre a celulose e após um minuto retira-se o excesso da solução usando papel de filtro. Após a secagem, adicionam-se 3 gotas da solução (B) e deixa-se secar como acima mencionado e, finalmente, adiciona-se uma gota da solução (C). A celulose sulfito fica escarlate e a celulose sulfato fica azul-escuro.

V.4 – REAGENTE DE ALOY

Uso em determinação qualitativa de alcalóides[42]

Dissolve-se uma pequena quantidade de nitrato (ou acetato) de uranila (muito tóxico) em água.
Esta solução precipita alcalóides.
A morfina reduz os compostos de urânio formando uma cor vermelha.

V.5 – REAGENTE DE ALOY-LAPRADE

Uso em determinação qualitativa de fenóis[42]

Dissolvem-se 10 g de nitrato (ou acetato) de uranila (**muito tóxico**) em 60 mL de água e adiciona-se solução de hidróxido de amônio diluída até a formação de pequena quantidade de precipitado. Em seguida, filtra-se e dilui-se o filtrado com água até completar 100 mL. Esta solução reage com fenol (**muito tóxico, corrosivo; disp. A**), tornando-se vermelha.

V.6 – REAGENTE DE ALOY-VALDIGUIE

Uso em determinação qualitativa de codeína, morfina e etil-morfina[42]

Adiciona-se 1 mL de solução de formaldeído a 0,1% em 100 mL de solução de acetato de uranila a 1%.
Esta solução reage com alguns alcalóides em meio ácido dando as seguintes colorações:

Codeína	azul
Morfina	violeta

V.7 – REAGENTE DE ALVAREZ

Uso em determinação qualitativa de Ni(II), Co(II) e Zn(II)[42]

Esfriam-se 100 mL de água fervida até 0°C e deixa-se saturar com gás sulfuroso, SO_2 (**irritante, corrosivo**). Então, dissolvem-se 10 g de cloreto de cobalto (**tóxico; disp. L**) e adiciona-se cianeto de potássio (**muito tóxico, irritante; disp. S**; N. R. Cuidado! HCN, um gás muito tóxico, pode ser liberado. Trabalhar na capela.) até a dissolução completa do precipitado formado inicialmente.

Substâncias	*Precipitados*
Sais de Zn(II)	Alaranjado
Sais de Ni(II)	Amarelo
Sais de Co(II)	Vermelho

V.8 – REAGENTE DE AMANN

Uso em determinação de albumina[42]

Dissolvem-se 2 g de cloreto mercúrico ($HgCl_2$) (**muito tóxico, corrosivo; disp. L**), 2 g de NaCl e 4 g de ácido succínico (**irritante; disp. A**) em solução mista de 10 mL de ácido acético glacial (**corrosivo; disp. C**), 40 mL de água e 50 mL de álcool a 90% (**tóxico, inflamável; disp. D**).

V.9 – SOLUÇÃO DE ARNOLD-MENTZEL

Uso em determinação qualitativa de H_2O_2 [42]

Dissolve-se 1 g de ácido vanádico (**muito tóxico, irritante; disp. O**) em 100 g de H_2SO_4 diluído. Esta solução reage com H_2O_2 tornando-se vermelha.

V.10 – REAGENTE DE AYMONIER

Uso em determinação qualitativa de α-naftol [42]

Dissolve-se 1 g de dicromato de potássio (**cancerígeno, oxidante; disp. J**) e 1 mL de HNO_3 (**oxidante, corrosivo; disp. N**) em 100 mL de água. Esta solução reage com α-naftol (**tóxico, irritante; disp. A**) formando um precipitado preto. A presença de β-naftol, naftaleno e timol interferem nesta reação.

V.11 – REAGENTE DE BACH

Uso em determinação qualitativa de H_2O_2 [42]

Dissolvem-se 0,03 g de dicromato de potássio (**cancerígeno, oxidante; disp. J**) e 5 gotas de anilina (**muito tóxico, cancerígeno; disp. C**) em 1 litro de água. Esta solução reage com H_2O_2 (**oxidante, corrosivo; disp. J**) na presença de ácido oxálico (**corrosivo, tóxico; disp. J**), havendo formação de uma coloração violeta-avermelhada dentro de 30 minutos.

V.12 – ÁGUA DE BAELTZ

Uso em solução cosmética[15]

Dissolvem-se 0,5 g de KOH (**corrosivo, tóxico; disp. N**) em solução mista de 25 mL de álcool (**tóxico, inflamável; disp. D**), 20 mL de glicerina (**irritante; disp. A**) e 60 mL de água.

V.13 – REAGENTE DE BAGINSKI

Uso em identificação histoquímica de adrenalina[42]

Misturam-se as seguintes soluções:

1) 30,0 mL de solução aquosa de dicromato de amônio a 2%.
2) 20,0 mL de solução aquosa de nitrato de prata a 1,25%.
3) 0,3 mL de solução de hidróxido de amônio concentrada (**corrosivo, tóxico; disp. N**).

Esta solução reage com adrenalina natural formando um precipitado preto.

V.14 – REAGENTE DE BAINE

V.14.1 – *Uso em determinação qualitativa de brometos solúveis* (42)

Solução (A): Misturam-se as seguintes soluções:

a) 30 mL de solução aquosa de NaOH a 10%.
b) 20 mL de ácido acético glacial (**corrosivo; disp. C**).
c) 1 mL de solução aquosa de fluoresceinato de sódio a 0,25%.
d) 49 mL de água.

Solução (B): Solução de cloro 0,0001 N, aproximadamente.

V.14.2 – *Método de determinação*

Adicionam-se 5 gotas de solução (A) em 1 mL de solução a ser examinada e, então, goteja-se a solução (B), agitando-se continuamente. Haverá formação de uma coloração rósea, porém, esta coloração desaparece por adição de excesso de cloro.

V.15 – REAGENTE DE BALL

Uso em determinação qualitativa de Na^+ [15,42]

Dissolvem-se 50 g de nitrito de potássio PA (**oxidante, tóxico; disp. N**) em 100 mL de água e adicionam-se 10 g de nitrato de bismuto [$Bi(NO_3)_3 \cdot 5H_2O$] (**oxidante, irritante; disp. L**) dissolvidos em pequena quantidade de ácido nítrico diluído. Em seguida, colocam-se 25 mL de solução aquosa de nitrato de césio ($CsNO_3$: **oxidante, irritante; disp. N**) a 10%, deixa-se decantar durante diversas horas e filtra-se. Acidula-se com HNO_3 antes de usar.

Esta solução reage com íon Na^+ formando um precipitado amarelo de $6NaNO_2 \cdot 9Cs(NO_2)_2 \cdot 5Bi(NO_2)_3$.

V.16 – REAGENTE DE BARFOED

Uso em determinação qualitativa de glicose[15,42]

Dissolvem-se 13,3 g de acetato de cobre [$Cu(CH_3CO_2)_2 \cdot H_2O$] em 200 mL de ácido acético a 1,0%.
Esta solução reage com glicose formando um precipitado vermelho de óxido cúprico (**irritante; disp. O**).

V.17 – REAGENTE DE BARNARD

Uso em determinação qualitativa de aldeídos[42]

Dissolvem-se 0,42 g de hidrazina (**muito tóxico, cancerígeno; disp. A**) em 1 litro de água e adicionam-se 7,5 mL de solução de fucsina ácida a 2%. Deixa-se decantar durante duas horas. Esta solução marrom reage com aldeídos, tornando-se rósea.

V.18 – REAGENTE DE BECHI-HEHNER

Uso em determinação qualitativa de óleo de algodão[42]

Dissolve-se 1 g de nitrato de prata (**muito tóxico, oxidante; disp. P**) em 250 mL de álcool etílico (**tóxico, inflamável; disp. D**) e adicionam-se 53 mL de éter (**irritante, inflamável; disp. D**) e 0,1 mL de HNO_3 concentrado (**oxidante, corrosivo; disp. N**). Esta solução reage com óleo de algodão, tornando-se marrom-avermelhada.

V.19 – REAGENTE DE BENEDICT

Uso em determinação qualitativa de glicose[15,42]

Dissolvem-se 173 g de citrato de sódio ($C_6H_5O_7Na_3 \cdot 5H_2O$) e 100 g de carbonato de sódio anidro (**irritante; disp. N**) em cerca de 800 mL de água a quente, filtra-se, se necessário, e dilui-se com água até 850 mL de volume total. Em seguida, coloca-se gradativamente solução de sulfato de cobre (**tóxico, irritante; disp. L**) (17,3 g dissolvidos em 100 mL de água) agitando-se continuamente e leva-se a 1 litro.

Esta solução é o reagente reformado de Fehling e forma quantitativamente um precipitado que pode ir de vermelho a verde por aquecimento com solução de glicose.
Usa-se geralmente solução de Fehling para determinação qualitativa de glicose, exceto na urina. Pode-se conservar esta solução durante longo tempo.

V.20 – SOLUÇÃO DE BETTENDORFF

Uso em determinação qualitativa de As_2O_3 [42]

Dissolvem-se 100 g de cloreto estanoso (**corrosivo; disp. L**) em HCl concentrado (**corrosivo; disp. N**) suficiente para completar 1 litro.
Deixa-se decantar durante 24 horas e adiciona-se 1 g de vidro em pó. Tampa-se, agita-se bem e deixa-se decantar durante 24 horas. Usa-se a parte límpida (sobrenadante).
Esta solução reage com As(III) formando uma coloração (ou precipitado) marrom.

V.21 – REAGENTE DE BIAL

Uso em determinação qualitativa de pentoses[42]

Dissolve-se 1,0 g de orcinol (**irritante; disp. A**) em 500 mL de HCl a 30% e adicionam-se 25 gotas de solução de cloreto férrico (**irritante, corrosivo**) a 10%. Esta solução reage com pentoses, formando um precipitado (ou coloração) verde.

V.22 – REAGENTE DE BLOM

V.22.1 – *Uso em determinação qualitativa de hidroxilamina*[42]

V.22.1.1 – Dissolve-se 1 g de diacetil monoxima (**irritante, tóxico**) em 100 mL de solução de hidróxido de amônio concentrada (**corrosivo, tóxico; disp. N**) e adiciona-se 1 mL dessa solução em 10 mL de solução de sulfato de níquel (**cancerígeno; disp. L**) (0,48 g dissolvido em 100 mL de água). Filtra-se e examina-se a solução filtrada por adição de 2 a 3 gotas de solução de sulfato de níquel. Não deverá aparecer precipitado quando se fizer a adição.

Esta solução reage com hidroxilamina formando um precipitado vermelho de dimetilglioximato de níquel.

V.22.1.2 – Preparam-se as seguintes soluções:

A) Dissolvem-se 0,37 g de *p*-bromonitrosobenzeno em 1 litro de álcool a 96% (**tóxico, inflamável; disp. D**).

B) Dissolvem-se 0,29 g de α-naftol (**tóxico, irritante; disp. A**) em 1 litro de água e adicionam-se 5 gotas de HCl concentrado (**corrosivo; disp. N**).

C) Prepara-se a solução de NaOH 0,5N.

D) Dissolvem-se 2 a 3 g de cloreto (ou sulfato) de magnésio (**disp. N**) em 100 mL de água.

Haverá formação de uma coloração vermelho-alaranjada por adição de 2 mL da solução (C) e 2 mL de solução mista (A) e (B) (3:2) em 20 mL de solução a ser examinada. Ou então, haverá formação de uma coloração vermelha por adição de 1 a 2 gotas de solução (D).

V.23 – REAGENTE DE BÖESEKEN

Uso em determinação qualitativa de aldeídos e cetonas[42]

Misturam-se 2 g de fenilhidrazina (**muito tóxico, cancerígeno; disp. A**) com 20 mL de água e passa-se gás sulfuroso puro (SO_2) (**irritante, corrosivo**) até dissolução completa dos cristais primeiramente formados. Adiciona-se mais água, se necessário, e filtra-se. Esta solução fria reage imediatamente com aldeídos e cetonas e forma hidrazona pura por aquecimento com compostos insolúveis de carbonila.

V.24 – SOLUÇÃO DE BOHLIG

Uso em determinação de amônia e sais de amônio[42]

Solução (A): Dissolvem-se 3 g de cloreto mercúrico (**muito tóxico, corrosivo; disp. L**) em 90 mL de água.

Solução (B): Dissolvem-se 2 g de carbonato de potássio (**irritante; disp. N**) em 100 mL de água.

A amônia e o carbonato de amônio formam precipitados brancos pela adição da solução (A) e os outros sais de amônio formam precipitados por adição da solução (B).

V.25 – REAGENTE DE BOHME

V.25.1 – *Uso em determinação qualitativa de indol*[42]
Solução (A): Dissolvem-se 4 g de *p*-dimetilaminobenzaldeído (**disp. A**) em 380 g de álcool (**tóxico, inflamável; disp. D**) a 96% e 80 g de HCl (**corrosivo; disp. N**).

Solução (B): Prepara-se solução saturada de persulfato de potássio (**oxidante, irritante; disp. J**) em água.

V.25.2 – *Método de determinação*
Adicionam-se 5 mL de solução (A) e 5 mL de solução (B) em 10 mL de solução a ser examinada. Haverá formação de uma coloração vermelha na presença de indol (**tóxico, fétido; disp. A**).

V.26 – REAGENTE DE BORDE

Uso em determinação de índice de iodo[42]

1) Dissolvem-se 18,8 g de antipirina (**disp. A**) em 1 litro de álcool (**tóxico, inflamável; disp. D**) a 75 a 95%.
2) Dissolvem-se 5 g de iodo (**corrosivo, irritante; disp. P**) em 100 mL de álcool a 95% e padroniza-se, usando a solução de antipirina.
3) Dissolvem-se 6 g de cloreto mercúrico (**muito tóxico, corrosivo; disp. L**) em 100 mL de álcool a 80 a 95%.
   1 mL de solução de antipirina = 0,0254 g de iodo.

V.27 – REAGENTE DE BÖTTGER

Uso em determinação qualitativa de NO_2^-[42]

Dissolve-se 1 g de amido em 200 mL de água contendo 1 g de HCl (**corrosivo; disp. N**) e adicionam-se 10 g de carbonato de cálcio (**disp. O**).

Em seguida, adicionam-se 10 g de NaCl e 0,5 g de iodeto de cádmio (**cancerígeno; disp. L**). Finalmente, dilui-se até 250 mL. Esta solução reage com NO_2^-, tornando-se azul.

V.28 – REAGENTE DE BOUGAULT

V.28.1 – *Uso em determinação nefelométrica de As(V)*[42]

Dissolvem-se 20 g de hipofosfito de sódio (**irritante, redutor forte; disp. N**) em 20 mL de água destilada, adicionam-se 200 mL de HCl concentrado (**corrosivo; disp. N**) e filtra-se usando algodão. Deixa-se decantar em lugar fresco e filtra-se.
Esta solução reduz $AsCl_5$ em solução fortemente ácida e, também, as substâncias orgânicas formando cor marrom.

V.28.2 – *Uso em precipitação de Na^+*[42]

Aquece-se 1 g de tricloreto de antimônio (**corrosivo; disp. L**) com 10 mL de solução de carbonato de potássio a 33% e 45 mL de H_2O_2 a 3%, esfria-se e filtra-se.
Esta solução reage com Na^+ dando um precipitado.

V.29 – SOLUÇÃO DE BRIGHT

Uso em identificação de celulose[15]

Solução (A): Dissolvem-se 2,7 g de cloreto férrico (**irritante, corrosivo**) em 100 mL de água.

Solução (B): Dissolvem-se 3,29 g de ferrocianeto de potássio (**irritante**) em 100 mL de água.

Solução (C): Dissolvem-se 0,4 g de benzopurpurina 4B (**tóxico, irritante**) e 0,1 g de oxamina brilhante vermelha B em 100 mL de água. Misturam-se as soluções (A) e (B) após filtração, na hora de usar, aquece-se a 35°C e mergulha-se a fibra seca. Em seguida, lava-se com água, deixa-se mergulhar na solução (C) a 45°C e lava-se novamente com água.
A celulose sulfato, soda e bissulfito ficam vermelhas e as outras polpas ficam azuis.

V.30 – SOLUÇÃO DE BRODIE

Uso para vedação[15]

Dissolvem-se 5 g de coleato de sódio (**irritante**) em 500 mL de água, seguido de 23 g de NaCl (**irritante; disp. N**) e solução de timol (**irritante; disp. A**) [2-$(CH_3)_2CH$] C_6H_3-5-$(CH_3)OH$] (0,4 g de timol dissolvidas em 1 mL de álcool (**tóxico, inflamável; disp. D**). Esta solução tem baixa tensão superficial e, então, adiciona-se corante vermelho ou azul, regula-se o diâmetro do capilar de modo que se tenha a pressão de 1 atm para 100 cm da altura desta solução.

V.31 – REAGENTE DE CALEY

Uso em determinação qualitativa de sódio[20,42]

Solução (A): Dissolvem-se 4 g de acetato de uranila (**muito tóxico**) e 3 g de ácido acético glacial (**corrosivo; disp. C**) em água e dilui-se até 50 mL. Aquece-se a 75°C, até que a solução fique transparente.

Solução (B): Dissolvem-se 20 g de acetato de cobalto(II) (**irritante; disp. L**) e 3 g de ácido acético glacial (**corrosivo; disp. C**) em água e dilui-se até 50 mL. Aquece-se a 75°C, até que a solução fique transparente.

Misturam-se as duas soluções a quente e esfria-se até 20°C, deixa-se decantar durante 2 horas à temperatura ambiente e filtra-se. Conserva-se a solução filtrada em vidro seco. Esta solução reage com sódio (Na^+), formando um precipitado amarelo.

V.32 – REAGENTE DE CANDUSSIO

Uso em determinação qualitativa de fenóis[42]

Dissolvem-se 1 g de ferricianeto de potássio (**irritante**) em 100 mL de água e adiciona-se solução de hidróxido de amônio a 10-20%.
Esta solução reage com vários compostos fenólicos, formando um precipitado (ou coloração).

V.33 – REAGENTE DE CARON

Uso em determinação qualitativa de nitratos[20]

Dissolve-se 0,005 g de difenilamina (**cancerígeno; disp. A**) em 100 mL de H_2SO_4 concentrado (**oxidante, corrosivo; disp. N**) e, então, adicionam-se 40 mL de água (cuidadosamente) e 2 a 3 mL de HCl 0,1N. Esta solução reage com os nitratos, tornando-se azul.

V.34 – REAGENTE DE CARREZ

Uso em precipitação de proteína[15]

Prepara-se uma solução de ferrocianeto de potássio a 15% e uma solução de sulfato de zinco a 30%. Usa-se a solução de ferrocianeto de potássio em primeiro lugar, seguida da solução de sulfato de zinco.

V.35 – REAGENTE DE CELSI

V.35.1 – *Uso em determinação qualitativa de íon* K^+ [42]

Solução (A): Dissolvem-se 7 g de nitrato de cobalto (**oxidante, irritante; disp. L**) em 50 mL de metanol (**tóxico, inflamável; disp. D**) a 80%.

Solução (B): Dissolvem-se 19 g de tiossulfato de sódio (**irritante; disp. N**) em 50 mL de água.

V.35.2 – *Método de determinação*

Adiciona-se 1 gota de solução (A) e 1 gota de solução (B) em 10 mL de metanol (**tóxico, inflamável; disp. D**) e deixa-se formar uma coloração violeta. Então, adicionam-se 2 a 3 gotas da solução a ser examinada. A formação de um precipitado azul indica a presença de K^+.

V.36 – REAGENTE DE CHIAROTTINO

Uso em determinação qualitativa de Co(II)[20,42]

Dissolvem-se 0,5 g de benzidina (**tóxico, cancerígeno**) e 0,25 g de dimetilglioxima (**irritante; disp. A**) em 100 mL de álcool a 95% (**tóxico, inflamável; disp. D**).
Esta solução reage com sais de cobalto(II), tornando-se vermelho-alaranjada.

V.37 – REAGENTE DE CHRISTENSEN

Uso em determinação qualitativa de quinina[42]

Mistura-se 1 g de ácido iodídrico (**irritante, corrosivo; disp. N**) com 0,8 g de H_2SO_4 (**oxidante, corrosivo; disp. N**) e 50 g de álcool a 70% e deixa-se dissolver 1 g de iodo (**corrosivo, irritante; disp. P**).
Haverá formação de cristais característicos por adição desta solução em solução alcoólica de quinina.

V.38 – REAGENTE DE CLAUDIUS

Uso em determinação qualitativa de albumina[42]

Dissolvem-se 2 g de ácido tricloroacético (**corrosivo, irritante; disp. A**), 0,5 g de ácido tânico (**cancerígeno; disp. A**) e 0,1 g de fucsina (**disp. A**) ácida em 100 mL de água. Esta solução precipita a albumina.

V.39 – SOLUÇÃO DE COHN

Uso em cultura de fungos[15]

Dissolvem-se 10 g de tartarato de amônio (**irritante**), 5 g de fosfato ácido de cálcio ($CaHPO_4 \cdot 2H_2O$) (**irritante; disp. N**), 2,5 g de sulfato de magnésio ($MgSO_4 \cdot 7H_2O$) (**disp. N**) e 5 g de fosfato de cálcio ($Ca_3(PO_4)_2$) (**irritante; disp. N**) em um litro de água.

V.40 – REAGENTE DE COLE

Uso em determinação qualitativa de ouro[42]

Dissolvem-se 10 g de cloreto estanoso (**corrosivo; disp. L**) em 95 mL de água e adicionam-se 5 mL de HCl concentrado (**corrosivo; disp. N**). Filtra-se e adicionam-se 10 g de pirogalol (**tóxico, irritante; disp. A**) na solução filtrada. Mergulham-se fibras de viscose nesta solução e aquece-se em banho-maria durante 10 minutos. Retiram-se as fibras, lava-se com água e seca-se entre 2 papéis de filtro. Estas fibras tornam-se vermelhas quando mergulhadas em solução que contém ouro(III).

V.41 – REAGENTE DE CONE-CADY

V.41.1 – *Uso em determinação qualitativa de Zinco(II)*[20,42]

Solução (A): Dissolvem-se 0,5 g de ferricianeto de potássio (**irritante**) em 100 mL de água.

Solução (B): Dissolve-se 1 g de difenilamina (**cancerígeno; disp. A**) em 100 g de ácido acético glacial (**corrosivo; disp. C**).

V.41.2 – *Método de determinação*

Acidula-se com ácido acético a solução a ser examinada, adicionam-se 5 gotas de solução (B) e 5 mL de solução (A). Haverá formação de precipitado marrom, verde ou roxo profundo na presença de Zn(II).

V.42 – SOLUÇÃO DE CORLEEIS PARA DECOMPOSIÇÃO

Uso em análise de Ferro[15]

Adicionam-se 108 mL de H_2SO_4 concentrado (**oxidante, corrosivo; disp. N**) à solução mista de 35 mL de solução de ácido crômico (**muito tóxico, cancerígeno, corrosivo; disp. J**) (contém 6,3 g de ácido crômico anidro) e 150 mL de solução de sulfato de cobre (contém 30 g de sulfato de cobre (**tóxico, irritante; disp. L**)).

Esta solução oxida o carbono contido no ferro ou aço, formando gás carbônico.

V.43 – REAGENTE DE CRISWELL

Uso em determinação qualitativa de glicose[42]

Dissolvem-se 35 g de sulfato de cobre (**tóxico, irritante; disp. L**) em solução mista de 100 mL de água e 200 g de glicerina (**irritante; disp. A**). Em seguida, adicionam-se 450 mL de solução de NaOH a 20% e deixa-se ferver durante 15 minutos. Esfria-se e dilui-se até 1 litro.

V.44 – SOLUÇÃO DE CURTMAN

Uso em determinação qualitativa de NO_2^-

Dissolve-se 1 g de antipirina (**disp. A**) em 100 g de ácido acético a 10%. Esta solução reage com NO_2^- tornando-se verde.

V.45 – REAGENTE DE DAMIEN

Uso em absorção de monóxido de carbono (CO) em análise de gás[42]

Dissolvem-se 5 g de óxido cuproso (**tóxico; disp. O**) em 100 mL de H_2SO_4, Be 66° (**oxidante, corrosivo; disp. N**).

V.46 – SOLUÇÃO DE DANHEISER

Uso em determinação de níquel contido no aço[20,42]

Dissolve-se 0,1 g de dimetilglioxima (**irritante; disp. A**) em 10 g de álcool (**tóxico, inflamável; disp. D**) e adiciona-se a solução de ácido cítrico (**irritante, redutor**) (5 g dissolvidas em 90 mL de solução de hidróxido de amônio de densidade 0,90; **corrosivo, tóxico; disp. N**).
Esta solução acidificada com HNO_3 (**oxidante, corrosivo; disp. N**) reage com níquel(II) tornando-se rosa-avermelhada.

V.47 – REAGENTE DE DENIGÈS

V.47.1 – *Uso em determinação qualitativa de acetileno*[42]
Dissolvem-se 50 g de cloreto de amônio (**irritante; disp.N**), 25 g de sulfato de cobre(II) (**tóxico, irritante; disp. L**) e 0,5 mL de HCl (**corrosivo; disp. N**) em água e leva-se a 250 mL.

V.47.2 – *Uso em determinação qualitativa de aldose e cetose*[42]
Dissolvem-se 10 g de acetato de sódio em 5 mL de ácido acético glacial (**corrosivo; disp. C**) e 100 mL de água; e adicionam-se 3 mL de ácido acético glacial cm 20 mL da solução acima preparada. Mistura-se bem e adiciona-se 1 mL de fenilhidrazina (**muito tóxico, cancerígeno; disp. A**) e 1 mL de solução de bissulfito de sódio a 10%.

V.47.3 – *Uso em determinação qualitativa de grupo benzoíla*[42]
Misturam-se 2 mL de formol (**tóxico, cancerígeno; disp. A**) a 37% e 100 mL de H_2SO_4 concentrado (**oxidante, corrosivo; disp. N**). Esta solução reage com grupo benzoíla por aquecimento tornando-se marrom-avermelhada.

V.47.4 – *Uso em precipitação de selenatos, selenitos e teluratos*[20,42]
Dissolvem-se 10 g de nitrato mercuroso (**muito tóxico, oxidante; disp. L**) em 10 mL de HNO_3 (d: 1,40) (**oxidante, corrosivo; disp. N**) e 100 mL de água.

V.48 – REAGENTE DE DITTMAR

Uso em determinação qualitativa de alcalóides[42]

1) Dissolve-se pequena quantidade de KI (**disp. N**) e $NaNO_2$ (**oxidante, tóxico; disp. N**) em ácido clorídrico concentrado (**corrosivo; disp. N**).
2) Passa-se gás cloro (**tóxico, oxidante; disp K**) em solução aquosa de iodo (praticamente insolúvel).

Estas soluções reagem com os alcalóides formando precipitados amarelos ou marrons.

V.49 – SOLUÇÃO DE DOCTOR

Uso em determinação qualitativa de gasolina

Dissolvem-se cerca de 125 g de NaOH (**corrosivo, tóxico; disp. N**) em 1 litro de água, adicionam-se 60 g de litargírio (PbO) (**tóxico; disp. O**) e agita-se vigorosamente durante cerca de 15 minutos. Deixa-se decantar no mínimo durante 24 horas, agitando-se de vez em quando e filtra-se por amianto (**tóxico**; N. R. -o uso de amianto tem se tornado proibido, pois este material pode causar asbestose. Consulte a legislação vigente antes de usá-lo). Conserva-se bem vedado e filtra-se na hora de usar. Usa-se esta solução junto com enxofre seco (**irritante; disp. B**).

V.50 – REAGENTE DE DODSWORTH-LYONS

V.50.1 – *Uso em determinação qualitativa de formaldeído em álcool*[42]

Solução (A): Dissolvem-se 30 mg de sulfato férrico amoniacal (**irritante; disp. L**) em 1 mL de água destilada e adiciona-se H_2SO_4 concentrado (**oxidante, corrosivo; disp. N**) até completar 100 mL.

Solução (B): Dissolve-se 0,1 g de albumina de ovo seca em 10 mL de água.

V.50.2 – *Método de determinação*

Adicionam-se 0,3 mL de solução (B) em 10 mL de álcool (**tóxico, inflamável; disp. D**) a ser examinado e agita-se bem. Em seguida, coloca-se cuidadosamente sobre esta solução menos de 1 mL da solução (A) usando pipeta. Haverá formação de anel azul na junção dos dois líquidos na presença de formaldeído (**tóxico, cancerígeno; disp. A**).

V.51 – REAGENTE DE DOHMÊE

V.51.1 – *Uso em precipitação de albumina*[42]

V.51.1.1 – Dissolvem-se 0,5 g de ácido pícrico (**inflamável, tóxico; disp. K**), 1 g de ácido tricloroacético (**corrosivo; disp. A**) e 2,5 g de ácido cítrico (**irritante, redutor; disp. A**) em água e leva-se a 100 mL.

V.51.1.2 – Dissolve-se 1 g de ácido pícrico (**inflamável, tóxico; disp. K**), 1 g de ácido tricloroacético (**corrosivo; disp. A**) e 10 mL de ácido acético glacial (**corrosivo; disp. C**) em água e leva-se a 100 mL.

V.52 – REAGENTE DE DUDLEY

Uso em determinação qualitativa de glicose[42]

Dissolvem-se 5 g de subnitrato de bismuto (**irritante, tóxico**) na mínima quantidade possível de HNO_3 (**oxidante, corrosivo; disp. N**) e adiciona-se o mesmo volume de ácido acético (**corrosivo; disp. C**). Em seguida, adiciona-se 10 vezes seu volume em água e filtra-se, se necessário.
Esta solução reage com solução fortemente alcalina de glicose por aquecimento tornando-se cinza ou preta.

V.53 – REAGENTE DE DUYK

Uso em determinação qualitativa de glicose[42]

Misturam-se as seguintes soluções:

a) 25 mL de solução aquosa de sulfato de níquel (**cancerígeno; disp. L**) a 20%.
b) 20 mL de solução aquosa de NaOH a 25%.
c) 50 mL de solução aquosa de ácido tartárico a 6%.

Esta solução reage com glicose por aquecimento passando de verde a marrom ou eventualmente torna-se preta.

V.54 – REAGENTE DE DWYER-MURPHY

Uso em determinação qualitativa de Cu(II)

Misturam-se 20 mL de solução de tiocianato de amônio a 5% com 18,6 g de anilina (**muito tóxico, cancerígeno; disp. C**) e adiciona-se HCl 5N até que a emulsão fique transparente. Em seguida, adicionam-se 3 a 4 gotas de anilina (**muito tóxico, cancerígeno; disp. C**) e dilui-se com água até 100 mL. Finalmente, goteja-se álcool até que a solução fique transparente. 1 a 3 gotas desta solução devem ser dissolvidas em 5 mL de água sem turvação.
Esta solução reage com cobre(II) formando um precipitado (ou coloração) marrom-amarelado.

V.55 – SOLUÇÃO DE EDER

Uso em medida de intensidade de luz[15]

Solução (A): Dissolvem-se 4 g de oxalato de amônio (**irritante; disp. A**) em 100 mL de água.

Solução (B): Dissolvem-se 2,5 g de cloreto mercúrico (**muito tóxico, corrosivo; disp. L**) em 50 mL de água.

Misturam-se as soluções (A) e (B).
Cloreto mercuroso branco (**tóxico, irritante; disp. O**) é formado pela ação da luz sobre esta solução. Assim, pode-se determinar a intensidade da luz medindo-se a quantidade de cloreto mercuroso gerado ou a quantidade de gás carbônico formado segundo a reação:

$$2HgCl_2 + (NH_4)_2C_2O_4 = Hg_2Cl_2(s) + 2NH_4Cl + 2CO_2(g)$$

V.56 – REAGENTE DE EICHLER

Uso em determinação qualitativa de aminas primárias e sais diazotados[42]

Dissolvem-se 2 g de resorufina (**forte oxidante; disp. A**) e 2 g de carbonato de sódio (**irritante; disp. N**) em 1 litro de água.

V.57 – REAGENTE DE ELLRAM

Uso em determinação qualitativa de alcalóides e resinas[42]

Dissolve-se 1 g de vanilina (**irritante; disp. A**) em 100 g de H_2SO_4 concentrado (**oxidante, corrosivo; disp. N**).

V.58 – SOLUÇÃO DE ERDMANN

Uso em determinação colorimétrica qualitativa de alcalóides[15,42]

Adiciona-se 1 mL de HNO_3 diluído em 60 mL de H_2SO_4 concentrado (**oxidante, corrosivo; disp. N**) e mistura-se bem.
Esta solução reage com alcalóides gerando substâncias coloridas de acordo com a seguinte relação:

Morfina	avermelhado
Brucina	vermelho que passa a amarelo
Tebaína	vermelho sangue
Digitalina	marrom que passa a vermelho
Papaverina	violeta

V.59 – REAGENTE DE FEDER

Uso em determinação qualitativa de aldeídos[42]

Dissolve-se 1 g de tiossulfato de sódio (**irritante; disp. N**) e 0,8 g de NaOH (**corrosivo, tóxico; disp. N**) em 10 mL de água. Em seguida, adiciona-se esta solução em 10 mL de solução de cloreto mercúrico (**muito tóxico**) a 2%. Esta solução turva-se imediatamente na presença de aldeídos.

V.60 – SOLUÇÃO DE FEHLING

Uso em análise de açúcar[15,42]

Solução (A): Dissolvem-se 34,65 g de sulfato de cobre (**tóxico, irritante; disp. L**) em água e leva-se a 500 mL.

Solução (B): Dissolvem-se 173 g de sal de Rochelle (tartarato de potássio e sódio) (**disp. A**) e 125 g de KOH (**corrosivo, tóxico; disp. N**) em água destilada e dilui-se a 500 mL. Misturam-se as soluções (A) e (B) na hora de usar. 10 mL desta solução reduzem completamente as seguintes quantidades de açúcar:

Substâncias	Quantidades (g)
Glicose	0,04730
Açúcar invertido	0,0494
Galactose	0,0511
Frutose	0,05144
Lactose	0,06760
Maltose	0,07780

V.61 – REAGENTE DE FLEMING

V.61.1 – *Uso em determinação qualitativa de cisteína*[42]

Solução A: Dissolvem-se 0,2 g de cloridrato de N,N-dimetil-*p*-fenilenodiamina (**muito tóxico, irritante; disp. A**) em 100 mL de água.
Solução B: Dissolve-se 1 g de cloreto férrico (**irritante, corrosivo**) em 20 mL de água.

V.61.2 – *Método de determinação*

Mistura-se 1 mL da solução a ser examinada com 0,5 mL de solução A e, então, adiciona-se uma gota de solução B. Haverá formação de uma coloração azul profunda na presença de cisteína.

V.62 – SOLUÇÃO DE FOLIN-McELLROY

Uso em determinação qualitativa de glicose[15,42]

Dissolvem-se 100 g de pirofosfato de sódio ($Na_2P_2O_7 \cdot 10H_2O$) (**irritante; disp. N**), 30 g de fosfato dissódico ($Na_2HPO_4 \cdot 12H_2O$) (**irritante; disp. N**) e 50 g de carbonato de sódio anidro (**irritante; disp. N**) em 1 litro de água. Adiciona-se, então, uma solução de sulfato de cobre (**tóxico, irritante; disp. L**) (13 g dissolvidas em 200 mL de água) agitando-se continuamente.
Esta solução é tão sensível ou mais que o reagente de Benedict (pág. 313).

V.63 – SOLUÇÃO DE FRANKEL

Uso em cultura de fungos[15]

Dissolvem-se 4 g de aspartato de sódio [$CHCH_2(NH_2)(CO_2Na)_2$], 5 g de NaCl, 6 g de lactato de amônio [$CH_3CH(OH)CO_2NH_4$] (**irritante**) e 2 g de mono-hidrogenofosfato de potássio (**irritante; disp. N**) em 1 litro de água.

V.64 – REAGENTE DE FRANZEN

Uso em absorção de oxigênio em análise de gás[42]

Dissolvem-se 50 g de bissulfito de sódio (**corrosivo; disp. N**) em 250 mL de água e adiciona-se solução de NaOH (30 g de NaOH - **corrosivo, tóxico; disp. N** - dissolvidos em 40 mL de água).

V.65 – SOLUÇÃO DE FRAUDE

Uso em determinação qualitativa de alcalóides[42]

Dissolvem-se 25 g de ácido perclórico (**oxidante, corrosivo; disp. N**) em 100 mL de água. Esta solução reage com os alcalóides dando várias colorações características.

V.66 – SOLUÇÃO DE FREMMING

Uso em tingimento de fungos[15]

Misturam-se 15 mL de solução de tetróxido de ósmio (OsO_4: **muito tóxico, irritante; disp. O**) a 1%, 4 mL de solução de ácido crômico (**muito tóxico, cancerígeno, corrosivo; disp. J**) a 2% e 1 mL de ácido acético glacial (**corrosivo; disp. C**).
Esta solução reage com uma gota de óleo e torna-se marrom escura.

V.67 – REAGENTE DE FRÖHDE

Uso em determinação colorimétrica qualitativa de alcalóides[42]

Dissolve-se 0,1 g de molibdato de sódio (**irritante; disp. J**) em 100 mL de H_2SO_4 concentrado (**oxidante, corrosivo; disp. N**).

V.68 – REAGENTE DE GANASSINI

Uso em determinação qualitativa de H_2S em gás[42]

Dissolvem-se 1,25 g de molibdato de amônio (**tóxico, irritante; disp. J**) em 50 mL de água e adiciona-se solução de tiocianato de potássio (**irritante; disp. N**) (2,5 g dissolvidos em 45 mL de água). Em seguida, adicionam-se 5 mL de HCl concentrado (**corrosivo; disp. N**). Se a solução tornar-se vermelha, adiciona-se pequena quantidade de ácido oxálico (**corrosivo, tóxico; disp. J**), até que a solução fique verde-amarelada. Usa-se o papel de filtro umedecido nesta solução e expõe-se à corrente de gás a ser analisada. Haverá formação de uma coloração violeta intensa na presença de H_2S (**tóxico, fétido**).

V.69 – REAGENTE DE GERMUTH

V.69.1 – *Uso em determinação de nitritos*[20,42]

Solução A: Dissolve-se 1 g de ácido sulfanílico (**irritante; disp. A**) em pequena quantidade de água quente, esfria-se e dilui-se com água até 100 mL.

Solução B: Dissolvem-se 5,25 g de N,N-dimetil-α-naftilamina (**disp. A**) em 1 litro de solução metanólica (95%) (**tóxico, inflamável; disp. D**) de ácido acético 4N.

V.69.2 – *Método de determinação*

Acidula-se a solução a ser examinada com H_2SO_4 (**oxidante, corrosivo; disp. N**) e adicionam-se 2 a 3 mL de solução A. Deixa-se decantar durante 2 a 3 minutos e adiciona-se pequena quantidade de solução B. Forma-se uma coloração roxo-avermelhada.

V.70 – REAGENTE DE GIEMSA

Uso em determinação qualitativa de quinina[42]

Preparam-se as seguintes soluções:
Solução (A): Dissolvem-se 27 g de cloreto mercúrico (**muito tóxico, corrosivo; disp. L**) em 1500 mL de água.

Solução (B): Dissolvem-se 10 g de iodeto de potássio (**disp. N**) em 50 mL de água.

Misturam-se as duas soluções e adicionam-se 2 mL de ácido acético glacial (**corrosivo; disp. C**).
Esta solução reage com a solução que contém quinina ficando opalescente.

V.71 – REAGENTE DE GIES

Uso em determinação qualitativa de proteínas

Adicionam-se 25 mL de solução de sulfato cúprico a 3% em 1 litro de solução de KOH a 10%.
Esta solução reage com as proteínas adquirindo coloração rosa-violeta a roxo-violeta.

V.72 – REAGENTE DE GIRI

V.72.1 – *Uso em determinação qualitativa de vitamina C*[42]
Preparam-se as seguintes soluções:
Solução (A): Dissolvem-se 0,6 g de ferricianeto de potássio (**irritante**) em 100 mL de água.

Solução (B): Dissolvem-se 10 g de ácido tricloroacético (**corrosivo; disp. A**) em 90 mL de água.

Solução (C): Dissolvem-se 2,5 g de molibdato de amônio (**tóxico, irritante; disp. J**) em 100 g de H_2SO_4 5N.

V.72.2 – *Método de determinação*

Misturam-se 0,5 mL de solução (B) com 0,5 mL de solução (A) e adiciona-se 1 mL de solução a ser examinada. Mistura-se bem e adiciona-se 1 mL de solução (C). Deixa-se decantar durante 3 minutos. Haverá formação de precipitado marrom-avermelhado na presença de vitamina C.

V.73 – REAGENTE DE GMELIN

Uso em determinação qualitativa de corante de bílis[15]

Adicionam-se 2 a 3 gotas de ácido nítrico fumegante (**oxidante, corrosivo; disp. N**) ou ácido nitroso em 2 a 3 mL de ácido nítrico a 25%. Prepara-se na hora de usar.
Acidifica-se a amostra com ácido clorídrico, umedece-se o papel de filtro e goteja-se, então, a solução acima preparada. O papel de filtro ficará esverdeado se estiver presente o corante de bílis.

V.74 – REAGENTE DE GOLDSTEIN

Uso em determinação de glicogênio[42]

Dissolvem-se 2 g de iodo (**corrosivo, irritante; disp. P**) e 6 g de iodeto de potássio (**disp. N**) em 120 mL de água.
Esta solução reage com glicogênio formando uma coloração marrom intensa.

V.75 – AGAR-AGAR DE GORODOKOWA

Uso em formação de esporângio[15]

Misturam-se 0,25 g de glicose, 1 g de peptona, 1 g de extrato de carne, 0,5 g de NaCl e 1 a 2 g de agar-agar com 100 mL de água.

V.76 – REAGENTE DE GRAFE

Uso em determinação qualitativa de formaldeído

Dissolve-se 1 g de difenilamina (**cancerígeno; disp. A**) em 100 g de H_2SO_4 concentrado (**oxidante, corrosivo; disp. N**). Esta solução reage com formaldeído, formando um anel ou uma zona verde.

V.77 – REAGENTE DE GRANDMOUGIN-HAVAS

Uso em determinação titulométrica de corante de azo[42]

Deixa-se ferver 1 litro de água durante 2 a 3 minutos e esfria-se. Em seguida, adicionam-se 3 g de bissulfito de sódio (**corrosivo; disp. N**) e 5 mL de solução de NaOH.

V.78 – REAGENTE DE GREISS[15]

Dissolvem-se 25 g de hexanitritocobaltato de sódio ($Na_3[Co(NO_2)_6]$) (**irritante**) em 150 mL de solução de nitrito de sódio (**oxidante, tóxico; disp. N**) (50 g de $NaNO_2$) e adicionam-se 5 mL de solução de nitrato de prata (**muito tóxico, oxidante; disp. P**) (3 g de $AgNO_3$ dissolvidas), agitando-se continuamente. Em seguida, passa-se ar nesta solução, a frio, durante 5 minutos e conserva-se a temperatura entre 4 a 6 °C. Prepara-se, de preferência, na hora de usar.

V.79 – REAGENTE DE GRIESS-ROMIJIN

V.79.1 – *Uso em determinação qualitativa de nitrato (NO_3^-)*[15]

Mistura-se 1 g de α-naftilamina (**irritante; disp. A**), 1 g de ácido sulfanílico (**irritante; disp. A**) e 1,5 g de zinco em pó (**inflamável; disp. P**) num almofariz.

V.79.2 – *Uso em determinação qualitativa de NO_2^-* [15]

Misturam-se 1 g de α-naftilamina (**irritante; disp. A**), 10 g de ácido sulfanílico (**irritante; disp. A**) e 89 g de ácido tartárico em pó (**irritante; disp. A**).

Este reagente é, também, chamado reagente de G. R. e examina-se antes de usar com o seguinte método: adicionam-se 0,03 g de reagente em 10 mL de água e observa-se a sua coloração. Refere-se à solução de α-naftilamina (pág. 206). Para conservar, coloca-se em vidro escuro, tampa-se bem para evitar o contato com o ar e deixa-se em lugar escuro e fresco.

V.80 – REAGENTE DE GRIGNARD

Uso em síntese de química orgânica[15]

Transferem-se 4,5 g de fita de magnésio (**inflamável**), previamente lavada com ácido acético diluído e álcool, 50 g de éter iso-amílico ($[(CH_3)_2CH\ CH_2CH_2]_2O$ (**inflamável; disp. C**) e 18 g de iodeto de metila (CH_3I) (**muito tóxico, cancerígeno; disp. A**) para um balão de fundo redondo de 150 mL, adapta-se um condensador de refluxo e um tubo de vidro para introduzir gás nitrogênio (a ponta do tubo deve atingir o fundo do balão). Em seguida, adiciona-se pequena quantidade de iodo (**corrosivo, irritante; disp. P**) para acelerar a reação de formação de iodeto de alquila e magnésio (RMgI).

Adapta-se um tubo de $CaCl_2$ (**irritante; disp. O**) na saída do condensador e aquece-se vagarosamente em banho-maria, para que a reação seja lenta, durante 30 minutos. Resfria-se até 30°C, elimina-se o iodeto de metila (**muito tóxico, cancerígeno; disp. A**) pela passagem de gás nitrogênio durante 30 minutos, e filtra-se a vácuo, sob atmosfera de N_2, num funil de vidro sinterizado previamente secado a 110°C.

Transfere-se a solução filtrada para um frasco de Claisen e elimina-se completamente o iodeto de metila a vácuo em corrente de gás nitrogênio, mantendo-se a temperatura a 50°C durante 30 minutos. Conserva-se esta solução sob atmosfera de N_2.

V.81 – REAGENTE DE GROSSMANN

Uso em determinação quantitativa de Co(II), Ni(II) e Cu(II)[15,20]

Prepara-se uma solução alcoólica a 2% ou solução aquosa a 5-10% de guanil-uréia $[NH_2C(NH)NHCONH_2]_2 \cdot H_2SO_4 \cdot 2H_2O$. Por adição desta solução a soluções contendo cobre(II), níquel(II) e cobalto(II) e em presença de sacarose, temos as seguintes colorações:

cobre(II)	marrom
níquel(II)	amarela
cobalto(II)	vermelha

Essas reações apresentam aproximadamente o mesmo grau de coloração que com solução de dimetilglioxima (pág. 228).

V.82 – REAGENTE DE GROTE

Uso em determinação qualitativa de enxofre em compostos orgânicos[42]

Dissolvem-se 0,5 g de nitroprussiato de sódio (**muito tóxico; disp. S**) em 10 mL de água e adicionam-se 0,5 g de cloridrato de hidroxilamina (**corrosivo; disp. A**) e 1 g de bicarbonato de sódio. Ao terminar a formação de gás, adicionam-se 2 gotas de bromo (**muito tóxico, oxidante; disp. J**), filtra-se a solução escura e leva-se a 25 mL. Esta solução reage com compostos de enxofre formando uma coloração roxo-avermelhada dentro de 10 minutos.

V.83 – REAGENTE DE GUERIN

Uso em determinação qualitativa de Se(III) e Se(V)[42]

Dissolvem-se 10 g de nitrato mercúrico (**muito tóxico, oxidante; disp. L**) em 10 mL de HNO_3 (**oxidante, corrosivo; disp. N**) e 100 mL de água. Esta solução reage com ácido selênico e selenitos solúveis formando precipitado cristalino.

V.84 – REAGENTE DE HALDEN

V.84.1 – *Uso em determinação qualitativa de vitamina D*[42]

Preparam-se as seguintes soluções:

Solução (A): Dissolve-se 0,1 g de pirogalol (**tóxico, irritante; disp. A**) em 100 g de álcool absoluto (**tóxico, inflamável; disp. D**).

Solução (B): Dissolvem-se 10 g de cloreto de alumínio anidro (**corrosivo; disp. N**) em 110 mL de álcool.

V.84.2 – *Método de determinação*

Dissolve-se vitamina D em benzeno (**inflamável, cancerígeno; disp. B**; N. R.- solvente de uso restrito. Deve-se estudar a possibilidade de substituí-lo por outro.) ou clorofórmio (**muito tóxico, possível cancerígeno; disp. B**) e adicionam-se cerca de 10 gotas de solução (A). Deixa-se concentrar esta solução, por aquecimento em banho-maria, até cerca de 0,3 mL e adicionam-se 3 gotas de solução (B).

Haverá formação de uma coloração violeta na presença de vitamina D, porém, os óleos e as gorduras devem ser previamente separados por saponificação.

V.85 – REAGENTE DE HALPHEN

Uso em determinação qualitativa de óleo de algodão[42]

Dissolve-se 1 g de enxofre (**irritante, inflamável; disp. B**) em 100 mL de dissulfeto de carbono (CS_2) (**tóxico, inflamável; disp. D**). Esta solução reage com óleo de algodão por aquecimento formando uma coloração vermelha.

V.86 – REAGENTE DE HANSEN

V.86.1 – *Uso em determinação qualitativa de amônio*[42]

Preparam-se as seguintes soluções:

Solução A: Dissolvem-se 2 g de timol (**irritante; disp. A**) em 10 mL de solução de NaOH 2N e 90 mL de água.

Solução B: Misturam-se 100 mL de solução de bromo (**muito tóxico, oxidante; disp. J**) com 35 mL de solução de NaOH 2N.

V.86.2 – *Método de determinação*

Mistura-se 1 mL de solução (A) com 1 mL de solução (B) e 5 mL de solução fracamente alcalina ou neutra a ser analisada. Deixa-se decantar durante 20 minutos.

Haverá formação de uma coloração de azul a verde na presença de amônio.

V.87 – SOLUÇÃO DE HANTSH

Uso em tingimento[15]

Misturam-se 40 mL de álcool (**tóxico, inflamável; disp. D**), 20 mL de água e 8 mL de glicerina (**irritante; disp. A**).

V.88 – SOLUÇÃO DE HANUS

Uso em determinação de índice de iodo de óleo e gordura[42]

Dissolvem-se 13,2 g de iodo (**corrosivo, irritante; disp. P**), pouco a pouco, em cerca de 750 mL de ácido acético glacial (**corrosivo; disp. C**) a quente e, separadamente, dissolvem-se 3 mL de bromo líquido (**muito tóxico, oxidante; disp. J**) em 250 mL de água. Em seguida, determinam-se as concentrações das duas soluções usando-se iodeto de potássio e solução padrão de tiossulfato de sódio 0,1 N. Calcula-se a quantidade de solução de bromo que deve ser acrescentada à de iodo para dobrar o teor em haletos. 8,31 g de bromo são necessários para 13,2 g de iodo.

V.89 – SOLUÇÃO DE HAYDUCK

Uso em cultura de fungos[15]

Solução (A): Dissolvem-se 100 g de sacarose e 2,5 g de asparagina $[C_2H_3(NH_2)(CO_2H)CONH_2]$ (**disp. A**) em 1 litro de água.

Solução (B): Dissolvem-se 50 g de mono-hidrogenofosfato de potássio (**irritante; disp. N**) e 17 g de sulfato de magnésio (**disp. N**) em 1 litro de água.
Misturam-se 100 mL de solução (A) e 22 mL de solução (B) na hora de usar.

V.90 – REAGENTE DE HAYEM

Uso em determinação quantitativa de eritrocita[15,42]

Dissolvem-se 5 g de sulfato de sódio (**irritante; disp. N**), 0,5 g de cloreto mercúrico (**muito tóxico, corrosivo; disp. L**) e 1 g de cloreto de sódio (**irritante; disp. N**) em 200 mL de água.

V.91 – REAGENTE DE HECZKO

Uso em determinação de manganês[42]

Adicionam-se 55 g de P_2O_5 (**corrosivo; disp. N**) e 12 mL de H_2O_2 a 30% (**oxidante, corrosivo; disp. J**) em 500 mL de água e adiciona-se pequena quantidade de ácido fosfórico a 85% (**corrosivo; disp. N**). Resfria-se com água durante a preparação desta solução.

V.92 – SOLUÇÃO DE HEHNER

Uso em identificação de fibra[15]

Solução (A): Dissolve-se 1 g de iodeto de potássio (**disp. N**) em 100 mL de água e deixa-se saturar com iodo (**corrosivo, irritante; disp. P**).

Solução (B): Adicionam-se 30 mL de H_2SO_4 concentrado (**oxidante, corrosivo; disp. N**) em solução mista de 20 mL de glicerina (**irritante; disp. A**) e 10 mL de água. Conservam-se separadamente as duas soluções. Trata-se a fibra com a solução (A), elimina-se o excesso e, após um minuto, adiciona-se a solução (B). Haverá aparecimento das seguintes cores:

Coloração	*Fibras*
Verde	Algodão
Azul	Linho
não dão coloração	Lã e seda

V.93 – SOLUÇÃO DE HEIDENHAIN[42]

Dissolvem-se 2,5 g de alúmen férrico [$FeK(SO_4)_2 \cdot 12H_2O$] em 100 mL de água e goteja-se pequena quantidade de solução de hidróxido de amônio (**corrosivo, tóxico; disp. N**).

V.94 – REAGENTE DE HENLE

Determinação qualitativa de água em solventes orgânicos[42]

Misturam-se 27 g de fita de alumínio (**inflamável**) e 0,2 g de cloreto mercúrico (**muito tóxico, corrosivo; disp. L**) com 276 g de álcool absoluto (**tóxico, inflamável; disp. D**) e aquece-se num frasco com condensador de refluxo até que a mistura cristalize. Elimina-se o álcool a 210°C e aquece-se o resíduo a 340°C até a temperatura baixar a 330°C. Esfria-se o material obtido e deixa-se dissolver em 1 litro de xileno anidro (**irritante, inflamável; disp. D**). Filtra-se e conserva-se a solução filtrada em vidro bem vedado. Esta solução reage com água, precipitando o hidróxido de alumínio (**irritante; disp. O**).

V.95 – SOLUÇÃO DE HENNBERG

V.95.1 – *Uso em cultura de fungos do ácido acético*[15]
Dissolvem-se 30 g de glicose, 10 g de peptona, 1 g de fosfato ácido de cálcio (**irritante; disp. N**), 10 mL de ácido acético glacial (**corrosivo; disp. C**), 50 mL de álcool (**tóxico, inflamável; disp. D**), 1 g de mono-hidrogenofosfato de potássio (**irritante; disp. N**) e 1 g de sulfato de magnésio (**disp. N**) em 1 litro de água.

V.95.2 – *Uso em cultura de fungos e fermentos*[15]
Dissolvem-se 150 g de sacarose, 3 g de asparagina (**disp. A**), 2 g de sulfato de magnésio (**disp. N**) e 5 g de di-hidrogenofosfato de potássio (**irritante; disp. N**) em 1 litro de água.

V.95.3 – *Uso em cultura de mofos*[15]
Dissolvem-se 100 g de glicose, 10 g de peptona, 2 g de fosfato de amônio (**irritante; disp. N**), 0,5 g de sulfato de magnésio (**disp. N**), 0,1 g de cloreto de cálcio (**irritante; disp. O**) e 2 g de nitrato de potássio (**oxidante, irritante; disp. N**) em 1 litro de água.

V.96 – SOLUÇÃO CORANTE DE HERZBERG

Uso em identificação de polpa[15]

Solução (A): Dissolvem-se 50 g de cloreto de zinco (**tóxico, irritante; disp. L**) fundido em 25 mL de água, e regula-se sua densidade relativa a 1,8 (28°C).

Solução (B): Dissolvem-se 5,25 g de KI (**disp. N**) e 0,25 g de I_2 (**corrosivo, irritante; disp. P**) em 12,5 mL de água.

Misturam-se as soluções (A) e (B) agitando-se continuamente, veda-se o frasco e deixa-se decantar em lugar escuro durante uma noite. Pipeta-se a parte límpida e conserva-se num vidro preto.

Esta solução tinge da seguinte maneira:

Polpa sulfato	azul escuro
Polpa sulfito	azul claro
Fibra de estopa	vermelho

Esta solução tem eficiência durante duas semanas.

V.97 – AGAR-AGAR DE HESS

Uso em cultura de bactérias[15]

Dissolvem-se 4,5 g de agar-agar seco em 500 mL de água por aquecimento. Dissolvem-se separadamente 10 g de peptona, 5 g de extrato de carne e 8,5 g de NaCl (**irritante; disp. N**) em 500 mL de água por aquecimento. Misturam-se as duas soluções, deixa-se ferver durante 30 minutos e completa-se a água que evaporou. Filtra-se usando pano de algodão. Esta solução deve manter o pH = 7 e conserva-se em recipiente vedado e refrigerado, após a esterilização em autoclave a 15 lbs durante 15 minutos.

V.98 – REAGENTE DE HEYN-BAUER

Uso em precipitação de S^{2-}, Se^{2-} e Te^{2-} em cobre[42]

Dissolvem-se 25 g de acetato de cádmio (**cancerígeno; disp. L**) em 1 litro de ácido acético diluído (1:4).
Esta solução reage com S^{2-}, Se^{2-} e Te^{2-} formado após tratamento prévio do cobre com solução de KCN gerando os seguintes precipitados:

Sulfeto	amarelo
Seleneto	vermelho-alaranjado
Telureto	cinza escuro

V.99 – REAGENTE DE HICK

V.99.1 – *Uso em identificação de resinas*[42]
Preparam-se as seguintes soluções:
Solução (A): Dissolvem-se 10 mL de fenol (**muito tóxico, corrosivo; disp. A**) em 20 mL de tetracloreto de carbono (**tóxico, cancerígeno; disp. B**; N. R.- solvente de uso restrito. Deve-se estudar a possibilidade de substituí-lo por outro.).

Solução (B): Dissolvem-se 5 mL de bromo (**muito tóxico, oxidante; disp. J**) em 20 mL de tetracloreto de carbono (**tóxico, cancerígeno; disp. B**; N. R.- solvente de uso restrito. Deve-se estudar a possibilidade de substituí-lo por outro.).

V.99.2 – *Método de determinação*
Dissolve-se a resina a ser identificada na solução (A) e expõe-se aos vapores da solução (B).
Haverá formação de uma coloração característica.

V.100 – REAGENTE DE HIRSCHSOHN

V.100.1 – *Uso em determinação qualitativa de óleo de algodão*[42]
Dissolve-se 1 g de ácido tetracloroáurico (**corrosivo; disp. P**) em 150 mL de clorofórmio (**muito tóxico, possível cancerígeno; disp. B**).

Esta solução reage com óleo de algodão, formando uma coloração vermelha.

V.100.2 – *Uso em determinação qualitativa de óleos voláteis*[42]

V.100.2.1 – Adicionam-se 2 a 4 gotas de solução de cloreto férrico em 95 mL de álcool (**tóxico, inflamável; disp. D**) e mistura-se bem.

V.100.2.2 – Dissolve-se 0,1 g de fucsina (**cancerígeno; disp. A**) em 1 litro de água e passa-se gás SO_2 (**irritante, corrosivo**) até que a solução fique incolor.
Estas soluções reagem com vários óleos voláteis dando reações coloridas.

V.101 – REAGENTE DE HOHNEL

Uso em identificação de seda[42]

Adicionam-se 50 mL de água em 50 mL de solução saturada de ácido crômico (**muito tóxico, cancerígeno, corrosivo; disp. J**).
Este reagente dissolve a seda dentro de 30 segundos.

V.102 – REAGENTE DE HOLL

Uso em determinação qualitativa de óleo de pinho em óleo de terebintina[42]

Dissolvem-se 0,2 g de cloreto férrico (**irritante, corrosivo**) e 0,5 g de ferricianeto de potássio (**irritante**) em 250 mL de água.
Esta solução reage com óleo de pinho formando turvação azul.

V.103 – REAGENTE DE HOPKINS-COLE

Uso em precipitação de triptofano[42]

Dissolvem-se 10 g de sulfato mercúrico (**muito tóxico; disp. L**) em 90 g de H_2SO_4 a 5%. Esta solução precipita quantitativamente o triptofano.

V.104 – REAGENTE DE HOSHIDA

Uso em determinação qualitativa de morfina[42]

Dissolvem-se 0,3 g de molibdato de sódio (**irritante; disp. J**) e 0,5 mL de formaldeído (**tóxico, cancerígeno; disp. A**) em 60 mL de H_2SO_4 concentrado (**oxidante, corrosivo; disp. N**).
Esta solução reage com morfina dando uma coloração violeta que passa a azul-violeta e finalmente a verde. A reação com pseudomorfina também gera a cor violeta, mas passa a azul-esverdeada.

V.105 – SOLUÇÃO DE HUBER

Uso em determinação qualitativa de ácidos minerais livres[42]

Dissolve-se pequena quantidade de ferrocianeto de potássio (**irritante**) e molibdato de amônio (**tóxico, irritante; disp. J**) em água.
Esta solução forma precipitado amarelo-esverdeado a marrom-escuro em presença de ácidos minerais livres, porém, o ácido bórico e o ácido arsenioso não dão precipitados.

V.106 – SOLUÇÃO DE HÜBL

V.106.1 – *Uso em determinação quantitativa de ácidos insaturados em gorduras*[42]
Dissolvem-se 5,2 g de iodo (**corrosivo, irritante; disp. P**) e 6 g de cloreto mercúrico (**muito tóxico, corrosivo; disp. L**) em 200 mL de álcool a 95% (**tóxico, inflamável; disp. D**). As gorduras insaturadas descoram a solução.

V.106.2 – *Uso em determinação de índice de iodo de óleos e gorduras*[42]
Solução (A): Dissolvem-se 25 g de iodo (**corrosivo, irritante; disp. P**) em 500 mL de álcool a 90% (**tóxico, inflamável; disp. D**).

Solução (B): Dissolvem-se 30 g de cloreto mercúrico (**muito tóxico, corrosivo; disp. L**) em 500 mL de álcool a 90%.
Misturam-se as duas soluções e deixa-se decantar durante 12 a 24 horas.

V.107 – REAGENTE DE ILOSVAY

Uso em determinação qualitativa de acetileno[15]

Adiciona-se 1 g de nitrato de cobre [$Cu(NO_3)_2 \cdot 3H_2O$] (**oxidante, irritante; disp. L**) e 3 g de cloridrato de hidroxilamina ($NH_2OH \cdot HCl$) (**corrosivo; disp. A**) em 40 mL de solução de (**corrosivo, tóxico; disp. N**) a 20%, agita-se bem e dilui-se com água até completar 50 mL. Mergulha-se papel de filtro nesta solução e deixa-se em contato com o gás acetileno (**inflamável**).
O papel de filtro torna-se vermelho pela formação de Cu_2C_2 (**Cuidado! EXPLOSIVO**). Pode-se conservar esta solução durante diversos dias.

V.108 – REAGENTE DE IWANOW

Uso em determinação qualitativa de chumbo em água[42]

Dissolvem-se 2 g de bissulfito de sódio (**corrosivo; disp. N**) em 100 mL de água. Prepara-se na hora de usar.
Esta solução reage com chumbo(II) em água dando uma turvação branca, porém, a presença de Zn(II), Ba(II) e outros metais interfere na reação.

V.109 – REAGENTE DE JAFFE

Uso em determinação qualitativa de Bi(III) e Sb(III)[42]

Dissolvem-se 8 g de iodo (**corrosivo, irritante; disp. P**) em 100 mL de trietanolamina (**irritante; disp. A**).
Esta solução reage com Bi(III) e Sb(III) em meio ácido (HCl) dando precipitados de cor escarlate (Bi(III)) e amarelo-puro (Sb(III)).

V.110 – REAGENTE DE JANNASCH

Uso como oxidante para decomposição de compostos orgânicos[42]

Mistura-se peróxido de hidrogênio (**oxidante, corrosivo; disp. J**) (H_2O_2) a 15-20% com HNO_3 a 65% (**oxidante, corrosivo; disp. N**).

V.111 - REAGENTE DE JAWAROWSKI

V.111.1 - *Uso em determinação qualitativa de alcalóides*[42]

Dissolvem-se 0,3 g de vanadato de sódio (**irritante; disp. Q**) em 10 mL de água quente, esfria-se e mistura-se com solução de sulfato cúprico (**tóxico, irritante; disp. L**) (0,2 g dissolvidos em 100 mL de água). Em seguida, goteja-se ácido acético (**corrosivo; disp. C**) até que o precipitado formado se dissolva e filtra-se. Esta solução reage com os alcalóides formando precipitados.

V.111.2 - *Uso em determinação qualitativa de amônio*[42]

Dissolvem-se 2 g de cloreto mercúrico (**muito tóxico, corrosivo; disp. L**), 2 g de carbonato de sódio (**irritante; disp. N**) e 8 g de cloreto de sódio (**irritante; disp. N**) em 60 mL de água.

V.111.3 - *Uso em determinação de albumina em urina*[42]

Dissolvem-se 2 g de molibdato de amônio (**tóxico, irritante; disp. J**) e 8 g de ácido cítrico em 80 mL de água.

V.112 - REAGENTE DE JODLBAUER

Uso em determinação de nitrogênio[42]

Dissolvem-se 50 g de fenol (**muito tóxico, corrosivo; disp. A**) em H_2SO_4 concentrado (**oxidante, corrosivo; disp. N**) até completar 100 mL.

V.113 - REAGENTE DE JORISSEN

Uso em determinação qualitativa de glicosídeos e alcalóides[42]

Dissolvem-se 2 g de cloreto de zinco fundido (**tóxico, irritante; disp. L**) em 60 mL de HCl concentrado (**corrosivo; disp. N**) e 60 mL de água.
Este reagente gera manchas coloridas por aquecimento até a secura com alcalóides e glicosídeos.

V.114 – REAGENTE DE KARL FISCHER

Uso em determinação quantitativa da água[15,42]

Dissolvem-se 8,47 g de iodo (**corrosivo, irritante; disp. P**) em mistura de 66,7 mL de metanol PA (**tóxico, inflamável; disp. D**) e 26,9 mL de piridina desidratada (**irritante; disp. C**). Em seguida, adicionam-se vagarosamente 6,4 g de ácido sulfuroso líquido (SO_2) (**irritante, corrosivo**), esfriando-se com água corrente.
Se a amostra contiver acetona ou cetona, usa-se solução mista de 86 mL de piridina e 9 mL de metanol em substituição à mistura ácida descrita acima.
Usa-se esta solução após a decantação por 1 a 2 dias.

V.115 – REAGENTE DE KASTLE-CLARK

Uso em determinação qualitativa de ácidos livres[42]

Dissolvem-se 0,153 g de iodeto de cianogênio (**muito tóxico, irritante; disp. K**) em água e dilui-se até 100 mL.
Esta solução reage com ácidos livres em presença de iodeto de potássio e amido dando uma coloração azul.

V.116 – REAGENTE DE KASTLE-MEYER

Uso em determinação qualitativa de Cobre(II)[15]

Adicionam-se 2% de fenolftaleína e zinco em pó (**tóxico, inflamável**) em solução de hidróxido de potássio e aquece-se até perder a cor vermelha.
Esta solução na presença de peróxido de hidrogênio (H_2O_2) fica vermelha quando reage com Cu^{2+} .

V.117 - REAGENTE DE KENTMANN

Uso em determinação qualitativa de formaldeído[42]

Dissolvem-se 10 g de cloridrato de morfina (**irritante, tóxico**) em 100 mL de H_2SO_4 concentrado (**oxidante, corrosivo; disp. N**).
Esta solução reage com formaldeído e forma uma coloração violeta-avermelhada na camada superiora (aquosa) em 2 a 3 minutos.

V.118 - REAGENTE DE KERBOSCH

Uso em determinação qualitativa de alcalóides[42]

Dissolvem-se 1,8 g de iodeto de cádmio (**cancerígeno; disp. L**) e 5 g de iodeto de césio (**disp. N**) em 100 mL de água.
Esta solução reage com os alcalóides formando precipitados.

V.119 - REAGENTE DE KHARICHKOV

V.119.1 – *Uso em determinação qualitativa de bases orgânicas*[42]

Solução (A): Dissolve-se pequena quantidade de ácido naftênico (**irritante, inflamável**) inativo ou ácido oléico em 100 mL de éter dietílico (**irritante, inflamável; disp. D**).

Solução (B): Dissolvem-se 3 g de sulfato cúprico (**tóxico, irritante; disp. L**) em 100 mL de água.

V.119.2 – *Método de determinação*

Misturam-se 4 mL de solução (A) com 2 mL de solução (B) e adiciona-se a base orgânica nesta solução mista. Haverá formação de uma coloração verde na camada etérea.

V.120 – SOLUÇÃO DE KLEIN

V.120.1 – *Uso em separação de minerais por solução de alta densidade relativa*[42]

Prepara-se a solução saturada de borotungstato de cádmio ($2CdO \cdot B_2O_3 \cdot 9WO_3 \cdot 18H_2O$) (**tóxico; cancerígeno**).
A densidade relativa desta solução é 3,28 g/mL.

V.120.2 – *Uso em determinação de nitratos*[42]

Dissolvem-se 0,05 a 0,1 g de telúrio (**muito tóxico; disp. P**) em 5 mL de H_2SO_4 fumegante (**oxidante, corrosivo; disp. N**) e adicionam-se 3 mL de H_2SO_4 a 95%.
Esta solução vermelha perde a cor pela ação de metais.

V.121 – REAGENTE DE KNAPP

Uso em determinação quantitativa de glicose[42]

Adicionam-se 10 g de cianeto mercúrico (**muito tóxico; disp. K**) em 100 mL de solução de NaOH a 13,3% e dilui-se com água até 1 litro.
Esta solução reage com glicose e precipita o mercúrio (**muito tóxico; disp. P**) (usa-se sulfeto como indicador).
1 mL desta solução equivale a 0,0025 g de glicose.

V.122 – SOLUÇÃO DE KNOPP

V.122.1 – *Uso em cultura de fermento*[15]

Dissolvem-se 1 g de nitrato de cálcio (**oxidante, irritante; disp. N**), 0,12 g de cloreto de potássio (**tóxico, irritante**), 0,25 g de fosfato monopotássico (**irritante; disp. N**), 0,25 g de sulfato de magnésio (**disp. N**), gotas de solução de cloreto férrico a 1% e certa quantidade de açúcar em 1 litro de água.

V.122.2 – *Uso em cultura de clorela*[15]

Solução (A): Sulfato de magnésio (**disp. N**) 50 g/1 litro de água.

Solução (B): Nitrato de potássio (**oxidante, irritante; disp. N**) 25 g/1 litro de água.

Solução (C): Di-hidrogenofosfato de potássio (**irritante; disp. N**) 25 g/1 litro de água.

Solução (D): Sulfato férrico (**irritante, corrosivo**) 2,8 g/1 litro de água. Misturam-se 100 mL das soluções (A), (B) e (C) e 1 mL da solução (D). Dilui-se com água até 1 litro. Esta solução tem as seguintes concentrações: $MgSO_4$ 0,04M; KNO_3 0,025M; KH_2PO_4 0,018M e $Fe_2(SO_4)_3$ 0,000007M.

V.123 – REAGENTE DE KORENMAN

Uso em determinação de amônia livre em piridina[42]

Misturam-se as seguintes soluções:

a) 10 mL de solução saturada de ácido pícrico (**inflamável, tóxico; disp. K**).
b) 10 mL de solução aquosa de sulfato cúprico a 0,1%.

Esta solução reage com amônia formando um precipitado.

V.124 – REAGENTE DE KRANT-DRAGENDORFF

V.124.1 – *Uso em determinação qualitativa de hidrazona*[15]

Adicionam-se, pouco a pouco, 4 g de nitrato de bismutila [$BiO(NO_3)\cdot H_2O$] (**irritante, tóxico**) em 23,5 mL de ácido nítrico (d: 1,18) (**oxidante, corrosivo; disp. N**) agitando-se continuamente e mistura-se, então, uma solução de iodeto de potássio (13,6 g de KI (**disp. N**) dissolvidos em 25 mL de água).

Deixa-se decantar a solução vermelha-alaranjada em lugar fresco durante 2 horas, filtra-se o precipitado formado e lava-se com HCl 0,05 N.

Juntam-se o filtrado e as águas de lavagem e dilui-se com água de modo a completar 200 mL. Conserva-se em lugar escuro.

Pode-se usar esta solução substituindo a solução de iodo platinato de potássio (pág. 172).

V.124.2 – *Uso em precipitação de alcalóides*[15]

Dissolvem-se 8 g de nitrato de bismutila [$BiO(NO_3)\cdot H_2O$] (**irritante, tóxico**) em 20 mL de ácido nítrico (d: 1,18) (**oxidante, corrosivo; disp. N**), adiciona-se solução aquosa concentrada de iodeto de potássio (contém

29 g) até que o precipitado formado desapareça e filtra-se o KNO_3 cristalizado (**oxidante, irritante; disp. N**) após o resfriamento. Dilui-se a solução filtrada com água de modo a completar 100 mL. Esta solução acidificada com ácido sulfúrico (**oxidante, corrosivo; disp. N**) reage com alcalóides formando precipitado alaranjado.

V.125 – REAGENTE DE KRAUT

Uso em determinação de colina[42]

Dissolvem-se 27,2 g de KI (**disp. N**) em pequena quantidade de água e adiciona-se solução de subnitrato de bismuto (**irritante, tóxico**) [8 g dissolvidos em 20 g de HNO_3 (d: 1,18) (**oxidante, corrosivo; disp. N**)]. Deixa-se decantar até que o nitrato de potássio (**oxidante, irritante; disp. N**) cristalize e filtra-se. Finalmente, dilui-se com água até completar 100 mL.
Esta solução reage com colina, formando um precipitado vermelho-tijolo.

V.126 – REAGENTE DE LAILLER

V.126.1 – *Uso em determinação de pureza de óleo de oliva*[42]
Dissolvem-se 3 g de ácido crômico (**muito tóxico, cancerígeno, corrosivo; disp. J**) em 22 mL de água e dilui-se esta solução com 1/2 volume de HNO_3 concentrado (**oxidante, corrosivo; disp. N**).

V.126.2 – *Método de determinação*
Agitam-se 2 g do reagente com 8 g de amostra de óleo e deixa-se decantar. Se o óleo for suficientemente puro, solidificará dentro de 2 a 3 dias e ficará azul.

V.127 – REAGENTE DE LASSAIGNE[15]

Dissolvem-se 5 g de óxido de chumbo (PbO) (**tóxico; disp. O**) em 100 mL de solução aquosa de NaOH a 5% por aquecimento.

V.128 – REAGENTE DE LEA

Uso em determinação qualitativa de cianetos[42]

Dissolve-se 1 g de sulfato ferroso amoniacal (**irritante; disp. L**) e 1 g de nitrato de urânio (**irritante**) ou nitrato de cobalto (**oxidante, irritante; disp. L**) em 250 mL de água.
Esta solução reage com os cianetos dando uma coloração vermelha na parte superficial de duas camadas.

V.129 – REAGENTE DE LeROY

Uso em determinação qualitativa de cloro livre em água[42]

Dissolve-se 1 g de hexametil-tri-*p*-aminotri-fenil-metano em 20 mL de HCl (1:1) e dilui-se com água até 100 mL.
Adicionando-se algumas gotas desta solução em 1 litro de água forma-se uma coloração violeta em presença de cloro livre.

V.130 – REAGENTE DE LEUCHTER

V.130.1 – *Uso em determinação qualitativa de* H_2O_2 [42]
Misturam-se 50 g de solução aquosa de cloreto de cobalto a 1% com 50 g de solução preparada pela dissolução de 0,8 g de bórax (**disp. N**) e 10 g de glicerol (**irritante; disp. A**) em 50 mL de água.
Haverá uma coloração marrom ou formação de anel escuro na parte superficial das duas camadas.

V.130.2 – *Uso em determinação qualitativa de óleo de pinho ou óleo de terebintina*[42]
Misturam-se as seguintes substâncias:

Floroglucina	0,30 g
Álcool	3,00 g
Glicerina	7,50 g
Água	3,75 g
HCl a 25%	15,00 g

V.131 – SOLUÇÃO DE LIEBEN

Uso em determinação de acetona[42]

Dissolvem-se 3 g de KI (**disp. N**) e 2 g de iodo (**corrosivo, irritante; disp. P**) em água e leva-se a 50 mL. Esta solução reage com acetona em meio alcalino, formando um odor característico de iodofórmio.

V.132 – REAGENTE DE LIEBIG

Uso em determinação quantitativa de uréia[42]

Dissolvem-se 77,2 g de óxido mercúrico (**muito tóxico; disp. O**) em 16 g de ácido nítrico (d: 1,185; **oxidante, corrosivo; disp. N**) e deixa-se evaporar até obter um líquido xaroposo. Então, dilui-se com água até completar 1 litro.
Esta solução reage com uréia em meio alcalino (NaOH) formando um precipitado.
1 mL desta solução equivale a 0,01 g de uréia.

V.133 – REAGENTE DE LIEBERMANN

V.133.1 – *Uso em determinação qualitativa de tiofeno em benzeno*[42]
Adicionam-se 100 g de H_2SO_4 concentrado (**oxidante, corrosivo; disp. N**) em 6 mL de água (Adicione com cuidado. Libera muito calor) e dissolvem-se 8 g de nitrito de potássio (**oxidante, tóxico; disp. N**) (Use a capela. Libera gases tóxicos). Deixa-se decantar e usa-se a solução límpida.

V.133.2 – *Método de determinação*
Agita-se 1 mL do reagente com 10 mL de benzeno (**cancerígeno, inflamável; disp. B**; N. R.- solvente de uso restrito. Deve-se estudar a possibilidade de substituí-lo por outro.) a ser examinado. Haverá formação de uma coloração verde e finalmente azul em presença de tiofeno (**fétido, inflamável; disp. D**).

V.134 – SOLUÇÃO DE LOCKE

Uso fisiológico[15,42]

Prepara-se a solução aquosa de NaCl a 0,9%, $CaCl_2$ a 0,024%, KCl a 0,042% e bicarbonato de sódio a 0,01-0,03%.

V.135 – SOLUÇÃO DE LOCKE-RINGER

Uso fisiológico[15.42]

Dissolvem-se 9 g de NaCl (**irritante; disp. N**), 0,42 g de KCl (**disp. N**), 0,14 g de $CaCl_2$ (**irritante; disp. O**), 0,2 g de $MgCl_2$ (**disp. N**), 0,5 g de $NaHCO_3$ e 0,5 g de glicose em 1 litro de água.

V.136 – REAGENTE DE LOOF

Uso em determinação de arsênico[42]

Dissolvem-se 50 g de hipofosfito de sódio (**irritante, redutor forte**) em 100 g de HCl concentrado (**corrosivo; disp. N**) e filtra-se usando lã de vidro (**irritante; dip. O**).
Esta solução reduz os compostos arsênicos (**muito tóxico; disp. O**) até arsênio metálico de cor marrom.

V.137 – REAGENTE DE LUDWIG

V.137.1 – *Uso em determinação quantitativa de ácido úrico*[42]
Solução (A): Dissolvem-se 10 g de cloreto de magnésio (**disp. N**), 5 g de cloreto de amônio (**irritante; disp. N**) e 15 g de solução de hidróxido de amônio concentrada (**corrosivo, tóxico; disp. N**) em água e leva-se a 100 mL.

Solução (B): Dissolvem-se 26 g de nitrito de sódio (**oxidante, tóxico; disp. N**) em água e adiciona-se solução de hidróxido de amônio (**corrosivo, tóxico; disp. N**) até obtenção de solução límpida. Dilui-se com água e leva-se a 1 litro.

Solução (C): Dissolvem-se 15 g de KOH (**corrosivo, tóxico; disp. N**) e 10 g de NaOH (**corrosivo, tóxico; disp. N**) em água e leva-se a 1 litro. Em seguida, deixa-se saturar 500 mL desta solução com H_2S (**tóxico, inflamável; disp.K**) e, então, adicionam-se os 500 mL restantes da solução. Estas soluções reagem com solução amoniacal diluída de ácido úrico precipitando urato de magnésio branco.

V.138 – REAGENTE DE LUND

Uso em ensaio de mel[42]

Solução (A); Dissolvem-se 2 g de ácido fosfotungstênico (**corrosivo; disp. F**) em 20 g de H_2SO_4 (**oxidante, corrosivo; disp. N**) (1:4) e 80 mL de água.

Solução (B): Dissolvem-se 0,5 g de ácido tânico (**cancerígeno; disp. A**) em 100 mL de água.
A solução (A) é usada para precipitação de compostos nitrogenosos e a solução (B) é usada para precipitação de albuminóides.

V.139 – SOLUÇÃO DE MAASSEN

Uso em cultura de fungos[15]

Dissolvem-se 15 a 40 g de sacarose, 10 g de asparagina (**disp. A**), 2 g de mono-hidrogenofosfato de sódio (**irritante; disp. N**), 2,5 g de Na_2CO_3 (**irritante; disp. N**), 0,7 mL de ácido málico (**irritante; disp. A**) neutralizado por KOH, 0,4 g de sulfato de magnésio (**disp. N**) e 0,01 g de $CaCO_3$ (**irritante; disp. N**) em 1 litro de água.

V.140 – REAGENTE DE MANCHOT-SCHERER

Uso em determinação de monóxido de carbono (CO)[42]

Misturam-se 50 mL de cada uma das seguintes soluções:

1) Solução de nitrato de prata 0,1N.
2) Solução aquosa de NaOH 0,15N (isenta de cloro).
3) Piridina (**irritante; disp. C**).

Prata metálica (precipitado) é formada quando monóxido de carbono (**tóxico, inflamável; disp. K**) reage com esta solução.

V.141 – REAGENTE DE MANDELIN

Uso em coloração de alcalóides[15]

Dissolve-se 1 g de vanadato de amônio em pó (NH_4VO_3) (**muito tóxico; disp. L**) em 110 mL de H_2SO_4 concentrado (**oxidante, corrosivo; disp. N**) frio ou dissolvem-se 0,5 g de cloreto de vanádio (**muito tóxico; disp. L**) em 100 mL de H_2SO_4 concentrado por aquecimento.

V.142 – SOLUÇÃO DE MANGIN

V.142.1 – *Uso em identificação de celulose (microscópico)*[42]

V.142.1.1 – Dissolve-se 1 g de iodo (**corrosivo, irritante; disp. P**) e 3 g de KI (**disp. N**) em 200 mL de água.

V.142.1.2 – Dissolvem-se 0,2 g de iodo e 1 g de KI (**disp. N**) em 20 g de solução aquosa e concentrada de $CaCl_2$ (**irritante; disp. O**).

V.142.1.3 – Dissolvem-se 1,3 g de iodo, 6,5 g de KI (**disp. N**) e 20 g de $ZnCl_2$ (**tóxico, irritante; disp. L**) em 10,5 g de água.

V.142.1.4 – Dissolvem-se 0,3 g de iodo e 0,5 g de KI em 25 g de ácidofosfórico (**corrosivo; disp. N**).
Estas soluções reagem com celulose dando coloração azul.

V.143 – SOLUÇÃO DE MARME

Uso em precipitação de alcalóides[42]

Dissolvem-se 5 g de iodeto de cádmio (**cancerígeno; disp. L**) em solução quente de KI (10 g de KI (**disp. N**) dissolvidos em 30 mL de água) e adiciona-se num mesmo volume de solução saturada de KI (fria).
Esta solução reage com solução ácida de alcalóides gerando precipitado.

V.144 – SOLUÇÃO DE MARQUIS

Uso em determinação qualitativa de alcalóides[42]

Misturam-se 4 mL de solução de formaldeído a 40% (**tóxico, cancerígeno; disp. A**) com 100 mL de H_2SO_4 concentrado (**oxidante, corrosivo; disp. N**).
Esta solução reage com os alcalóides dando colorações características.

V.145 – REAGENTE DE MATO

V.145.1 – *Uso em identificação de sedas artificiais*[42]

V.145.1.1 – Misturam-se 10 mL de glicerina (**irritante; disp. A**) com 5 mL de água e 15 mL de H_2SO_4 concentrado (**oxidante, corrosivo; disp. N**).

V.145.1.2 – Dissolvem-se 0,3 g de KI (**disp. N**) em 30 mL de água e adiciona-se excesso de iodo (**corrosivo, irritante; disp. P**).

V.145.1.3 – Dissolvem-se 1,75 g de cloreto de zinco (**tóxico, irritante; disp. L**) em 30 mL de solução saturada de iodo.

V.145.1.4 – H_2SO_4 concentrado.

V.145.1.5 – Deixa-se saturar 25 mL de água com CrO_3 (**muito tóxico, cancerígeno, corrosivo; disp. J**) e, então, adiciona-se o mesmo volume de água.

V.145.1.6 – Dissolvem-se 20 g de KOH (**corrosivo, tóxico; disp. N**) em 30 mL de água.

V.145.1.7 – Coloca-se óxido cúprico (**irritante; disp. O**) em solução de hidróxido de amônio (**corrosivo, tóxico; disp. N**) e passa-se ar isento de CO_2.

V.145.1.8 – Adiciona-se a solução de NaOH em 2 g de sulfato de níquel (**cancerígeno; disp. L**) até a precipitação completa do hidróxido, filtra-se e dissolve-se o sólido em 8 mL de solução de hidróxido de amônio (**corrosivo, tóxico; disp. N**) e 8 mL de água.

V.145.1.9 – Dissolvem-se 3 g de sulfato cúprico (**tóxico, irritante; disp. L**) em 30 mL de água e 175 mL de glicerina (**irritante; disp. A**) e adiciona-se a solução de KOH até que a solução fique transparente.

V.145.1.10 – Dissolvem-se 1,75 g de difenilamina (**cancerígeno; disp. A**) em 25 mL de H_2SO_4 concentrado (**oxidante, corrosivo; disp. N**).

V.146 – SOLUÇÃO DE MAYER

Uso em determinação quantitativa de alcalóides[42]

Dissolvem-se 13,55 g de cloreto mercúrico (**muito tóxico, corrosivo; disp. L**) e 50 g de KI em água e leva-se a 1 litro.
Esta solução reage com quase todos os alcalóides em meio ácido dando precipitados brancos.

V.147 – REAGENTE DE MEAURIO

V.147.1 – *Uso em determinação qualitativa de vanádio em água*
Misturam-se 0,2 g de difenilamina (**cancerígeno; disp. A**) com 100 mL de água destilada, aquece-se em banho-maria e filtra-se após o esfriamento.

V.147.2 – *Método de determinação*
Adiciona-se 1 mL da solução filtrada, acima preparada, e 1 mL de HCl concentrado (**corrosivo; disp. N**) em 5 mL de água a ser examinada. Haverá uma coloração violeta em presença de vanádio.

V.148 – REAGENTE DE MECKE

Uso em coloração de alcalóide[15,42]

Dissolvem-se 0,5 g de ácido selenioso (H_2SeO_3) (**muito tóxico, oxidante; disp. O**) em 100 mL de H_2SO_4 concentrado (**oxidante, corrosivo; disp. N**).

V.149 – REAGENTE DE MERZER

Uso em coloração de alcalóides

Mistura-se o mesmo volume de solução alcoólica de benzaldeído (C_6H_5CHO) (**tóxico; disp. C**) a 20% e H_2SO_4 concentrado (**oxidante, corrosivo; disp. N**).

V.150 – REAGENTE DE MEYER

Uso em determinação de tório[42]

Dissolvem-se 15 g de iodato de potássio (KIO_3) (**oxidante, irritante; disp. J**) em 100 mL de água e 50 mL de HNO_3 concentrado (**oxidante, corrosivo; disp. N**).
Esta solução reage com solução de sal de tório formando um precipitado.

V.151 – REAGENTE DE MIDDLETON

Uso em determinação de peróxidos em éter[42]

Misturam-se 30 mL de H_2SO_4 a 10% com 100 mL de água e ferve-se durante 5 minutos passando gás CO_2 continuamente. Em seguida, dissolvem-se 5 g de sulfato ferroso (**disp. N**), adicionam-se 30 mL de solução de tiocianato de potássio (**irritante; disp. N**) a 10% e, finalmente, a solução de tricloreto de titânio 0,03N até que a cor marrom desapareça.
Esta solução reage com peróxidos em éter formando uma coloração marrom.

V.152 – REAGENTE DE MILLER

V.152.1 – *Uso em determinação de Fluoreto*[42]
Dissolvem-se 1,84 g de benzidina (**tóxico, cancerígeno, inflamável, banido em muitos países**) em ácido acético glacial (**corrosivo; disp. C**) e dilui-se com água até 500 mL. Em seguida, mistura-se com 500 mL de solução de succinimida de mercúrio 0,02N (**muito tóxico, oxidante; disp. L**).

V.152.2 – *Método de determinação*
Adiciona-se NaOH (**corrosivo, tóxico; disp. N**) na solução a ser examinada, acidifica-se levemente com ácido acético (**corrosivo; disp. C**), aquece-se a 50°C e adiciona-se excesso de reagente. A formação de precipitado indica a presença de fluoreto, porém, a presença de oxidantes interfere nesta reação.

V.153 – REAGENTE DE MILLON

V.153.1 – *Uso em determinação qualitativa de proteínas*[15,42]
Adicionam-se 40 mL de ácido nítrico concentrado (**oxidante, corrosivo; disp. N**) frio em 20 g de mercúrio (**muito tóxico; disp. P**), deixa-se dissolver por aquecimento e dilui-se com água duas vezes em volume. Deixa-se decantar durante 24 horas e usa-se a solução sobrenadante.
Esta solução reage com proteínas e forma um precipitado branco que passa a vermelho tijolo por aquecimento acima de 60°C. Também, reage com fenol (**muito tóxico, corrosivo; disp. A**) e ácido salicílico (**tóxico; disp. A**) ficando vermelho e com cresol (**muito tóxico, corrosivo; disp. A**) dando cor verde.
Adicionam-se diversas gotas de solução aquosa de $NaNO_2$ a 1% ou KNO_2 a 1% para recuperar a eficiência desta solução.

V.153.2 – *Uso em identificação de fibras animais*[15]
Solução (A): Dissolvem-se 25 mL de ácido nítrico (**oxidante, corrosivo; disp. N**) concentrado em 10 g de mercúrio (**muito tóxico; disp. P**) e adicionam-se 25 mL de água quente.

Solução (B): Dissolvem-se 20 mL de ácido nítrico fumegante (**oxidante, corrosivo; disp. N**) em 10 g de mercúrio (**muito tóxico; disp. P**).
Misturam-se as soluções (A) e (B).
Esta solução não reage com celulose de plantas mas fica marrom avermelhada com fibras animais.

V.154 – REAGENTE DE MINNESOTA

Uso em determinação quantitativa de gorduras

Dissolvem-se 64 g de salicilato de sódio ($HOC_6H_4CO_2Na$) (**irritante; disp. A**), 35 g de carbonato de potássio (**irritante; disp. N**) e 16 g de NaOH (**corrosivo, tóxico; disp. N**) em água e dilui-se até 300 mL. Em seguida, adicionam-se 100 mL de isopropanol [$(CH_3)_2CHOH$] (**irritante, inflamável; disp. D**).

V.155 – REAGENTE DE MOLISCH

Uso em determinação qualitativa de albumina[15,42]

Dissolvem-se 20 g de α-naftol (**tóxico, irritante; disp. A**) em 100 mL de álcool (**tóxico, inflamável; disp. D**).
Para usar este reagente, coloca-se 1 mL de amostra num tubo de ensaio e adicionam-se 2 gotas deste reagente e 5 mL de ácido sulfúrico concentrado (**oxidante, corrosivo; disp. N**). A solução adquire coloração vermelha ou violeta na presença de albumina ou peptona.

V.156 – REAGENTE DE MONTEQUI

V.156.1 – *Uso em determinação qualitativa de zinco*[42]

Solução (A): Dissolvem-se 0,5 g de sulfato cúprico (**tóxico, irritante; disp. L**) e 4 a 5 gotas de H_2SO_4 (**oxidante, corrosivo; disp. N**) em 100 mL de água.

Solução (B): Dissolvem-se 8 g de cloreto mercúrico (**muito tóxico, corrosivo; disp. L**) e 9 g de tiocianato de amônio (**irritante; disp. N**) em 100 mL de água destilada.

V.156.2 – *Método de determinação*

Colocam-se 2 a 3 mL de solução a ser examinada num tubo de ensaio e adiciona-se 1 gota de solução (A) e 3 a 4 gotas de solução (B). Agita-se bem e deixa-se decantar. Haverá formação de cristais violeta, se houver zinco(II).

V.157 – REAGENTE DE MONTEQUI-PUNCEL

Uso em determinação qualitativa de bromatos

Dissolvem-se 25 mg de fucsina (**cancerígeno; disp. A**) e 25 mL de HCl (**corrosivo; disp. N**) em 100 mL de água. Esta solução reage com os bromatos tornando-se violeta-avermelhada.

V.158 – REAGENTE DE MUIR

Uso em determinação qualitativa de bismuto[42]

Colocam-se 9 g de ácido tartárico (**disp. A**) e 3 g de cloreto estanoso (**corrosivo; disp. L**) num frasco e adiciona-se solução de KOH até que a solução fique transparente. Esta solução deve manter-se límpida quando aquecida a 70°C.
Esta solução reage com bismuto em meio alcalino a 70°C formando um precipitado escuro.

V.159 – SOLUÇÃO DE NAGELI

Uso em cultura de mofo[15,42]

Dissolvem-se 10 g de tartarato de amônio (**disp. A**), 0,1 g de $CaCl_2$ (**irritante; disp. O**), 1 g de mono-hidrogenofosfato de sódio (**irritante; disp. N**) e 0,2 g de sulfato de magnésio (**disp. N**) em 1 litro de água.

V.160 – REAGENTE DE NESSLER

V.160.1 – *Uso em determinação qualitativa de amônio*[15,42]

V.160.1.1 – Dissolvem-se 5 g de iodeto de potássio (KI) (**disp. N**) em 5 mL de água, adiciona-se pouco a pouco solução de cloreto mercúrico (**muito tóxico, corrosivo; disp. L**) (2,5 g de $HgCl_2$ dissolvidos em 10 mL de água) controlando-se a adição, para que o precipitado formado no início não se dissolva completamente, e deixa-se resfriar. Em seguida, adiciona-se a solução de hidróxido de potássio (15 g de KOH-**corrosivo, tóxico; disp. N**-dissolvidos em 30 mL de água) e, dilui-se com água até completar o volume total de 100 mL e adicionam-se 0,5 mL de solução restante de $HgCl_2$ (**muito tóxico, corrosivo; disp. L**). Deixa-se decantar e usa-se a solução sobrenadante.

V.160.1.2 – Dissolvem-se 7 g de iodeto de potássio (KI) (**disp. N**) em 30 mL de água, adiciona-se solução de cloreto mercúrico (3,4 g de $HgCl_2$ — **muito tóxico, corrosivo; disp. L**) dissolvidas em 60 mL de água) agitando-se continuamente até formação de pequena quantidade de precipitado vermelho permanente. Adiciona-se vagarosamente solução de hidróxido de sódio (24 g de NaOH (**corrosivo, tóxico; disp. N**) dissolvidos em 60 mL de água), dilui-se com água até 200 mL e adiciona-se, pouco a pouco, a solução restante de $HgCl_2$ até formação de pequena quantidade de precipitado permanente. Deixa-se decantar até a solução ficar transparente e elimina-se a parte insolúvel por filtração com amianto (**tóxico**; N. R. -o uso de amianto tem se tornado proibido, pois este material pode causar asbestose. Consulte a legislação vigente antes de usá-lo) ou algodão de vidro (**irritante; disp. O**).

V.160.1.3 – Colocam-se 10 g de iodeto mercúrico (HgI_2 — **muito tóxico; disp. L**) em 5 a 7 mL de água, adicionam-se 4,5 g de iodeto de potássio (KI) (**disp. N**) e deixa-se dissolver. Em seguida, adiciona-se vagarosamente solução de hidróxido de sódio (20 g de NaOH (**corrosivo, tóxico; disp. N**) dissolvidos em 90 mL de água), dilui-se com água e completa-se 1 litro.

V.160.2 – *Preparação de reagente de Nessler (farmacopéia)*

Dissolvem-se 10 g de iodeto de potássio em 10 mL de água e adiciona-se solução aquosa e saturada de cloreto mercúrico (**muito tóxico, corrosivo; disp. L**), agitando-se continuamente, até restar apenas um pouco do precipitado vermelho formado. Colocam-se 30 g de hidróxido de potássio (KOH; **corrosivo, tóxico; disp. N**) e deixa-se dissolver. Adiciona-se 1 mL de solução aquosa saturada de $HgCl_2$ (**muito tóxico, corrosivo; disp. L**) e água até completar o volume total de 200 mL. Deixa-se decantar o precipitado e usa-se a solução sobrenadante.

Este reagente reage com cátion amônio e forma precipitado marrom. Pode-se identificar 0,5 mg de NH_4^+ por 1 litro.

$$NH_4^+ + 2K_2HgI_4 + 4KOH \rightarrow NH_2IHg_2O + 7KI + K^+ + 3H_2O$$

Coloca-se este reagente num vidro âmbar, tampa-se com rolha de cortiça mergulhada em parafina e conserva-se em lugar escuro e fresco.

V.161 – SOLUÇÃO CORANTE DE NEWMAN

Uso em teste de leite[15]

Aquece-se uma mistura de 54 mL de álcool puro (**tóxico, inflamável; disp. D**) e 40 mL de tetracloroetano ($CHCl_2CHCl_2$ — **muito tóxico, cancerígeno; disp. A**) até cerca de 70°C, adiciona-se 1 a 1,2 g de azul de metileno (**irritante; disp. A**) e deixa-se dissolver por agitação vigorosa. Em seguida, esfria-se, adicionam-se gradativamente 6 mL de ácido acético glacial (**corrosivo; disp. C**) e filtra-se a parte insolúvel. Conserva-se em lugar escuro e fresco.

V.162 – REAGENTE DE NOVELLI

Uso em determinação qualitativa de nitritos[42]

Dissolvem-se 5 g de resorcina em 150 mL de água e adicionam-se 5 gotas de solução de cloreto férrico a 20%. Deixa-se ferver até que a coloração violeta inicialmente formada torne-se amarela. Esta solução reage com os nitritos em meio ácido, formando uma coloração verde.

V.163 – REAGENTE DE NYLANDER

Uso em determinação qualitativa de glicose[15,42]

Dissolvem-se 4 g de sal de Rochelle ($KNaC_4H_4O_6 \cdot 4H_2O$) (**disp. A**), 2 g de nitrato de bismutila [$Bi(OH)_2NO_3$] (**irritante, tóxico**) e 10 g de NaOH (**corrosivo, tóxico; disp. N**) em água. Em seguida, leva-se a 100 mL, deixa-se esfriar e filtra-se. Este reagente é usado para identificação de glicose em urina, mas não pode ser usado para identificação de proteína ou cisteína.

V.164 – SOLUÇÃO DE PAVY

V.164.1 – *Uso em determinação de glicose*[42]

V.164.1.1 – Misturam-se 120 mL de solução de Fehling, 300 mL de NH_4OH (d:0,88) (**corrosivo, tóxico; disp. N**) e 100 mL de solução de NaOH a 10% e, então, dilui-se com água até completar 1 litro.

V.164.1.2 – Dissolvem-se 4,157 g de sulfato cúprico (**tóxico, irritante; disp. L**) em 200 mL de água destilada e adiciona-se uma solução que foi preparada dissolvendo-se 18,4 g de NaOH (**corrosivo, tóxico; disp. N**) e 21,6 g de sal de Rochelle (**disp. A**) em 300 mL de água. Em seguida, adicionam-se 300 mL de NH_4OH (d:0,88; **corrosivo, tóxico; disp. N**) e dilui-se com água até completar 1 litro.

V.164.1.3 –

Solução (A): Dissolvem-se 4,158 g de sulfato cúprico (**tóxico, irritante; disp. L**) em água e leva-se a 500 mL.

Solução (B): Dissolvem-se 20,4 g de sal de Rochelle (**disp. A**) e 20,4 g de KOH (**corrosivo, tóxico; disp. N**) em 300 mL de solução de hidróxido de amônio concentrada (**corrosivo, tóxico; disp. N**) e dilui-se com água até completar 1 litro.
Misturam-se volumes iguais das soluções (A) e (B).
A glicose reduz as soluções acima preparadas precipitando o óxido cuproso (**tóxico; disp. O**).

V.165 – SOLUÇÃO DE PERENYI

Uso em fingimento de fungos[15,42]

Misturam-se 0,15 g de ácido crômico (**muito tóxico, cancerígeno, corrosivo; disp. J**), 40 mL de HNO_3 a 10%, 30 mL de álcool (**tóxico, inflamável; disp. D**) e 30 mL de água.

V.166 – REAGENTE DE PETERSON

Uso em determinação de citratos e tartaratos[42]

Solução (A): Dissolvem-se 0,116 g de salicilato de sódio (**irritante; disp. A**) em água e leva-se a 1 litro.

Solução (B): Dilui-se 1 mL de solução de cloreto férrico (**irritante, corrosivo**) a 10% com 50 mL de água e goteja-se solução de hidróxido de amônio (**corrosivo, tóxico; disp. N**) agitando continuamente, até que o precipitado formado se dissolva pela agitação vigorosa. Prepara-se na hora de usar.

V.167 – SOLUÇÃO DE PFEFFER

Uso em cultura de mofo[15]

Dissolvem-se 50 g de sacarose, 5 g de di-hidrogenofosfato de potássio (**irritante; disp. N**), 10 g de nitrato de amônio (**oxidante, irritante; disp. N**), 2,5 g de sulfato de magnésio (**disp. N**) e traços de cloreto férrico em 1 litro de água.

V.168 – REAGENTE DE PIERCE

Uso em determinação de enxofre e CS_2 em óleo[42]

Dissolve-se 1 g de sulfato cúprico (**tóxico, irritante; disp. L**) em 10 a 15 mL de água, adicionam-se 4 mL de solução de hidróxido de amônio (**corrosivo, tóxico; disp. N**) e 3 g de cloridrato de hidroxilamina (**corrosivo; disp. A**) e, finalmente, dilui-se até 50 mL. Esta solução reage com S e CS_2 (**tóxico, inflamável; disp. D**) em óleo conforme o seguinte:

Enxofre	precipitado preto
Disdissulfeto de carbono	solução escura não transparente

V.169 – REAGENTE PONS

Uso em precipitação de albumina[42]

Dissolve-se 0,1 g de sulfocondroitito de sódio em 100 mL de água.

V.170 – REAGENTE DE PRIMOT

Uso em identificação de criogenina e antipirina[42]

Dissolvem-se 1 g de vanilina (**irritante; disp. A**) e 6 g de HCl (**corrosivo; disp. N**) em 100 mL de álcool (**tóxico, inflamável; disp. D**).

Criogenina	amarelo-esverdeada
Antipirina	amarelo-alaranjada

V.171 – REAGENTE DE RAIKOW

Uso em determinação de enxofre em compostos orgânicos[42]

Dissolvem-se 1 g de vanilina (**irritante; disp. A**) e 1 g de floroglucina em 100 mL de éter etílico (**irritante, inflamável; disp. D**) e impregna-se papel de filtro com este reagente. Este papel reage com enxofre contido no gás de combustão tornando-se vermelho.

V.172 – SOLUÇÃO DE RAULIN

Uso em cultura de fungos[15]

Dissolvem-se 70 g de sacarose, 40 g de ácido tartárico (**irritante; disp. A**), 4 g de nitrato de amônio (**oxidante, irritante; disp. N**), 0,6 g de fosfato de amônio (**irritante; disp. N**), 0,25 g de sulfato de amônio (**disp. N**), 0,07 g de sulfato de zinco (**irritante; disp. L**), 0,07 g de vidro solúvel de potássio [N. R.: metassilicato de potássio], 0,6 g de carbonato de potássio (**irritante; disp. N**), 0,4 g de sulfato de magnésio (**disp. N**) e 0,07 g de sulfato ferroso (**disp. N**) em 1,5 litros de água.

V.173 – SOLUÇÃO DE RENTELN

Uso em determinação qualitativa de alcalóides[42]

Dissolvem-se 3 g de selenato de sódio (**muito tóxico, irritante; disp. O**) em 80 mL de água e adicionam-se 60 mL de H_2SO_4 concentrado (**oxidante, corrosivo; disp. N**).

V.174 – SOLUÇÃO DE RICHARDSON

Uso em identificação de fibras[15]

Dissolvem-se 25 g de sulfato de níquel (**cancerígeno; disp. L**) em 80 mL de água e adicionam-se 36 mL de solução de NaOH a 20%. Em seguida, goteja-se ácido sulfúrico diluído para neutralizar o excesso de álcali, dissolve-se o hidróxido de níquel (**cancerígeno; disp. L**) formado em 125 mL de solução de hidróxido de amônio concentrada (**corrosivo, tóxico; disp. N**) e dilui-se com água até 250 mL.

V.175 - REAGENTE DE RIEGLER

V.175.1 – *Uso em precipitação de albumina*[42]
Dissolvem-se 5 g de ácido β-naftalenossulfônico (**corrosivo, tóxico; disp. A**) em 100 mL de álcool (**tóxico, inflamável; disp. D**) e filtra-se.

V.175.2 – *Uso em determinação qualitativa de amônio*
Mistura-se 1 g de *p*-nitroanilina (**muito tóxico; disp. A**) com 2 mL de HCl (**corrosivo; disp. N**) e 20 mL de água e aquece-se. Em seguida, adicionam-se 160 mL de água, deixa-se esfriar e adicionam-se 20 mL de solução de nitrito de sódio (**oxidante, tóxico; disp. N**) (contém 0,5 g). Esta solução reage com amônio dando uma coloração de vermelha a amarela.

V.175.3 – *Uso em determinação qualitativa de nitritos*
Adicionam-se 1 g de β-naftol (**irritante; disp. A**) e 2 g de naftionato de sódio em 200 mL de água, agita-se vigorosamente e filtra-se.

V.176 - REAGENTE DE RIMINI

Uso em determinação qualitativa de metanol[15]

Misturam-se 30 mL de solução aquosa de fenilhidrazina a 4% (**muito tóxico, cancerígeno; disp. A**) (pág. 232), 20 mL de solução aquosa de nitroprussiato de sódio a 0,5% (pág. 110) e 20 mL de solução aquosa de NaOH a 10%, nessa ordem.

V.177 - SOLUÇÃO DE RINGER

V.177.1 – *Uso na medida de respiração*[15,42]
Solução (A): NaCl (**irritante; disp. N**): 9 g/1 litro de água.

Solução (B): KCl: 11,5 g/1 litro de água.

Solução (C): $CaCl_2 \cdot 5H_2O$ (**irritante; disp. O**): 12,2 g/1 litro de água.

Solução (D): $NaHCO_3$: 13 g/1 litro de água.

Misturam-se as soluções em proporções variáveis na hora de usar. Por exemplo, misturam-se 100 mL de solução (A), para cada 2 mL de solução (B) e (C) e 20 mL de solução (D).

V.177.2 – *Solução de Ringer (farmacopéia)*[15]

Dissolvem-se 8,6 g de NaCl (**irritante; disp. N**), 0,3 g de KCl (**irritante; disp. N**), 0,33 g de $CaCl_2$ (**irritante; disp. O**) em água e leva-se a 1 litro.

V.178 – SOLUÇÃO DE RITHAUSEN

Uso em precipitação de compostos de nitrogênio[15]

Solução (A): Dissolvem-se 63,5 g de sulfato de cobre (**tóxico, irritante; disp. L**) em 1 litro de água.

Solução (B): Dissolvem-se 50 g de hidróxido de potássio (**corrosivo, tóxico; disp. N**) em 1 litro de água.
As duas soluções acima preparadas são utilizadas separadamente.

V.179 – REAGENTE DE ROBERT

Uso em determinação qualitativa de albumina[15,42]

Misturam-se 50 mL de solução aquosa e saturada de sulfato de magnésio com 10 mL de ácido nítrico concentrado (**oxidante, corrosivo; disp. N**). Este reagente reage com albumina formando uma camada branca e turva.

V.180 – REAGENTE DE ROSENTHALER TURK

Uso em coloração de alcalóides de ópio[15,42]

Dissolve-se 1 g de arsenito de potássio (K_3AsO_3) (**muito tóxico; disp. O**) em 100 g de H_2SO_4 concentrado (**oxidante, corrosivo; disp. N**).

V.181 - REAGENTE DE ROTHENFUSSER

V.181.1 - *Uso em determinação de leite não fervido*[42]

Dissolve-se 1 g de cloridrato de *p*-fenilenodiamina (**tóxico, irritante; disp. A**) em 15 mL de água e adiciona-se a solução de guaiacol (**irritante; disp. C**) (2 g dissolvidos em 185 mL de álcool (**tóxico, inflamável; disp. D**)). Esta solução reage com leite não fervido na presença de H_2O_2 (**oxidante, corrosivo; disp. J**) dando uma coloração azul.

V.181.2 - *Uso em determinação de sacarose*[42]

Misturam-se 20 mL de solução alcoólica de difenilamina (**cancerígeno; disp. A**) a 5 % com 60 mL de ácido acético glacial (**corrosivo; disp. C**) e 120 mL de HCl (1:1).

V.182 - REAGENTE DE SABETAY

Uso em identificação de ligação dupla em compostos orgânicos[42]

Dissolvem-se 30 g de tricloreto de antimônio (**corrosivo; disp. L**) em 70 g de clorofórmio (**muito tóxico, possível cancerígeno; disp. B**). Esta solução reage com os compostos insaturados dando reações coloridas.

V.183 - REAGENTE DE SALKOWSKI

Uso em determinação qualitativa de pirrol e indol

Dissolvem-se 2 g de *p*-dimetilaminobenzaldeído (**tóxico; disp. A**) em l00 g de HCl 1N. Esta solução reage com pirrol (**inflamável; disp. D**) ou indol (**tóxico, fétido; disp. A**) tornando-se vermelha, e esta cor passa a violeta por aquecimento.

V.184 – SOLUÇÃO DE SCHAUDINN

Uso para fixação de fermento[15]

Adicionam-se 10 mL de álcool (**tóxico, inflamável; disp. D**), que contém pequena quantidade de ácido acético (**corrosivo; disp. C**), em 20 mL de solução aquosa e saturada do cloreto mercúrico (**muito tóxico, corrosivo; disp. L**).

V.185 – REAGENTE DE SCHIFF

V.185.1 – *Uso em análise de aldeídos*[15,42]

V.185.1.1 – Dissolvem-se 0,5 g de fucsina (**cancerígeno; disp. A**) (pág. 238) em 500 mL de água por aquecimento, adicionam-se 500 mL de solução aquosa e saturada de gás sulfuroso (**irritante, corrosivo**) e deixa-se decantar durante uma noite. Se estiver colorida, passa-se gás sulfuroso (pág. 451) até ficar incolor.

V.185.1.2 – Dissolve-se 0,1 g de fucsina (**cancerígeno; disp. A**) em 60 mL de água, deixa-se resfriar e adiciona-se solução de sulfito de sódio [1 g de Na_2SO_3 anidro (**irritante; disp. N**) dissolvido em 9 mL de água e 1 mL de HCl (d: 1,18) (**corrosivo; disp. N**)]. Em seguida, dilui-se com água e completa-se 100 mL. Usa-se esta solução após 5 horas de decantação.

V.185.2 – *Uso em determinação qualitativa de desoxipentose*[15]

Dissolvem-se 1 g de fucsina (**cancerígeno; disp. A**) e 2 a 3 g de bissulfito de sódio (**corrosivo; disp. N**) em 30 a 40 mL de HCl 1N, dilui-se com água e completa-se a 1 litro. A quantidade de saturação de SO_2 (**irritante, corrosivo**) em 100 mL de água é 13,5 g (15°C) e 11,29 g (20°C) e a quantidade necessária para preparação desta solução é 5 g.
Pode-se padronizar o fator de SO_2 com solução de iodo 0,1N (pág. 92).

$$SO_2 + H_2O + I_2 \rightarrow 2HI + SO_3$$

1 mL de I_2 0,1N = 3,2 mg de SO_2.
Esta solução deve satisfazer as seguintes condições: adicionam-se 5 mL da solução em mistura de 5 mL de solução de formaldeído (1 ppm) e 1 mL de H_2SO_4 (1:1), agita-se levemente e deixa-se decantar

por uma hora. Após a decantação, a solução deverá ficar roxo-avermelhada.

V.185.3 – *Solução de fucsina-ácido sulfuroso (farmacopéia)*[15]

Dissolvem-se 0,2 g de fucsina básica (**cancerígeno; disp. A**) em 120 mL de água quente e deixa-se resfriar. Adiciona-se solução de sulfito de sódio (0,2 g de Na_2SO_3 anidro (**irritante; disp. N**) dissolvidos em 20 mL de água) e 2 mL de H_2SO_4 concentrado (**oxidante, corrosivo; disp. N**), dilui-se com água até 200 mL e deixa-se decantar durante uma hora.

Esta solução é, também, chamada reagente de Schiff-Elvove. É incolor ou fracamente amarelada.

Pode-se conservar durante 2 semanas no máximo, colocando-se em vidro escuro. Se ficar marrom, coloca-se 1 g de carvão ativo (**irritante, inflamável; disp. O**) e filtra-se.

V.186 – REAGENTE DE SCHORN

Uso em determinação de eucaliptol e cineol[42]

Dissolvem-se 15 g de molibdato de amônio (**tóxico, irritante; disp. J**) e 4,5 g de sulfato de amônio em 85 mL de HNO_3 diluído.

Esta solução reage com eucaliptol (cineol) por aquecimento dando uma coloração azul.

V.187 – REAGENTE DE SCHWEITZER

Uso em identificação de celulose[15,42]

Dissolvem-se 6 g de sulfato de cobre ($CuSO_4 \cdot 5H_2O$) (**tóxico, irritante; disp. L**) em 100 mL de água quente, adicionam-se diversas gotas de H_2SO_4 diluído e deixa-se esfriar. Adiciona-se vagarosamente solução de hidróxido de amônio concentrada (**corrosivo, tóxico; disp. N**) e deixa-se precipitar. Separa-se o precipitado por decantação, lava-se diversas vezes com água quente e, finalmente, uma vez com água fria. Adicionam-se 20 mL de solução de KOH a 20% neste precipitado, agita-se e separa-se o precipitado de hidróxido de cobre formado por decantação. Em seguida, lava-se diversas vezes com água para eliminar o álcali e sulfato de potássio, filtra-se em vácuo e seca-se a 45-50°C.

Após a secagem, coloca-se num recipiente de vidro com tampa esmerilhada, adicionam-se 100 mL de água contendo 20 a 24 mL de solução de hidróxido de amônio concentrada (**corrosivo, tóxico; disp. N**), agita-se bem e filtra-se a parte insolúvel com filtro de vidro sinterizado se necessário. Esta solução não reage com fio de seda, mas dissolve parcialmente o algodão e o linho.

$$C_6H_{10}O_5 + Cu(NH_3)_4(OH)_2 \rightarrow (C_6H_9O_5)_2[Cu(NH_3)_4] + 3H_2O$$

$$(C_6H_9O_5)_2[Cu(NH_3)_4] + 2[Cu(NH_3)_4(OH)_2] \rightarrow$$

$$[C_6H_7O_8Cu]_2[Cu(NH_3)_4] + 8NH_3 + 4H_2O$$

V.188 – REAGENTE DE SEELIGER

Uso em identificação de lignina em papel[42]

Dissolvem-se 0,1 g de iodo (**corrosivo, irritante; disp. P**), 0,5 g de KI (**disp. N**) e 30,0 g de nitrato de cálcio (**oxidante, irritante; disp. N**) em 25 mL de água.

Esta solução reage com materiais de celulose que contêm lignina dando uma coloração.

V.189 – REAGENTE DE SELIWANOFF

Uso em determinação de frutose[42]

Dissolvem-se 0,05 g de resorcina em 100 mL de HCl (1:2). Esta solução dá uma coloração ou um precipitado vermelho em presença de frutose.

V.190 – REAGENTE DE SHEAR

Uso em determinação qualitativa de vitamina D

Misturam-se 3 mL de HCl concentrado (**corrosivo; disp. N**) com 45 mL de anilina (**muito tóxico, cancerígeno; disp. C**). Esta solução reage com vitamina D tornando-se vermelha.

V.191 – REAGENTE DE SORENSEN

Uso em determinação quantitativa de ácido clorídrico[15]

Dissolvem-se 21,01 g de ácido cítrico (**irritante, redutor**) ou brometo de potássio (**irritante; disp. N**) em 200 mL de NaOH 1N, dilui-se com água e completa-se 1 litro.

V.192 – REAGENTE DE SPIEGER

Uso em determinação qualitativa de albumina[15,42]

Dissolvem-se 20 g de cloreto mercúrico ($HgCl_2$) (**muito tóxico, corrosivo; disp. L**), 10 g de ácido tartárico ($C_4H_6O_4$) (**irritante; disp. A**), 50 g de glicerina (**irritante; disp. A**) e 25 g de cloreto de sódio (NaCl) (**irritante; disp. N**) em 500 mL de água.
Esta solução fracamente acidulada com ácido acético reage com albumina formando turvação branca.

V.193 – REAGENTE DE STAMM

Uso em identificação de cianeto[42]

Dissolve-se 0,01 g de fluoresceína em 5 mL de álcool, adicionam-se 2 mL de solução de NaOH a 33%, 5 mL de água e pequena quantidade de Zn (**inflamável; disp. P**). Aquece-se em banho-maria até que a solução fique incolor. Em seguida, dilui-se com água até 100 mL e adicionam-se 100 mL de álcool (**tóxico, inflamável; disp. D**). Deixa-se decantar durante uma noite e filtra-se. Na hora de usar, diluem-se 10 mL desta solução original completando-se o volume de 200 mL com água.
Esta solução reage com cianeto (**muito tóxico**. Use a capela.) formando imediatamente uma fluorescência intensa.

V.194 – REAGENTE DE STERKIN-HELFGAT

V.194.1 – *Uso em determinação qualitativa de quinina*
Misturam-se as seguintes soluções:
A) 25 mL de solução aquosa de arsenato de sódio (**muito tóxico, cancerígeno; disp. L**) a 0,12%.

B) 25 mL de solução aquosa de molibdato de amônio (**tóxico, irritante; disp. J**) a 2%.
C) 25 mL de HCl a 2%.

V.194.2 – *Método de determinação*
Adiciona-se 1 mL de solução acima preparada em 5 mL de solução fracamente ácida de quinina.
Haverá formação de opalescência permanente pela presença de quinina.

V.195 – REAGENTE DE STEWART

Uso em precipitação de albumina[42]

Dissolvem-se 10 g de ácido pícrico (**inflamável, tóxico; disp. K**) (úmido), 20 g de ácido cítrico (**irritante, redutor; disp. A**) e 400 g de sulfato de magnésio (**disp. N**) em 1.500 mL de água.

V.196 – REAGENTE DE STORFER

Uso em determinação qualitativa de ferricianeto[42]

Adicionam-se vagarosamente 51 g de cloreto cúprico (**tóxico, irritante; disp. L**) em solução que contém 7,6 g de tiouréia (**tóxico, cancerígeno; disp. A**) e previamente aquecida a 70°C. Deixa-se cristalizar e prepara-se a solução saturada a 70°C. Impregna-se o papel de filtro nesta solução, seca-se em vácuo. Este papel torna-se vermelho-violeta pelo contato com solução neutra que contém ferricianeto.

V.197 – SOLUÇÃO DE COBRE DE STUSZER

Uso em determinação quantitativa de proteínas[15]

Dissolvem-se 10 g de sulfato de cobre puro (**tóxico, irritante; disp. L**) em 500 mL de água, adicionam-se cerca de 0,21 mL de glicerina (**irritante; disp. A**) e agita-se. Em seguida, goteja-se solução diluída de NaOH para deixar precipitar o hidróxido de cobre, separa-se a parte límpida

por decantação e adiciona-se pequena quantidade de solução aquosa de glicerina a 0,5%.
Repete-se esta operação diversas vezes e, finalmente, transfere-se o precipitado para cima do papel de filtro.
Lava-se o precipitado com solução aquosa de glicerina a 0,5%, até a solução ficar neutra.
Adiciona-se solução aquosa de glicerina a 10% até formar uma solução viscosa, que possa ser pipetada.
Esta solução viscosa é, também, chamada solução de hidróxido de cobre.
Fatora-se sua concentração pelo método de aquecimento passando a óxido de cobre (**irritante; disp. O**).
Regula-se a concentração da solução de forma a conter 0,3 g de CuO (**irritante; disp. O**) por 1 mL.

V.198 – SOLUÇÃO DE SUTERMEISTER

V.198.1 – *Uso em identificação de fibras*[15]

Solução (A): Dissolvem-se 1,8 g de KI (**disp. N**), 1,5 g de I_2 (**corrosivo, irritante; disp. P**) em 100 mL de água.

Solução (B): Dissolvem-se 56,3 g de $CaCl_2$ (**irritante; disp. O**) em 100 mL de água. Conserva-se separadamente as duas soluções.

V.198.2 – *Método de identificação*

Coloca-se uma gota de solução (A) na amostra molhada, retira-se após um minuto com um papel de filtro e, em seguida, adiciona-se uma gota de solução (B). Por esta operação, haverá formação das seguintes colorações:

Fibras	*Cores*
Algodão, lino e linho	marrom
Polpa sulfato branqueada	azul escuro
Cânhamo de Manilha	verde

V.199 – REAGENTE DE TANANAEV

Uso em determinação de bismuto[42]

Diluem-se 25 mL de solução aquosa e saturada de cianeto de potássio (**muito tóxico, trabalhe na capela**) com 50 mL de água e adiciona-se a solução de sulfato de manganês a 10% até que o precipitado verde, inicialmente formado, se dissolva com dificuldade.

V.200 – REAGENTE DE TANRET

Uso em precipitação de alcalóides[42]

Dissolvem-se 13,546 g de cloreto mercúrico (**muito tóxico, corrosivo; disp. L**) e 49,8 g de KI (**disp. N**) em água e leva-se a 1 litro.

V.201 – REAGENTE DE TRAMMSDORF

Uso em determinação qualitativa de NO_2^- [15]

Dissolvem-se 20 g de cloreto de zinco ($ZnCl_2$) (**tóxico, irritante; disp. L**) em 200 mL de água e deixa-se ferver. Adicionam-se 4 g de amido e, também, deixa-se ferver até ficar transparente. Em seguida, adicionam-se 2 g de iodeto de zinco (ZnI_2) (**corrosivo; disp. L**), dilui-se com água e completa-se 1 litro.

V.202 – SOLUÇÃO DE USCHINSKY

Uso em cultura de fungos[15,42]

Dissolvem-se 35,0 mL de glicerina (**irritante; disp. A**), 6,5 g de lactato de amônio (**irritante; disp. A**), 2,5 g de mono-hidrogenofosfato de potássio (**irritante; disp. N**), 0,1 g de cloreto de cálcio (**irritante; disp. O**), 3,5 g de asparaginato de sódio, 5 g de cloreto de sódio (**irritante; disp. N**) e 0,3 g de sulfato de magnésio em 1 litro de água.

V.203 – REAGENTE DE VAN ECK

Uso em determinação qualitativa de ácido crômico[42]

Dissolvem-se 0,5 g de α-naftilamina (**irritante; disp. A**) e 50 g de ácido tartárico (**irritante; disp. A**) em 100 mL de água.
Esta solução dá uma coloração azul em presença de ácido crômico (**muito tóxico, cancerígeno, corrosivo; disp. J**).

V.204 – REAGENTE DE VERVEN

Uso em precipitação de alcalóides[42]

Dissolvem-se 5 g de iodeto de cádmio (**cancerígeno; disp. L**) e 10 g de KI em 100 mL de água.

V.205 – REAGENTE DE WAGNER

Uso em análise de minério de fosfato[15,42]

Dissolvem-se 25 g de ácido cítrico (**irritante, redutor; disp. A**) e 1 g de ácido salicílico (**tóxico; disp. A**) em água e completa-se 1 litro.
Esta solução é usada para prevenir precipitação de ferro(III) ou alumínio(III) na determinação quantitativa de cálcio(II) e equivale à solução de ácido cítrico a 7%.

V.206 – SOLUÇÃO DE WAYNE

Uso em identificação de glicose[42]

Dissolvem-se 10 g de sulfato cúprico (**tóxico, irritante; disp. L**) em 50 mL de água, adicionam-se 325 mL de solução de KOH a 16,3% e dilui-se com água até 1 litro.

V.207 – REAGENTE DE WEPPEN

Uso em coloração de alcalóides[15]

Adiciona-se sacarose em ácido sulfúrico concentrado (**oxidante, corrosivo; disp. N**).

V.208 – REAGENTE DE WIJ

Uso em determinação de índice de iodo de óleos[15,42]

Adicionam-se 7,9 g de tricloreto de iodo (**corrosivo, irritante; disp. P**) em 200 mL de ácido acético glacial (**corrosivo; disp. C**), adapta-se uma rolha de cortiça com tubo de $CaCl_2$ (**irritante; disp. O**) e deixa-se dissolver em banho-maria. Adiciona-se a solução de iodo (8,9 g de I_2 (**corrosivo, irritante; disp. P**) dissolvidos na quantidade necessária de ácido acético glacial; **corrosivo; disp. C**) e, em seguida, o ácido acético glacial até completar 1 litro.

Para dissolver o iodo em ácido acético glacial, adiciona-se pequena quantidade de ácido acético glacial e aquece-se. Em seguida, separa-se a parte dissolvida, adiciona-se novamente pequena quantidade de ácido acético glacial e aquece-se. Repete-se esta operação até terminar a dissolução. Neste reagente deve-se evitar especialmente a absorção da umidade.

Pode-se padronizar esta solução com solução padrão de $Na_2S_2O_3$ 0,1N após 24 horas de decantação. 1 mL desta solução equivale a 28,8 mg de I_2.

V.209 – SOLUÇÃO INDICADORA DE WILLARD-YOUNG[15]

Dissolvem-se 0,25 g de difenilamina sulfonato de sódio (C_6H_5-$NHC_6H_4SO_3Na$) (**tóxico**) em 100 mL de água, adicionam-se 5 mL de H_2SO_4 concentrado (**oxidante, corrosivo; disp. N**) e dilui-se com água até 300 mL. Em seguida, adicionam-se 25 mL de solução de $K_2Cr_2O_7$ (**muito tóxico, cancerígeno, corrosivo; disp. J**) 0,1N e 8 mL de solução de $FeSO_4$ 0,1N, deixa-se decantar durante 3 a 4 dias e rejeita-se a parte límpida. Adicionam-se 2 mL de solução de $K_2Cr_2O_7$ 0,1N e 5 mL de H_2SO_4

concentrado e rejeita-se, outra vez, a parte límpida. Lava-se o precipitado verde com solução mista de 300 mL de água e 15 mL de H_2SO_4 concentrado e, finalmente, prepara-se uma suspensão do precipitado em 100 mL de água.
Esta suspensão verde torna-se roxo-avermelhada por oxidação.

V.210 - REAGENTE DE WINKLER

V.210.1 – *Uso em determinação de dureza de água*[42]

V.210.1.1 – Dissolvem-se 6 g de KOH (**corrosivo, tóxico; disp. N**) e 100 g de sal de Rochelle (**disp. A**) em 250 mL de água, adicionam-se 100 mL de solução de hidróxido de amônio a 10% e dilui-se com água até 500 mL.

V.210.1.2 – Dissolvem-se 15 g de ácido oléico em 600 mL de álcool (**tóxico, inflamável; disp. D**) a 90 a 95% e 400 mL de água e adicionam-se 4 g de KOH (**corrosivo, tóxico; disp. N**). Padroniza-se usando solução de cloreto de bário (**muito tóxico; disp. E**) (contém 4,363 g por litro).

V.211 - REAGENTE DE WISCHO

V.211.1 – *Uso em identificação de fenóis que têm radical hidroxila na posição orto*[42]

V.211.1.1 – Dissolvem-se 0,2 g de V_2O_5 (**muito tóxico, irritante; disp. O**) em 3 mL de HCl diluído e dilui-se até 25 mL.

V.211.1.2 – Dissolvem-se 0,2 g de V_2O_5 em 3 mL de ácido fosfórico (**corrosivo; disp. N**) (d: 1,12) e dilui-se até 25 mL.

V.211.1.3 – Dissolvem-se 0,4 g de V_2O_5 (**muito tóxico, irritante; disp. O**) em 4 mL de H_2SO_4 (**oxidante, corrosivo; disp. N**) e dilui-se até 100 mL.

V.211.1.4 – Dissolvem-se 0,2 g de V_2O_5 em 50 mL de solução de ácido oxálico (**corrosivo, tóxico; disp. J**) a 1%.

V.212 – SOLUÇÃO DE WOLESKY

Uso em identificação de lignina[42]

Dissolve-se 1 g de difenilamina (**cancerígeno; disp. A**) em 50 mL de álcool (**tóxico, inflamável; disp. D**) e adicionam-se 5 a 6 mL de HCl concentrado (**corrosivo; disp. N**).

V.213 – SOLUÇÃO DE ZIMMERMANN REINHARDT

Uso em determinação quantitativa de ferro(II)[15,42]

Dissolvem-se 70 g de sulfato manganoso (**irritante; disp.L**) em cerca de 500 mL de água, adicionam-se 125 mL de H_2SO_4 concentrado (**oxidante, corrosivo; disp. N**) e 125 mL de ácido fosfórico a 85% (**corrosivo; disp. N**). Dilui-se com água até 1 litro.
Esta solução é, também, chamada solução de Reinhardt ou solução preventiva e é usada para evitar o gasto de permanganato de potássio (**oxidante, irritante; disp. J**) por reação com ácido clorídrico (**corrosivo; disp. N**) no caso de padronização de ferro(II) em solução ácida de HCl.

$$2KMnO_4 + 16HCl \rightarrow 2KCl + 2MnCl_2 + 5Cl_2 + 8H_2O$$

A concentração desta solução é, respectivamente, $MnSO_4$ 0,3M; H_2SO_4 2M e H_3PO_4 2M.

capítulo

VI

MATERIAIS ESPECIAIS EM LABORATÓRIO: SUAS PREPARAÇÕES E PURIFICAÇÕES

VI.1 - ABSORVENTES[15,25]

VI.1.1 - *Orto-hidróxido de alumínio*

Dissolvem-se 2,2 g de sulfato de alumínio $[Al_2(SO_4)_3 \cdot 18H_2O]$ (**irritante; disp. N**) em 60 mL de água, adicionam-se 10 mL de solução de hidróxido de amônio a 10% mantendo-se a temperatura de 60°C e, em seguida, adiciona-se solução aquosa e aquecida a 58°C de alúmen amoniacal (7,67 g de $[NH_4Al(SO_4)_2 \cdot 12H_2O]$ (**disp. N**) dissolvidas em 15 mL de água). Mergulha-se em banho-maria para que a temperatura da solução não se torne inferior a 58°C e, após cerca de 10 minutos, centrifuga-se o precipitado formado.

Lava-se este precipitado duas vezes com 150 mL de água contendo 2 mL de solução de hidróxido de amônio concentrada (**corrosivo, tóxico; disp. N**) de cada vez e, em seguida, três vezes 150 mL de água de cada vez.

VI.1.2 - *Caulim*

Misturam-se 50 g de caulim comercial com certa quantidade de HCl concentrado (**corrosivo; disp. N**), aquece-se vagarosamente regulando-se de forma a começar a entrar em ebulição após 1 a 2 horas e continua-se o refluxo durante 24 horas (Cuidado. Use a capela). Dilui-se com água fria e separa-se o precipitado da solução mãe. Em seguida, lava-se este precipitado com água, até que a solução lavada perca a acidez.

VI.1.3 - *Carvão ativo*

Pode-se usar o produto comercial. O carvão ativo (**irritante; disp. O**) comercial absorve enxofre, alcalóides, aminas e corantes.

A granulometria do carvão ativo (**irritante, inflamável; disp. O**) de 70 a 80% para uso em descoloração e filtração é de 325 mesh e 150 mesh, respectivamente.

Método de ensaio de absorção de carvão ativo

Adiciona-se solução de sulfato de quinina (0,12 g de $[(C_{20}H_{24}N_{20})_2 \cdot H_2SO_4 \cdot 2H_2O]$ dissolvidos em 100 mL de água) a 1 g de carvão ativo, agita-se vigorosamente durante 5 minutos e filtra-se imediatamente. Rejeitam-se 20 mL da solução filtrada inicial e adicionam-se 1 gota de HCl concentrado (**corrosivo; disp. N**) e 5 gotas de reagente de Mayer (pág. 357) em 10 mL de filtrado coletado em seguida. Não deve aparecer turvação.

VI.1.4 – *Óxido de alumínio*

Pode-se usar o produto comercial.

VI.1.5 – *Óxido de magnésio*

Pode-se usar o produto comercial.

VI.1.6 – *Terra ativada*

Adicionam-se duas vezes HCl 3 a 6 N à terra de Fullers (terra de Flórida), deixa-se ferver ou passa-se vapor super aquecido mantendo-se a temperatura entre 105 e 110°C durante 3 a 5 horas. Deixa-se decantar durante 1 a 2 horas, despeja-se a parte límpida e lava-se o precipitado com água. Neutraliza-se a parte ácida, se necessário, lava-se com água e seca-se na temperatura de 120 a 200°C.
Este material absorve gás venenoso, alcalóides, vitaminas ou umidade e descolore o petróleo e óleos. Ativa-se a 120-200°C na hora de usar.

VI.1.7 – *Hidróxido de cálcio*

Deixa-se hidratar a cal viva comercial (**irritante; disp. O**) e pulveriza-se. Este material é usado para separação de α-carotina e β-carotina.

VI.1.8 – *Caulim D*

Dissolvem-se 13 g de hidróxido de alumínio puro (**irritante; disp. O**) e 9 mL de solução de hidróxido de sódio (**corrosivo, tóxico; disp. N**) a 80% em 90 mL de água quente, dilui-se com água até 100 mL, elimina-se a parte insolúvel por filtração e leva-se o volume total até 1 litro. Passa-se, em seguida, vagarosamente o gás carbônico durante dois dias e deixa-se formar o precipitado. Separa-se o precipitado e a solução mãe por decantação, lava-se 12 vezes com água contendo gás carbônico e, em seguida, 3 vezes com água.

VI.1.9 – *Poli-hidróxido de alumínio*

Dissolvem-se 25 g de sulfato de alumínio (**irritante; disp. N**) em 75 mL de água, aquece-se a 48°C e adiciona-se sobre 250 mL de solução de hidróxido de amônio a 15% agitando-se continuamente. A temperatura da solução se elevará até 50°C e continua-se a agitação durante 30 minutos, mantendo-se a temperatura entre 48 e 50°C. Em seguida, dilui-se com água até 1,2 litros, lava-se o precipitado 3 vezes por decantação e adicionam-se 250 mL de solução de hidróxido de amônio a 15% para decompor o sulfato de alumínio básico restante. Agita-se durante 5 minutos, adiciona-se água até 1,2 litros e repete-se a decantação 10 a 15 vezes.

NOTA: *Outros absorventes*
Ácido silícico, terra diatomácea, carvão animal, hidróxido de ferro, alúmen de ferro, hidróxido de zinco, ácido plúmbico, sulfato de bário, fosfato de bário, fosfato de cálcio, talco, terra de branquear, tri-estearina, colesterina, fibrina, caseína, açúcar, fio de seda, lã, etc.

VI.2 – ÁCIDO MONO IODO ACÉTICO[5,15]

Uso em determinação quantitativa de vitamina C

Dissolvem-se 100 g de ácido monocloroacético ($CH_2ClCOOH$) (**muito tóxico, corrosivo; disp. A**) em 50 mL de água, adicionam-se 166 g de iodeto de potássio e mergulha-se num banho a 50°C durante cerca de duas horas, agitando-se de vez em quando. A solução se tornará amarela devido à formação de iodo (**corrosivo, irritante; disp. P**). Em seguida adiciona-se pequena quantidade de sulfito de sódio sólido (**irritante; disp. N**) para descoloração e extrai-se duas vezes com o mesmo volume de éter (**irritante, inflamável; disp. D**). Juntam-se os extratos, adiciona-se cloreto de cálcio (**irritante; disp. O**) e agita-se durante cerca de 10 minutos. Após a desidratação, deixa-se evaporar o éter.
Em seguida, adiciona-se pequena quantidade de água quente e solução aquosa de tiossulfato de sódio no resíduo cristalino amarelo-marrom para eliminar o iodo liberado, deixa-se dissolver em banho a 50°C até saturação e filtra-se. Esfria-se a solução filtrada em água gelada, filtram-se os cristais formados em vácuo e seca-se em dessecador num lugar escuro. A solução mãe cristalizará mais ácido monoiodoacético (**tóxico, corrosivo; disp. A**) por evaporação em vácuo em dessecador.
O ácido monoiodoacético cristaliza na forma de placas incolores com ponto de fusão de 83°C.

VI.3 – AGENTES FRIGORÍFICOS (MISTURAS REFRIGERANTES)[5,6,15,25,32]

VI.3.1 – Na tabela seguinte, estão fixadas as quantidades de sais inorgânicos a serem misturados em 100 g de água na temperatura ambiente e as temperaturas atingidas.

Substâncias	*Quantidades (g)*	*Temperaturas (ºC)*	*Substâncias*	*Quantidades (g)*	*Temperaturas (ºC)*
$AlK(SO_4)_2 \cdot 12H_2O$	14	14	NH_4Cl	30	–3
$NaCl$	36	13	$Na_2S_2O_3$	110	–4
K_2SO_4	12	12	$CaCl_2$	250	–8
$(NH_4)_2SO_4$	75	9	NH_4NO_3	100	–12
Na_2SO_4	20	8	$NH_4Cl + HNO_3$	33 + 33	–12
$MgSO_4$	85	7	NH_4NO_3	77	–16
KNO_3	16	5	NH_4SCN	133	–16
$(NH_4)_2CO_3$	30	3	$KSCN$	100	–24
KCl	30	2	$NH_4Cl + HNO_3$	100 + 100	–25
CH_3COONa	85	–0,5			

VI.3.2 – Na tabela seguinte, estão fixadas as quantidades de sais inorgânicos a serem misturadas em 100 g de gelo triturado ou neve e as temperaturas atingidas.

Substâncias	*Quantidades (g)*	*Temperaturas (ºC)*
Na_2CO_3	20	–2
KCl	30	–11
NH_4Cl	25	–15
NH_4NO_3	50	–17
$NaNO_3$	50	–18
H_2SO_4 concentrado	25	–20
$NaCl$	33	–22
$NaNO_3 + NH_4NO_3$	55+ 52	–26
$NaNO_3 + NH_4SCN$	9+ 67	–28
$CaCl_2$	100	–29
$NH_4Cl + HNO_3$	13+38	–31
$NaNO_3 + KSCN$	2 + 112	–34
$NaNO_3 + NH_4SCN$	55 + 40	–37
$CaCl_2$	150	–49

VI.3.3 – No caso de ser usado gelo seco:

Mistura	*Temperatura*
Gelo seco + álcool a 86%	– 68
Gelo seco + acetona	– 86
Gelo seco + éter	– 90

VI.4 – AMÁLGAMAS[15,25]

VI.4.1 – *Amálgama de alumínio*

Lava-se o alumínio em pó (**inflamável; disp. P**) ou placa com uma solução de NaOH a 10% e água, joga-se em solução de cloreto mercúrico a 0,5-1% (**muito tóxico; disp. L**) e lava-se com água.
Prepara-se na hora de usar, ou conserva-se mergulhado em éter de petróleo (**irritante, inflamável; disp. D**) de baixo ponto de ebulição.

VI.4.2 – *Amálgama de magnésio*

Deixa-se aquecer o álcool a 95% (**tóxico, inflamável; disp. D**) fracamente acidulado com HCl (**corrosivo; disp. N**), coloca-se a mesma quantidade de mercúrio (**muito tóxico; disp. P**) e magnésio em pó (**inflamável; disp. P**) e mistura-se bem. Despeja-se a solução e lava-se com álcool puro.

VI.4.3 – *Amálgama de sódio*

Adiciona-se sódio metálico (**inflamável; disp. G**) em mercúrio seco (**muito tóxico; disp. P**), agita-se usando bastão de vidro e deixa-se reagir.
Nesta operação, o sódio metálico reage vigorosamente com mercúrio e, então, o procedimento deve ser conduzido com cuidado.

VI.4.4 – *Amálgama de zinco*

VI.4.4.1 – Dissolvem-se 10 g de mercúrio (**muito tóxico; disp. P**) em HNO_3 6N aquecendo vagarosamente, adicionam-se 250 g de zinco em pó 20 a 30 mesh (**inflamável; disp. P**) e agita-se durante 5 minutos. Decanta-se a solução, lava-se com água e conserva-se em água.

VI.4.4.2 – Misturam-se 10 g de zinco com 450 g de mercúrio (**muito tóxico; disp. P**) e adiciona-se pequena quantidade de água e 2 a 3 gotas de ácido sulfúrico concentrado (**oxidante, corrosivo; disp. N**) e aquece-se para dissolução.

VI.4.5 – *Amálgama de zinco líquido*

VI.4.5.1 – Dissolvem-se pedaços de zinco lavado por H_2SO_4 diluído em 100 g de mercúrio (**muito tóxico; disp. P**) e pequena quantidade de H_2SO_4 (1:10), aquecendo-se em banho-maria durante uma hora.

VI.4.5.2 – Adicionam-se 250 g de zinco em 500 mL de solução de cloreto mercúrico a 2 a 3% (**muito tóxico; disp. L**).

VI.5 – AMIANTO DE PALÁDIO[4,15]

Uso em determinação quantitativa de hidrogênio

Dissolve-se 1 g de paládio em água régia (**corrosivo**), deixa-se evaporar até a secura para eliminar o ácido liberado e dissolve-se o cloreto de paládio (**muito tóxico, corrosivo; disp. P**) formado em pequena quantidade de água. Em seguida, adicionam-se 5 mL de solução aquosa e saturada de formiato de sódio (HCOONa) (**irritante; disp. A**) e carbonato de sódio (**irritante; disp. N**) até que a solução fique fortemente alcalina. Mergulha-se o amianto em forma de fibra (**tóxico**; N. R. -o uso de amianto tem se tornado proibido, pois este material pode causar asbestose. Consulte a legislação vigente antes de usá-lo) e seca-se por aquecimento brando. Seca-se o paládio em pó de cor preta em banho-maria e lava-se repetidas vezes para eliminar os sais solúveis. Este material contém cerca de 50% de Pd e é usado para ligação de hidrogênio e oxigênio como catalisador.
Para uso em absorção de hidrogênio, aquece-se na hora de usar para eliminar o hidrogênio e passa-se ar para oxidar parcialmente.

VI.6 – ATIVAÇÃO DE PERMUTITA[15]

Uso em determinação quantitativa de vitamina B_1

Coloca-se permutita em pó, de 50 a 80 mesh, em água, lava-se repetidas vezes até que a solução decantada fique transparente e lava-se duas vezes em 10 minutos com 10 vezes seu volume em ácido acético a 3% em fervura. Em seguida, lava-se com 5 vezes seu volume de solução de cloreto de potássio a 3% em ebulição, lava-se mais 2 vezes com 10 vezes seu volume de ácido acético a 3% e, finalmente, lava-se repetidas vezes com água até que a solução lavada dê reação negativa para cloreto. Conserva-se em água.

VI.7 – CARBONATO BÁSICO DE COBRE[5,15]

Adiciona-se solução aquosa e saturada de carbonato de sódio em solução aquosa de sulfato de cobre (**tóxico, irritante; disp. L**) e seca-se o precipitado formado [$CuCO_3 \cdot Cu(OH)_2$] em estufa.
Este material na forma de pó azul-esverdeado e livre de álcali é estável até 150°C.
Torna-se preto pela ação do ácido sulfídrico (**fétido, tóxico**).

VI.8 – CARBONATO DE PRATA[5,15]

Uso em determinação quantitativa de glicerina

Adicionam-se 4,9 mL de solução de Na_2CO_3 1N em 140 mL de solução de sulfato de prata (Ag_2SO_4) a 0,5%, deixa-se decantar o precipitado formado e lava-se 3 vezes com 100 mL de água cada vez por decantação. Prepara-se na hora de usar.

VI.9 – CLORETO DE CROMILA[4,5,15]

Uso em oxidação

Misturam-se 6 g de dicromato de potássio (**cancerígeno, oxidante; disp. J**) com 5 g de NaCl (**irritante; disp. N**), aquece-se e deixa-se fundir. Após o esfriamento, coloca-se numa retorta, adicionam-se 15 g de H_2SO_4 fumegante (**oxidante, corrosivo; disp. N**). Libera gases tóxicos e corrosivos. Use a capela) fraco e deixa-se destilar. Em seguida, destila-se mais uma vez em corrente de gás carbônico. Se a reação for muito vigorosa, usa-se o dissulfeto de carbono (CS_2) (**tóxico, inflamável; disp. D**) como solvente.

$$K_2Cr_2O_7 + 4NaCl + 3H_2S_2O_7 \rightarrow$$
$$\rightarrow 2CrO_2Cl_2 + 2Na_2SO_4 + K_2SO_4 + 3H_2O$$

Este material é usado como oxidante em preparações de aldeídos do grupo do benzeno.

VI.10 - DESCOLORIZANTES[15,25]

VI.10.1 - *Cloreto estanoso*

O cloreto estanoso (**corrosivo; disp. L**) é usado para descoloração de oxi-ácidos ou ácidos fenólicos como ácido ânsico ($CH_3OC_6H_4COOH$), ácido salicílico (**tóxico; disp. A**) [$C_6H_4(OH)COOH$] e ácido cresetínico [$C_6H_3(COOH)CH_3(OH)$] (**irritante; disp. A**).

VI.10.2 - *Peróxido de dibenzoíla*

Este material é comercialmente chamado lacidol e forma anidrido benzóico e oxigênio ativo. Adicionam-se 0,1 a 0,2% de óleo (oliva, amendoim, milho, etc.) e aquece-se a 100°C durante 15 a 30 minutos.

VI.10.3 - *Peróxido de hidrogênio*

É usado principalmente para branqueamento de fibras animais, mas pode ser usado, também, para descolorização de solução.

VI.10.4 - *Carvão ativo* (pág. 382)

VI.10.4.1 - *Purificação de carvão ativo comercial*

Adicionam-se 30 mL de HCl 1N e 200 mL de água em 10 g de carvão ativo (**irritante; disp. O**) comercial, aquece-se durante 20 minutos, agitando-se continuamente e rejeita-se a solução por decantação. Em seguida, lava-se repetidas vezes com água até que a solução decantada fique livre de ácido, filtra-se em vácuo e seca-se. Transfere-se para cadinho com tampa, aquece-se e coloca-se num recipiente tampado seco antes de esfriar até temperatura ambiente.

VI.10.5 - *Caulim D* (pág. 383)

É usado para descoloração de petróleo e gorduras.

VI.10.6 - *Acetato básico de chumbo*

Adicionam-se, pouco a pouco, 100 mL de solução de hidróxido de amônio (d: 0,96; **corrosivo, tóxico; disp. N**) em 500 mL de solução aquosa e saturada de acetato de chumbo (**cancerígeno; disp. L**) esfriando-se com água corrente, deixa-se decantar durante 2 a 3 dias e separa-se o precipitado formado por filtração. Dissolve-se este precipitado em água fria na hora de usar. Este material descolore gorduras (óleos) e precipita.

VI.10.7 – *Hidróxido de alumínio* (pág. 383)
Este material é, também, usado como desodorizante.

VI.10.8 – *Outros descolorizantes*
Gás sulfuroso (**irritante, corrosivo**) para açúcar.
Permanganato de potássio (**oxidante, irritante; disp. J**) para branqueamento de fibras.

VI.11 – DESIDRATANTES[15,25,41]

VI.11.1 – *Ácido bórico*

VI.11.1.1 – Adiciona-se o ácido bórico em ácido fórmico (**corrosivo; disp. C**), deixa-se decantar diversas horas e destila-se a parte líquida na pressão de 12 a 18 mm Hg (22 a 25°C). Não se pode usar o cloreto de cálcio (**irritante; disp. O**) ou pentóxido de fósforo (**corrosivo; disp. N**) para desidratação de ácido fórmico (**corrosivo; disp. C**).

VI.11.1.2 – Aquecer o ácido bórico (**disp. N**) comercial em cadinho metálico na temperatura de 600 a 800°C, ao terminar a formação de espumas e a fusão, joga-se em cima da chapa de ferro para solidificar e deixa-se esfriar em dessecador.

VI.11.2 – *Amálgama de alumínio*
O amálgama de alumínio (**muito tóxico; disp. P**) é usado para desidratação de álcool (**tóxico, inflamável; disp. D**). Colocam-se 3 g de amálgama de alumínio por litro de álcool, deixa-se em refluxo até que o amálgama fique dissolvido e destila-se. Sua eficiência de desidratação é quase a mesma do sódio metálico (**inflamável; disp. G**).

VI.11.3 – *Amálgama de magnésio*
Recomenda-se o amálgama de magnésio (pág. 386. Cuidado, **muito tóxico**) para desidratação de álcool etílico (**tóxico, inflamável; disp. D**). Adiciona-se o amálgama de magnésio a 2 a 10% do volume de álcool, deixa-se em refluxo durante 2 a 3 horas e destila-se.

VI.11.4 – *Cal viva*

Deixa-se em refluxo com álcoois durante 4 horas. No método de Young, adicionam-se 300 g de cal viva recém-ativada (**irritante; disp. O**) por 1 litro de álcool a 95% (**tóxico, inflamável; disp. D**) e deixa-se ferver durante 4 horas.

Para desidratação de dissulfeto de carbono (**tóxico, inflamável; disp. D**), coloca-se a cal viva em CS_2 e deixa-se decantar durante cerca de duas semanas.

VI.11.5 – *Cálcio metálico*

O cálcio metálico (**inflamável; disp. P**) é usado para desidratação de álcoois. Sua característica é semelhante à do sódio metálico (**inflamável; disp. P**), mas, a eficiência é inferior.

Para desidratação de etanol, adicionam-se 20 g de cálcio metálico por 1 litro de etanol e deixa-se ferver durante diversas horas, mas, para a desidratação do metanol, após refluxo, adiciona-se ácido sulfanílico (**irritante; disp. A**) e deixa-se ferver para eliminar a amônia.

Não se pode usar o cálcio metálico para desidratação de aldeídos, ácidos, amônia ou as soluções que os contém.

VI.11.6 – *Carbeto de cálcio*

O carbeto de cálcio (CaC_2) (**corrosivo; disp. K**; N. R..-libera acetileno quando reage com água ou umidade.) é usado para desidratação de álcoois, mas, tem a inconveniência de deixar impurezas. Pode-se eliminar o odor de acetileno pelo refluxo com sulfato de cobre anidro (**tóxico, irritante; disp. L**).

VI.11.7 – *Carbonato de potássio*

Pode-se usar o carbonato de potássio (K_2CO_3) (**irritante; disp. N**) para desidratação de ésteres, acetona (**inflamável; disp. D**), hidrazina (**muito tóxico, cancerígeno; disp. A**), clorofórmio (**muito tóxico, possível cancerígeno; disp. B**), dimetilanilina (**muito tóxico, irritante; disp. B**), fenil-hidrazina (**muito tóxico, cancerígeno; disp. A**) e álcool amílico (**inflamável; disp. C**).

Para o aperfeiçoamento da desidratação, usa-se cloreto de cálcio anidro (**irritante; disp. O**), sulfato de cobre anidro (**tóxico, irritante; disp. L**) ou pentóxido de fósforo (**corrosivo; disp. N**). É necessário aquecer a altas temperaturas o produto comercial puro até que fique anidro, antes de usar.

VI.11.8 – *Cloreto de cálcio*

VI.11.8.1 – O cloreto de cálcio (**irritante; disp. O**) é usado para desidratação de compostos halogenados, éter (**irritante, inflamável; disp. D**), benzeno (**cancerígeno, inflamável; disp. B**; N. R.- solvente de uso restrito. Deve-se estudar a possibilidade de substituí-lo por outro.), tolueno (**irritante, inflamável; disp. D**), dissulfeto de carbono (**tóxico, inflamável; disp. D**), clorofórmio (**muito tóxico, possível cancerígeno; disp. B**), hidrocarbonetos (**irritante, inflamável; disp. D**), acetona (**inflamável; disp. D**) por refluxo, porém, para eliminar traços de água, usam-se outros desidratantes. Por exemplo, para desidratação completa de benzeno e tolueno, adiciona-se sódio metálico (**inflamável; disp. G**) e destila-se, e também, para acetato de etila (**irritante, inflamável; disp. D**) e clorofórmio, adiciona-se P_2O_5 (**corrosivo; disp. N**) e destila-se.

VI.11.8.2 – Quando for usar o cloreto de cálcio (**irritante; disp. O**), trata-se da seguinte maneira: aquece-se o cloreto de cálcio comercial ($CaCl_2 \cdot 6H_2O$) em recipiente de ferro até cerca de 800°C e deixa-se fundir o cloreto. Na hora de usar, coloca-se em cima da tela de amianto (**tóxico**; N. R. -o uso de amianto tem se tornado proibido, pois este material pode causar asbestose. Consulte a legislação vigente antes de usá-lo), cobre-se com uma tampa de porcelana refratária e aquece-se de todos os lados. Quando esfriar até cerca de 90°C, coloca-se na solução a ser desidratada.

VI.11.8.3 – Não se pode usar o cloreto de cálcio (**irritante; disp. O**) para desidratação de compostos orgânicos como álcoois, cetonas, aminas, amino fenóis, amidas, ácidos carboxílicos, ésteres de ácidos carboxílicos, óxido de etileno, etc.

VI.11.9 – *Cloreto de lítio*

O cloreto de lítio é usado para eliminar traços de água em acetato de etila (**irritante, inflamável; disp. D**).

VI.11.10 – *Cloreto de zinco*

O cloreto de zinco (**tóxico, irritante; disp. L**) é usado para desidratação de éter de petróleo (**irritante, inflamável; disp. D**).

VI.11.11 – *Hidróxidos alcalinos*

Os hidróxidos alcalinos (**corrosivo, tóxico; disp. N**) são usados para desidratação de anilina (**muito tóxico, cancerígeno; disp. C**), quinolina (**tóxico, irritante; disp. A**), piridina (**irritante; disp. C**), alcalóides, tetracloreto de carbono (**tóxico, cancerígeno; disp. B**; N. R.- solvente de uso restrito. Deve-se estudar a possibilidade de substituí-lo por outro) e compostos básicos de amina.

Adiciona-se o hidróxido alcalino e deixa-se decantar ou ferver em refluxo.

Para eliminar traços de água, usa-se P_2O_5 (**corrosivo; disp. N**) ou Na metálico (**inflamável; disp. G**). Não se pode usar os hidróxidos alcalinos para desidratação de fenóis, ácidos, aldeídos, ésteres, cetonas e os compostos ácidos.

VI.11.12 – *Hidreto de cálcio*

Adiciona-se o hidreto de cálcio (CaH_2) (**corrosivo; disp. G**) em álcool (**tóxico, inflamável; disp. D**) ou piridina (**irritante; disp. C**) e deixa-se ferver em refluxo.

Usam-se 17,5 g de hidreto de cálcio por um litro de álcool.

VI.11.13 – *Liga de chumbo e sódio*

Esta liga é superior ao sódio metálico como desidratante final.

Esta liga pode ser preparada, colocando-se o chumbo e sódio (**inflamável; disp. G**) na proporção de 9:1 num cadinho de ferro e aquecendo-se até fundir com contínua agitação. Esta liga tem as seguintes vantagens:

a) Pode ser quebrada facilmente no tamanho desejado e controlar a velocidade da reação de desidratação.
b) Não há perigo de explodir em contato com a água.

VI.11.14 – *Liga de potássio e sódio*

Esta liga é usada para desidratação de álcool (**tóxico, inflamável; disp. D**). A eficiência de desidratação é maior do que a do sódio metálico (**inflamável; disp. G**), mas, é pouco usada porque há o perigo de explodir com água e seu custo é elevado.

VI.11.15 – *Magnésio metálico*

O magnésio metálico (**inflamável; disp. P**) é usado para desidratação de álcoois.

VI.11.16 – *Óxido de bário*

VI.11.16.1 – É usado para desidratação completa de álcool (**tóxico, inflamável; disp. D**). Para obtenção de piridina anidra (**irritante; disp. C**), coloca-se o óxido de bário desidratada (**corrosivo; disp. E**) e deixa-se decantar durante 7 a 10 dias ou manter sob refluxo.
Não se pode usar para desidratação de metanol (**tóxico, inflamável; disp. D**) e álcool alílico (**muito tóxico, inflamável; disp. D**) porque estes produzem complexo com o óxido de bário.

VI.11.16.2 – Quando for usar o óxido de bário (**corrosivo; disp. E**), aquece-se o produto comercial durante uma hora ou deixa-se reduzir o carbonato de bário (**muito tóxico, irritante; disp. O**) comercial pelo carvão ativo (**irritante, inflamável; disp. O**) em baixa temperatura, esfria-se em dessecador com P_2O_5 (**corrosivo; disp. N**) e reduz-se a pó rapidamente. Conserva-se em tubo fechado. A sua capacidade de desidratação é elevada, mas, absorve, também, o gás carbônico e não se pode fazer nova recuperação.

VI.11.17 – *Pentóxido de fósforo*

O pentóxido de fósforo (P_2O_5) (**corrosivo; disp. N**) é usado para desidratação de hidrocarbonetos (**irritante, inflamável; disp. D**), alquilas halogenadas, benzeno (**cancerígeno, inflamável; disp. B**; N. R.- solvente de uso restrito. Deve-se estudar a possibilidade de substituí-lo por outro.), tolueno (**irritante, inflamável; disp. D**), ésteres, nitrilas, dissulfeto de carbono (**tóxico, inflamável; disp. D**), clorofórmio (**muito tóxico, possível cancerígeno; disp. B**) e ácido acético (**corrosivo; disp. C**).
A capacidade de desidratação completa de P_2O_5 é superior à do sódio metálico (**inflamável; disp. G**).
Não se pode usar o P_2O_5 para desidratação de cetonas, piridina (**irritante, inflamável; disp. C**) e ácidos carboxílicos básicos.
O pentóxido de fósforo produz um complexo por aquecimento com éter (**irritante, inflamável; disp. D**).

$$C_2H_5OC_2H_5 + P_2O_5 \rightarrow 2\ C_2H_5OPO_2$$

VI.11.18 – *Sódio metálico*

O sódio metálico (**inflamável; disp. G**) é usado para desidratação completa de éter (**irritante, inflamável; disp. D**), benzeno (**cancerígeno, inflamável; disp. B**; N. R.- solvente de uso restrito. Deve-se estudar a possibilidade de substituí-lo por outro.), tolueno (**irritante, inflamável; disp. D**), xileno (**irritante, inflamável; disp. D**), éter de petróleo, ligroína e hidrocarbonetos

(**irritante, inflamável; disp. D**). É usado em forma de fio ou escama e conservado em éter de petróleo (**irritante, inflamável; disp. D**). Para eliminar o éter de petróleo, na hora de usar, lava-se 2 a 3 vezes com éter etílico (**irritante, inflamável; disp. D**).
Não se pode usar para desidratação de clorofórmio (**muito tóxico, possível cancerígeno; disp. B**), tetracloreto de carbono (**tóxico, cancerígeno; disp. B**; N. R.- solvente de uso restrito. Deve-se estudar a possibilidade de substituí-lo por outro.), aldeídos e compostos que têm radicais hidroxila ou carbonila.

VI.11.19 – *Sulfato de cobre*

O sulfato de cobre (**tóxico, irritante; disp. L**) é usado para desidratação de álcool, benzeno (**cancerígeno, inflamável; disp. B**; N. R.- solvente de uso restrito. Deve-se estudar a possibilidade de substituí-lo por outro.), éter (**irritante, inflamável; disp. D**), acetona e ácido acético (**corrosivo; disp. C**).
O tempo necessário para desidratação é mais longo do que aquele requerido no caso da cal viva (**irritante; disp. O**), mas o rendimento do material desidratado é maior.
É melhor usar o sódio metálico (**inflamável; disp. G**) para desidratação completa.
Prepara-se o sulfato de cobre anidro para desidratação aquecendo o produto industrial puro até cerca de 400°C.
Não se pode usar o sulfato de cobre para desidratação de metanol (**tóxico, inflamável; disp. D**) porque há formação de um complexo.

VI.11.20 – *Sulfato de sódio*

O sulfato de sódio (**irritante; disp. N**) é usado para desidratação de éter (**irritante, inflamável; disp. D**), benzeno (**cancerígeno, inflamável; disp. B**; N. R.- solvente de uso restrito. Deve-se estudar a possibilidade de substituí-lo por outro.), éter de petróleo (**irritante, inflamável; disp. D**) e clorofórmio (**muito tóxico, possível cancerígeno; disp. B**) por aquecimento em refluxo.
Pode-se obter o sulfato de sódio (Na_2SO_4) (**irritante; disp. N**) pelo aquecimento de sulfato de sódio hidratado ($Na_2SO_4 \cdot 10H_2O$) em cadinho de níquel ou cápsula de porcelana.
A sua capacidade de desidratação não é muito alta, mas não se torna deliqüescente por absorção de umidade e é neutro, portanto, é frequentemente usado para desidratação de solventes orgânicos.

VI.11.21 – *Triacetato de cromo e triacetato de boro*
São usados para desidratação de ácido acético (**corrosivo; disp. C**).

NOTA: *Método de identificação de água contida em solventes*

a) Adiciona-se sulfato de cobre anidro (**tóxico, irritante; disp. L**) e agita-se. Se houver água no solvente, o sulfato de cobre torna-se azul.
b) Adiciona-se o acetato de rosanilina (**cancerígeno; disp. A**) em pó e agita-se. Se houver água no solvente, o acetato torna-se vermelho.
c) Adiciona-se o ácido pícrico (**inflamável, tóxico; disp. K**) em pó. Se houver água no solvente, o ácido torna-se amarelo.
d) Mergulha-se papel reativo de KI-Pb (pág. 409) no solvente. Se houver água o papel torna-se amarelo.
e) A água contida em éter é identificada pela adição e agitação com um mesmo volume de dissulfeto de carbono anidro (**tóxico, inflamável; disp. D**).

VI.12 – DIOXITARTARATO DE SÓDIO-OSAZONA[15]

Adiciona-se água em 30 g de cloridrato de fenil-hidrazina (**muito tóxico, cancerígeno; disp. A**) (pág. 232) até 500 mL, adiciona-se a solução ácida de dioxitartarato de sódio (20 g de dioxitartarato de sódio dissolvido em 80 mL de HCl a 18%) e aquece-se em banho-maria durante 30 minutos. Filtra-se a osazona precipitada ($C_{18}H_{22}O_4N_4$); lava-se repetidas vezes com álcool (**tóxico, inflamável; disp. D**) e seca-se. Em seguida, transfere-se a osazona para um balão de fundo redondo, adiciona-se pequena quantidade de álcool e ferve-se. Adiciona-se KOH (**corrosivo, tóxico; disp. N**) em quantidade estequiométrica na forma de solução alcoólica a 10% e mantém-se sob refluxo. Após algum tempo, filtra-se o dioxitartarato de sódio-osazona precipitado, lava-se com álcool e seca-se.

VI.13 – DITIZONA[15,39,43]

Adiciona-se o dissulfeto de carbono (**tóxico, inflamável; disp. D**) em solução de fenil-hidrazina ($C_6H_5NHNH_2$) (**muito tóxico, cancerígeno; disp. A**) em éter etílico (**irritante, inflamável; disp. D**), filtra-se o precipitado formado [$(C_6H_5NHNH_2)_2CS_2$] e lava-se com éter. Após secagem, aquece-se em banho de óleo na temperatura de 100 a 110°C e deixa-se formar o gás sulfídrico (**tóxico, inflamável; disp. K**).

$$(C_6H_5NHNH_2)_2CS_2 \rightarrow (C_6H_5NHNH)_2CS + H_2S$$

Elimina-se o gás de H_2S (**tóxico, inflamável; disp. K**) por meio de corrente de gás carbônico, interrompe-se o aquecimento ao começar a formação de amônio e deixa-se esfriar. Extrai-se com álcool quente (**tóxico, inflamável; disp. D**) e deixa-se cristalizar a difeniltiocarbazida crua pelo esfriamento.

Adiciona-se este cristal em solução alcoólica de KOH (**corrosivo, tóxico; disp. N**) concentrada (pág. 81), deixa-se ferver durante 10 a 15 minutos até dissolver e, em seguida, filtra-se. Goteja-se o H_2SO_4 (**oxidante, corrosivo; disp. N**) (1:1) nesta solução vermelha escura filtrada e deixa-se precipitar a ditizona azul.

Dissolve-se este precipitado em solução de KOH, repete-se a operação de gotejar o H_2SO_4 (1:1) até completar a purificação. A ditizona é um pó preto ou marrom muito escuro, insolúvel em água, mas facilmente solúvel em solventes orgânicos formando uma solução verde.

VI.14 – FUNDENTES[4,6,15,16,32]

VI.14.1 – *Ácido bórico (H_3BO_3)*

O ácido bórico é usado para fundir compostos sílico-fluoretos. Forma trifluoreto de boro (BF_3) (**muito tóxico; disp. F**) volátil.

VI.14.2 – *Bicarbonato de sódio ($NaHCO_3$) + Alumínio + Carvão*

Misturam-se 5 g de bicarbonato de sódio (**disp. N**), 2 g de alumínio em pó (**inflamável; disp. P**) e 1 g de carvão de amido com 8 g de amostra (sulfato) e deixa-se fundir em cadinho de níquel.

VI.14.3 – *Bissulfato de potássio ($KHSO_4$)*

Misturam-se 8 a 10 volumes de $KHSO_4$ (**corrosivo; disp. N**) para cada volume de amostra e deixa-se fundir em cadinho de quartzo ou de platina. O bissulfato de potássio é usado para fundir minérios (Fe, Al, Sb, Cu, Cr, Mn, Mo, Ta, Ti, Ni e W) ou as ligas de aços (W, Cr, V e Mo) e especialmente, para extração de tungstênio, após fusão, usa-se a solução de carbonato de amônio a 10%. O peróxido de sódio (Na_2O_2) (**oxidante, corrosivo; disp. J**) é usado algumas vezes em lugar de $KHSO_4$

$Fe_2O_3 + 6KHSO_4 \rightarrow Fe_2(SO_4)_3 + 3K_2SO_4 + 3H_2O$.

VI.14.4 – *Bissulfato de potássio + H_2SO_4*

Pode-se aplicar o mesmo procedimento usado em VI-14.3.
Este fundente é usado para fusão de óxidos de metais básicos e escórias de fosfatos (Cr, Mo, V, W e Th).

VI.14.5 – *Bórax*

Misturam-se 13 volumes de bórax (**disp. N**) para cada volume de amostra (minério de zircônio) e deixa-se fundir em cadinho de platina.

VI.14.6 – *Carbonato de cálcio ($CaCO_3$) + cloreto de amônio (NH_4Cl)*

Misturam-se 4 g de $CaCO_3$ (**disp. O**) e 0,5 g de NH_4Cl (**irritante; disp. N**) para cada 0,5 g de amostra e deixa-se fundir em cadinho de ferro, níquel ou prata.
Este fundente é usado para solubilizar os metais alcalinos presentes em silicatos insolúveis, deixando-se, o restante, insolúvel.

VI.14.7 – *Carbonato de potássio (K_2CO_3)*

Misturam-se 10 volumes de K_2CO_3 (**irritante; disp. N**) para cada volume de amostra e deixa-se fundir em cadinho de platina.
O K_2CO_3 é usado para fusão de minérios de ácido arsênico (**muito tóxico, cancerígeno; disp. L**), tungstatos, niobatos e tantalatos. É superior ao carbonato de sódio (**irritante; disp. N**).

VI.14.8 – *Carbonato de potássio + Carbonato de sódio (Na_2CO_3)*

Misturam-se 8 volumes de uma mistura de K_2CO_3 e Na_2CO_3 (**irritante; disp. N**) (1:2) para cada volume de amostra e deixa-se fundir em cadinho de ferro, níquel ou platina.
Este fundente decompõe os silicatos (Al, Fe, F, Ni, Se e Te) e as solubilidades dos materiais formados em água são os seguintes:

Orto (H_4SiO_4 ou $SiO_2 \cdot 2H_2O$ (**irritante; disp. O**) solúvel
Meta (H_2SiO_3 ou $SiO_2 \cdot H_2O$ (**irritante; disp. O**) pouco solúvel

---

VI.14.9 – *Carbonato de potássio + nitrato de sódio ($NaNO_3$)*

Misturam-se 10 volumes de uma mistura de K_2CO_3 e $NaNO_3$ (**irritante; disp. N**) (1:1) para cada 1 volume de amostra (vidro) e deixa-se fundir.

VI.14.10 – *Carbonato de sódio anidro (Na_2CO_3)*

Misturam-se 4 a 6 g de Na_2CO_3 (**irritante; disp. N**) para cada 0,5 a 1 g de amostra e deixa-se fundir em cadinho de ferro, níquel ou platina. Por meio deste fundente, os silicatos (Al, Ca, Co e Cr), os halogenatos de prata e os sulfatos (Ba e Pb) são fundidos e Fe, Mn, Mg, Ba, Ca e Zn se tornam solúveis em solução ácida de HCl. Mas, usando excesso deste fundente a solubilidade diminui. Recomenda-se usar o ácido nítrico (**oxidante, corrosivo; disp. N**) para extrair os metais.

$$M^{II}SO_4 + Na_2CO_3 \rightarrow M^{II}CO_3 + Na_2SO_4$$

VI.14.11 – *Carbonato de sódio + enxofre*

Misturam-se 4 a 5 volumes de uma mistura de Na_2CO_3 (**irritante; disp. N**) e S_8 (**irritante; disp. B**) (1:1) para cada volume de amostra e deixa-se fundir em cadinho de porcelana.

Este fundente é usado para decomposição de óxidos de estanho e antimônio (SnO_2, Sn_2O_3 e Sb_2O_3 (**irritante; disp. O**). É estável e de tratamento fácil.

$$SnO_2 + 2Na_2CO_3 + S_8 \rightarrow 2Na_2SnS_3 + 2SO_2 + 2CO_2$$
$$Na_2SnS_3 + 2HCl \rightarrow 2NaCl + H_2S + SnS_2$$

VI.14.12 – *Carbonato de sódio + oxidantes ($KClO_3$, KNO_3, Na_2O_2, ZnO e MgO)*

Misturam-se 4 a 5 volumes de uma mistura de Na_2CO_3 (**irritante; disp. N**) e oxidantes (5 a 10:1) e deixa-se fundir em cadinho de ferro, níquel ou platina.

Oxidantes	*Cadinho*
Na_2O_2	Ferro ou níquel
KNO_3	Níquel ou platina

Este fundente é usado para fusão de minérios (Sb, As, Cr, Fe, Mo, V, Zr) e sulfetos.

$$Cr_2O_3 + 4KNO_3 \rightarrow 2K_2CrO_4 + 2NO + 2NO_2 + 1/2O_2$$

Extraem-se a argila e minérios de vanádio com água quente e deixa-se fundir usando-se o bissulfato de potássio (**irritante; disp. N**).

VI.14.13 – *Carbonato de sódio + óxido de zinco (ZnO)*
Misturam-se 4 g de óxido de zinco (**disp. N**) para cada grama de carbonato de sódio (**irritante; disp. N**), misturam-se 6 volumes de fundente para 1 volume de amostra e cobre-se com 2 volumes de fundente em cadinho de níquel ou platina. Em seguida, aquece-se e deixa-se fundir. Este fundente é usado para fusão de minérios de enxofre.

VI.14.14 – *Carbonato de sódio e sulfato de sódio (Na_2SO_4)*
Misturam-se 5 a 6 volumes de uma mistura de carbonato de sódio (**irritante; disp. N**) e sulfato de sódio (**irritante; disp. N**) (mesmo volume) para cada volume de amostra e deixa-se fundir em cadinho de platina.
Este fundente decompõe silicatos (Fe, Al, Mn, Mg, Ca, P, Zr) e é usado em lugar de Na_2CO_3 (**irritante; disp. N**).

VI.14.15 – *Cianeto de potássio (KCN)*
O cianeto de potássio (**muito tóxico, irritante; disp. S**. Cuidado! Pode liberar HCN, um gás muito tóxico. Use a capela) é usado para fusão de minério de estanho (estanita), utilizando a propriedade do CN^- reduzir o sal metálico até o metal. A estanita é usada em forma de pó para facilitar a fusão.

$$SnO_2 + 2KCN \rightarrow 2KCNO + Sn^0$$

VI.14.16 – *Cloreto de cálcio ($CaCl_2$)*
O cloreto de cálcio (**irritante; disp. O**) é usado com mesma finalidade do fundente de $CaCO_3$ (**irritante; disp. N**) e NH_4Cl (**irritante; disp.N**), mas apresenta a inconveniência do excesso de cloreto de cálcio entrar na solução.

VI.14.17 – *Hidróxidos alcalinos (NaOH e KOH)*
Misturam-se 4 a 5 volumes de hidróxidos alcalinos para cada volume de amostra e deixa-se fundir em cadinho de ferro, níquel ou prata. Os hidróxidos alcalinos são usados na fusão de óxidos de antimônio, minério de antimônio ou sulfatos (Cr, Sn e Zr) adicionando, de vez em quando, o fluoreto de potássio (KF) (**corrosivo, tóxico; disp. F**).
Também, o KOH (**corrosivo, tóxico; disp. N**) é usado para fusão de carbeto de silício e o NaOH (**corrosivo, tóxico; disp. N**) é usado para fusão de berílio.

VI.14.18 – *Mistura de Eschka*

Misturam-se 20 g de magnésia (MgO) porosa aquecida e 10 g de carbonato de sódio anidro (**irritante; disp. N**), usam-se 3 volumes de mistura para cada volume de amostra e deixa-se fundir em cadinho de níquel ou platina.
Este fundente é usado para fusão de carvão de pedra ou silicato de ferro. O conteúdo de enxofre neste fundente deve ser menor que 0,05%.

VI.14.19 – *Mistura de Turner*

Mistura-se 1 g de fluoreto de cálcio (**irritante; disp. O**) (ou iodeto de potássio) com 4,5 g de bissulfato de potássio (**irritante; disp. N**). Este fundente é usado para identificação de boro.

VI.14.20 – *Peróxido de sódio (Na_2O_2)*

Usam-se 5 a 10 g de Na_2O_2 (**oxidante, corrosivo; disp. J**) para cada grama de amostra e deixa-se fundir em cadinho de níquel ou prata.
O peróxido de sódio é usado para fusão de minérios de As, Sb, Cr, Mo, Ni, Sn, V e Zr ou ligas de aços (Cr, W e V).
Quando se fizer a fusão de minério de zircônio, usam-se 16 a 20 volumes de Na_2O_2 para cada volume de amostra e deixa-se fundir em cadinho de níquel forrado com carbonato de sódio (**irritante; disp. N**).

VI.14.21 – *Sulfeto de amônio* $[(NH_4)_2S]_n$

O sulfeto de amônio (**tóxico; disp. K**) é usado para análise de estanita porque transforma o estanho em sulfeto solúvel $[(NH_4)_2SnS_3]$ por aquecimento em cadinho.

VI.15 – HIDRÓXIDO DE ALUMÍNIO[4,15]

Uso em identificação de nitrogênio em forma de ácido nítrico e uso em descoloração

Dissolvem-se 10 g de alúmen $[AlK(SO_4)_2 \cdot 12H_2O]$ ou alúmen amoniacal $[Al(NH_4)(SO_4)_2 \cdot 12H_2O]$ em 200 mL de água, adiciona-se solução de hidróxido de amônio (**corrosivo, tóxico; disp. N**) para precipitar o hidróxido de alumínio (**irritante; disp. O**) e separa-se por filtração ou decantação. Lava-se repetidas vezes com água para eliminar o SO_4^{2-}, NO_2^- e NH_4^+. Prepara-se na hora de usar.

VI.16 – LIGA DE ARNDT[4,15]

Uso em redução de sulfatos

Prepara-se uma liga com 60% de magnésio e 40% de cobre.

VI.17 – LIGA DE DEVARDA[4,15,28]

Uso em determinação quantitativa de NO_3^-

Prepara-se uma liga com 45% de alumínio, 50% de cobre e 5% de zinco.

Para preparar esta liga, funde-se primeiramente o alumínio em cadinho de grafita, adiciona-se pouco a pouco o cobre e, finalmente, coloca-se o zinco. Aquece-se durante vários minutos, agita-se com bastão de ferro e deixa-se esfriar.

Esta liga é usada para reduzir quantitativamente os nitratos em solução alcalina.

VI.18 – MATERIAIS PARA FILTRAÇÃO[15,25]

VI.18.1 – *Papel de filtro qualitativo*

Este tipo de papel não é preparado através de tratamento com ácido clorídrico diluído ou ácido fluorídrico (**corrosivo, tóxico; disp. F**), portanto, contém uma parte de cinza consideravelmente alta e esta cinza dissolve-se em solução. Por esta razão se distingue do papel de filtro quantitativo.

VI.18.2 – *Papel de filtro quantitativo*

Cada papel de filtro quantitativo contém cinza entre 0,00008 a 0,0002 g/l cm de diâmetro.

VI.18.3 – *Papel de filtro duro*

O papel de filtro duro é preparado para ser usado em filtração em vácuo ou sob pressão, tratando-se quimicamente o papel de filtro comum de forma a endurecer as ligações celulósicas.

VI.18.4 – *Tecido para filtração*

Este tecido é usado especialmente para evitar a entrada da celulose do papel de filtro em precipitado orgânico na hora de separação. Tecidos de algodão e linho são mais recomendados.

VI.18.5 – *Tecido de nitrocelulose*

O tecido de nitrocelulose (cuidado. Explosivo quando seco) é usado para filtração de materiais que atacam a celulose como ácido nítrico concentrado (**oxidante, corrosivo; disp. N**) ou ácido nitroso concentrado (**corrosivo**). É estável aos ácidos fortes e água de cloro, mas, não pode ser usado em meio que contenha álcool, éter (**irritante, inflamável; disp. D**) e acetona porque é solúvel nessas substâncias.

Prepara-se o tecido de nitrocelulose da seguinte maneira: mergulha-se o tecido de algodão em solução de sabão de coco (7,5 g de sabão dissolvido em 180 mL de água), deixa-se ferver para eliminar as gorduras por saponificação, lava-se, repetidas vezes, com água até eliminação completa de álcali e finalmente seca-se sob vácuo. Misturam-se 7,5 g de nitrato de potássio (**oxidante, irritante; disp. N**) puro com 10 mL de H_2SO_4 concentrado (**oxidante, corrosivo; disp. N**) num almofariz, aquece-se até 50°C e mergulham-se 4 g do tecido, tratado conforme acima mencionado, durante 24 a 25 minutos. Retira-se o tecido, lava-se repetidas vezes e conserva-se em água.

VI.18.6 – *Amianto*

O amianto (**tóxico**; N. R. -o uso de amianto tem se tornado proibido, pois este material pode causar asbestose. Consulte a legislação vigente antes de usá-lo) é usado para filtração de ácidos fortes ou álcalis fortes colocando-se em filtro de Gooch, filtro de vidro sinterizado ou cadinho de platina, os quais têm diversos furos no fundo. Prepara-se o amianto para filtração da seguinte maneira: corta-se o amianto comercial em pedaços de comprimento menor que 0,5 cm, mistura-se bem com água num almofariz e transfere-se para um béquer. Em seguida, adiciona-se pouco a pouco HCl concentrado (**corrosivo; disp. N**), e aquece-se em banho-maria durante uma hora e deixa-se decantar durante uma noite. Separa-se por filtração, lava-se repetidas vezes com água para eliminar o ácido e transfere-se para um vidro de boca larga com água. Agita-se bem, deixa-se decantar durante pouco tempo até que a maior parte do amianto fique precipitada e transfere-se a suspensão para outro recipiente.

TABELA DE COMPARAÇÃO DE AMIANTO

Tipo	*Anfibolita*	*Crisolita*
Fórmula	$MgSiO_3$	$H_4Mg_3Si_2O_7$
Redução do peso pelo aquecimento	3 a 5%	13 a 17%
Resistência aos ácidos	alta	baixa
Tendência de Gelatinização	difícil	fácil
Qualidade para uso em análise	superior	inferior

VI.19 – MEMBRANA NEGATIVA[15,25]

Uso em ultrafiltração

Cimento poroso, amianto (**tóxico**; N. R. -o uso de amianto tem se tornado proibido, pois este material pode causar asbestose. Consulte a legislação vigente antes de usá-lo), chapa de vidro em pó, colódio, papel de celofane, pano de filtração, etc. (pág. 402).

VI.20 – MEMBRANA DE PERMEAÇÃO[15,25]

VI.20.1 – *Membrana de colódio*

VI.20.1.1 – Coloca-se a solução de colódio comercial (pág. 274) em recipiente de vidro com forma desejada (por exemplo; tubo de ensaio), deixa-se aderir homogeneamente na parede interna do recipiente e despeja-se o excesso da solução. Em seguida, deixa-se decantar durante cerca de 10 a 15 minutos colocando-se a boca do tubo para baixo até que o colódio fique mais ou menos solidificado. Coloca-se então água no tubo para permear através da membrana e facilitar a separação da membrana com a forma do tubo de ensaio.

Conserva-se em água mergulhando-se junto cobre ou prata polida para evitar o desenvolvimento de bactérias.

Para secar a membrana de colódio, mergulha-se em clorofórmio (**muito tóxico, possível cancerígeno; disp. B**) durante 2 a 3 minutos e deixa-se secar.

VI.20.1.2 – *Método de preparação de membrana forte de colódio*

a) Mergulha-se o recipiente de forma desejada em solução de colódio durante 30 segundos e, em seguida, mergulha-se em clorofórmio (**muito tóxico, possível cancerígeno; disp. B**) durante 2 a 3 minutos.

b) Dissolvem-se 5 g de algodão de colódio em 100 mL de ácido acético glacial (**corrosivo; disp. C**), adicionam-se 2,5 g de carbonato de potássio (**irritante; disp. N**) e mistura-se. Em seguida, deixa-se condensar em água ou em ácido acético.

Pode-se controlar a porosidade da membrana controlando-se a condensação.

VI.20.1.3 – *Solução original para membrana de colódio usada em ultrafiltração*

Prepara-se a solução de colódio a 10% em solução mista de álcool (**tóxico, inflamavel; disp. D**), éter (**irritante, inflamável; disp. D**) e acetona (**inflamável; disp. D**) (1:1:1), adicionam-se 6 g de álcool amílico (**inflamável; disp. C**) em 40 g da solução acima preparada e adiciona-se, também, quantidade equivalente de álcool e éter (1:9). Em seguida, agita-se em agitador mecânico vedado durante 4 horas (solução original). O diâmetro médio dos poros da membrana de colódio preparada com a solução acima (solução original) é de cerca de 0,2 μm. Contudo, por adição de água ou ácido acético glacial na solução original, os diâmetros médios dos poros da membrana podem se tornar maiores ou menores, respectivamente.

VI.20.1.4 – *Inspeção de membrana de colódio*

Coloca-se solução de vermelho do Congo a 0,05% ou solução corante de azul de molibdênio na membrana de colódio a ser examinada, mergulha-se em água durante cerca de 30 minutos e verifica-se se o corante não atravessou a membrana.

Não se pode usar a membrana, se o corante aparecer na água, mas, se o defeito for parcial, pode-se consertar da seguinte maneira: mistura-se o colódio com mesma quantidade de cera concentrada, pinta-se, na hora de usar, diluindo com solução mista de álcool (**tóxico, inflamável; disp. D**) e éter (**irritante, inflamável; disp. D**) ou solução de colódio (pág. 274).

VI.20.1.5 – *Papel de colódio*

Aquece-se o papel de filtro sob vácuo para eliminar o ar contido no papel, deixa-se umedecer com ácido acético (**corrosivo; disp. C**) e mergulha-se em solução de colódio em ácido acético glacial. Tira-se o papel usando pinça, elimina-se o excesso da solução e deixa-se condensar mergulhando em água. Na hora de usar, deixa-se umedecer com água.

VI.20.2 – *Membrana de acetil-celulose*

Coloca-se a solução de acetil-celulose a 12 a 15% num recipiente da forma desejada, deixa-se aderir homogeneamente na parede interna e despeja-se o excesso da solução. Deixa-se decantar durante uma hora, lava-se com água e deixa-se condensar.

Esta membrana é mais forte do que a de colódio e superior, também, quanto à permeabilidade.

VI.20.3 – *Membrana de gelatina*

Mergulha-se tecido de seda em solução aquosa de gelatina entre 20 a 30%, aquecida a 100°C em banho-maria, durante 10 a 15 minutos, seca-se, então, ao ar e mergulha-se em água gelada. Em seguida, mergulha-se em solução de formol (**tóxico, cancerígeno; disp. A**) e conserva-se num refrigerador a 0°C até solidificação completa.

Esta membrana resiste ao calor e pressão e é usada para ultra-filtração. Na hora de usar, lava-se com água.

VI.20.4 – *Membranas de animais para permeação*

Deixa-se amolecer a bexiga ou o intestino de animais mergulhando-se em água, em seguida, diversas vezes em éter (**irritante, inflamável; disp. D**) e eliminam-se completamente os ácidos carboxílicos.

Conserva-se esta membrana em éter (**irritante, inflamável; disp. D**) ou em água. Quando conservar em água, adicionam-se pequena quantidade de ácido risólico.

VI.20.5 – *Membrana de argila*

Se as membranas orgânicas forem atacadas pela solução, usa-se a membrana de argila porosa.

VI.21 – MEMBRANA POSITIVA[15,25]

VI.21.1 –

Dissolvem-se 10 g de gelatina, 3 g de cromato de amônio (**cancerígeno, oxidante; disp. J**) e 5 g de glicerina (**irritante; disp. A**) em 100 mL de água, mergulha-se repetidas vezes um tecido de seda na solução acima preparada e seca-se ao sol.

VI.21.2 –

Deixa-se absorver as proteínas (por exemplo, soro de hemoglobina ou albumina de ovo) em membrana de colódio (pág. 404).

VI.21.3 –

Misturam-se 1 ou 2 tipos de óxidos de elementos anfó-teros (Al_2O_3 **(irritante; disp. O)**, TiO_2, CrO_3 **(muito tóxico, cancerígeno, corrosivo; disp. J)** e SnO_2 em pó (**disp. O**) com pó de vidro e aquece-se na forma desejada.

VI.22 - MÉTODO PARA OPERAÇÃO DE MATERIAIS DE PLATINA[25,32]

VI.22.1 –

A platina é um metal relativamente mole e, portanto, deve-se tratar cuidadosamente os materiais feitos com platina, tais como cadinho, rede para uso em eletrólise, bastão de platina em espiral ou fio de platina para teste de chama para que não se formem desigualdades ou entorte.

Usa-se, também, a pinça de platina ou de níquel para segurar os materiais de platina e não deixar tocar com outros metais.

VI.22.2 –

A água régia, o gás cloro (**corrosivo, oxidante forte, irritante; disp. K**) ou bromo (**corrosivo, oxidante forte, irritante; disp. K**) liberado atacam a platina mesmo à temperatura ambiente.

VI.22.3 –

Quando se for aquecer materiais de platina com bico de gás, deve-se cuidar para que não toquem a chama interna (chama redutora), porque pode-se formar carbetos, tais como PtC pelo contato com a chama redutora, e os materiais ficam mais frágeis.

VI.22.4 –

Quando se fizer a fusão de Au, Ag, Hg (**muito tóxico; disp. P**), Cu, Sn, Sb, Bi e Se (**muito tóxico**) e seus compostos com KCN (**muito tóxico, irritante; disp. S**), $Ba(OH)_2$ (**muito tóxico, corrosivo; disp. E**), LiOH (**corrosivo; disp. N**), $NaNO_3$ (**oxidante, irritante; disp. N**), KNO_3 (**oxidante, irritante; disp. N**), cloratos, hidróxidos alcalinos, sulfetos alcalinos e peróxidos alcalinos ou aquecer os compostos de As (**muito tóxicos**), P, Cl e S com papel de filtro ou com os compostos orgânicos em cadinho de platina, formam-se complexos com a platina e esta é atacada.

VI.22.5 – Para eliminar as sujeiras ou manchas de materiais de platina, procede-se da seguinte maneira:

VI.22.5.1 – Mergulha-se, em geral, em HCl (**corrosivo; disp. N**) ou HNO_3 (**oxidante, corrosivo; disp. N**) e lava-se com água.

VI.22.5.2 – Lixa-se com pó de bicarbonato de sódio (**disp. N**) e lava-se com água.

VI.22.5.3 – Adicionam-se carbonatos alcalinos (Na_2CO_3, K_2CO_3 (**irritante; disp. N**), bissulfato de potássio (**irritante; disp. N**) e bórax e deixa-se fundir. Em seguida, despejam-se os fundidos e lava-se com água.

VI.22.5.4 – Se a limpeza não for suficiente com os métodos acima descritos, lustra-se com pó fino de cristal ou areia.

VI.23 – NÍQUEL PARA USO EM REDUÇÃO[4,6]

Coloca-se a solução aquosa de nitrato de níquel [$Ni(NO_3)_2 \cdot 6H_2O$] (**cancerígeno; disp. L**) concentrada numa cápsula de evaporação e deixa-se evaporar em banho-maria até a secura. O nitrato de níquel verde torna-se marrom-amarelado ao secar.
Transfere-se o material seco para uma cápsula de níquel, aquece-se diretamente na chama até que termine a formação de óxido de nitrogênio (**muito tóxico; disp. K**) e, em seguida, coloca-se num forno de tubo de combustão com 1 m de comprimento e 2 cm de diâmetro. Aquece-se até 500°C até que termine a formação de bolhas de água passando-se vigorosamente o gás hidrogênio (**inflamável; disp. K**). Com esta operação, o óxido de níquel torna-se níquel metálico de cor cinza-escuro e, então, seca-se passando hidrogênio.
Conserva-se cortando o contato com o ar.

VI.24 – NITRITO DE PRATA[5,15]

Dissolvem-se 2 g de nitrito de sódio ou de potássio (**oxidante, tóxico; disp. N**) em 50 mL de água, adiciona-se solução de nitrato de prata (**muito tóxico, oxidante; disp. P**) e deixa-se formar o precipitado.
Após a decantação, rejeita-se a parte límpida, lava-se repetidas vezes com água fria e, em seguida, recristaliza-se em água quente.
Seca-se este cristal em dessecador com H_2SO_4 concentrado (**oxidante, corrosivo; disp. N**), ao abrigo da luz.

VI.25 – PAPEL REATIVO DE ALIZARINA[15,43]

Mergulha-se o papel de filtro quantitativo em solução alcoólica e saturada de alizarina (**irritante; disp. A**), seca-se e conserva-se em recipiente de vidro bem vedado.

VI.26 – PAPEL REATIVO DE CHUMBO-IODETO DE POTÁSSIO[15]

Uso em identificação de água

Solução (A): Dissolvem-se 15 g de KI (**disp. N**) em 15 mL de água.

Solução (B): Dissolvem-se 4 g de nitrato de chumbo (**oxidante, irritante; disp. L**) em 15 mL de água.

Aquecem-se separadamente as duas soluções (A) e (B) e misturam-se. Em seguida, separam-se os cristais amarelos de iodeto de chumbo formados por filtração a vácuo, elimina-se a umidade e deixa-se dissolver em 15 a 20 mL de acetona desidratada. Filtra-se e mergulham-se pedaços de papel de filtro nesta solução e seca-se.

VI.27 – PAPEL REATIVO DE CURCUMINA[15]

Uso em determinação qualitativa de ácido bórico

Mistura-se 1 mL de solução alcoólica de curcumina a 0,1% ou tintura de curcumina (pág. 223) com 4 mL de álcool (**tóxico, inflamável; disp. D**) e 4 mL de água, mergulham-se os pedaços de papel de filtro nesta solução e, então, tira-se. Seca-se e conserva-se em vidro vedado ao abrigo da luz. Este papel deve ficar marrom, quando for mergulhado em solução mista de 1 mg de ácido bórico (**disp. N**), 1 mL de HCl concentrado (**corrosivo; disp. N**) e 4 mL de água e secado espontaneamente e, também, deve ficar preto quando for mergulhado em solução de hidróxido de amônio a 10%.

VI.28 – PAPEL REATIVO DE GUAIACOL COBRE[15]

Uso em determinação qualitativa de CN^-

Mergulham-se os pedaços de papel de filtro em solução alcoólica de resina de guaiacol (**irritante; disp. C**) a 10% e seca-se.
Na hora de usar, umedece-se este papel com solução de sulfato de cobre e toca-se nos cianetos (cuidado! Pode liberar HCN, um gás muito tóxico. Use a capela). A cor do papel se torna azul-esverdeada.

VI.29 – PAPEL REATIVO DE PICRATO DE SÓDIO[15]

Uso em determinação qualitativa de amigdarina

Mergulha-se o papel de filtro em solução aquosa de ácido pícrico a 1 %, seca-se com ar e mergulha-se em solução de carbonato de sódio a 10% e, então, seca-se.

VI.30 – PAPEL REATIVO DE RESORCINA[15]

VI.30.1 – *Papel azul*
Adiciona-se uma gota de H_2SO_4 0,1N em 100 mL de solução alcoólica de resorcina a 0,2%, mergulham-se os pedaços de papel de filtro e seca-se.

VI.30.2 – *Papel vermelho*

Mergulha-se o papel azul em solução alcoólica de resorcina a 0,2%, deixa-se ficar vermelho e seca-se.

VI.30.3 –

A finalidade do uso de papel reativo de resorcina é a mesma do papel tornassol, mas a viragem de cor é mais nítida que no papel tornassol e pode-se comparar as cores na luz de uma lâmpada incandescente. Não é sensível aos ácidos orgânicos e ácido carbônico.

VI.31 – PAPEL REATIVO DE TERMO-RESISTÊNCIA[15]

Uso em detecção do grau de estabilidade de celulóides

Colocam-se 3 g de amido solúvel em 250 mL de água, aquece-se a ebulição durante 10 minutos e mistura-se a solução de KI (1 g de KI (**disp. N**) recristalizado em álcool dissolvido em 250 mL de água). Em seguida, após esfriamento, mergulha-se o papel de filtro seco na solução acima preparada, durante 10 minutos e seca-se em lugar escuro. Coloca-se em vidro marrom e conserva-se em lugar escuro. Não se pode usar após mais de 6 meses de conservação.

VI.32 – PAPEL REATIVO DE VIOLETA DE METILA[15]

Uso em ensaio de explosão

Misturam-se 4 mL de glicerina (**irritante; disp. A**) pura e 30 mL de água com acetato de rosanilina (**cancerígeno; disp. A**) pura preparado misturando-se 0,168 g de violeta de metila (**tóxico, irritante; disp. A**) e 0,25 g de rosanilina básica (**cancerígeno; disp. A**), dilui-se com álcool 95% (**tóxico, inflamável; disp. D**) até 100 mL. Mergulham-se os pedaços de papel de filtro na solução acima preparada e seca-se.

VI.33 – PAPEL REATIVO DE ZIRCÔNIO-ALIZARINA[15]

Uso em determinação qualitativa de F^-

VI.33.1 –Misturam-se 30 mL de solução alcoólica (ou aquosa) de alizarina S a 1% com 20 mL de solução aquosa de cloreto de zircônio a 0,4%, mergulha-se o papel de filtro nesta solução e seca-se.

VI.33.2 – Dissolve-se nitrato de zircônio (**oxidante, corrosivo; disp. N**) ou óxido de zircônio (ZrO_2) na proporção de 5% em HCl a 5%, mergulha-se o papel de filtro seco nesta solução e elimina-se o excesso de reagente. Em seguida, mergulha-se em solução alcoólica (ou aquosa) de alizarina S, lava-se repetidas vezes o papel roxo-avermelhado com água e seca-se

VI.34 – NEGRO DE PALÁDIO[4,6,25]

Dissolvem-se 0,6 g de cloreto de paládio ($PdCl_2{\cdot}2H_2O$) (**muito tóxico, corrosivo; disp. P**) em HCl concentrado (**corrosivo; disp. N**) por aquecimento, dilui-se com água até 100 mL e faz-se a eletrólise, usando-se o mesmo método que para o negro de platina (pág. 412).

VI.35 – NEGRO DE PLATINA[4,6,25]

VI.35.1 – Dissolvem-se 5 g de cloreto de platina (**irritante, corrosivo; disp. N**) em 5 a 6 mL de água, adicionam-se 7 mL de formol que contém de 40 a 50% de formaldeído (**tóxico, cancerígeno; disp. A**) e adicionam-se, gradativamente, 5 mL de solução de NaOH a 50%. Deixa-se cristalizar a maior parte da platina na forma de dispersão fina, deixa-se decantar durante uma noite e filtra-se sob vácuo. Aquece-se a solução filtrada amarela até a ebulição e deixa-se cristalizar a pequena quantidade de platina. Lavam-se todos os precipitados com água para eliminar o NaCl e formiato de sódio (**irritante; disp. A**) e deixa-se na forma coloidal. Conserva-se este material coloidal em água ou em dessecador com H_2SO_4 (**oxidante, corrosivo; disp. N**) ou P_2O_5 (**corrosivo; disp. N**).

Este material absorve oxigênio pelo contato com ar, desenvolve calor e algumas vezes pode inflamar.
Quando for tirar da solução, deve-se fazer em atmosfera de gás carbônico e não se deve deixar entrar em contato com o ar.

VI.35.2 – Para aplicar a platina negra na placa de platina, procede-se da seguinte maneira: lustra-se primeiramente a placa de platina, em seguida, lava-se com solução de dicromato de potássio (**cancerígeno, oxidante; disp. J**) para lavagem (pág. 304) e água e, então, aquece-se.
Mergulha-se esta placa em solução eletrolítica (dissolvem-se 3 g de cloreto de platina (**muito tóxico, corrosivo; disp. P**) e 0,02 g de acetato de chumbo (**cancerígeno; disp. L**) em 1 litro de água) como ânodo e usa-se, também, a placa de platina como cátodo. Ligam-se os dois eletrodos e eletrolisa-se regulando a amperagem de forma a se ter pequeno desenvolvimento de gás no ânodo. Pode-se obter o negro de platina na forma de veludo preto.
Lava-se diversas vezes com água quente e, em seguida, lava-se em água corrente durante 1 a 2 horas. Nesta operação, pode-se obter o negro de platina nos dois eletrodos, invertendo-se a direção da corrente elétrica a cada 1 a 2 minutos.
Para eliminar a solução eletrolítica absorvida no negro de platina, após a lavagem com água, mergulha-se em H_2SO_4 a 10%, conecta-se como ânodo e eletrolisa-se da mesma forma acima mencionada.
Este material deve ser conservado sempre em água.
Não se deve deixar entrar em contato com gás H_2S porque perde sua eficiência.

VI.36 – PURIFICAÇÃO DE CARVÃO PRETO DE OSSO[15]

Mergulha-se o carvão de osso comercial em HCl concentrado (**corrosivo; disp. N**) durante muito tempo, lava-se com solução de hidróxido de amônio diluída e, em seguida, com água. Seca-se com ar, aquece-se em recipiente vedado ou lava-se com água fervente e conserva-se em recipiente vedado.

VI.37- PURIFICAÇÃO DE MERCÚRIO[4,15,18]

Lava-se o mercúrio (**muito tóxico; disp. P**) 2 a 3 vezes com HNO_3 a 2% ou solução ácida (HNO_3) de nitrato de mercúrio a 1% (**muito tóxico, oxidante; disp. L**), lava-se diversas vezes com água, retira-se a água com papel de filtro e aquece-se a 150 a 160°C.

VI.38 - PURIFICAÇÃO DE PERSULFATO DE POTÁSSIO[15]

Uso em decomposição de nitrogênio de ptelóides

O produto comercial contém sal de amônio e, então, purifica-se da seguinte maneira: dissolvem-se 15 g de persulfato de potássio (**oxidante, irritante; disp. J**) comercial em pó ($K_2S_2O_8$) e 1,5 g de KOH (**corrosivo, tóxico; disp. N**) puro em água a 50 a 60°C, filtra-se a parte insolúvel usando algodão e deixa-se cristalizar por decantação em lugar fresco durante várias horas. Separam-se os cristais por filtração com filtro de vidro e seca-se em dessecador. Repete-se esta operação.
O persulfato de potássio é decomposto pelo aquecimento formando SO_3 e O_2 e, também, reage com os sais metálicos formando os sulfatos correspondentes.
É insolúvel em álcool (**tóxico, inflamável; disp. D**) e 100 g de água dissolvem 10 g de persulfato de potássio (40°C).

VI.39 - PURIFICAÇÃO DE TUNGSTATO DE SÓDIO[15]

Colocam-se 100 g de tungstato de sódio comercial ($Na_2WO_4 \cdot 2H_2O$) (**irritante**) num frasco, deixa-se dissolver em 200 mL de água e retiram-se 5 mL desta solução. Neutralizam-se estes 5 mL com HCl (1:1) usando-se azul de bromotimol (pág. 425), calcula-se então a quantidade necessária de HCl (1:1) para neutralizar toda a solução. Adiciona-se, então, pouco a pouco o HCl (1:1) na quantidade calculada usando funil de separação agitando-se a solução de tungstato de sódio continuamente.
Transfere-se o sistema para uma capela, passa-se vigorosamente gás H_2S (**tóxico, inflamável; disp.K**) durante 15 a 20 minutos e deixa-se decantar durante uma noite, tampando-se a boca do frasco com rolha de borracha.

Após a decantação, transfere-se para um béquer grande, adicionam-se 130 mL de álcool (**tóxico, inflamável; disp. D**) agitando-se continuamente e deixa-se decantar durante uma noite. Filtra-se a vácuo, lava-se o precipitado com álcool a 50% até que a solução filtrada fique incolor e, em seguida, transfere-se o precipitado para um béquer de 400 mL. Adicionam-se 150 mL de água, gotejam-se cerca de 2 mL de água de bromo (**muito tóxico, oxidante; disp. J**) e agita-se durante diversos minutos. Aquece-se em banho de areia para eliminar o excesso do bromo. Em seguida, adiciona-se solução de NaOH concentrada (**corrosivo, tóxico; disp. N**) até que o papel reativo de fenolftaleína fique vermelho, mas, se aparecer turvação na solução, esta deve ser eliminada por filtração.

Adiciona-se mesmo volume de álcool (**tóxico, inflamável; disp. D**), separa-se o precipitado formado por filtração e coloca-se numa cápsula de evaporação. Aquece-se até cerca de 105°C e, em seguida, seca-se em dessecador. Após esfriar, conserva-se em recipiente vedado.

Este material não contém água de cristalização e, então, na hora de preparar o reagente de Folin (pág. 186) usam-se 17,7 g para cada 19,8 g de tungstato de sódio com água de cristalização.

VI.40 – NEGRO DE RÓDIO[4,15]

Dissolvem-se 0,82 g de cloreto de ródio ($RhCl_3 \cdot 4H_2O$) (**irritante, possível cancerígeno**) em 100 mL de água, gotejam-se vários mL de H_2SO_4 a 1% e usa-se como solução eletrolítica.

Eletrolisa-se da mesma maneira que para negro de platina usando placa de platina como eletrodos.

VI.41 – SECANTES[12,25]

VI.41.1 – *Ácido bórico (B_2O_3) anidro*

O ácido bórico absorve somente cerca de 25% de umidade como secante de gás e não é um secante muito ativo, tendo, porém, algumas vantagens sobre o H_2SO_4 (**oxidante, corrosivo; disp. N**) ou $CaCl_2$ (**irritante; disp. O**).

O ácido bórico anidro (**disp. N**) aquecido até 80°C necessita mais tempo para que seja obtida sua máxima eficiência de absorção.

VI.41.2 – *Ácido sulfúrico (H_2SO_4)*

O H_2SO_4 (**oxidante, corrosivo; disp. N**) é usado para secagem de sólido em dessecador ou para secagem de gás por borbulhamento do gás no ácido.

O H_2SO_4 mais concentrado tem maior eficiência de secagem. Para detectar o decréscimo da eficiência de secagem de H_2SO_4, misturam-se 18 g de $BaSO_4$ (**disp. O**) para cada litro de H_2SO_4 concentrado (**oxidante, corrosivo; disp. N**). Se a capacidade de secagem estiver diminuída, forma-se precipitado branco de $BaSO_4$.

VI.41.3 – *Brometo de cálcio ($CaBr_2$)*

O brometo de cálcio é exclusivamente usado para secagem de brometo de hidrogênio (**corrosivo; disp. K**), porque este é decomposto pelos outros secantes.

VI.41.4 – *Brometo de sódio (NaBr)*

O brometo de sódio é usado para secagem de ácido oxálico (**corrosivo, tóxico; disp. J**), sulfato ferroso ou bórax em dessecador.

VI.41.5 – *Cal (CaO)*

O cal (**irritante; disp. O**) é, também, usado como secante.

VI.41.6 – *Cloreto de cálcio ($CaCl_2$)*

O cloreto de cálcio anidro (**irritante; disp. O**) é usado para secagem de sólido, líquido ou gás.

VI.41.7 – *Cloreto de magnésio ($MgCl_2$)*

O cloreto de magnésio (**disp. N**) é usado com mesma finalidade do $CaCl_2$.

VI.41.8 – *Hidróxidos alcalinos (KOH, NaOH)*

Os hidróxidos alcalinos (**corrosivo, tóxico; disp. N**) são usados na forma sólida.

VI.41.9 – *Óxido de alumínio (Al_2O_3)*

O óxido de alumínio (**irritante; disp. O**), também, chamado alumina, é um secante forte para substâncias neutras.

Pode ser regenerado por aquecimento a 175°C durante 6 a 8 horas.

VI.41.10 – *Óxido de bário (BaO)*
O óxido de bário (**corrosivo; disp. E**) é usado para absorção de CO_2 além de umidade. É excelente como secante final de álcool absoluto (**tóxico, inflamável; disp. D**).

VI.41.11 – *Pentóxido de fósforo (P_2O_5)*
O pentóxido de fósforo (**corrosivo; disp. N**) é usado para secagem em dessecador na forma sólida ou para secagem de gás usando aparelho especial. O pentóxido de fósforo reage com espátula de material orgânico e, então, deve-se usar espátula de vidro ou de porcelana.

VI.41.12 – *Perclorato de bário [$Ba(ClO_4)_2$]*
A capacidade de desumidificação do perclorato de bário (**oxidante, irritante; disp. E**) é semelhante à do perclorato de magnésio e superior à do H_2SO_4 concentrado (**oxidante, corrosivo; disp. N**). Quando aquecido a 100°C, o perclorato de bário tri-hidratado torna-se anidro e não se solubiliza na sua água de cristalização durante a secagem.
Pode ser aquecido a 400°C durante longo tempo sem decomposição e, então, pode ser regenerado facilmente. Contudo, a presença de materiais orgânicos pode provocar explosões.

VI.41.13 *Perclorato de magnésio [$Mg(ClO_4)_2$]*
O perclorato de magnésio (**oxidante, irritante; disp. N**) é usado para secagem de gás. Quando aquecido a 220 a 240°C em aparelho de secagem a vácuo e sob a pressão de 1 a 10 mm Hg, torna-se anidro.
Deve-se evitar o aquecimento de percloratos na presença de materiais orgânicos.

VI.41.14 – *Sílica gel*
A capacidade de secagem não é alta, mas pode ser regenerada facilmente e também, pode-se usar para gases em geral.

VI.41.15 – *Sulfato de alumínio [$Al_2(SO_4)_3$]*
Aquece-se antes de usar.
O sulfato de alumínio (**disp. N**) tem a vantagem de não se tornar viscoso por absorção de umidade.

capítulo

VII

INDICADORES EM TITULAÇÃO: PREPARAÇÃO DE SOLUÇÕES PADRÃO E SEUS USOS

VII.1 - INDICADORES INDIVIDUAIS[15,26,32,43]

VII.1.1 – *Ácido carmínico*

Prepara-se a solução aquosa de ácido carmínico ($C_{22}H_{22}O_{13}$; **disp. A**) a 0,1%. Usam-se de 2 a 4 gotas para cada 100 mL de solução a titular.

pH	*Cor*
4,8	Amarela
5.5	Rósea
6,2	Roxa

VII.1.2 – *Ácido iso-picrâmico*

Prepara-se a solução alcoólica de ácido iso-picrâmico (**inflamável, tóxico; disp. K**) a 0,1%. Usam-se de 1 a 4 gotas para cada 100 mL de solução a titular.

pH	*Cor*
4,1	Rósea
5.6	Amarela

VII.1.3 – *Ácido rosólico*

VII.1.3.1 – Dissolvem-se 0,2 g de ácido rosólico (**irritante; disp. A**) em 50 mL de álcool e dilui-se com água até 100 mL.[32]

VII.1.3.2 – Dissolve-se 0,1 g de ácido rosólico em 50 mL de álcool a 80%, goteja-se solução de NaOH 0,l N ou solução de hidróxido de bário (dissolvem-se 3,5 g de $Ba(OH)_2$ e 0,2 g de $BaCl_2$ em água e leva-se a 1 litro) até que solução fique levemente avermelhada e dilui-se com água até 100 mL. Filtra-se, se necessário.
Usam-se de 5 a 20 gotas para cada 100 mL de solução a titular

pH	*Cor*
6,8	Amarela
8,2	Rósea

Pode-se usar esta solução na titulação de ácidos fracos e ácidos orgânicos por álcalis fortes, mas não se pode usar para titulação de solução de hidróxido de amônio e carbonato.

VII.1.4 – *Alaranjado de metila*[32]

Dissolvem-se 0,2 g de alaranjado de metila [$(CH_3)_2NC_6H_4N$:$N.C_6H_4SO_3Na$; **tóxico; disp. W**] em água quente, e após o esfriamento, filtra-se se necessário, e dilui-se com água até 100 mL. Usa-se uma gota para cada 100 mL de solução a titular.

pH	*Cor*
3,1	Levemente vermelha
4,4	Laranja-amarelada

Pode-se usar esta solução na titulação de álcalis fracos como solução de hidróxido de amônio, hidróxido de cálcio, hidróxido de estrôncio, hidróxido de bário e hidróxido de magnésio, mas não se pode usar para ácidos fracos como ácido cianídrico, ácido carbônico, ácido arsenioso, ácido bórico, ácido crômico e ácidos orgânicos. Conseqüentemente, a titulação de ácido forte não é dificultada pela existência de ácidos fracos. Esta solução é geralmente usada quando se goteja ácido em solução alcalina, mas, teoricamente, é mais razoável gotejar álcali em solução ácida.
A determinação do ponto final de viragem é dificultada pela liberação de gás sulfuroso pelos outros ácidos.

VII.1.5 – *Alaranjado de propil-alfa-naftol*

Prepara-se a solução alcoólica de alaranjado de propil-alfa-naftol (**tóxico; disp. W**) a 0,1%.
Usam-se de 1 a 4 gotas para cada 100 mL de solução a titular.

pH	*Cor*
7,4	Amarela
8,9	Vermelha

VII.1.6 – *α-dinitrofenol*

Prepara-se a solução alcoólica de α-dinitrofenol (**muito tóxico, inflamável; disp. A**) a 0,1%. Usam-se de 1 a 4 gotas para cada 100 mL de solução para titular.

pH	*Cor*
2,8	Incolor
4,4	Amarela

VII.1.7 – *α-naftol-benzeno*

Prepara-se a solução alcoólica de α-naftol-benzeno (**irritante; disp. A**) a 0,05%. Usam-se de 1 a 5 gotas para cada 100 mL de solução a titular.

pH	*Cor*
9,0	Amarela
11,0	Azul

Recomenda-se usar esta solução para titulação de ácidos fracos pelos álcalis fortes.

VII.1.8 – *α-naftolftaleína*

Dissolvem-se 0,1 g de α-naftolftaleína (**disp. A**) em 70 mL de álcool e dilui-se com água até 100 mL.
Usam-se 2 a 5 gotas para cada 100 mL de solução a titular.

pH	*Cor*
7,3	Rósea
8,7	Azul

Recomenda-se usar esta solução para titulação de ácidos fracos pelos álcalis fortes.

VII.1.9 – *Alizarina S*

Prepara-se a solução aquosa ou alcoólica de alizarina S (**irritante; disp. A**) a 0,1%. Usam-se de 1 a 5 gotas para cada 100 mL de solução a titular.

pH	*Cor*
3,7	Amarela
5,2	Roxa

A alizarina S é, também, chamada vermelho de alizarina (**disp. A**) e recomenda-se usar esta solução para titulação de brometos com solução de nitrato mercuroso.

VII.1.10 – *Amarelo de alizarina*[32]

Prepara-se a solução aquosa de amarelo de alizarina (*p*-nitrobenzeno-azo-salicilato de sódio) a 0,1%.
Usam-se de 5 a 10 gotas para cada 100 mL de solução a titular.

pH	*Cor*
10,0	Amarela
12,0	Laranja-avermelhada

VII.1.11 – *Amarelo-brilhante*

Prepara-se a solução aquosa de amarelo brilhante a 0,1%. Usam-se de 1 a 3 gotas para cada 100 mL de solução a titular.

pH	*Cor*
7,4	Amarela
8,4	Marrom

VII.1.12 – *Amarelo de metanilina*

Prepara-se a solução aquosa de amarelo de metanilina (**disp. A**) a 0,05%. Usam-se de 3 a 5 mL para cada 100 mL de solução a titular.

pH	*Cor*
1,2	Vermelha
2,2	Amarela

VII.1.13 – *Amarelo de metila*

Prepara-se a solução alcoólica de amarelo de metila (**disp. A**)

$$[C_6H_5N{:}NC_6H_4N(CH_3)_2] \text{ a } 0{,}1\%.$$

Usam-se de 5 a 10 gotas para cada 100 mL de solução a titular.

pH	*Cor*
2,9	Vermelha
4,0	Amarela

Pode-se purificar o produto comercial de amarelo de metila (*p*-dimetilamino-azo-benzeno) recristalizando-o em álcool diluído. Recomenda-se usar a solução de amarelo de metila para titulação de álcalis fracos por ácidos fortes ou para titulação de álcalis ligados a ácidos fracos. A mudança de cor no ponto de viragem é mais nítida do que alaranjado de metila.

VII.1.14 – *Amarelo de salicila*

Prepara-se a solução aquosa de amarelo de salicila (**disp. A**) a 0,1%. Usam-se de 1 a 4 gotas para cada 100 mL de solução a titular.

pH	*Cor*
10,0	Levemente amarela
12,0	Marrom

VII.1.15 – *Aurina*

Dissolve-se 0,1 g de aurina (ácido rosólico, **irritante; disp. A**) em álcool e dilui-se com água até 100 mL.

VII.1.16 – *Azul de alizarina S*

Prepara-se a solução alcoólica de azul de alizarina S (**disp. A**) a 0,05%. Usam-se de 1 a 5 gotas para cada 100 mL de solução a titular.

pH	*Cor*
11,0	Verde
13,0	Azul

VII.1.17 – *Azul de bromocresol*

Dissolve-se 0,1 g de azul de bromocresol (**irritante; disp. A**) em 100 mL de álcool a 20%.

Usa-se 1 gota para cada 100 mL de solução a titular.

pH	*Cor*
4,0	Amarela
5,6	Azul

Recomenda-se usar esta solução para titulação de álcalis fracos com ácidos fortes.

VII.1.18 – *Azul de bromofenol*

Dissolve-se 0,1 g de azul de bromofenol (tetra-bromofenol-sulfoftaleína; **disp. A**) em álcool e dilui-se com água até 100 mL.

Usam-se de 2 a 5 gotas para cada 100 mL de solução a titular.

pH	*Cor*
3,0	Amarela
4,6	Azul

Recomenda-se usar esta solução para titulação de álcalis fortes com ácidos fortes.

VII.1.19 – *Azul de bromotimol*

Dissolve-se 0,1 g de bromotimol (**disp. A**) em 20 mL de álcool quente e dilui-se com água até 100 mL.
Usam-se de 1 a 3 gotas para cada 100 mL de solução a titular.

pH	*Cor*
6,0	Amarela
7,6	Azul

VII.1.20 – *Azul do Nilo*

Prepara-se a solução alcoólica do azul do Nilo (**disp. A**) a 0,1%. Usam-se de 1 a 5 gotas para cada 100 mL de solução a titular.

pH	*Cor*
9,0	Azul
10,4	Vermelha

VII.1.21 – *Azul de timol* (ácida)

Dissolve-se 0,1 g de azul de timol ($C_{27}H_{35}O_5S$, **disp. A**) em 20 mL de álcool a quente e dilui-se com água até 100 mL.
Usam-se de 1 a 3 gotas para cada 100 mL de solução para titular.

pH	*Cor*
1,2	Vermelha
2,8	Amarela

Recomenda-se usar esta solução para titulação de ácidos fracos com álcalis fortes.

VII.1.22 – *Benzeno de cresol*

Dissolve-se 0,1 g de benzeno de cresol em 60 mL de álcool dilui-se com água até 100 mL.
Usam-se de 2 a 3 gotas para cada 100 mL de solução a titular.

pH	*Cor*
7,2	Amarela
8,5	Vermelha

VII.1.23 – *Benzo purpurina*

Prepara-se a solução alcoólica de benzo purpurina a 0,05%. Usam-se de 1 a 3 gotas para cada 100 mL de solução a titular.

pH	*Cor*
1,3	Roxo-avermelhada
5,0	Laranja

VII.1.24 – *β-dinitrofenol*

Prepara-se a solução alcoólica de β-dinitrofenol (**muito tóxico, inflamável; disp. A**) a 0,1%. Usam-se de 1 a 4 gotas por 100 mL de solução para titular.

pH	*Cor*
2,4	Incolor
4,0	Amarela

VII.1.25 – *Cochonilha*

VII.1.25.1 – *Solução de cochonilha*

Dissolve-se 0,1 g de cochonilha em 100 mL de álcool a 20%. Usam-se 3 gotas para cada 100 mL de solução para titular.

pH	*Cor*
4,8	Amarela
5,5	Rósea
6,2	Roxa

Recomenda-se usar esta solução para titulação de solução de hidróxido de amônio, carbonatos alcalinos e bicarbonatos, mas sofre interferência de ferro, alumina e ácido acético.

VII.1.25.2 – *Solução de cochonilha para uso em adição à solução padrão de HCl usado para absorção de amônia*

Dissolvem-se 1,2 g de cochonilha (**disp. A**) em 100 mL de álcool a 20%, deixa-se decantar durante 48 horas e filtra-se.

Usam-se de 2 a 3 gotas para cada 10 mL de solução padrão de HCl. Por absorção de amônia, a solução padrão amarela de HCl torna-se roxa escura.

VII.1.26 – *Curcumina amarela*

Prepara-se a solução aquosa de curcumina amarela (**irritante; disp. A**) a 0,1%. Usam-se de 1 a 5 gotas para cada 100 mL de solução para titular.

pH	*Cor*
7,4	Amarela
8,6	Marrom-avermelhada

VII.1.27 – *Diazo violeta*

Prepara-se a solução aquosa de diazo violeta a 0,1%.
Usam-se de 1 a 5 gotas para cada 100 mL de solução para titular.

pH	*Cor*
10,1	Amarela
15,0	Roxa

VII.1.28 – *Fenolftaleína*

Dissolve-se 1 g de fenolftaleína (**inflamável, tóxico; disp. A**) em 60 mL de álcool e dilui-se com água até 100 mL.
Usam-se de 1 a 2 gotas para cada 100 mL de solução a titular.

pH	*Cor*
8,3	Incolor
9,8	Vermelha

Esta solução é sensível aos ácidos, portanto, é, também, usada para identificação de gás carbônico.
Pode-se usar esta solução para titulação de solução alcoólica no caso de titular os ácidos inorgânicos e orgânicos fracos com álcalis fortes, mas não se pode usar para titulação de álcalis fracos, como solução de hidróxido de amônio, com ácidos fortes.

VII.1.29 – *Lacmóide*

Prepara-se a solução alcoólica de lacmóide (azul de resorcinol; **disp. A**) a 0,2%.

Usam-se de 3 a 10 gotas para cada 100 mL de solução a titular.

pH	*Cor*
4,4	Vermelha
5,2	Roxa
6,6	Azul

Recomenda-se usar esta solução para neutralização de solução alcoólica e como não é sensível aos ácidos orgânicos, ácido carbônico e ácido nitroso, não sofre influência de suas presenças.

VII.1.30 – *Mauveína*

Prepara-se a solução aquosa de mauveína a 0,05%.

pH	*Cor*
0,3	Amarela
0,0	Verde
1,0	Azul-esverdeada
2,0	Azul

VII.1.31 – *Metanitrofenol*

Prepara-se a solução aquosa de metanitrofenol [$C_6H_4(NO_2)OH$, **irritante; disp. A**] a 0,3%.

Usam-se de 5 a 10 gotas para cada 100 mL de solução a titular.

pH	*Cor*
6,8	Incolor
8,4	Amarela

VII.1.32 – *Nitramina*[32]

Dissolve-se 0,1 g de nitramina em 70 mL de álcool e dilui-se com água até 100 mL.

Usam-se de 1 a 4 gotas para cada 100 mL de solução a titular.

pH	*Cor*
11,0	Amarela
13,0	Marrom-alaranjada

Recomenda-se usar esta solução para titulação de ácidos fracos, principalmente ácidos orgânicos com álcalis fortes.

VII.1.33 – *p-nitrofenol*

Dissolve-se 1 g de para-nitrofenol (**tóxico, irritante; disp. A**) em 75 mL de álcool e dilui-se com água até 100 mL.
Usa-se 1 gota para cada 100 mL de solução a titular.

pH	*Cor*
5,0	Incolor
7,6	Amarela

VII.1.34 – *Pinacromo*

Prepara-se a solução alcoólica de pinacromo a 1%.
Usam-se de 1 a 5 gotas para cada 100 mL de solução a titular.

pH	*Cor*
5,8	Incolor
7,8	Vermelha

VII.1.35 – *Púrpura de bromocresol*

Dissolve-se 0,1 g de púrpura de bromocresol (**disp. W**) em álcool e dilui-se com água até 100 mL.
Usam-se de 1 a 4 gotas para cada 100 mL de solução a titular.

pH	*Cor*
5,2	Amarela
6,8	Roxa

Pode-se usar esta solução em titulação de solução alcoólica.

VII.1.36 – *Resazurina*

Prepara-se a solução aquosa de resazurina (**irritante; disp. A**) a 0,1%.
Usam-se de 1 a 5 gotas para cada 100 mL de solução a titular.

pH	*Cor*
3,8	Laranja
6,5	Roxa-escura

VII.1.37 – *Timolftaleína*

Prepara-se a solução alcoólica de timolftaleína [$C_6H_4CO.OC(C_{10}H_{14}O)_2$, **inflamável; disp. D**] a 0,1%.
Usam-se de 3 a 10 gotas para cada 100 mL de solução a titular.

pH	*Cor*
9,3	Incolor
10,4	Azul

Recomenda-se usar esta solução para titulação de ácidos fracos com álcalis fortes e, também, para titulação de solução alcoólica.

VII.1.38 – *Tornassol*

Dissolve-se 1 g de tornassol (**disp. A**) em solução aquosa levemente alcalina, em seguida, acidula-se levemente e dilui-se com água até 100 mL.

pH	*Cor*
4,5	Vermelha
8,3	Azul

Esta solução é, também, chamada solução de azolitmina ou litmus, e não é comumente recomendada por causa do erro na titulação. Papel tornassol: mergulha-se o papel de filtro na solução acima preparada e deixa-se secar.

VII.1.39 – *Trinitrobenzeno*

Dissolvem-se 0,1 g de trinitrobenzeno [$C_6H_3(NO_2)_3$, **explosivo**] em 70 mL de álcool e dilui-se com água até 100 mL.
Usam-se de 1 a 5 gotas para cada 100 mL de solução a titular.

pH	*Cor*
11,5	Incolor
14,0	Laranja

VII.1.40 – *Tropeolina 0*[32]

Prepara-se a solução aquosa de tropeolina 0 (ácido resorcina-azobenzo-sulfônico, **disp. A**) a 0,1 %.
Usam-se de 5 a 10 gotas para cada 100 mL de solução a titular.

pH	*Cor*
11,0	Amarela
13,0	Laranja

Recomenda-se usar esta solução para titulação de ácidos fracos com álcalis fortes.

VII.1.41 – *Tropeolina 00*

Prepara-se a solução alcoólica de tropeolina 00 ($HO_3SC_5H_4N{:}N.C_6H_4NHC_6H_5$; **disp. A**) a 0,5% ou solução aquosa a 0,1%. Usam-se de 1 a 3 gotas para cada 100 mL de solução a titular.

pH	*Cor*
1,3	Vermelha
3,2	Amarela

VII.1.42 –*Tropeolina 000*

Prepara-se a solução aquosa de tropeolina 000 a 0,1%. Usam-se de 1 a 5 gotas para cada 100 mL de solução a titular.

pH	*Cor*
7,6	Marrom-amarelada
8,9	Rósea

Recomenda-se usar esta solução para titulação de ácidos fracos com álcalis fortes.

VII.1.43 – *Verde de bromocresol*

Dissolve-se 0,1 g de verde de bromocresol (**disp. W**) em álcool e dilui-se com água até 100 mL.
Usam-se de 1 a 5 gotas para cada 100 mL de solução a titular.

pH	*Cor*
3,8	Amarela
5,4	Azul

VII.1.44 – *Vermelho de clorofenol*

Dissolvem-se 0,1 g de vermelho de clorofeno (**irritante; disp. A**) em álcool e dilui-se com água até 100 mL.
Usam-se de 1 a 4 gotas para cada 100 mL de solução a titular.

pH	*Cor*
5,0 6,6	Amarela Vermelha

VII.1.45 – *Vermelho de Congo*

Prepara-se a solução aquosa de vermelho de Congo [$H_2N(NaSO_3)C_{10}H_5N{:}NC_6H_4C_6H_4N{:}NC_{10}H_5(SO_3Na)NH_2$; **tóxico, irritante; disp. A**] a 0,1 a 5% ou solução alcoólica a 10%. Usam-se 1 gota para cada 100 mL de solução a titular.

pH	*Cor*
3,0 5,0	Roxa Vermelha

Recomenda-se usar esta solução para titulação de ácidos fortes ou álcalis fortes. Não reage com ácidos fracos, ácidos orgânicos e solução a quente.

VII.1.46 – *Vermelho de cresol*

Dissolve-se 0,1 g de vermelho de cresol (cresol-sulfoftaleína, **disp. A**) em 20 mL de álcool e dilui-se com água até 100 mL.
Usam-se de 1 a 4 gotas para cada 100 mL de solução a titular.

pH	*Cor*
7,2 8,8	Amarela Vermelha

Recomenda-se esta solução na titulação de ácidos fracos com álcalis fortes.

VII.1.47 – *Vermelho de fenol*

Dissolve-se 0,1 g de vermelho de fenol (**disp. W**) em álcool e dilui-se com água até 100 mL.
Usam-se de 1 a 4 gotas para cada 100 mL de solução a titular.

pH	*Cor*
6,8	Amarela
7,0	Laranja
7,2	Rósea
8,4	Vermelha

Recomenda-se usar esta solução para titulação de ácidos fracos com álcalis fortes ou na titulação de solução alcoólica.

VII.1.48 – *Vermelho de metila*

Dissolvem-se 0,2 g de vermelho de metila [$HOOCC_6H_4H:NC_6H_4N(CH_3)_2$; **disp. A**] em 60 mL de álcool e dilui-se com água até 100 mL. Usam-se 2 gotas para cada 100 mL de solução a titular.

pH	*Cor*
4,2	Vermelha
6,2	Amarela

Recomenda-se usar esta solução para titulação de álcalis fracos como solução de hidróxido de amônio.

VII.1.49 – *Vermelho neutro*

Dissolvem-se 0,1 g de vermelho neutro (cloreto de dimetildiamino-fenasina, **disp. A**) em 60 mL de álcool e dilui-se com água até 100 mL. Usam-se de 5 a 10 gotas para cada 100 mL de solução a titular.

pH	*Cor*
6,8	Vermelha
8,0	Amarelo-alaranjada

Recomenda-se usar esta solução para titulação de ácidos fracos com álcalis fortes ou na neutralização de solução alcoólica.

VII.1.50 – *Vermelho de orto-cresol*

Dissolvem-se 0,05 a 0,1 g de vermelho de orto-cresol (**disp. A**) em 100 mL de álcool a 20%.

pH	*Cor*
0,2	Vermelha
1,8	Amarela

VII.1.51 – *Vermelho de quinaldina*

Dissolvem-se 0,05 a 0,1 g de vermelho de quinaldina (**disp. A**) em 100 mL de álcool a 70%.

pH	*Cor*
1,4	Incolor
3,2	Vermelha

VII.1.52 – *Violeta de metila*

Prepara-se a solução aquosa de violeta de metila (**disp. A**) a 0,05%.

1) Usam-se de 3 a 5 g para cada 100 mL de solução a titular.

pH	*Cor*
0,1	Amarela
1,5	Azul

2) Usam-se de 1 a 4 gotas para cada 100 mL de solução a titular.

pH	*Cor*
1,5	Azul
3,2	Roxa

VII.1.53 – *Xilenolftaleína*

Dissolvem-se 0,1 g de xilenolftaleína em 70 mL de álcool e dilui-se com água até 100 mL.

Usam-se de 1 a 4 gotas para cada 100 mL de solução a titular.

pH	*Cor*
9,0	Incolor
10,5	Azul

VII.2 – INDICADORES-MISTOS E ESPECIAIS[6,15,32]

VII.2.1 – *Solução mista de amarelo de dimetila e azul de metileno*[6]

Dissolve-se 0,1 g de amarelo de dimetila e 0,1 g de azul de metileno em 100 mL de álcool.

pH	*Cor*
3,2	Roxo-azulada
3,2	Roxo-esverdeada
3,4	Verde

VII — 2.2 *Solução mista de α-naftolftaleína e fenolftaleína* (6)

Solução (A): Dissolvem-se 0,025 g de alfa-naftolftaleína em 25 mL de álcool a 50%.

Solução (B): Dissolve-se 0,05 g de fenolftaleína (**irritante; disp. A**) em 50 mL de álcool a 50%.
Misturam-se as duas soluções (A) e (B).
Recomenda-se usar esta solução para titulação de ácido fosfórico até o segundo equivalente.

pH	*Cor*
Neutro e ácido	Francamente rósea
9,6	Roxa

VII.2.3 – *Solução mista de azul do Nilo e fenolftaleína*

Misturam-se 20 mL de solução alcoólica de azul do Nilo (**disp. A**) a 0,2% em 10 mL de solução alcoólica de fenolftaleína a 0,1%.

pH	*Cor*
Ácida	Azul
10	Roxa
Alcalina	Vermelha

VII.2.4 – *Solução mista de azul de metileno e vermelho neutro*[6]

Misturam-se mesmos volumes de solução alcoólica de azul de metileno (**disp. W**) a 0,1% e solução alcoólica de vermelho neutro a 0,1%. Recomenda-se usar esta solução para neutralização de ácido acético e solução de hidróxido de amônio.

pH	*Cor*
Ácida	Roxo-azulada
Alcalina	Verde

VII.2.5 – Solu*ção mista de fenolftaleína e formol*

Misturam-se 50 mL de solução aquosa de formol (**muito tóxico, cancerígeno, disp. A**) a 30 a 40% com 1mL de solução alcoólica (50%) de fenolftaleína (**disp. A**) a 0,5% e goteja-se solução de KOH 0,2N até que a solução fique rósea.

pH	*Cor*
8,3	Róea
8,8	Rouge (vermelho vivo)
9,1	Rouge nítida

VII.2.6 – *Solução mista de fenolftaleína e verde de metila*

Dissolvem-se 0,2 g de fenolftaleína (**disp. A**) e 0,1 g de verde de metila (disp. A) em 100 mL de álcool.

pH	*Cor*
—	Verde
8,4	Cinza
8,8	Levemente azul
9	Roxa

VII.2.7 – *Solução mista de formol e timolftaleína*

Adicionam-se 25 mL de álcool absoluto e 5 mL de solução alcoólica de timolftaleína (**inflamável; disp. D**) a 0,05% em 50 mL de solução aquosa de formol a 30 a 40% e goteja-se solução de KOH 0,2N até que a solução fique cinza-azulada.

pH	*Cor*
9,4	Azul profundo

VII.2.8 – *Indicador de Arrhenius*

Dissolvem-se 0,2 g de vermelho de metila, 0,2 g de azul de bromo-timol e 0,1 g de vermelho de fenol em 100 mL de álcool a 70%.

pH	*Cor*
4	Vermelha
5	Laranja
6	Amarela
7	Verde
8	Azul

VII.2.9 – *Indicador de E. Bogen*[32]

Dissolvem-se 0,1 g de fenolftaleína, 0,2 g de vermelho de metila, 0,3 g de dimetilaminoazobenzeno, 0,4 g de azul de bromotimol e 0,5 g de azul de timol em 500 mL de álcool e goteja-se solução de NaOH 0,IN até que a solução fique amarela (pH = 6).

pH	*Cor*
1	Pêssego-avermelhada
2	Rósea
3	Vermelho-alaranjada
4	Laranja-avermelhada
5	Laranja
6	Amarela
7	Amarelo-esverdeada
8	Verde
9	Azul-esverdeada
10	Azul

VII.2.10 – *Indicador de H. W. Van Urk*[32]

Dissolvem-se 0,1 g de alaranjado de metila, 0,04 g de vermelho de metila, 0,4 g de azul de bromotimol, 0,32 g de naftolftaleína, 0,5 g de fenolftaleína e 1,6 g de cresolftaleína em álcool a 70% e dilui-se com água até 100 mL.

Esta solução é o indicador de E. Bogen modificado e a sua coloração é mais nítida.

VII.2.11 – *Indicador de I. M. Kolthoff*[32]

Misturam-se as seguintes soluções nas proporções indicadas:

Dimetilaminoazobenzeno a 0,1%	15 mL
Vermelho de metila a 0,1%	5 mL
Azul de bromotimol a 0,1%	20 mL
Fenolftaleína a 0,1%	20 mL
Timolftaleína a 0,1% (álcool a 70%)	20 mL

Usa-se 1 mL desta solução para cada 100 mL de solução a titular.

pH	*Cor*
2	Rosa
3	Vermelho-alaranjada
4	Laranja
5	Amarelo-alaranjada
6	Amarelo limão
7	Amarelo-esverdeada
8	Verde
9	Azul-esverdeada
10	Roxa

VII.2.12 – *Solução mista de verde de bromocresol e vermelho de metila*

Misturam-se 30 mL de solução alcoólica de bromocresol a 0,1% e 20 mL de solução alcoólica de vermelho de metila a 0,1%.

pH	*Cor*
Ácida	Vermelha
5,0	Viragem
Alcalina	Verde

VII.C – INDICADORES FLUORESCENTES[32]

Preparam-se soluções dos seguintes indicadores fluorescentes em água, álcool, metanol ou acetona com concentrações de 0,01 a 0,1%.

Indicadores	*pH de viragem de fluorescência*	*Viragem de cor de fluorescência*
Ácido α-naftiônico	2,5 a 3,5	I a AzR
Ácido salicílico	2,5 a 4,0	I a R
Floxina	2,5 a 4,0	I a LeAm
Eritrosina B	2,5 a 4,0	L a V
β-naftilamina	2,8 a 4,4	L a Az
Fluoresceína	3,0 a 5,0	I a V
Quinina	3,0 a 5,0	Az a I
α-naftilamina	3,4 a 4,8	L a R
Eritrosina	4,0 a 4,5	I a LeAmV
Dicloro fluoresceína	4,0 a 6,0	I a AmV
Acridina	5,2 a 6,6	V a AzR
Amarelo de diazol NS brilhante	6,5 a 7,5	I a Az
β-metil umbeliferona	7,0	I a Az
Oxina de magnésio	7,0	I a AmV
Umbeliferona	6,5 a 8,0	I a Az
Orcina-aurina	6,5 a 8,0	I a V
Ácido cumárico	7,2 a 9,0	I a V
Ácido β-naftol-sulfônico	7,5 a 9,1	L a LeA
β-naftol	8,5 a 9,5	I a AzR
Alaranjado de acridina	8,4 a 10,4	I a AmV
Cumarina	9,5 a 10,5	I a AmV
Ácido α-naftiônico	11,6	AzR a V

Sinais abreviados	*Sinais completos*
I	Incolor
Az	Azul
Am	Amarelo
R	Roxo
V	Verde
Le	Levemente
L	Laranja

Exemplo:
I a AzR = de incolor a azul-arroxeada...

c a p í t u l o

VIII

GASES USADOS EM LABORATÓRIO E SUAS PREPARAÇÕES

VIII.1 – ACETILENO (C_2H_2, d: 0,9057)[4,15,25,43]

Goteja-se água em carbeto de cálcio (**inflamável, corrosivo; disp. K**) comercial.

$$CaC_2 + 2H_2O = Ca(OH)_2 + C_2H_2 \uparrow$$

O gás acetileno formado (**inflamável**) contém umidade, ar, PH_3,SiH_4, amônio, H_2S, CO_2 e HClO; passa-se, então, em solução de NaOH, solução de absorção de PH_3 (pág. 453) e solução de cloreto mercúrico (pág. 61) e, finalmente, seca-se com cloreto de cálcio (**irritante; disp. O**).
O acetileno é absorvido pelo H_2SO_4 fumegante (contém 20 a 25% de SO_3), bromo , solução amoniacal de cloreto cuproso (pág. 160) ou solução de KI-$HgCl_2$ (pág. 61).
1 g de CuO equivale a 140,8 mL (0°C, 760 mm Hg) de acetileno.
NOTA: As densidades dos gases são calculadas supondo a densidade do ar como 1,00.

VIII.2 – ÁCIDO FLUORÍDRICO (HF, d: 0,7126)[4,15]

Goteja-se H_2SO_4 concentrado (**oxidante, corrosivo; disp. N**) em fluoreto de cálcio (**irritante; disp. O**) ou espato-flúor e aquece-se.

$$CaF_2 + H_2SO_4 = CaSO_4 + 2HF \uparrow$$

Para absorver este gás (**corrosivo, muito tóxico**), passa-se sobre fluoreto de sódio (NaF; **tóxico, irritante; disp. F**).

VIII.3 – ÁCIDO IODÍDRICO (HI, d: 4,3757)[4,15]

Goteja-se água em mistura de fósforo vermelho (**inflamável; disp. K**) e iodo (**lacrimogênio, corrosivo; disp. P**).

$$PI_3 + 3H_2O = H_3PO_3 + 3HI \uparrow$$

Quando se tratarem iodetos com ácido sulfúrico, o ácido iodídrico é oxidado e não se poderá obter ácido iodídrico na forma gasosa. O gás de ácido iodídrico é instável e facilmente decomposto pela luz ou pelo calor.

$$2HI = H_2 + I_2$$

Pode-se usar o iodeto de cálcio (**tóxico; disp. N**) para secagem de ácido iodídrico.

VIII.4 – ÁCIDO SULFÍDRICO (H_2S, d: 1,177)[4,15]

VIII.4.1 – Joga-se HCl diluído (1:1) ou H_2SO_4 diluído (1:1) em sulfeto de ferro (**irritante; disp. O**).

$$FeS + 2HCl = FeCl_2 + H_2S \uparrow$$
$$FeS + H_2SO_4 = FeSO_4 + H_2S \uparrow$$

No caso de H_2SO_4, forma-se sulfato ferroso ($FeSO_4{\cdot}7H_2O$) e a produção é inferior à com HCl. Usa-se o aparelho de Kipp para preparação contínua. O gás sulfídrico (**tóxico, inflamável; disp. K**) assim preparado contém HCl, arsênio, fósforo, silício, CO_2 e O_2 como impurezas e, então, purifica-se por passagem em água, solução ácida (HCl) de acetato de cromo e cloreto de cálcio sólido (**irritante; disp. O**).

VIII.4.2 – Para preparar o gás de ácido sulfídrico puro (**inflamável; disp. K**), goteja-se o HCl a 10% em sulfeto de cálcio (**tóxico, irritante**) ou em sulfeto de sódio (**inflamável, corrosivo; disp. S**) ou então, adiciona-se o HCl concentrado (**corrosivo; disp. N**) em trissulfêto de antimônio (**irritante; disp. O**) e aquece-se.

$$CaS + 2HCl = CaCl_2 + H_2S \uparrow$$
$$Na_2S + 2HCl = 2NaCl + H_2S \uparrow$$
$$Sb_2S_3 + 6HCl = 2SbCl_3 + 3H_2S \uparrow$$

Usa-se o cloreto de cálcio (**irritante; disp. O**) ou pentóxido de fósforo (**corrosivo; disp. N**) para secagem deste gás.

Para absorção de gás sulfídrico assim preparado, usa-se a solução de cloreto de cádmio, solução de acetato de zinco e cádmio (pág. 147), solução de iodo (acima de 0,001 N) ou solução de hidróxido alcalino mas, no método à alta temperatura, usa-se o hidróxido férrico (**disp. O**).

$$2Fe(OH)_3 + 3H_2S = Fe_2S_3 + 6H_2O$$

VIII.5 – AMÔNIA (NH_3, d: 0,5963)[4,15,25]

VIII.5.1 – Aquece-se solução concentrada de hidróxido de amônio (**corrosivo; disp. N**) até ferver.

VIII.5.2 – Amassa-se a mistura de 10 g de cloreto de amônio (**irritante; disp. N**) e 20 g de cal hidratada (**corrosivo; disp. O**) e aquece-se.

$$2NH_4Cl + Ca(OH)_2 = CaCl_2 + 2H_2O + 2NH_3 \uparrow$$

Para purificar o gás de amônio comercial (**corrosivo; disp. N**), passa-se em tubo de vidro de 10 cm de comprimento preenchido com algodão e, em seguida, em solução de KOH e em cal (**corrosivo; disp. N**).
Pode-se usar o óxido de bário, o cal vivo e o hidróxido de potássio como secante, porém, não se pode usar o cloreto de cálcio, H_2SO_4 concentrado ou ácido fosfórico anidro.
Os melhores absorventes de gás de amônio são o HCl (**corrosivo; disp. N**), o H_2SO_4 (**oxidante, corrosivo; disp. N**) e a solução de KOH que contém bromo e cada 30 mL destas soluções absorvem até 50 litros de gás de amônio quando passados numa velocidade de 15 a 20 litros por hora. Pode-se usar, também, solução quente de ácido oxálico e, em seguida, a solução fria de ácido acético.

VIII.6 – ANTIMONETO DE HIDROGÊNIO (SbH_3, d: 4,344)[4,15]

Aquece-se a mistura de 20 g de antimônio (**tóxico, irritante; disp. P**) e 40 g de magnésio (**inflamável; disp. P**) passando-se continuamente hidrogênio (**inflamável; disp. K**), até que se forme uma liga e, então, joga-se em HCl frio (**corrosivo; disp. N**).

$$Mg_3Sb_2 + 6HCl = 2SbH_3 + 3MgCl_2$$

Este gás, também chamado estibina, é venenoso.
Cada 1 mL de etanol, álcool e dissulfeto de carbono dissolve 5 mL, 15 mL e 25 mL de estibina, respectivamente (0°C).
É decomposto pelo ar úmido ou pelo aquecimento.

VIII.7 – ARSENITO DE HIDROGÊNIO (AsH_3, d: 2,695)[4,15]

Joga-se HCl (1:1) ou H_2SO_4 (1:1) numa mistura de sais de sódio de óxo-ácidos de arsênio e de $AsCl_3$ (**cancerígeno, tóxico; disp. L**) e zinco metálico (**inflamável; disp. P**).

$$Na_3AsO_4 + 4Zn + 11HCl = 4ZnCl_2 + 3NaCl + 4H_2O + AsH_3\uparrow$$
$$Na_3AsO_3 + 3Zn + 9HCl = 3ZnCl_2 + 3NaCl + 3H_2O + AsH_3\uparrow$$
$$AsCl_3 + 3Zn + 3HCl = 3ZnCl_2 + AsH_3\uparrow$$

Esta reação é chamada teste de Marsh e o hidrogênio ativo, formado pela dissolução do zinco, reduz o composto de arsênio, produzindo arsina.
Para secagem de gás de arsina (**pirofórico, extremamente tóxico, cancerígeno**), passa-se num tubo em U contendo $CaCl_2$ (**irritante; disp. O**).
Pode-se usar solução aquosa de nitrato de prata a 10 - 20%, solução aquosa e saturada de cloreto mercúrico ou solução de hipoclorito de sódio para absorção do gás de arsina.

$$AsH_3 + 6AgNO_3 = Ag_3As{\cdot}3AgNO_3 + 3HNO_3$$

VIII.8 – BIÓXIDO (DIÓXIDO) DE NITROGÊNIO (NO_2, d: 1,6)[4,15,25]

VIII.8.1 – Goteja-se HNO_3 concentrado (**oxidante, corrosivo; disp. N**) em sulfeto de cobre (**irritante, tóxico**).

$$CuS + 8HNO_3 = CuSO_4 + 4H_2O + 8NO_2\uparrow$$

VIII.8.2 – Seca-se o nitrato de chumbo (**oxidante, irritante; disp. L**) a 110 - 120°C durante diversos dias, mistura-se com mesma quantidade de areia de quartzo recém-aquecida e coloca-se em um tubo de vidro. Em seguida, aquece-se acima de 110°C em banho de areia.

$$2Pb(NO_3)_2 = 2PbO + O_2 + 4NO_2\uparrow$$

Este gás contém as seguintes substâncias como impurezas: N_2O_3, N_2O_4 e O_2 (temperatura ambiente). Deixa-se, então, absorver o N_2O_3 e N_2O_4 em solução ácida (H_2SO_4) de permanganato de potássio e elimina-se o oxigênio pela passagem em solução de pirogalol (pág. 256).

Pode-se captar o NO_2 (**altamente tóxico; disp. K**) na forma líquida por esfriamento na saída do gás com agente frigorífico de gelo e sal. Usa-se solução de NaOH ou de hidróxido de amônio para absorção do gás de NO_2.

VIII.9 – BROMETO DE HIDROGÊNIO (HBr, d: 2,71)[4,15,25]

VIII.9.1 – Deixa-se reagir o fósforo vermelho (**inflamável; disp. K**) com bromo (**muito tóxico, oxidante; disp. J**) e, em seguida, trata-se o tribrometo de fósforo formado (**corrosivo; disp. K**) com água.

$$2P + 3Br_2 = 2PBr_3$$
$$PBr_3 + 3H_2O = H_3PO_3 + 3HBr \uparrow$$

VIII.9.2 – Goteja-se H_2SO_4 (**oxidante, corrosivo; disp. N**) numa mistura de brometo de potássio (**tóxico, irritante; disp. N**) e cloreto estanoso (**corrosivo; disp. L**).

$$2KBr + H_2SO_4 = K_2SO_4 + 2HBr \uparrow$$

Nesta reação o cloreto estanoso é usado para evitar a reação de formação de bromo por oxidação do brometo de hidrogênio pelo H_2SO_4 de acordo com a seguinte equação:

$$2HBr + H_2SO_4 = SO_2 + Br_2 + 2H_2O$$

VIII.9.3 – Adiciona-se pequena quantidade de fósforo vermelho (**inflamável; disp. K**) em solução aquosa de bromo e passa-se o gás sulfuroso (**corrosivo, tóxico; disp. K**).

$$Br_2 + 2H_2O + SO_2 = H_2SO_4 + 2HBr \uparrow$$

VIII.9.4 – Mistura-se o ácido fosfórico anidro (**corrosivo; disp. N**) com areia aquecida e goteja-se o ácido bromídrico a 25% (**corrosivo, tóxico; disp. N**).
Elimina-se o bromo misturado com o gás formado (**corrosivo; disp. K**) pela passagem sobre fósforo vermelho (**inflamável; disp. K**).

VIII.10 – BROMO (Br_2, d: 5,52)[4,15]

VIII.10.1 – Aquece-se a solução de bromo com evolução de vapor de bromo (**muito tóxico, oxidante; disp. J**).

VIII.10.2 – Joga-se H_2SO_4 concentrado (**oxidante, corrosivo; disp. N**) numa mistura de brometo de sódio (**tóxico, irritante; disp. N**) e dióxido de manganês (**oxidante, irritante; disp. O**) e aquece-se.

$$2NaBr + MnO_2 + 3H_2SO_4 = 2NaHSO_4 + MnSO_4 + 2H_2O + Br_2 \uparrow$$

VIII.11 – CIANETO DE HIDROGÊNIO (HCN)[4,15]

(Gás cianídrico)

VIII.11.1 – Joga-se H_2SO_4 (1:1) ou HCl (**corrosivo; disp. N**) em cianeto de potássio (**tóxico, irritante; disp. S**), usando como catalisador o sulfato ferroso (**tóxico, irritante; disp. L**).

$$KCN + H_2SO_4 = KHSO_4 + HCN \uparrow$$

VIII.11.2 – Adiciona-se H_2SO_4 (1:1) a ferrocianeto de potássio (**irritante; disp. S**) e destila-se.

$$2K_4Fe(CN)_6 + 6H_2SO_4 = K_2Fe[Fe(CN)_6] + 6KHSO_4 + 6HCN \uparrow$$

Este gás (**muito tóxico, inflamável**) é absorvido em solução de KOH (d: 1,3) ou solução de sulfato ferroso.
É fortemente venenoso!!

VIII.12 – CIANOGÊNIO (C_2N_2, d: 1,864)[4,15]

VIII.12.1 – Mistura-se o sulfato de cobre (**tóxico, irritante; disp. L**) com cianeto de potássio (**tóxico, irritante; disp. S**) e aquece-se.

$$2CuSO_4 + 4KCN = 2K_2SO_4 + Cu_2(CN)_2 + (CN)_2 \uparrow$$

VIII.12.2 – Aquece-se o cianeto de mercúrio(II) seco (**tóxico; disp. K**) a cerca de 400°C.

$$Hg(CN)_2 = Hg + (CN)_2 \uparrow$$

Usa-se a solução de KOH (d: 1,3) ou H_2SO_4 para absorção do gás de cianogênio (**tóxico, muito inflamável**).

VIII.13 – CLORETO ARSÊNICO ($AsCl_3$)[4,15]

VIII.13.1 — Joga-se o HCl concentrado (**corrosivo; disp. N**) em óxido arsênico anidro (**cancerígeno, tóxico; disp. L**).

$$As_2O_3 + 6HCl = 3H_2O + 2AsCl_3 \uparrow$$

VIII.14 – CLORETO DE HIDROGÊNIO (HCl, d: 1,2681)[4,15,25]

VIII.14.1 – Deixa-se saturar o cloreto de amônio (**irritante; disp. N**) em HCl concentrado (**corrosivo; disp. N**) e goteja-se o H_2SO_4 concentrado (**oxidante, corrosivo; disp. N**).

$$2NH_4Cl + H_2SO_4 = (NH_4)_2SO_4 + 2HCl \uparrow$$

VIII.14.2 – Misturam-se 50 g de NaCl (**irritante; disp. N**) com 200 mL de HCl concentrado (**corrosivo; disp. N**) e goteja-se H_2SO_4 (**oxidante, corrosivo; disp. N**) concentrado, aquecendo-se continuamente.

$$NaCl + H_2SO_4 = NaHSO_4 + HCl \uparrow \text{ (temp. baixa)}$$
$$2NaCl + H_2SO_4 = Na_2SO_4 + 2HCl \uparrow \text{ (temp. alta)}$$

Também chamado gás clorídrico.

VIII.14.3 – Podem-se obter 4,3 litros de gás clorídrico (**tóxico; disp. K**) gotejando-se 20 mL de HCl concentrado (**corrosivo; disp. N**) em 20 mL de H_2SO_4 concentrado (**oxidante, corrosivo; disp. N**). Usa-se H_2SO_4 concentrado ou $CaCl_2$ (**irritante; disp. O**) para secagem deste gás. Elimina-se o oxigênio como impureza com solução aquosa de tricloreto de antimônio a 15%. Os absorventes para este gás são solução de hidróxido alcalino, solução de hidróxido de amônio, solução de nitrato de prata e solução aquosa concentrada de hidrossulfeto de potássio (KSH).

VIII.15 - CLORO (Cl_2, d: 2,4901)[4,15,25]

VIII.15.1 – Goteja-se HCl concentrado (**corrosivo; disp. N**) em peróxido de chumbo (**oxidante, irrritante; disp. O**).

$$PbO_2 + 4HCl = PbCl_2 + 2H_2O + Cl_2 \uparrow$$

VIII.15.2 – Adicionam-se cerca de 30 mL de HCl concentrado (**corrosivo; disp. N**) para cada 5 g de dióxido de manganês (**oxidante, irritante; disp. O**) e aquece-se.

$$MnO_2 + 4HCl = MnCl_2 + 2H_2O + Cl_2 \uparrow$$

Purifica-se o dióxido de manganês da seguinte maneira: deixa-se ferver o MnO_2 com HNO_3 (1:1) durante pouco tempo e lava-se com água. Quando usar NaCl em lugar de HCl, adiciona-se, também, o H_2SO_4 (1:1).

$$MnO_2 + 2NaCl + 3H_2SO_4 = 2NaHSO_4 + MnSO_4 + 2H_2O + Cl_2 \uparrow$$

VIII.15.3 – Coloca-se o pó de branquear (**oxidante, irritante; disp. J**) num aparelho de Kipp e joga-se HCl a 25%.
Pode-se, assim, obter maior quantidade de gás de cloro.

$$CaOCl_2 + 2HCl = CaCl_2 + H_2O + Cl_2 \uparrow$$

Nesta operação, misturam-se o pó de branquear comercial e gesso ($CaSO_4 \cdot 1/2H_2O$) (pág. 121) na proporção de 4:3, deixa-se molhar com água e espreme-se. Em seguida, corta-se em quadrados e seca-se na temperatura ambiente.

VIII.15.4 – Goteja-se o HCl concentrado (**corrosivo; disp. N**) em $KMnO_4$ (**irritante, oxidante; disp. J**) ou $K_2Cr_2O_7$ (**cancerígeno, tóxico; disp. J**) e esfria-se continuamente o frasco com água corrente se a reação for muito vigorosa.

$$2KMnO_4 + 16HCl = 2MnCl_2 + 2KCl + 8H_2O + 5Cl_2 \uparrow$$
$$K_2Cr_2O_7 + 14HCl = 2CrCl_3 + 2KCl + 7H_2O + 3Cl_2$$

O gás de cloro comercial (**oxidante; disp. K**) contém ar, CO_2, CO e HCl. Purifica-se por passagem em H_2O, H_2SO_4 concentrado (**oxidante, corrosivo; disp. N**) ou ácido fosfórico concentrado (**cancerígeno; disp. N**). Pode-se usar H_2SO_4, CaS (**altamente tóxico, inflamável**) e ácido fosfórico concentrado para secagem e solução de KOH (d: 1,3) ou solução de KI a 50% para absorção do gás de cloro acima obtido.

VIII.16 – DIÓXIDO DE CARBONO (CO_2, d: 1,529)[4,15,25]

VIII.16.1 – Aquece-se mármore ou bicarbonato de sódio (**disp. N**).

$$CaCO_3 = CaO + CO_2 \uparrow$$

ou seja

$$2CaCO_3 = CaO \cdot CaCO_3 + CO_2 \uparrow$$
$$2NaHCO_3 = Na_2CO_3 + H_2O + CO_2 \uparrow$$

VIII.16.2 – Goteja-se o HCl — 6N em mármore ou carbonato de cálcio (**irritante; disp. O**).

$$CaCO_3 + 2HCl = CaCl_2 + H_2O + CO_2 \uparrow$$

Pode-se produzir o gás carbônico (CO_2) (**disp. K**) usando-se o H_2SO_4 (**oxidante, corrosivo; disp. N**) em lugar de HCl, mas o sulfato de cálcio formado é insolúvel, cobre a superfície da matéria-prima e paralisa a reação.
Pode-se obter o CO_2 (**irritante; disp. A**) para refrigerante usando o ácido tartárico (**irritante; disp. A**) ou ácido cítrico em lugar de HCl.
O método de tratar bicarbonato de sódio com H_2SO_4 é aplicado como princípio de extintor de incêndio.

$$2NaHCO_3 + H_2SO_4 = Na_2SO_4 + 2H_2O + 2CO_2 \uparrow$$

VIII.16.3 – Goteja-se H_2SO_4 — 6N em solução de K_2CO_3 a 30%.

$$K_2CO_3 + H_2SO_4 = K_2SO_4 + H_2O + CO_2 \uparrow$$

Pode-se purificar o gás carbônico (**disp. K**) comercial por passagem em solução aquosa e saturada de sulfato de cobre e, em seguida, em solução aquosa de bicarbonato de potássio ou então pela passagem em solução aquosa de acetato de cromo e, em seguida, num tubo em U que contém bicarbonato de potássio sólido (**disp. N**) e, finalmente, lentamente, num tubo quente que contém H_2SO_4 concentrado (**oxidante, corrosivo; disp. N**) ou pedaços de cobre aquecido (**irritante, disp. P**). Como secantes de gás carbônico, usam-se H_2SO_4 concentrado, $CaCl_2$ (**irritante; disp. O**) ou ácido fosfórico anidro (**corrosivo; disp. N**).
Usam-se solução de hidróxido de bário (pág. 77), KOH sólido (**tóxico, corrosivo; disp. N**) ou solução de KOH a 33% como absorventes de gás carbônico. 1 mL de solução de KOH a 33% absorve 40 mL de gás carbônico. O NaOH é raramente usado, porque a solubilidade de Na_2CO_3 formado é muito baixa.

VIII.17 – DIÓXIDO DE CLORO (ClO_2, d: 2,4)[4,15]

Mistura-se 1 mol de clorato de potássio (**oxidante, irritante; disp. J**) ($KClO_3$) com 0,8 mol de ácido oxálico puro (**corrosivo, tóxico; disp. A**) e gotejam-se 400 mL de H_2SO_4 a 12%.

$$2KClO_3 + 2H_2SO_4 + H_2C_2O_4{\cdot}2H_2O = 2ClO_2\uparrow + 2CO_2 + 4H_2O + 2KHSO_4$$

Este gás amarelo-esverdeado é instável e explode por aquecimento.

VIII.18 – DIÓXIDO DE ENXOFRE (SO_2, d: 2,213)[4,15]

(Gás sulfuroso) (**disp. K**)

VIII.18.1 – Goteja-se o H_2SO_4 concentrado (**oxidante, corrosivo; disp. N**) em solução aquosa fria de bissulfito de sódio a 37%, na temperatura ambiente.

$$NaHSO_3 + H_2SO_4 = NaHSO_4 + H_2O + SO_2\uparrow$$

VIII.18.2 – Goteja-se o H_2SO_4 concentrado (**oxidante, corrosivo; disp. N**) em solução aquosa e fria de sulfito de sódio a 37%, na temperatura ambiente.

$$Na_2SO_3 + H_2SO_4 = Na_2SO_4 + H_2O + SO_2\uparrow$$

VIII.18.3 – Goteja-se o H_2SO_4 concentrado (**oxidante, corrosivo; disp. N**) numa mistura de 30 g de sulfito de cálcio e 10 g de sulfato de cálcio (**irritante; disp. O**).

$$CaSO_3 + H_2SO_4 = CaSO_4 + H_2O + SO_2\uparrow$$

VIII.18.4 – Colocam-se 100 g de pedaços de cobre (**irritante; disp. P**) em 100 g de H_2SO_4 concentrado (**oxidante, corrosivo; disp. N**), aquece-se inicialmente e deixa-se reagir.

$$Cu + 2H_2SO_4 = CuSO_4 + 2H_2O + SO_2\uparrow$$

VIII.18.5 – Mistura-se o carvão (**irritante**) com H_2SO_4 concentrado (**oxidante, corrosivo; disp. N**) e aquece-se.

$$2H_2SO_4 + C = CO_2 + 2H_2O + 2SO_2 \uparrow$$

Recomenda-se esta operação quando é necessário haver formação de gás sulfuroso durante longo tempo e a formação de gás carbônico não interfere.

VIII.18.6 – Aquece-se enxofre (**irritante; disp. B**) ou pirita (**irritante; disp. O**).

$$S + O_2 = SO_2 \uparrow$$
$$4FeS_2 + 11O_2 = 2Fe_2O_3 + 8SO_2 \uparrow$$

VIII.18.7 – Aquece-se sulfeto de zinco (**irritante, tóxico; disp. O**) passando-se continuamente ar aquecido.

$$2ZnS + 3O_2 = 2ZnO + 2SO_2 \uparrow$$

O gás sulfuroso comercial contém umidade, H_2SO_4, CO_2 e ar como impurezas. Purifica-se pela passagem em água, H_2SO_4 concentrado (**oxidante, corrosivo; disp. N**), $CaCl_2$ (**irritante; disp. O**) e ácido fosfórico anidro (**corrosivo; disp. N**), nessa ordem. Pode-se usar o H_2SO_4 concentrado, $CaCl_2$ e P_2O_5 (**altamente tóxico**) como secantes. Os absorventes de gás sulfuroso são os seguintes: solução de hidróxido alcalino, solução de hidróxido de amônio, solução aquosa e saturada de dicromato, solução de ácido crômico a 50% (pág.149), H_2SO_4 concentrado, solução de fucsina, solução de iodato e solução de iodo.
1 mL de solução de I_2 — 0,1 N equivale a 1,1 mL de SO_2 (pág. 27).

VIII.19 – ETILENO (C_2H_4, d: 0,9852)[4,15]

VIII.19.1 – Goteja-se etanol anidro (**inflamável, tóxico; disp. D**) em 50 - 60 mL de ácido fosfórico xaroposo (**corrosivo; disp. N**), aquecendo-se à temperatura de 200 a 300°C.

$$C_2H_5OH = H_2O + C_2H_4 \uparrow$$

VIII.19.2 – Aquece-se o etanol (**inflamável, tóxico; disp. D**) com excesso de H_2SO_4 concentrado (**oxidante, corrosivo; disp. N**) em temperatura aproximada de 165°C.

$$C_2H_5OH = H_2O + C_2H_4 \uparrow$$

Pode-se purificar o gás formado (**inflamável; disp. K**) pela passagem em solução de KOH a 30%, solução de NaOH a 50% e, em seguida, H_2SO_4 concentrado. Usa-se H_2SO_4 concentrado e cal de sódio (soda) como secantes [mistura-se NaOH (**corrosivo, tóxico; disp. N**) com cal hidratado (**corrosivo; disp. O**)].
Para absorver o gás de etileno, usa-se H_2SO_4 fumegante (**oxidante, corrosivo; disp. N**) (1 mL de H_2SO_4 fumegante absorve 8 mL de etileno), solução de bromo ou solução mista (1 g de ácido vanádico anidro ou 6 g de sulfato de urânio (**irritante**) dissolvidos em 55 mL de H_2SO_4 concentrado). 1 mL desta solução mista absorve 150 mL de de gás de etileno (0°C, 760 mmHg).

VIII.20 – FOSFETO DE HIDROGÊNIO (PH_3, d: 1,182)[4,15]

VIII.20.1 – Adiciona-se solução concentrada de hidróxido alcalino (**tóxico, corrosivo; disp. N**) a fósforo amarelo (**tóxico, corrosivo**) e aquece-se.

$$P_4 + 3KOH + 3H_2O = 3KH_2PO_2 + PH_3 \uparrow$$

Neste caso, além de fosfato de hidrogênio (**inflamável, muito tóxico**) haverá formação de grande quantidade de hidrogênio e, portanto, recomenda-se adicionar solução de $Ba(OH)_2$ ou solução de cal.

VIII.20.2 – Deixa-se reagir água com fosfeto de cálcio (**irritante, disp N**).

$$Ca_3P_2 + 6H_2O = 3Ca(OH)_2 + 2PH_3 \uparrow$$

Pode-se preparar o fosfeto de cálcio queimando-se a mistura de fosfato de cálcio (**irritante**) e pó de alumínio (**inflamável; disp. P**).

$$3Ca_3(PO_4)_2 + 16Al — 3Ca_3P_2 + 8Al_2O_3$$

O fosfeto de hidrogênio (**muito tóxico, inflamável**) é também chamado fosfina.
Pode-se usar as seguintes soluções como absorventes para gás de fosfeto de hidrogênio:
a) solução de hipoclorito de sódio
b) solução aquosa de sulfato de cobre
c) solução aquosa de nitrato de prata de 5 a 10%
d) solução de bromo
e) solução mista de 100 mL de solução (A) e 40 mL de solução (B)

Solução (A): dissolvem-se 100 g de nitrato férrico (**oxidante, irritante; disp. L**), 10 g de sulfato de cobre (**irritante, tóxico; disp. L**), 10 g de sulfato mercúrico (**tóxico; disp. L**) e 17 mL de HNO_3 (d: 1,2) (**oxidante, corrosivo; disp. N**) em 1 litro de água.

Solução (B): solução aquosa de cloreto de potássio (**tóxico, irritante; disp. N**) a 20%.

VIII.21 – HIDROGÊNIO (H_2, d: 0,06952)[4,15]

VIII.21.1 – Eletrolisa-se água e captura-se o H_2 (**inflamável; disp. K**) junto com oxigênio (pág. 459).

VIII.21.2 – Jogam-se pedaços de zinco (**inflamável; disp. P**) ou ferro (**disp. P**) em H_2SO_4 (1:6) ou HCl (1:1).
Para preparar maior quantidade, usa-se o aparelho de Kipp.

$$H_2SO_4 + Zn = ZnSO_4 + H_2 \uparrow$$
$$H_2SO_4 + Fe = FeSO_4 + H_2 \uparrow$$

Nesta operação, a adição de uma gota de solução de sulfato de cobre ativará a reação.
O gás formado no início contém ar e é explosivo. Quando terminar a existência de ar, queima-se calmamente.
Além de ar, o gás formado contém H_2S, PH_3, AsH_3 e umidade. Purifica-se pela passagem em tubo preenchido com pedaços de cobre aquecido (**irritante; disp. P**), solução aquosa e saturada de $KMnO_4$ e solução aquosa de $AgNO_3$, nessa ordem.

VIII.21.3 – Mergulha-se o alumínio metálico (**disp. P**) em solução de cloreto mercúrico (**tóxico, corrosivo; disp. L**) e joga-se H_2SO_4 diluído ou HCl diluído.

$$3Al + 3H_2SO_4 = Al_2(SO_4)_3 + 3H_2 \uparrow$$

VIII.21.4 – Outros métodos

Colocam-se pedaços de zinco (**inflamável; disp. P**) ou ferro (**disp. P**) em solução de NaOH a 30% e aquece-se ou, então, joga-se água em hidrona (liga de Na 35% e Pb 65%) ou hidrolite (CaH_2, **corrosivo; disp. G**). Pode-se obter 1 m^3 de hidrogênio de 1 kg de hidrolite. O gás de hi-

drogênio comercial (**inflamável; disp. K**) é purificado pela passagem em solução de pirogalol.
Usa-se H_2SO_4 concentrado (**oxidante, corrosivo; disp. N**) ou $CaCl_2$ (**irritante; disp. O**) para secagem de gás de H_2. Para absorver o gás de H_2, passa-se em solução de cloreto de paládio (pág. 162) ou em óxido de cobre (**irritante; disp. O**) aquecido a 250 - 300°C. Também, pode-se passar em tubo fino preenchido com 4 a 5 g de amianto de paládio (pág. 387) e aquecido a 90 - 100°C, cuidando-se para não ultrapassar 100°C.
A capacidade de absorção de gás de H_2 do amianto de paládio é influenciada pela presença de CO, CO_2, HCl, NH_3 ou hidrocarbonetos pesados e, portanto, usa-se o amianto de paládio após a eliminação dos gases acima descritos.

VIII.22 – IODO (I_2)[4,15]

VIII.22.1 – Aquece-se o iodo metálico (**lacrimogênio, corrosivo; disp. P**).

VIII.22.2 – Aquece-se mistura de NaI (**irritante; disp. N**) e MnO_2 (**oxidante, irritante; disp. O**), gotejando-se continuamente o H_2SO_4 concentrado (**oxidante, corrosivo; disp. N**).

$$2NaI + MnO_2 + 3H_2SO_4 = 2NaHSO_4 + MnSO_4 + 2H_2O + I_2 \uparrow$$

Os absorventes de gás de iodo são ácido acético (**corrosivo; disp. C**), etanol (**inflamável, altamente tóxico; disp. D**), éter etílico (**tóxico, inflamável; disp. D**), dissulfeto de carbono (**inflamável, tóxico; disp. D**) e clorofórmio(*) (**altamente tóxico, cancerígeno; disp. B**).
(*) (usar preferencialmente ácido acético ou etanol)

VIII.23 – METANO (CH_4, d: 0,5545)[4,15]

VIII.23.1 – Aquece-se a mistura de 8 g de acetato de sódio anidro (**irritante; disp. A**) e 10 g de cal de sódio (soda), obtido misturando-se NaOH (**corrosivo, tóxico; disp. N**) com cal hidratado (**corrosivo; disp. O**) em frasco de vidro resistente.

$$CH_3COONa + NaOH = Na_2CO_3 + CH_4 \uparrow$$

VIII.23.2 – Dissolvem-se 75 g de NaOH (**corrosivo, tóxico; disp. N**) em 80 mL de água quente, adicionam-se 75 g de acetato de sódio (**irritante; disp. A**) e 125 g de cal vivo (**irritante; disp. O**), agitando-se a solução continuamente e aquece-se até a secura. Em seguida, aquece-se mais o material já seco. Pode-se obter 12,5 litros de gás metano (**inflamável, disp K**). O gás formado contém H_2, etileno, O_2, N_2, CO_2 e umidade como impurezas. Purifica-se pela passagem em solução aquosa de KOH a 50%, solução de ácido sulfuroso a 20% e H_2SO_4 concentrado (**oxidante, corrosivo; disp. N**), nessa ordem. Para secagem de gás de metano, usa-se H_2SO_4 concentrado, $CaCl_2$ (**irritante; disp. O**) e P_2O_5 (**corrosivo; disp. N**).

VIII.24 – MONÓXIDO DE CARBONO (CO, d: 0,9671)[4,15,25]

VIII.24.1 – Aquecem-se 100 g de ácido oxálico (**corrosivo, tóxico; disp. A**) a 120-150°C e jogam-se cerca de 260 mL de H_2SO_4 (**oxidante, corrosivo; disp. N**).

$$(COOH)_2 = CO_2 + H_2O + CO \uparrow$$

Pode-se purificar este gás pela passagem em solução de KOH (1:2), solução alcalina de hidrossulfito de sódio (pág. 169) e, em seguida, $CaCl_2$ (**irritante; disp. O**).

VIII.24.2 – Gotejam-se 170 mL de H_2SO_4 concentrado (**oxidante, corrosivo; disp. N**) em 50 g de formiato de bário ou formiato de sódio (**irritante; disp. A**) ou ácido fórmico (**corrosivo; disp. C**) concentrado e aquece-se.

$$HCOOH = H_2O + CO \uparrow$$

O gás obtido por este método não contém gás carbônico como impureza.

VIII.24.3 – Adiciona-se ácido fosfórico a 85% (**corrosivo; disp. N**) em solução de ácido fórmico a 85% (**corrosivo; disp. C**) e aquece-se.

VIII — 24.4 – Goteja-se o H_2SO_4 concentrado (**oxidante, corrosivo; disp. N**) em ferrocianeto de potássio (**irritante; disp. S**).

$$K_4[Fe(CN)_6] + 6H_2SO_4 + 6H_2O =$$
$$= 2K_2SO_4 + FeSO_4 + 3(NH_4)_2SO_4 + 6CO \uparrow$$

Usa-se H_2SO_4 concentrado (**oxidante, corrosivo; disp. N**), $CaCl_2$ (**irritante; disp. O**) e P_2O_5 (**corrosivo; disp. N**) para secagem de gás de CO (**inflamável, tóxico; disp. K**). Pode-se usar solução de KOH (1:3), solução de hidróxido de amônio, solução de cloreto cuproso (pág. 160) e solução de cloreto de paládio a 0,5% para absorver o CO.

$$PdCl_2 + CO + H_2O = 2HCl + CO_2 + Pd$$

VIII.25 - NITROGÊNIO (N_2, d: 0,9673)[4,15,25]

VIII.25.1 – Aquece-se o ferrocianeto de potássio (**irritante; disp. S**)

$$K_4Fe(CN)_6 = 4KCN + FeC_2 + N_2 \uparrow$$

VIII.25.2 – Aquece-se o dicromato de amônio (**cancerígeno, oxidante; disp. J**) ou a mistura de cloreto de amônio (**irritante; disp. N**) e dicromato de potássio (**cancerígeno, oxidante; disp. J**).

$$(NH_4)_2\,Cr_2O_7 = Cr_2O_3 + 4H_2O + N_2 \uparrow$$

VIII.25.3 – Aquece-se o nitrito de amônio (**irritante**) ou sua solução concentrada.

$$NH_4NO_2 = 2H_2O + N_2 \uparrow$$

VIII.25.4 – Prepara-se a solução mista de 15 g de ácido nitroso, 10 g de cloreto de amônio (**irritante; disp. N**) e 1 g de dicromato de potássio (**cancerígeno, oxidante; disp. J**) dissolvidos em 75 mL de água. Joga-se esta solução mista numa mistura de salitre (KNO_3 - **oxidante, irritante; disp. N**) e cloreto de amônio (**irritante; disp. N**) e aquece-se.
O dicromato de potássio é usado para oxidar o óxido de nitrogênio formado nesta reação.

$$KNO_2 + NH_4Cl = NH_4NO_2 + KCl$$
$$NH_4NO_2 = 2H_2O + N_2 \uparrow$$

Purifica-se o gás formado ou gás de N_2 comercial pelo seguinte método: passa-se primeiramente o gás de N_2 em tubo preenchido com algodão para eliminar o sólido contido e, em seguida, em solução de hidrossulfito de potássio (pág. 169) e seca-se com H_2SO_4 concentrado (**oxidante, corrosivo; disp. N**), ou então, passa-se em tubo de 40 a 50 cm

de comprimento, preenchido com pedaços de cobre (**irritante; disp. P**) e aquecido a cerca de 650°C. Eliminam-se, então, traços de oxigênio passando-se em solução de pirogalol.
Usam-se H_2SO_4 concentrado (**oxidante, tóxico; disp. N**), $CaCl_2$ (**irritante; disp. O**) sólido e P_2O_5 (**corrosivo; disp. N**) para secagem do gás de N_2.
Para absorver o gás de N_2, deixa-se entrar em contato com cálcio metálico (**inflamável; disp. G**) ativado a cerca de 600°C.

VIII.26 – ÓXIDO NÍTRICO (NO, d: 1,0367)[4,15]

VIII.26.1 – Goteja-se o HNO_3 (1:1) em pedaços de cobre (**irritante; disp. P**).

$$3Cu + 8HNO_3 = 3Cu(NO_3)_2 + 4H_2O + 2NO \uparrow$$

VIII.26.2 – Dissolvem-se pedaços de ferro (**disp. P**) em HCl (**corrosivo; disp. N**), adiciona-se mesma quantidade de HCl e adiciona-se o ácido nitroso ou solução de nitrito de potássio (**oxidante, tóxico; disp. N**) ou de sódio (**oxidante, tóxico; disp. N**) no cloreto ferroso formado.

$$FeCl_2 + KNO_2 + 2HCl = FeCl_3 + KCl + H_2O + NO \uparrow$$

VIII.26.3 – Goteja-se ácido acético (**corrosivo; disp. C**) em mistura de ferrocianeto de potássio (**irritante; disp. S**) e nitrito de potássio (**oxidante, tóxico; disp. N**).

$$K_4Fe(CN)_6 + KNO_2 + 2CH_3COOH =$$
$$K_3Fe(CN)_6 + 2CH_3COOK + H_2O + NO \uparrow$$

VIII.26.4 – Dissolvem-se 75 g de KNO_2 (**oxidante, tóxico; disp. N**) e 38 g de KI (**irritante; disp. N**) em 225 mL de água e goteja-se o H_2SO_4 a 50%.
O gás formado (**altamente tóxico; disp. K**) é purificado pela passagem em H_2SO_4 concentrado e solução de hidróxido alcalino a 50%.
Usam-se as seguintes soluções como absorventes de gás NO: solução aquosa e saturada de sulfato de cobre, solução ácida (H_2SO_4) de $KMnO_4$, solução alcalina de nitrito de sódio e solução ácida [H_2SO_4 (1:2)] de sulfato ferroso.

VIII.27 - ÓXIDO NITROSO (N_2O, d: 1,53)[4,15]

VIII.27.1 – Aquece-se o nitrato de amônio seco (**oxidante, irritante; disp. N**) de 160 - 170°C até 248°C e deixa-se decompor.

$$NH_4NO_3 = 2H_2O + N_2O \uparrow$$

Esta reação é iniciada a 170°C e recomenda-se misturar com pequena quantidade de areia para que não se torne vigorosa. Não se pode passar da temperatura de 290°C.
O gás formado contém HNO_3, NO, NO_2, N_2 e CO_2 como impurezas e, então, purifica-se passando-se em K_2CO_3 sólido (**irritante; disp. N**), solução de sulfato ferroso, solução de KOH (1:1) e solução de hidrossulfito de sódio (pág. 169).

VIII.27.2 – Coloca-se a solução aquosa e concentrada de nitrito de sódio (**oxidante, tóxico; disp. N**) num funil de separação, goteja-se a solução aquosa e concentrada de cloridrato de hidroxilamina esfriando-se continuamente e agita-se.

$$NH_2OH{\cdot}HCl + NaNO_2 = NaCl + 2H_2O + N_2O \uparrow$$

VIII.27.3 – Misturam-se 13 g de sulfato de amônio (**irritante; disp. N**) para cada 17 g de nitrato de sódio (**oxidante, irritante; disp. N**) e aquece-se.

$$(NH_4)_2SO_4 + 2NaNO_3 = Na_2SO_4 + 4H_2O + 2N_2O \uparrow$$

VIII.28 - OXIGÊNIO (O_2, d: 1,1053)[4,15]

VIII.28.1 – Adiciona-se H_2SO_4 (**oxidante, corrosivo; disp. N**) ou NaOH (**corrosivo, tóxico; disp. N**) em água para que fique fracamente ácida ou fracamente alcalina e eletrolisa-se usando-se eletrodo de platina. O gás oxigênio se forma no cátodo.

VIII.28.2 – Aquece-se clorato de potássio (**irritante, oxidante; disp. J**) a 200 - 240°C usando-se metade da sua quantidade em MnO_2 (**oxidante, irritante; disp. O**) como catalisador.

$$2KClO_3 = 2KCl + 3O_2 \uparrow$$

Pode-se purificar o gás formado passando em algodão de vidro e solução de KOH ou $Ba(OH)_2$.

VIII.28.3 – Joga-se H_2SO_4 (**oxidante, corrosivo; disp. N**) em MnO_2 (**oxidante, irritante; disp. O**).

$$2MnO_2 + 2H_2SO_4 = 2MnSO_4 + 2H_2O + O_2 \uparrow$$

VIII.28.4 – Joga-se solução aquosa alcalina (ou então água) em peróxido de sódio (**oxidante, corrosivo; disp. N**).

$$2Na_2O_2 + 2H_2O = 4NaOH + O_2 \uparrow$$

VIII.28.5 – Aquece-se o salitre (**oxidante, irritante; disp. N**).

$$2KNO_3 = 2KNO_2 + O_2 \uparrow$$

VIII.28.6 – Adiciona-se H_2SO_4 (**oxidante, corrosivo; disp. N**) a dicromato de potássio (**cancerígeno, oxidante; disp. J**) e aquece-se.

$$2K_2Cr_2O_7 + 8H_2SO_4 = 2Cr_2(SO_4)_3 + 2K_2SO_4 + 8H_2O + 3O_2 \uparrow$$

Usa-se H_2SO_4 (**oxidante, corrosivo; disp. N**), $CaCl_2$ (**irritante; disp. O**) ou P_2O_5 (**corrosivo; disp. N**) para secagem de O_2 (**oxidante**). Pode-se usar fósforo amarelo (**altamente tóxico, corrosivo; disp. A**), solução de hidrossulfito de sódio, solução de pirogalol, solução de cloreto cromoso (pág. 160), solução aquosa de acetato de cromo a 20% e solução ácida (H_2SO_4) de cloreto de titânio a 15%. No método seco, passa-se em tubo que contém rede de cobre (**irritante; disp. P**) aquecida a 500°C.

VIII.29 – PERÓXIDO DE HIDROGÊNIO (H_2O_2)[4,15]

VIII — Deixa-se reagir peróxido de bário (**oxidante, tóxico**) ou peróxido de sódio (**oxidante, corrosivo; disp. N**) com H_2SO_4 (**oxidante, corrosivo; disp. N**) ou HCl (**corrosivo; disp. N**).

$$BaO_2 + H_2SO_4 = BaSO_4 + H_2O_2 \uparrow$$
$$Na_2O_2 + 2HCl = 2NaCl + H_2O_2 \uparrow$$

Este gás (**oxidante, corrosivo; disp. J**) decompõe-se facilmente durante a operação e, então, esfria-se com água corrente.

VIII.30 – SILICETO DE HIDROGÊNIO (SiH_4)[4,15]

Goteja-se HCl (**corrosivo; disp. N**) em siliceto de magnésio (**inflamável, corrosivo, tóxico**) (Mg_2Si).

$$Mg_2Si + 4HCl = 2MgCl_2 + SiH_4 \uparrow$$

Pode-se absorver o gás de SiH_4 (**inflamável, disp. K**) em solução de KOH (d: 1,3)

capítulo

IX

PRINCIPAIS SOLVENTES E SUAS PURIFICAÇÕES

IX.1 – HIDROCARBONETOS

IX.1.1 – *Éter de petróleo/ligroína*

As frações que são usadas como solventes em laboratório têm geralmente as seguintes escalas de destilação:

	Ponto de ebulição
Éter de petróleo	30 a 50°C
Benzina leve	60 a 95°C
Ligroína	80 a 110°C
Benzina para lavagem	100 a 140°C

Impurezas: hidrocarbonetos aromáticos.

Método de purificação

O componente principal de éter de petróleo (**inflamável, irritante; disp. D**) de ponto de ebulição 60 a 70°C é o hexano. Para eliminar o benzeno, que é a principal impureza, agita-se com a mesma quantidade da seguinte mistura ácida: H_2SO_4 conc. (**oxidante, corrosivo; disp. N**) (58% em peso) + HNO_3 conc. (**oxidante, corrosivo; disp. N**) (25% em peso) + H_2O (17% em peso) durante 8 horas. Lava-se a camada de hidrocarboneto com ácido sulfúrico concentrado e em seguida com água. Após a secagem, adiciona-se sódio metálico (**inflamável; disp. G**) e destila-se.[314,93]

IX.1.2 – *n-Hexano*/$CH_3(CH_2)_4CH_3$

Ponto de ebulição:	68,742°C
Ponto de congelação:	– 95,340°C
d_4^{20}:	0,65937, d_4^{25}: 0,65482
n_D^{20}:	1,37486, n_D^{25}: 1,37226
Solubilidade:	hexano/água (15,5°C): 0,014% vol.
Solubilidade:	água/hexano (20°C): 0,0111% vol.
Ponto azeotrópico com água:	61,55°C
Impurezas:	hidrocarbonetos aromáticos difíceis de eliminar, mesmo usando torre de destilação de alta capacidade[313]

Métodos de purificação

A) Método de destilação azeotrópica com terc-butanol:[132]

O rendimento da operação não é alto, mas pode-se obter facilmente n-hexano bem puro. Destilam-se 60 mL de hexano (**inflamável; disp.D**) impurificado com 4,5 mol % de benzeno, em mistura, com 15 mL de terc-butanol (**inflamável; disp. D**). Na primeira destilação recolhe-se a fração (50 mL aproximadamente) que destilar em temperatura constante e apresentar índice de refração constante; lava-se com água e seca-se com $CaCl_2$ (**irritante; disp.O**). Esta fração ainda contém 1 mol % de benzeno. Destila-se então, uma vez mais, com terc-butanol. Recolhe-se a primeira fração (23 mL), lava-se com ácido sulfúrico concentrado (**oxidante, corrosivo; disp. N**) e água, seca-se com $CaCl_2$ e em seguida com sódio metálico (**inflamável; disp. G**). O rendimento em hexano puro é de 12,5 mL.

B) Método de absorção por sílica-gel.[148]
Enche-se com 400 g de sílica-gel (**disp. O**) um tubo de vidro (120 × 4 cm) e despeja-se hexano (**inflamável; disp. D**) continuamente através de um funil de separação. Deixa-se correr sem aspiração. Recolhem-se separadamente as diversas frações e destila-se. Determina-se a pureza pelo espectro ultravioleta.

C) Método de absorção pelo óxido de alumínio básico (**disp. O**).[178]
Pode-se obter hexano puro para uso em espectrometria. Enche-se com 150 g de óxido de alumínio básico (**disp. O**) (Woelm Akt. 1) um tubo de vidro (25 × 2,5 cm) e despejam-se 300 mL de hexano (**inflamável; disp. D**). Pode-se usar a solução sem mais tratamento.

D) Outros métodos
Método de agitação com ácido sulfúrico.[138,132] Método de purificação com ácido clorossulfônico.[227,293]

IX.1.3 – *n-Heptano*/$CH_3(CH_2)_5CH_3$

Ponto de ebulição:	98,427°C
Ponto de congelação:	– 90,601°C
d_4^{15}:	0,68798, d_4^{25}: 0,67951
n_D^{20}:	1,38765, n_D^{25}: 1,38512
Solubilidade:	n-heptano/água (15,5°C): 0,005 g/100 g
Solubilidade:	água/n-heptano (25°C): 0,0151 g/100 g

IX.1.4 – *n-Octano*/$CH_3(CH_2)_6CH_3$

Ponto de ebulição:	125,665°C
Ponto de congelação:	– 56,798°C
d_4^{20}:	0,70252, d_4^{25}: 0,69849
n_D^{20}:	1,39743, n_D^{25}: 1,39505
Solubilidade:	em água (20°C): 0,0142 g/100 g
Impurezas:	hidrocarbonetos aromáticos[58]

NOTA: Para purificação dos solventes 1.3 e 1.4, poder-se-ão usar os mesmos métodos que para o n-hexano. São recomendados, especialmente, os métodos: ácido sulfúrico concentrado[175] e ácido clorossulfônico.[262,227]

IX.1.5 – *Ciclo-hexano*/C_6H_{12}

Ponto de ebulição:	80,738°C
Ponto de congelação:	– 6,554°C
d_4^{15}:	0,78310, d_4^{20}: 0,77855, d_4^{30}: 0,76928
n_D^{20}:	1.42623, n_D^{25}: 1,42354
Solubilidade:	em água (20°C): 0,010 g/100 g
Ponto azeotrópico com água:	68,95°C
(ciclo-hexano:	91% peso, água 9% peso)
Impurezas:	benzeno, metil-ciclopentano

A separação do benzeno pela destilação de ciclo-hexano, que foi obtido pela redução catalítica de benzeno, é muito difícil devido à proximidade dos pontos de ebulição. O ciclo-hexano é também obtido da fração de petróleo de ponto de ebulição de 74 a 85°C.

Métodos de purificação

A) Método de eliminação do benzeno por nitração.[107]
Adicionam-se 125 mL de ácido sulfúrico concentrado (**oxidante, corrosivo; disp. N**) e 100 mL de ácido nítrico concentrado (**oxidante, corrosivo; disp. N**) por litro de ciclo-hexano (**inflamável; disp. D**). Mistura-se bem, na temperatura de 50 a 60°C. Deixa-se decantar a mistura ácida e lava-se repetidas vezes com ácido sulfúrico concentrado para eliminar o nitrobenzeno formado. Em seguida, lava-se com solução de hidróxido de sódio e água. Seca-se com $CaCl_2$ (**irritante; disp. O**), adiciona-se fio de sódio metálico (**inflamável; disp. G**) e destila-se.

B) Método de absorção por sílica-gel.[61,228,226]
Quando contém pouca quantidade de benzeno, o ciclo-hexano puro, para uso em espectrometria, poderá ser obtido pela passagem em colunas de sílica-gel (**disp. O**) de (100 × 1 cm).

C) Método de absorção em coluna mista de óxido de alumínio básico e sílica-gel.[178]
Enche-se um tubo de vidro (40 × 2,5 cm) com 100 g de óxido de alumínio básico (**disp. O**) (Woelm Art. 1) e sobre essa camada coloca-se outra de 100 g de sílica-gel ativa (**disp. O**) (0,2 a 0,5 mm, para

uso em cromatografia). Deixa-se passar o ciclo-hexano (**inflamável; disp. D**) e recolhe-se a primeira fração de 100 mL, que é pura, para uso em espectrometria. Para purificar 300 mL de ciclo-hexano, previamente tratado pelo ácido sulfúrico,[262] é suficiente passar numa coluna de óxido de alumínio (25 × 2,5 cm).

D) Método pela tiouréia.[258,14]

IX.1.6 – *Metil-ciclo-hexano*/$C_6H_{11}(CH_3)$

Ponto de ebulição:	100,934°C
Ponto de congelação:	– 126,589°C
d_4^{20}:	0,76939, d_4^{25}: 0,76506
n_D^{20}:	1,42312, n_D^{25}: 1,42058

Pela redução catalítica é obtido quase puro.[258] O metil-ciclo-hexano puro, para uso em cromatografia, é obtido pela absorção com sílica-gel (**disp. O**).[226] Pode-se aplicar também o método de purificação para ciclo-hexano.

IX.1.7 – *Decalinas/Deca-hidronaftaleno*/$C_{10}H_{18}$

	cis-trans misturados	*cis*	*trans*
Ponto de ebulição (°C):	191,7	195,7	187,3
Ponto de congelação (°C):	–124 ± 2	– 43,26	–32,48
d_4^{20}:	0,8865	0,8967	0,8700
d_4^{25}:	0,8789	—	—
d_4^{30}:	—	0,8892	0,8627
n_D^{20}:	1,4758	1,48113	1,46968
Toxidez:	O vapor irrita os olhos, o nariz e a garganta. Causa dor de cabeça e alergia.		

A decalina comercial é obtida por redução do naftaleno. As impurezas contidas no produto provêm da matéria prima (naftaleno).

Método de purificação

Agita-se bem a decalina (**inflamável; disp. D**), repetidas vezes, com ácido sulfúrico (7% em peso), trocando-se o ácido até que não fique mais colorido. Em seguida lava-se com água, NaOH-dil, e novamente com 3 porções de água. Deixa-se secar com $CaSO_4$ anidro (**disp. O**) e destila-se em vácuo.

Como desidratante pode-se usar tubo contendo $CaCl_2$ (**irritante; disp. O**), sódio metálico (**inflamável; disp. G**) e sílica-gel (**disp. O**).

NOTA: O produto normalmente encontrado é uma mistura de isômeros cis- e trans-,[292] mas por tratamento com cloreto de alumínio, a forma cis- poderá ser transformada em trans- à temperatura ambiente.[357] Para purificação da forma trans- obtida no tratamento anterior, agita-se bem com ácido sulfúrico 7% até passar no teste da coloração. Lava-se com água, solução aquosa de NaOH dil. e outra vez com 3 porções de água. Deixa-se secar com $CaSO_4$ anidro e destila-se em vácuo.[41]

IX.1.8 – *Benzeno*/C_6H_6

Ponto de ebulição:	80,103°C
Ponto de congelação:	– 5,533°C
d_4^{10}:	d_4^{25}: 0,87368, d_4^{30}: 0,86845
n_D^{20}:	1,50110, n_D^{25}: 1,49790
Solubilidade:	benzeno/água (25°C): 0,180 g/100 g
Solubilidade:	água/benzeno (26°C): 0,054 g/100 g
Ponto azeotrópico com água:	69,25°C
(benzeno:	91,17% em peso)
Impurezas:	tiofeno, dissulfeto de carbono, compostos de enxofre como mercaptanas (tióis),[97] outros hidrocarbonetos (toluol, ciclo-hexano, metil-ciclo-hexano, 3-metil-hexano, 3-etil-pentano, heptano, 2,2,4-trimetil-pentano, 1,1-dimetil-ciclopentano, 1,2- ou 1,3-dimetil-ciclopentano).[57]
Toxidez:	É um veneno cumulativo e repetidas exposições a pequenas quantidades podem resultar em severas anemias. Seu efeito é mais pronunciado quando ingerido, porém contatos constantes com a pele podem provocar desengorduramento, eritemas e às vezes infecções secundárias.

O benzeno é um solvente facilmente purificável, tendo várias aplicações, em muitas das quais pode ser substituído pelo tolueno, menos tóxico: como substância padrão para diversas medidas físicas; como solvente na medida do momento dipolar; em titulações ácidas e alcalinas, como solvente não aquoso. Em casos onde não se tem necessidade de alta precisão, pode-se usar benzeno de boa qualidade sem purificação ou fazer um tratamento preliminar retirando o tiofeno.
O tiofeno pode ser eliminado por tratamento com ácido sulfúrico concentrado (**oxidante, corrosivo; disp. N**) seguido de lavagem com água, NaOH, novamente 2 vezes com água e destilação. O destilado pode ser seco de várias maneiras:

a) adiciona-se P_2O_5 (**corrosivo; disp. N**) e destila-se.
b) agita-se com $CaSO_4$ anidro (**disp. O**).

c) seca-se com $CaCl_2$ (**irritante; disp. O**) e adiciona-se sódio metálico (**inflamável; disp. G**).
d) passa-se em tubo com sílica-gel (**disp. O**).

Ensaios para determinação do grau de pureza do benzeno:[144]
O método mais exato é a determinação do ponto de congelação. A quantidade de impurezas pode ser calculada através da curva de congelação. Pode-se usar também: ponto de ebulição, densidade relativa e índice de refração.

Determinação das impurezas
Adicionam-se 15 mL de ácido sulfúrico concentrado puro (**oxidante, corrosivo; disp. N**) para 25 mL de benzeno (**inflamável, cancerígeno; disp. D**; N. R.- solvente de uso restrito. Deve-se estudar a possibilidade de substituí-lo por outro.) e agita-se bem em funil de separação durante 20 segundos. Deixa-se decantar. As duas camadas separadas não devem estar coloridas. O tiofeno é investigado pela reação de Indofenina, com isatina, ou seja, adiciona-se 1 mL de ácido sulfúrico concentrado que contém alguns mg de isatina para 1 mL de amostra de benzeno e agita-se bem. Deixa-se decantar e, se a camada de ácido sulfúrico não ficar colorida, o conteúdo de tiofeno é menor do que 0,001%.[216,225] Esta reação de coloração será acelerada pela adição de pequena quantidade de ácido nítrico (**oxidante, corrosivo; disp. N**) ou por aquecimento. A reação de indofenina do grupo tiofeno pode apresentar as seguintes colorações, dependendo das substituições.

Substituições	*Cor*
— Duas posições α — não substituídas	azul escuro
— Posições α — e β — adjacentes não substituídas	verde ou violeta
— Duas posições α — substituídas	marrom avermelhado claro

A presença de tiofeno em benzeno poderá ser também investigada pela coloração vermelha que se forma por agitação com a solução de p-dimetilaminobenzaldeído em ácido sulfúrico concentrado. A intensidade dessa coloração é proporcional à concentração de tiofeno entre 0 e 0,3 mg/L.[208] A água contida no benzeno pode ser determinada pelo reagente de Karl-Fischer.

Métodos de purificação

A) Eliminação de tiofeno por Níquel de Raney.[149]

Adicionam-se 10 g de Níquel de Raney (**cancerígeno, inflamável; disp. P**)[260] para 100 mL de benzeno (**inflamável, cancerígeno; disp. D**; N. R.- solvente de uso restrito. Deve-se estudar a possibilidade de substituí-lo por outro.) que contém 1% de tiofeno. Deixa-se ferver durante 15 minutos. O benzeno obtido não dá reação de Indofenina.

B) Método de purificação por recristalização, absorção e destilação.[229]

Enche-se um cilindro de cobre (20 X 5 cm) com 50 mL de etanol (**inflamável, tóxico; disp. D**) e 200 mL de benzeno (**inflamável, cancerígeno; disp. D**; N. R.- solvente de uso restrito. Deve-se estudar a possibilidade de substituí-lo por outro.) (do qual foram previamente eliminados hidrocarbonetos e/ou tiofeno). Esfria-se com agente frigorífico até –10°C, aproximadamente, e agita-se vigorosamente. Deixa-se congelar até o estado pastoso.

Centrifuga-se essa massa pastosa em centrifugador do tipo-cesto, previamente esfriado até –10°C, durante 5 minutos. Obtem-se o benzeno cristalizado com rendimento de cerca de 50%. Funde-se este benzeno, lava-se 3 vezes com a água destilada e deixa-se passar em a coluna de sílica-gel (**disp. O**) para eliminar o álcool e água. O benzeno, que foi previamente eliminado de hidrocarbonetos insaturados e tiofeno, não poderá ser melhor purificado somente por destilação fracionada. Dados bibliográficos[306] informam que foi obtido benzeno com a pureza de 99,998% por recristalização em metanol ou em metanol e água. Também outros autores[303] obtiveram uma pureza de 99,95% com as seguintes operações: recristaliza-se 6 vezes por congelação, retirando-se cada vez 1/4 da parte que não foi cristalizada. Seca-se com P_2O_5 (**corrosivo; disp. N**) durante 2 semanas e destila-se.

IX.1.9 – *Tolueno*/$C_6H_5CH_3$

Ponto de ebulição:	110,623°
Ponto de congelação:	– 94,991°C
d_4^{10}:	0,87615, d_4^{25}: 0,86231, d_4^{30}: 0,85769,
n_D^{20}:	1,49693, n_D^{25}: 1,49413
Solubilidade:	em água (25°C): 0,627 g/L
Ponto azeotrópico com água:	84,1°C (86,5% em peso)
Impurezas:	mesmo grupo contido no benzeno.

É fácil obter tolueno puro (**inflamável, irritante; disp. D**), à venda.
O método de purificação do benzeno pode ser aplicado para o tolueno, mas, devido ao seu baixo ponto de congelação, o método de eliminação das impurezas é mais difícil do que para o benzeno.

Ensaios para determinação do grau de pureza
Recomenda-se o método pelo ponto de congelação para se determinar o grau de pureza do tolueno.[144] O método pelo ponto de ebulição não dá resultado satisfatório.

IX.1.10 – *Xilenos*/$C_6H_4(CH_3)_2$

	o-xileno	*m-xileno*	*p-xileno*
Ponto de ebulição (°C):	144,414	139,102	138,348
Ponto de congelação (°C):	–25,175	–47,872	13,263
d_4^{20}:	0,88020	0,86417	0,86105
d_4^{25}:	0,87596	0,85990	0,85660
n_D^{20}:	1,50543	1,49721	1,49581
n_D^{25}:	1,50292	1,49464	1,49325
Solubilidade em água (25°C) g/L:	—	0,196	0,19
Ponto azeotrópico com água:	92°C (64,2% peso)		
Impurezas:	etil-benzeno, parafinas e compostos de enxofre		
Toxidez:	É semelhante àquela do tolueno, porém seus vapores são mais irritantes		

No xileno comercial o principal componente é o m-xileno. Por destilação fracionada, pode-se separar com relativa facilidade a forma orto-, porém as formas meta- e para- são mais dificilmente separadas por causa da vizinhança dos pontos de ebulição. Exceto para finalidades especiais, usa-se geralmente a mistura das três formas.
A purificação da mistura (o, m, p) é feita da mesma forma que para o benzeno e o tolueno.

Ensaios para determinação do grau de pureza
O método mais exato e mais recomendado é a determinação pelo ponto de congelação.[229]
Pode-se usar também determinação da densidade relativa e ponto de fusão.[310]

Métodos de separação e purificação
A) Separação de m- e p-xileno pelo método de destilação fracionada e sulfonação:[98]

No xileno, que é subproduto da produção de coque, pode-se separar a forma orto por destilação fracionada. A mistura das formas m- e p- (**inflamável, irritante; disp. D**) é feita reagir com ácido sulfúrico fumegante a 26% (**oxidante, corrosivo; disp. N**) na proporção de 100:120 partes respectivamente. A seguir é feita uma destilação com vapor havendo hidrólise de uma parte do produto. A fração inicial é composta de hidrocarbonetos parafínicos e etil-benzeno. Em seguida, o p-xileno de alta pureza será destilado. Interrompe-se a destilação e esfria-se a parte restante a 10°C. Deixa-se cristalizar o ácido p-xilenossulfônico, filtra-se e lava-se com ácido sulfúrico diluído. Destila-se com vapor obtendo-se o p-xileno puro.

B) Separação de m- e p-xileno pelo método de congelação.[59,363]
Dissolve-se a mistura das formas m- e p-xileno (**inflamável, irritante; disp. D**) em um dos seguintes solventes voláteis (que têm ponto de congelação mais baixo do que –58,5°C): metanol, etanol, 2-propanol, acetona, metil-etil-cetona, tolueno, pentano, penteno, etc. Por resfriamento cristaliza-se, em primeiro lugar, o p-xileno. Filtra-se essa parte e pode-se obter o cristal de m-xileno por congelação da solução-mãe.

C) Separação de m-xileno por extração:[224]
Dados bibliográficos informam que se pode obter o m-xileno (**inflamável, irritante; disp. D**) de produto comercial pela extração com a mistura de ácido fluorídrico (**corrosivo, tóxico; disp. F**) e trifluoreto de boro (**tóxico; disp. F**).

D) Purificação de o-xileno por sulfonação:[95]
Agitam-se 4.400 g de o-xileno (**inflamável, irritante; disp. D**) (95%; destilado entre 143 e 144°C) com 2,5 L de ácido sulfúrico concentrado (**oxidante, corrosivo; disp. N**) durante 4 horas à temperatura de 95°C. Deixa-se esfriar e separam-se em duas partes: uma solúvel (sulfonada) e outra insolúvel (não sulfonada) em água. A parte solúvel em água dilui-se com 3 L de água e neutraliza-se com 40% de hidróxido de sódio. Esfria-se, filtra-se a parte cristalizada e recristaliza-se em água. Dissolve-se em água fria suficiente e adiciona-se a mesma quantidade de ácido sulfúrico concentrado. Aquece-se até 110°C para que a hidrólise se efetue e destila-se com vapor. O rendimento de o-xileno de ponto de ebulição 144° a 145°C é de 1980 g (43%).

IX.1.11 – *Alquil-benzenos*

	etil-benzeno $C_6H_5(C_2H_5)$	*isopropil-benzeno* $C_6H_5CH(CH_3)_2$	*p-cimeno* $CH_3C_6H_4CH(CH_3)_2$
Ponto de ebulição (°C):	136,187	152,393	177,10
Ponto de congelação (°C):	–94,975	–96,028	–67,935
d_4^{20}:	0,86702	0,86179	0,8573
d_4^{25}:	0,86264	0,85751	0,8533
n_D^{20}:	1,49594	1,49146	1,4909
n_D^{25}:	1,49330	1,48892	1,4885
Solubilidade em água (25°C) g/L:	0,208		
Ponto azeotrópico com água:	35,5°C (60 mmHg) (67% em peso)		
Impurezas:	hidrocarbonetos insaturados		
Toxidez:	É mais tóxico que o benzeno, sendo seu efeito semelhante ao do m-xileno e tolueno		

Métodos de purificação

A) Método de purificação de etil-benzeno:[322]

Agitam-se 53 g de etil-benzeno (**inflamável, irritante; disp. D**), obtido por redução de acetofenona (**irritante; disp. C**) (100 g) com amálgama de zinco (**tóxico; disp. P**) (200 g) e ácido clorídrico (**corrosivo; disp. N**), e de ponto de ebulição 134,5 a 135°C, com ácido sulfúrico concentrado (**oxidante, corrosivo; disp. N**), repetidas vezes (6 mL cada vez) até que a camada ácida fique incolor. Em seguida lava-se com solução aquosa de Na_2CO_3 a 10% e água. Seca-se com sulfato de magnésio anidro (**disp. N**) (2 vezes), adiciona-se sódio metálico (**inflamável; disp. G**) e destila-se duas vezes. A fração intermediária da segunda destilação pode ser usada para determinação de constantes físicas. Outros autores indicam o método de passar em coluna de sílica-gel (**disp. O**) após a cristalização.[290]

B) Método de purificação de isopropilbenzeno:[322]

Pode-se aplicar o mesmo método de purificação do etil-benzeno.

C) Método de purificação de *p*-cimeno (4-isopropiltolueno):[245]

Deixa-se ferver em refluxo o *p*-cimeno comercial (**disp. C**) com enxofre em pó (**irritante; disp. B**) durante 2 dias. Agita-se com ácido sulfúrico concentrado (**oxidante, corrosivo; disp. N**) até a camada ácida ficar incolor e também agita-se duas vezes com pequena quantidade de ácido clorossulfônico (**tóxico, corrosivo; disp. N**). Lava-se com água, solução aquosa de permanganato de potássio e solução aquosa de hidróxido de sódio diluída (nessa ordem). Seca-se com sulfato de sódio anidro (**irritante; disp. N**) e destila-se fracionadamente.

IX.1.12 – *Naftaleno*/$C_{10}H_8$

Ponto de ebulição:	217,96°C
Ponto de fusão:	80,27°C
d_4^{20}:	1,169, d_4^{85}: 0,9752, d_4^{100}: 0,9623
n_D^{85}:	1,5898
Solubilidade:	em 1 L de água 0°C: 0,019 g
Solubilidade:	em 1 L de água 25°C: 0,0344 g

Ponto azeotrópico com as seguintes substâncias:

Substância	*Ponto aeotrópico (°C)*	*Naftaleno (% em peso)*
Ácido benzóico	217,7	95
4-clorofenol	216,3	63,5
m-cresol	202,08	97,2
Acetamida	199,55	72,8
Succinato de dietila	216,3	38,5
Glicol mono-etil éter	183,3	49
Água	98,8	16

Impurezas:	Compostos de enxofre, como o tio-nafteno[308] (O produto industrial contém cerca de 0,25% calculado como enxofre)
Toxidez:	A inalação de poeiras de naftaleno ou vapores concentrados pode provocar neurites óticas, irritação da córnea e dano aos rins

O naftaleno é solúvel em muitos solventes orgânicos, especialmente, em tetralina. É também solúvel em ácido sulfuroso líquido. Dissolve muitos compostos orgânicos, iodo, enxofre, fósforo e sulfetos metálicos.

Pode-se eliminar os compostos de enxofre contidos no naftaleno (**inflamável, irritante; disp. A**) por aquecimento com 1% de sódio metálico (**inflamável; disp. G**) (2 a 3 horas, 180 a 220°C), ou pelo método de cloração (90°C).[131]

Em seguida, para se obter o naftaleno puro, deixa-se sublimar e recristaliza-se em éter etílico (**inflamável, irritante; disp. D**).[67] Pode-se também obter o naftaleno puro pelas seguintes operações: aquece-se com ácido sulfúrico (**oxidante, corrosivo; disp. N**)[65] e MnO_2 (**oxidante, irritante; disp. O**);[222] destila-se a vapor e recristaliza-se repetidas vezes como picrato; decompõe-se este picrato e destila-se a vapor; finalmente, recristaliza-se em etanol + água.

IX.1.13 – *Metil-naftalenos*/$C_{10}H_7(CH_3)$

	1-metil-naftaleno	*2-metil-naftaleno*
Ponto de ebulição (°C):	244,78	241,14
Ponto de congelação (fusão) (°C):	–19	34,44
Densidade relativa:	d_4^{25}: 1,0163	d_4^{10}: 0,99045
Índice de refração:	n_D^{25}: 1,61494	n_D^{10}: 1,60192
Impurezas:	naftalenos, hidrocarbonetos alifáticos insaturados, compostos de enxofre	

Método de purificação

Método de purificação por tratamento com perácido:[405] Trata-se o metil-naftaleno industrial com perácido de C_1 a C_4 alifático. Lava-se com solução alcalina ou deixa-se absorver em terra diatomácea e destila-se fracionadamente. Para preparar o perácido, mistura-se ácido fórmico (**corrosivo; disp. C**) de 10 a 25% e peróxido de hidrogênio (**oxidante, corrosivo; disp. J**) de 2 a 4% (perácido fórmico). Prepara-se na hora de usar.

IX.1.14 – *Tetralina*/$C_{10}H_{12}$

Ponto de ebulição:	207,57°C
Ponto de congelação:	– 35,80°C
d_4^{20}:	0,9702, d_4^{25}: 0,9662
n_D^{20}:	1,54135, n_D^{25}: 1,53919
Impurezas:	naftaleno, decalina, peróxido de tetralina, etc.

Método de purificação:[258]

Agita-se a tetralina (**irritante; disp. C**) com 1/10 em volume de hidrossulfito de sódio, seca-se com $CaCl_2$ (**irritante; disp. O**) e destila-se fracionadamente, em vácuo.

IX.2 – HIDROCARBONETOS HALOGENADOS

IX.2.1 – *Dicloreto de metileno/Diclorometano/cloreto de metileno*/CH_2Cl_2

Ponto de ebulição:	39,95°C
Ponto de congelação:	– 96,7°C
d_4^{15}:	1,33479, d_4^{30}: 1,30777
n_D^{20}:	1,42456
Solubilidade (25°C):	dicloreto de metileno/água: 1,32 g/100 g
Solubilidade (25°C):	água/dicloreto de metileno: 0,198 g/100 g
Ponto azeotrópico com água:	38,1°C (98,5% em peso)
Impurezas:	cloreto de metila, clorofórmio e tetracloreto de carbono
Toxidez:	É considerado como um dos hidrocarbonetos clorados menos tóxicos

O dicloreto de metileno é estável em relação ao oxigênio ou à hidrólise. Conserva-se ao abrigo da luz e em vidro escuro. O produto comercial não é puro, mas, geralmente, pode ser usado sem purificação como solvente.

Métodos de purificação

A) Lava-se o diclorometano (**tóxico, irritante; disp. B**) com água e solução aquosa de carbonato de sódio. Seca-se com $CaCl_2$ (**irritante; disp. O**) e faz-se destilação fracionada.[238]

B) Trata-se o diclorometano (**tóxico, irritante; disp. B**) com ácido sulfúrico (**oxidante, corrosivo; disp. N**).[263]

C) Lava-se o diclorometano (**tóxico, irritante; disp. B**) com ácido sulfúrico (**oxidante, corrosivo; disp. N**) e solução de hidróxido de sódio. Seca-se com hidróxido de sódio (**corrosivo, tóxico; disp. N**) e, em seguida, com $CaCl_2$ (**irritante; disp. O**). Destila-se fracionadamente com tubo de Widmer.[237]

D) Destila-se o diclorometano (**tóxico, irritante; disp. B**) comercial fracionadamente e recolhe-se a fração de ponto de ebulição 40 a 41°C. Lava-se com solução aquosa de bicarbonato de sódio a 5% e, em seguida, com água. Destila-se usando o tubo de Widmer.[329]

Ensaios para determinação do grau de pureza

Ponto de ebulição e índice de refração,[237] valor mínimo de condutibilidade elétrica,[251] transparência óptica, etc.

IX.2.2 – *Clorofórmio/triclorometano*/$CHCl_3$

Ponto de ebulição:	61,152°C
Ponto de congelação:	– 63,55°C
d_4^{15}:	1,49845, d_4^{20}: 1,4892, d_4^{30}: 1,47060
n_D^{15}:	1,44858
Solubilidade (20°C):	clorofórmio/água: 0,822 g/100 g
Solubilidade (23°C):	água/clorofórmio: 0,072 g/100 g
Ponto azeotrópico com água:	56,12°C (97,8% em peso)
Impurezas:	fosgênio, cloro, etanol e acetona
Toxidez:	A toxidez do clorofórmio também é proveniente do fosgênio nele contido como impureza

O clorofórmio contém pequena quantidade de etanol (0,5 a 1%) que é adicionado como estabilizador, mas, se for exposto à luz ou ao ar durante muito tempo, ele se decompõe aumentando as impurezas acima citadas. O dimetilaminoazobenzeno é também usado como estabilizador.[343]

Ensaios para determinação das impurezas

Agitam-se 20 mL de amostra de clorofórmio (**muito tóxico, possível cancerígeno; disp. B**) com 10 mL de água e examina-se a existência de cloreto na camada aquosa usando a solução de nitrato de prata.

Agitam-se 20 mL de amostra com 5 mL de solução de iodeto de zinco (**disp. L**) em amido (dissolve-se pequena quantidade de iodeto de zinco em solução de amido) e examina-se a existência de cloro (Cl_2) pela coloração azulada.

Misturam-se 20 mL de amostra com 0,1 g de benzidina (**cancerígeno**), tampa-se bem e deixa-se em lugar escuro durante 24 horas; obtem-se:

a) turvação ou precipitação amarela: fosgênio
b) turvação: HCl
c) coloração azul: Cl_2

Agitam-se 10 mL de amostra com 5 gotas de solução de nitroprussiato de sódio (0,4%) e 2 mL de solução de NH_4OH (**corrosivo, tóxico; disp. N**). Se aparecer uma coloração roxa depois de alguns minutos, então existe acetona.

Método de eliminação de fosgênio

O fosgênio reage lentamente com água, álcool ou álcali (admite-se que reage rapidamente com o fenolato de sódio). Para eliminar o fosgênio, agita-se, geralmente, com solução aquosa alcalina. É difícil reduzir conteúdo do fosgênio a menos de 0,0003%, pois o clorofórmio é muito sensível à luz e ao oxigênio.[140]

Método de eliminação de álcool
Para uso em síntese ou análise, o álcool será eliminado por repetidas lavagens com água (5 a 6 vezes), usando-se cada vez metade do volume de clorofórmio.

Métodos de purificação

A) Método de purificação para medidas de constantes físicas:
Lava-se repetidas vezes o clorofórmio (**muito tóxico, possível cancerígeno; disp. B**) com água até que fique neutro ao papel de tornassol, seca-se com $CaSO_4$ (**disp. O**) e destila-se com tubo de Widmer feito totalmente de vidro.[329]

B) Método de purificação para medida de solubilidade:
Agita-se o clorofórmio (**muito tóxico, possível cancerígeno; disp. B**) com a solução aquosa de hidróxido de sódio durante uma hora e em seguida com água (duas vezes), ácido sulfúrico concentrado (**oxidante, corrosivo; disp.N**) (três vêzes), água (duas vezes), mercúrio (**tóxico; disp. P**) (uma vez) e finalmente uma vez com água. Seca-se com $CaCl_2$ (**irritante; disp. O**) e destila-se.[154]

C) Método de purificação para medida de calor específico:
Lava-se o clorofórmio (**muito tóxico, possível cancerígeno; disp. B**) com ácido sulfúrico concentrado (**oxidante, corrosivo; disp. N**), solução aquosa de hidróxido de sódio e água. Seca-se com $CaCl_2$ (**irritante; disp. O**) e destila-se fracionadamente.

D) Método de purificação por absorção:[354]
Podem-se eliminar traços de água ou ácido com este método e obtém-se clorofórmio puro para uso em cromatografia ou espectrometria no infra-vermelho:
Colocam-se 250 g de alumina ativa (Woelm, basisch, grau de ativação I) (**disp. O**) em tubo de vidro de 37 mm de diâmetro. Passam-se 600 mL de clorofórmio (**muito tóxico, possível cancerígeno; disp. B**) que contém 0,92% de etanol e 0,4% de água. O grau de pureza varia inversamente com a velocidade de passagem.

E) Outro Método de purificação:
Agita-se repetidas vezes com ácido sulfúrico concentrado (**oxidante, corrosivo; disp. N**), solução diluída de hidróxido de sódio e água ge-

lada; seca-se com K_2CO_3 (**irritante; disp. N**) e conserva-se em vidro escuro sempre cheio. Destila-se pouco antes de usar.[251]

Ensaios para determinação do grau de pureza
O método da densidade relativa é o mais exato porque esta aumenta ou diminui com a presença de ácido clorídrico ou álcool, respectivamente. Podem-se usar os mesmos métodos de índice de refração ou ponto de ebulição.

IX.2.3 – *Tetracloreto de carbono/tetraclorometano/*CCl_4

Ponto de ebulição:	76,75°C (99,94% mol)
Ponto de congelação:	– 22,99°C
d_4^{15}:	1,60370, d_4^{25}: 1,5842, d_4^{30}: 1,57480
n_D^{15}:	1,46305, n_D^{20}: 1,46030, n_D^{25}: 1,45759
Solubilidade:	tetracloreto de carbono/água (25°C): 0,077 g/100 mL
Solubilidade:	água/tetracloreto de carbono (24°C): 0,010 g/100 mL
Ponto azeotrópico com água:	66°C (95,9% em peso
Impurezas:	dissulfeto de carbono, fosgênio, ácido clorídrico, clorofórmio
Toxidez:	É um dos mais tóxicos entre os solventes comumente usados

Misturam-se 10 mL de amostra de CCl_4 (**tóxico, cancerígeno; disp. B**) com 1 mL de etanol absoluto anidro (**inflamável, tóxico; disp. D**) e 3 mL de solução de plumbito de potássio (dissolvem-se 2,5 g de acetato de chumbo (**cancerígeno; disp. L**), 0,5 g de citrato de potássio e 75 g de hidróxido de potássio (**corrosivo, tóxico; disp. N**) em água e completam-se 150 mL). Ferve-se em refluxo com condensador esmerilhado durante 15 minutos e deixa-se decantar durante 5 minutos. Se aparecer coloração marrom na camada aquosa, ou precipitação preta, existe dissulfeto de carbono.

Método de purificação
Agita-se vigorosamente o CCl_4 (**tóxico, cancerígeno; disp. B**) com solução aquosa de hidróxido de sódio e, em seguida, com solução de (água + álcool). Em lugar de agitar, pode-se ferver em refluxo. Lava-se repetidas vezes com água, seca-se com K_2CO_3 (**irritante; disp. N**) e destila-se.
A fim de obter tetracloreto de carbono para uso em medidas ópticas, passa-se Cl_2 e expõe-se à luz, para efetuar a cloração completa do clorofórmio contido no produto. Lava-se com solução de carbonato de potássio e, em seguida, com água. Seca-se com $CaCl_2$ (**irritante; disp. O**), e em seguida com P_2O_5 (**corrosivo; disp. N**) e destila-se.[263]

Ensaios para determinação do grau de pureza
Densidade relativa, ponto de ebulição, índice de refração, curva de ponto de congelação[116] e espectro ultravioleta.[226]
Não se pode usar para dissolver materiais básicos. Também não se pode usar sódio metálico como secante, porque há perigo de dar-se reação explosiva. Outrossim, não se pode aplicar como agente extintor no caso de combustão do sódio metálico.

IX.2.4 – *Cloreto de etileno/1,2-dicloroetano*/CH_2ClCH_2Cl

Ponto de ebulição:	83,483°C
Ponto de congelação:	– 35,87°C
d_4^0:	1,28164, d_4^{15}: 1,26000, d_4^{30}: 1,23831
n_D^{15}:	1,44759
Solubilidade:	cloreto de etileno/água (20°C): 0,81% em peso
Solubilidade:	água/cloreto de etileno (20°C): 0,15% em peso
Ponto azeotrópico com água:	71,5°C (82,9% em peso)
Impurezas:	É geralmente produzido por adição de cloro em etileno e contém, portanto, as impurezas da matéria-prima com seus cloro-derivados por adição e substituição, derivados cloro-substituídos do etileno, cloro e ácido clorídrico

É frequentemente usado para extração de materiais naturais, como esteróides, vitamina A, cafeína, nicotina, etc. É necessário cuidado para se usar como solvente, porque é relativamente reativo (exemplo: reação de Friedel-Crafts). O cloreto de etileno tem pontos azeotrópicos respectivamente com água, metanol, etanol, isopropanol, tricloroetileno, tetracloreto de carbono, etc., sendo portanto difícil de purificar pelo método de destilação fracionada. Também produz mistura azeotrópica de três componentes.

Métodos de purificação

A) Lava-se o cloreto de etileno (**cancerígeno, inflamável; disp. D**) com solução aquosa de hidróxido de potássio diluída e água. Seca-se com $CaCl_2$ (**irritante; disp. O**) ou P_2O_5 (**corrosivo; disp. N**) e destila-se fracionadamente.[304]

B) Lava-se o cloreto de etileno (**cancerígeno, inflamável; disp. D**) com solução aquosa de hidróxido de sódio diluída. Rejeitam-se as frações que destilam em temperatura abaixo de 71,5°C. Adiciona-se água e recolhe-se a fração azeotrópica de 71,5°C. Separa-se a camada inferior secando-se com hidróxido de potássio (**corrosivo, tóxico; disp. N**) ou hidróxido de sódio (**corrosivo, tóxico; disp. N**) e destila-se.

Ensaio de determinação do grau de pureza
Espectro ultravioleta.[226]

IX.2.5 – *1,1,2,2-Tetracloroetano/Tetracloroacetileno/* $CHCl_2CHCl_2$

Ponto de ebulição:	146,20°C
Ponto de congelação:	– 43,8°C
d_4^{15}:	1,60255, d_4^{30}: 1,57860
n_D^{15}:	1,49678
Não é inflamável	
Toxidez:	veneno; mais forte que o tetracloreto de carbono (obstrução de fígado e rins)

O tetracloroetano tem alta solubilidade para enxofre e absorve cerca de 30 vezes seu volume em cloro, por isso é usado como solvente de cloração.

Método de purificação

Método de purificação para as medidas de constantes físicas:[87,328] Agitam-se vigorosamente 135 mL do produto industrial (**cancerígeno, tóxico; disp. A**) com 17 mL de ácido sulfúrico concentrado (**oxidante, corrosivo; disp. N**) durante 10 minutos à temperatura de 80 a 90°C e rejeita-se a camada de ácido sulfúrico. Repete-se esta operação mais duas vezes. Em seguida, lava-se com água, destila-se a vapor e lava-se com água outra vez. Seca-se com carbonato de potássio (**irritante; disp. N**) e destila-se fracionadamente usando-se o tubo de Widmer.

IX.2.6 – *Tricloroetileno/Tricleno/*CCl_2 = CHCl

Ponto de ebulição:	87,19°C
Ponto de congelação:	– 86,4°C
d_4^{15}:	1,4762, d_4^{30}: 1,4514
$n_D^{21,7}$:	1,4767, $n_D^{24,6}$: 1,4750
Solubilidade:	tricloroetileno/água (25°C): 0,11 g/100 g
Solubilidade:	água/tricloroetileno (25°C): 0,032 g/100 g
Ponto azeotrópico com água:	73,6°C (94,6% em peso)
Impurezas:	Alguns hidrocarbonetos halogenados. É auto-oxidado como o clorofórmio, formando fosgênio, cloreto de hidrogênio(*) e monóxido de carbono. Dados bibliográficos informam que a adição da mistura 2-butil-4-oxianisol e 3-butil-4-oxianisol retarda a oxidação[404] (0,001 a 0,05% em peso).

(*) Dissolve-se 0,1 g de benzidina (cancerígeno) em 20 mL de amostra (solvente), tampa-se bem, cortando o contato com o ar, e deixa-se decantar durante 24 horas. Se aparecer turvação ou precipitação amarela, isso indica a existência de ácido clorídrico ou fosgênio, respectivamente.

É difícil de se queimar, dissolve as gorduras e os vários solventes orgânicos que possuem radicais carboxila e hidroxila. Outrossim, forma misturas azeotrópicas com vários solventes e seu ponto de ebulição facilita sua aplicação.

Métodos de purificação

A) Lava-se o produto industrial (**cancerígeno, irritante; disp. A**), que contém fosgênio, com solução aquosa de carbonato de potássio e em seguida com água. Seca-se com K_2CO_3 (**irritante; disp. N**) ou $CaCl_2$ (**irritante; disp. O**) e destila-se pelo tubo de Widmer em corrente de gás carbônico.[87]

B) Existem dados bibliográficos que informam sobre métodos mais cuidadosos, de destilação fracionada e outras operações, a fim de se obter tricloroetileno puro para uso em medidas de constantes físico-químicas.[90,240]

Ensaio para determinação do grau de pureza

Espectro ultravioleta.[226]

IX.2.7 – *Clorobenzeno*/C_6H_5Cl

Ponto de ebulição:	131,687°C
Ponto de congelação:	– 45,58°C
d_4^{15}:	1,11172, d_4^{20}: 1,10630, d_4^{30}: 1,09550
n_D^{15}:	1,52748, n_D^{20}: 1,52481
Solubilidade:	em água (30°C): 0,488 g/1000 g
Ponto azeotrópico com água:	92,2°C (71,6% em peso)
Impurezas:	hidrocarbonetos e cloretos de hidrocarbonetos, que existiam no benzeno da matéria-prima, e que têm ponto de ebulição semelhante ao do clorobenzeno
Toxidez:	Não deve ser respirado e prolongada exposição pode causar irritação na pele

Método de purificação

Agita-se o clorobenzeno (**inflamável; disp. C**) com ácido sulfúrico concentrado (**oxidante, corrosivo; disp. N**) repetidas vezes, até que não fique colorida a camada ácida e, em seguida, lava-se com água e solução aquosa de bicarbonato de potássio. Seca-se com $CaCl_2$ (**irritante; disp. O**) ou P_2O_5 (**corrosivo; disp. N**) e destila-se fracionadamente.[223]

Ensaios para determinação do grau de pureza

Pode-se aplicar os seguintes métodos:

a) ponto de ebulição;
b) índice de refração;[223]
c) curva do ponto de congelação;[116]
d) método de elevação do ponto de ebulição.[306]

IX.2.8 – *o-Diclorobenzeno*/$C_6H_4Cl_2$

Ponto de ebulição:	180,48°C
Ponto de congelação:	– 17,03°C
d_4^{20}:	1,30589, d_4^{25}: 1,30033
n_D^{20}:	1,55145, n_D^{25}: 1,54911
Solubilidade em água:	quase insolúvel
Ponto azeotrópico com água:	92,2°C (71,6% em peso)
Impurezas:	O produto industrial contém cerca de 15 a 16% de p-isômero e também cerca de 1% de triclorobenzeno. O conteúdo do o-composto no material considerado puro é de cerca de 98%.

Método de purificação

Destila-se fracionadamente o o-diclorobenzeno (**tóxico, irritante; disp. C**) em vácuo em tubo de Widmer de 60 cm de altura e recolhe-se a fração intermediária.[249]

IX.2.9 – *p-Diclorobenzeno*/$C_6H_4Cl_2$

Ponto de ebulição:	174,12°C
Ponto de fusão:	52,99°C
d_4^{55}:	1,24750, d_4^{60}: 1,24166
n_D^{60}:	1,52849
Solubilidade em água (30°C):	0,077 g/1000 g
Ponto azeotrópico com água:	92,2°C (71,6% em peso)
Impurezas:	o-isômero

Quando contém 0,5% em peso de o-isômero, o ponto de fusão baixa 0,25°C. Para purificar, recristaliza-se repetidas vezes o p-diclorobenzeno (**tóxico, irritante; disp. B**) em álcool.

IX.2.10 – *Cloronaftaleno*/$C_{10}H_7Cl$

Ponto de ebulição:	259,3°C
Ponto de congelação:	– 2,3°C
d_4^{20}:	1,19382, d_4^{25}: 1,1709
Impurezas:	2-cloronaftaleno

O 1-cloronaftaleno (**irritante; disp. A**) é industrialmente produzido pela cloração catalítica de naftaleno. Para evitar a formação de 2-cloronaftaleno e dicloronaftaleno, pode ser produzido pela reação de Sandmeyer a partir de 1-naftilamina. Por destilação fracionada, pode-se obter uma purificação satisfatória. Um maior grau de pureza poderá ser obtido por cristalização fracionada da fração intermediária da destilação.

IX.3 – ÁLCOOIS E FENÓIS

IX.3.1 – *Metanol/álcool metílico*/CH_3OH

Ponto de ebulição:	64,509°C
Ponto de congelação:	– 97,49°C
d_4^{15}:	0,79609, d_4^{25}: 0,78675
n_D^{15}:	1,33057, n_D^{20}: 1,32863, n_D^{25}: 1,32663
Ponto azeotrópico com água:	Não produz mistura azeotrópica com água
Impurezas:	éter metílico, formaldeído, acetaldeído, acetona, etanol, formiato de metila e água; se o produto comercial é ácido, contém gás carbônico e formiato de metila; se é alcalino, contém traços de amônio ou metilamina.

Método de eliminação de aldeídos e cetonas[70]

Despeja-se lentamente a solução mistura de 25 g de iodo (**corrosivo; disp. P**) dissolvidos em 1 L de metanol (**inflamável, tóxico; disp. D**), em 500 mL de solução aquosa de hidróxido de sódio 1N, agitando-se continuamente. Adicionam-se 150 mL de água e deixa-se precipitar o iodofórmio (**disp. A**). Deixa-se decantar durante uma noite e filtra-se. Ferve-se em refluxo até o odor de iodo desaparecer. Em seguida, pode-se obter 800 mL de metanol 97% pela primeira destilação fracionada.[82,163]

Métodos de eliminação de água

a) O método por destilação fracionada é o mais simples em caso de se possuir uma torre de destilação de alta eficiência. Por este método pode-se tornar o conteúdo de água em metanol industrial inferior a 0,01%. Recolhem-se as frações destiladas em um frasco que contém sulfato de cálcio anidro, agita-se de vez em quando e conserva-se assim durante 24 horas. O conteúdo de água será inferior a 0,001%.

b) O método pela destilação, após o refluxo com óxido de cálcio, é menos simples e o rendimento é inferior. Várias tentativas foram feitas para diminuir as perdas. A adição de sódio metálico diminui a eficiência do processo pela formação de equilíbrio químico entre metóxido de sódio e metanol. O método de usar um composto de cálcio tem o inconveniente de formar amônio por causa do azoteto de cálcio (Ca_3N_2) contido. Para eliminar esta impureza adiciona-se também ácido sulfanílico (**irritante; disp. A**) e destila-se.

c) Colocam-se 0,5 g de iodo (**corrosivo; disp. P**), 5 g de magnésio e 50 a 75 mL de metanol (**inflamável, tóxico; disp. D**) num frasco condensador de refluxo. Aquece-se até o iodo desaparecer. Se a reação não foi intensa, adicionam-se mais 0,5 g de iodo para transformar o magnésio em metilato.
Adicionam-se 900 mL de metanol (**inflamável, tóxico; disp. D**) que contém cerca de 0,7% de água e ferve-se em refluxo durante cerca de 30 minutos. Destila-se evitando entrada de umidade. Para eliminar as impurezas alcalinas adiciona-se ácido tribromobenzóico e destila-se novamente.[221]

Métodos de purificação

A) Método de purificação de metanol usado como solvente em espectrometria ultravioleta:[45]
Lava-se um pedaço de alumínio de 3 g com 50 mL de metanol (**inflamável, tóxico; disp. D**) para eliminar as gorduras. Deixa-se corroer mergulhando-o em 100 mL de hidróxido de sódio 2N e, em seguida, lava-se repetidas vezes com água, até que não se perceba a existência de álcali pelo papel litmus. A seguir agita-se com 40 mL de cloreto mercúrico ($HgCl_2$; **tóxico, corrosivo; disp. L**) 2% durante 2 minutos. Despreza-se a fase líquida e no mesmo recipiente lava-se com água destilada, metanol e éter etílico (**inflamável, irritante; disp. D**) (secado pelo sódio metálico), nessa ordem. Elimina-se o éter enxugando-se entre dois papéis de filtro. Imediatamente joga-se em 1 L de metanol, mantendo-se abaixo de 45°C durante 4 a 5 horas e destila-se. Em seguida, adiciona-se pequena quantidade de ácido

sulfanílico (**irritante; disp. A**) e destila-se novamente para eliminar as impurezas. Pode-se assim obter metanol de 99,99% de pureza.

B) Pode-se também obter metanol para uso em espectrometria pelo seguinte método:
Elimina-se a água com sulfato de sódio anidro (**irritante; disp. N**) e purifica-se usando o aparelho para secagem ilustrado na figura II (289). Neste caso, colocam-se carvão ativo e óxido de cálcio (**irritante; disp. O**) no tubo secante e no frasco, respectivamente.[263]

Ensaios para determinação do grau de pureza
Densidade relativa, índice de refração e ponto de ebulição.

IX.3.2 – *Etanol/álcool etílico*/C_2H_5OH

Ponto de ebulição:	78,325°C
Ponto de congelação:	– 114,5°C
d_4^{15}:	0,79360, d_4^{20}: 0,78934, d_4^{25}: 0,78506
n_D^{20}:	1,36139, n_D^{25}: 1,35941
Ponto azeotrópico com água:	78,174°C (96,0% em peso)
Impurezas:	Impurezas contidas no produto de fermentação: metanol, óleo fúsel, ésteres, aldeídos, cetonas. Impurezas contidas no produto de síntese: as impurezas acima, mais vários compostos insaturados, álcoois de cadeia complexa. Álcoois comerciais contêm metanol, piridina e gasolina.

Ensaios para determinação de metanol
Pode-se determinar metanol até 0,05% contido no etanol pela dimedona (dimetil-di-hidroresorcina).[15,246]

Ensaios para determinação do óleo fúsel
A) Deixa-se o etanol (**inflamável, tóxico; disp. D**) evaporar espontaneamente em papel. Pode-se determinar o cheiro característico do óleo fúsel.[1,246]

B) Para determinação de 1 g de álcool de cadeia complexa contido em 1.000 L de etanol, ver referência.[100]

Ensaio para determinação de água
Pode-se determinar pelo reagente de Karl-Fischer.
Os álcoois comerciais ou são de 96% de pureza, quando obtidos como azeótropos, ou são etanol anidro, produzido por outras manei-

ras. O etanol obtido pela destilação azeotrópica com benzeno, contém 0,02% ou menos de água.
O etanol anidro é muito higroscópico. No caso de desidratação por óxido de cálcio, o destilado apresenta uma turvação branca, porque o etóxido de cálcio formado destila junto com o etanol e produz hidróxido de cálcio por hidrólise com a umidade absorvida. Essa turvação branca, contudo, é eliminada por destilação cuidadosa.
A capacidade de desidratação do CaC_2 é excelente, mas tem o inconveniente de transferir o cheiro desagradável e o acetileno contidos no CaC_2.
A desidratação por destilação azeotrópica com benzeno ou tricleno[60,364] é simples, mas é necessário muito cuidado na eliminação dos traços destes azeótropos durante a purificação do etanol como solvente para ser usado em espectrometria no ultravioleta.

Método de desidratação pelo óxido de cálcio[255]
Adicionam-se 2 kg de óxido de cálcio (**irritante; disp. O**) em 10 L de etanol 92% (**inflamável, tóxico; disp. D**), deixa-se ferver em refluxo durante 24 horas e destila-se. Adicionam-se 350 g de óxido de cálcio no etanol obtido, cerca de 99%, e repete-se o tratamento. Pode-se obter etanol de cerca de 99,7%. Para eliminar a turvação branca de óxido de cálcio, destila-se mais uma vez cuidadosamente. Para obter etanol isento de aldeídos, para uso em espectrometria, destila-se em corrente de nitrogênio.

Método de purificação
Método de purificação de etanol como solvente de espectrometria ultravioleta.[263]
Adicionam-se 25 mL de ácido sulfúrico 12N para 1 L de etanol (**inflamável, tóxico; disp. D**) 95%, deixa-se ferver em refluxo e destila-se. Adicionam-se 10 g de nitrato de prata (**tóxico, oxidante; disp. P**) e 20 g de hidróxido de potássio (**corrosivo, tóxico; disp. N**) para 1 L de destilado e destila-se novamente. Em seguida, adiciona-se amálgama de alumínio ativo (**tóxico; disp. P**), deixa-se decantar uma semana, e destila-se.

Ensaio para determinação do grau de pureza
Ponto de ebulição, ponto de congelação,[116] densidade relativa, índice de refração e determinação de água e outras impurezas.

IX.3.3 – *n-Propanol/álcool n-propílico*/$CH_3(CH_2)_2OH$

Ponto de ebulição:	97,15°C
Ponto de congelação:	– 126,2°C
d_4^{10}:	0,81930, d_4^{15}: 0,80749, d_4^{25}: 0,79950
n_D^{20}:	1,38556, n_D^{25}: 1,3835
Ponto azeotrópico com água:	87,76°C (70,9% em peso)
Impurezas:	álcool alílico

O n-propanol é industrialmente produzido pela reação de oxo-síntese de etileno, monóxido de carbono e hidrogênio. Pode-se eliminar a água pelos mesmos métodos que foram mencionados nas purificações de etanol: destilação azeotrópica, óxido de cálcio ou amálgama de alumínio.

Eliminação de álcool alílico e método de desidratação

O n-propanol, que contém 1,5% de álcool alílico, é purificado e usado na medida de constantes físicas pelo seguinte método: adicionam-se 15 mL de bromo (**muito tóxico, oxidante; disp. J**) e pequena quantidade de carbonato de potássio (**irritante; disp. N**) para 1 L de n-propanol (**inflamável, irritante; disp. D**). Destila-se pela torre de destilação fracionada de 75 pratos e secam-se 600 mL da fração intermediária pela adição de 1 g de fita de magnésio recém preparado. Adiciona-se 1 g de 2,4-dinitrofenil-hidrazina (**inflamável; disp. A**) e destila-se a vácuo à temperatura ambiente. Pode-se eliminar o aldeído propionílico, que se forma, pelo tratamento com bromo.

IX.3.4 – *Isopropanol/álcool isopropílico*/$(CH_3)_2CHOH$

Ponto de ebulição:	82,40°C
Ponto de congelação:	– 89,5°C
d_4^{15}:	0,78916, d_4^{20}: 0,78512, d_4^{25}: 0,78095
n_D^{25}:	1,3747
Ponto azeotrópico com água:	80,3°C (87,4% em peso)
Impurezas:	O produto que foi produzido pela redução de acetona contém acetona e o que foi produzido pela hidratação de propileno contém os álcoois de cadeia complexa
Toxidez:	Em grande quantidade tem maior efeito tóxico e narcótico que o etanol

A maior parte da água contida no isopropanol (**inflamável, irritante; disp. D**) poderá ser eliminada pela adição de Na_2CO_3 ou K_2CO_3 (**irritante; disp. N**) e $CaCl_2$ (**irritante; disp. O**) (ou sódio metálico (**inflamável; disp. G**)) até a saturação. Ou, então, satura-se o isopropanol, que contém água,

com amônia e gás carbônico e deixam-se separar em duas camadas. Destilam-se as duas camadas separadamente. Da camada inferior, mais rica em água, pode-se obter amônio, gás carbônico e azeótropo. Da camada superior, menos rica em água, pode-se obter o azeótropo e isopropanol anidro.[396]
Pode-se obter o isopropanol que tem menos que 0,1% de água pelo seguinte método: adiciona-se óxido de cálcio (**irritante; disp. O**), destila-se e recolhem-se as frações de ponto de ebulição de 82 a 82,4°C. Adiciona-se sulfato de cobre anidro (**tóxico, irritante; disp. L**) e agita-se durante dois dias. Destila-se e recolhe-se a fração de ponto de ebulição constante.[214]

Método de desidratação rápida[143]
Adiciona-se 10% de hidróxido de sódio em pastilha (**corrosivo, tóxico; disp. N**) (em peso) para isopropanol de 90% (**inflamável, irritante; disp. D**), agita-se bem e despeja-se a camada alcalina. O isopropanol assim obtido não dará turvação pela mistura com oito vezes sua quantidade em dissulfeto de carbono, xileno ou éter de petróleo. Se o isopropanol contém muita água, adiciona-se cloreto de sódio, agita-se bem e deixa-se saturar. A camada superior contém cerca de 87% de isopropanol e 2 a 3% de cloreto de sódio. Por destilação da camada superior, pode-se obter o composto azeotrópico de 91%. Pelo tratamento de hidróxido de sódio, acima mencionado, pode-se fazer a desidratação sem destilação.

Ensaio para determinação do grau de pureza
Ponto de ebulição.[306]

IX.3.5 – *n-Butanol/álcool n-butílico*/$CH_3(CH_2)_3OH$

Ponto de ebulição:	117,726°C
Ponto de congelação:	– 89,53°C
d_4^0:	0,82472, d_4^{15}: 0,81337, d_4^{30}: 0,80206
n_D^{15}:	1,40118, n_D^{20}: 1,39922
Solubilidade:	n-butanol/água (25°C): 7,45% em peso
Solubilidade:	água/n-butanol (25°C): 20,5% em peso
Ponto azeotrópico com água:	92,7°C (57,5% em peso)
Impurezas:	aldeídos, cetonas e ésteres.

O n-butanol não absorve umidade; é quase insolúvel em água saturada com $CaCl_2$ ou K_2CO_3, e é, portanto, fácil separar da solução aquosa.

Método de purificação

Agita-se o n-butanol (**inflamável, irritante; disp. D**) com solução aquosa de bissulfito de sódio para eliminar os aldeídos e cetonas. Deixa-se ferver com solução aquosa de hidróxido de sódio 10%, para decompor os ésteres, durante 4 horas. Em seguida, lava-se com água e neutraliza-se o álcali restante com ácido clorídrico. Seca-se com CaO (**irritante; disp. O**) durante uma noite e ferve-se com óxido de cálcio novo durante 3 horas repetindo-se 3 vezes. Em seguida destila-se fracionadamente. Além de cloreto de cálcio (**irritante; disp. O**), pode-se usar os seguintes secantes: K_2CO_3 (**irritante; disp. N**), BaO (**corrosivo; disp. E**), Mg (**inflamável; disp. P**), Ca (**inflamável; disp. G**), amálgama de alumínio (**tóxico; disp. P**), etc.

Ensaios para determinação do grau de pureza

Ponto de ebulição (306) e curva do ponto de congelação.[116]

IX.3.6 – *Outros butanóis*

	sec-Butanol (2-butanol) $CH_3CH_2CHOHCH_3$	*Iso-butanol (2-metil-1-propanol)* $(CH_3)_2CHCH_2OH$	*terc-Butanol (2-metil-2-propanol)* $(CH_3)_3COH$
Ponto de ebulição (°C):	99,529	107,89	82,41
Ponto de congelação/fusão (°C):	–114,7	–10,8	–25,66
	d_4^{15}: 0,81092	d_4^{15}: 0,80576	d_4^{15}: 0,78670
	d_4^{20}: 0,80674	d_4^{30}: 0,79437	d_4^{20}: 0,78581
	d_4^{25}: 0,80267	—	d_4^{25}: 0,78086
	n_D^{15}: 1,39946	n_D^{15}: 1,39768	n_D^{20}: 1,38468
	n_D^{20}: 1,39780	n_D^{25}: 1,3939	n_D^{25}: 1,38231
Ponto azeotrópico com água (°C):	87,5 (72,7% em peso)	89,8 (67% em peso)	79,9 (88,24% em peso)

O terc-butanol é diferente dos outros isômeros, pois é totalmente miscível na água. Adiciona-se uma quantidade de cloreto de cálcio (**irritante; disp. O**) correspondente à metade do terc-butanol (**inflamável; disp. D**) que contém cerca de 25% de água, agita-se durante 20 minutos. Filtra-se a parte de butanol facilmente cristalizada e destila-se. Se o butanol contém somente água, pode-se obter o butanol de 99,98% de pureza por este método.[45] Para purificar o isobutanol, passa-se para a forma de éster de ácido bórico (borato) ou de ácido ftálico (ftalato) e purifica-se. Em seguida, faz-se a hidrólise. O terc-butanol é um solvente muito útil devido à sua solubilidade e à sua estabilidade em relação a halogênios, ácido crômico, permanganato de potássio e esterificação.

IX.3.7 – *Álcool isoamílico/3-metil-1-butanol/* $(CH_3)_2CHCH_2CH_2OH$

Ponto de ebulição:	132,00°C
Ponto de congelação:	– 117,2°C
d_4^{15}:	0,81289, d_4^{30}: 0,80175
n_D^{15}:	1,40853
Solubilidade em água (25°C):	2,67% em peso
Ponto azeotrópico com água:	95,15°C (50,4% em peso)
Impurezas:	2-metil-1-butanol e furfural

Este álcool é o componente principal do óleo fúsel. O álcool isoamílico industrial, que foi produzido pela destilação do óleo fúsel, contém cerca de 15% de álcool amílico como isômero (2-metil-1-butanol) por causa da pequena diferença de ponto de ebulição com álcool amílico (forma-l 128,9°C e forma-racêmica, 128,0°C). Para separar os dois álcoois, é necessário usar torre de destilação de pelo menos 75 a 100 pratos.

Os componentes do óleo fúsel variam conforme a matéria-prima usada na fermentação, as condições de fermentação ou o método de destilação fracionada de álcool. Um exemplo do óleo fúsel contém os seguintes componentes: 3-metil-1-butanol (60 a 65%), 2-metil-1-butanol (8 a 10%), etanol e propanol (4%), 3-metil-1-propanol (20%), água (0,1 a 1%), 1-butanol e pentanol (traços), aldeídos, ácidos, piridinas, pirazinas e furfural (traços).

O furfural em álcool amílico, que foi obtido de óleo fúsel, pode ser eliminado pelas seguintes operações: mistura-se o álcool amílico (**irritante; disp. C**) com meio volume de ácido sulfúrico concentrado (**oxidante, corrosivo; disp. N**) e aquece-se em banho-maria durante 8 horas. Separa-se a camada de ácido sulfúrico, agita-se a camada alcoólica com $CaCO_3$ (**disp. O**) para eliminar o ácido sulfúrico, e destila-se a vapor. Usam-se K_2CO_3 (**irritante; disp. N**), $CuSO_4$ anidro (**tóxico, irritante; disp. L**) ou CaO (**irritante; disp. O**) para secagem do álcool amílico.

IX.3.8 – *Ciclo-hexanol*/$C_6H_{11}OH$

Ponto de ebulição:	161,10°C
Ponto de fusão:	– 25,15°C
d_4^{25}:	0,9684, d_4^{30}: 0,94155, d_4^{45} :0,92994
n_D^{30}:	1,4629, n_D^{37}: 1,46055
Solubilidade em água (24,6°C):	3,75% em peso
Ponto azeotrópico com água:	97,8°C (20% em peso)
Impurezas:	ciclo-hexano, ciclo-hexanona, fenol.

O ciclo-hexanol é industrialmente obtido pela redução catalítica de fenol. O fenol, contido como impureza, será eliminado pelo seguinte método: lava-se o ciclo-hexanol (**irritante; disp. A**) com solução aquosa alcalina, adiciona-se óxido de cálcio (**irritante; disp. O**) e ferve-se em refluxo. Em seguida, destila-se fracionadamente.[107]
É pouco usado como solvente.

IX.3.9 – *Álcool benzílico*/$C_6H_5CH_2OH$

Ponto de ebulição:	205,45°C
Ponto de congelação:	– 15,3°C
d_4^{15}:	1,04927, d_4^{25}: 1,04127, d_4^{30}: 1,03765
n_D^{20}:	1,54033, n_D^{25}: 1,5371
Solubilidade em água (25°C):	99,9°C (9% em peso)
Impurezas:	cloreto de benzila, benzaldeído, álcool clorobenzílico.
Toxidez:	deverá ser tratado em lugar com ventilação

Método de purificação:[234]
Agita-se o álcool benzílico (**irritante; disp. A**) com solução aquosa de hidróxido de potássio e extrai-se com éter etílico (**inflamável, irritante; disp. D**) livre de peróxido. Agita-se a solução etérica com água e, em seguida, com solução saturada de bissulfito de sódio. Se aparecer precipitado, elimina-se por filtração e seca-se a solução etérica com carbonato de potássio (**irritante; disp. N**). Destila-se o éter e, em seguida, destila-se fracionadamente em vácuo. Seca-se a fração média com óxido de cálcio (**irritante; disp. O**), previamente aquecido em corrente de nitrogênio, e destila-se em vácuo, também em corrente de nitrogênio.

Ensaios para determinação do grau de pureza
Ponto de ebulição, prova de benzaldeído (reagente de Schiff), espectrometria ultravioleta.[274]

IX.3.10 – *Álcool furfurílico* $C_5H_6O_2$

Ponto de ebulição:	170,0°C
Ponto de congelação:	– 29°C (meta-estável)
d_4^{30}:	1,1238
n_D^{20}:	1,4873, n_D^{30}: 1,4801
Ponto azeotrópico com água:	98,5°C (20% em peso)

Pode-se aplicar o mesmo método de purificação usado para o álcool benzílico.
Em contato com o ar escurece rapidamente (marrom) e polimeriza-se formando uma substância insolúvel em água.
Usa-se adicionar n-butilamina, piperidina ou uréia como retardador de polimerização.
O álcool furfurílico (**tóxico; disp. C**) polimeriza-se vigorosamente com a presença de traços de ácido mineral.

IX.3.11 – *Etilenoglicol*/$HOCH_2CH_2OH$

Ponto de ebulição:	197,85°C
Ponto de congelação:	– 12,6°C
d_4^{0}:	1,12763, d_4^{15}: 1,1710, d_4^{30}: 1,10664
n_D^{15}:	1,43312, n_D^{20}: 1,4318
Ponto azeotrópico com água:	Não produz mistura azeotrópica com água
Impurezas:	propilenoglicol e butanodiol

O etilenoglicol (**irritante; disp. A**) absorve umidade intensamente e, portanto, para purificá-lo, destila-se a vácuo, seca-se com sulfato de sódio anidro (**irritante; disp. N**) e destila-se fracionadamente mais uma vez. A fração inicial contém toda a água.[300]

Ensaios para determinação do grau de pureza[1]
Densidade relativa (quando contém as impurezas acima, apresenta menor densidade), ponto de ebulição, índice de refração.

IX.3.12 – *Propilenoglicóis (1,2- e 1,3- Propanodiol)*

	1,2-diol $CH_3CHOHCH_2OH$	*1,3-diol* $HO(CH_2)_3OH$
Ponto de ebulição (°C):	188,2	214,22
Ponto de congelação (fusão) (°C):	−19	34,44
d_4^{20}:	1,0364	1,053
d_4^{25}:	1,0328	—
n_D^{20}:	1,4331	1,4396
Ponto azeotrópico com água:	não apresentam	

O 1,2-propilenoglicol (**disp. A**) pode ser facilmente obtido de propileno (propileno → óxido → cloro-hidrina → 1,2-propilenoglicol). Em vista disso seu uso está se generalizando.

O 1,2-propilenoglicol é um líquido incolor, inodoro, altamente higroscópico e altamente viscoso (três vezes mais viscoso do que etilenoglicol: 56,0 c.p. e 20,93 c.p. a 20°C).

O propilenoglicol é totalmente miscível na água e não tem ponto azeotrópico; portanto, a água nele contida pode ser totalmente eliminada por destilação. A solução aquosa de propilenoglicol é usada como agente antigeada (não é tóxico), e como solvente de esfriamento porque tem baixo ponto de congelação (o ponto de congelação da solução aquosa a 60% é –60°C).

Pode-se misturar em qualquer proporção com álcoois alifáticos de cadeia simples, aldeídos, cetonas e os solventes que contêm nitrogênio. Conseqüentemente, dissolve-se nos vários tipos de solventes orgânicos e não irrita a pele como a glicerina. É usado para cosméticos ou como solvente de vitamina A e D.

Tabela de comparação das solubilidades de etilenoglicol e propilenoglicol (g de soluto em 100 g de solvente (25°C)[14]

Soluto	*Solvente*	
	Etilenoglicol	*1,2-propilenoglicol*
Benzeno	6,0	23,8
Tolueno	3,1	14,0
Bis (2-cloroetil) éter	11,8	144
Tetracloreto de carbono	6,6	30,5
Clorobenzeno	6,0	29,0
o-Diclorobenzeno	4,7	24,1
Acetato de etila	pouco solúvel	∞

IX.3.13 – *Álcool diacetônico/4-hidroxi-4-metil-2-pentanona/* $CH_3COCH_2C(CH_3)_2OH$[141]

Ponto de ebulição:	166°C
Ponto de congelação:	– 44,0°C
d_4^{20}:	0,9385, d_4^{25}: 0,9341
n_D^{20}:	1,4235, n_D^{25}: 1,4213
Ponto azeotrópico com água:	98,8°C (12,7% em peso)

O álcool diacetônico é miscível na água em qualquer proporção. É usado como solvente dos derivados de celulose, do policloreto de vinila, do poliacetato de vinila, de corantes, de pentaclorofenol, etc. Contendo os radicais carboxila e hidroxila é, por conseguinte, muito reativo. Por aquecimento com ácido ou álcali, decompõe-se em acetona.

Método de purificação:[141]
Não se pode purificar o álcool diacetônico (**inflamável, irritante; disp. D**), exceto por destilação em vácuo. Usa-se sulfato de cálcio anidro como secante (**disp. O**) (Drierite).

IX.3.14 – *Fenol*/C_6H_5OH

Ponto de ebulição:	181,75°C (99,96% mol.)
Ponto de fusão:	40,90°C
d_4^{41}:	1,05760, d_4^{46}: 1,05331, d_4^{70}: 1,0325
n_D^{41}:	1,54178, n_D^{46}: 1,53957
Solubilidade (25°C):	fenol/água: 8,66% em peso
Solubilidade (25°C):	água/fenol: 28,72% em peso
Ponto azeotrópico com água:	99,6°C (9,2% em peso
Impurezas:	são diferentes conforme o método de produção do fenol[79] 1) Produzido pela fusão alcalina de ácido benzossulfônico: o- e p-oxibifenila. 2) Produzido pela hidrólise em alta temperatura de clorobenzeno: éter difenílico. 3) Produzido de coal tar (alcatrão): naftaleno.
Toxidez:	a solução concentrada de fenol causa uma queimadura grave na pele

O fenol é freqüentemente usado como solvente, pois dissolve facilmente substâncias que têm afinidade, seja com a água, seja com o óleo. Certas reações químicas especiais são aceleradas em fenol. Por exemplo, as seguintes: formação de indantrena pela reação de condensação de alfa-aminoantraquinona e acetato de sódio; reação direta de ácido Padípico e gás de amônio para preparação de diamina;

reação de condensação de cloreto cianúrico e amina, etc. Pode-se aumentar o poder solvente do fenol pela adição de 10 a 40% de p-terc-butilfenol.
O fenol que contém 10% de água é líquido.

Método de purificação[115]
Purificação de fenol para cromatografia em papel de aminoácido: Adicionam-se 12% de água, 0,1% de fita de alumínio e 0,05% de bicarbonato de sódio em fenol (**tóxico, corrosivo; disp. A**) o mais puro possível e destila-se à pressão atmosférica até terminar a destilação da mistura azeotrópica. Em seguida, destila-se em vácuo. As impurezas que causam coloração serão eliminadas.

Ensaio para determinação do grau de pureza
A determinação pela curva do ponto de congelação é mais simples.[116]

IX.4 – HIDRÓXI-ÉTERES E SEUS ÉSTERES

IX.4.1 – *Glicol mono-metil éter/2-metoxietanol e glicol mono-etil éter/2-etoxietanol*

	Mono-metil éter (metoxietanol) $CH_3OCH_2CH_2OH$	*Mono-etil éter (etoxietanol)* $C_2H_5OCH_2CH_2OH$
Ponto de ebulição (°C):	124,4	134,8
Densidade:	d_4^{15}: 0,96848	d_4^{20}: 0,9297
	d_4^{25}: 0,9596	$d_4^{29,1}$: 0,9218
índice de refração:	n_D^{20}: 1,4017	n_D^{20}: 1,40751
Solubilidade em água:	∞	∞
Ponto azeotrópico com água:	99,9°C (22,2% em peso)	92,4°C (28,8% em peso)

Podem-se purificar satisfatoriamente pela destilação fracionada.

Acetatos de glicol mono-metil éter e glicol mono-etil éter

	acetato de mono-metil éter	*acetato de mono-etil éter*
Ponto de ebulição (°C):	144,5	156,4
Ponto de congelação (°C):	– 65,1	– 61,7
d_{20}^{20}:	1,0067	0,9748
n_D^{20}:	1,4019	1,4058
Solubilidade em água:	∞	22,9% em peso
Solubilidade de água (temperatura ambiente):	—	65,% em peso

Pode-se eliminar água, ácido acético e o éter correspondente por destilação fracionada.

IX.4.2 – *Dietilenoglicol, trietilenoglicol, 2-(2-etoxietoxi)etanol*

	Dietilenoglicol $HOCH_2CH_2OCH_2CH_2OH$	*Trietilenoglicol* $CH_2OCH_2CH_2OH$ – $CH_2OCH_2CH_2OH$	*2-(2-etoxietoxi) etanol* $O(CH_2CH_2OC_2H_5)(CH_2CH_2OH)$
Ponto de ebulição (°C):	244,33	278,31	201,9
Ponto de congelação (°C):	–10,45	—	—
d_{20}^{20}:	1,1184	1,1254	d_4^{25}: 0,9855
n_D^{15}:	1,4490	—	1,4273
n_D^{20}:	1,4475	—	1,4254
n_D^{25}:	1,4461	—	∞
Solubilidade em água:	∞	—	∞

O 2-(2-etoxietoxi)etanol, também chamado carbitol, mistura-se bem com água e solventes orgânicos, e dissolve os compostos de alto peso molecular, como derivados de celulose.[110]

IX.4.3 – *Álcool tetra-hidrofurfurílico*/$C_4H_7O{\cdot}CH_2OH$

Ponto de ebulição:	178 a 179°C
d_4^{20}:	1,0544
n_D^{20}:	1,4517, n_D^{25}: 1,4052

Este solvente dissolve os seguintes compostos: compostos orgânicos de baixo peso molecular, nitrocelulose, acetil-celulose, etil-celulose, resina de fenol-formaldeído e compostos de alto peso molecular como poliacetato de vinila. Pode-se evitar a coloração conservando-o em recipiente de alumínio.

Método de purificação:[14]

Destila-se fracionadamente o álcool (**irritante; disp. C**) para eliminar as seguintes impurezas: 2-metil-tetra-hidrofurano, n-butanol, 1,2- e 1,5-pentanodiol, metil- e dimetil-ciclopentanol.

IX.5 – ÉTERES

IX.5.1 – *Éter etílico*/$C_2H_5OC_2H_5$

Ponto de ebulição:	34,481°C
Ponto de congelação:	forma estável: –116,3°C
	forma instável: –123,3°C
d_4^{15}:	0,71925, d_4^{25}: 0,70778, d_4^{30}: 0,70205
n_D^{15}:	1,35555, n_D^{20}: 1,35272
Solubilidade:	éter etílico/água (20°C): 6,590% em peso
Solubilidade:	água/éter etílico (25°C): 1,468% em peso
Ponto azeotrópico com água:	34,15°C (98,74 em peso)
Impurezas:	etanol, aldeídos, acetona, peróxido.
Toxidez:	se for inalado o ar contendo 3,5% de éter etílico, há perda de consciência dentro de 30 a 40 minutos e contendo 7,5%, há perigo de vida.

Métodos de determinação de peróxido

A) Coloca-se 1 mg de dicromato de sódio (**cancerígeno, oxidante; disp. J**) em tubo de ensaio, adiciona-se 1 mL de água e dissolve-se. Adiciona-se 1 gota de ácido sulfúrico diluído, junta-se o éter (**inflamável, irritante; disp. D**) e agita-se bem. Se aparecer uma coloração azul na camada etérica, contém peróxido.[25]

B) Coloca-se 1 mL de éter (**inflamável, irritante; disp. D**) e 1 mL de reagente (dissolve-se 0,1 g de V_2O_5 (**tóxico; disp. O**) em 2 mL de H_2SO_4 conc. (**oxidante, corrosivo; disp. N**) e completa-se a 50 mL com água) em tubo de ensaio e agita-se bem. Se aparecer coloração azul na camada etérica, contém peróxido.[14]

C) Coloca-se 1 mL de solução aquosa de iodeto de potássio em tubo de ensaio e acidifica-se com ácido sulfúrico diluído. Adicionam-se 1 a 2 mL da amostra de éter (**inflamável, irritante; disp. D**) e agita-se bem. Se aparecer uma coloração de amarela a marrom na camada aquosa de iodeto de potássio, indica a existência de peróxido. Quando se usa solução aquosa de sulfato de titânio (IV) acidificada pelo ácido sulfúrico, em substituição ao iodeto de potássio, a solução aquosa ficará amarela.[14]

Método de determinação de água

A) Agita-se éter (**inflamável, irritante; disp. D**) com a mesma quantidade de dissulfeto de carbono (**irritante, tóxico; disp. D**). A turvação da camada de dissulfeto de carbono indica a existência de água.

B) Adiciona-se ao éter (**inflamável, irritante; disp. D**), uma pequena quantidade de cristais de ácido pícrico (**inflamável, tóxico; disp. K**). Observa-se se há dissolução do cristal e aparecimento de cor amarela. Pode-se determinar qualitativamente a existência de água.[25]

C) Usa-se a reagente de Karl-Fischer para determinação quantitativa.

D) Pode-se determinar a existência de água e etanol pela espectrometria infravermelha (2,83 μ).[101]

Métodos de determinação de etanol e acetaldeído

O limite de determinação de etanol em éter etílico por espectrometria infravermelha é 0,04%, mas pode-se determinar até 0,014% pela determinação química de Lamond.[210] O acetaldeído pode ser determinado até 2 a 10 ppm pelo método de Pesez.[261]

Método de eliminação de peróxido

São usados os seguintes processos.

A) Agitação de éter com uma das seguintes substâncias:
   a) sulfato de ferro (II) (**disp. L**);[352]
   b) bissulfito de sódio (**corrosivo; disp. N**);
   c) sulfito de sódio (**irritante; disp. N**),[272]
   d) solução aquosa de permanganato de potássio (**oxidante, irritante; disp. J**);
   e) hidróxido de prata recém-preparado;[346] e
   f) hidróxido de cério recém-preparado.[272]

B) Pelo óxido de alumínio (**disp. O**)[109]
   O método de eliminação de peróxido pela passagem de éter etílico em coluna de óxido de alumínio é muito simples e conveniente.
   Para evitar a formação de peróxido, conserva-se baixa temperatura e em contato com nitrogênio.
   Dados bibliográficos informam que a adição de 0,05% de dietilditiocarbamato de sódio ao éter evitará a formação de peróxido e aldeído em dois anos;[231] outros sugerem também a adição de difenilamina.[127]

Métodos de eliminação de etanol

Para eliminar o etanol em 1 L de éter, o processo de três lavagens (300 mL cada vez) com solução aquosa de cloreto de sódio 10% é mais eficiente do que lavagem com água.[210] Em geral pode-se usar o éter etílico que foi tratado da seguinte maneira: seca-se o éter (**inflamável, irritante; disp. D**) com $CaCl_2$ (**irritante; disp. O**) e destila-se. Adiciona-se o sódio metálico (**inflamável; disp. G**) e deixa-se formar hidrogênio. Quando a formação de hidrogênio terminar na superfície de éter, decanta-se e usa-se.

Métodos de purificação

A) Adiciona-se solução aquosa de bissulfito de sódio 10%, na relação 1/10 em volume, ao éter (**inflamável, irritante; disp. D**); deixa-se decantar durante 1 hora, agitando-se de vez em quando e depois despreza-se acamada aquosa. Em seguida, lava-se com água saturada de cloreto de sódio, que contém 0,5% de hidróxido de sódio; água saturada de cloreto de sódio que contém pequena quantidade de ácido sulfúrico, e duas vezes com água saturada de cloreto de sódio (nessa ordem). Destila-se em corrente de nitrogênio.

B) Por passagem do éter (**inflamável, irritante; disp. D**) em coluna de óxido de alumínio (**disp. O**), pode-se obter o éter etílico isento de peróxido e aldeídos e usar sem secagem ou destilação.
A quantidade de óxido de alumínio depende da quantidade de peróxido e aldeídos contidos no éter etílico. 82 g de óxido de alumínio em coluna de 33 cm de altura e 1,9 cm de diâmetro eliminam perfeitamente o peróxido contido em 700 mL de éter etílico (devemos ter no máximo 127 mmol de oxigênio, excetuando-se o oxigênio contido na molécula do éter.[230]
O autor[230] apresenta, também, um método de determinação quantitativa de peróxido.

C) Pode-se obter éter etílico para uso em espectrometria pelo seguinte método:[265] agita-se o éter etílico (**inflamável, irritante; disp. D**) com solução aquosa de permanganato de potássio, contendo hidróxido de potássio, para eliminar os aldeídos. Em seguida agita-se com a solução aquosa de sulfato de ferro (II) e hidróxido de sódio sólido (**corrosivo, tóxico; disp. N**) (nessa ordem), para eliminar o peróxido. Agita-se com solução aquosa de bicarbonato de potássio saturado e, em seguida, com solução aquosa de cloreto de mercúrio (II) saturado para eliminar traços de acetaldeído. Lava-se repetidas

vezes com água e destila-se. Assim, pode-se obter o éter etílico que contém cerca de 2% de água.
Para evitar a formação de peróxido conserva-se em presença de sulfato de ferro (II) (**disp. L**) e hidróxido de sódio sólido.

IX.5.2 – *Éter isopropílico*/$((CH_3)_2CH)_2O$

Ponto de ebulição:	68,27°C
Ponto de congelação:	– 85,89°C
d_4^{20}:	0,72813, d_4^{23}: 0,72303
n_D^{20}:	1,36888, n_D^{25}: 1,36618
Solubilidade:	água/éter isopropílico (20°C): 0,87% em peso
Ponto azeotrópico com água:	62,2°C (95,5% em peso)

O método de purificação é exatamente igual àquele usado para o éter etílico.
O peróxido forma-se mais facilmente que em éter etílico, mas pode-se evitar a formação de peróxido durante 6 meses pela adição de 0,001% em peso de resorcina, hidroquinona ou pirocatecol.[202]
Para uso comum lava-se o éter isopropólico (**inflamável; disp. D**) com a solução aquosa de bissulfato de sódio, solução aquosa de hidróxido de sódio e água (nessa ordem). Em seguida seca-se com cloreto de cálcio e destila-se. Pode-se obter éter isopropílico de baixo custo como produto de petroquímica. É usado como solvente de reação, solvente de extração de gordura ou graxa, solvente de nitrocelulose, etc., utilizando o fato de ter ponto de ebulição mais alto que o do éter etílico.

IX.5.3 – *Éter isoamílico*/$((CH_3)_2CHCH_2CH_2)_2O$

Ponto de ebulição:	173,4°C
d_4^{20}:	0,7777, d_4^{28}: 0,7713
n_D^{20}:	1,40850
Ponto azeotrópico com água:	97,4°C (46% em peso)

Métodos de purificação

A) Para obter éter isoamílico (**disp. C**) isento de álcoois, adiciona-se sódio metálico (**inflamável; disp. G**), deixa-se ferver em refluxo durante 5 horas e destila-se fracionadamente. Repete-se esta operação com o destilado.

B) Pode-se eliminar 3-metil-1-butanol contido no éter isoamílico (**disp. C**) por tratamento com bário metálico (**inflamável; disp. P**).

C) Purificação de éter isoamílico para uso em medidas eletroquímicas.
Seca-se o éter (**disp. C**) com $CaCl_2$ (**irritante; disp. O**), destila-se fracionadamente e finalmente seca-se com sódio metálico (**inflamável; disp. G**) ou P_2O_5 (**corrosivo; disp. N**).

IX.5.4 – *Tetra-hidrofurano*/(THF)/C_4H_8O

Ponto de ebulição:	66°C
Ponto de congelação:	– 108,5°C
d_4^{20}:	0,8880
n_D^{20}:	1,4070, n_D^{25}: 1,4040
Ponto azeotrópico com água:	63,2°C (94,6% em peso)

O THF é miscível na água em qualquer proporção, dissolve várias substâncias orgânicas e é usado como solvente do reagente de Grignard. Tem ponto de ebulição mais alto que o éter etílico; pode-se, portanto, fazer a reação de Grignard em alta temperatura.
O THF forma peróxido com a mesma velocidade que no caso de éter etílico. Para evitar ou eliminar o peróxido, podem-se aplicar os mesmos métodos que são usados para o éter etílico.[276]

Método de purificação
Quando o THF (**inflamável, irritante; disp. D**) contém uma quantidade considerável de água, adiciona-se hidróxido de potássio sólido (**corrosivo, tóxico; disp. N**) e agita-se bem. O hidróxido de potássio dissolve-se na água contida no THF e separa-se uma camada inferior com densidade correspondente à de uma solução aquosa aproximadamente 50%.
A camada superior contém agora cerca de 0,5% de água. Separa-se a camada superior e adiciona-se hidróxido de potássio na relação 1/7 da quantidade de solução. Deixa-se refluxar durante 1 hora e destila-se. Retira-se uma fração inicial de 15% e uma fração final de 20% e pode-se obter o THF quase isento de aldeídos e água. Usa-se sódio metálico (**inflamável; disp. G**) para secagem perfeita.[14,264] O cloreto de cobre (I) (**tóxico; disp. O**) pode ser usado para eliminar o peróxido: adicionam-se 4 g de cloreto de cobre a 1.000 g de THF, o qual contém 0,4% de peróxido, deixa-se refluxar e destila-se.
Para evitar a formação de peróxido, enche-se totalmente o recipiente, cortando o contato com o ar, ou adiciona-se 0,1% de cloreto de cobre (I) e conserva-se.

IX.5.5 – *1,4-Dioxana/dioxano/dioxana*/$C_4H_8O_2$

Ponto de ebulição:	101,320°C
Ponto de congelação:	11,80°C
d_4^{20}:	1,03375, d_4^{25}: 1,02687
n_D^{15}:	1,42436, n_D^{20}: 1,42241, n_D^{25}: 1,42025
Ponto azeotrópico com água:	87,82°C (82% em peso)
Impurezas:	ácido acético, água, glicolacetal, acetaldeído e peróxido
Toxidez:	O vapor condensado causa irritação dos olhos, nariz e garganta

Dioxana pura, isenta de acetal, não é auto-oxidada, mas o produto comercial é auto-oxidado e contém peróxido[1]. Para evitar a formação de peróxido, conserva-se a dioxana (**inflamável, cancerígeno; disp. D**) com 0,5 a 1,5% de N-dietilaminoetanol.[264,401] Para eliminar o peróxido, adiciona-se cloreto estanoso (II) (**corrosivo; disp. L**) e agita-se,[128] ou passa-se em coluna de óxido de alumínio ativo (**disp. O**).[109]

Método de purificação

Adicionam-se 13 mL de ácido clorídrico a 37% (**corrosivo; disp. N**) e 100 mL de água em 1 litro de dioxana (**inflamável, cancerígeno; disp. D**).
Deixa-se ferver em refluxo em corrente de gás inerte, como nitrogênio, durante 7 a 12 horas, para retirar o acetaldeído que foi formado pela hidrólise do acetal. Em seguida, agita-se com hidróxido de sódio sólido (**corrosivo, tóxico; disp. N**), adicionando-o até passar o limite de dissolução. Separa-se a camada de dioxana, agita-se mais uma vez com hidróxido de sódio sólido e separa-se a camada de dioxana. Adiciona-se sódio metálico (**inflamável; disp. G**), deixa-se ferver em refluxo e destila-se fracionadamente. É preciso manter a superfície do sódio metálico brilhante, durante o refluxo.
Deixa-se congelar o destilado e separam-se 2/3 de parte superior da camada congelada.[14,122]
Para purificar a dioxana que contém pequena quantidade de impurezas, adiciona-se o sódio metálico, deixa-se ferver em reflluxo por longo tempo e destila-se.

Ensaio para determinação do grau de pureza

O ponto de congelação é o mais sensível.[1]

IX.5.6 – *Anisol*/$CH_3OC_6H_5$ *e Fenetol*/$C_2H_5OC_6H_5$

	Anisol	*Fenetol*
Ponto de ebulição (°C):	153,75 (99,82%)	170,00 (99,96%)
Ponto de congelação (°C):	– 37,5	– 29,52
d_4^{15}:	0,99858	—
d_4^{20}:	0,99402	0,96514
d_4^{25}:	0,98932	0,96049
n_D^{20}:	1,51700	1,50735
n_D^{25}:	1,51430	1,50485
Ponto azeotrópico com água (°C):	95,5 (59,5% em peso)	(97,3 (41% em peso)
Impurezas:	fenol e álcool	

Podem-se purificar anisol e fenetol por destilação fracionada em vácuo. Elimina-se pequena quantidade de fenol por agitação com hidróxido de sódio (**corrosivo, tóxico; disp. N**).

Método de purificação

Destila-se anisol técnico (**disp. C**) fracionadamente, lava-se a fração de ponto de ebulição de 154 a 155°C com hidróxido de sódio (**corrosivo, tóxico; disp. N**) e em seguida com água. Seca-se com $CaCl_2$ (**irritante; disp. O**) e filtra-se. Deixa-se refluxar com sódio metálico (**inflamável; disp. G**) e destila-se. Seca-se a fração intermediária com sódio metálico e destila-se, se necessário.

Ensaio para determinação do grau de pureza

Curva de ponto de congelação.[116]

IX.5.7 – *Hexa-hidroanisol/éter ciclo-hexil metílico*/$CH_3OC_6H_{11}$

Ponto de ebulição:	133,4°C
Ponto de congelação:	– 74,37°C
d_4^{20}:	0,8790
n_D^{20}:	1,43470
Impurezas:	metanol, ciclo-hexano

É quase insolúvel em água, mistura-se bem com quase todos solventes orgânicos exceto glicol, glicerina ou formamida e dissolve muitos compostos orgânicos. É usado, também, como solvente do reagente de Grignard. O hexa-hidroanisol é usado como solvente na reação de adição de hidrogênio sob pressão (redução), por causa da sua estabilidade térmica até 220°C. É produzido pela redução catalítica de anisol e contém metanol e ciclo-hexano como impurezas, que podem ser eliminadas facilmente por destilação.

IX.6 – ALDEÍDOS E CETONAS

IX.6.1 – *Furfural*/$C_5H_4O_2$

Ponto de ebulição:	161,8°C
Ponto de congelação:	– 36,5°C
d_4^{20}:	1,1614, d_4^{25}: 1,1550
n_D^{20}:	1,52624
Solubilidade:[37]	furfural/água [% em peso (°C)] 8,12 (16), 8,72 (27), 9,80 (44), 11,9 (61), 12,5 (66), 17,0 (92)
Solubilidade:	água/furfural [% em peso (°C)] 3,5 (8), 5,4 (26,6), 6,7 (37), 7,2 (44), 9,1 (65), 12,0 (84), 15,5 (96)
Ponto azeotrópico com água:	97,85°C (25% em peso)

O furfural mistura-se com etanol, acetona, benzeno e ácido acético em quaisquer proporções. Com a decalina mistura-se facilmente a quente; a frio não. É insolúvel em hidrocarbonetos parafínicos e glicerina, mas é um solvente excelente para derivados de celulose, graxas e resinas. Outrossim, o furfural tem uma solubilidade seletiva com os compostos insaturados, os compostos aromáticos e os corantes e é usado para purificação de óleo animal, vegetal e mineral.[145] É usado também, para recuperação de butadieno em gás de cracking térmico de petróleo.[88]

O furfural puro é incolor e oleoso, mas passa a marrom durante a estocagem pela ação de ar e luz, especialmente quando existem traços de ácido mineral que contém água.

São conhecidos como estabilizadores os seguintes materiais: água a 2,5%, carbonato de sódio, hidroquinona, catecol, tripropilamina 0,01 a 0,5%, piridina, picolina, rutidina a 0,001 a 0,1%, N-fenil-guanidina, tiouréia, naftilamina ou N,N-dimetilformamida.[400] Para purificar, destila-se repetidas vezes o furfural (**irritante, tóxico; disp. C**) que contém água e deixa-se destilar como azeótropo com água. Usa-se sulfato de sódio anidro (**irritante; disp. N**) para secagem.

IX.6.2 – *Acetona/propanona*/CH_3COCH_3

Ponto de ebulição:	56,24°C
Ponto de congelação:	– 95,35°C
d_4^{20}:	0,79079(*), d_4^{25}: 0,78508(*)
n_D^{20}:	1,35880, n_D^{25}: 1,35609
Ponto azeotrópico com água:	Não produz mistura azeotrópica com água
Impurezas:	aldeídos, metanol e compostos insaturados
Toxidez:	a acetona tem toxidez relativamente baixa

(*) (99,70%, 1% de água aumenta a densidade 0,0030).

Método de determinação de aldeídos

Adicionam-se 5 mL de água e 5 mL de reagente de Schiff em 5 mL de acetona (**inflamável; disp. D**) e deixa-se decantar em lugar escuro durante 30 minutos. Se aparecer coloração roxo-avermelhada, existem aldeídos.

Método de determinação de metanol

Adicionam-se 5 mL de água, 2,5 mL de solução aquosa de permanganato de potássio a 2% e 0,2 mL de ácido sulfúrico concentrado (**oxidante, corrosivo; disp. N**) em 1 mL de acetona (**inflamável; disp. D**) e deixa-se decantar durante 3 minutos. A fim de decompor o excesso do permanganato de potássio, adiciona-se 1 mL de solução aquosa de ácido oxálico a 10% e em seguida 1 mL de ácido sulfúrico concentrado (**oxidante, corrosivo; disp. N**) e 5 mL de reagente de Schiff. Se aparecer coloração roxo-avermelhada, existe metanol (que, transformado em formaldeído, deu a reação de aldeído).

Método de determinação de água

Usa-se o reagente de Karl-Fischer.

Os secantes comuns como P_2O_5 e $CaCl_2$ diminuem a água até 0,01 a 0,02%, mas causam condensação da acetona, e a acetona, que foi secada como acima descrito e destilada, contém pequena quantidade de álcool diacetônico $CH_3COCH_2C(OH)(CH_3)_2$. É difícil diminuir a água abaixo de 0,1% usando nitrato de cálcio ou carbonato de potássio.

A sílica-gel ou o óxido de alumínio são, também, inconvenientes. Dados bibliográficos informam que o sulfato de cálcio anidro não tem inconveniente, sendo possível obter acetona que contém menos de 0,001% de água.[44]

Pode-se usar a acetona quimicamente purificada para as muitas finalidades, após a secagem pelo sulfato de cálcio anidro sem destilação.

Métodos de purificação

A) Colocam-se 100 mL de solução aquosa de permanganato de potássio 2% e 20 mL de ácido sulfúrico concentrado (**oxidante, corrosivo; disp. N**) em 3L de acetona (**inflamável; disp. D**), agita-se vigorosamente durante 30 minutos e deixa-se decantar várias horas. Em seguida destila-se, usando coluna de destilação de Vigreux (1,5 m de altura), adicionam-se 50 mL de solução aquosa de nitrato de prata concentrada e 20 mL de solução aquosa de hidróxido de sódio 2N e agita-se de vez em quando durante algumas horas. Adiciona-se cloreto de cálcio (**irritante; disp. O**) e deixa-se decantar durante uma noite. Despeja-se a acetona por decantação, adicionam-se 20 g de $CaCl_2$ e destila-se. Recolhem-se as frações entre 56 e 57°C rejeitando 50 mL de fração inicial.[188]

B) Método de purificação pela formação de complexo de adição com iodeto de sódio:[218]
Deixa-se saturar a acetona (**inflamável; disp. D**) com iodeto de sódio (**irritante; disp. N**) em temperatura de 25 a 30°C e separa-se o excesso do iodeto de sódio por decantação e esfria-se a solução saturada até –10°C. Filtram-se os cristais, aquecendo-os, a seguir, acima de 30°C, para decompor o complexo de iodeto de sódio e destila-se rejeitando 10% na fração final.

Ensaios para determinação do grau de pureza

Densidade relativa, ponto de ebulição[306] e curva de ponto de congelação.[116]

IX.6.3 – *Metil etil cetona/MEK/2-butanona*/$CH_3COC_2H_5$

Ponto de ebulição:	79,50°C (99,50%)
Ponto de congelação:	– 87,30°C
d_4^{15}:	0,81000, d_4^{20}: 0,80473, d_4^{25}: 0,79945
n_D^{20}:	1,37850, n_D^{25}: 1,37612
Solubilidade:	metil etil cetona/água (22°C): 26,3% em peso
Solubilidade:	água/metil etil cetona (23°C): 87,4% em peso
Ponto azeotrópico com água:	73,41°C (88,73% em peso)
Impurezas:	dicetona

Métodos de purificação

Pode-se obter a metil etil cetona (**inflamável, irritante; disp. D**) consideravelmente pura pelos seguintes métodos:

A) lava-se com solução saturada de carbonato de potássio para eliminar as substâncias ácidas, seca-se com sulfato de sódio anidro (**irritante; disp. N**) (diversos dias) e destila-se fracionadamente.[252]

B) Método de purificação pela formação de complexo de adição com NaI:[219] deixa-se ferver em refluxo, satura-se com iodeto de sódio (**irritante; disp. N**) e filtra-se a quente. Por esfriamento, o complexo de iodeto de sódio será cristalizado incolor e em forma de agulha. Ponto de fusão: 73 a 74°C. Por aquecimento, a metil etil cetona será formada quantitativamente por decomposição do complexo.

C) Método de purificação pela formação de complexo de adição com bissulfito de sódio:[335] adiciona-se solução saturada (aquosa) de bissulfito de sódio (**corrosivo; disp. N**) em metil etil cetona e agita-se bem. Esfria-se até 0°C e filtram-se os cristais formados.
Dissolve-se em pequena quantidade de água, juntam-se cristais de sulfito de sódio (**irritante; disp. N**) até saturar e deixa-se precipitar o complexo de bissulfito de sódio. Filtra-se novamente e adiciona-se solução aquosa concentrada de carbonato de potássio para decompor o complexo. Rejeita-se a camada aquosa, seca-se com carbonato de potássio (**irritante; disp. N**) e destila-se. Em seguida, passa-se ar durante 24 horas, seca-se bem com o carbonato de potássio e destila-se cuidadosamente.

Ensaios para determinação do grau de pureza
Pode-se aplicar os mesmos ensaios de acetona.

IX.6.4 – *Metil isobutil cetona/4-metil-2-pentanona/MIBK/* $(CH_3)_2CHCH_2COCH_3$

Ponto de ebulição:	115,65 ± 0,05°C
Ponto de congelação:	– 83,5°C
d_4^{15}:	0,8053, d_4^{20}: 0,8006, d_4^{25}: 0,7961
n_D^{20}:	1,3958, n_D^{25}: 1,3933
Solubilidade:	metil isobutil cetona/água (25°C): 1,7% em peso
Solubilidade:	água/metil isobutil cetona (25°C): 1,9% em peso
Ponto azeotrópico com água:	87,93°C (75,7% em peso)

A metil isobutil cetona (**inflamável, irritante; disp. D**) é obtida de óxido de mesitila pela adição lenta de hidrogênio e é miscível com água e muitos solventes orgânicos.
É um solvente excelente para laca, policloreto de vinila, poliacrilonitrila, nitrocelulose, etc.
É também usada como solvente de DDT, piretrina, solvente de extração de penicilina e outras substâncias antibióticas e solvente de desparafinação de petróleo.

IX.6.5 – *Óxido de mesitila*/$(CH_3)_2C{=}CHCOCH_3$

Ponto de ebulição:	129,55°C
Ponto de congelação:	– 46,4°C
d_4^{20}:	0,8569
n_D^{20}:	1,44397

O óxido de mesitila (**inflamável, lacrimogênio; disp. D**) é produzido pela desidratação de álcool diacetônico (**inflamável, irritante; disp. D**), a quente, na temperatura de 100 a 120°C, em fase de ácido fraco. Para purificar lava-se o óxido de mesitila (**inflamável; disp. D**) com solução diluída alcalina e água, seca-se com $CaCl_2$ (**irritante; disp. O**) e destila-se. É pouco solúvel em água e mistura-se com álcool, éter e outros solventes orgânicos em qualquer proporção. Não é resistente para com oxidantes e ácidos. É usado como solvente para derivados de celulose, compostos de polivinila, laca, tintas para uso em finalidades especiais, corantes, inseticidas, etc.

IX.6.6 – *Ciclo-hexanona*/$C_6H_{10}O$

Ponto de ebulição:	155,65°C
Ponto de congelação:	– 16,4°C
d_4^{15}:	0,95099, d_4^{30}: 0,93761
n_D^{15}:	1,45203, n_D^{20}: 1,45097
Impurezas:	ciclo-hexanol, fenol

Dados bibliográficos informam que se pode obter a ciclo-hexanona pura (**tóxico, irritante; disp. C**), para uso em titulação pela constante dielétrica, somente por destilação fracionada (duas vezes) após 24 horas de secagem com sulfato de sódio anidro (**irritante; disp. N**).[107]
Outros autores citam o seguinte método de purificação: adiciona-se à ciclo-hexanona (**tóxico, irritante; disp. C**) bissulfito de sódio (**corrosivo; disp. N**) para formar complexo, decompõe-se o complexo com carbonato de sódio e destila-se com vapor.[137]

IX.7 – ÁCIDOS CARBOXÍLICOS

IX.7.1 – *Ácido fórmico/ácido metanóico*/HCOOH

Ponto de ebulição:	100,70°C (99,81% mol.)
Ponto de fusão:	8,25°C
d_4^{20}:	1,21961, d_4^{25}: 1,21328
n_D^{20}:	1,37140, n_D^{25}: 1,36938
Ponto azeotrópico com água:	107,2°C (77,4% em peso)
Toxidez:	o ácido fórmico é muito corrosivo à pele

O ácido fórmico P.A. (**corrosivo; disp. C**) tem teor de cerca de 88% e os comuns contêm, geralmente, menos. O ácido fórmico é inconveniente como solvente porque se decompõe lentamente dando água e monóxido de carbono em temperatura ambiente. P_2O_5 e $CaCl_2$ reagem com ácido fórmico, portanto, não são usados como secantes. Pode-se usar o sulfato de cobre anidro (**tóxico, irritante; disp. L**) ou ácido bórico anidro(*) como secantes.

(*) Método de preparação de ácido bórico anidro[464]
Aquece-se o ácido bórico (**disp. N**) em cadinho para desidratação (platina ou níquel (**cancerígeno, irritante; disp. P**)), até 800°C no final. O forno elétrico é recomendado para aquecimento. Despeja-se pouco a pouco o ácido bórico fundido em tetracloreto de carbono seco (**tóxico, cancerígeno; disp. B**; N. R.- solvente de uso restrito. Deve-se estudar a possibilidade de substituí-lo por outro) (previamente esfriado até 0°C) para tomar a forma de lentilha. Em seguida, deixa-se evaporar o tetracloreto de carbono e quebra-se. Deixando-se solidificar em cadinho, haverá dificuldade em retirar o material.

Método de purificação
Referências[103,162,365]

IX.7.2 – *Ácido acético/ácido etanóico*/CH_3COOH

Ponto de ebulição:	117,72°C (99,78%)
Ponto de fusão:	16,63°C
d_4^{20}:	1,04923, d_4^{25}: 1,04365, d_4^{30}: 1,03802
n_D^{20}:	1,37160, n_D^{25}: 1,36995
Ponto azeotrópico com água:	Não produz mistura azeotrópica com água
Toxidez:	O ácido acético produz forte irritação na pele e então deve-se lavar imediatamente

O ácido acético é estável, fácil de purificar, dissolve muitos compostos orgânicos e é barato; é, pois, usado comumente. Além disso, é conveniente como solvente para uso em titulação ácida e alcalina em solvente não aquoso.[288]
O P_2O_5 é mais recomendado como secante de ácido acético, mas, pode-se usar também sulfato de cobre anidro,perclorato de magnésio[177] e triacetato de boro ou adicionar o anidrido acético que corresponda à água contida em ácido acético.[74]

Métodos de purificação

A) Adiciona-se ácido crômico anidro (**tóxico, cancerígeno; disp. J**) em ácido acético (**corrosivo; disp. C**), deixa-se ferver em refluxo durante 10 horas e destila-se fracionadamente evitando a umidade.[166]

B) Deixa-se congelar parcialmente 600 mL de ácido acético (**corrosivo; disp. C**) e elimina-se a parte que não foi congelada (cerca de 300 mL), por filtração. Adicionam-se 6 g de permanganato de potássio (**irritante, oxidante; disp. J**) na parte cristalizada e destila-se. Recolhe-se a fração de 116,5 a 117,5°C (765 mm Hg), deixa-se congelar parcialmente e trata-se da mesma forma.[327]

Ensaios para determinação do grau de pureza

Ponto de ebulição, curva de ponto de fusão.

IX.8 – ANIDRIDO DE ÁCIDO CARBOXÍLICO

IX.8.1 – *Anidrido acético*/$(CH_3CO)_2O$

Ponto de ebulição:	140,0°C
Ponto de congelação:	– 73,1°C
d_4^{15}:	1,08712, d_4^{30}: 1,06911
n_D^{15}:	1,39299, n_D^{20}: 1,3904
Solubilidade:	anidrido acético/água (20°C): 12% em peso
Solubilidade:	água/ anidrido acético (15°C): 2,7 g/100 g
Impurezas:	ácido acético

Métodos de purificação

A) Pode-se eliminar satisfatoriamente o ácido acético pela destilação fracionada usando uma torre de destilação de alta eficiência. Para eliminar perfeitamente o ácido acético, coloca-se, no anidrido acético (**corrosivo; disp. B**), sódio metálico (**inflamável; disp. G**), deixa-se decantar durante diversos dias e ferve-se em refluxo em vácuo durante diversas horas. Em seguida destila-se em vácuo a mistura que contém sódio metálico e o acetato de sódio formado.[337] Neste caso, o anidrido acético reage vigorosamente com o sódio metálico em temperatura de 65 a 70°C, portanto, deve-se ferver e destilar em vácuo em temperatura mais baixa. Finalmente, destila-se fracionadamente mais uma vez.

B) Adicionam-se 200 g de fita de magnésio (**inflamável; disp. P**) em 1.450 g de anidrido acético (**corrosivo; disp. B**) e aquece-se com condensador de refluxo na temperatura de 80 a 90°C durante 5 dias. Em seguida, ferve-se cuidadosamente durante 17 horas e destila-se fracionadamente passando num tubo de Hempel de 33 cm de altura (figura IV).[89]

IX.9 – NITRILAS

IX.9.1 – *Acetonitrila*/CH_3CN

Ponto de ebulição:	81,60°C
Ponto de congelação:	– 45,72°C
d_4^{15}:	0,78743, d_4^{25}: 0,77683, d_4^{30}: 0,77125
n_D^{20}:	1,34411, n_D^{25}: 1,34163
Ponto azeotrópico com água:	76,6°C (84,1% em peso)

A acetonitrila é um solvente para uso em sínteses orgânicas, purificações de reagentes orgânicos e como solvente especial. Pode-se usar a acetonitrila comercial sem purificação.

Método de purificação

Adiciona-se P_2O_5 (**corrosivo; disp. N**) em acetonitrila (**inflamável; disp. D**) e destila-se repetidas vezes até P_2O_5 ficar incolor. Em seguida, para eliminar os traços de P_2O_5, adiciona-se carbonato de potássio (**irritante; disp. N**) e destila-se. Destila-se, então, mais uma vez, sem adicionar nada. A acetonitrila assim obtida pode ser usada para medida de condutibilidade.[333]

Ensaios para determinação do grau de pureza

Curva de ponto de congelação,[116] ponto de ebulição, densidade, índice de refração, densidade.[312]

IX.9.2 – *Benzonitrila*/C_6H_5CN

Ponto de ebulição:	191,10°C
Ponto de congelação:	– 12,9°C
d_4^{15}:	1,00948, d_4^{30}: 0,99628
n_D^{20}:	1,52823, n_D^{23}: 1,5272
Solubilidade em água (100°C):	1g/100mL
Impurezas:	carbilaminas, ácido benzóico.

Métodos de purificação

A) Método de purificação para uso em síntese:
Seca-se a benzonitrila (**irritante; disp. C**) com os seguintes secantes: $CaCl_2$ (**irritante; disp. O**), K_2CO_3 (**irritante; disp. N**) ou P_2O_5 (**corrosivo; disp. N**) e destila-se.

(B) Método de purificação para uso em medida de condutibilidade:[234] Destila-se a vapor para eliminar traços de carbilamina, lava-se o destilado com solução aquosa de carbonato de sódio para eliminar o ácido benzóico, dissolve-se em éter etílico (**inflamável, irritante; disp. D**), lava-se com água e seca-se com cloreto de cálcio (**irritante; disp. O**). Filtra-se e elimina-se o éter primeiramente, destila-se o restante em vácuo e recolhe-se a fração intermediária de 81°C (22 mm Hg). Adiciona-se mistura de carbonato de potássio anidro (**irritante; disp. N**) e cloreto de cálcio (**irritante; disp. O**), agita-se bem, deixa-se decantar e destila-se. Finalmente, adiciona-se cloreto de cálcio, deixa-se decantar diversos dias e destila-se.

IX.10 – ACIDAMIDAS

IX.10.1 – *Formamida*/$HCONH_2$

Ponto de ebulição:	210,5°C (decomp.), 92 a 95°C (10 mm Hg)
Ponto de congelação:	2,55°C
d_4^{20}:	1,13339, d_4^{25}: 1,12918
n_D^{20}:	1,44754, n_D^{25}: 1,44682
Impurezas:	ácido fórmico, formiato de amônio, amônio

A formamida tem alta constante dielétrica (D 109,5: a 25°C) e, portanto, mostra um caráter bem semelhante ao da água.[285] A formamida dissolve vários sais inorgânicos, isto é, os cloretos, sulfatos e nitratos de cobre, chumbo, zinco, estanho, níquel, cobalto, ferro, alumínio e magnésio. Conseqüentemente, não se pode usar estes sais como secantes, mas sulfato de sódio (**irritante; disp. N**) e óxido de cálcio (**irritante; disp. O**) são usados.[71,211] A formamida se mistura com água, álcoois de cadeias simples, glicol e glicerina em qualquer proporção e é insolúvel em hidrocarbonetos, cloretos de hidrocarbonetos e nitrobenzeno. Outrossim, a formamida dissolve os compostos de alto peso molecular como caseína, gelatina, cola animal ou poliacrilonitrila. É uma substância levemente básica e não pode ser titulada com ácido perclórico em sistema de ácido acético pelo método de Markunas e Riddick. É facilmente hidrolisada por ácido, álcali e enzima, formando-se ácido fórmico e amônio. A formamida reage com peróxido ou ésteres e o hidrogênio da amida é acilado por cloretos de ácidos ou anidridos ácidos. Por aquecimento com álcool, forma-se formiato. Reage com o reagente de Grignard. É altamente higroscópica.

Métodos de purificação

A) A formamida comercial é relativamente pura e é geralmente usada após destilação em vácuo. Para se obter a formamida, pura para uso em medidas de constantes físicas, pode-se usar a seguinte combinação de destilação fracionada em vácuo e cristalização fracionada.[319] Colocam-se 2 ou 3 pedaços de cristais de azul de bromotimol (**disp. A**) em formamida (**irritante, teratogênico; disp. A**) e deixa-se dissolver. Neutraliza-se com hidróxido de sódio (**corrosivo, tóxico; disp. N**), retira-se o amônio e água por destilação em vácuo na temperatura de 80 a 90°C e neutraliza-se novamente. Repetem-se as operações acima mencionadas até que a formamida indique neutra quando começar a destilação da amida. Em seguida, quando se atingiu o final da neutralização, adiciona-se pequena quantidade de formiato de sódio e destila-se em vácuo na temperatura de 80 a 90°C. Neutralizam-se as frações como acima mencionado, destila-se novamente e recolhe-se cerca de 4/5 do destilado. Obtém-se formamida de ponto de fusão de cerca de 2,2°C e condutibilidade específica de cerca de $5 \times 10^{-5} ohm^{-1}$. Se se tratar a formamida purificada pela cristalização fracionada evitando-se contato com umidade e dióxido de carbono, pode-se obter a formamida de condutibilidade específica 1 a $2 \times 10^{-6} ohm^{-1}$. Se for necessária melhor purificação: neutraliza-se, destila-se fracionadamente e deixa-se cristalizar fracionadamente.

B) Adicionam-se 5 g de óxido de cálcio (**irritante; disp. O**) em 1 L de formamida (**irritante, teratogênico; disp. A**), destila-se fracionadamente em vácuo de 1 mm Hg e deixa-se cristalizar fracionadamente.[211]

Ensaio para determinação do grau de pureza

Ponto de fusão.

IX.10.2 – *N,N-Dimetilformamida*/DMF/HCON $(CH_3)_2$

Ponto de ebulição:	153,0°C
Ponto de congelação:	– 61°C
d_4^0:	0,9683, d_4^{25}: 0,9445
n_D^{25}:	1,4269
Impurezas:	amônio, dimetilamina, formaldeído

A N,N-dimetilformamida é miscível na água, sulfeto de carbono, clorofórmio, benzeno, éter etílico, acetona e etanol em qualquer proporção, mas tem limite de dissolução com éter de petróleo. Assim como formamida é atualmente usada como solvente para as várias substâncias, por exemplo, solvente para fiação de poliacrilo nitrila. Recupera-se a N,N-dimetil-formamida usada para fiação, deixando-se borbulhar gás inerte e destilando-se em vácuo. Pode-se separar a N,N-dimetil-formamida que contém cerca de 20% de benzeno, tolueno, xileno, etanol,[268] etc., simplesmente por destilação. Por exemplo, misturam-se 85 g de N,N-dimetil-formamida (**irritante; disp. C**) com 10 g de benzeno (**inflamável, cancerígeno; disp. B**; N. R.- solvente de uso restrito. Deve-se estudar a possibilidade de substituí-lo por outro.) e 4 g de água e então destila-se. Primeiramente destila-se a mistura de água e benzeno e, em seguida, a dimetilformamida. Pode-se obter a N,N-dimetilformamida pura por outra destilação fracionada. Conserva-se em lugar escuro para evitar a ação dos raios ultravioleta.

Ensaios para determinação do grau de pureza
pH da solução aquosa: 7,0;[37] condutibilidade específica (25°C): $1{,}83 \times 10^{-6} ohm^{-1}$.

IX.10.3 – *Dimetilacetamida*/$CH_3CON(CH_3)_2$ [104,118]

Ponto de ebulição:	193°C (760 mm Hg); 83 a 84°C (32 mm Hg); 62°C (12 mm Hg)
d_4^{20}:	0,9434
$n_D^{22,5}$:	1,43708
Impurezas:	dimetilamina

A dimetilacetamida é um solvente excelente, que tem alta solubilidade seletiva como a N,N-dimetilformamida ou o sulfóxido de dimetila, e é miscível em vários solventes, como por exemplo, água, álcoois, hidrocarbonetos aromáticos, ésteres, etc; não o é em hidrocarboneto alifático. É bom absorvente de acetileno, ácido sulfúrico anidro e também absorve o gás olefina pela adição de $Cu_2Cl_2—HCl$.[388] Pode-se usar, com vantagem, como solvente de compostos de alto peso molecular derivados da polivinila e da poliacrilonitrila.

Método de purificação
A dimetilacetamida é produzida pelos seguintes métodos:
a) hidrocloreto de dimetilamina e anidrido acético,
b) dimetilamina e ácido acético ou
c) dimetilformamida e anidrido acético.

Para purificar, extraem-se 200 partes de produto impuro (**teratogênico; disp. C**) (50%) com 50 partes de clorofórmio (**muito tóxico, possível cancerígeno; disp. B**) (4 vezes), elimina-se o clorofórmio e destila-se em vácuo em contato com corrente de nitrogênio.

IX.11 - ÉSTERES

IX.11.1 – *Carbonato de dietila*/$CO(OC_2H_5)_2$

Ponto de ebulição:	126,8°C
Ponto de congelação:	– 43,0°C
d_4^{15}:	0,98043, d_4^{25}: 0,96926, d_4^{30}: 0,96393
n_D^{15}:	1,38654, n_D^{25}: 1,38287
Ponto azeotrópico com água:	91°C (70% em peso)
Solubilidade em água (25°C):	1,4% em volume

O carbonato de dietila (**inflamável; disp. D**) dissolve álcoois, cetonas, ésteres, hidrocarbonetos aromáticos, etc., e dissolve também as substâncias de alto peso molecular, como os derivados de celulose.

IX.11.2 – *Formiato de metila*/HCO_2CH_3

Ponto de ebulição:	31,50°C
Ponto de congelação:	– 99,0°C
d_4^{0}:	1,00317, d_4^{15}: 0,98149, d_4^{20}: 0,97421
n_D^{15}:	1,34648, n_D^{20}: 1,34332
Solubilidade em água (25°C):	23% em peso

Método de purificação[312]

Adiciona-se ao formiato (**inflamável, irritante; disp. D**) carbonato de sódio (**irritante; disp. N**) agitando-se bem para eliminar o ácido fórmico, seca-se com P_2O_5 (**corrosivo; disp. N**) e destila-se.

IX.11.3 – *Formiato de etila* $HCO_2C_2H_5$

Ponto de ebulição:	54,15°C
Ponto de congelação:	– 79,4°C
d_4^{15}:	0,92892, d_4^{30}: 0,90958
n_D^{20}:	1,35994
Solubilidade em água (~ 25°C):	10,5% em peso

Não se pode usar $CaCl_2$ como secante.

Método de purificação

Trata-se da mesma forma que **IX.11.2**.

IX.11.4 – *Acetato de metila*/$CH_3CO_2CH_3$

Ponto de ebulição:	56,323°C
Ponto de congelação:	– 98,05°C
d_4^{20}:	0,9390, d_4^{25}: 0,9273
n_D^{20}:	1,36193
Ponto azeotrópico com água:	56,4°C (96,3 a 96,8% em peso)
Impurezas:	metanol, ácido acético

Métodos de purificação

A) Adicionam-se 85 mL de anidrido acético (**corrosivo; disp. B**) em 1 L de éster, (**inflamável, irritante; disp. D**) ferve-se em refluxo durante 6 horas e destila-se em coluna de destilação fracionada de Vigreux, figura III. Em seguida, adicionam-se 20 g de carbonato de potássio anidro (**irritante; disp. N**) no destilado e destila-se novamente.[190]

B) Lava-se o éster (**inflamável, irritante; disp. D**) com solução aquosa de cloreto de sódio saturada, seca-se com sulfato de magnésio anidro (**disp. N**) e destila-se.
Não se pode usar o cloreto de cálcio como secante porque produz complexos por adição e substituição.[324]

IX.11.5 – *Acetato de etila*/$CH_3CO_2C_2H_5$

Ponto de ebulição:	77,114°C
Ponto de congelação:	– 83,97°C
d_4^{20}:	0,90063, d_4^{25}: 0,89455
n_D^{20}:	1,37239, n_D^{25}: 1,36979
Solubilidade:	acetato de etila/água (25°C): 8,08 g/100 g
Solubilidade:	água/acetato de etila (25°C): 3,30 g/100 g
Ponto azeotrópico com água:	70,38°C (91,53% em peso)
Impurezas:	ácido acético, etanol

Métodos de purificação

É purificado da mesma forma que o acetato de metila, ou pode se purificar pelos seguintes métodos:

A) Trata-se o éster (**inflamável, irritante; disp. D**) com carbonato de sódio (**irritante; disp. N**), em seguida com P_2O_5 (**corrosivo; disp. N**) e destila-se.[190]

B) Lava-se o éster (**inflamável, irritante; disp. D**) com solução aquosa de bicarbonato de sódio saturado e, em seguida, com solução aquosa de cloreto de sódio saturado. Seca-se com sulfato de magnésio anidro (**disp. N**) e destila-se.[324]

C) Método de purificação pelo isocianato:[14]
Para testar a eficiência deste método, a seguinte marcha foi executada: misturam-se 1,5 g de água, 3 g de etanol (**inflamável, tóxico; disp. D**) e 3 g de ácido acético (**corrosivo; disp. C**) com 300 g de acetato de etila, então, obtem-se uma mistura que contém 0,51% de água, 0,36% de radical livre de hidroxila e índice de acidez de 100. Adicionam-se 40 g de di-isocianato de toluilênio e 0,1 g de glicolato de molibdênio como promotor de reação, deixa-se ferver em refluxo durante 5 horas e destila-se em pequeno tubo de destilação fracionada, evitando contato com umidade. Rejeita-se a pequena quantidade de fração inicial e recolhem-se 250 mL de fração intermediária. O índice de acidez desta fração é quase 0, não contém o radical livre de hidroxila e não forma a turvação branca, mesmo depois de certo tempo, após adição de isopropilato de alumínio. Em geral, a quantidade de isocianato necessária para purificação de acetato de etila é muito menor do que a do exemplo acima mencionado. Por este método, podem-se eliminar ácidos, álcoois e água, de uma só vez.

IX.11.6 – *Acetato de n-butila*/$CH_3CO_2CH_2CH_2C_2H_5$

Ponto de ebulição:	126,114°C
Ponto de congelação:	– 73,5°C
d_4^{20}:	0,8813, d_4^{25}: 0,87636
n_D^{20}:	1,39406
Ponto azeotrópico com água:	90,2°C (71,3% em peso)

Métodos de purificação

A) Este éster (**inflamável, irritante; disp. D**) pode ser purificado pelo método (B) do acetato de metila.

B) Este éster (**inflamável, irritante; disp. D**) pode ser purificado pelo método (C) do acetato de etila.

IX.11.7 – *Acetato de isobutila*/$CH_3CO_2CH_2CH(CH_3)_2$

Ponto de ebulição:	118,0°C
Ponto de congelação:	– 98,85°C
d_4^{20}:	0,8745, d_4^{25}: 0,8695
n_D^{20}:	1,39018
Ponto azeotrópico com água:	87,4°C (83,4% em peso)

Métodos de purificação

O acetato de isobutila (**inflamável, irritante; disp. D**) pode ser purificado pelos mesmos métodos que são utilizados para o acetato de n-butila.

IX.11.8 – *Acetato de n-amila*/$CH_3CO_2C_5H_{11}$

Ponto de ebulição:	149,2°C
Ponto de congelação:	– 70,8°C
d_4^{20}:	0,8753, d_4^{25}: 0,8707
n_D^{20}:	1,40228
Ponto azeotrópico com água:	95,2°C (59% em peso)

Métodos de purificação

O acetato de n-amila (**inflamável, irritante; disp. D**) pode ser purificado pelo emprego dos mesmos métodos utilizados para o acetato de n-butila.

IX.11.9 – *Acetato de isoamila*/$CH_3CO_2CH_2CH_2CH(CH_3)_2$

Ponto de ebulição:	142,0°C
Ponto de congelação:	– 78,5°C
d_4^{20}:	0,8719, d_4^{40}: 0,8458
n_D^{20}:	1,40535
Solubilidade em água (25°C):	cerca de 2%
Ponto azeotrópico com água:	93,6°C (63,7% em peso)

Método de purificação

O acetato de isoamila (**inflamável; disp. D**) pode ser purificado de modo análogo ao acetato de n-butila.

IX.11.10 – *Carbonato de etileno/Glicol carbonato*/ CH_2O–CH_2O > CO

Ponto de ebulição:	238°C (760 mm Hg), 152°C (30 mm Hg)
Ponto de fusão:	38,5 a 39°C

A produção de carbonato de etileno (**irritante; disp. A**) é feita industrialmente pela reação de adição de óxido de etileno e gás carbônico usando-se como catalisador carvão ativo e cloreto de cálcio (ou de magnésio).[370,402] É facilmente solúvel em água, álcoois, ácido acético, benzeno, clorofórmio, acetato de etila, etc, solúvel em éter que contém água (mas dificilmente solúvel em éter seco a frio), hidrocarbonetos alifáticos e dissulfeto de carbono. O carbonato de etileno dissolve os compostos de alto peso molecular como a poliacrilonitrila.[161] A sua solubilidade é usada para extração de hidrocarbonetos aromáticos em hidrocarbonetos alifáticos[403] ou como solvente de fiação de poliacrilonitrila. Por reação em determinadas condições, forma os compostos de etoxila[159] e as oxietil-uretanas de álcoois e de aminas, respectivamente, eliminando gás carbônico.

IX.12 – AMINAS

IX.12.1 – *Anilina*/$C_6H_5NH_2$

Ponto de ebulição:	184,40°C
Ponto de congelação:	– 5,98°C
d_4^{15}:	1,02613, d_4^{20}: 1,02173, d_4^{25}: 1,01750
n_D^{20}:	1,58545, n_D^{25}: 1,58318
Solubilidade:	anilina/água (25°C): 3,5 g/100 g
Solubilidade:	água/anilina (25°C): 5 g/100 g
Ponto azeotrópico com água:	75°C (18,2% em peso)
Impurezas:	nitrobenzeno, toluidina, hidrocarbonetos aromáticos, como benzeno, compostos de enxofre.

Se a anilina se dissolver em ácido clorídrico diluído e permanecer sem coloração e transparente, não contém nitrobenzeno ou hidrocarbonetos.
A anilina é fracamente alcalina em água, mas fortemente alcalina em solventes orgânicos, como ácido acético, benzeno, tetracloreto de carbono, etc.
É facilmente oxidada e colorida de marrom ou preta pelo contato com o ar. Esta alteração é mais evidente quando está contaminada com compostos de enxofre. Para eliminar esses compostos, adiciona-se zinco ou cloreto estanoso e trata-se como indicado abaixo. A anilina é usada para extração seletiva de hidrocarbonetos aromáticos contidos em hidrocarbonetos alifáticos.

Métodos de purificação

A) Dissolve-se a anilina (**tóxico, cancerígeno; disp. C**)com ácido clorídrico diluído ou ácido sulfúrico diluído e destila-se com vapor para eliminar o nitrobenzeno e os hidrocarbonetos. Torna-se a solução alcalina com hidróxido de sódio (**corrosivo, tóxico; disp. N**) e destila-se a vapor novamente. Seca-se com hidróxido alcalino. Adicionam-se pedaços de zinco (**inflamável; disp. P**)[126] ou cloreto de estanho (II) (**corrosivo; disp. L**)[344] em anilina destilada, deixa-se ferver em refluxo e destila-se. Em seguida seca-se com hidróxido de sódio sólido e destila-se fracionadamente.

B) Para obter a anilina mais pura, pode-se aplicar os métodos de formação de complexo de adição com fenol[372] ou de sal de ácido oxálico.[207] No método de formação de complexo de adição com fenol (**tóxico, corrosivo; disp. A**), prepara-se o complexo de anilina-fenol, na relação molar 1:1 (ponto de fusão 31,3°C), e decompõe-se com hidróxido alcalino (**corrosivo, tóxico; disp. N**). No método de oxalato, prepara-se o oxalato de anilina purificado e decompõe-se com carbonato de sódio.

Ensaios para determinação do grau de pureza

Densidade relativa, ponto de ebulição, ponto de fusão (curva de ponto de fusão).[116]

IX.12.2 – *N-Metilanilina*/$C_6H_5NHCH_3$

Ponto de ebulição:	196,25°C
Ponto de congelação:	– 57°C
d_4^{15}:	0,99018, d_4^{30}: 0,97822
n_D^{15}:	1,57367, $n_D^{21,2}$: 1,57021
Solubilidade em água (25°C):	0,01 g/100 g
Impurezas:	anilina, N,N-dimetilanilina

Método de purificação[37]

Para eliminar essas impurezas pode-se usar o seguinte método: faz-se a p-toluenossulfonação da N-metilanilina (**tóxico, irritante; disp. C**), com cloreto de p-toluenossulfonila (**corrosivo; disp. A**) e hidróxido de sódio (**corrosivo, tóxico; disp. N**), destila-se com vapor para destilar a N,N-dimetilanilina e recolhe-se o p-toluenossulfonato de N-metilanilina, que é insolúvel em álcali. Em seguida faz-se a hidrólise com ácido sulfúrico concentrado (**oxidante, corrosivo; disp. N**), libera-se a N-metilanilina com hidróxido de sódio e destila-se com vapor. Em seguida, destila-se em vácuo. Pode-se usar hidróxido alcalino sólido ou óxido de bário (**corrosivo; disp. E**) como secante.

IX.12.3 – *N,N-Dimetilanilina*/$(CH_3)_2NC_6H_5$

Ponto de ebulição:	194,05°C
Ponto de congelação:	2,40°C
d_4^{15}:	0,96012, d_4^{25}: 0,95196
n_D^{15}:	1,56083, $n_D^{24,6}$: 1,55620
Impurezas:	N-metilanilina, anilina.

Método de purificação

Referência[126]

IX.12.4 – *Piridina*/C_5H_5N

Ponto de ebulição:	115,58°C
Ponto de congelação:	– 41,8°C
d_4^{15}:	0,98783, d_4^{30}: 0,97281
n_D^{20}:	1,5100, n_D^{25}: 1,5067
Ponto azeotrópico com água:	94°C (57% em peso)
Impurezas:	derivados de piridina como metil-, dimetil- e trimetilpiridina, traços de anilina, fenol.

O método de purificação por decomposição dos sais de ácido perclórico de baixa solubilidade, pelo amônio seco, tem o perigo de formar o perclorato de amônio (**explosivo**); o método de decomposição pela solução aquosa de hidróxido de sódio tem a sua dificuldade na eliminação da água.

Método de purificação

Seca-se a piridina (**inflamável, irritante; disp. C**) com hidróxido de potássio (**corrosivo, tóxico; disp. N**) e destila-se. Pode-se obter a piridina de ponto de ebulição 114 a 116°C. Em seguida, deixa-se oxidar a piridina acima obtida com dióxido de selênio (**tóxico, corrosivo; disp. L**) (determinando previamente a quantidade necessária) adiciona-se óxido de bário (**corrosivo; disp. E**) e destila-se.[196] Para determinar a quantidade necessária de dióxido de selênio, pode-se usar o seguinte método: adicionam-se 0,5 g de dióxido de selênio em 1 mL de piridina, deixa-se ferver durante 5 minutos e mede-se a quantidade de selênio formado. Calcula-se a quantidade de dióxido de selênio usada para oxidação e adota-se, por segurança, 1,5 vezes a quantidade calculada. Por exemplo, se são necessários 30 g de dióxido de selênio para 500 mL de piridina, adicionam-se 30 g de dióxido de selênio em 125 mL de piridina, deixa-se ferver agitando-se durante 1 hora e destila-se toda a mistura em seguida, dividem-se os 375 mL de piridina restantes em três partes e trata-se igualmente cada parte. Juntam-se os destilados, adiciona-se pequena quantidade de óxido de bário (**corrosivo; disp. E**) e destila-se. Rejeitam-se 15 mL de fração inicial, obtendo-se piridina que contém cerca de 0,002% de água.

Pode-se usar a piridina assim obtida para determinação quantitativa de hidrogênio ativo de Zerewitinoff.

Ensaios para determinação do grau de pureza

Ponto de ebulição.

IX.12.5 – *Quinolina*/C_9H_7N

Ponto de ebulição:	237,7°C
Ponto de congelação:	– 19,5°C
$d_4^{17,4}$:	1,0956
$n_D^{24,9}$:	1,62450
Solubilidade em água (20°C):	6g/100g
Impurezas:	a quinolina obtida de coaltar (alcatrão), contém isoquinolina, fenóis, compostos de enxofre, etc.

Para eliminar as impurezas acima citadas por decomposição adiciona-se hidróxido alcalino (**corrosivo, tóxico; disp. N**) ou sódio metálico (**inflamável; disp. G**), aquece-se e destila-se fracionadamente em vácuo.[371]

IX.13 – COMPOSTOS DE ENXOFRE

IX.13.1 – *Sulfeto de carbono/dissulfeto de carbono*/CS_2

Ponto de ebulição:	46,262°C
Ponto de congelação:	– 111,57°C
d_4^0:	1,29270, d_4^{15}: 1,27055, d_4^{30}: 1,24817
n_D^{15}:	1,63189
Solubilidade:	dissulfeto de carbono/água (20°C): 0,294% em peso
Solubilidade:	água/dissulfeto de carbono (20°C): < 0,005% em peso
Ponto azeotrópico com água:	42,6°C (97,2% em peso)
Impurezas:	vários compostos de enxofre.

Método de purificação

Colocam-se, num funil de separação, 1 L de dissulfeto de carbono (**inflamável, tóxico; disp. D**), 5 g de cloreto mercúrico em pó (**corrosivo, tóxico; disp. L**), uma pequena quantidade de mercúrio (**tóxico; disp. P**), e agita-se bem. Em seguida, lava-se com água, seca-se o dissulfeto de carbono com cloreto de cálcio (**irritante; disp. O**) e destila-se.[263]

Ensaio para determinação do grau de pureza

Espectro ultravioleta.[226]

IX.13.2 – *Sulfóxido de dimetila/DMSO*/CH_3SOCH_3

Ponto de ebulição:	189°C (decomp.) 85 a 87°C (25 mm Hg)
Ponto de fusão:	18,5°C
d_4^{20}:	1,1014
n_D^{21}:	1,4787

O sulfóxido de dimetila é obtido pela oxidação catalítica de sulfeto de dimetila usando oxigênio.[114,376,399]
É um líquido incolor, de odor bem fraco, higroscópico, não venenoso e não corrosivo. O sulfóxido de dimetila é um solvente de caráter semelhante ao da dimetilformamida. Mistura-se com as seguintes substâncias em qualquer proporção: água, metanol, etanol, álcool octílico, álcool diacetônico, glicol, glicerina, acetaldeído, acetona, acetato de etila, ftalato de dibutila, ftalato de diamila, fosfato de tricresila, dioxana, piridina, hidrocarbonetos aromáticos, etc. É insolúvel em hidrocarbonetos alifáticos, exceto em acetileno; pode-se, portanto, separar os hidrocarbonetos aromáticos por extração quando dissolvidos em hidrocarbonetos alifáticos. É um excelente solvente para acetileno, óxido de etileno, ácido benzóico, cânfora, sacaroses e glicoses, gorduras, corantes, acetato de celulose, nitrocelulose e compostos de alto peso molecular como resinas. Pode, também, dissolver poliacrilonitrila ou Terylene (Dacron). Outrossim, o sulfóxido de dimetila dissolve as seguintes substâncias inorgânicas: ácido sulfuroso (SO_2), dióxido de nitrogênio (NO_2), cloreto de cálcio ($CaCl_2$), nitrato de potássio (KNO_3), nitrato de sódio ($NaNO_3$), etc. Redutores e oxidantes transformam o sulfóxido de dimetila em sulfeto de dimetila $(CH_3)_2S$ e dimetilsulfona ($(CH_3)_2SO_2$), respectivamente. O sulfóxido de dimetila decompõe-se pela reação com cloreto cianúrico, cloreto de acetila, cloreto de benzoíla, cloreto de tionila, etc.[172]

[N. R. -o DMSO (**irritante; disp. A**) pode ser secado pelo contacto prolongado com peneiras moleculares do tipo Linde de 4 angstrons ou 13X ou pela passagem por coluna contendo o mesmo secante. seguido por destilação sob pressão reduzida. Outros secantes que também podem ser usados são: CaH_2, CaO, BaO e $CaSO_4$. Uma purificação acurada é conseguida pelo contacto, durante 1 noite, com alumina cromatográfica (**disp. O**) recém aquecida e resfriada, seguido de refluxo por 4 horas com CaO (**disp. O**), secagem sobre CaH_2 (**corrosivo; disp. G**) e destilação fracionada a vácuo. Para obter maiores detalhes consultar "Purification of Laboratory Chemicals, W. L. F. Armarego and D. D. Perrin, 4 th edition, Ed. by Butterworth Heinemann."]

IX.13.3 – *Tetrametilenossulfona/Sulfolana/*$C_4H_8SO_2$

Ponto de ebulição:	285°C
Ponto de fusão:	27,4 a 27,8°C
d_4^{30}:	1,261
n_D^{30}:	1,481

A tetrametilenossulfona (**disp. A**) tem encontrado recentemente maior aplicação como solvente por causa de sua capacidade seletiva na extração de hidrocarbonetos aromáticos dos hidrocarbonetos parafínicos, dos compostos naftênicos ou dos compostos olefínicos; extração de enxofre em petróleo; purificação de óleos vegetais.[386,390]
É um excelente solvente para quase todos os compostos orgânicos, exceto hidrocarbonetos parafínicos, hidroaromáticos e dissulfeto de carbono. Dissolve muitos compostos de alto peso molecular com excessão de poliacrilato de metila, poliestireno e policloreto de vinilideno.[199] A tetrametilenossulfona é um composto estável em presença do permanganato de potássio, mas decompõe-se pela fervura em refluxo durante longo tempo ao adicionar-se cloreto de alumínio, cloro ou enxofre.[199] Pode-se purificar por destilação em vácuo ou destilação azeotrópica. O seu ponto de ebulição baixa até 163°C e 202°C para misturas de 1,2% de água ou 15% de cumeno, respectivamente. Aquecido acima de 240°C, começa a decompor-se com desprendimento de gás sulfuroso.

IX.14 – COMPOSTOS DE NITROGÊNIO

IX.14.1 – *Nitroparafinas*

	Nitrometano **(inflamável; disp. D)** CH_3NO_2	Nitroetano **(irritante; inflamável; disp. D)** $C_2H_5NO_2$	1-Nitropropano **(inflamável, tóxico; disp. D)** $CH_3CH_2CH_2NO_2$	2-Nitropropano **(cancerígeno; disp. C)** $(CH_3)_2CHNO_2$
Ponto de ebulição (°C):	101,25	114,0	131,38	120,3
Ponto de congelação (°C):	– 28,5	– 90	– 104,50	– 93
d_4^{20}:	1,14476 (15°C)	1,0528	1,00087	0,9876
d_4^{25}:	1,13118	1,03819	0,99546	0,9821
n_D^{20}:	1,38189	1,3920	1,40161	1,3949
n_D^{25}:	1,37949	1,39015	1,39936	1,39206
Solubilidade em água(*):	9,5	4,5	1,4	1,7
Solubilidade em água(*):	2,2	0,9	0,5	0,6
Ponto azeotrópico com água:	(°C) 83,6 (76,4% em peso)	—	—	—
Impurezas:	cada nitroparafina obtida por separação da mistura produzida na nitração gasosa de propano, contém como impurezas as demais nitroparafinas. Além do mais, contém formaldeído, acetaldeído, metanol, etanol, óxidos de nitrogênio e gás cianídrico.[282,158]			

(*) Solubilidade (20°C): mL/100 mL.

As nitroparafinas são usadas para a purificação de petróleo ou óleo lubrificante porque misturam-se em quaisquer proporções com vários solventes, exceto água, hidrocarbonetos parafínicos, ciclo parafinas, olefinas, dienos, dissulfeto de carbono, glicóis, glicerina, etc. São também usadas para a separação de hidrocarbonetos na formação de misturas azeotrópicas, sendo ainda convenientes como solventes ou matérias-primas para nitrocelulose, acetilcelulose, poliacetato de vinila, poliacrilonitrila, compostos de alto peso molecular como resmas alquídicas, gorduras, ceras, corantes, etc. Soluções de nitroparafinas apresentam viscosidades relativamente baixas em baixas temperaturas. Os dados bibliográficos informam[287] que as nitroparafinas aumentam a atividade do cloreto de alumínio quando usadas como solventes de reação de Friedel-Crafts. As nitroparafinas são compostos ativos e mantém estados de equilíbrio com ácido nitrônico em solução aquosa.

$$RCH_2.NO_2 \rightleftarrows RCH{:}N\begin{matrix}\nearrow O \\ \searrow OH\end{matrix}$$

Ao adicionar-se álcali, forma-se um sal e que é explosivo quando seco. As nitroparafinas são transformadas em ácido hidroxâmico por ácido mineral concentrado; na presença de álcalis, álcali-alcóxidos ou aminas, dão reação de condensação com aldeídos ou cetonas.[157] As nitroparafinas decompõem-se lentamente por aquecimento durante longo tempo em temperatura próxima de seus pontos de ebulição. Pode-se usar ácido bórico, seus sais ou ésteres, ácido sulfamílico, ácido fosfórico,[380] hidroquinona,[381] etc. como estabilizadores térmicos ou retardadores de oxidação. Não se pode usar as nitroparafinas como solventes de ácidos, álcalis, substâncias redutoras ou oxidantes por causa dos caracteres acima mencionados. Pode-se usar sulfato de sódio, cloreto de cálcio ou pentóxido de fósforo como secante.

IX.14.2 – *Nitrobenzeno*/$C_6H_5NO_2$

Ponto de ebulição:	210,80°C
Ponto de congelação:	5,76°C
d_4^0:	1,22305, d_4^{15}: 1,20824, d_4^{30}: 1,19341
n_D^{15}:	1,55457, n_D^{20}: 1,55257
Solubilidade em água (30°C):	0,206 g/100 g
Ponto azeotrópico com água:	98,6°C (12% em peso)
Impurezas:	tolueno, compostos de nitrogênio contidos como impurezas na matéria-prima (benzeno), ácidos minerais usados para nitração.

Ensaios para determinação de impurezas ácidas[1]

Agitam-se bem 16 mL de amostra de nitrobenzeno (**muito tóxico, irritante; disp. C**) e 50 mL de água durante 1 minuto, separa-se a camada aquosa e titula-se com hidróxido de sódio 0,02N usando 2 gotas de azul de bromofenol como indicador. Quando o nitrobenzeno é bem puro, a coloração amarela passa a rosa-esverdeada com menos de 0,5 mL de gasto. O nitrobenzeno é um solvente excelente para as seguintes reações: reação de Friedel-Crafts, halogenação pelo cloreto de sulfurila e pelo bromo, oxidação pelo ácido crômico anidro, reação de ciclização de cadeias pelo ácido clorossulfônico e pelo pentóxido de fósforo, etc. Em geral, pode-se obter nitrobenzeno quase puro à venda. É usado como solvente para as reações acima mencionadas após a secagem com cloreto de cálcio ou P_2O_5 e destilação em vácuo.

Método de purificação[223]

Lava-se o nitrobenzeno (**muito tóxico, irritante; disp. C**) com solução aquosa de hidróxido de sódio diluída para eliminar as impurezas ácidas, destila-se fracionadamente repetidas vezes e destila-se em vácuo de

2 mm Hg. Em seguida, seca-se com P_2O_5 (**corrosivo; disp. N**), deixa-se cristalizar fracionadamente e recolhe-se a parte de ponto de fusão 5,76 ± 0,01°C. Veda-se e conserva-se em lugar escuro.

Ensaios para determinação do grau de pureza

Ponto de fusão,[223] índice de refração.

capítulo

X

SOLVENTES ESPECIAIS SUAS PREPARAÇÕES E PURIFICAÇÕES

X.1 – HIDROCARBONETOS ALIFÁTICOS SATURADOS

X.1.1 – *Ciclopentano*/C_5H_{10}

Ponto de ebulição:	49,262°C
Ponto de congelação:	– 93,879°C
d_4^{20}:	0,74538, d_4^{25}: 0,74045
n_D^{20}:	1,40645, n_D^{25}: 1,40363

Métodos de preparação e purificação

A) Purifica-se o ciclopentadieno comercial (**inflamável, tóxico; disp. D**) por destilação fracionada, em pressão reduzida, recolhendo-se a fração de ponto de ebulição de 85 a 87°C. Em seguida, aquece-se a 180 a 200°C para que haja despolimerização do ciclopentadieno. Reduz-se, imediatamente, o ciclopentadieno purificado com hidrogênio (**inflamável; disp. K**) usando-se óxido de platina (**disp. P**) como catalisador. Lava-se o ciclopentano resultante (**inflamável; disp. D**) com ácido sulfúrico (**oxidante, corrosivo; disp. N**), seca-se com carbonato de potássio anidro (**irritante; disp. N**) e destila-se 2 vezes numa coluna cheia de anéis de cobre. O produto final tem p. e.: 49,5°C a 767 mm Hg.[194]

B) Outro método de preparação: ver referência.[320]

X.1.2 – *2-Metilpentano*/$(CH_3)_2CH(CH_2)_2CH_3$

Ponto de ebulição:	60,271°C
Ponto de congelação:	– 53,679°C
d_4^{20}:	0,65315, d_4^{25}: 0,64852
n_D^{20}:	1,37145, n_D^{25}: 1,36873

Método de preparação e purificação

Aquece-se o 2-metil-1-pentanol (dimetil-n-propil carbinol; **irritante; disp. C**) a 122°C na presença de iodo (**corrosivo; disp. P**) como catalisador, obtendo-se a olefina correspondente com rendimento de 94% e p. e.: 64 a 66°C. A olefina é hidrogenada na presença de platina como catalisador obtendo-se o 2-metilpentano (**inflamável, irritante; disp. D**). Lava-se o 2-metilpentano acima obtido com ácido sulfúrico (**oxidante, corrosivo; disp. N**), refluxa-se sobre sódio metálico (**inflamável; disp. G**) e destila-se em coluna de vidro com eficiência teórica de 20 pratos.[106]

Ensaios para determinação do grau de pureza

Ponto de ebulição.

X.1.3 – *3-Metilpentano*/$CH_3CH_2(CH_3)CHCH_2CH_3$

Ponto de ebulição:	63,282°C
d_4^{20}:	0,66433, d_4^{25}: 0,65977
n_D^{20}:	1,37652, n_D^{25}: 1,37384

Métodos de preparação e purificação

A) Deixam-se reagir 75,2 moles de cloreto de etilmagnésio (**inflamável; disp. G**) com 37 moles de acetato de etila (**inflamável, irritante; disp. D**), obtendo-se 3-metil-3-pentanol (**disp. C**). Purifica-se o álcool obtido por destilação e, em seguida, desidrata-se por refluxo com ácido β-naftalenossulfônico a 2%, obtendo-se uma mistura de olefinas de p. e.: 65 a 75°C. Hidrogena-se a mistura, filtra-se com sílica gel (**disp. O**), destila-se em coluna de vidro de 125 × 2,5 cm com hélice de vidro de 3 1/6 polegadas e, a seguir, destila-se novamente o produto (**inflamável, irritante; disp. D**) em coluna de vidro de 600 × 4 cm com hélice de vidro de 3 1/6 polegada.[185]

B) Aquece-se metil dietil carbinol a 120°C em presença de iodo (**corrosivo; disp. P**) como catalisador, obtendo-se uma mistura de olefinas de p. e. 65 a 69°C e rendimento de 95%. Hidrogena-se a mistura de olefinas, na presença de Pt como catalisador, obtendo-se 3-metilpentano (**inflamável, irritante; disp. D**). Lava-se o produto obtido com ácido sulfúrico, refluxa-se sobre sódio metálico (**inflamável; disp. G**) e destila-se em coluna de vidro com eficiência teórica de 20 pratos.[106]

Ensaios para determinação do grau de pureza

Ponto de ebulição e densidade.

X.1.4 – *2,2-Dimetilbutano*/$(CH_3)_3CCH_2(CH_3)_2$

Ponto de ebulição:	49,741°C
Ponto de congelação:	– 99,903°C
d_4^{20}:	0,64917, d_4^{25}: 0,64446
n_D^{20}:	1,36876, n_D^{25}: 1,36595

Métodos de preparação e purificação

A) Deixa-se passar o álcool pinacolílico (**inflamável; disp. D**) num tubo de vidro horizontal de 100 × 2 cm, contendo alumina (**disp. O**) no seu interior e aquecido eletricamente. Adiciona-se o álcool com a velocidade de 60 mL/h e mantém-se o tubo a 297 a 305°C. Separam-se os produtos obtidos (olefinas e água), seca-se a fração de olefinas com sulfato de sódio anidro (**irritante; disp. N**) e destila-se em coluna com borbulhador de 150 pratos obtendo-se as seguintes frações: 51% de 3,3-dimetil-1-buteno; 39,6% de 2,3-dimetil-1-buteno; 9,4% de 2,3-dimetil-2-buteno. Lava-se, cada uma das frações, com plumbito de sódio e agita-se com mercúrio (**tóxico; disp. P**). Hidrogenam-se 50 mL de 3,3-dimetil-1-buteno (**inflamável; disp. D**) a 1500 lb/pol^2 e 150°C na presença de níquel de Raney (**cancerígeno, inflamável; disp. P**). Lava-se o produto com água, seca-se com sulfato de sódio anidro (**irritante; disp. N**), refluxa-se sobre sódio metálico (**inflamável; disp. G**) e destila-se fracionadamente.[86]

B) Acetila-se o álcool pinacolílico (**inflamável; disp. D**), decompõe-se o éster obtido por pirólise a 400°C obtendo-se a olefina correspondente com p. e. 40,8 a 41°C e rendimento de 96%. Hidrogena-se, imediatamente, a olefina na presença de Pt como catalisador obtendo-se 2,2-dimetilbutano.Lava-se com ácido sulfúrico (**oxidante, corrosivo; disp. N**), refluxa-se sobre sódio metálico (**inflamável; disp. G**) e destila-se em coluna de vidro com eficiência teórica de 20 pratos.[106]

Método de purificação[330]
Destila-se fracionadamente o 2,2-dimetilbutano (**inflamável; disp. D**) em coluna de 77 pratos e relação de refluxo 60:1. O produto obtido tem grau de pureza de 99,70 mol% e pode ser usado em medida de capacidade calorífica.

Ensaio para determinação do grau de pureza
Ponto de congelação.[330]

X.1.5 – *2,3-Dimetilbutano*/$(CH_3)_2CHCHCC(H_3)_2$

Ponto de ebulição:	57,988°C
Ponto de congelação:	– 128,538°C
d_4^{20}:	0,66164, d_4^{25}: 0,65702
n_D^{20}:	1,37495, n_D^{25}: 1,37231

Método de preparação e purificação
A) Faz-se a redução catalítica, com hidrogênio (**inflamável; disp. K**), do 2,3,4-trimetilpentano (**inflamável; disp. D**) em presença de níquel (**cancerígeno, irritante; disp. P**) e terra de infusórios como catalisador, numa pressão de 100 1b/pol^2 e 255°C. Obtem-se o 2,3-dimetilbutano (**inflamável; disp. D**) por desmetilação do 2,3,4-trimetilpentano.[160]

B) Hidrogenam-se 100 mL de 2,3-dimetil-2-buteno (**inflamável, irritante; disp. D**), obtidos por desidratação de álcool pinacolílico (**inflamável; disp. D**; pág. 534), em presença de níquel de Raney (**cancerígeno, inflamável; disp. P**) como catalisador, a 130°C e 1800 lb/pol^2. Lava-se o 2,3-dimetil-butano (**inflamável; disp. D**) com água, seca-se com sulfato de sódio anidro (**irritante; disp. N**), refluxa-se sobre sódio metálico (**inflamável; disp. G**) e destila-se fracionadamente.[86]

C) Aquece-se pinacol (**irritante; disp. A**) a 130-150°C em presença de HBr (**tóxico, corrosivo; disp. N**) como catalisador, obtendo-se uma olefina de p. e.: 70,4°C e rendimento de 55%. Hidrogena-se a olefina em presença de Pt como catalisador obtendo-se 2,3-dimetilbutano (**inflamável; disp. D**). Lava-se o produto com ácido sulfúrico (**oxidante, corrosivo; disp. N**), refluxa-se sobre sódio metálico (**inflamável; disp. G**) e destila-se em coluna de vidro com eficiência teórica de 20 pratos.[106]

D) Outro método de preparação: ver referência.[205]

X.1.6 – *2,3-Dimetilpentano*/$CH_3CH(CH_3)CH(CH_3)CH_2CH_3$

Ponto de ebulição:	89,784°C
d_4^{20}:	0,69508, d_4^{25}: 0,69091
n_D^{20}:	1,39197, n_D^{25}: 1,38946

Método de preparação

Faz-se a hidrogenação catalítica de 2,3,4-trimetilpentano (**inflamável; disp. D**) em presença de níquel (**cancerígeno, irritante; disp. P**) em terra de infusórios como catalisador a 237°C e 100 lb/pol^2. Há desmetilação do 2,3,4-trimetilpentano, obtendo-se 2,3-dimetilpentano (**inflamável; disp. D**).[160]

Método de purificação

Faz-se a destilação azeotrópica de 2,3-dimetilpentano (**inflamável; disp. D**) com etanol (**inflamável, tóxico; disp. D**) numa coluna de 130 pratos e uma relação de refluxo de 145:1. A pureza do produto obtido é 99,80 mol%.[302]

X.1.7 – *2,4-Dimetilpentano*/$(CH_3)_2CHCH_2CH(CH_3)_2$

Ponto de ebulição:	80,500°C
Ponto de congelação:	– 119,242°
d_4^{20}:	0,67270, d_4^{25}: 0,66832
n_D^{20}:	1,38145, n_D^{25}: 1,37882

Método de preparação

Faz-se a alquilação de isobutano (**irritante, inflamável; disp. K**) com propileno (**inflamável; disp. K**) em presença de cloreto de alumínio (**corrosivo; disp. N**). Destila-se o produto da reação, filtra-se com sílica gel (**disp. O**) para remover os compostos halogenados e destila-se fracionadamente.[125]

Método de purificação

Faz-se a destilação azeotrópica do 2,4-dimetilpentano (**inflamável; disp. D**) com etanol (**inflamável, tóxico; disp. D**) em coluna de 200 pratos e uma relação de refluxo de 145: 1. A pureza do produto obtido é 99,80%.[302]

Ensaios para determinação do grau de pureza

Ponto de ebulição, densidade e índice de refração.

X.1.8 – *Nonano*/$CH_3CH_2)_7CH_3$

Ponto de ebulição:	150,798°C
Ponto de congelação:	– 53,535°C
d_4^{20}:	0,71763, d_4^{25}: 0,71381
n_D^{20}:	1,40542, n_D^{25}: 1,40311

Métodos de preparação e purifícação

A) Deixa-se reagir formiato de metila (**inflamável, irritante; disp. D**) com brometo de n-butilmagnésio (**inflamável, corrosivo; disp. G**), obtendo-se 5-nonanol (**disp. C**). Faz-se a desidratação do álcool obtido e em seguida a hidrogenação sobre platina como catalisador.[72]

B) Faz-se a destilação fracionada de “antifoam” LF da du Pont, obtendo-se 1-decanol com ponto de congelação menor do que 6,5°C. Em seguida, hidrogena-se o 1-decanol para nonano em um rendimento de 85%. Destila-se fracionadamente o produto obtido 2 vezes, retirando-se sempre os cortes centrais finais de igual densidade. O produto obtido (**inflamável; disp. D**) pode ser usado em medida de propriedades físicas.[113]

Ensaio para determinação do grau de pureza

Densidade

X.1.9 – *Decano*/$CH_3(CH_2)_8CH_3$

Ponto de ebulição:	174,123°C
Ponto de congelação:	– 29,673°C
d_4^{20}:	0,73005, d_4^{25}: 0,72625
n_D^{20}:	1,41189, n_D^{25}: 1,40967

Método de preparação e purificação

Pesam-se 23 g de sódio metálico (**inflamável; disp. G**), separa-se rapidamente em pedaços e coloca-se num balão de fundo redondo de 750 a 1000 mL bem seco. Coloca-se um condensador tipo Davies e fecha-se bem.

Pesam-se 75,5 g (62 mL) de brometo de n-amila (**inflamável, irritante**), previamente secado com sulfato de sódio (**irritante; disp. N**) ou de magnésio (**disp. N**) anidro, colocam-se no balão cerca de 5 mL do brometo através do condensador e aquece-se cuidadosamente com uma pequena chama até que comece a reagir (o sódio fica azul). Espera-se acalmar a reação, agita-se o frasco e, então, adicionam-se mais 5 mL do brometo. Repete-se a operação até que todo brometo seja adicionado (cerca de uma hora e meia). Deixa-se decantar durante 1 ou 2 horas, adicionam-se, aos poucos, pelo topo do condensador, 50 mL de álcool etílico retificado (1 hora e meia), em seguida, 50 mL de álcool a 50% (30 minutos) e depois 50 mL de água (15 minutos). Agita-se de tempos em tempos, adicionam-se dois a três pedaços de porcelana porosa e deixa-se refluxar por 3 horas, até que todo o brometo de n-amila seja hidrolisado. Coloca-se excesso de água (500 a 750 mL) e separa-se a camada superior de n-decano. Lava-se com igual volume de água, seca-se com sulfato de magnésio anidro e destila-se em tubo de Widmer recolhendo-se a fração de p. e.: 171 a 174°C. Para melhor purificação agita-se repetidas vezes, com porções de 10 mL de ácido sulfúrico concentrado (**oxidante, corrosivo; disp. N**), até que a camada ácida não fique amarela; lava-se com água, solução de carbonato de sódio, novamente com água duas vezes e seca-se com sulfato de sódio (**irritante; disp. N**) ou magnésio anidro. Destila-se 2 vezes. O produto (**irritante; disp. C**) pode ser usado para medidas de "parachor".[321]

X.2 – HIDROCARBONETOS AROMÁTICOS

X.2.1 – *n-Butilbenzeno*/$C_6H_5CH_2CH_2CH_2CH_3$

Ponto de ebulição:	183,270°C
Ponto de congelação:	– 87,970°C
d_4^{20}:	0,86013, d_4^{25}: 0,85607
n_D^{20}:	1,48979, n_D^{25}: 1,48742

Métodos de preparação e purificação

A) Faz-se uma mistura de 471 g de bromobenzeno (**irritante; disp. C**) e 411 g de 1-bromobutano (**irritante, inflamável; disp. D**). Adiciona-se a mistura aos poucos, por um período de 2 horas e meia, a 300 mL de éter etílico (**inflamável, irritante; disp. D**) seco, contendo 161 g de sódio metálico (**inflamável; disp. G**) em pedaços. Mantém-se a temperatura ao redor de 20°C. Após a adição completa, deixa-se a mistura à temperatura ambiente por 2 dias. Em seguida, decanta-se o líquido, e, na parte restante, colocam-se 300 mL de metanol (**inflamável, tóxico; disp. D**) e deixa-se refluxar por 4 horas. Colocam-se, então, 800 mL de água, separam-se as camadas e extrai-se a camada aquosa com éter etílico. Misturam-se o líquido decantado, a camada de hidrocarboneto e o extrato em éter, seca-se e destila-se fracionadamente o butilbenzeno (**disp. C**). O rendimento é de 65 a 70%.[273]

B) Colocam-se 200 g de Zn amalgamado (**tóxico; disp. P**) num balão de vidro de 2 L com 3 bocas, nas quais estão adaptados um condensador de refluxo, um agitador com vedação e um tubo para entrada de gás até um centímetro do fundo do balão. Liga-se o tubo de entrada de gás num frasco de lavagem e este último com um aparelho de Kipp que vai fornecer gás clorídrico (**tóxico; disp. K**). Junta-se no balão uma mistura de 500 mL de HCl conc. (**corrosivo; disp. N**) e 100 mL de água e em seguida introduzem-se 100 g de etil benzil cetona (**disp. C**). Agita-se a mistura e deixa-se passar uma corrente fraca de gás clorídrico, aquecendo-se com uma pequena chama. Se a reação tornar-se violenta, interrompe-se o fornecimento de gás até acalmar. Deixa-se reagir por 6 horas, quando todo o Zn fica dissolvido e, a seguir, descansar por uma noite. Faz-se uma destilação a vapor e separa-se a camada superior de hidrocarboneto. Lava-se com solução de NaOH a 5%, água, seca-se com sulfato de magnésio anidro (**disp. N**) e destila-se o butilbenzeno (**disp. C**) num frasco de Claisen, coletando-se a fração de p. e. 180 a 183°C. Para

melhor purificação, lava-se com porções de H_2SO_4 concentrado (**oxidante, corrosivo; disp. N**) correspondentes a 5% de seu volume, até que o ácido fique incolor. Lava-se com solução de carbonato de sódio a 5%, água e seca-se com sulfato de magnésio anidro. Destila-se duas vezes com sódio metálico (**inflamável; disp. G**).[38,322]
Pode-se seguir o mesmo processo descrito acima, usando 75 g de butirofenona, em lugar de etil benzil cetona.

X.2.2 – *sec-Butilbenzeno*/$C_6H_5CH(CH_3)CH_2CH_3$

Ponto de ebulição:	173,305°C
Ponto de congelação:	75,470°C
d_4^{20}:	0,86207, d_4^{25}: 0,85797
n_D^{20}:	1,49020, n_D^{25}: 1,48779

Métodos de preparação e purificação

A) Faz-se a condensação de benzeno (**inflamável, cancerígeno; disp. D**) com álcool butílico secundário (**inflamável, irritante; disp. D**). Seca-se o sec-butilbenzeno. obtido com sulfato de sódio anidro (**irritante; disp. N**), retira-se o benzeno remanescente a vácuo. Destila-se o resíduo num tubo de Vigreux de 10 pol. Pode-se preparar um produto mais puro, secando-se o sec-butilbenzeno acima obtido, sobre Drierite (**disp. O**) e destilando-se fracionadamente em coluna de 30 ou mais pratos e alta relação de refluxo, por duas vezes. O produto obtido (**disp. C**) é de elevado grau de pureza.[192]

B) Deixam-se reagir 0,67 moles de cloreto de n-butila (**inflamável; disp. D**) com 2,0 moles de benzeno (**inflamável, cancerígeno; disp. D**) em presença de cloreto de hidrogênio (**tóxico; disp. K**) numa pressão de 100 psi e temperatura de 195°C por um período de 12 horas. Como reator, usa-se recipiente de cobre de 520 mL de capacidade. Retira-se o cloreto de hidrogênio dissolvido no produto lavando-se com solução de bicarbonato de sódio a 10%, seguida de muitas lavagens com água. Seca-se com cloreto de cálcio anidro (**irritante; disp. O**) e destila-se o produto (**disp. C**) em coluna de vidro, com eficiência teórica de 8 a 10 pratos.[294]

X.2.3 – *terc-Butilbenzeno*/$C_6H_5C(CH_3)_3$

Ponto de ebulição:	169,119°C
Ponto de congelação:	57,850°C
d_4^{20}:	0,86650, d_4^{25}: 0,86240
n_D^{20}:	1,49266, n_D^{25}: 1,49024

Métodos de preparação e purificação

A) Deixam-se reagir 0,66 moles de 2-cloro-2-metilpropano (**inflamável; disp. D**) com 2,04 moles de benzeno (**inflamável, cancerígeno; disp. D**) em presença de cloreto de hidrogênio (**tóxico; disp. K**) numa pressão de 100 psi e temperatura de 150°C por um período de 12 horas. Como reator, usa-se bomba de cobre de 520 mL de capacidade. Purifica-se o produto (**inflamável; disp. D**) da mesma forma descrita acima para sec-butilbenzeno.[294]

B) Coloca-se uma mistura de 1 mol de álcool terc-butílico e 3 moles de benzeno (**inflamável, cancerígeno; disp. D**) num balão de vidro de 1 L com 3 bocas, nas quais estão adaptados um agitador, um funil, um termômetro e uma válvula para escape de gases.
Baixa-se a temperatura da mistura até 0°C e adicionam-se, gota a gota através do funil, 1,1 moles de ácido clorossulfônico (**tóxico, corrosivo; disp. N**) com uma velocidade de adição tal que um resfriamento moderado do reator seja suficiente para não deixar a temperatura exceder a 10°C. Após a adição do ácido clorossulfônico (30 a 60 min.) agita-se a mistura durante 3 horas, mantendo-se a temperatura entre 5 e 10°C. Joga-se o produto numa mistura de gelo e água, separa-se a camada orgânica, lava-se 2 vezes, seca-se com cloreto de cálcio anidro (**irritante; disp. O**) e destila-se fracionadamente o produto (**inflamável; disp. D**).

X.3 – HIDROCARBONETOS INSATURADOS

X.3.1 – *1-Penteno*/$CH_3CH_2CH_2CH = CH_2$

Ponto de ebulição:	29,97°C
Ponto de congelação:	165,22°C
d_4^{20}:	0,6410, d_4^{25}: 0,6359
n_D^{20}:	1,3714, n_D^{25}: 1,3683

Métodos de preparação

(A.1) Colocam-se 40,5 g de NaOH (**corrosivo, tóxico; disp. N**) finamente pulverizada, 90 g de álcool n-amílico (**tóxico; disp. D**), 600 mL de éter etílico (**inflamável, irritante; disp. D**) e 50 mL de tetracloreto de carbono (**tóxico, cancerígeno; disp. B**; N. R.- solvente de uso restrito. Deve-se estudar a possibilidade de substituí-lo por outro.) num balão de vidro de 2 L com 3 bocas, nas quais estão adaptados um condensador, um funil e um agitador mecânico. Agita-se a mistura por meia hora e então adicionam-se, pouco a pouco, 76 g de dissulfeto de carbono (**irritante, tóxico; disp. D**) por um período de 1 hora e em temperatura inferior a 30°C. Agita-se por 3 horas, a seguir juntam-se, gota a gota, 149 g de iodeto de metila (**cancerígeno, tóxico; disp. A**) e então a mistura é agitada e refluxada por mais 6 horas. Filtra-se o iodeto de potássio, destila-se para remover os compostos de baixo p. e. e, então, destila-se novamente em coluna de condensação total de 68 × 1,1 cm, a 10 mm Hg. O produto obtido tem ponto de ebulição de 100 a 105°C. Faz-se nova destilação obtendo-se um produto com p. e. 101 a 103°C (10 mm Hg). Este produto pode ser novamente destilado fornecendo 1-penteno de p. e. 102,5 a 103°C (10 mm Hg) ou então, aquecido num frasco de 1 L com uma coluna de refluxo parcial durante 7,5 horas, sendo o destilado condensado numa serpentina de cobre resfriada com mistura gelo e sal. Lava-se o condensado, por 3 vezes, com 20 mL de solução de KOH a 40%, trata-se com 20 mL de solução saturada de cloreto mercúrico para remover as mercaptanas (tióis), seca-se com sulfato de sódio anidro (**irritante; disp. N**) e destila-se em coluna de condensação total de 68 × 1,1 cm. Obtem-se um produto (**inflamável; disp. D**) de p. e. 29 a 30°C (760 mm Hg).[349]

Reações do processo

$$R-OH+NaOH+CS_2 \rightarrow H_2O+ROCS_2Na \xrightarrow{ICH_3} ROCS_2CH_3$$

$$\xrightarrow{\text{aquecimento}} \text{olefina}+COS+CH_3SH$$

(A.2) Referências.[349,316]

B) Coloca-se brometo de n-propil-magnésio (**inflamável; disp. G**) num balão equipado com um agitador e um funil e resfriado com água gelada. Goteja-se éter α, β-dibromoetílico (**disp. A**) dissolvido em igual volume de éter etílico anidro (**inflamável, irritante; disp. D**), deixa-se reagir com agitação mantendo-se a mistura fria. Usa-se excesso de brometo de n-propil-magnésio. Após a adição completa do éter α, β-dibromoetílico, continua-se a agitar por 15 minutos e em seguida joga-se a mistura sobre gelo e acidifica-se com ácido clorídrico diluído. Separa-se a camada etérica, seca-se com cloreto de cálcio anidro (**irritante; disp. O**), remove-se o éter por destilação e transfere-se o produto para um frasco de destilação. Adiciona-se cerca de 5% de seu peso em hidróxido de sódio sólido (**corrosivo, tóxico; disp. N**) e destila-se fracionadamente em pressão reduzida, obtendo-se o brometo de β-etóxi-n-amila. Dissolvem-se 98 g de brometo de β-etóxi-n-amila em 2,5 vezes seu volume em álcool a 90%, coloca-se num frasco de 3 bocas nas quais estão adaptados um condensador espiral e um agitador com vedação de mercúrio. Adicionam-se 2 a 3 equivalentes de Zn em pó (**inflamável; disp. P**) e deixa-se a mistura reagir no ponto de ebulição, por várias horas e com agitação. Mantém-se a temperatura da água do condensador a 40°C e então a olefina formada destila continuamente sendo condensada num purgador imerso em mistura frigorífica. O destilado (**inflamável; disp. D**) é diluído com igual volume de água, separa-se a camada superior, lava-se com água e seca-se com cloreto de cálcio anidro (**irritante; disp. O**).[121,305]

Reações do processo

$$C_3H_7-Mg-Br + Br-\underset{\displaystyle CH_2Br}{\underset{|}{CH}}-OEt \rightarrow C_3H_7-\underset{\displaystyle CH_2Br}{\underset{|}{CH}}-OEt + MgBr_2$$

$$C_3H_7-\underset{\displaystyle CH_2Br}{\underset{|}{CH}}-OEt + Zn \rightarrow \underset{\text{penteno-1}}{C_3H_7-CH{=}CH_2} + EtO-Zn-Br$$

C) Cobrem-se 24 g de magnésio (**inflamável; disp. P**) com 160 mL de éter anidro (**inflamável, irritante; disp. D**) e tratam-se com 108 g de brometo de etila. À solução etérica de brometo de etil magnésio, resfriada com água gelada, adicionam-se 120 g de brometo de alila (**inflamável, lacrimogênio; disp. P**) durante um período de 3 horas e deixa-se decantar uma noite. Aquece-se a mistura em banho de água e recolhem-se 120 g do destilado. Digere-se, próximo ao ponto de ebulição, com 3 g de sódio metálico (**inflamável; disp. G**), finamente dividido, durante 1 hora e 3/4. Adicionam-se mais 3 g de sódio metálico e digere-se por mais 3 horas. Remove-se o sódio por decantação, adicionam-se 10 g de Mg e deixa-se digerir por 5 horas. Destilam-se recolhendo-se 75 mL de destilado (**inflamável; disp. D**) que são lavados com 5 porções de 30 mL de uma mistura de partes iguais de HCl conc. (**corrosivo; disp. N**) e HCl 6N. Lava-se com 10 porções de 25 mL de água, seca-se com sódio metálico e destila-se. Pode-se purificar o produto (**inflamável; disp. D**), também, por destilação fracionada em coluna de Midgley de 8 pol.[121]

Reação do processo

$$C_2H_5{-}Mg{-}Br + Br{-}CH_2{-}CH{=}CH_2 \rightarrow C_2H_5{-}CH_2{-}CH{=}CH_2 + MgBr_2$$

Método de purificação

Adicionam-se 16,5 mL de bromo (**muito tóxico, oxidante; disp. J**) a uma solução de 0,5 mol de penteno (**inflamável; disp. D**) em 80 mL de éter etílico (**inflamável, irritante; disp. D**) e deixa-se saturar. Destila-se fracionadamente, obtendo-se dibromopenteno com p. e. 90-96°C a 40 mm Hg. Misturam-se 40 g de Zn (**inflamável; disp. P**) com 130 mL de álcool etílico (**inflamável, tóxico; disp. D**) e, à mistura obtida, adiciona-se vagarosamente o dibromopenteno. Após completada a adição, destila-se recolhendo-se as frações que vão de 27°C até a temperatura de ebulição do álcool. Dilui-se com excesso de água, separa-se a camada de olefina, seca-se com cloreto de cálcio anidro (**irritante; disp. O**), obtendo-se um produto (**inflamável; disp. D**) que destila completamente entre 29 e 30°C.[121]

Ensaios para determinação do grau de pureza[206]

Ponto de ebulição, índice de refração, densidade.

X.3.2 – *2-Penteno (cis- e trans-)*/$CH_2CH_2CH{=}CHCH_3$

	cis-2-Penteno	*trans-2-Penteno*	*Isômeros mistos*
Ponto de ebulição:	37,1°C	36,36°C	36,39°C
Ponto de congelação:	–151,370°C	–140,235°C	–138°C
	d_4^{20}: 0,656,	d_4^{20}: 0,6482,	d_4^{15}: 0,6555,
	d_4^{25}: 0,651	d_4^{25}: 0,6431	d_4^{20}: 0,6531
	n_D^{20}: 1,3830,	n_D^{20}: 1,3793,	n_D^{20}: 1,38003,
	n_D^{25}: 1,3798	n_D^{25}: 1,3761	n_D^{25}: 1,3839

Método de preparação e purificação

Monta-se um aparelho que consiste de um balão de fundo redondo de 500 mL, encimado por uma coluna de fracionamento de Hempel (cheia de anéis de vidro de 3/4 pol. ou anéis de porcelana de 3/16 pol.) à qual, em seguida, coloca-se um condensador de Liebig terminando numa luva presa com rolha a um frasco recebedor. Coloca-se um termômetro no topo da coluna.

Adicionam-se, cautelosamente, 50 mL de ácido sulfúrico concentrado (**oxidante, corrosivo; disp. N**) em 50 mL de água, com agitação, e após o esfriamento, transfere-se a mistura para o balão. Colocam-se 40 g de 2-pentanol (**inflamável, irritante; disp. C**) e alguns fragmentos de porcelana porosa. Fecha-se o aparelho e aquece-se em banho de água ou de vapor, regulando-se a temperatura do banho de forma a se ter 40 a 41°C no termômetro (1 a 2 gotas por segundo). Recomenda-se colocar material silicoso no balão, tal como terra fuller, diatomácea, silicosa, para promover a desidratação catalítica do álcool na proporção de 2 a 3 g de material silicoso por mol de álcool. Interrompe-se a destilação quando a temperatura não puder ser mantida inferior a 40°C. O produto obtido (**irritante, inflamável; disp. D**) é quase puro, podendo conter um pouco de água e ácido sulfuroso. Purifica-se lavando com 5 mL de solução de NaOH a 10% em um funil de separação e a seguir com água. Seca-se com sulfato de magnésio anidro (**disp. N**) ou cloreto de cálcio (**irritante; disp. O**).[38,141]

X.3.3 – *Ciclo-hexeno/C_6H_{10}*

Ponto de ebulição:	82,6°C
Ponto de congelação:	–103,7°C
$d_4^{15,6}$:	0,8143, d_4^{20}: 0,8094
$n_D^{15,1}$:	1,44921, n_D^{20}: 1,4464
Ponto azeotrópico com água:	70,8°C (90,0% em peso)

A maior parte do ciclo-hexeno encontrado no comércio é obtido de petróleo e contém pequenas quantidades de outros hidrocarbonetos, os quais são difíceis de remover. Para que se chegue a um grau de pureza superior a 99,9% recomenda-se preparar o ciclo-hexeno a partir de ciclo-hexanol de elevado grau de pureza.

Métodos de preparação

A) Colocam-se 100 g de ácido fosfórico a 85% (**corrosivo; disp. N**) num balão de 1 L, ao qual estão adaptados um funil e uma coluna de destilação ligada a um condensador. Coloca-se um termômetro no topo da coluna e aquece-se o balão num banho de óleo a 160 a 170°C. Através do funil gotejam-se 500 mL de ciclo-hexanol (**inflamável; disp. A**) com uma velocidade tal que a temperatura no topo da coluna seja inferior a 100°C. Recebe-se o destilado num frasco resfriado com água gelada. O destilado se separa em duas camadas, e então seca-se a camada superior com cloreto de cálcio anidro (**irritante; disp. O**) e destila-se fracionadamente, recolhendo-se a fração de p. e. inferior a 88°C. Retorna-se o óleo residual e a camada aquosa para o frasco de reação para uma posterior desidratação e destilação. Repete-se o processo obtendo-se ciclo-hexeno (**inflamável, irritante; disp. D**) com 96% de rendimento.[112]

B) Pode-se preparar grandes quantidades de ciclo-hexeno por desidratação de ciclo-hexanol com ácido sulfúrico concentrado (**oxidante, corrosivo; disp. N**).[236,291]

Métodos de purificação

A) Destila-se fracionadamente o ciclo-hexeno (**inflamável, irritante; disp. D**) obtido de ciclo-hexanol (**inflamável; disp. A**) numa coluna de Vigreux. Refluxa-se o destilado sobre sódio metálico (**inflamável; disp. G**) por 7 horas e faz-se uma nova destilação. Usa-se Br_2 (**muito tóxico, oxidante; disp. J**) e ácido bromídrico (**tóxico, corrosivo; disp. N**) como teste de pureza.[340]

B) Seca-se o ciclo-hexeno comercial (**inflamável, irritante; disp. D**) com pentóxido de fósforo (**corrosivo; disp. N**) e destila-se fracionadamente.[238] Para secagem com pentóxido de fósforo, pode-se usar o aparelho de Schupp ilustrado na Fig. II.

X .3.4 – *Estireno*/$C_6H_5CH{=}CH_2$

Ponto de ebulição:	145,20°C
Ponto de congelação:	–30,6°C
d_4^{20}:	0,90600, d_4^{25}: 0,90122
n_D^{20}:	1,5469, n_D^{25}: 1,5441
Solubilidade em água (25°C):	0,031 g/100 mL
Ponto azeotrópico com água:	93°C

Métodos de preparação

A) Deixa-se reagir acetofenona (**irritante; disp. C**) com formamida (**irritante, teratogênico; disp. A**), obtendo-se 1-fenil-1-etilamina, a qual é convertida em cloreto por tratamento com ácido clorídrico (**corrosivo; disp. N**). Decompõe-se o cloreto por aquecimento, obtendo-se estireno (**inflamável, irritante; disp. D**) por destilação. O rendimento é de 25%, mas é um processo de fácil utilização em laboratório.[193]

B) Método a partir de isopropilbenzeno[94]
Deixa-se passar o isopropilbenzeno (**irritante; disp. C**) numa coluna sem enchimento a 750°C, durante 0,1 seg. e à pressão atmosférica, obtendo-se estireno, $C_6H_5C(CH_3)CH_2$, e hidrogênio. Separa-se o estireno por destilação e deixa-se passar o $C_6H_5C(CH_3)CH_2$ e hidrogênio (**inflamável; disp. K**) sobre níquel de Raney (**cancerígeno, inflamável; disp. P**) a 50 a 100°C e 70 1b. de pressão durante 5 a 12 minutos para recuperar o isopropilbenzeno, o qual é novamente passado na coluna produzindo estireno. Pode-se usar, também, coluna com enchimento de alumina ativada (**disp. O**) e nesse caso, temperatura de 450 a 650°C. A transformação em estireno por passagem, porém, é menor.[94]

C) Outros métodos, ver referências[48,259]

Métodos de purificação

O estireno é difícil de ser purificado e mantido puro por causa da polimerização, portanto deve ser usado logo após a purificação.

A) Método de destilação fracionada:[179]
Seca-se sobre Drierite (**disp. O**) durante 2 dias e, em seguida, faz-se destilação a vácuo em presença de inibidor (p-terc-butilcatecol a 0,005%). O produto pode ser usado para medida de perdas dielétricas. A remoção de toda a água é muito difícil e determinam-se traços pelo método de Karl-Fischer.

B) Pode-se retirar impurezas como 1,4-vinil-ciclo-hexano, etil-benzeno, isopropilbenzeno e n-propilbenzeno de estireno não polimerizado na produção de buna S por destilação fracionada.[233]

Determinação de o-xileno em estireno[233]
Pode-se determinar o-xileno contido em estireno, fazendo-se a amostra reagir com acetato de mercúrio (**tóxico; disp. L**). O xileno não reage e separa-se por destilação a vapor em presença de quantidade conhecida de etilbenzeno. Faz-se a nitração dos alquil-benzenos separados pela reação modificada de Bost-Nicholson e mede-se a côr produzida pelo dinitro-o-xileno num colorímetro fotoelétrico.

X.3.5 – *α-Pineno (d,l)/$C_{10}H_{18}$*

	d-α-Pineno	*l-α-Pineno*
Ponto de ebulição:	156,2°C (aprox.)	156,5°C (aprox.)
Ponto de congelação:	–57°C	–55°C
	d_4^{15}: 0,8631, d_4^{20}: 0,8600	d_4^{20}: 0,8590
	n_D^{15}: 1,4684, n_D^{20}: 1,4658	n_D^{20}: 1,4666

Encontram-se muitas formas estereoisoméricas de pineno em produtos naturais. O α-pineno pode ser encontrado nos óleos destilados de folhas, lenho e casca e é o principal constituinte dos óleos de terebintina destilados de óleo-resinas de muitos gêneros e espécies da família *Pinaceae.* O *d*-α-pineno é encontrado no óleo de terebintina grego *(Pinus halepensis mill);* russo *(Pinus sylvestris);* óleo do lenho de *Chamaecyparis lausonia Pearl;* óleo de hinoki e em numerosos outros óleos essenciais.[11] É encontrado também no óleo de terebintina proveniente de *Pinus muricata.*[244] O l-α-pineno é encontrado no óleo de terebintina espanhol *(Pinus lauricio monspeliensis Hort);* australiano *(Pinus lauricio var austriaca Endl);* francês; americano, óleo de *Pinus pumilio;* óleo de folhas de *Abies alba* e em outros óleos essenciais.[11] O *d,l*-α-pineno é encontrado nos óleos de limão; olibano, semente de coentro, semente de cominho e hortelã-pimenta americana.[11]
Os pinenos isomerizam-se por ação do calor, ácidos e certos catalisadores. Aconselha-se destilar pineno em atmosfera de nitrogênio e estocar no escuro. Deve ser utilizado logo após a preparação.

Métodos de separação e purificação
A) Método de separação e purificação de *d*-α-pineno[11]
Aquece-se o óleo de terebintina que contém *d*-α-pineno (**inflamável, irritante; disp. D**) com hidróxido de potássio sólido (**corrosivo, tóxico;**

disp. N), destila-se a vapor e a seguir faz-se nova destilação fracionada sobre sódio metálico (**inflamável; disp. G**).

B) Método de separação e purificação de *l*-α-pineno[11]
Trata-se o óleo de terebintina que contém l-α-pineno (**inflamável, irritante; disp. D**) com carbonato alcalino, e em seguida destila-se fracionadamente recolhendo-se a fração que destila próximo a 156°C a 760 mm Hg.

Ensaios para determinação do grau de pureza
Ponto de ebulição, poder rotatório.[11]

X.4 – ÁLCOOIS E FENÓIS

X.4.1 – *1-Pentanol*/$CH_3CH_2CH_2CH_2CH_2OH$

Ponto de ebulição:	138,06°C
Ponto de congelação:	–78,85°C
d_4^{15}:	0,81837, d_4^{30}: 0,80762
n_D^{20}:	1,40999, n_D^{25}: 1,40796
Solubilidade em água (25°C):	2,19% em peso
Ponto azeotrópico com água:	95,8°C (45,6% em peso)

Método de preparação

A) Num balão de 3 bocas de 1 L equipado com um condensador, colocam-se 52 g (59,5 mL) de valerato de etila (**disp. C**) e 800 mL de álcool etílico bem seco (**inflamável, tóxico; disp. D**). Adicionam-se 95 g de sódio metálico (**inflamável; disp. G**) e deixa-se refluxar durante 1 hora até que todo o sódio tenha sido dissolvido. Troca-se o condensador de refluxo por uma coluna de fracionamento (Hempel, Widmer, Dufton, etc.). Deixa-se destilar, recuperando-se cerca de 250 mL de álcool. Trata-se o resíduo com 330 mL de água e continua-se a destilação aquecendo-se, com um banho de óleo, a 110 a 120°C, até que a temperatura no topo da coluna atinja 83°C, recuperando-se mais 600 mL de álcool absoluto. Retira-se a coluna de fracionamento e destila-se a mistura a vapor. Separa-se o 1-pentanol (**tóxico; disp. D**), seca-se com carbonato de potássio anidro (**irritante; disp. N**) e destila-se usando coluna curta, recolhendo-se a fração de p. e.: 137 a 139°C.[54,38]

Método de purificação

A) Faz-se a esterificação de 1-pentanol (**tóxico; disp. D**) com ácido p-hidroxibenzóico (**disp. A**). Cristaliza-se o éster a partir de dissulfeto de carbono (**irritante, tóxico; disp. D**) e saponifica-se com hidróxido de potássio alcoólico. Seca-se com Drierite (**disp. O**) e destila-se fracionadamente, obtendo-se um produto (**tóxico; disp. D**) de elevada pureza.[256]

B) Seca-se 1-pentanol (**tóxico; disp. D**) com carbonato de potássio (**irritante; disp. N**) ou sulfato de cálcio anidro (**disp. O**), filtra-se o secante e destila-se fracionadamente.[38]

X.4.2 – *2-Pentanol*/$CH_3CH_2CH_2CH_2(OH)CH_3$

Ponto de ebulição:	119,89°C
d_4^{20}:	0,8303, d_4^{25}: 0,80525
n_D^{20}:	1,41787
Ponto azeotrópico com água:	91,7°C (63,5% em peso)

Métodos de preparação e purificação

A) Deixa-se reagir brometo de n-propila (**inflamável; disp. D**) e acetaldeído (**inflamável, irritante; disp.D**) de acordo com o método de Grignard, segundo referência.[267] Deixa-se a mistura sobre carbonato de potássio anidro (**irritante; disp. N**) du rante 2 semanas para resinificar o excesso de acetaldeído difícil de separar por destilação fracionada. Em seguida, destila-se fracionadamente obtendo-se um produto racêmico (**inflamável, irritante; disp. C**) de p. e. 119,4°C. Se for de interesse, separam-se as duas formas ativas por cristalização fracionada de seus sais de brucina dos ésteres ftálicos. Na preparação dos ésteres ftálicos das formas *d* e *l*-2-pentanol deve-se usar anidrido ftálico recentemente destilado e livre de ácido ftálico.[81]

B) Adicionam-se, vagarosamente, 25,2 g de 1,2-epóxi-propano (**cancerígeno, inflamável; disp. D**), dissolvidas em igual volume de éter etílico (**inflamável, irritante; disp. D**), a dietil-magnésio preparado a partir de bromoetano. Deixa-se refluxar por 20 minutos, resfria-se, joga-se em gelo e adiciona-se ácido sulfúrico diluído suficiente para dissolver o precipitado. Separam-se as camadas, lava-se a camada aquosa com éter e juntam-se as frações etéricas. Seca-se com carbonato de potássio anidro (**irritante; disp. N**) e destila-se vagarosamente em coluna cheia até sair todo o éter. Retifica-se o resíduo (**inflamável, irritante; disp. C**) em coluna de Podbielniak, recolhendo-se a fração de p. e. 113 a 120°C; repete-se a destilação.[254] Pode-se usar brometo de etil-magnésio (**inflamável; disp. G**), em lugar de dietil-magnésio.

Ensaio para determinação do grau de pureza
Ponto de ebulição.[81]

X.4.3 – *2-Metil-1-butanol* $CH_3CH_2CH(CH_8)CH_2OH$

Ponto de ebulição:	128,9°C (levógiro) 128,0°C (racêmico)
Ponto de congelação:	(levógiro) < –70°C
d_4^{20}:	0,8193, d_4^{25}: 0,8152
n_D^{20}:	1,4107 (levógiro)
Solubilidade em água (25°C):	2,19% em peso
Ponto azeotrópico com água:	95,8°C (45,6% em peso)

Métodos de preparação

A) Métodos a partir de óleo fúsel[81,350]

(A-l)[81] Destila-se fracionadamente o óleo fúsel em coluna de vidro de borossilicato com diâmetro interno de 15 mm e 1,5 m de comprimento, cheia de anéis de Raschig de vidro. Isola-se a coluna com uma jaqueta selada em alto vácuo envolvida por asbestos, fazendo-se a conexão da coluna com um balão de fundo redondo de 500 mL com saída lateral. Coloca-se um termômetro no topo da coluna, aquece-se elétricamente e destila-se a 150 mm Hg. Após várias destilações, obtém-se um produto com poder rotatório de -9,5° em tubo de 20 cm.[81]

(A-2) Pode-se usar também uma coluna de níquel de eficiência teórica de 101 pratos. Deixam-se refluxar 10 L de óleo fúsel durante 20 horas para equilibrar a coluna e, então, começa-se a recolher o destilado com uma velocidade de 70 mL por hora operando durante 8 dias e meio, usando uma relação de refluxo de 30:1. Repete-se a operação 4 vezes, juntam-se as frações mais ricas em álcool amílico e destila-se fracionadamente outra vez, usando coluna de níquel, operando durante 7 dias. O produto obtido (**disp. C**) tem elevado grau de pureza.[350]

B) Pode-se preparar 2-metil-1-butanol a partir de formaldeído e brometo de n-butil-magnésio pelo método de Grignard.[182]

Métodos de purificação

A) Deixa-se saturar álcool amílico inativo (**tóxico; disp. D**) com ácido clorídrico (**corrosivo; disp. N**) num tubo selado a 2 a 10°C. Aquece-se por 3 a 5 horas a 108°C e, em seguida, destila-se fracionadamente. A forma inativa reage 2 vezes mais rapidamente com ácido clorídrico que a forma ativa.[77]

B) Outros métodos de purificação, ver referências.[213,232]

X.4.4 – *1-Hexanol*/$CH_3CH_2CH_2CH_2CH_2CH_2OH$

Ponto de ebulição:	157,47°C
Ponto de congelação:	–46,1°C
d_4^{15}:	0,82239, d_4^{30}: 0,81201
n_D^{15}:	1,4198, n_D^{20}: 1,41816, n_D^{25}: 1,4158
Solubilidade em água (20°C):	0,706% em peso
Ponto azeotrópico com água:	97,8°C (25% em peso)

Pode-se encontrar 1-hexanol no comércio, mas geralmente contém como impurezas outros álcoois que são difíceis de separar. Quando for necessário um produto de elevado grau de pureza, deve-se produzi-lo através de sínteses que não dão homólogos.

Métodos de preparação

A) Deixa-se reagir brometo de n-butila (**inflamável, irritante; disp. D**) e óxido de etileno (**inflamável**) pela síntese de Grignard. Destila-se o produto obtido numa coluna de 40 cm cheia de bolas de vidro aquecida externamente com resistência elétrica e equipada com divisor de líquido no topo. Repete-se a destilação numa coluna de 70 cm semelhante à anterior, seca-se com amálgama de alumínio (**tóxico; disp. P**) e repete-se a destilação fracionada na ausência do secante. O produto obtido (**irritante; disp. C**) tem intervalo de ponto de ebulição inferior a 0,04°C.[183,142]

B) Num balão de centrífuga de 250 mL, colocam-se 5,0 g de n-hexaldeído (**inflamável, irritante; disp. D**), 2 g de níquel de Raney W-6 (**cancerígeno, inflamável; disp. P**) especialmente preparado, 2 mL de trietilamina (**inflamável, corrosivo; disp. D**) e completam-se a 100 mL com etanol seco (**inflamável, tóxico; disp. D**). Faz-se a hidrogenação do aldeído numa pressão de 15 a 40 psi, 25 a 30°C com agitação de 172 rpm durante 1 hora e 50 minutos.[55]

Método de purificação

Pode-se purificar 1-hexanol por esterificação com ácido p-hidróxibenzóico (**disp. A**). Recristaliza-se o éster obtido em éter de petróleo (**inflamável, irritante; disp. D**) e saponifica-se com hidróxido de potássio alcoólico. Seca-se com Drierite (**irritante; disp. O**) e destila-se fracionadamente.[256]

X.4.5 – *2-Etil-1-butanol*/$CH_3CH_2CH(C_2H_5)CH_2OH$

Ponto de ebulição:	146,27°C
Ponto de congelação:	< –50°C
d_4^{15}:	0,83735, d_4^{25}: 0,82955, d_4^{35}: 0,82205
n_D^{15}:	1,4243, n_D^{25}: 1,4205, n_D^{35}: 1,4166
Solubilidade em água (20°C):	0,43% em peso
Ponto azeotrópico com água:	96,7°C (41.3% em peso)

Método de preparação

Deixa-se polimerizar acetaldeído (**inflamável, irritante; disp.D**) por resfriamento em presença de hidróxido de bário (**tóxico, corrosivo; disp. E**) e, após a polimerização, neutraliza-se o hidróxido deixando-se passar gás carbônico pelo produto de reação. Em seguida, faz-se a hidrogenação do polímero obtido em presença de níquel (**cancerígeno, irritante; disp. P**) como catalisador e em pressão e temperatura superiores a 80 atmosferas e 200°C, respectivamente. Destilam-se fracionadamente 82 g da parte volátil do produto de hidrogenação, obtendo-se: 15,6 g de etanol (**inflamável, tóxico; disp. D**), 16,2 g de 1-butanol, 7,5 g de 2-etil-1-butanol (**irritante; disp. C**) e 1,2 g de 1-octanol.[239]

Método de purificação

Seca-se 2-etil-1-butanol (**irritante; disp. C**) com Drierite (**disp. O**) durante 2 semanas, pelo menos, e destila-se fracionadamente. O produto obtido pode ser usado em medida de propriedades físicas.[148]

X.4.6 – *2-Metil-ciclo-hexanol*/$C_7H_{14}O$

Ponto de ebulição:	167,6°C
$d_4^{13,4}$:	0,9333, d_4^{20}: 0,9254, $d_4^{24,7}$: 0,9215
$n_D^{13,4}$:	1,46585, n_D^{20}: 1,46085
Ponto azeotrópico com água:	98,4°C (20% em peso)

Métodos de preparação e purificação

A) Faz-se a hidrogenação de o-cresol (**tóxico, corrosivo; disp. A**) em presença de níquel de Raney (**cancerígeno, inflamável; disp. P**) como catalisador a 120 kg/cm^2 de pressão e 95°C. Na temperatura de 95°C a pressão cai para 60 kg/cm^2 em 12 minutos. Deixa-se reagir por 90 minutos, obtendo-se 90% de 2-metil-ciclo-hexanol (**disp. C**).[258]

B) Outro método, ver referência.[320]

X.4.7 – *2-Heptanol*/$CH_3CH_2CH_2CH_2CH_2CH(OH)CH_3$

Ponto de ebulição:	158,5°C
d_4^n:	0,8270, d_4^{30}: 0,8098
n_D^{30}:	1,4240, n_D^{30}: 1,4172
Ponto azeotrópico com água:	98,7°C (17% em peso)

Métodos de preparação

A) Faz-se a oxidação controlada de metil-ciclo-hexano (**irritante, inflamável; disp. D**), passando-o pela zona de oxidação ao ar de uma coluna a 122°C e à pressão de 90 lb/pol.^{2}, durante 20 minutos. Faz-se a destilação fracionada do produto obtendo-se partes aproximadamente iguais de metil-ciclo-hexanona e heptanona. Extrai-se a cetona com bissulfito de sódio e faz-se a hidrogenação obtendo-se 2-heptanol (**irritante; disp. C**).[124]

B) Outro método, ver referência.[96]

Método de purificação

Seca-se com sulfato de cálcio (**disp. O**) ou carbonato de potássio anidro (**irritante; disp. N**), filtra-se e destila-se fracionadamente.[38]

X.4.8 – *1-Octanol*/$CH_3(CH_2)_6CH_2OH$

Ponto de ebulição:	195,28°C (99,73% mol)
Ponto de congelação:	–14,97°C
d_4^{20}:	0,82555, d_4^{25}: 0,82209
n_D^{20}:	1,42913, n_D^{25}: 1,42749
Solubilidade em água (25°C):	0,0538% em peso
Ponto azeotrópico com água:	99,4°C (10% em peso)

Método de preparação

Faz-se a decomposição de iodeto de 1-heptil-magnésio (**inflamável; disp. G**) com formaldeído (**cancerígeno, tóxico; disp. A**) obtendo-se 1-octanol (**irritante; disp. C**) como produto de reação.[111]

Métodos de purificação

A) Destila-se fracionadamente o produto comercial obtendo-se 1-octanol (**irritante; disp. C**) que pode ser usado na medida de constantes físicas.[297]

B) Destila-se fracionadamente o produto comercial e trata-se o destilado com anidrido bórico. Destila-se o álcool tratado a 5 mm Hg de pressão e recolhe-se a fração entre 195 e 205°C. Neutraliza-se com hidróxido de sódio (**corrosivo, tóxico; disp. N**) e destila-se fracionadamente, obtendo um produto purificado (**irritante; disp. C**) que ferve a 98°C a 19 mm Hg de pressão.[318]

Ensaio para determinação do grau de pureza
Curva do ponto de congelação.[116]

X.4.9 – *1,2-Etanodiol/etileno glicol*/$(CH_2OH)_2$

Ponto de ebulição:	197,85°C
Ponto de congelação:	–12,6°C
d_4^0:	1,12763, d_4^{15}: 1,11710, d_4^{30}: 1,10664
n_D^{15}:	1,43312, n_D^{20}: 1,4318

1,2-etanodiol comercial é produzido a partir de etileno e contém, como impurezas, principalmente, 1,2-propanodiol e butanodiol. É muito higroscópico.

Métodos de preparação

A) Faz-se a saponificação de 1,2-dibromoetano (**cancerígeno, tóxico; disp. D**) com carbonato de potássio (**irritante; disp. N**). Filtra-se o produto (**irritante; disp. A**) sobre carvão e destila-se.[270]

B) Método a partir de etileno. Deixa-se passar etileno num tubo anódico de carbono poroso com uma velocidade de 57 mL por hora por cm^2 de superfície anódica.
Usando-se uma densidade de corrente de 0,023 A/cm^2 numa solução de cloreto de sódio a 10% pode-se obter 1,2-etanodiol e etilenocloridrina. A eficiência dessa corrente para produção de etileno clo-ridrina é 91% a 1°C e 1,1% a 91°C e para o 1,2-etanodiol é 5,4% a 1°C e 16,5% a 91°C.[139]

Método de determinação de 1,2-etanodiol e 1,2-propanodiol
Oxida-se a amostra com ácido periódico e analisa-se como formaldeído em presença de acetaldeído (**inflamável, irritante; disp. D**) pelo método polarográfico de Whitnack.[351] Vejam-se referências.[130,227,180]

Método de purificação
Destila-se fracionadamente 1,2-etanodiol em vácuo, recolhendo-se a fração intermediária. Seca-se com sulfato de sódio (**irritante; disp. N**), separa-se o secante por decantação e destila-se fracionadamente outra vez. As primeiras frações contêm toda água e recolhe-se a fração (**irritante; disp. A**) de p. e. 197,2 a 197,3°C.[299]

Determinação de água

Determina-se a água contida em 1,2-etanodiol pelo método de Karl-Fischer.[22] Outros métodos de testes e especificações são encontrados em.[30,1]

Ensaios para determinação do grau de pureza

Ponto de ebulição, densidade e índice de refração.

X.4.10 – *1,2,3-Propanotriol/glicerina/glicerol/* $CH_2(OH)CH(OH)CH_2OH$

Ponto de ebulição:	290,0°C
Ponto de fusão:	18,18°C
d_4^{15}:	1,26443, d_4^{20}: 1,26134, d_4^{30}: 1,25512
n_D^{25}:	1,47352

Métodos de preparação

A) Faz-se a hidroxilação de 2-propeno-1-ol (álcool alílico) (**tóxico, inflamável; disp. D**) com solução de peróxido de hidrogênio em terc-butanol (100 mL de H_2O_2 a 30% dissolvidos em 400 mL de terc-butanol) e na presença de óxidos de ósmio (**altamente tóxico, irritante; disp. C**) como catalisador. Pode-se usar também óxidos de rubídio, vanádio, molibdênio e cromo como catalisadores. Baixas temperaturas entre 0 e 21°C favorecem a formação de glicóis.[243]

B) 10 g de oxo-malonato de dietila e 25 a 75 mL de etanol anidro (**inflamável, tóxico; disp. D**) são hidrogenados na presença de níquel de Raney W-6 (**cancerígeno, inflamável; disp. P**) como catalisador a 5000 psi, 100°C durante 5 horas obtendo-se 1,2,3-propanotriol (**irritante; disp. A**).[56]

C) Outros métodos, ver referências.[170,375]

Métodos de purificação

A) Pode-se purificar 1,2,3-propanotriol produzido por hidrogenólise dissolvendo-se em igual volume de n-butanol (**inflamável, irritante; disp. D**), colocando-se num balão, esfriando-se com uma mistura de gelo e água agitando-se vagarosamente até que ocorra a cristalização. Eliminam-se as impurezas e o solvente por centrifugação, lavam-se os cristais com acetona fria ou éter isopropílico. O material obtido (**irritante; disp. A**) passa nas especificações USP. Pode-se usar também 1-propanol, pentanóis e amônia como solventes.[158]

B) Tratam-se 100 partes de 1,2,3-propanotriol (**irritante; disp. A**) com 10 partes de H_2SO_4 conc. (**oxidante, corrosivo; disp. N**) e aquece-se a 140°C por passagem em corrente de vapor. Misturam-se 384 g de carbonato de cálcio (**disp. O**) e aquece-se a 110°C. Resfria-se e adiciona-se ácido sulfúrico até que o pH seja igual a 3. Filtra-se o precipitado e passa-se o filtrado em resina absorvente aniônica. Destila-se fracionadamente, obtendo-se um produto de grau de pureza 97,9%.[187,383]

C) Trata-se o álcool impuro com pequena quantidade de formaldeído (**cancerígeno, tóxico; disp. A**) e deixa-se em meio alcalino durante aproximadamente 1 hora. Em seguida, destila-se fracionadamente.[336,382]

D) Faz-se a extração de 1,2,3-propanotriol (**irritante; disp. A**) destilado e seco com 2,2,4-trimetil-pentano ((**inflamável; disp. D**) isooctano) a 80 a 150°C. Separam-se as camadas e destila-se a camada do álcool, obtendo-se um produto incolor.[123,377]

Ensaios para determinação do grau de pureza
Testes e especificações são encontrados em outras referências[30,1]

X.5 – ÉTERES

X.5.1 – *Éter n-butil etílico*/$C_4H_9OC_2H_5$

Ponto de ebulição:	92,7°C
d_4^{20}:	0,7495, d_4^{25}: 0,7448
n_D^{20}:	1,38175

Método de preparação e purificação[323,38]
Colocam-se 148 g (183 mL) de álcool n-butílico (**inflamável, irritante; disp. D**) num frasco de Claisen munido de um condensador e uma coluna de fracionamento lateral. Introduzem-se 5,75 g de sódio metálico (**inflamável; disp. G**) e deixa-se refluxar até que todo o sódio reaja, tendo-se cuidado de fechar a coluna de fracionamento lateral. Adicionam-se, em seguida, pelo topo do condensador de refluxo, 39 g (20 mL) de iodeto de etila (**corrosivo; disp. A**) e deixa-se refluxar durante duas horas. Abre-se a coluna de destilação e deixa-se destilar o éter cru, recolhendo a fração entre 143 e 148°C. Resfria-se o aparelho, adicionam-se mais 5,75 g de sódio, fecha-se a coluna de destilação

e deixa-se refluxar até que todo o sódio reaja. Introduzem-se 39 g de iodeto de etila e deixa-se refluxar durante 2 horas. Destila-se recolhendo a fração de 143 a 148°C. Combinam-se os dois destilados, remove-se o álcool por refluxo sobre excesso de sódio. Retira-se o condensador de refluxo, coloca-se um tubo recurvado e destila-se até que não passe mais líquido. O produto obtido (**inflamável, irritante; disp. D**) é novamente refluxado com sódio e destilado recolhendo-se a fração de p. e. 140 a 143°C. Repete-se a operação até obter a pureza desejada.[323,38]

X.5.2 – *Éter n-butílico*/$(C_4H_9)_2O$

Ponto de ebulição:	141,97°C
Ponto de congelação:	–95,37°C
d_4^{15}:	0,77254, d_4^{20}: 0,76889, d_4^{25}: 0,76461
n_D^{20}:	1,39925, n_D^{25}: 1,39685
Ponto azeotrópico com água:	92,9°C (67% em peso)

Método de preparação[323]

Deve-se usar a aparelhagem indicada na figura V. Colocam-se, no balão (62 mL de álcool n-butílico (**inflamável, irritante; disp. D**)) juntamente com 16 g (9 mL) de ácido sulfúrico concentrado (**oxidante, corrosivo; disp. N**). Aquece-se com um bico de Bunsen, cuidadosamente, ou preferencialmente com manta elétrica, de forma que o líquido refluxe e condense em **A**. Continua-se o aquecimento coletando-se água em **B**. Prossegue-se com o aquecimento até que a temperatura dentro do balão se aproxime de 135°C (após 40 a 50 min.) e sinta-se o cheiro de buteno no topo da coluna. Considera-se a reação terminada e deve-se ter coletado 5 a 6 mL de água em **A**. Deixa-se resfriar a mistura e purifica-se o produto (**inflamável; disp. D**) por um dos seguintes métodos:

A) Coloca-se o conteúdo do balão e do separado **B** num funil de separação contendo 100 mL de água e agita-se bem. Separa-se a camada superior, a qual contém o éter e álcool que não reagiu e extraem-se 2 vezes com 25 mL de ácido sulfúrico 50% em peso (20 mL H_2SO_4 em 35 mL de água), agitando-se durante 2 a 3 minutos em cada extração. Lava-se a camada etérica 2 vezes com água, seca-se com 2 g de cloreto de cálcio anidro (**irritante; disp. O**), filtra-se e destila-se recolhendo a fração de p. e. 139 a 142°C.

B) Resfria-se a mistura reagente com gelo, transfere-se para um funil de separação, lava-se cuidadosamente com 100 mL de solução de hidróxido de sódio 2 a 3N até que a mistura se torne alcalina ao papel litmus. Lava-se com 30 mL de água e em seguida com 30 mL de solução saturada de cloreto de cálcio. Seca-se com 2 a 3 g de cloreto de cálcio anidro, filtra-se e destila-se.

Métodos de purificação[38]

A) Método de remoção de peróxidos.[38]
Em geral, éter di-n-butílico não contém grande quantidade de peróxidos, entretanto, deve-se fazer o teste de presença de peróxidos agitando-se um pequeno volume de éter com igual volume de iodeto de potássio a 2% e algumas gotas de HCl diluído e amido. Se houver peróxidos presentes aparecerá cor azul na solução. Removem-se os peróxidos agitando-se 1 L de éter com 10 a 20 mL de solução concentrada de sal ferroso. A solução concentrada é preparada dissolvendo-se 60 g de sulfato ferroso (**disp. L**) e 6 mL de H_2SO_4 concentrado (**oxidante, corrosivo; disp. N**) em 100 mL de água, ou então, 100 g de cloreto ferroso e 42 mL de HCl concentrado (**corrosivo; disp. N**) em 85 mL de água. Os peróxidos podem, também, ser removidos agitando-se o éter com solução aquosa de bissulfito de sódio (**corrosivo; disp. N**).[38]

B) Seca-se o éter livre de peróxidos com cloreto de cálcio anidro (**irritante; disp. O**) e destila-se fracionadamente coletando a fração de p. e. 140 a 141°C. Quando se obtiver grande quantidade de uma fração de baixo ponto de ebulição, é porque o éter contém álcool n-butílico. Nesse caso, agita-se 2 vezes com igual volume de ácido clorídrico concentrado (**corrosivo; disp. N**), lava-se com água, seca-se e destila-se.[38]

X.5.3 – *Éter amílico*/$C_5H_{11}OC_5H_{11}$

Ponto de ebulição:	186,75°C (99,40% mol.)
Ponto de congelação:	–69,43°C
d_4^{20}:	0,78326, d_4^{25}: 0,77924
n_D^{20}:	1,41195, n_D^{25}: 1,40985
Ponto azeotrópico com água:	98,4°C

Método de preparação e purificação

Pode-se seguir o método de preparação de éter n-butílico (pág. 557) usando 50 g (61,5 mL) de álcool n-amílico (**tóxico; disp. D**) e 7 g (4 mL) de ácido sulfúrico concentrado (**oxidante, corrosivo; disp. N**). O volume de água calculado (5 mL) é coletado quando a temperatura no interior do frasco atinge 157°C (após 90 min). Destila-se a mistura a vapor, separa-se a camada superior do destilado e seca-se com carbonato de potássio anidro (**irritante; disp. N**). Destila-se num frasco de Claisen de 50 mL, recolhendo-se as frações: 145 a 175°C (13 g); 175 a 185°C (8g); 185 a 190°C (13 g). Combinam-se as frações *1* e *2*, refluxa-se por uma hora num frasco contendo 3 g de sódio metálico (**inflamável; disp. G**) e destila-se. Repete-se a operação para obter um produto mais puro (**disp. C**).[323,38]

X.5.4 – *1,8-cineol/Eucaliptol*/$C_{10}H_{18}O_2$

Ponto de ebulição:	176,0°C
Ponto de fusão:	1,3°C
$d_{15,5}^{15,5}$:	0,9294
n_D^{20}:	1,4575
Solubilidade em água:	pouco solúvel
Ponto azeotrópico com água:	99,55°C (43,0% em peso)

1,8-cineol é encontrado em muitos óleos essenciais, tais como óleos de certas espécies de eucaliptos, por exemplo *Eucalyptus polybractea;* de cajeput, de niaouli; de folha de laureia, de rosemary, de certos tipos de *Ocimum, Artemísia,* e *Alpina* etc.[11] É encontrado também em óleo de *Chamaelyparis obtusa formosana.*[204]

Métodos de preparação e purificação

A) Quando o conteúdo de 1,8-cineol é elevado, pode-se separar por destilação fracionada, recolhendo-se a fração que destila entre 170 e 180°C. Resfria-se a fração obtida e deixa-se cristalizar 1,8-cineol. Os primeiros cristais obtidos apresentam elevado grau de pureza[11,395]. Pode-se separar 1,8-cineol de outros hidrocarbonetos por destilação fracionada azeotrópica com fenol.[197]

B) Dilui-se a fração de p. e. 175 a 180°C com igual volume de éter de petróleo (**inflamável, irritante; disp. D**) e satura-se a solução à baixa temperatura, com brometo de hidrogênio seco (**corrosivo; disp. K**). Filtra-se o precipitado branco cristalino de $C_{10}H_{18}O$ HBr, em vácuo e lava-se com éter de petróleo. Decompõe-se o composto de adição obtido colocando-se água.[197]
Adiciona-se, à fração de p. e. 175 a 180°C, o dobro de seu volume em solução de resorcinol (**irritante, tóxico; disp. A**) a 50% e deixam-se formar os cristais de complexo cineol-resorcinol. Filtram-se os cristais obtidos, em vácuo, seca-se entre 2 papéis de filtro e decompõe-se o complexo adicionando-se álcali. O complexo cineol-resorcinol cristaliza em forma de agulhas, é solúvel em álcool,

éter etílico e benzeno e ligeiramente solúvel em éter de petróleo e água. Pode ser decomposto por aquecimento com água ou éter de petróleo.

Ensaios para determinação do grau de pureza
Ponto de congelação, densidade, poder rotatório, índice de refração.[11]

X.5.5 – *Furano*/OCH=CHCH=CH

Ponto de ebulição:	31,33°C
Ponto de congelação:	–85,68°C
d_4^{20}:	0,937
n_D^{20}:	1,4214
Solubilidade:	furano/água (25°C): 1 g/100 g água/furano (25°C): 0,3 g/100 g

Método de preparação e purificação

A) Deixa-se passar um volume de 2-furaldeído (**tóxico, irritante; disp. C**) e 5 volumes de vapor de água sobre pastilhas de cromito de magnésio, contendo K_2CrO_4 (**cancerígeno, oxidante; disp. J**), com uma velocidade de 375 vol. gás/vol. catalisador/h. Aquece-se, inicialmente, o catalisador a 400°C e mantém-se a temperatura de forma a se ter a evolução de 2 vol. de gás não condensado (CO_2 + H) por unidade de volume de vapor de furfural introduzido no reator. Seca-se o produto e destila-se obtendo-se metade da quantidade teórica de furano (**inflamável; disp. D**).[361]

B) Outros métodos, ver também referências.[203,347]

X.6 – ACETAIS

X.6.1 – *Metilal/Dimetoximetano*/$CH_2(OCH_3)_2$

Ponto de ebulição:	42,30°C
Ponto de congelação:	–105,0°C
d_4^{15}:	0,86645, d_4^{30}: 0,84745
n_D^{15}:	1,35626, n_D^{20}: 1,35298
Solubilidade:	metilal/água (16°C): 32,3 g/100 g
Solubilidade:	água/metilal (16°C): 4,3g/100g
Ponto azeotrópico com água:	42,05°C (98,6% em peso)

Métodos de preparação

Deixa-se passar uma mistura de metanol (**inflamável, tóxico; disp. D**) e formaldeído, numa relação molar entre 2:1 e 4:1, sobre uma camada de catalisador, na temperatura de 0 a 50°C, com uma velocidade de 0,01 a 0,1 volume de mistura por volume de catalisador por hora. Os reagentes não convertidos voltam a passar sobre o catalisador. O rendimento de produto (**inflamável, irritante; disp. D**) por passagem é cerca de 50% do teórico. Utiliza-se como catalisador uma camada de material absorvente argiloso, como bauxita, terra fuller ou bentonita, o qual é ativado aquecendo-se de 600 a 1200°C por tempo suficiente para reduzir o conteúdo de água a 5% ou menos.[171]
Outros métodos de preparação, ver referências.[288,108,278,173]

Método de purificação

Aplica-se o mesmo método usado para purificação do acetal, pág. 562.

X.6.2 – *Acetal*/$CH_3CH(OC_2H_5)_2$

Ponto de ebulição:	103,7 ~ 104,0°C
d_4^{20}:	0,8254
n_D^{20}:	1,38054, n_D^{25}: 1,3682
Solubilidade:	acetal/água: 5,0 g/100 mL
Ponto azeotrópico com água:	82,6°C (85,5% em peso)

Métodos de preparação

Colocam-se 50 g de cloreto de cálcio anidro (**irritante; disp. O**) e 260 g de álcool etílico 95% (**inflamável, tóxico; disp. D**) num balão de 1 L com pescoço curto e resfria-se a uma temperatura inferior a 8°C por imersão numa mistura de gelo e água. Introduzem-se então, vagarosamente, 125 g (115 mL) de acetaldeído (**inflamável, irritante; disp. D**) recém-destilado (ponto de ebulição: 20 a 22°C) deixando escorrer pelos lados do balão de maneira que forme uma camada sobre o álcool. Fecha-se o balão com uma rolha bem ajustada e agita-se vigorosamente por 2 ou 3 minutos. Segura-se bem a rolha para evitar perda por volatilização de acetaldeído, uma vez que há aumento de temperatura durante a agitação. Deixa-se descansar por 24 a 30 horas com agitação intermitente. Separa-se a camada superior (320 g aprox.). Lava-se com 3 porções de 80 mL de água, seca-se durante muitas horas sobre carbonato de potássio anidro (**irritante; disp. N**) e fraciona-se em coluna. Recolhe-se a fração (**inflamável; disp. D**) de p. e. 101 a 104°C.[38] Outros métodos, ver referências.[275,80]

Métodos de purificação

A) Trata-se o acetal (**inflamável; disp. D**) com solução alcalina de peróxido de hidrogênio (**corrosivo, oxidante; disp. J**) a 40 a 45°C, satura-se a solução com cloreto de sódio, seca-se com carbonato de potássio anidro (**irritante; disp. N**) e destila-se sobre sódio metálico (**inflamável; disp. G**).[47,323]

B) Outros métodos de purificação, ver referências.[331,129]

X.7 – ALDEÍDOS

X.7.1 – *Acetaldeído*/CH_3CHO

Ponto de ebulição:	20,16°C
Ponto de congelação:	–123,45°C
d_4^{15}:	0,7846, d_4^{20}: 0,7780
n_D^{20}:	1,33113

O acetaldeído, sob ação de pequenas quantidades de ácido sulfúrico sofre polimerização rápida, produzindo um trímero, paraldeído, que tem p. e. 124°C e é muito pouco solúvel em água. A reação é reversível, entretanto no equilíbrio, temos 90% do polímero. O acetaldeído e o ácido sulfúrico podem ser removidos por lavagem com água.
Em geral, prepara-se o acetaldeído, necessário em laboratório, por despolimerização de paraldeído, uma vez que este último é mais fácil de estocar por ter p. e. mais elevado.[38]

$$3CH_3CHO \xrightarrow{H_2SO_4} (CH_3CHO)_3$$

Métodos de preparação

A) Deixam-se passar 300 mL de acetileno (**inflamável**) na solução catalisadora a 78°C obtendo-se 40 g de acetaldeído (**inflamável, irritante; disp. D**) e 3 g de cloreto de etileno. O catalisador é preparado dissolvendo-se 100 g de CuCl (**tóxico; disp. O**), 50 g de NH_4Cl (**irritante; disp. N**) e 32 g leucina-HCl em 150 mL de água contendo 30 mL de HCl concentrado (**corrosivo; disp. N**).[245]

B) Monta-se um aparelho de destilação fracionada consistindo de um balão de 250 mL de fundo redondo, uma coluna de Hempel, um condensador e um frasco recebedor. Colocam-se 150 mL de paraldeído juntamente com 0,5 mL de ácido sulfúrico concentrado (**oxidante, corrosivo; disp. N**) e pedaços de porcelana porosa. Resfria-se o frasco recebedor com gelo e fecha-se com um chumaço de algodão. Aquece-se o balão, cuidadosamente num banho de água a 50 a 60°C, não deixando a temperatura do topo da coluna ultrapassar 30 a 32°C. Interrompe-se a destilação quando houver cerca de 10 mL no balão. Pode-se fazer nova destilação do acetaldeído (**inflamável, irritante; disp. D**) para obter um produto mais puro. O ácido sulfúrico pode ser substituído por 1 ou 2 g de ácido sulfâmico (NH_2SO_3H (**irritante; disp. A**)) ou ácido p-toluenossulfônico (p-$CH_3C_6H_4SO_3H$ (**tóxico, corrosivo; disp. A**)).[38] Guarda-se em geladeira.

Métodos de purificação

A) Faz-se a destilação fracionada numa coluna de vidro de borossilicato de diâmetro externo 25 mm, recheada com hélices de vidro, e com uma altura de secção cheia de 100 cm. A coluna é envolvida por uma jaqueta de ar de 45 mm de diâmetro externo e esta por outra jaqueta de água de 64 mm de diâmetro externo.
Substitui-se o ar na coluna por nitrogênio e mantém-se a pressão positiva de uma polegada de coluna de água, durante a destilação. Mantém-se a jaqueta de água a 18°C e o condensador do destilado é resfriado com água gelada. Retiram-se os primeiros cortes com relação de refluxo de 20:1 e a principal fração com uma relação de refluxo de 8:1. O produto obtido (**inflamável, irritante; disp. D**) tem p. e. 20,2°C (760 mm Hg) e deve ser estocado a 20°C.[295]

B) Faz-se a destilação fracionada numa coluna tipo Fenske de 4 pés de altura. O produto é guardado em ampola de vidro Pyrex, selado e mantido a frio e ao abrigo da luz.[99]

Ensaio para determinação do grau de pureza

Densidade.[99]

X.7.2 – *Propionaldeído/propanal*/CH_3CH_2CHO

Ponto de ebulição:	50,29°C (99,64% mol)
Ponto de congelação:	–103,30°C
d_4^{20}:	0,83106, d_4^{25}: 0,82281
n_D^{20}:	1,37334, n_D^{25}: 1,37115
Solubilidade:	propionaldeído/água (25°C): 30,6% em peso
Solubilidade:	água/propionaldeído (25°C): 13,0% em peso
Ponto azeotrópico com água:	47,79°C (98,1% em peso)

Métodos de preparação

A) Monta-se um aparelho de acordo com a figura VI. Colocam-se 34 g (42,5 mL) de álcool n-propílico (**inflamável, irritante; disp. D**) no balão, juntamente com pedaços de porcelana porosa. Dissolvem-se 56 g de dicromato de potássio di-hidratado (**cancerígeno, oxidante; disp. J**) em 300 mL de água adicionando-se, cuidadosamente, com agitação, 40 mL de ácido clorídrico concentrado (**corrosivo; disp. N**) e coloca-se no funil de separação. Aquece-se o álcool n-propílico até que os vapores alcancem a base da coluna e então começa-se a adicionar a solução de dicromato com uma velocidade tal que a temperatura no topo da coluna não ultrapasse 70 a 75°C (20 minutos aproximadamente). Aquece-se a mistura com uma pequena chama por 15 minutos e recolhe-se toda a fração que destila abaixo de 80°C. Separa-se a água e seca-se o resíduo com 3 a 4 g de sulfato de magnésio anidro (**disp. N**) por 30 a 60 minutos. Repete-se a destilação fracionada usando a coluna de Hempel, com uma velocidade de 1 a 2 gotas por segundo, recolhendo-se a fração (**inflamável; disp. D**) que destila abaixo de 80°C.[38]

B) Monta-se um aparelho de acordo com a figura VII. Colocam-se 100 g (124,5 mL) de álcool n-propílico (**inflamável, irritante; disp. D**) no funil. Liga-se o aquecedor elétrico por 2 horas e, então, deixa-se passar o álcool pelo tubo com uma velocidade de 1 gota cada 3 a 4 segundos. O início de des-hidrogenação é indicado pelo aparecimento de fumaças brancas na junção do condensador e do tubo de combustão e pelo borbulhamento de gás (H_2) no fim do aparelho. Coloca-se 0,1 g de hidroquinona (**irritante, tóxico; disp. A**) no frasco recebedor para evitar a polimerização do propionaldeído, Após a passagem de todo o álcool pelo tubo de combustão, remove-se a camada aquosa do destilado, seca-se a camada orgânica em sulfato de magnésio anidro (**disp. N**) e destila-se num frasco de Claisen com coluna lateral. Repete-se a destilação recolhendo-se a fração de p. e. 48 a 49,5°C (**inflamável; disp. D**).[38]

C) Deixa-se passar uma mistura de vapor de óxido de propileno (**inflamável, cancerígeno; disp. D**) e vapor de água sobre óxido de silício (**disp. O**) a 300°C, obtendo-se propionaldeído (**inflamável; disp. D**) com 70% de rendimento.[181]

D) Outro método de preparação: ver referência.[348]

Métodos de purificação

A) Seca-se cuidadosamente o propionaldeído sobre Drierite (**disp. O**) por 3 vezes e destila-se em atmosfera de nitrogênio numa coluna de Podbielniak. As pontas são removidas com uma relação de refluxo de 50:1 e a parte principal com relação de refluxo 20:1.[295]

B) Outro método, ver referência.[241]

Ensaio para determinação do grau de pureza

Curva do ponto de congelação.[116]

X.7.3 – *Butiraldeído/butanal*/$CH_3CH_2CH_2CHO$

Ponto de ebulição:	74,78°C
Ponto de congelação:	–97,1°C
d_4^{15}:	0,8069, d_4^{20}: 0,8016
n_D^{15}:	1,38164, n_D^{20}: 1,37911
Solubilidade:	butiraldeído/água (25°C): 7,1% em peso
Solubilidade:	água/butiraldeído (25°C): 3,0% em peso
Ponto azeotrópico com água:	68°C (94% em peso)

Métodos de preparação

A) Segue-se o mesmo método que para o propionaldeído, usando 41g (51 mL) de álcool n-butílico (**inflamável, irritante; disp. D**), 15 minutos para a adição de bicromato de sódio (**cancerígeno, oxidante; disp. J**) em ácido sulfúrico (**oxidante, corrosivo; disp. N**), temperatura inferior a 80 a 85°C durante a adição e recolhendo a fração (**inflamável, corrosivo; disp. D**) que destila abaixo de 90°C.[38]

B) Segue-se o mesmo método que para propionaldeído usando 100 g (123,5 mL) de álcool n-butílico (**inflamável, irritante; disp. D**) e recolhendo-se a fração de p. e. 70 a 75°C (**inflamável, corrosivo; disp. D**).[295]

Método de purificação

A) Seca-se 3 vezes, cuidadosamente, com Drierite (**disp. O**) e destila-se em atmosfera de nitrogênio numa coluna de Podbielniak. As pontas são removidas com uma relação de refluxo de 50:1 e a parte principal (**inflamável, corrosivo; disp. D**) com relação de refluxo 20:1.[295]

X.7.4 – *Benzaldeído*/C_6H_5CHO

Ponto de ebulição:	179,0°C
Ponto de congelação:	–26°C
d_4^{20}:	1,0447, d_4^{25}: 1,0434
n_D^{20}:	1,5455, n_D^{25}: 1,5428

Método de preparação

A) Colocam-se 45 g (43 mL) de cloreto de benzalila (**corrosivo, lacrimogênio; disp. C**), 250 mL de água e 75 g de carbonato de cálcio (**disp. O**) precipitado num balão de fundo redondo de 500 mL com condensador de refluxo e aquece-se em banho de óleo a 130°C durante 4 horas. Pode-se colocar, também, um pouco de ferro em pó ou benzoato férrico como catalisador e passa-se uma corrente de CO_2 pelo aparelho. Filtra-se o sal de cálcio separado e destila-se a vapor até não sair mais óleo. Separa-se o benzaldeído do destilado a vapor, extraindo-se 2 vezes com pequenas porções de éter etílico (**inflamável, irritante; disp. D**). Destila-se maior parte do éter num banho de água e transfere-se para um frasco de boca larga. Adiciona-se excesso de solução concentrada de bissulfito de sódio (**corrosivo; disp. N**) em pequenas porções, fecha-se o frasco e agita-se vigorosamente, até não apresentar odor de benzaldeído. Filtra-se o complexo bissulfito-benzaldeído, lava-se com um pouco de éter, transfere-se para um funil de separação e decompõe-se o complexo, com ligeiro excesso de solução de carbonato de sódio. Extrai-se o benzaldeído com éter etílico, lava-se o extrato etéreo com solução de carbonato de sódio e em seguida com água. Seca-se com sulfato de magnésio (**disp. N**) ou cloreto de cálcio anidro (**irritante; disp. O**), destila-se o éter etílico num banho de água e finalmente destila-se o resíduo, recolhendo a fração (**tóxico; disp. C**) de p. e. 178 a 180°C.[38]

B) Deixa-se reagir um mol de álcool benzílico (**irritante; disp. A**) com uma mistura de 1/3 mol de fenolato de alumínio e 2 moles de p-benzoquinona (**tóxico, irritante; disp. A**) em benzeno (**inflamável, can-**

cerígeno; disp. D; N. R.- solvente de uso restrito. Deve-se estudar a possibilidade de substituí-lo por outro.), segundo a reação de oxidação de Oppenauer, obtendo-se benzaldeído (**tóxico; disp. C**).[355]

C) Outros métodos de preparação, ver referências.[358,356]

Método de purificação

A) Lavam-se 48 mL de benzaldeído comercial (**tóxico; disp. C**), com porções de 20 mL de solução de carbonato de sódio a 10%, num funil de separação, até que não haja mais evolução de dióxido de carbono. Adicionam-se 0,5 g de hidroquinona (**tóxico, irritante; disp. A**) ou catecol (**tóxico, irritante; disp. A**) e seca-se com sulfato de magnésio (**disp. N**) ou cloreto de cálcio anidro (**irritante; disp. O**), decanta-se através de um chumaço de algodão para um frasco de Claisen de 100 mL e destila-se à pressão reduzida. Colocam-se 0,05 g de hidroquinona ou catecol no produto (**tóxico; disp. C**).[38]

B) Destila-se fracionadamente em pressão reduzida e atmosfera de nitrogênio, obtendo um produto de p. e. 62°C (17 mm Hg).[168]

X.7.5 – *Acroleína*/$CH_2{=}CHCHO$

Ponto de ebulição:	52,1°C
Ponto de congelação:	–87,7°C
d_4^{20}:	0,8404
n_D^{20}:	1,3942

Métodos de preparação

A) Deixa-se passar álcool tetra-hidrofurfurílico (**irritante; disp. C**) sobre um catalisador desidratante a 400°C obtendo-se 2,4-di-hidrofurano (**inflamável; disp. D**). Faz-se a pirólise de 2,4-di-hidrofurano a 450 a 500°C em presença de catalisador silicato de alumínio (Caolin; **disp. O**) ou dióxido de silício (**disp. O**), obtendo-se acroleína (**inflamável, tóxico; disp. D**) e etileno. Pode-se fazer a pirólise na ausência do catalisador.[83]

B) Deixam-se passar vapores de álcool tetra-hidrofurfurílico (**irritante; disp. C**) sobre silicato de alumínio (Caolin) (**disp. O**) ou dióxido de titânio (**disp. O**) a 400°C e, em seguida, aquece-se à temperatura superior a 400°C, obtendo-se acroleína (**inflamável, tóxico; disp. D**).[353]

C) Deixa-se passar uma mistura de 4,4 partes de C_3H_6 (**inflamável; disp. K**), 1,0 parte de oxigênio, 4,7 partes em peso de vapor de água sobre 775 partes de catalisador contendo 0,4% de óxido de cobre (**disp. O**) em SiC, a 368°C a 10 atm. de pressão. Obtém-se acroleína (**inflamável, tóxico; disp. D**) com um rendimento de 65%.[391]

D) Outro método, ver referência.[142]

Método de purificação

A) Faz-se a destilação de acroleína (**inflamável, tóxico; disp. D**) numa coluna de 90 cm cheia de anéis de vidro e em atmosfera de nitrogênio. Para evitar a formação de diacrila, os vapores destilados passam por um condensador resfriado com gelo e são recebidos num frasco contendo 0,5 g de catecol (**tóxico, irritante; disp. A**) e resfriado com mistura gelo-sal. Em seguida, destila-se a acroleína 2 vezes, sobre sulfato de cobre anidro (**tóxico, irritante; disp. L**) tendo-se o cuidado de colocar, tanto no frasco destilador como no recebedor, pequena quantidade de catecol para evitar a polimerização.[78]

X.8 – CETONAS

X.8.1 – *2-Hexanona*/$H_3CCOCH_2CH_2CH_2CH_3$/*metil n-butil cetona*

Ponto de ebulição:	127,2°C
Ponto de congelação:	–56,9°C
d_4^{15}:	0,816, d_{20}^{20}: 0,830
n_D^{20}:	1,4024
Solubilidade em água:	pouco solúvel

Método de preparação e purificação

Adicionam-se 183 g de n-propilacetoacetato de etila (**irritante; disp. C**) a 1,5 L de solução de hidróxido de sódio a 5%, colocada num frasco de 4 L equipado com um agitador mecânico. Agita-se à temperatura ambiente, por 4 horas até a hidrólise completa do éster acetoacético mono-substituído, o qual passa em solução. Transfere-se a mistura para um funil de separação, deixa-se decantar e remove-se a pequena quantidade de material não saponificado que se separa como uma camada oleosa superior. Coloca-se a solução aquosa de n-propilacetoacetato de sódio num balão de fundo redondo de 3 L fechado com uma rolha e equipado com um pequeno funil de separação e um tubo de vidro recurvado conectado com um condensador para destilação descendente. Colocam-se 150 mL de ácido sulfúrico a 50% (d: 1,40) no funil de separação e adiciona-se, vagarosamente, ao balão com agitação. Ocorre uma vigorosa evolução de gás carbônico. Quando terminar o desprendimento de gás, aquece-se a mistura de reação vagarosamente até o ponto de ebulição e destila-se, lentamente, até que o volume total seja reduzido à metade. Dessa maneira, retira-se toda a metil n-butil cetona. O destilado contém a cetona, álcool etílico e pequenas quantidades dos ácidos acético e *n*-valérico. Adicionam-se pequenas porções de hidróxido de sódio (**corrosivo, tóxico; disp. N**) ao destilado até que fique alcalino e redestila-se a solução até coletar 80 a 90%, desprezando-se o resíduo. Separa-se a camada de cetona da água e redestila-se a camada aquosa até que cerca de um terço do material tenha destilado. Remove-se a cetona da camada aquosa remanescente adicionando-se carbonato de potássio (**irritante; disp. N**). Juntam-se as frações cetônicas e lava-se 4 vezes com um terço do seu volume em solução de cloreto de cálcio a 35 a 40%, a fim de remover o álcool. Seca-se com 15 g de cloreto de cálcio anidro (**irritante; disp. O**) ou, então, agita-se num funil de separação com 1 a 2 g de cloreto de cálcio anidro, remove-se a solução saturada de cloreto de cálcio formada e, em seguida, deixa-se decantar sobre 10 g de cloreto de cálcio num frasco seco. Filtra-se e destila-se. Recolhe-se a 2-hexanona (**inflamável; disp. D**) a 126 a 128°C; rendimento é 71 g.

Nota: *Preparação de n-propilacetoacetato de etila*

Num balão de 3 bocas de 2 L equipado com um funil de separação e um condensador de paredes duplas, perfeitamente seco, colocam-se 34,5 g de sódio metálico (**inflamável; disp. G**) em pequenos pedaços. Mede-se 1 L de álcool etílico absoluto e colocam-se 500 mL no funil de separação, tendo-se o cuidado de fechar o topo do condensador e o funil com tubos de cloreto de cálcio (**irritante; disp. O**), deixa-se correr cerca de 200 mL para o balão. Se a reação for muito violenta, esfria-se o balão com água. Quando a reação se acalmar deixa-se correr outra porção de álcool, o mais rapidamente possível, porém, de forma a se poder controlar o refluxo. Após completada a adição de todo o álcool, deixa-se ferver em refluxo num banho de água até que o sódio se dissolva. Coloca-se um agitador com vedação, adicionam-se 195 g (190 mL) de acetoacetato de etila (**irritante; disp. C**) puro, aquece-se cuidadosamente até a fervura e, então, colocam-se, pouco a pouco, 205 g (151 mL) de brometo de n-propila (**inflamável; disp. D**) durante cerca de 60 minutos. Deixa-se refluxar até que a solução fique neutra ao papel litmus (6 a 10 horas). Resfria-se, decanta-se a solução e lava-se o brometo de sódio restante com 2 porções de 20 mL de álcool absoluto, juntando-as à solução. Destila-se o álcool usando-se uma pequena coluna de fracionamento. O resíduo do n-propilacetoacetato de etila (**irritante; disp. C**) pode ser usado diretamente para a preparação da metil n-butilcetona. Se uma melhor purificação do éster obtido for requerida, destila-se o produto cru à pressão reduzida e coleta-se a fração de ponto de ebulição de 109 a 113°C/27 mm Hg. O produto purificado pode ser usado na preparação da metil n-butilcetona.

X.8.2 – *3-Pentanona*/$(C_2H_5)_2CO$/*dietil cetona*

Ponto de ebulição:	101,70°C (99,60% mol)
Ponto de congelação:	–39,50°C
d_4^{20}:	0,81440, d_4^{25}: 0,80953
n_D^{20}:	1,39240, n_D^{25}: 1,39003
Ponto azeotrópico com água:	82,9°C (86% em peso)

Método de preparação

Monta-se um aparelho de acordo com a figura VII. Aquece-se o catalisador a 360 a 400°C em corrente de nitrogênio durante 8 horas a fim de transformar o carbonato de manganês em óxido de manganês, e, em seguida, deixa-se esfriar. Colocam-se 740 g (746 mL) de ácido propiônico (**tóxico, corrosivo; disp. C**) redestilado no funil gotejador e aquece-se a mufla a 350°C deixando-se passar nitrogênio. Interrompe-se a corrente de nitrogênio e goteja-se o ácido propiônico com velocidade de 30 gotas/min. durante cerca de 48 a 72 horas. Recolhe-se o destilado em 2 camadas. Separa-se a camada superior da cetona e acrescenta-se carbonato de potássio sólido (**irritante; disp. N**) na camada inferior aquosa separando-se, então, a cetona nela ocluída. Juntam-se as duas camadas cetônicas, trata-se com pequena quantidade de carbonato de potássio anidro, até que a efervescência cesse e destila-se em coluna pequena.[38]

O catalisador pode ser preparado da seguinte maneira: enche-se um tubo Pyrex de 100 cm × 1,5 cm de diâmetro com pedra pome (4 a 8 mesh) e transfere-se para uma suspensão espessa de 40 g de carbonato manganoso (**disp. O**) contida num béquer. Prepara-se o carbonato manganoso adicionando-se 38 g de carbonato de sódio anidro (**irritante; disp. N**) a uma solução de 70 g de cloreto manganoso (**irritante; disp. L**) e filtrando. Aquece-se o béquer numa chapa quente com agitação vigorosa até evaporar a maior parte da água e então transfere-se para uma cápsula de porcelana aquecendo-se, com agitação, até que a massa forme a pega. Se usar muita água, o carbonato manganoso não adere bem à pedra pome.[38]

Métodos de purificação

Podem-se usar os mesmos métodos que para metil etil cetona.

Ensaio para determinação do grau de pureza

Curva do ponto de congelação.[116]

X.8.3 – *d-Cânfora*/$C_{10}H_{16}O$

Ponto de ebulição:	204°C
Ponto de fusão:	178,75°C
d_4^{25}:	0,9920
Solubilidade em água:	0,01% em peso (aprox.)

A cânfora é encontrada na natureza, tanto nas formas opticamente ativas como em mistura racêmica.

A *d*-cânfora é encontrada nas folhas e no lenho da canforeira *"Cinnamomum camphora"* (Linné) Nees e Ebumaier (Lauraceae) e, em menores proporções, em alguns óleos como o óleo de sassafrás, de rosemary, de *Ocinum canum,* salva dalmaciana, etc. É chamada, também, de cânfora japonesa, cânfora de Formosa ou goma cânfora. Pode ser usada como solvente na determinação do peso molecular pelo método de Rats. A *l*-cânfora é encontrada nos óleos de *Salvia triloba, Blumea balsamifera, Ârtemísea austrachanica, Lippa adoensis* e *Lavandula pedunculata.* Não é usada como solvente e é chamada cânfora matricária. A forma racêmica *d,l*-cânfora é encontrada no óleo de *Chrysan themum sinense* var. *japonicum.*

A cânfora pode ser sintetizada a partir de pineno[11], obtendo-se uma mistura racêmica. O produto sintético pode ser usado como solvente da mesma forma que a *d*-cânfora.

A cânfora dá muitas reações características de cetonas, embora a forma *d,l*, que é menos reativa que as formas opticamente ativas, não dê composto de adição com bissulfito de sódio.

Métodos de purificação

A) A cânfora comercial é um produto de elevada pureza. Pode-se purificar por sublimação, cristalização fracionada ou cristalização a partir de ligroína ou solução a 50% de etanol-água.[11]

B) Dissolve-se a cânfora (**inflamável, irritante; disp. A**) em ácido acético glacial (**corrosivo; disp. C**) e, em seguida, adiciona-se água até que a cânfora comece a precipitar.[248]

Ensaios para determinação do grau de pureza

Poder rotatório e ponto de congelação.[11]

X.8.4 – *Acetofenona*/$CH_3COC_6H_5$/*metil fenil cetona*

Ponto de ebulição:	202,08°C
Ponto de fusão:	19,62°C
d_4^{15}:	1,03236, d_4^{20}: 1,02810, d_4^{25}: 1,02382
n_D^{15}:	1,53631, n_D^{25}: 1,5322

A acetofenona ocorre na natureza como principal constituinte do óleo de *Strilinga latifolia.* Pode ser, também, preparada sinteticamente.

Métodos de preparação e purificação[152,153,286,17]

A) Num balão de 3 bocas equipado com um condensador de refluxo, um agitador mecânico com vedação de óleo e um termômetro, colocam-se 5,0 moles de $AlCl_3$ (**corrosivo; disp. N**), 5 moles de benzeno (**inflamável, cancerígeno; disp. D**) e 1,0 mol de anidrido acético (**corrosivo, lacrimogênio; disp. P**) e deixa-se reagir durante 5,5 horas a 90°C, aquecendo-se em banho de óleo. A massa obtida é amassada numa mistura de gelo e ácido sulfúrico (**oxidante, corrosivo; disp. N**), sendo este último em quantidade suficiente para solubilizar o cloreto de alumínio (**corrosivo; disp. N**). A camada oleosa é dissolvida em excesso de benzeno, separada da camada aquosa e lavada muitas vezes com água. A parte aquosa é lavada com benzeno (N. R.- solvente de uso restrito. Deve-se estudar a possibilidade de substituí-lo por outro.) juntando-se os extratos benzênicos. Destila-se o vapor e depois destila-se novamente, primeiro à pressão atmosférica até retirar todo o benzeno e depois à pressão reduzida obtendo-se a acetofenona (**irritante; disp. C**).[152]

B) Enche-se o tubo de combustão com o catalisador e adapta-se um pré-aquecedor que consiste de um tubo Pyrex aquecido por pequena chama, antes do tubo de combustão. Gotejam-se 5 a 10 mL de ácido acético (**corrosivo; disp. C**) com velocidade constante e em seguida a mistura do reagente que consiste de um mol de benzoato de metila (**irritante; disp. C**) e 4 moles de ácido acético, com uma velocidade de 0,33 g/min. e na temperatura de 504 a 506°C. Após a passagem de toda mistura, deixa-se passar mais 5 a 10 mL de ácido acético. O produto obtido passa por um condensador resfriado a ar, por dois condensadores em espiral resfriados na água e por 4 purgadores esfriados com uma mistura de gelo e sal.
Trata-se o destilado com excesso de solução de hidróxido de sódio a 10% e deixa-se repousar 12 horas. Seca-se a mistura alcalina com Drierite (**disp. O**) e destila-se usando tubo de Widmer.

Pode-se usar benzoato de etila em lugar de benzoato de metila utilizando, porém, velocidade de passagem de 0,35 g/min, e temperatura de reação de 524 a 537°C.
O catalisador pode ser preparado da seguinte maneira: digere-se pedra-pome (10 a 18 mesh) com ácido nítrico concentrado (**oxidante, corrosivo; disp. N**) e quente, lava-se exaustivamente com água e mede-se a quantidade necessária para encher o tubo de combustão. Coloca-se a quantidade medida numa suspensão aquosa, densa, de 72 g de nitrato de tório tetra-hidratado e aquece-se num disco de evaporação aberto, com agitação até evaporar toda a água.

C) Outros métodos de preparação, ver referências.[17,153,167,266,286]

X.9 – ÁCIDOS

X.9.1 – *Ácido capróico/ácido hexanóico*/$CH_3(CH_2)_4COOH$

Ponto de ebulição:	205,35°C
Ponto de congelação:	–3,9°C
d_4^{15}:	0,93136, d_4^{25}: 0,9230, d_4^{30}: 0,91832
n_D^{15}:	1,41877, n_D^{25}: 1,41489
Solubilidade em água (20°C):	0,968 g/100 g

Método de preparação

Pode-se produzir o ácido capróico pela saponificação de butilmalonato de alquila seguida de acidificação, em um rendimento de 74%.[54]

Método de purificação

Seca-se o ácido capróico (**corrosivo, tóxico; disp. A**), destila-se fracionadamente e recolhe-se a fração de ponto de ebulição 203°C (756 mm Hg). Esta fração é usada em medidas de constantes físicas.[327]

X.9.2 – *Ácido oléico*/$C_8H_{17}CH=CH(CH_2)_7COOH$

Ponto de ebulição:	360,0°C
Ponto de fusão:	16°C
d_4^{20}:	0,8906, d_4^{25}: 0,8870, d_4^{30}: 0,8836
n_D^{30}:	1,4571

Métodos de preparação e purificação

A) Desacidifica-se continuamente o óleo de oliva (**disp. A**) em coluna cheia de pedaços de vidro ou anéis de Raschig, usando-se álcool a 96%. A camada alcoólica contém 75 a 90,5% de ácido oléico.[250]

B) Pode-se separar o ácido oléico de ácido linoléico e ácidos saturados pela cristalização em acetona nas temperaturas de -20, -40 e -60°C. Os ácidos saturados restantes podem ser precipitados pelo acetato de chumbo (**cancerígeno; disp. L**) em meio alcoólico. Destila-se o produto a vácuo (1 mm Hg) em coluna de 1,2 m de altura e 2,5 cm de diâmetro, cheia de bolas de vidro de 5 mm de diâmetro. O ácido produzido tem um grau de pureza de 97,8% determinado através do índice de iodo e de tiocianogênio.[164]

X.10 – ÉSTERES

X.10.1 – *Formiato de n-propila*/$HCOOCH_2CH_2CH_3$

Ponto de ebulição:	81,3°C
Ponto de congelação:	–92,9°C
d_4^{20}:	0,90060, d_4^{40}: 0,87725
n_D^{20}:	1,37693
Ponto azeotrópico com água:	71,6°C (97,7% em peso)

Método de preparação

Refluxam-se 46 g (38 mL) de ácido fórmico (**corrosivo; disp. C**) e 30 g (37,5 mL) de n-propanol (**inflamável, irritante; disp. D**) durante 24 horas e, então, transfere-se para um frasco de Claisen com coluna de fracionamento. Destilam-se e recolhem-se as frações de formiato de n-propila bruto, acima de 86°C. Lava-se o destilado com solução saturada de bicarbonato de sódio e satura-se com sal antes de tirar a camada de éster (**inflamável, irritante; disp. D**). Rendimento: 28 g.[38]

Método de purificação
Agita-se formiato de n-propila (**inflamável, irritante; disp. D**) de ponto de ebulição abaixo de 85°C com solução saturada de cloreto de sódio e solução saturada de bicarbonato de sódio em presença de cloreto sólido. Seca-se com sulfato de magnésio anidro (**disp. N**) e destila-se. O produto obtido pode ser usado em medida de constantes físicas.[324]

X.10.2 – *Acetato de n-propila*/$CH_3COOCH_2CH_2CH_3$

Ponto de ebulição:	101,548°C
Ponto de congelação:	–95°C
d_4^{20}:	0,8867, d_4^{25}: 0,88303
n_D^{20}:	1,38442
Solubilidade em água (20°C):	1,89 g/100 mL
Ponto azeotrópico com água:	82,2°C (86% em peso)

Método de preparação
Aquece-se, em refluxo, a mistura de 40 g de 1-propanol (**inflamável, irritante; disp. D**), 120 g de ácido acético glacial (**corrosivo; disp. C**) e 2 g de ácido sulfúrico (**oxidante, corrosivo; disp. N**) durante 12 horas. Em seguida, adiciona-se mesma quantidade de água e deixa-se separar o éster (**inflamável; disp. D**).[324]

Método de purificação
Pode-se aplicar a mesma forma de purificação do formiato de n-propila.[324]

X.10.3 – *Acetato de isopropila*/$CH_3COOCH(CH_3)_2$

Ponto de ebulição:	88,2°C
Ponto de congelação:	–73,4°C
d_4^{20}:	0,9116, d_4^{20}: 0,8718
n_D^{20}:	1,37730
Solubilidade em água (20°C):	2,9% em peso
Ponto azeotrópico com água:	76,6°C (89,4% em peso)

Método de preparação:
Refluxam-se 40 g (51 mL) de isopropanol, 160 g de ácido acético glacial (**corrosivo; disp. C**) e 2 g de ácido sulfúrico concentrado (**oxidante, corrosivo; disp. N**) durante 18 horas. Adiciona-se mesma quantidade de água, satura-se com sal para isolar o éster, bruto e trata-se o éster cru (**inflamável; disp. D**) com solução saturada de bicarbonato de sódio até cessar a efervescência. Em seguida, satura-se com sal, separa-se

o éster e seca-se com sulfato de sódio (**irritante; disp. N**) (ou magnésio (**disp. N**)) anidro. Rendimento: 36 g.[38]

Método de purificação

Agita-se o acetato de isopropila (**inflamável; disp. D**) com solução de carbonato de potássio (50 g/100 mL) para eliminar os ácidos e, então, com solução concentrada de cloreto de cálcio (100 g/100 mL) para eliminar o álcool. Deixa-se decantar durante uma noite com cloreto de cálcio anidro (**irritante; disp. O**) e em seguida destila-se cuidadosamente.
Recolhe-se a fração (**inflamável; disp. D**) de ponto de ebulição: 88,2 ± 0,1°C. O produto obtido pode ser usado em medida de pressão de vapor.[324]

X.10.4 – *Isovalerato de etila*/$(CH_3)_2CHCH_2COOCH_2CH_3$

Ponto de ebulição:	134,7°C
Ponto de congelação:	–99,3°C
d_4^{20}:	0,86565, d_4^{40}: 0,84565
n_D^{20}:	1,39621, n_D^{25}: 1,3975
Ponto azeotrópico com água:	92,2°C (69,8% em peso)

Método de preparação

Deixa-se aquecer em refluxo a mistura de 51 g de ácido isovalérico (**tóxico, corrosivo; disp. A**), 11 g de álcool etílico absoluto (**inflamável, tóxico; disp. D**) e 1 g de ácido sulfúrico concentrado (**oxidante, corrosivo; disp. N**) durante 20 horas na temperatura de 155°C.[324]

Método de purificação

Lava-se isovalerato de etila (**inflamável; disp. D**) com solução saturada de bicarbonato de sódio e, em seguida, com solução de cloreto de sódio. Seca-se e destila-se.[324]

X.10.5 – *Benzoato de metila*/$C_6H_5COOCH_3$

Ponto de ebulição:	199,50°C
Ponto de congelação:	(estável) –12,10°C- 13,9°C
d_4^{15}:	1,09334, d_4^{30}: 1,07901
n_D^{15}:	1,52049, n_D^{20}: 1,51701
Ponto azeotrópico com água:	99,08°C (20,8% em peso)

Método de preparação e purificação

Ferve-se em refluxo a mistura de 10 g de ácido benzóico (**irritante; disp. A**), 25 mL de metanol (**inflamável, tóxico; disp. D**) e 3 mL de ácido sulfúrico concentrado (**oxidante, corrosivo; disp. N**) durante 1 hora. Deixa-se esfriar e decanta-se num funil de separação, o qual contém 50 mL de água. Extrai-se com 35 mL de éter etílico (**inflamável, irritante; disp. D**) e rejeita-se a camada aquosa. Lava-se com 25 mL de água e em seguida, com 25 mL de bicarbonato de sódio, repetidas vezes. Finalmente, lava-se com solução saturada de cloreto de sódio e então, filtra-se a camada etérica passando sobre sulfato de sódio (**irritante; disp. N**). Elimina-se o éter etílico e adicionam-se 2 a 3 g de sulfato de sódio anidro. Após a decantação, destila-se fracionadamente e recolhe-se o benzoato (**irritante; disp. C**) na fração de ponto de ebulição acima de 190°C. Rendimento: 8 g.[324]

Ensaio para determinação do grau de pureza

Curva do ponto de congelação.[116]

X.10.6 – *Acetato de benzila*/$CH_3COOCH_2C_6H_5$

Ponto de ebulição:	213,5°C
Ponto de congelação:	–51,5°C
d_4^{20}:	1,055, d_4^{45}: 1,033
n_D^{20}:	1,5200
Solubilidade em água:	quase insolúvel
Ponto azeotrópico com água:	99,60°C (12,5% em peso)

Método de preparação e purificação

Misturam-se 31 g (29,5 mL) de álcool benzílico (**irritante; disp. A**) e 45 g (43 mL) de ácido acético glacial (**corrosivo; disp. C**) num frasco de fundo redondo de 500 mL. Adiciona-se 1 mL de ácido sulfúrico concentrado (**oxidante, corrosivo; disp. N**) e alguns pedaços de pedra porosa. Adapta-se o condensador de refluxo e deixa-se ferver durante 9 horas. Joga-se a mistura da reação em 200 mL de água contida num funil de separação, adicionam-se 10 mL de tetracloreto de carbono (**tóxico,**

cancerígeno; disp. B; N. R.- solvente de uso restrito. Deve-se estudar a possibilidade de substituí-lo por outro.) e agita-se. Separa-se a camada inferior e rejeita-se a camada aquosa superior. Devolve-se a camada inferior ao funil e lava-se com água, solução concentrada de bicarbonato de sódio e água, nessa ordem. Seca-se com 5 g de sulfato de magnésio anidro (**disp. N**) e destila-se em pressão atmosférica com o auxílio de banho de ar. Recolhem-se as frações (**irritante; disp. A**) de p. e. 213 a 215°C. Rendimento: 16 g.[38]

X.10.7 – *Benzoato de etila*/$C_6H_5COOCH_2CH_3$

Ponto de ebulição:	212,40°C
Ponto de congelação:	–34,7°C
d_4^{15}:	1,05112, d_4^{30}: 1,03718
n_D^{15}:	1,50748, n_D^{20}: 1,50519
Ponto azeotrópico com água:	99,40°C (16,0% em peso)

Método de preparação e purificação

Aquece-se em refluxo a mistura de 30 g de ácido benzóico (**irritante; disp. A**), 100 mL de etanol (**inflamável, tóxico; disp. D**) e 3 mL de ácido sulfúrico concentrado (**oxidante, corrosivo; disp. N**) durante 4 horas. Elimina-se a maior parte de etanol por destilação, dilui-se com 300 mL de água e extrai-se com éter etílico (**inflamável, irritante; disp. D**). Lava-se a solução extraída com solução de carbonato de sódio e seca-se com sulfato de sódio (**irritante; disp. N**) durante uma noite. Elimina-se o éter etílico e destila-se cuidadosamente o éster (**disp. C**). Rendimento: 30 g.[324]

X.10.8 – *Benzoato de n-propila*/$C_6H_5COOC_3H_7$

Ponto de ebulição:	231,2°C
Ponto de congelação:	–51,6°C
d_4^{15}:	1,0274, d_4^{20}: 1,0232
n_D^{15}:	1,50139, n_D^{20}: 1,50031
Ponto azeotrópico com água:	99,70°C (9,1% em peso)

Método de preparação e purificação

Aquece-se, em refluxo, a mistura de 30,5 g de ácido benzóico (**irritante; disp. A**), 30 g de 1-propanol puro (**inflamável, irritante; disp. D**), 50 mL de benzeno (**inflamável, cancerígeno; disp. D**; N. R.- solvente de uso restrito. Deve-se estudar a possibilidade de substituí-lo por outro), previamente secado com sódio metálico (**inflamável; disp. G**), e ácido sulfúrico concentrado (**oxidante, corrosivo; disp. N**) durante 35 horas. Pode-se obter benzoato de n-propila puro por destilação. Rendimento: 37 g.[324]

X.10.9 – *Oxalato de dietila*/$(COOC_2H_5)_2$

Ponto de ebulição:	185,4°C
Ponto de congelação:	–40,6°C
d_4^{15}:	1,08426, d_4^{30}: 1,06687
n_D^{15}:	1,41239, n_D^{20}: 1,41023

Métodos de preparação e purificação

A) Pode-se obter o oxalato de dietila (**tóxico, irritante; disp. C**) por passagem de vapores de álcool sobre ácido oxálico (**tóxico, corrosivo; disp. A**) até terminar a destilação de água.[120]

B) Ferve-se em refluxo a mistura de 825 g de ácido oxálico seco (**tóxico, corrosivo; disp. A**) e 825 g etanol (**inflamável, tóxico; disp. D**) e 97% durante 4 horas. Eliminam-se as frações que destilam até 110°C e adiciona-se etanol na mesma quantidade que foi destilada. Aquece-se em refluxo durante mais 4 horas e destila-se. Recolhe-se a fração de p. e. 180 a 190°C, eliminando-se a fração inicial (etanol) e a fração intermediária de p. e. 145 a 157°C (formiato de etila). Obtêm-se cerca de 750 g de éster (**tóxico, irritante; disp. C**) e destila-se fracionadamente para que se consiga o éster puro.[141]

C) Seca-se o ácido oxálico di-hidratado (**tóxico, corrosivo; disp. A**) a 105°C durante 6 horas, obtendo-se ácido oxálico anidro. Ferve-se, em refluxo, a mistura de 1 mol de ácido oxálico anidro, 2,5 a 3,5 moles de álcool absoluto (**inflamável, tóxico; disp. D**), 2 vezes o volume do álcool usado em benzeno (**inflamável, cancerígeno; disp. D**; N. R.- solvente de uso restrito. Deve-se estudar a possibilidade de substituí-lo por outro.) seco comercialmente puro e 60% em peso do ácido oxálico usado em ácido sulfúrico concentrado (**oxidante, corrosivo; disp. N**), durante 6 a 12 horas (recomendam-se 20 a 34 horas). Despeja-se em grande excesso de água, separa-se a camada de benzeno, extrai-se a camada aquosa com éter etílico e junta-se o extrato etérico com a camada de benzeno. Lava-se o extrato em benzeno-éter com solução saturada de bicarbonato de sódio (aquosa) até que fique livre de ácidos e então, com água. Seca-se com sulfato de magnésio anidro (**disp. N**) e destila-se o éster (**tóxico, irritante; disp. C**).[324]

X.10.10 – *Borato de tri-n-butila*/$(C_4H_9O)_3B$

Ponto de ebulição:	232,4°C
Ponto de congelação:	< -70°C
d_4^{20}:	0,8580, d_4^{25}: 0,8535
n_D^{20}:	1,4092, n_D^{25}: 1,4071, n_D^{30}: 1,4051

As principais impurezas em borato de butila são 1-butanol e ácido bórico, provenientes da hidrólise. Este éster hidroliza-se facilmente em contato com a umidade atmosférica. Sua purificação tem que ser feita em sistema fechado, transferindo-se o éster seco diretamente para um recipiente seco.

Método de preparação

Ferve-se em refluxo a mistura de 124 g (2 mol) de ácido bórico (**disp. N**), 666 g de n-butanol (**inflamável, irritante; disp. D**) (9 mol), e 2 a 3 pedaços de pedra de ebulição, num frasco de 2 L. Deixa-se destilar 90 a 100 mL por hora, mantendo a temperatura de 91°C. Após duas horas de destilação azeotrópica, separa-se o n-butanol da água e seca-se com carbonato de potássio (**irritante; disp. N**) ou sulfato de magnésio (**disp. N**). Volta-se o n-butanol ao frasco de destilação e continua-se a reação-destilação durante 4 horas (temperatura de vapor 110 a 112°C). Elimina-se, por destilação, a vácuo o n-butanol que não reagiu e destila-se o borato de tri-n-butila (**disp. A**) fracionadamente (p. e. 103 a 105°C/8 mm Hg, 114 a 115°C/15 mm Hg). Rendimento: 410 a 435 g (89 a 94%). Destila-se mais uma vez para eliminar n-butanol completamente e recolhe-se a fração, rejeitando-se 4 a 6 mL de fração inicial. Rendimento: 400 a 425 g (87 a 92%).[91]

Método de purificação

Destila-se borato de tri-n-butila (**disp. A**) comercial fracionadamente a vácuo de 25 mm Hg. Elimina-se a fração intermediária, usando uma relação de refluxo de 20:1. O produto obtido pode ser usado na medida de constantes físicas.[315]

X.11 – HIDROCARBONETOS HALOGENADOS

X.11.1 – *Fluorobenzeno/fluoreto de fenila/*C_6H_5F

Ponto de ebulição:	84,75°C
Ponto de congelação:	–42,06°C
d_4^{20}:	1,0240, d_4^{30}: 1,0066
n_D^{20}:	1,46573, n_D^{30}: 1,4610

Métodos de preparação

A) Adicionam-se 60 mL de ácido fluorídrico a 40% (**tóxico, corrosivo; disp. F**) na solução de diazocloreto, a qual pode ser preparada reagindo-se 20 g de anilina (**tóxico, cancerígeno; disp. C**), 40 mL de ácido clorídrico concentrado (**corrosivo; disp. N**) e 15 g de $NaNO_2$ (**tóxico, oxidante; disp. N**). A maior parte de borofluoreto de diazofenila separa-se em forma pastosa. Deixa-se repousar algum tempo, recolhe-se o sal-diazo por filtração e umedece-se com pequena quantidade de ácido fluorídrico. Em seguida, lava-se com álcool e éter etílico (**inflamável, irritante; disp. D**). Mergulham-se os cristais limpos em grande excesso de ácido fluorídrico durante 3 horas e filtra-se. Obtêm-se cerca de 27,2 g de sal-diazo (rendimento: 63%). Secam-se 10 g de sal-diazo em dessecador durante uma noite e destila-se. Absorve-se o BF_3 em solução de hidróxido de sódio e em seguida, recolhe-se a fração de p. e. 75 a 87°C. Lava-se esta fração com solução de hidróxido de sódio, seca-se com Na_2SO_4 anidro (**irritante; disp. N**) e destila-se. Obtêm-se cerca de 4,8 g de óleo (**inflamável; disp. D**) que destila a 85°C (rendimento quase 100%).

B) Colocam-se 415 g de cloridrato de anilina numa solução de 330 mL de ácido clorídrico concentrado (**corrosivo; disp. N**) em 270 mL de água. Faz-se a diazotação com solução de nitrito de sódio (**tóxico, oxidante; disp. N**) (240 g dissolvidos em 300 mL de água) numa temperatura de -3 a -5°C. Em seguida, adiciona-se a solução de tetrafluoroborato de sódio ($NaBF_4$; **corrosivo; disp. O**) (380 g dissolvidos em 1600 mL de água), durante cerca de 20 minutos e com agitação contínua. Obtêm-se cristais esverdeados por precipitação gradativa. Filtra-se, retirando-se o máximo possível de água, lava-se com éter etílico (**inflamável, irritante; disp. D**) e seca-se espontaneamente. Obtêm-se cerca de 500 g de sal-diazo de fluoroborato. Decompõe-se por aquecimento direto num frasco de 2 L com condensador descendente. Recolhe-se a fração de fluorobenzeno e lava-se uma vez com hidróxido de sódio e em seguida com água.

Seca-se e destila-se. Obtêm-se 225 g de fração (**inflamável; disp. D**) de p. e. 84 a 85°C (73%).

Métodos de purificação

A) Destila-se fracionadamente o produto comercial (**inflamável; disp. D**), obtendo-se um grau de pureza de 99,9%.[303]

B) Pode-se obter o fluorobenzeno puro (**inflamável; disp. D**) para uso em medida de momento-dipolar por destilação fracionada usando-se tubo de Widmer de 60 cm de comprimento e recolhendo-se a fração intermediária de p. e. 84,74 a 84,76°C (760 mm Hg).[249]

Ensaio para determinação do grau de pureza

Ponto de congelação.

X.11.2 – *Cloreto de etila/cloroetano*/CH_3CH_2Cl

Ponto de ebulição:	12,27°C
Ponto de congelação:	–138,30°C
d_4^0:	0,92390

O cloreto de etila comercial, em geral, é produzido por um dos três métodos seguintes: 1) adição de cloreto de hidrogênio (**tóxico; disp. K**) ao etileno; 2) cloração de etanol e 3) reação de etanol e cloreto de hidrogênio. O primeiro método é usado mais comumente. O cloreto de etila tem um grau de pureza de 99%, no mínimo.

Métodos de purificação

A) Deixam-se passar vapores de cloreto de etila (**inflamável, irritante; disp. D**) em ácido sulfúrico para obtenção do produto seco e livre de álcool.[156]

X.11.3 – *Cloreto de n-butila/1-clorobutano*/$CH_3(CH_2)_2CH_2Cl$

Ponto de ebulição:	78,44°C
Ponto de congelação:	–123,1°C
d_4^{15}:	0,89197, d_4^{20}: 0,8864, d_4^{30}: 0,87549
n_D^{20}:	1,40211, n_D^{25}: 1,39953
Solubilidade:	cloreto de n-butila/água (20°C): 0,11% em peso
Solubilidade:	água/cloreto de n-butila (20°C): 0,08% em peso
Ponto azeotrópico com água:	68,1°C (93,4% em peso)

Método de preparação

Colocam-se 272 g (2 mol) de cloreto de zinco anidro (**tóxico, irritante; disp.L**) e 74 g (1 mol) de n-butanol (**inflamável, irritante; disp. D**) em 190 g (160 mL, 2 mol) de ácido clorídrico concentrado (**corrosivo; disp. N**) frio e deixa-se ferver em refluxo durante 3,5 a 4,0 horas. Após o resfriamento, separa-se a camada superior, coloca-se num frasco de destilação juntamente com o mesmo volume em ácido sulfúrico (**oxidante, corrosivo; disp. N**) e deixa-se ferver em refluxo fechando-se o tubo lateral durante 30 minutos (a fim de eliminar impurezas de alto ponto de ebulição que são difíceis de eliminar pela destilação fracionada). Em seguida, destila-se. Lava-se o cloreto destilado (**irritante; disp. D**) com água, seca-se com $CaCl_2$ (**irritante; disp. O**) e destila-se fracionadamente. Ponto de ebulição 76 a 78°C; rendimento 59 a 61 g (64 a 66%).[235]

Método de purificação

Ferve-se o produto comercial (**irritante; disp. D**), em refluxo, com ácido sulfúrico concentrado (**oxidante, corrosivo; disp. N**), em seguida destila-se, lava-se com água diversas vezes e seca-se com 2 porções de $CaCl_2$ (**irritante; disp. O**). Finalmente, destila-se fracionadamente. O produto obtido pode ser usado em medida do momento dipolar.[301]

Ensaios para determinação do grau de pureza

Ponto de ebulição, índice de refração.[298]

X.11.4 – *Cloreto de terc-butila*/$(CH_3)_3CCl$

Ponto de ebulição:	50,4°C
Ponto de congelação:	–24,6°C
d_4^0:	0,86523, d_4^{15}: 0,84739, d_4^{30}: 0,82936
n_D^{20}:	1,38564

Método de preparação

Colocam-se 74 g (95 mL, 1 mol) de terc-butanol (**inflamável; disp. D**) e 247 mL (3 mol) de ácido clorídrico concentrado (**corrosivo; disp. N**) num funil de separação de 500 mL. Agita-se bem e deixa-se decantar durante 15 a 20 minutos. Separa-se a camada superior, lava-se com solução aquosa de bicarbonato de sódio a 5%, em seguida, com água até completa neutralização, seca-se com 10 g de $CaCl_2$ (**irritante; disp. O**) e destila-se fracionadamente o produto (**inflamável; disp. D**). Ponto de ebulição: 49,5 a 52°C. Rendimento 72 a 82 g (78 a 88%).[52]

Métodos de purificação:

A) Lava-se o produto comercial (**inflamável; disp. D**) com água gelada, seca-se com cloreto de cálcio fundido (**irritante; disp. O**) e destila-se fracionadamente. Ponto de ebulição: 50,5°C. Ponto de congelação: –25,4°C. n_D^{20}: 1,38786.[317]

B) Destila-se o produto comercial (**inflamável; disp. D**) recolhendo-se a fração de p. e. 50,3 a 50,5°C e deixa-se cristalizar fracionadamente seis vezes. Finalmente, seca-se com cloreto de cálcio (**irritante; disp. O**) e pequena quantidade de óxido de cálcio (**irritante; disp. O**) e então destila-se fracionadamente. Ponto de ebulição: 50,4°C; ponto de congelação: –25,4°C; n_D^{20}: 1,3852. O produto obtido pode ser usado na medida de constantes de equilíbrio.[186]

Ensaios para determinação do grau de pureza

Ponto de ebulição, ponto de congelação e índice de refração.[317,186]

X.11.5 – *1,1-Dicloreto de etila/1,1-dicloroetano*/CH_3CHCl_2

Ponto de ebulição:	57,31°C
Ponto de congelação:	–96,6°C
d_4^{15}:	1,18350, d_4^{30}: 1,16010
n_D^{15}:	1,41975
Solubilidade em água (25°C):	0,506 g/100 g

Método de preparação

Trata-se o paraformaldeído (**irritante; disp. C**) com P_2O_5 (**corrosivo; disp. N**) e agita-se o produto formado com ácido sulfúrico concentrado (**oxidante, corrosivo; disp. N**) ou solução aquosa de permanganato de potássio (**irritante, oxidante; disp. J**). Em seguida destila-se fracionadamente, recolhendo-se a fração (**inflamável, irritante; disp. D**) de p. e. 58,0 a 58,7°C.[68]

Métodos de purificação

A) Seca-se o produto comercial (**inflamável, irritante; disp. D**), de boa qualidade, com carbonato de potássio anidro (**irritante; disp. N**) e destila-se fracionadamente com Drierite (**disp. O**), usando-se coluna tipo Dufton.[237]

B) Lava-se o produto comercial (**inflamável, irritante; disp. D**) com solução saturada de bicarbonato de sódio repetidas vezes e então com água. Seca-se e destila-se fracionadamente.[329]

C) Destila-se fracionadamente o dicloreto de etila (**inflamável, irritante; disp. D**) repetidas vezes, até que a densidade e o ponto de ebulição fiquem constantes. Podem-se obter 200 g de dicloreto de etila puro, partindo-se de 500 g de produto comercial.[310]

X – 11.6 – *Pentacloreto de etila/pentacloroetano*/$CHCl_2CCl_3$

Ponto de ebulição:	162,00°C
Ponto de congelação:	–29,0°C
d_4^{0}:	1,71100, d_4^{15}: 1,68813, d_4^{30}: 1,66530
n_D^{15}:	1,50542
Solubilidade:	pentacloreto de etila/água (25.°C): 0,05 g/100 g
Solubilidade:	água/pentacloreto de etila (25°C): 0,03 g/100 g
Ponto azeotrópico com água:	95,8°C (64,9% em peso)

O pentacloreto de etila (**tóxico, cancerígeno; disp. A**) é produzido, comercialmente, pela cloração de tricloroetileno (**irritante, cancerígeno; disp. A**). O produto bruto contém cerca de 5% de tricloroetileno que não reagiu. Este material não pode ser destilado na pressão atmosférica porque sofre decomposição.

Métodos de purificação

A) Trata-se o pentacloreto de etila (**tóxico, cancerígeno; disp. A**) com solução de carbonato de potássio e seca-se com carbonato de potássio anidro (**irritante; disp. N**). Destila-se fracionadamente sob pressão reduzida e, em seguida, destila-se a fração intermediária sob pressão atmosférica. Pode-se usar a fração de ponto de ebulição 157,5 a 158,5°C para medida de constante dielétrica após secagem com carbonato de potássio anidro (**irritante; disp. N**).[332]

B) Lava-se o produto comercial (**tóxico, cancerígeno; disp. A**) com ácido sulfúrico (**oxidante, corrosivo; disp. N**) repetidas vezes, destila-se a vapor e, então, destila-se fracionadamente, usando-se coluna de 30 pratos. Recolhe-se a fração intermediária que destila numa faixa de 0,2°C e guarda-se com sulfato de cálcio anidro (**disp. O**). Essa fração pode ser usada em medida de configuração rotatória e momento-dipolar.[307]

C) Pode-se purificar o pentacloreto de etila (**tóxico, cancerígeno; disp. A**) por agitação com ácido sulfúrico concentrado (**oxidante, corrosivo; disp. N**) e destilação fracionada. O produto obtido pode ser usado em estudos cinéticos.[69]

X.11.7 – *1,2-Dicloroetileno (cis- e trans-)*/ HCCl=HCCl / ClCH=HCCl

	cis-1,2-Dicloroetileno	*trans-1,2-Dicloroetileno*
Ponto de ebulição:	60,36°C	47,67°C
Ponto de congelação:	– 80,0°C	– 49,8°C
	d_4^{15}: 1,2896,	d_4^{15}: 1,2650,
	d_4^{20}: 1,2818,	d_4^{20}: 1,2546
	d_4^{25}: 1,2736	n_D^{15}: 1,45189,
	n_D^{15}: 1,44903	n_D^{20}: 1,4462
Ponto azeotrópico com água:	55,3°C (96,65%)	45,3°C (98,1% em peso)

O 1,2-dicloroetileno comercial (**inflamável; disp. D**) é uma mistura de isômeros cis e trans. Existe certa confusão nos dados bibliográficos sobre as formas de cis e trans. Considera-se como forma cis o isômero que tem ponto de ebulição em cerca de 60°C. Os isômeros apresentam diferença de cerca de 12°C entre os pontos de ebulição e portanto podem ser separados com boa pureza por destilação fracionada.

Métodos de purificação

A) Agita-se o produto cis (**inflamável; disp. D**) com mercúrio (**tóxico; disp. P**), seca-se com carbonato de potássio anidro (**irritante; disp. N**) e destila-se fracionadamente, usando-se coluna de Dufton com Drierite; ponto de ebulição: 60,33 a 60,38°C.[237] O produto obtido pode ser usado em medidas de constante dielétrica e momento dipolar.

B) Pode-se separar o isômero cis do produto comercial (**inflamável; disp. D**) pela destilação fracionada em presença de carbonato de potássio (**irritante; disp. N**) fundido. Ponto de ebulição: 59 a 61°C; condutância específica a 25°C: 8,5 × 10^{-9} ohm.[334]

X.11.8 – *Tetracloreto de etileno*/$CCl_2{=}CCl_2$

Ponto de ebulição:	121,20°C
Ponto de congelação:	–22,35°C
d_4^0:	1,65582, d_4^{15}: 1,63109, d_4^{30}: 1,60640
n_D^{15}:	1,50759, n_D^{20}: 1,50566
Solubilidade:	tetracloroetileno/água (25°C): 0,015 g/100 g
Solubilidade:	água/tetracloroetileno (25°C): 0,0105 g/100 g
Ponto azeotrópico com água:	87,7°C (84,2% em peso)

O tetracloroetileno (**cancerígeno, irritante; disp. A**) é produzido comercialmente por diversos métodos e as impurezas que contém, dependem do processo que foi usado para a produção.

Um dos processos é a decomposição térmica de tetracloreto de carbono (**tóxico, cancerígeno; disp. B**) produzindo, principalmente, o tetracloroetileno e pequena quantidade de hexacloroetano. Outro processo é a partir do pentacloroetano.

O tetracloroetileno é conhecido com diversos nomes comerciais: Blaco solv. n.° 2; Dee-Solv; Midsolv; Perclene; Percosolv; Perex; Perm-A-Klean; Phillsolv e Tetranec. É um excelente solvente e também menos reativo que outros hidrocarbonetos halogenados. É oxidado a fosgênio e ácido tricloroacético quando nas condições de estocagem do clorofórmio. Pode-se usar etanol, éter etílico e timol como retardadores de oxidação.

Métodos de purificação

A) Trata-se o produto comercial (**cancerígeno, irritante; disp. A**) com carbonato de sódio (**irritante; disp. N**) e destila-se fracionadamente até que a densidade fique constante.[312]

B) Seca-se o produto comercial (**cancerígeno, irritante; disp. A**) com sulfato de sódio (**irritante; disp. N**) ou cloreto de cálcio (**irritante; disp. O**) e destila-se fracionadamente.[332,238]

C) Destila-se o produto (**cancerígeno, irritante; disp. A**) a vácuo para evitar a formação de fosgênio e guarda-se em lugar escuro, cortando-se o contato com o ar.[85]

D) Pode-se eliminar o 1,1,2-tricloroetano e 1,1,1,2-tetracloroetano presentes em tetracloreto de etileno (**cancerígeno, irritante; disp. A**) pela extração contra-corrente, usando-se mistura de etanol-água. O material puro é mais estável à luz, calor, umidade e oxidação.[150]

Ensaios para determinação do grau de pureza

Densidade,[312] identificação de fosgênio e ácido tricloroacético.[63,64]

X.11.9 – *Brometo de etila/bromoetano*/CH_3CH_2Br

Ponto de ebulição:	38,386°C
Ponto de congelação:	–118,6°C
d_4^0:	1,50136, d_4^{15}: 1,47080, d_4^{30}: 1,44030
n_D^{15}:	1,42756, n_D^{20}: 1,42481
Ponto azeotrópico com água:	37°C (98,7% em volume)

Métodos de preparação

A) Colocam-se 1,1 kg de gelo em pedaços e 1 kg (314 mL, 6,25 mol) de bromo (**muito tóxico, oxidante; disp. J**) num frasco de 5 L e deixa-se reduzir com gás sulfuroso (**disp. K**). Adicionam-se 500 g (622 mL, 10 mol) de etanol a 95% (**inflamável, tóxico; disp. D**) e coloca-se um condensador de destilação. Adiciona-se, gradativamente, 1 kg (544 mL) de ácido sulfúrico concentrado (**oxidante, corrosivo; disp. N**) através de funil de separação. Deixa-se destilar vagarosamente sem aquecimento (brometo de etila (**tóxico; disp. K**) é volátil) e recolhe-se num frasco contendo água com gelo (rendimento: 1.055 g). Lava-se com água, ácido sulfúrico concentrado (**oxidante, corrosivo; disp. N**) e solução de carbonato de sódio, nessa ordem. Seca-se com cloreto de cálcio (**irritante; disp. O**) e destila-se fracionadamente em banho-maria. Ponto de ebulição: 38,5 a 39,5°C; rendimento: 980 a 1.035 g (90 a 95%).[51]

B) Pode-se preparar o brometo de etila (**tóxico; disp. K**) pesando-se etanol e Br_2 (**muito tóxico, oxidante; disp. J**) com o rendimento de 90 a 95%.[200]

C) Pode-se preparar o brometo de etila (**tóxico; disp. K**) a partir de p-toluenossulfonato de etila (**irritante; disp. A**) e brometo de potássio (**disp. N**).[284]

Métodos de purificação

A) Lava-se o brometo de etila comercial (**tóxico; disp. K**) com ácido sulfúrico concentrado (**oxidante, corrosivo; disp. N**) repetidas vezes, e em seguida, com água até completar eliminação do íon sulfato. Seca-se com cloreto de cálcio fundido (**irritante; disp. O**) e destila-se fracionadamente. Ponto de ebulição: 38,3 a 38,4°C.[296]

B) Pode-se purificar o brometo de etila (**tóxico; disp. K**) de ponto de ebulição de 38,5 a 39,5°C da seguinte maneira: agita-se com uma mistura de ácido sulfúrico (**oxidante, corrosivo; disp. N**) e bromoetanol (**tóxico, corrosivo; disp. C**) (1:5 em volume) durante 2 horas. Em seguida, lava-se o material livre de álcool com solução de bicarbonato de sódio a 5% e água diversas vezes. Agita-se com cloreto de cálcio (**irritante; disp. O**) e seca-se com Drierite (**disp. O**) durante uma noite. Ferve-se em refluxo em coluna de 25 pratos durante 2 horas e, em seguida, destila-se fracionadamente recolhendo-se fração de ponto de ebulição variando de 0,1°C ou, então, de densidade constante.[51,281]

Ensaio para determinação do grau de pureza

Densidade.[311]

X.11.10 – *Bromobenzeno/brometo de fenila*/C_6H_5Br

Ponto de ebulição:	155,908°C
Ponto de congelação:	–30,82°C
d_4^{15}:	1,50170, d_4^{25}: 1,48820, d_4^{30}: 1,48150
n_D^{15}:	1,56252
Solubilidade em água (30°C):	0,446 g/1.000 g

Método de preparação

Colocam-se 90 mL (1 mol) de benzeno (**inflamável, cancerígeno; disp. D**) e 2 g de ferro em pó num frasco de 500 mL munido de um funil de separação esmerilhado e de um condensador. Adicionam-se 160 g (53 mL) de bromo (**muito tóxico, oxidante; disp. J**) gradativamente, e deixa-se reagir controlando-se a velocidade de gotejamento (absorve-se o gás formado (**corrosivo; disp. K) em água**). Ao terminar a reação, aquece-se em banho-maria e transfere-se o conteúdo para outro frasco. Destila-se com vapor e quando o p-dibromobenzeno começar a cristalizar no condensador, troca-se o recebedor. Separa-se o bromobenzeno (**irritante; disp. C**) (camada inferior), seca-se com $CaCl_2$ (**irritante; disp. O**) e destila-se; ponto de ebulição: 140 a 170°C. Destila-se fracionadamente o produto e recolhe-se a fração de ponto de ebulição de 152 a 158°C (rendimento: 70 a 80 g).[235]

Métodos de purificação

A) Pode-se aplicar a mesma forma de purificação do clorobenzeno.

B) Seca-se o produto comercial (**irritante; disp. C**) com cloreto de cálcio (**irritante; disp. O**) e destila-se fracionadamente.[191]
Faz-se a destilação fracionada usando-se coluna de 1,5 m de comprimento o produto obtido tem o grau de pureza acima de 99,9% calculado através da curva do ponto de congelação.[303]

Ensaios para determinação do grau de pureza

Curva do ponto de congelação, método de ebuliométrico diferencial.[303,116]

X.11.11 – *1,2-Dibrometo de etila/1,2-dibromoetano*/CH_2BrCH_2Br

Ponto de ebulição:	131,70°C
Ponto de fusão:	9,95°C
d_4^{25}:	2,1701, d_4^{30}: 2,1597
n_D^{15}:	1,54160
Solubilidade em água (25°C):	0,506 g/100 g

Método de preparação e purificação

Pode-se preparar o 1,2-dibrometo de etila (**cancerígeno, tóxico; disp. B**) usando-se ácido bromídrico a 48% (**tóxico, corrosivo; disp. N**), ácido sulfúrico concentrado (**oxidante, corrosivo; disp. N**) e 1,2-etanodiol. Lava-se o material bruto com ácido clorídrico concentrado (**corrosivo; disp. N**) (2 vezes), água, solução de bicarbonato de sódio e finalmente com água mais uma vez. Seca-se e destila-se.[325]

Métodos de purificação

A) Lava-se o produto comercial (**cancerígeno, tóxico; disp. B**) com ácido sulfúrico concentrado (**oxidante, corrosivo; disp. N**) a frio, solução de carbonato de sódio e água, nessa ordem. Seca-se com cloreto de cálcio anidro (**irritante; disp. O**), destila-se fracionadamente recolhendo-se a fração intermediária.[300]

B) Seca-se o 1,2-dibrometo de etila (**cancerígeno, tóxico; disp. B**) com pentóxido de fósforo (**corrosivo; disp. N**) e deixa-se cristalizar fracionadamente sob pressão reduzida, repetidas vezes, até que o ponto de fusão permaneça constante em 9,98°C. Em seguida, destila-se fracionadamente, diversas vezes, até que o ponto de fusão chegue a 10,06°C.[242]

C) Seca-se o 1,2-dibrometo de etila (**cancerígeno, tóxico; disp. B**) com cloreto de cálcio (**irritante; disp. O**), destila-se fracionadamente e seca-se com ácido sulfúrico concentrado (**oxidante, corrosivo; disp. N**) em dessecador durante 6 dias. Em seguida, deixa-se cristalizar fracionadamente.[247] O produto obtido pode ser usado em medida crioscópica.

D) Destila-se fracionadamente duas vezes usando-se coluna de 1,5 m de altura e recolhe-se a fração (**cancerígeno, tóxico; disp. B**) que destila numa faixa de 0,02°C. Deixa-se o produto cristalizar fracionadamente duas vezes e então destila-se. Este material puro tem grau de pureza de 99,92%.[271] O produto obtido pode ser usado em medida de calor específico.

Ensaios para determinação do grau de pureza
Quantidade de prefusão,[271] ponto de fusão.[242]

X.11.12 – *Iodeto de metila/iodometano*/CH_3I

Ponto de ebulição:	42,80°C
Ponto de congelação:	–64,45°C
d_4^{15}:	2,29300, d_4^{30}: 2,25102
n_D^{20}:	1,53152
Solubilidade em água (25°C):	0,506 g/100 g

Métodos de preparação

A) Dissolvem-se 180 g de iodeto de potássio (**disp. N**) em 180 mL de água e coloca-se num balão de destilação de 500 mL. Gotejam-se 145 g de sulfato de dimetila (**cancerígeno, tóxico; disp. C**) colocados num funil de separação e deixa-se destilar o iodeto de metila (**cancerígeno, tóxico; disp. A**). Recolhe-se num recipiente resfriado com agente frigorífico (água e cloreto de cálcio). Ao terminar a reação e destilação (1 hora), separa-se a camada de iodeto de metila, seca-se com sulfato de sódio anidro (**irritante; disp. N**) e destila-se fracionadamente. Pode-se obter 128 g de iodeto de metila de 43 a 44°C.[342]

B) Colocam-se 127 g de iodo (**corrosivo, lacrimogênio; disp. P**) e 35 g de metanol (**inflamável, tóxico; disp. D**) num balão de destilação de 300 a 500 mL com condensador de refluxo. Em seguida colocam-se 2 a 3 g de fósforo vermelho (**inflamável; disp. K**) e mistura-se cuidadosamente. Deixa-se reagir e destilar o iodeto de metila (**cancerígeno, tóxico; disp. A**). Se não começar reagir pela agitação do frasco, adicionam-se mais 6 a 7 g de fósforo vermelho. Se a reação ficar muito intensa, esfria-se o frasco com água. Aquece-se o frasco em banho-maria durante uma hora e, então, destila-se. Recolhe-se o iodeto de metila em água, separa-se e lava-se com solução diluída de hidróxido de sódio. Seca-se com cloreto de cálcio (**irritante; disp. O**) e destila-se fracionadamente, recolhendo-se a fração de p. e. 42 a 44°C. Rendimento: 133 g. Pode-se aplicar este método para preparação de n-C_3H_7I; i-C_3H_7I; n-C_4H_9I; i-C_4H_9I, etc.[23]

C) Pode-se obter o iodeto de metila (**cancerígeno, tóxico; disp. A**) usando-se 4 kg de iodo (**corrosivo, lacrimogênio; disp. P**), 200 mL de metanol (**inflamável, tóxico; disp. D**) e 200 g de fósforo vermelho (**inflamável; disp. K**) e amarelo, mantendo-se a temperatura de reação a 55°C.

O rendimento é 4.150 a 4.250 g (93 a 95%). Pode-se aplicar este método com pequenas modificações para preparação de outros iodetos de alquila, como iodeto de etila, etc.[92]

Método de purificação

Agita-se o iodeto de metila (**cancerígeno, tóxico; disp. A**) com solução diluída de carbonato de sódio, e então com água, repetidas vezes. Seca-se primeiramente com cloreto de cálcio (**irritante; disp. O**) e depois com pentóxido de fósforo (**corrosivo; disp. N**) durante 24 horas. Destila-se fracionadamente duas vezes. Pode-se aplicar este método de purificação para os outros iodetos de alquila. Os iodetos de alquila assim purificados poderão ser usados em medida de momento-dipolar.[105]

X.11.13 – *Iodeto de etila/iodoetano*/CH_3CH_2I

Ponto de ebulição:	72,30°C
Ponto de congelação:	–111,1°C
d_4^{15}:	1,94709, d_4^{20}: 1,9358, d_4^{30}: 1,91326
n_D^{15}:	1,51682, n_D^{20}: 1,51369
Solubilidade em água (30°C):	4,04 g/100 g
Ponto azeotrópico com água:	66°C (96 ~ 97% em volume)

Métodos de preparação

A) Colocam-se 5 g de fósforo vermelho (**inflamável; disp. K**) e 50 mL de etanol absoluto (**inflamável, tóxico; disp. D**) num frasco de 200 mL, adicionam-se pouco a pouco, durante 15 min, 50 g de iodo (**corrosivo, lacrimogênio; disp. P**) em pó, agitando-se de vez em quando. Durante esta adição, esfria-se com água se necessário. Deixa-se decantar durante 2 horas e, em seguida, aquece-se em banho-maria durante 2 horas. Após o aquecimento, deixa-se destilar o iodeto de etila (**corrosivo; disp. A**). Para eliminar etanol, coloca-se a fração marrom num funil de separação e lava-se diversas vezes com água, contendo algumas gotas de solução de bissulfito de sódio e, na lavagem final, colocam-se algumas gotas de solução de hidróxido de sódio para eliminar o iodo. Seca-se o óleo incolor com cloreto de cálcio em lentilha (**irritante; disp. O**), e destila-se fracionadamente. Ponto de ebulição: 72°C. Rendimento: 50 g.[9]

B) Pode-se aplicar o mesmo método de preparação do iodeto de metila, usando-se 64 g de iodo (**corrosivo, lacrimogênio; disp. P**), 27 g de etanol de 94% (**inflamável, tóxico; disp. D**) e 4 g de fósforo vermelho (**inflamável; disp. K**). Ponto de ebulição: 70 a 72°C. Rendimento: 72 a 74 g.[23]

Método de purificação

A) Lava-se o iodoetano (**corrosivo; disp. A**) com água repetidas vezes, seca-se com cloreto de cálcio (**irritante; disp. O**) e destila-se fracionadamente. Pode-se usar em medida de constante dielétrica.[297]

B) Lava-se o produto comercial (**corrosivo; disp. A**) com solução bem diluída de hidróxido de potássio até descoloração. Adicionam-se algumas gotas de hidróxido alcalino e em seguida separa-se o iodeto de etila. Lava-se perfeitamente com água, seca-se com cloreto de cálcio fundido (**irritante; disp. O**) e destila-se fracionadamente. Recolhe-se a fração que destila a 73,2°C.[296]

C) Destila-se fracionadamente o iodeto de etila (**corrosivo; disp. A**) usando-se uma coluna contendo cobre metálico. Passa-se a fração pura sobre pequenos pedaços de Ca (**inflamável; disp. G**) colocados de maneira que uma parte fique em contato com o vapor e outra parte com o líquido. Pode-se controlar a pureza pela medida de condutibilidade. O iodeto de etila puro tem condutibilidade de 0,10 a $0,14 \times 10^{-6}$ ohm^{-1} m^{-1}. Este método de purificação pode ser aplicado para outros iodetos de alquila.[136,135]

X.11.14 – *Iodeto de n-propila/iodopropano*/$CH_3CH_2CH_2I$

Ponto de ebulição:	102,45°C
Ponto de congelação:	–101,3°C
d_4^0:	1,78673, d_4^{15}: 1,75840, d_4^{30}: 1,72997
n_D^{20}:	1,5041
Solubilidade em água (30°C):	1,04 g/1.000 g

Método de preparação

Pode-se aplicar o mesmo método que foi usado na preparação de iodeto de metila (B).

Métodos de purificação

A) Agita-se o iodopropano (**cancerígeno; disp. C**) com solução de tiossulfato de sódio, com água duas vezes e deixa-se decantar com óxido de alumínio (**disp. O**) durante 10 dias. Em seguida, destila-se fracionadamente e recolhe-se a fração que destila a 102,28 a 102,58°C. O produto pode ser usado em medida de solubilidade.[154]

B) Pode-se aplicar o mesmo método usado na purificação de iodeto de etila (C).[53]

X.11.15 – *Iodeto de isopropila/2-iodopropano*/CH_3CHICH_3

Ponto de ebulição:	89,45°C
Ponto de congelação:	–90,1°C
d_4^{15}:	1,71371, d_4^{20}: 1,7025, d_4^{30}: 1,68503
n_D^{20}:	1,49918

Método de preparação

Pode-se aplicar o mesmo método usado na preparação de iodeto de metila (B).

Método de purificação

A) Trata-se o iodeto de isopropila (**irritante; disp. C**) com mercúrio (**tóxico; disp. P**) a fim de eliminar o iodo, seca-se com P_2O_5 (**corrosivo; disp. N**) e destila-se fracionadamente duas vezes. Recolhe-se a fração que destila a 89,5°C. Guarda-se em vidro escuro.[189]

B) Pode-se aplicar o mesmo método usado na purificação de iodeto de etila (C).[134,135,136]

X.12 – NITRILAS

X.12.1 – *Propionitrila*/CH_3CH_2CN

Ponto de ebulição:	97,20°C
Ponto de congelação:	–91,9°C
d_4^{20}:	0,78182, d_4^{25}: 0,77682, d_4^{25}: 0,77196
n_D^{15}:	1,36812, n_D^{30}: 1,36132
Ponto azeotrópico com água:	81,5 ~ 83°C (76% em peso)

A propionitrila produzida a partir de olefina à alta temperatura, contém como impureza, hidrocarbonetos que são dificilmente eliminados porque formam azeótropos com a nitrila.

Método de preparação

Pode-se preparar a propionitrila (**tóxico, inflamável; disp. D**) por deidratação de propionamida (**disp. A**) a 320 a 450°C, usando ferro, níquel (**cancerígeno, irritante; disp. P**) ou crometo de manganês como catalisador, com rendimento de 91%.[151]

Método de purificação

Destilam-se 4.160 mL de propionitrila (**tóxico, inflamável; disp. D**) contendo hidrocarbonetos em coluna de Stedman, adicionando-se mesmo volume de acetonitrila (**inflamável, lacrimogênio; disp. D**) e 1930 mL de capronitrila (**disp. C**). O azeótropo de acetonitrila-hidrocarbonetos destila a 80 a 81°C e a acetonitrila destila a 82°C. Recolhe-se a propionitrila que destila a 114 a 118°C.

Ensaio para determinação do grau de pureza
Curva de congelação.[116]

X.12.2 – *Isocapronitrila*/$(CH_3)_2CHCH_2CH_2CN$

Ponto de ebulição:	153,5°C
Ponto de congelação:	–51,1°C
$d_4^{20,5}$:	0,8026, d_4^{25}: 0,80271

Método de preparação e purificação
Ferve-se em refluxo durante 27 horas uma mistura das seguintes substâncias: 30 g de cianeto de sódio (**tóxico, irritante; disp. S**), 40 mL de água, 77 g de 1-bromo-3-metil-butano (**inflamável; disp. D**) e 150 mL de metanol (**inflamável, tóxico; disp. D**). O produto (**disp. C**) pode ser purificado pelo mesmo método usado no caso da propinotrila.[195]

X.12.3 – *Cianeto de benzila*/$C_6H_5CH_2CN$

Ponto de ebulição:	233,5°C
Ponto de congelação:	–23,8°C
d_4^{20}:	1,0155, d_4^{25}: 1,0125
n_D^{20}:	1,52327, n_D^{25}: 1,52086

Método de preparação

$$C_6H_5CH_2Cl + NaCN \rightarrow C_6H_5CH_2CN + NaCl$$

Dissolvem-se 500 g de cianeto de sódio em pó (**tóxico, irritante; disp. S**) em 450 mL de água por aquecimento e adiciona-se 1 kg de cloreto de benzila (**cancerígeno, tóxico; disp. C**) (ponto de ebulição: 170 a 180°C) e 1 kg de álcool a 95%. Aquece-se em refluxo durante 4 horas, esfria-se e filtra-se. Em seguida, elimina-se o álcool por destilação, esfria-se o líquido residual e filtra-se. Finalmente, destila-se o produto (**tóxico, irritante; disp. C**) em pressão reduzida (ex.: 135 a 140°C/38 mm Hg). Rendimento: 740 a 830 g (80 a 90%).[102,198]

Método de purificação
Elimina-se o isocianato de benzila, que tem um odor desagradável, da seguinte maneira: após a primeira destilação, agita-se vigorosamen-

te com o mesmo volume em ácido sulfúrico a 50%, mantendo-se a temperatura a 60°C, lava-se com solução saturada de bicarbonato de sódio e então com solução de cloreto de sódio. Em seguida, seca-se e destila-se fracionadamente sob pressão reduzida.[198]

X.13 – AMINAS

X.13.1 – *Toluidina (o-, m-, p-)*/$CH_3C_6H_4NH_2$

	o-Toluidina	*m- Toluidina*	*p- Toluidina*
Ponto de ebulição:	200,30°C	203,40°C	200,55°C
Ponto de congelação:	(estável) –16,25°C (instável) –24,4°C d_4^{20}: 0,99843, d_4^{25}: 0,99430 n_D^{20}: 1,57246, n_D^{25}: 1,56987	–30,40°C d_4^{15}: 0,99302, d_4^{30}: 0,98096 n_D^{20}: 1,56811, n_D^{25}: 1,56570	Ponto de fusão: 43,75°C d_4^{45}: 0,96589, d_4^{50}: 0,96155 $n_D^{59,1}$: 1,55324
Solubilidade:	o-toluidina/água (20°C): 1,69 g/100 g água/o-toluidina (20°C): 2,50 g/100 g		

Métodos de preparação

o-Toluidina

CH_3, NH_2 —— 1) Fe/HCe, 2) NaOH ——→ CH_3, NH_2

Prepara-se um balão de três bocas de 500 mL com agitador mecânico, condensador de refluxo, termômetro e colocam-se 15 mL de HCl concentrado (**corrosivo; disp. N**), 30 mL de água e 150 g de o-nitrotolueno (**tóxico, irritante; disp. B**) (ponto de ebulição: 220 a 222°C). Aquece-se em banho-maria a 30 a 40°C e adicionam-se gradativamente, 150 g de ferro em pó (cerca de 30 mesh), colocando de 3 a 5 g cada vez, de forma a manter a temperatura entre 75 e 80°C. Se a temperatura passar de 80°C, interrompe-se a adição de ferro e esfria-se o balão com água. A adição completa do ferro levará cerca de 3 horas. Em seguida, aquece-se em banho-maria a 90°C, durante 30 minutos. Continua-se a agitação até que o odor de o-nitrotolueno desapareça e, então, gotejam-se 5 mL de HCl concentrado. Aquece-se a 90°C durante 15 a 20 minutos e adiciona-se NaOH até que a solução fique alcalina, agitando-se continuamente. Em seguida, destila-se com vapor até completar o fracionamento de o-toluidina. Separa-se o fracionado num funil de separação, extrai-se a o-toluidina (**tóxico, cancerígeno; disp. C**) contida na camada aquosa com 3 porções de 100 mL de éter etílico (**inflamável, irritante; disp. D**) ou benzeno (**inflamável, cancerígeno; disp. D**; N. R.- solvente de uso restrito. Deve-se estudar a possibilidade de substituí-lo por outro.). Juntam-se todos os extratos e destila-se. Após a eliminação do éter etílico (ou benzeno) e água, recolhe-se a fração de p. e. 198 a 202°C (120 g). Destila-se mais uma vez em pressão reduzida e recolhe-se a fração de p. e. 116 a 122°C/70 a 80 mm Hg. Rendimento: 105 a 110 g (90 a 94%).[73]

m-Toluidina

CH_3 / $NHCOCH_3$ —(a) HNO_3, H_2SO_4→ CH_3 / NO_2 / $NHCOCH_3$ —(a) NaOH→ CH_3 / NO_2 / NH_2

—(b) Diazotação, C_2H_5OH→ CH_3 / NO_2 —(c) 1) Fe+HCl, 2) K_2CO_3→ CH_3 / NH_2

a) *m-nitro-p-toluidina*

Coloca-se uma mistura de 553 mL de HNO_3 (d = 1,40) (**oxidante, corrosivo; disp. N**) e 220 mL de H_2SO_4 (d = 1,84) (**oxidante, corrosivo; disp. N**) num balão de 2 L com 3 bocas, adicionam-se, pouco a pouco, 149 g (1 mol) de N-p-tolilacetamida (p-acetotoluidina; ponto de fusão: 152 a 153°C) em 2 a 2,5 horas mantendo-se temperatura de 20 a 25°C por esfriamento externo com água. Em seguida, agita-se por mais uma hora. Joga-se imediatamente o material formado em 2 L de água e deixa-se cristalizar o m-nitro-N-p-tolilacetamida (ponto de fusão: 93 a 94°C). Filtra-se rapidamente, lava-se com água e prensa-se. Seca-se em banho-maria na temperatura de 40 a 50°C, dissolve-se em 300 a 400 mL de álcool a quente e adicionam-se 100 mL de solução aquosa de NaOH a 30%. Deixa-se ferver durante 30 minutos para hidrólise. Após o esfriamento, filtram-se os cristais vermelho-marrom formados de m-nitro-p-toluidina; (**irritante; disp. A**) e purifica-se por recristalização em álcool. Rendimento: 105 g (68 a 69%). Ponto de fusão: 115 a 116°C.

b) *m-nitrotolueno*
Colocam-se 152 g (1 mol) de m-nitro-p-toluidina (**irritante; disp. A**) e 500 mL de álcool num balão de 3 bocas de 2 L e deixa-se dissolver. Adicionam-se 152 g de H_2SO_4 (**oxidante, corrosivo; disp. N**) (d = 1,84), em seguida, esfria-se a uma temperatura de 0 a 5°C, usando-se agente frigorífico e faz-se a diazotação, gotejando-se solução aquosa e concentrada de $NaNO_2$ (**oxidante, tóxico; disp. N**) (69 g) durante uma hora e mantendo-se a temperatura de 0° a 5°C. Decompõe-se o composto diazotado por aquecimento cuidadoso com condensador de refluxo da seguinte maneira: deixa-se aquecer até temperatura ambiente em 2 horas, e então leva-se até 40 a 45°C em mais 2 a 3 horas. Finalmente, agita-se em fervura durante uma hora. Em seguida, destila-se o m-nitrotolueno (**muito tóxico, irritante; disp. B**) a vapor e depois em vácuo (115 a 116°C/20mm Hg). Rendimento: 93 g (68%).

c) *m-toluidina*
Colocam-se 200 mL de água e 20 mL de HCl concentrado (**corrosivo; disp. N**) num balão de 1 L com 3 bocas, adapta-se o condensador de refluxo e adicionam-se 7 g de ferro em pó (pureza: 85 a 88%) na temperatura de 80 a 90°C. A seguir adicionam-se 137 g de m-nitrotolueno (**muito tóxico, irritante; disp. B**), aquece-se em banho de óleo (110 a 125°C) e adiciona-se, pouco a pouco, o resto de ferro em pó em 6 horas, na temperatura de 99 a 101 °C, agitando-se vigorosamente. Após a adição do ferro, deixa-se ferver durante 2 horas até terminar a redução. São necessárias cerca de 150 g de ferro em pó para completar a redução. Após o esfriamento, regula-se o pH da solução até que fique fracamente alcalina, usando carbonato de sódio e destila-se a vapor. Separa-se a m-toluidina (**tóxico, irritante; disp. C**) destilada e extrai-se também da camada aquosa, usando-se benzeno (**inflamável, cancerígeno; disp. D**; N. R.- solvente de uso restrito. Deve-se estudar a possibilidade de substituí-lo por outro.). Juntam-se todas as soluções e destila-se. Elimina-se o benzeno por destilação à pressão atmosférica e, então, destila-se à pressão reduzida. (98 a 99°C/20mm Hg). Rendimento: 96 g (96%).[275]

p-toluidina

$$CH_3C_6H_4NO_2 \xrightarrow[2)\ NaOH]{1)\ Fe/HCl} CH_3C_6H_4NH_2$$

Reduzem-se 150 g de p-nitrotolueno (**muito tóxico, irritante; disp. B**) (ponto de ebulição: 236 a 238°C; ponto de fusão: 55 a 57°C) da mesma forma usada na preparação de o-toluidina e, então, destila-se o produto reduzido a vapor. Esfria-se até 10 a 15°C, filtra-se o material condensado (**tóxico, irritante; disp. C**) e extrai-se a p-toluidina deixada na camada aquosa usando-se 100 mL de éter etílico (**inflamável, irritante; disp. D**) ou benzeno (**inflamável, cancerígeno; disp. D**). Junta-se o material e a solução etérica (ou benzênica) e elimina-se o éter (ou benzeno) por destilação e então, recolhe-se a fração de p. e. 199 a 201°C (120 g). Finalmente, destila-se em pressão reduzida e recolhe-se a fração de p. e. 85 a 97°C/10 a 20 mm Hg, obtendo-se 107 a 110 de p-toluidina pura (91,5 a 95%).[209]

Métodos de purificação[75]

A) *o-toluidina*

Destila-se a o-toluidina (**tóxico, cancerígeno; disp. C**) duas vezes e, então, dissolve-se em 4 vezes o seu volume em éter etílico (**inflamável, irritante; disp. D**). Adiciona-se, à solução etérica, ácido oxálico (**corrosivo, tóxico; disp. A**) em quantidade equivalente para formar os dioxalatos. Eliminam-se os cristais de dioxalato de p-toluidina formados por filtração. Evapora-se a solução etérica e separam-se os cristais de dioxalato de o-toluidina pela filtração. Recristaliza-se 5 vezes em água contendo pequena quantidade de ácido oxálico para evitar a hidrólise. Tratam-se os cristais purificados com solução diluída de carbonato de sódio e deixa-se separar a parte de amina. Seca-se com cloreto de cálcio (**irritante; disp. O**) e destila-se três vezes sob pressão reduzida. Ponto de ebulição: 199,84°C.

B) *m-toluidina*

Destila-se 2 vezes a m-toluidina (**tóxico, irritante; disp. C**) e então aquece-se com pequeno excesso de ácido clorídrico (**corrosivo; disp. N**). Recristaliza-se fracionadamente o cloridrato formado, 5 vezes em álcool a 95%, e 2 vezes em água destilada. Em todas as cristalizações, rejeita-se a parte que cristaliza em primeiro lugar. Recupera-se a amina e destila-se da mesma forma usada para p-toluidina. Ponto de ebulição: 202,86°C

C) *p-toluidina*

Destila-se 3 vezes a p-toluidina (**tóxico, irritante; disp. C**) e deixa-se sublimar 2 vezes na temperatura de 30°C. Em seguida, dissolve-se em 5 vezes seu volume em éter etílico (**inflamável, irritante; disp. D**) e adiciona-se ácido oxálico (**corrosivo, tóxico; disp. A**) em quantidade equivalente àquela de p-toluidina que foi dissolvida em éter. Filtra-se, lavam-se os cristais formados e recristaliza-se 3 vezes em água destilada a quente. Em seguida, trata-se com solução de carbonato de sódio. Recristaliza-se 3 vezes em água destilada. Ponto de fusão: 43,5°C. Não haverá alteração de ponto de fusão após sete recristalizações em etanol (**inflamável, tóxico; disp. D**).

Ensaio para determinação do grau. de pureza

Ponto de fusão, curva de congelação.[75,116]

X.13.2 – *Alilamina*/$CH_2{=}CHCH_2NH_2$

Ponto de ebulição:	52,9°C
d_4^{20}:	0,7621, $d_4^{24,5}$: 0,7576
n_D^{20}:	1,42051

Método de preparação e purificação

$$CH_2{=}CHCH_2SCN \xrightarrow[(HCl)]{H_2O} CH_2{=}CHCH_2NH_2.HCl \xrightarrow{KOH} CH_2{=}CHCH_2NH_2$$

Colocam-se 2 L (12,1 mol) de ácido clorídrico a 20% (**corrosivo; disp. N**) e 500 g (5,05 mol) de isotiocianato de alila (**tóxico, cancerígeno; disp. C**) num frasco de fundo redondo de 5 L com condensador de refluxo e aquece-se com chama direta (refluxo) até que a camada superior de ésteres desapareça (cerca de 1,5 horas). Em seguida, deixa-se evaporar em banho-maria até começar cristalizar (cerca de 400 mL), dilui-se com água até 500 a 550 mL e coloca-se num frasco de 2 L de 3 bocas com funil gotejador, agitador mecânico com vedação e condensador para destilação. Liga-se a ponta baixa de outro condensador ao recebedor (vidro para filtração de 500 mL) e o seu braço ao condensador de refluxo. Mergulha-se o recebedor em agente frigorífico (gelo e sal) e o frasco de três bocas em banho-maria. Aquece-se o banho a 95 a 98°C agitando-se continuamente e goteja-se solução de KOH (400 g -**corrosivo, tóxico; disp. N**-dissolvidos em 250 mL de água). Controla-se a velocidade de destilação da amina após neutralização do ácido clorídrico pela solução de KOH. Ao terminar a adição de KOH, continua-se a agitação até o fim da destilação da amina. Seca-se a solução destilada sobre KOH sólido durante 24 horas e, em seguida, sobre sódio metálico (**inflamável; disp. G**). Destila-se a primeira fração mais uma vez obtendo-se 200 a 210 g de amina pura (**inflamável, tóxico; disp. D**) (70 a 73%).[133]

X.14 – COMPOSTO DE ENXOFRE

X.14.1 – *Tiofenol/benzenotiol*C_6H_5SH

Ponto de ebulição:	168,0°C
Ponto de congelação:	–14,9°C
d_4^{20}:	1,0766, d_4^{25}: 1,0728
n_D^{20}:	1,58973

Método de preparação e purificação

Colocam-se 720 g de gelo picado e 240 g (130 mL) de ácido sulfúrico concentrado (**oxidante, corrosivo; disp. N**) num frasco de fundo redondo de 1.500 mL e adapta-se um agitador mecânico. Mergulha-se o frasco em agente frigorífico (gelo e sal) para manter a temperatura sempre entre - 5 e 0°C durante a reação. Deixa-se funcionar o agitador vigorosamente e adicionam-se 60 g de cloreto de benzenossulfonila (**tóxico, corrosivo; disp. A**) pouco a pouco, em pequenas porções, levando-se cerca de meia hora até terminar a adição. A seguir, adicionam-se 120 g de zinco em pó (**inflamável; disp. P**) em porções, o mais rapidamente possível, mas sem deixar elevar a temperatura acima de 0°C (20 minutos) e continua-se a agitação por mais uma hora e meia. Adapta-se um agitador mecânico e um condensador de superfície dupla. Retira-se o banho de gêlo-sal, deixa-se aquecer espontaneamente e continua-se a agitação. Em 5 minutos, haverá uma reação violenta com a evolução de hidrogênio e, então, esfria-se de vez em quando, com água corrente. Ao terminar a reação violenta, aquece-se a mistura, agitando-se vigorosamente, até a solução ficar transparente (4 a 6 horas). Destila-se com vapor e separa-se a camada orgânica (**tóxico, fétido; disp. C**). Seca-se com cloreto de cálcio anidro (**irritante; disp. O**) ou sulfato de magnésio (**disp. N**) e destila-se. Recolhe-se a fração de 166 a 169°C. Rendimento: 34 g.[38,41,50]

X.15 – ÉSTER DE OXIÁCIDO

X.15.1 – *Salicilato de metila*/o-$HOC_6H_4COOCH_3$

Ponto de ebulição:	223,03°C
Ponto de congelação:	–8,6°C
$d_4^{18,5}$:	1,1851
$n_D^{18,1}$:	1,53773, n_D^{20}: 1,52395

Método de preparação e purificação:

Colocam-se 28 g de ácido salicílico (**tóxico; disp. A**), 64 g (81 mL) de metanol absoluto (**inflamável, tóxico; disp. D**) e pedaços de porcelana porosa num frasco de fundo redondo de 500 mL e adicionam-se, cuidadosamente, 8 mL de ácido sulfúrico concentrado (**oxidante, corrosivo; disp. N**), agitando-se continuamente. Deixa-se refluxar em banho-maria durante 5 horas, no mínimo. Destila-se o metanol em banho-maria e deixa-se esfriar. Em seguida, joga-se a parte residual em 250 mL de água, colocados num funil de separação, agita-se a mistura e deixa-se decantar. Retira-se a camada inferior de éster (**irritante; disp. A**) e rejeita-se a camada aquosa. Lava-se o éster com 25 mL de água, solução concentrada de bicarbonato de sódio repetidas vezes, até que o ácido livre seja eliminado e, então, com água, nessa ordem. Seca-se com 5 g de sulfato de magnésio (**disp. N**) durante 30 minutos, filtra-se o éster para um frasco pequeno de destilação e destila-se usando condensador de ar e banho de ar. Recolhe-se o salicilato de metila (**irritante; disp. A**) puro de ponto de ebulição 221 a 224°C rendimento: 25 g. Destila-se o éster em pressão reduzida para melhor purificação.[38]

X.16 – ÁLCOOL CLORADO

X.16.1 – *Cloroidrína/2-cloroetanol/etileno cloroidrina*

Ponto de ebulição:	129°C
Ponto de congelação:	–89°C
d:	1,201
n_D^{20}:	1,4410

Métodos de preparação e purificação

A) Colocam-se 100 g de etileno-glicol puro (**irritante; disp. A**) e 250 g de cloreto de enxofre (**corrosivo, lacrimogênio; disp. N**) num frasco com condensador de refluxo, adapta-se um tubo de cloreto de cálcio para proteger da umidade e aquece-se no banho-maria, até terminar a formação de gás clorídrico (**tóxico; disp. K**). Está reação leva cerca de 3 a 4 dias. Dilui-se com éter etílico (**inflamável, irritante; disp. D**) e elimina-se o enxofre cristalizado por filtração. Neutraliza-se a solução etérica com carbonato de potássio anidro (**irritante; disp. N**) e elimina-se o éter por destilação. Destila-se e recolhe-se a fração (**muito tóxico; disp. A**) de ponto de ebulição 128°C. Rendimento: 85%.[146]

B) Aquecem-se 100 g de etileno-glicol (**irritante; disp. A**) em banho de óleo até 148°C e passa-se o gás clorídrico seco (**tóxico; disp. K**). A etileno-cloroidrina começa a destilar juntamente com o gás clorídrico e, então, aquece-se até 160°C, continuando-se a passagem de gás clorídrico, até terminar a destilação de etileno-cloroidrina. A reação terminará em aproximadamente 16 horas. Adiciona-se, à solução destilada, 2 a 3 vezes o seu volume em éter etílico (**inflamável, irritante; disp. D**), seca-se com carbonato de potássio anidro (**irritante; disp. N**) para neutralizar o ácido clorídrico. Elimina-se o éter por destilação, recolhendo-se a fração (**muito tóxico; disp. A**) de p. e. 128°C. Rendimento: 60%.[46] Destila-se fracionadamente para melhor purificação.

c a p í t u l o

XI

TABELAS

TABELA 1 Pontos de ebulição dos principais solventes orgânicos 606

TABELA 2 Pontos azeotrópicos de dois compostos 616

TABELA 3 Pontos azeotrópicos das misturas de três compostos 620

TABELA 4 Constantes dielétricas dos principais solventes 621

TABELA 5 Massas atômicas internacionais baseadas no carbono-12 623

TABELA N.º 1

Pontos de ebulição dos principais solventes orgânicos [*1]

Esta tabela é organizada pela ordem crescente dos pontos de ebulição na pressão de 760 mm Hg e os pontos de ebulição em pressão mais baixa, podem ser calculados pelas seguintes equações:

Equação (I) $\log p = A - (B/T)$
Equação (II) $\log p = A - [B/(t + C)]$
Equação (III) $\log p = A - \{B/[T - (3\theta/8)]\}$ [*2]
Equação (IV) $\log p = A - (B/T) - CT + DT^2$
Equação (V) $\log p = A - (B/T) - C \log T$
Equação (VI) $\ln p = A - (B/T) + C \ln T$

[*1] Citadas em J. A. Riddick. *et al.*, "Weissberger, Technique of Organic Chemistry", Vol. 7 (1955).

[*2] Os cálculos de Θ são pelos R. R. Dreisbach, J. Am. Chem. *Soc., 73,* 3147 (1951).

(Nota 1) — dt/dp é a depressão de temperatura do ponto de ebulição por diminuição de 1 mm Hg de pressão em 760 mm Hg.
(Nota 2) — Na pressão mais baixa, os números entre parênteses indicam pressão em mm Hg.
(Nota 3) — T em °K; t em °C.

Substâncias	Ponto de ebulição (°C)		
	dt/dp	*(760 mm Hg)*	*Pressão mais baixa*
Difluorodiclorometano		–29	
Éter metílico		–24,82	
Cloreto de metila		–24,09	
Metilamina		–6,79	
Trimetilamina		2,87	
Dimetilamina		7,3	
Éter metil etílico		7,6	
Óxido de etileno		10,75	
Cloreto de etila	0,0350	12,27	–3,9 (400); Equação (IV): A = 10,54417, B = 1777,378, C = 0,0115789, D = 1,06734 × 10^{-5}
Etilamma		16,55	
Fluorotriclorometano		23,7	
Furano		31,33	
Formiato de metila	0,035	31,50	16,0 (400); Equação (I): A = 7,2203, B = 1320,8
Éter etílico	0,0372	34,481	–74,3 (1); –48,1 (10); –27,7 (40); 2,2 (200); 17,9 (400)
n-Pentano	0,03856	36,074	24,337 (500); Equação (II): A = 6,85221, B = 1064,63, C = 232,000
Éter metil n-propílico		38,95	
Cloreto de metileno		40,21	
Metilaí (dimetoximetano)	0,040	42,3	16,53 (26,55)
Cloreto de alila	0,042	45,10	–42,9 (10); 0 (119); 10 (191); 20 (296); 30 (441)
Sulfeto de carbono	0,042	46,262	–73,8 (1); –44,7 (10); –5,1 (100); 10,4 (200); 28,0 (400)
trans-1, 2-Dicloroetileno		47,67	–47,2 (5); –38,0 (10); –0,2 (100); 14,3 (200); 30,8 (400)
Ciclopentano	0,0400	49,262	23,574 (300); Equação (II): A = 6,88673, B = 1124,162, C = 231,361
Cloreto de terc-butila	0,036	50,7	sólido (1); sólido (10); –1,0 (100); 14,6 (200); 32,6 (400)
Formiato de etila	0,037	54,15	20,0 (200); Equação (I): A = 7,8457, B = 1621,6
Dietilamina		55,9	–33,0 (10); –11,3 (40); 6,0 (100); 21,0 (200); 38,0 (400)
Acetona	0,03795	56,24	20 (181,72); Equação (II): A = 7,19038; B = 1233,4, C = 230
Acetato de metila	0,0373	56,323	–57,2 (1); –29,3 (10); 9,4 (100); 24,0 (200); 40,0 (400)

Substâncias	*Ponto de ebulição (°C)*		
	dt/dp	*(760 mm Hg)*	*Pressão mais baixa*
1,1-Dicloroetano	0,042	57,31	–60,7 (1); –32,3 (10); 7,2 (100); 22,4 (200); 39,8 (400)
cis-1, 2-Dicloroetileno		60,36	–58,4 (1); –29,9 (10); 9,5 (100); 24,6 (200); 41,0 (400)
Clorofórmio	0,0403	61,152	39,620 (355,1); 44,950 (433,9); 50,361 (525,76); 55,716 (633,90)
Álcool metílico	0,0331	64,509	–44,0 (1); –16,2 (10); 5,0 (40); 34,8 (200); 49,9 (400)
Tetra-hidrofurano		66,0	
Cloreto de sec-butila	0,041	68,25	–60,2 (1); –29,2 (10); 14,2 (100); 31,5 (200); 50,0 (400)
Éter iso-propílico	0,04042	68,27	43,09 (315,52); Equação (II): A = 7,09712, B = 1257,6; C = 230
n-Hexano	0,04191	68,742	24,809 (150); Equação (II): A = 6,87773, B = 1171,530; C = 224,366
Cloreto de iso-butila	0,042	68,8	–53,8 (1); –24,5 (10); 16,0 (100); 32,0 (200); 50,0 (400)
Metil-ciclopentano	0,0427	71,812	27,025 (150); Equação (II): A = 6,86283, B = 1186,059, C = 226,042
1,1,1 — Tricloroetano		73,9	16,92 (9,12); Equação (I): A = 6,92013, B = 1729
Tetracloreto de carbono	0,04320	76,75	26,03 (123,76); Equação (II): A = 6,93949; B = 1245,0; C = 230
Acetato de etila	0,0401	77,114	20 (74,0); Equação (II): A = 7,30588; B = 1357,7; C = 230
Etanol	0,0334	78,325	19 (40); Equação (II): A = 8,24169; B = 1652,6; C = 230
Cloreto de n-butila	0,04246	78,5	20 (80,1); Equação (II): A = 7,03170; B = 1280,3; C = 230
Metil etil cetona	0,04074	79,50	25 (90,6); Equação (V): A = 21,78963; B = 2441,9; C = 4,70540
Benzeno	0,0427	80,103	26,085 (100); Equação (II): A = 6,89745; B = 1206,350; C = 220,237
Cielo-hexano	0,0438	80,738	25,543 (100); Equação (II): A = 6,84498; B = 1203,526; C = 222,863
Formiato de n-propila	0,040	81,3	29,5 (100); Equação (I): A = 7,9925; B = 1806,5
Acetonitrila	0,03909	81,6	25 (89,0); Equação (II): A = 7,12257; B = 1315,2; C = 230
Álcool iso-propílico	0,035	82,4	2,4 (10); 23,8 (40); 39,5 (100); 53,0 (200); 67,8 (400)
Álcool terc-butílico	0,03329	82,41	25,00 (42,0); Equação (II): A = 8,24380; B = 1675,4; C = 230

Substâncias	Ponto de ebulição (°C)		
	dt/dp	*(760 mm Hg)*	*Pressão mais baixa*
Ciclo-hexeno		82,6	
1,2-Dicloroetano	0,04204	83,483	20 (63); Equação (II): A = 7,04636; B = 1305,4; C = 230
Tiofeno	0,0428	84,16	20 (62,60); Equação (II): A = 6,95926; B = 1246,038; C = 221,354
Fluorobenzeno		84,85	–43,4 (1); –12,4 (10); 30,4 (100); 47,2 (200); 65,7 (400)
Tricloroetileno		87,19	31,4 (100); Equação (V): A = 30,482609; B = 2936,227; C = 7,999975
Acetato de iso-propila		88,2	25 (60,6); Equação (V): A = 14,2517; B = 2170,1; C = 2,0972
Trietilamina		89,35	Equação (I): A = 8,059; B = 1838
2-Metil-hexano	0,04431	90,052	23,050 (60); Equação (II): A = 6,87319; B = 1236,026; C = 219,544
Éter n-propílico	0,047	90,1	–43,3 (1); –11,8 (10); 33,0 (100); 50,3 (200); 69,5 (400)
3-Metil-hexano	0,04459	91,85	24,445 (60); Equação (II): A = 6,86764; B = 1240,196; C = 219,223
Éter etil butílico		92,7	
Álcool alílico	0,040	97,08	10,5 (10); 33,4 (40); 50,0 (100); 64,5 (200); 80,2 (400)
Álcool n-propílico	0,038	97,15	–15,0 (1); 14,7 (10); 36,4 (40); 52,8 (100); 82,0 (400)
Propionitrila	0,043	97,2	24,55 (46,7); Equação (II): A = 7,15217, B = 1398,2; C = 230
Formiato de iso-butila		98,4	24,1 (40); Equação (I): A = 7,9060; B = 1863,7
n-Heptano	0,04481	98,427	26,808 (50); Equação (II): A = 6,90240; B = 1268,115; C = 216,900
Propionato de etila	0,042	99,1	–28,0 (1); 3,4 (10); 45,2 (100); 61,7 (200); 79,8 (400)
Álcool terc-butílico	0,036	99,529	25 (17,1); Equação (V): A = 46,42483; B = 4261,0; C = 12,4877
Ácido fórmico	0,04420	100,70	20 (33,55); Equação (II): A = 7,15689; B = 1414,1; C = 230
Metil-ciclo-hexano	0,0467	100,934	26,592; Equação (II): A = 6,82689; B = 1272,864; C = 221,630
Nitrometano	0,044	101,25	27,5 (40); Equação (V): A = 18,0571; B = 2423,7; C = 3,3821
Dioxana	0,0432	101,320	25,2 (40); Equação (I): A = 7,8642; B = 1866,7

Substâncias	Ponto de ebulição (°C)		
	dt/dp	(760 mm Hg)	Pressão mais baixa
Acetato de propila	0,0430	101,548	–26,7 (1); 5,0 (10); 47,8 (100); 64,0 (200); 82,0 (400)
Dietil-cetona	0,04336	101,70	36,36 (75,86); Equação (II): A = 7,25223; B = 1450,0; C =230
Álcool t-amílico		102,34	17,2 (10); Equação (V): A = 47,4492; B = 4280; C = 12,88
Piperidina		106,40	
Formiato de n-butila		106,6	31,6 (40); Equação (I): A = 8,1232; B = 1983,8
Álcool iso-butílico	0,036	107,89	21,7 (10); Equação (V): A = 43,5513; B = 4185; C = 11,50
Tolueno	0,0463	110,623	26,04 (30; Equação (II): A = 6,95334; B = 1343,943; C = 219,377
3-Metil-2-butanol		111,5	
1,1,2-Tricloroetano		113,3	
Nitroetano		114,0	20 (15,6): Equação (V): A = 32,803; B = 3249,5; C = 8,3188
Piridina	0,042	115,58	–18,9 (1); 13,2 (10); 57,8 (100); 75,0 (200); 95,6 (400)
Metil iso-butilcetona	0,046	115,65	25 (20,0); Equação (V): A = 23,66786; B = 2790,4; C = 5,2566
Epiclorohidrina	0,044	116,11	–16,5 (1); 16,6 (10); 62,0 (100); 79,3 (200); 98,0 (400)
Ácido acético	0,04347	117,72	25,0 (15,43); Equação (II): A = 7,45144; B = 1589,3; C = 230
Álcool n-butírico	0,0372	117,726	25 (6,14); Equação (II): A = 8,27488; B = 1873,9; C = 230
Acetato de iso-butila		118,0	–21,2 (1); 12,8 (10); 59,7 (100); 77,6 (200); 97,5 (400)
Álcool sec-amílico (2-pen- tanol)	0,039	119,89	25 (6,03); Equação (V): A = 48,4849; B = 4550; C = 13,10
Tetracloroetileno	0,050	121,20	2,4 (5); 13,8 (10); 61,3 (100); 79,8 (200); 100,0 (400)
Para aldeído		124,35	
Glicol mono-metil éter		124,4	22,0 (10); Equação (I): A = 8,3077; B = 2157
n-Octano	0,04737	125,665	19,2 (10); Equação (II): A = 6,92374; B = 1355,126; C = 209,517
Acetato de n-butila	0,0456	126,114	
Carbonato de dietila	0,042	126,8	–10,1 (1); 23,8 (10); 69,7 (100); 86,5 (200); 105,8 (400)
2-Metil-l-butanol (Racêmico)		128,0	65,7 (50); 79,6 (100); 104,1 (300); 117,3 (500)

Substâncias	Ponto de ebulição (°C)		
	dt/dp	(760 mm Hg)	Pressão mais baixa
Álcool 2-cloro etílico (eti-leno-clorohidrina)	0,040	128,6	–4,0 (1); 30,3 (10); 75,0 (100); 91,8 (200); 110,0 (400)
α-Picolina		129,0	
Clorobenzeno	0,0488	131,687	56,28 (57,04); Equação (II): A = 7,18473, B = 1556,6; C = 230
4-Metil-2-pentanol	0,040	131,82	–0,3 (1); 33,3 (10); 78,0 (100); 94,9 (200); 113,5 (400)
3-Metil-l-butanol	0,030	132,0	40,8 (10); Equação (V): A = 51,5074, B = 5120, C = 16,10
Glicol mono-etil éter		134,8	
Etil-benzeno	0,0490	136,187	25,90 (10); Equação (II): A = 6,95366; B = 1421, 914; C = 212,931
Álcool n-amílico	0,0402	138,06	44,9 (10); Equação (V): A = 46,4925; B = 4580; C = 12,42
p-Xileno	0,0492	138,348	27,30 (10); Equação (II): A = 6,99099; B = 1453,840; C = 215,367
m-Xileno	0,0490	139,102	28,26 (10); Equação (II): A = 7,00659; B = 1460,498; C = 214,889
Anidrido acético	0,044	140,0	36,0 (10); 62,1 (40); 82,2 (100); 100,0 (200); 119,8 (400)
Ácido propiônico	0,4175	140,80	28,0 (5); Equação (II): A = 7,92234; B = 1869,4; C = 230
Ciclopentanol		140,85	
Éter n-butílico	0,04790	141,97	25,0 (12,5); Equação (II): A = 7,31540; B = 1648,4; C = 230
Acetato de iso-amila		142,0	0,0 (1); 35,2 (10); 83,2 (100); 101,3 (200); 121,5 (400)
Acetato de glicol metil éter		143	
Di-n-propilacetona		143,55	
β-Picolina		143,7	
o-Xileno	0 0497	144,414	32,11 (10); Equação (II): A = 7,00289; B = 1477,519; C = 214,024
1,1,2,2-Tetracloroetano	0,050	145,20	25 (4,7); Equação (V): A = 35,117; B = 3646; C = 8,981
2-Etil-l-butanol		145,20	Equação (V): A = 31,9952; B = 3780,1; C = 7,6641
Acetato de n-amila		149,2	0 (27,2); 20 (76,5); 30 (124,9); 50 (287,6); 70 (603)
n-Nonano	0,04967	150,798	39,12 (10); Equação (II): A = 6,93513; B = 1428,811; C = 201,619
Iso-propilbenzeno	0,0508	152,393	38,29 (10); Equação (II): A = 6,93666; B = 1460,793; C = 207,777

Substâncias	*Ponto de ebulição (°C)*		
	dt/dp	*(760 mm Hg)*	*Pressão mais baixa*
N,N-Dimetil-formamida		153,0	
Anisol	0,04896	153,75	73,34 (47,16); Equação (II): A = 7,35950; B = 1718,7; C = 230
Ácido iso-butírico		154,70	
Ciclo-hexanona	0,048	155,65	1,4 (1); 38,7 (10); 90,4 (100); 110,3 (200); 132,5 (400)
Acetato de glicol etil éter		156,3	
4-Metil-2-pentanol	0,040	157,47	–0,3 (1); 33,3 (10); 78,0 (100); 94,9 (200); 113,5 (400)
2-Heptanol		158,5 (754) (Torr.)	
o-Clorotolueno		159,2	
n-n-Propilbenzeno		159,31	
Ciclo-hexanol	0,045	161,10	21,0 (1); 56,0 (10); 103,7 (100); 121,7 (200); 141,4 (400)
Furfural		161,7	18,5 (1); Equação (V): A = 29,3265; B = 3530,52; C = 6,9418
p-Clorotolueno		162,4	
Ácido butírico	0,04230	164,0	25,5 (1); Equação (II): A = 8,19524; B = 2089,9; C = 230
2-Metil-ciclo-hexanol		167,6	
terc-Butilbenzeno	0,05269	169,119	13,0 (1); 51,7 (10); 103,8 (100); 123,7 (200); 145,8 (400)
Fenetol	0,05055	170,0	18,1 (1); Equação (II): A = 7,40281; B = 1808,8; C = 230
Etanolamina		170,8	74 (10); Equação (V): A = 44,008; B = 4809; C = 11,446
4-Metil-ciclo-hexanol		172 (763) (Torr.)	75,0 (12)
3-Metil-ciclo-hexanol		172 (763) (Torr.)	77 (14)
m-Diclorobenzeno	0,05206	173,0	39,0 (5); Equação (II): A = 7,30364; B = 1782,4; C = 230
Éter iso-amílico		173,4	18,6 (1); 57,0 (10); 109,6 (100); 129,0 (200); 150,3 (400)
p-Diclorobenzeno	0,05217	174,12	91,99 (57,04); Equação (II): A = 7,30697; B = 1788,7; C = 230
n-Decano	0,05172	174,123	57,7 (10); Equação (II): A = 6,95367; B = 1501,268; C = 194,480
p-Cimeno	0,0528	177,10	19,0 (1); Equação (I): A = 8,063; B = 2332
Éter β, β'-dicloro etílico		178,75	23,5 (1); Equação (I): A = 8,1040; B = 2359,6

Substâncias	*Ponto de ebulição (°C)*		
	dt/dp	*(760 mm Hg)*	*Pressão mais baixa*
Benzaldeído		179,0	26,2 (1); 62,0 (10); 112,5 (100); 131,7 (200); 154,1 (400)
Cloreto de benzila		179,3	
o-Diclorobenzeno	0,05270	180,48	87,02 (37,58); Equação (II): A = 7,32585; B = 1824,6; C = 230
Fenol	0,04744	181,75	40,1 (1); Equação (II): A = 7,84376; B = 2043,0; C = 230
n-Butilbenzeno	0,05358	183,10	22,7 (1); 62,0 (10); 116,2 (100); 136,9 (200); 159,2 (400)
Anilina	0,05042	184,4	102,80 (50,90); Equação (II): A = 7,57170; B = 1941,7; C = 230
Éter etil benzílico		185,0	26,0 (1); 65,0 (10); 118,9 (100); 139,6 (200); 161,5 (400)
Oxalato de dietila	0,037	185,4	47,4 (1); 83,8 (10); 130,8 (100); 147,9 (200); 166,2 (400)
Ácido n-valérico	0,047	186,35	79,8 (10); 107,8 (40); 128,3 (100); 146,0 (200); 165,0 (400)
Éter amílico	0,05205	186,75	105,46 (57,04); Equação (II): A = 7,45597; B = 1906,7; C = 230
trans-Decalina		187,3	30,9 (6,03); Equação (VI): A = –32,64; B = 2182,38; C = 6,8509
1,2-Propanodiol		188,2	25 (0,133); 83,2 (10); 111,2 (40); 132,0 (100); 149,7 (200); 168,1 (400)
Iodobenzeno		188,45	
Diacetato de etilenoglicol		190,2	38,3 (1); 77,1 (10); 128,0 (100); 147,8 (200); 168,3 (400)
o-Cresol	0,04826	190,95	90 (20); Equação (II): A = 7,86525; B = 2098,2; C = 230
Benzonitrila	0,047	191,10	28,2 (1); 69,2 (10); 123,5 (100); 144,1 (200); 166,7 (400)
Decalina (mistura de isômeros)		191,7	23,3 (1,0); 66,1 (9,7); 86,8 (26,4); 118,8 (87,4); 150,0 (240,0)
Dimetilanilina		194,15	
Álcool octílico	0,04489	195,28	121,99 (57,04); Equação (II): A = 8,29442; B = 2302,3; C = 230
cis-Decalina		195,7	20 (1,82); Equação (VI): A = 34,32; B = 1702,20; C = 6,8139
N-Metilanilina		196,25	
Etilenoglicol	0,050	197,85	53,0 (1); Equação (I): A = 9,2087; B = 2976,6
Malonato de dietila		199,30	40,0 (1); 81,3 (10); 136,2 (100); 155,5 (200); 176,8 (400)
Benzoato de metila	0,05328	199,50	39,0 (1); Equação (II): A = 7,48253; B = 1974,6; C = 230

Substâncias	Ponto de ebulição (°C)		
	dt/dp	*(760 mm Hg)*	*Pressão mais baixa*
o-Toluidina	0,05203	200,40	118,46 (57,04); Equação (II): A = 7,60681; B = 2033,6; C = 3,877
p-Cresol	0,04926	201,88	128,05 (66,39); Equação (II): A = 7,89077; B = 2163,7; C = 230
N-Metil-pirolidona		202	
Acetofenona	0,055	202,08	37,1 (1); 78,0 (10); 133,6 (100); 154,2 (200); 178,0 (400)
m-Cresol	0,052	202,7	52,0 (1); Equação (I): A = 8,457; B = 2650
m-Toluidina	0,05230	203,4	41,0 (1); Equação (V): A = 18,5043; B = 3200,9; C = 3,323
Álcool benzílico	0,050	205,45	58,0 (1); 119,8 (40); 141,7 (100); 160,0 (200); 183,0 (400)
N-Etilanilina		205,5	
γ-Butirolactona		206,0	
o-Cloroanilina	0,05277	207	46,3 (1); Equação (TI): A = 7,63311; B = 2085,5; C = 230
Tetralina	0,0575	207,57	38,0 (1); 79,0 (10); 135,3 (100); 157,2 (200); 181,8 (400)
Formamida		210,5	70,5 (1); 109,5 (10); 157,5 (100); 175,5 (200); 193,5 (400)
Nitrobenzeno	0,048	210,80	44,4 (1); 84,9 (10); 139,9 (100); 161,2 (200); 185,8 (400)
Benzoato de etila	0,057	212,40	44,0 (1); 86,0 (10); 143,2 (100); 164,8 (200); 188,4 (400)
1,3-Propanodiol		214,32	59,4 (1); Equação (I): A = 9,0767; B = 3018,8
N,N-Dietilanilina		217,05	
Naftaleno	0,055	217,96	52,6 (1); Equação (II): A = 6,9807; B = 1710,3; C = 199,20
Acetamida		221,15	
o-Nitrotolueno		221,7	
Salicilato de metila		222,95	
Benzoato de n-propila		231,2	54,6 (1); 98,0 (10); 157,4 (100); 180,1 (200); 205,2 (400)
m-Nitrotolueno		232,6	
Cianureto de benzila		233,5	60,0 (1); 103,5 (10); 161,8 (100); 184,2 (200); 208,5 (400)
Quinolina		237,1	
p-Nitrotolueno		238,9	
2-Metil-naftaleno		241,14	
Iso-quinolina		243,25	
Dietilenoglicol		244,33	91,8 (1); Equação (I): A = 8,1527; B = 2727,3

Substâncias	Ponto de ebulição (°C)		
	dt/dp	(760 mm Hg)	Pressão mais baixa
1-Metil-naftaleno		244,78	
Quinaldina		245,8	
Bifenilo		256,1	
Éter difenílico		258,31	
1-Cloronaftaleno		259,3	80,6 (1); 118,6 (10); 180,4 (100); 204,2 (200); 230,8 (400)
o-Nitroanisol		265,0 (737) (Torr.)	
Difenil-metano		265,4	
Trietilenoglicol		278,31	114,0 (1); Equação (I): A = 9,6396; B = 3726,2
Éter benzílico	0,06122	288,3	Equação (II): A = 7,71832; B = 2507,3; C = 230
Glicerina		290,0	125,5 (1); Equação (I): (15-80°); A = 0,9655; B = 1076,4
1-Nitronaftaleno		304,0	
2-Nitronaftaleno		180-184 (14-torr.)	
Benzofenona		306,1	
Fenantreno		340,0	
Ftalato de dibutila		340,0	
Trietanolamina		360,0	
Fosfato de tri-o-cresila		410,0	

TABELA N.º 2

Pontos azeotrópicos de dois compostos (= % em mol)*

Compostos				*Ponto de ebulição (°C)*
1	*% em peso*	*2*	*% em peso*	
n-Hexano	81	Benzeno	19	68,9
n-Hexano	28	Clorofórmio	72	60,0
n-Hexano	79	Etanol	21	58,7
n-Hexano	96	n-Propanol	4	65,7
n-Hexano	78	Isopropanol	22	61,0
n-Heptano	38	n-Butanol	62	60,5
n-Heptano	52	Etanol	48	72
n-Octano	26	n-Propanol	74	95
Ciclo-hexano	45	Benzeno	55	77,8
Ciclo-hexano	63	Metanol	37	54,2
Ciclo-hexano	70	Etanol	30	64,9
Ciclo-hexano	67	Isopropanol	33	68,6
Ciclo-hexano	80	n-Propanol	20	74,3
Ciclo-hexano	90	n-Butanol	10	79,8
Ciclo-hexano	86	Isobutanol	14	78,1
Ciclo-hexano	60*	terc-Butanol	40*	71,8
Benzeno	19	n-Hexano	81	68,9
Benzeno	52,5	Ciclo-hexano	47,5	77,8
Benzeno	39	Metanol	61	58,3
Benzeno	67,6	Etanol	32,4	68,2
Benzeno	83	n-Propanol	17	77,1
Benzeno	67	Isopropanol	33	71,9
Benzeno	91	Isobutanol	9	79,8
Benzeno	62*	terc-butanol	38*	74
Benzeno	62	Metil etil cetona	33	78,4
Tolueno	32	Etanol	68	75,7
Tolueno	51	n-Propanol	49	92,6
Tolueno	31	Isopropanol	69	80,6
Tolueno	56	Isobutanol	44	101,1
Tolueno	68	n-Butanol	32	105,5
Tolueno	74	Epiclorohidrina	26	108,3
o-Xileno	40	Álcool isoamílico	60	128,0
m-Xileno	47	Álcool isoamílico	53	127,0
p-Xileno	49	Álcool isoamílico	51	126,8
m-Xileno	55*	Acetato de isoamila	45*	136
Clorofórmio	72	n-Hexano	28	60
Clorofórmio	88	Metanol	12	53,5

Compostos				*Ponto de ebulição (°C)*
1	*% em peso*	*2*	*% em peso*	
Clorofórmio	93	Etanol	7	59,4
Tetracloreto de carbono	79	Metanol	21	55,7
Tetracloreto de carbono	84	Etanol	16	64,9
Tetracloreto de carbono	89	n-Propanol	11	72,8
Tetracloreto de carbono	64*	Isopropanol	36*	67,0
Tetracloreto de carbono	89*	Isobutanol	11*	75,8
Tetracloreto de carbono	71*	terc-Butanol	29*	69,5
Tetracloreto de carbono	57	Acetato de etila	43	74,8
Tetracloreto de carbono	71	Metil etil cetona	29	73,8
cis-Dicloroetileno	81*	Etanol	19*	57/7
trans-Dicloroetileno	88*	Etanol	12*	46,5
Tricloroetileno	66	Metanol	34	60,2
Tricloroetileno	72	Etanol	28	70,9
Tricloroetileno	54*	Isopropanol	46*	74
Tricloroetileno	69*	n-Propanol	31*	81,8
Tricloroetileno	81	Isobutanol	19	85,4
Tetracloroetileno	19	Etanol	81	78,0
Tetracloroetileno	46	n-Propanol	54	94
Tetracloroetileno	8*	Isopropanol	92*	81,7
Tetracloroetileno	60	Isobutanol	40	103
Tetracloroetileno	68	n-Butanol	32	110
Tetracloroetileno	81	Álcool isoamílico	19	116
Etilenoclorohidrina	42	Água	58	96
Clorobenzeno	20	n-Propanol	80	96,5
Clorobenzeno	37	n-Butanol	63	107,2
Clorobenzeno	64	Álcool isoamílico	36	124,3
Metanol	27	n-Hexano	73	50,0
Metanol	62	n-Heptano	38	60,5
Metanol	37	Ciclo-hexano	63	54,2
Metanol	39	Benzeno	61	48,3
Metanol	21	Tetracloreto de carbono	79	55,7
Metanol	12	Clorofórmio	88	53,5
Metanol	34	Tricloroetileno	66	60,2
Metanol	34,5	Cloreto de etileno	65,5	59,5
Metanol	86	Acetona	14	55,7
Metanol	19	Acetato de etila	81	54
Metanol	16	Formiato de etila	84	51
Metanol	92*	Acetato de etila	8*	62,3
Etanol	95,57	Água	4,43	78,15
Etanol	21	n-Hexano	79	58,6
Etanol	48	n-Heptano	52	72
Etanol	30,5	Ciclo-hexanona	69,5	64,9

Compostos				*Ponto de ebulição (°C)*
1	*% em peso*	*2*	*% em peso*	
Etanol	32,4	Benzeno	67,6	68,2
Etanol	68	Tolueno	32	76,6
Etanol	7	Clorofórmio	93	59,4
Etanol	15,8	Tetracloreto de carbono	84,2	64,9
Etanol	28	Tricloroetileno	72	70,9
Etanol	19*	cis-1,2-Dicloroetileno	81*	57,7
Etanol	22*	trans-1,2-Dicloroetileno	78*	46,5
Etanol	81	Tetracloroetileno	19	78,0
Etanol	30,6	Acetato de etila	69,4	71,8
Etanol	40	Metil etil cetona	60	74,8
Etanol	9	Sulfeto de carbono	91	42,4
n-Propanol	72	Água	28	87,7
n-Propanol	4	n-Hexano	96	65,6
n-Propanol	74	n-Octano	26	95
n-Propanol	20	Ciclo-hexano	80	74,3
n-Propanol	17	Benzeno	83	77,1
n-Propanol	49	Tolueno	51	92,6
n-Propanol	12	Tetracloreto de carbono	88	72,8
n-Propanol	69*	Tricloroetileno	31*	81,8
n-Propanol	54	Tetracloroetileno	46	94
n-Propanol	80	Clorobenzeno	20	96,5
n-Propanol	40	Acetato de n-propila	60	94
n-Propanol	51	Propionato de etila	49	93,4
Isopropanol	88	Água	12	80,4
Isopropanol	22	n-Hexano	78	61
Isopropanol	33	Ciclo-hexano	67	68,6
Isopropanol	33	Benzeno	67	71,9
Isopropanol	69	Tolueno	31	80,6
Isopropanol	18	Tetracloreto de carbono	82	67
Isopropanol	46*	Tricloroetileno	54*	74
Isopropanol	92*	Tetracloroetileno	8*	81,7
Isopropanol	30	Metil etil cetona	70	77,3
Isopropanol	23	Acetato de etila	77	74,8
Isopropanol	52	Acetato de isopropila	48	80,1
Isopropanol	8	Sulfeto de carbono	92	44,6
n-Butanol	63	Água	37	92,3
n-Butanol	10	Ciclo-hexano	90	79,8
n-Butanol	32	Tolueno	68	105,5
n-Butanol	32	Tetracloroetileno	68	110
n-Butanol	63	Clorobenzeno	37	107,2
n-Butanol	47	Acetato de n-butila	53	117,2
n-Butanol	24	Formiato de n-butila	76	105,8

Compostos				Ponto de ebulição (°C)
1	% em peso	2	% em peso	
Isobutanol	23*	Água	77*	89,9
Isobutanol	14	Ciclo-hexano	86	78,1
Isobutanol	9	Benzeno	91	79,8
Isobutanol	44	Tolueno	56	101,1
Isobutanol	21,3	Tetracloreto de benzeno	78,7	67,0
Isobutanol	46*	Tricloroetileno	54*	74
Isobutanol	92*	Tetracloroetileno	8*	81,7
sec-Butanol	73	Água	27	88,5
sec-Butanol	86	Acetato de sec-butila	14	99,6
sec-Butanol	63*	Propionato de etila	37*	85,5
Álcool isoamíiico	17*	Água	83*	95,2
Álcool isoamílico	60	o-Xileno	40	128
Álcool isoamílico	53	m-Xileno	47	127
Álcool isoamílico	51	p-Xileno	49	126,8
Álcool isoamílico	36	Clorobenzeno	64	124,3
Álcool isoamílico	19	Epiclorohidrina	81	115,4
Acetona	97,5	Acetato de isoamila	2,5	131,5
Metil etil cetona	26	Formiato de isoamila	74	123,6
Metil etil cetona	86	Metanol	14	55,9
Metil etil cetona	89	Água	11	73,6
Metil etil cetona	37	Benzeno	63	78,3
Metil etil cetona	29	Tetracloreto de carbono	71	73,8
Éter butílico	40	Etanol	60	74,8
Acetato de n-butila	30	Isopropanol	70	77,3
Acetato de etila	95*	Água	5*	34,2
Acetato de etiía	81	Metanol	19	54
Acetato de etila	69	Etanol	31	71,8
Acetato de n-propila	77	Isopropanol	23	74,8
Acetato de n-propila	43	Tetracloreto de carbono	57	74,7
Acetato de isopropila	86	Água	14	82,4
Acetato de n-butila	60	n-Propanol	40	94,2
Acetato de n-butila	48	Isopropanol	52	80,1
Acetato de isobutila	71	Água	29	90,2
Acetato de isobutila	53	n-Butanol	47	117,2
Acetato de sec-butila	83	Água	17	87,4
Acetato de isoamila	55	Isobutanol	45	107,4
Acetato de isoamila	14	sec-Butanol	86	99,6
Dioxana	80	Água	20	87,0

TABELA N.º 3

Pontos azeotrópicos das misturas de três compostos
(o número entre parênteses indica a porcentagem em peso)

Compostos						*Ponto de ebulição (°C) (760 mm Hg)*
1	*% em mol*	*2*	*% em mol*	*3*	*% em mol*	
Etanol	23	Tetracloreto de carbono	57,6	Água	19,4	61,8
Etanol	56,2	cis-Dicloroetileno	37,8	Água	6,0	53,8
Etanol	8,4	trans-Dicloroetileno	86,2	Água	5,4	67,3
Etanol	41,2	Tricloroetileno	38,4	Água	20,4	44,4
Etanol	25,7	Cloreto de etileno	54,9	Água	19,4	66,7
Etanol	12,4	Acetato de etila	60,1	Água	27,5	70,3
	(9)		(83)		(8)	
Etanol	22,8	Benzeno	53,9	Água	23,3	64,9
Etanol	22,2	Ciclo-hexano	54,3	Água	23,5	62,1
Isopropanol	(18,7)	Tetracloreto de carbono	(73,8)	Água	(7,5)	66,5
Isopropanol	19,2	Benzeno	54,8	Água	26,0	64,2
n-Propanol	18	Ciclo-hexano	54,4	Água	26,9	65,4
n-Propanol	8,9	Ciclo-hexano	62,8	Água	29,3	68,5
n-Propanol	10,3	Acetato de n-propila	60,3	Água	29,4	66,5
n-Propanol	(20)	Acetato de n-propila	(59)	Água	(21)	82,2
n-Butanol	(28)	Acetato de n-butila	(35)	Água	(37)	59,4
Isobutanol	(23)	Acetato de isobutila	(47)	Água	(30)	86,8
Álcool isoamílico	(31)	Acetato de isoamila	(24)	Água	(45)	93,6

NOTA: As tabelas n.° 2 e n.° 3 foram tiradas de ref. 10

TABELA N.º 4

Constantes dielétricas dos principais solventes

Substâncias	*Temp. (°C)*	ε	*Substâncias*	*Temp. (°C)*	ε
n-Pentano	20	1,844	Éter n-propílico	26	3,39
n-Hexano	20	1,890	Tricloroetileno	ca. 16	3,42
n-Heptano	20	1,924	Ácido propiônico	40	3,44
n-Octano	20	1,948	Metilal	20	3,485
Ciclo-pentano	20	1,965	Éter isopropílico	25	3,88
n-Nonano	20	1,972	Salicilato de benzila	20	4,1
n-Decano	20	1,991	Metil-ciclohexano	20	2,020
Metil-ciclopentano	20	2,020	Fenetol	20	4,22
Anisol	25	4,33	Ciclo-hexano	20	2,023
Éter etílico	20	4,335	trans-Deca-hidroquinolina	20	2,172
cis-Decalina	20	2,197	Bromofórmio	20	4,39
Dioxana	25	2,209	Ácido tricloro acético	61	4,55
p-Cimeno	20	2,243	Acetato de n-amila	20	4,75
Clorofórmio	20	4,806	Tetracloreto de carbono	20	2,2488
p-Toluidina	54	4,98	Acetato de n-butila	20	5,01
p-Xileno	20	2,273	m-Diclorobenzeno	25	5,04
Benzeno	20	2,284	1-Cloronaftaleno	25	5,04
Tetracloroetileno	25	2,30	N,N-Dimetilanilina	20	5,07
m-Xileno	20	2,374	Ciclo-hexilamina	–21	5,37
Tolueno	25	2,379	Bromobenzeno	25	5,40
Isopropilbenzeno	20	2,380	Fluorobenzeno	25	5,42
terc-Butilbenzeno	20	2,38	Clorobenzeno	20	5,6493
p-Diclorobenzeno	50	2,41	Acetato de n-propila	19	5,69
Etil-benzeno	20	2,412	Trietilamina	25	2,42
N-Metilanilina	20	5,8	Estireno	25	2,43
Acetato de etila	25	6,02	Ácido oléico	20	2,46
Benzoato de etila	20	6,02	Naftaleno	85	2,54
Ácido acético	20	6,15	o-Xileno	20	2,568
Etilamina	21	6,17	Sulfeto de carbono	20	2,641
o-Toluidina	18	6,34	Ácido valérico	20	2,66
Ftalato de dibutila	30	6,436	Tetralina	20	2,757
Benzoato de metila	20	6,59	Tiofeno	16	2,76
Acetato de metila	25	6,68	Éter n-amílico	25	2,77
Anilina	20	6,89	Fenantreno	20	2,80
Iodeto de metila	20	7,00	Carbonato de dietila	20	2, 819
Formiato de etila	25	7,16	Cloreto de n-butila	20	7,39
Éter isoamílico	20	2,82	1,1,1-Tricioroetano	20	7,52
Ácido n-butírico	20	2,97	Malonato de dietila	25	7,87
Éter n-butírico	25	3,06	Oxalato de dietila	21	8,08

Substâncias	*Temp. (°C)*	ε	*Substâncias*	*Temp. (°C)*	ε
1,3,5-Trioxana	20	3,2 a 3,4	Brometo de n-propila	25	8,09
Difenilamina	52	3,35	Éter bis(2-cloro etílico)	20	21,2
Iodeto-de n-propila	20	8,19	1,1,2,2-Tetracloroetano	20	8,20
Cloreto de alila	20	8,2	1-Nitropropano	30	23,24
Epiclorohidrina	22	22,6	o-Nitroanisol	19,8	23,8
Ácido dicloroacético	20	8,22	Etanol	25	24,25
Salicilato de etila	21	8,39	Etil-N-metiluretana (212)	20	24,3
Formiato de etila	20	8,5	Salicilato de metila	21	8,8
Quinolina	21	8,8	Cloreto de metileno	21	9,08
Benzonitrila	25	25,20	Fenol	60	9,78
2-Nitropropano	30	25,52	p-Cresol	58	9,91
2-Cloroetanol	25	25,8	o-Diclorobenzeno	25	9,93
Nitroetano	30	28,06	1,1-Dicloroetano	18	10,0
1,2-propilenoglicol	20	32,0	Álcool n-octílico	20	10,34
Metanol	25	32,63	1,2-Dicloroetano	25	10,36
Nitrobenzeno	25	34,89	o-Cresol	25	11,5
1,3-propilenoglicol	20	35,0	m-Cresol	25	11,8
Nitrometano	30	35,87	3-Metil ciclohexanol	20	12,3
Álcool tetra-hidrofurfurílico	23	37,1	Acetonitrila	20	37,5
Piridina	25	12,3	N,N-Dimetil-formamida	20	37,65
Benzoilo acetato de etila	20	12,4	Etilenoglicol	25	37,7
Álcool benzílico	20	13,1	N,N-Dimetilaceta mida (1)	20	38,93
2-Metil ciclo-hexanol	20	13,3	Óxido de etileno	–1	13,9
4-Metil ciclo-hexanol	20	13,3	Etilenodiamina	20	14,2
γ-Butirolactona	20	39,1	Ciclo-hexanol	25	15,0
Furfural	20	41,9	Metil n-propil cetona	17	15,1
Glicerina	25	42,5	Óxido de mesitila	20	15,1
Sulfóxido de dimetila	—	45	Ácido acetoacético	22	15,7
Malonato de dini trila	32,6	46,3	Ácido dimetil sulfúrico	20	55,0
2-Butanol	25	15,8	Ácido fórmico	16	58,5
Glicol mono-etil éter	30	16,0	Água	20	80,4
Dietil-cetona	15	17,0		(100)	(55,1)
1-Butanol	25	17,1	Fluoreto de hidrogênio	0	84
Acetofenona	25	17,39	Benzaldeído	20	17,8
Metil etil cetona	17	17,8	isopropanol	25	18,3
Formamida	25	109,5	Ciclohexanona	20	18,3
Ácido sulfúrico	20	110	Cianureto de benzila	27	18,7
Cianureto de hidrogênio	22	113,0	Ácido cloroacético	62	20
N-Metilacetamida	30,5	175,7	n-Propanol	25	20,1
N-Metil-propionamida (212)	20	179,8	N-Metil-formamida (212)	20	190,5
Anidrido acético	19	20,7	Acetona	25	20,7

TABELA Nº 5 — MASSAS ATÔMICAS INTERNACIONAIS BASEADAS NO CARBONO-12

exemplo

número atômico **Simbolo** nome massa atômica

1	2	3	4	5	6	7	8	9	10	11	12	13	14	15	16	17	18
1 **H** Hidrogênio 1.007 (7)																	2 **He** Hélio 4.002 (2)
3 **Li** Lítio 6.94 (2)	4 **Be** Berílio 9.012 (3)											5 **B** Boro 10.811 (7)	6 **C** Carbono 12.0107 (8)	7 **N** Nitrogênio 14.006 (2)	8 **O** Oxigênio 15.9994 (3)	9 **F** Flúor 18.998 (5)	10 **Ne** Neônio 20.179 (6)
11 **Na** Sódio 22.989(2)	12 **Mg** Magnésio 24.30 (6)											13 **Al** Alumínio 26.981 (8)	14 **Si** Silício 28.0855 (3)	15 **P** Fósforo 30.973 (2)	16 **S** Enxofre 32.065 (5)	17 **Cl** Cloro 35.453 (2)	18 **Ar** Argônio 39.948 (1)
19 **K** Potássio 39.09 (1)	20 **Ca** Cálcio 40.07 (4)	21 **Sc** Escândio 44.955 (6)	22 **Ti** Titânio 47.867 (1)	23 **V** Vanádio 50.9415 (1)	24 **Cr** Cromo 51.996 (6)	25 **Mn** Manganês 54.938 (5)	26 **Fe** Ferro 55.845 (2)	27 **Co** Cobalto 58.933 (5)	28 **Ni** Níquel 58.693 (2)	29 **Cu** Cobre 63.546 (3)	30 **Zn** Zinco 65.409 (4)	31 **Ga** Gálio 69.723 (1)	32 **Ge** Germânio 72.64 (1)	33 **As** Arsênio 74.921 (2)	34 **Se** Selênio 78.96 (3)	35 **Br** Bromo 79.904 (1)	36 **Kr** Criptônio 83.798 (2)
37 **Rb** Rubídio 85.46(3)	38 **Sr** Estrôncio 87.62(1)	39 **Y** Ítrio 88.905 (2)	40 **Zr** Zircônio 91.224 (2)	41 **Nb** Nióbio 92.906 (2)	42 **Mo** Molibdênio 95.94 (2)	43 **Tc** Tecnésio [98]	44 **Ru** Rutênio 101.07 (2)	45 **Rh** Ródio 102/905 (2)	46 **Pd** Paládio 108.42 (1)	47 **Ag** Prata 107.868 (2)	48 **Cd** Cádmio 112.411 (8)	49 **In** Índio 114.818 (3)	50 **Sn** Estanho 118.710 (7)	51 **Sb** Antimônio 121.760 (1)	52 **Te** Telúrio 127.60 (3)	53 **I** Iodo 126.904 (3)	54 **Xe** Xenônio 131.293 (6)
55 **Cs** Césio 132.90(2)	56 **Ba** Bário 137.32 (7)	57-71 **La**	72 **Hf** Háfnio 178.94 (2)	73 **Ta** Tântalo 180.94(2)	74 **W** Tungstênio 183.84 (1)	75 **Re** Rênio 186.207 (1)	76 **Os** Ósmio 190.23 (3)	77 **Ir** Irídio 192.217 (3)	78 **Pt** Platina 195.048 (9)	79 **Au** Ouro 196.966 (4)	80 **Hg** Mercúrio 200.59 (2)	81 **Tl** Tálio 208.383 (2)	82 **Pb** Chumbo 207.2 (1)	83 **Bi** Bismuto 208.980 (1)	84 **Po** Polônio [209]	85 **At** Astato [210]	86 **Rn** Radônio [222]
87 **Fr** Frâncio (223)	88 **Ra** Rádio (226)	89-102 **Ac**	104 **Rf** Rutherfórdio (261)	105 **Db** Dúbnio (262)	106 **Sg** Seaborgio (266)	107 **Bh** Bóhrio (264)	108 **Hs** Hassio (277)	109 **Mt** Meltnério (268)	110 **Ds** Darmstadtium (271)	111 **Rg** Roentgenium (272)							

Lantanídios	57 **La** Lantânio 138.905 (7)	58 **Ce** Cério 140.116 (1)	59 **Pr** Praseodímio 140.907 (2)	60 **Nd** Neodímio 144.242 (3)	61 **Pm** Promécio [145]	62 **Sm** Samário 150.36 (2)	63 **Eu** Európio 151.964 (1)	64 **Gd** Gadolínio 157.25 (3)	65 **Tb** Térbio 158.925 (2)	66 **Dy** Disprósio 162.500 (1)	67 **Ho** Hólmio 164.930 (2)	68 **Er** Érbio 167.259 (3)	69 **Tm** Túlio 168.934 (2)	70 **Yb** Itérbio 173.04 (3)	71 **Lu** Lutécio 174.967 (1)
Actinídios	89 **Ac** Actínio [227]	90 **Th** Tório 232.038 (2)	91 **Pa** Protactínio 231.035 (2)	92 **U** Urânio 238.028 (3)	93 **Np** Netúnio [237]	94 **Pu** Plutônio [244]	95 **Am** Americio [243]	96 **Cm** Cúrio [247]	97 **Bk** Berquélio [247]	98 **Cf** Califórnio [251]	99 **Es** Einstênio [252]	100 **Fm** Férmio [257]	101 **Md** Mendelévio [258]	102 **No** Nobélio [259]	103 **Lr** Laurênio [262]

*Os pesos atômicos padrões da IUPAC 2005 (massas atômicas relativas médias) aprovadas na 43ª Assembléia Geral da IUPAC, Pequim, China, agosto de 2005, estão apresentados com as incertezas na última figura entre parênteses (M.E. Wieser, Pure Appl. Chem., no prelo). Esses valores correspondem ao melhor conhecimento atual dos elementos em fontes naturais terrestres. Para elementos que têm nuclídeos instáveis ou sem longa vida, o número de massa do nuclídeo com meia vida confirmada mais longa está listado entre colchetes. Elementos com números atômicos 112 e acima têm sido relatados mas não completamente autenticados.

NOTA: Inclusão autorizada pela IUPAC, traduzida pela autora e pelos revisores.

BIBLIOGRAFIA

Livros

1. "American Chemical Society" — *Reagent Chemicals,* 1950.
2. A. O. A.C. — *Methods of Analysis,* 7.ª ed., 1955.
3. Block, R. J. e outros — *A Manual of Paper Chromatography and Paper Electrophoresis,* 2.ª ed., 1955.
4. Chitani, T. — *Química Inorgânica,* Tóquio, Japão, 1960 (j).
5. "Comitê para edição de dicionário de química" — Novo *Dicionário de Química,* Tóquio, Japão, 1958 (j).
6. "Comitê para edição de manual de química inorgânica" — *Manual de Química Inorgânica,* Tóquio, Japão, 1952 (j).
7. Feigl, F. — *Spot Test,* 4.ª ed., 1954.
8. Funakubo, E. — *Método de Identificação de Compostos Orgânicos,* vol. I, II e III, Tóquio, Japão, 1955 (j).
9. Gattermann-Wieland — *Die Praxis des Organischen Chemiskers,* 35 Aufl, 1953.
10. Gnamm, H. — *Die Lösungsmittel und Weichungsmittel,* 6 Aufl., 1950.
11. Guenther, E. — "The Essential Oils", 1948.
12. Hata, K. e outros — *Método Experimental de Química,* Tóquio, Japão, 1960 (j).
13. Hirano, S. — *Química Experimental de Análises Industriais,* vol. I e II, Tóquio, Japão, 1959 (j).
14. Houben-Weyl — *Die Methoden der Organischem Chemie,* 4 Aufl., Bd.,
I e II, 1958.
15. Kameyama, Y. — *Método de Preparação de Reagentes em Química Analítica,* Tóquio, Japão, 1958 (j).
16. Kimura, K. — *Análise Quantitativa Inorgânica,* Tóquio, Japão, 1952 (j).
17. Kirk-Othmer — *Encyclopedia of Chemical Technology,* 1941.
18. Kolthoff, I. M. — *Treatise on Analytical Chemistry,* 1961.
19. Mantell, C. L. — *Electrochemical Engineering,* 4.ª ed., 1960.
20. Mellan, I. — *Organic Reagents in Inorganic Analysis,* 1.ª ed., 1954.
21. Merck, E. — *Reativos de coloración para cromatografia en capa fina y en papel.*
22. Mitchell, J. — *Aquametry,* 1948.

23. MIYAMICHI, E. — *Métodos Experimentais para Compostos Orgânicos,* Tóquio, Japão, 1959 (j).
24. MOMOSE, T. — *Análise Química Quantitativa,* Tóquio, Japão, 1960 (j).
25. OGATA, S. — *Método de Operação para Química Experimental,* vol. I, II e III, Tóquio, Japão, 1960 (j).
26. OTIAI, E. e outros — *Tabela de Constantes Físicas para uso em labora tório químico,* Tóquio, Japão, 1960 (j).
27. PERRY, J. H. — *Chemical Engineering Handboock,* 4.ª ed., 1963.
28. "Pharmacopeia of the United States, 14.ª ed., 1950.
29. ROSENBURG, J. P. — *Soluções Testemunhas e Reativos,* 2.ª ed., 1961.
30. ROSIN, J. — *Reagent Chemicals and Standards,* 2nd., ed., 1950.
31. SCOTT, W. W. — *Standard Method of Chemical Analysis,* vol. I e II, 4.ª ed., 1925.
32. "Sociedade Japonesa de Química" — *Manual de Química,* Tóquio, Japão, 1960 (j).
33. "Sociedade Japonesa de Química" — *Química Experimental* — vol. 9 — Síntese e Purificação de Compostos Inorgânicos", Tóquio, Japão, 1958 (j).
34. "Sociedade Japonesa de Química de Óleos e Gorduras" — *Manual de Química de Óleos e Gorduras,* Tóquio, Japão, 1958 (j).
35. "Sociedade Japonesa de Química Orgânica Sintética — *Manual de Química Orgânica,* Tóquio, Japão, 1959 (j).
36. TREADWELL, F. P. e outros — *Analytical Chemistry,* vols. I e II, 9.ª ed., 1959.
37. ULLMANN, F. — *Encyclopädie de technischen Chemie,* 3Aufl., 1953.
38. VOGEL, A. I. — *Practical Organic Chemistry,* 3.ª ed., 1962.
39. VOGEL, A. I. — *A Text-Book of Quantitative Inorganic Analysis,* 3.ª ed., 1961.
40. WEISER, H. B. — *The Colloidal Salts,* 1.ª ed., 1928.
41. WEISSBERGER, A. — *Organic Solvents,* vol. VIII, 1955.
42. WELCHER, F. — *Chemical Solution,* 1.ª ed., 1942.
43. WELCHER, F. J. — *Organic Analytical Reagents,* vol. I, II, III e IV, 1948.
44. WENGER, P. E. e DUCKERT, R. — *Reagents for Qualitative Inorganic Analysis,* 1.ª ed., 1948.
45. WOLF, K. L. — *Praktische Einführung in die physikalische Chemie,* 2 Aufl., 1950.
46. YAMAGUCHI, S. — *Química Orgânica Experimental,* Tóquio, Japão, 1955 (j).

Nota: (j) = Escrito em japonês.

Revistas

47. Adams, E. W. — et al., J. *Am. Chem. Soc., 47,* 1358 (1925).
48. Adams, R. — *Org. Syn.,* vol. / (1921).
49. Adams, R. — *Org. Syn.,* vol. I, 71.
50. Adams, R. — *Org. Syn. Coli,* vol. /, 490.
51. Adams, R. — *Org. Syn.,* vol. VIII (1928).
52. Adams, R. — *Org. Syn.,* vol. VIII (1928), 50.
53. Adams, R. — et ai., *J. Am. Chem. Soc., 41,* 789 (1919).
54. Adams, R. — *J. Am. Chem. Soc., 42,* 310 (1920).
55. Adkins, H. — et al, *J. Am. Chem. Soc., 70,* 695 (1948).
56. Adkins, H. — et al, *J. Am. Chem. Soc., 70,* 3121 (1948).
57. Anderson, J. R. — et. al., *Ind. Eng. Chem., 37,* 541 (1945).
58. Anderson, J. A. — et al., *Anal. Chem., 21,* 911 (1949).
59. Arnold, J. C. — *Chem. Abstr., 41,* 5897 (1947).
60. Arnold, C. — *Chem. Abstr., 42,* 200 (1948).
61. Ashmore, S. A. — *Analyst, 72,* 206 (1947).
62. Auwers, K. V. — et al, *Ann. Chem., 41,* 257 (1915), *Chem. Abstr., 10,* 458 (1916).
63. Bailey, K. C. — *J. Chem. Soc.,* (1939), 767.
64. Bailey, K. C. — et al., *J. Chem. Soc.,* (1941), 145.
65. Baly, E. C. C. — et al., *J. Chem. Soc.,* (1908), 1902.
66. Balz, G. — et al., *Ber., 60B,* 1186 (1927).
67. Barrow, G. M. — et al., *J. Am. Chem. Soc., 73,* (1951).
68. Barton, D. H. R. — *Nature, 157,* 626 (1946).
69. Barton, D. H. R. — *J. Chem. Soc.,* (1949), 148.
70. Bates, H. H. — et al., *J. Chem. Soc.,* (1923), 401.
71. Bates, W. W. — et al., *J. Am. Chem. Soc., 73,* 2151 (1951).
72. Bazhulin, P. A. — et al., *Chem. Abst., 44,* 1331 (1950).
73. Beilstein — *Ann., 156,* 77 (1870).
74. Benson, G. — et al., *Can. J. Research, 27* F 266 (1949); *Chem. Abstr., 43,* 6947 (1949).
75. Berliner, J. F. T. — et al, *J. Am. Chem. Soc., 49,* 1007 (1927).
76. Bewley, T. — *Chem. Abst., 41,* 5145 (1947).
77. Birun, A. M. — *Chem. Abstr., 34,* 1969 (1940).
78. Blacet, F. E. — et al., *J. Am. Chem. Soc., 59,* 608 (1937).
79. Boorman, E. J., et. al. — *Analyst, 72,* 246 (1947).
80. Bozel-Maletra — *Chem. Abstr., 43,* 2222 (1949).
81. Brauns, D. H. — *J. Research N. B. S., 18,* 315 (1937).
82. Bredig, G. — et al., *Z. physik. Chem., 130* A, 15 (1927).
83. Bremmer, J. G. M. — et al., *Chem. Abstr., 43,* 1795 (1949).

84. Bresler, F. — et. al., *Chem. Abstr., 37,* 6944 (1940).
85. Bretscher, E. — *Physik. Z., 32,* 765 (1931).
86. Brooks, D. B. — et al., *J. Research N. B. S., 24,* 33 (1940).
87. Bruyne, I. M. A. — et al., *Phys. Z., 33,* 719 (1932).
88. Buell, C. K. — et al., *Ind. Eng. Chem., 39,* 695 (1947).
89. Calcott, W. S. — et al., *Ind. Eng. Chem., 17,* 942 (1925).
90. Carlisle, P. J. — et al., *Ind. Eng. Chem., 24,* 1164 (1932).
91. Carothers, W. H. — *Org. Syn.,* vol. XIII, (1933), 16.
92. Carothers, W. H. — *Org. Syn.,* vol. XIII, (1933), 60.
93. Castille — et al., *Chem. Abstr., 18,* 3165 (1924).
94. Cheney, H. A. — et al., *Chem. Abstr., 42,* 6849 (1948).
95. Clarke, H. T. — et. al., *J. Am. Chem. Soc., 45,* 830 (1923).
96. Clarke, H. T. — *Org. Syn.,* vol. X, (1930).
97. Claxton, G,— et al, *J. Soc. Chem. Ind., 65,* 333, 341 (1946).
98. Cole, P. J. — et al., *Chem. Abstr., 39,* 532 (1945).
99. Colemàn, C. F. — et al., *J. Am. Chem. Soc., 71,* 2839 (1949).
100. Coles, H. W. — *Ind. Eng. Chem., Anal. Ed., 14,* 20 (1942).
101. Cólon, A. A. — et al., *J. Am. Pharm. Assoc. Sci. Ed., 40,* 607 (1951).
102. Conant, J. B. — *Org. Syn.,* vol. II, (1922), 9.
103. Coolidge, A. S. — *J. Am. Chem. Soc., 50,* 2166 (1928).
104. Coppinger, *J. Am. Chem. Soc., 76,* 1372 (1954).
105. Cowly, E. G. — et al., *J. Chem. Soc.,* (1938), 977.
106. Cramer, P. L. — et al., *J. Am. Chem. Soc., 58,* 373 (1936).
107. Crowe, R. W. — et al., *J. Am. Chem. Soc., 73,* 5406 (1951).
108. Croxall, W. J. — et al., *Chem. Abstr., 43,* 1433 (1949).
109. Dasler, W. — et al., *Ind. Eng. Chem., Anal. Ed., 18,* 52 (1946).
110. Davidson, J. G. — *Ind. Eng. Chem., 18,* 669 (1926).
111. Deffet, L. — *Bull. Soc Chim. Belg., 40,* 385 (1931), *Chem. Abstr., 26,* 352 (1932).
112. Dehn, W. M. — et al., *J. Am. Chem. Soc., 55,* 4284 (1933).
113. Doolittle, A, K. — et al., *J. Am. Chem. Soc., 73,* 2145 (1951).
114. Douglas, T. B. — *J. Am. Chem. Soc., 68,* 1072 (1946), *70,* 2001 (1948).
115. Draper, O. J. — et al., *Science, 109,* 448 (1949).
116. Dreisbach, R. R. — et al., *Ind. Eng. Chem., 41,* 2875 (1949), *41,* 176 (1949).
117. Dreisbach, R. R. — *J. Am. Chem. Soc., 73,* 3147 (1951).
118. Dunn — et al., *Rec. trav. Chem., 71,* 676 (1952).
119. du Pont de Nemours and Co., *Chem. Abstr., 41,* 5551 (1947).
120. Dutt, P. K. — *J. Chem. Soc.,* (1923), 2714.
121. Dykstra, H. B. — et al., *J. Am. Chem. Soc., 52,* 3396 (1930).

122. Eigenberger, E. — *J. prakt. Chem, 2,* 130, 75 (1931).
123. Evans, T., *Chem. Abstr., 33,* 5411 (1939).
124. Farkas, A. — et al., *Chem. Abstr., 41,* 1833 (1947).
125. Fawcett, F. S. — *Ind. Eng. Chem., 38,* 338 (1946).
126. Few, A. V. — et al., *J. Chem. Soc.,* (1949), 753.
127. Fierz David, H. E. — *Chem. Abstr., 42,* 2228 (1948).
128. Fischer, F. R. — et al, *Chem. Abstr., 34,* 8111 (1940).
129. Fouque, G. — et al., *Bull. soc. chim., 39,* 1184 (1926), *Chem. Abstr., 20,* 3687 (1926).
130. Frangis, C. V. — *Anal. Chem., 21,* 1238 (1949).
131. Frank, H. G. — *Angw. Chem., 63,* 262 (1951).
132. Fuchs, L. — *Spectrochim. Acta, 2,* 243 (1942).
133. Fuson, R. C. — *Org. Syn. Coll.,* vol. II, 732.
134. Gand, E. — *Chem. Abstr., 35,* 681 (1941).
135. Gand, E. — *Chem. Abstr., 38,* 3951 (1944).
136. Gand, E. — *Chem. Abstr., 40,* 3967 (1946).
137. Garland, C. E. — et al., *J. Am. Chem. Soc., 47,* 2333 (1925).
138. Gasparotti, F. — *Spectrochim. Acta, 5,* 170 (1952).
139. Ghosh, J. C. — et al., *Current Science, 16,* 88 (1947), *Chem. Abstr., 41,* 4725 (1947).
140. Gillo, L. — *Chem. Abstr., 34,* 1530 (1940).
141. Gilman, H. — et al., *Org. Syn. Coll.,* vol. I, (1941).
142. Gilman, H. — *Org. Syn.,* vol. VI, (1926).
143. Gilson, L. E. — *J. Am. Chem. Soc., 54,* 1445 (1932).
144. Glasgow, A. R. — et al., *J. Research N.B.S., 35,* 355 (1945).
145. Gloyer, S. W. — *Ind. Eng. Chem., 40,* 228 (1948).
146. Gomberg, M. — *J. Am. Chem. Soc., 41,* 1414 (1919).
147. Gordon, J. — et al., *J. Am. Chem. Soc., 70,* 1506 (1948).
148. Graf, M. M. — et al., *Ind. Eng. Chem., Anal. Ed., 16,* 556 (1944).
149. Graul, R. J. — et al., *Science, 104,* 557 (1946).
150. Greenwald, W. C, *Chem. Abstr., 43,* 3437 (1949).
151. Gresham, W. F. — *Chem. Abstr., 42,* 6841 (1948).
152. Groggins, P. H. — et al., *Ind. Eng. Chem., 26,* 1313 (1934).
153. Groggins, P. H. — et al., *Ind. Eng. Chem., 26,* 1317 (1934).
154. Gross, P. M. — et al., *J. Am. Chem. Soc., 53,* 1744 (1931).
155. Gross, P. M. — et al., *J. Am. Chem. Soc., 54,* 2705 (1932).
156. Groves, C. E. — *Ann., 174,* 376 (1874).
157. Haas, H. B. — et al., *Chem. Revs., 32,* 395, 406 (1943).
158. Haas, H. B. — et al., *Ind. Eng. Chem., 41,* 2266 (1949).
159. Haas, H. C. — *J. Polymer Sci., 15,* 427 (1955).
160. Haensel, V. — et al., *Ind. Eng. Chem., 39,* 853 (1947).
161. Ham, G. E. — *Ind. Eng. Chem., 46,* 390 (1954).

162. Hammett, L. P. — et al., *J. Am. Chem. Soc., 52,* 4795 (1930).
163. Hartley, H. — et al., *J. Chem. Soc.,* (1925), 524.
164. Hartsuch, P. J. J. — *J. Am. Chem. Soc.,* (1900), 846.
165. HAss, H. B. — et al., *Ind. Eng. Chem., 33,* 615 (1941).
166. Hatchinson, A. W. — et al., *J. Am. Chem. Soc., 53,* 2881 (1931).
167. Hanser, C. R. — et al., *J. Am. Chem. Soc., 70,* 426 (1948).
168. Hazlet, S. E. — et al., *J. Am. Chem. Soc., 66,* 1248 (1944).
169. Hearne, G. W. — et al., *Chem. Abstr., 43,* 2222 (1949).
170. Heddlund, A. I. — *Chem. Abstr., 42,* 1752 (1948).
171. Heinennam, H., *Chem. Abstr., 43,* 2222 (1949).
172. Heininger, S. A. — et al., *Chem. Eng. News,* n.° 9, 87 (1957).
173. Helferich, B. — et al., *Ber., 57,* 795 (1924).
174. Hempel, W. — *Z. anal. Chem., 20,* 502 (1881).
175. Herold, W. — et al., *Z. physik. Chem., B 12,* 194 (1931).
176. Herz, W. — et al, *Z. physik. Chem., 110,* 23 (1924).
177. Hess, K. — *Ber., 63,* 518 (1930).
178. Hesse, G. — et al., *Angew. Chem., 63,* 118 (1951), *67,* 737 (1955).
179. Hippel, A. V. — et al., *Ind. Eng. Chem., 38,* 1121 (1946).
180. Hoepe, G. — et al., *Helv. Chim. Acta, 25,* 353 (1942), *Chem. Abstr., 36,* 4058 (1942).
181. Hoffman, U. — *Chem. Abstr.*
182. Hontman, J. P. W. — *Rec. trav. chim., 65,* 781 (1946), *Chem. Abstr., 41,* 3049 (1947).
183. Hovorka, F. — et al., *J. Am. Chem. Soc., 60,* 820 (1938).
184. Hovorka, F. — et al., *J. Am. Chem. Soc., 62,* 2372 (1940).
185. Howard, F. L. — et al., *J. Research N.B.S., 38,* 365 (1947).
186. Hovlet, K. E. — *J. Chem. Soc.,* (1951), 1409.
187. Hoyot, H. E. — *Chem. Abstr., 39,* 5106 (1945).
188. Hudson, R. F. — et al., *J. Chem. Soc.,* (1950), 1731.
189. Hughes, E. D. — et al., *J. Chem. Soc.,* (1937), 1177.
190. Hurd, C. D. — et al., *Anal. Chem., 23,* 542 (1951).
191. Hurdies, E. C. — et al., *J. Am.. Chem. Soc., 64,* 2212 (1942).
192. Huston, R. C. — et al., *J. Am. Chem. Soc., 64,* 1576 (1942).
193. Ishihara, M. — et al., *J. Soc. Chem. Ind. Japan, 46,* 1268 (1943); *Chem. Abstr., 42,* 6333 (1948).
194. Jacobs, C. J. — et al., *J. Am. Chem. Soc., 56,* 1513 (1934).
195. Jeffery, G. H. — et al., *J. Chem. Soc.,* (1948), 674.
196. Jerchel, D. — et al., *Angew. Chem., 68,* 61 (1956).
197. Johnson, H. E. — *Chem. Abstr., 43,* 2476 (1949).
198. Johnson, J. R. — *Org. Syn. ColL,* vol. I, 101.
199. Jordan, T. E. — et al., *Ind. Eng. Chem., 41,* 2635 (1949).

200. KAMM, O. — et al., *J. Am. Chem. Soc., 42,* 299 (1920).
201. KAMM, W. F. — et al., *Org. Syn. ColL,* vol. I, 99.
202. KATSUNO, *J. — Chem. Soc Japan. 44,* 898 (1941).
203. KATSUNO, M. — *J. Soc Chem. Ind. Japan, 44,* 1028 (1943); *Chem. Abstr., 42,* 7285 (1948).
204. KATSURA, S. — *J. Chem. Soc Japan, 63,* 1483 (1942); *Chem. Abstr., 41,* 3449 (1947).
205. KAY, W. B. — *J. Am. Chem. Soc., 68,* 1336 (1946).
206. KAZANSKII, B. A. — et al., *Chem. Abstr., 42,* 2225 (1948).
207. KNOWLES, C. L. — *Ind. Eng. Chem., 12,* 881 (1920).
208. KOLSEK, K. — et al., *Z. Anal. Chem., 149,* 321 (1956).
209. KUNZ, Friedl. — *7,* 57.
210. LAMOND, J. — *Analyst, 74,* 560 (1949).
211. LEADER, G. R. — *J. Am. Chem. Soc., 73,* 856 (1951).
212. LEADER, G. R. — et al., *J. Am. Chem. Soc., 73,* 5731 (1951).
213. LEBEL, Buli — assn. chim. 2. 21, 542 (1874); 2. *25,* 545 (1876).
214. LEBO, R. B. — *J. Am. Chem. Soc., 43,* 1005 (1921).
215. LEFÈVRE, C. G. — et al., *J. Chem. Soc.,* (1935), 480.
216. LIEBERMANN, C. — et al., *Ber., 37,* 2461 (1904).
217. LIVINGSTON, J. — et al., *J. Am. Chem. Soc., 46,* 881 (1924).
218. LIVINGSTON, R. — *J. Am. Chem. Soc., 69,* 1220 (1947).
219. LOCHTE, H. L. — *Ind. Eng. Chem., 16,* 956 (1924).
220. LOCHTE, H. L. — *Monatsh, 16,* 956 (1924).
221. LUND, H. — et al., *Ber., 64,* 210 (1931).
222. LUNGE, G. — *Ber., 14,* 1755 (1881).
223. MACALPINE, K. B. — et al., *J. Chem. Phys., 3,* 55 (1935).
224. MACCÂULAY, D. A. — et al., *Ind. Eng. Chem., 42,* 2103 (1950).
225. MACKEE, H. C. — et al., *Anal Chem., 20,* 301 (1948).
226. MACLEAN, M. E. — *J. Research N.B.S.,* 34, 271 (1945).
227. MAIR, B. J. — *J. Research N.B.S., 9,* 457 (1932).
228. MAIR, B. J. — et al., *J. Research N.B.S., 32,* 151 (1944).
229. MAIR, B. J. — et al., *J. Research N.B.S., 37,* 229 (1946).
230. MALLINCRODT, E. — et al., *Ind. Eng. Chem. Anal. Ed., 18,* 52 (1946).
231. MALLINCRODT, E. — et al., *Chem. Eng. News, 33,* 3194 (1955).
232. MARCKWALD — et al., *Ber., 34,* 485 (1901).
233. MARQUARDT, R. P. — et al., *Ind. Eng. Chem., Anal. Ed., 16,* 751 (1944).
234. MARTIN, A. R. — *J. Chem. Soc.,* (1928), 3270.
235. MARVEL, C. S. — *Org. Syn.,* vol. V (1925), 27.
236. MARVEL, C. S. — *Org. Syn,* vol. XI (1925).
237. MARYOTT, A. A. — *J. Am. Chem. Soc., 63,* 659 (1941).

238. MATHEWS, J. H. — *J. Am. Chem. Soc., 48,* 562 (1926).
239. MATSUI, K. — *J. Chem. Soc., Japan, 64,* 1417, *Chem. Abstr., 41,* 3753 (1947).
240. MCDONALD, H. J. - *J. Chem. Phys., 48,* 47 (1944).
241. MCKENNA, F. E. — et al., *J. Am. Chem. Soc., 71,* 729 (1949).
242. MEISENHEIMER, J. — *Ann. Chem., 482,* 130 (1930).
243. MILAS, N. A. — *Chem. Abstr., 41,* 5894 (1947).
244. MIROV, N. T. — *J. Forestry, 45,* 659 (1947); *Chem. Abstr., 42,* 386 (1948).
245. MITA, I. — *J. Chem. Soc Japan, 63,* 760 (1942); *Chem. Abstr., 41,* 3038 (1947).
246. MOHR, O. — *Microchemie, 2,* 154 (1930); *Chem. Abstr., 24,* 4242 (1930).
247. MOLES, E. — *Z.. physik. Chem., 80,* 531 (1912).
248. MONTECATINI — *Chem. Abstr., 31,* 6262 (1937).
249. MOORE, E. M. — et al., *J. Am. Chem. Soc., 71,* 411 (1949).
250. MORENO, J. M. M. — *Chem. Abstr., 41,* 6420 (1946).
251. MORGAN, S. O. — et al., *J. Phys. Chem., 34,* 2385 (1930).
252. MüLLER, R. — et al., *Monatsch, 48,* 659 (1927).
253. NEWMAN, M. — et al., *Ind. Eng. Chem., 41,* 2039 (1949).
254. NORTON, F. H. — et al., *J. Am. Chem. Soc., 58,* 2147 (1936).
255. NOYES, W. A. — *J. Am. Chem. Soc., 45,* 857 (1923).
256. OLIVIER, S. C. J. — *Rec. trav. chim., 55,* 1027 (1936); *Chem. Abstr., 31,* 1759 -(1937).
257. PAGE — et al, *J. Chem. Soc.,* (1923), 3238.
258. PALFRAY, L. — et al., *Buli. Soc Chim, 7,* 401 (1940).
259. PAUL, R. — et al., *Buli. soc chim. France* (1947), 453, *Brit. Abstr.* (1948), Aii, 335.
260. PAVLIC, A. A. — et al., *J. Am. Chem. Soc., 68,* 1471 (1946).
261. PESEZ, M. — *Chem. Abstr., 43,* 5341 (1949).
262. PESTEMER, M. — *Angew. Chem., 63,* 118 (1951).
263. PESTEMER, M. — *Angew. Chem., 63,* 121 (1951).
264. PESTEMER, M. — *Angew. Chem., 63,* 122 (1951).
265. PESTEMER, M. — *Angew. Chem., 67,* 740 (1955).
266. PETROV, K. D. — et al., *Chem. Abstr., 43,* 1742 (1949).
267. PICKARD, R. H. — et al., *J. Chem. Soc.* (1911), 45.
268. PIROT, E. — *Chem. Abstr., 50,* 1683 (1956).
269. PORTER, F. — et al., *Chem. Abstr., 44,* 7879 (1950).
270. PUKIREV, A. G. — *Trans. Inst. Pures. Chem. Reagents (Moscow), 15,* 45 (1947); *Chem. Astr., 32,* 5378 (1938).
271. RAILING, W. E. — *J. Am. Chem. Soc. 61,* 3349 (1939).
272. RAMSEY, J. B. — et al., *J. Am. Chem. Soc., 77,* 2561 (1955).

273. READ, R. R. — et al., *Org. Syn., 25,* 11 (1945); *Chem. Abstr., 40,* 320 (1946).
274. REES, H. L. — *Anal. Chem., 21,* 989 (1949).
275. REICHERT, J. S. — et al., *J. Am. Chem. Soc., 45,* 1552 (1923).
276. REINE — *Angew. Chem., 62,* 120 (1950).
277. REINKE, R. C. — et al., *Ind. Eng. Chem., Anal. Ed., 18,* 224 (1946).
278. RENAULT, L. — *Chem. Abstr., 43,* 5034 (1949).
279. RICE, F. O. — *Proe Roy. Soc.* (Londres), *91A,* 76, (1914).
280. RIDDICK, J. A. — *Anal. Chem., 26,* 77 (1954).
281. RIDDICK, J. A. — não foi publicado.
282. RILEY, E. F. — *Chem. Revs., 32,* 373 (1943).
283. ROBERTSON, N. C. — *Chem. Abstr., 43,* 9097 (1949).
284. RODIONOV, V. — *Chem. Abstr., 20,* 1795 (1926).
285. RÕHLER, H. — *Z. Elektrochem., 16,* 419 (1910).
286. SALMI, E. J. — et al., *Chem. Abstr., 41,* 5481 (1947).
287. SCHMERLING, L. — *Ind. Eng. Chem., 40,* 2072 (1948).
288. SCHOSTAKOVSKII, M. JF. — et al, *J. Gen. Chem.,* (U. S. S. R.), *16,* 937 (1946); *Chem. Abstr., 41,* 1999 (1947).
289. SCHUPP, R. L. — et al., *Z. Elektrochen., 52,* 54 (1948).
290. SCOTT, R. B. — et al., *J. Research N.B.S., 35,* 501 (1945).
291. SENDERENS, J. B. — *Compt. rend., 176,* 813, *177,* 15, 1883 (1923).
292. SEYER, W. F. — et al., *J. Am. Chem. Soc., 60,* 2125 (1938).
293. SHEPARD, A. F. — et al., *J. Am. Chem. Soc., 53,* 1948 (1931).
294. SIMONS, J. H. — et al., *J. Am. Chem. Soc., 66,* 1309 (1944).
295. SMITH, T. E. — et al., *Ind. Eng. Chem., 43,* 1169 (1951).
296. SMYTH, C. P. — et al., *J. Am. Chem. Soc., 51,* 2646 (1929).
297. SMYTH, C. P. — et al., *J. Am. Chem. Soc., 51,* 3312, 3330 (1929).
298. SMYTH, C. P. — et al., *J. Am. Chem. Soc., 52,* 2227 (1930).
299. SMYTH, C. P. — et al., *J. Am. Chem. Soc., 53,* 527, 2115, (1931).
300. SMYTH, C. P. — et al., *J. Am. Chem. Soc., 53,* 2988 (1931).
301. SMYTH, C. P. — et al., *J. Chem. Phys. 3,* 347 (1935).
302. STREIFF, A. J. — et al., *J. Research N.B.S., 37,* 331 (1946).
303. STULL, D. R. — *J. Am. Chem. Soc., 59,* 2726 (1937).
304. SUDGEN, S. —*J. Chem. Soc.,* (1933), 768.
305. SWALLEN, L. C. — et al., *J. Am. Chem. Soc., 52,* 651 (1930).
306. SWIETOSLASKI, W. — *Chem. Abstr., 43,* 8977 (1949).
307. THOMAS, J. R. — et al., *J. Am, Chem. Soc., 71,* 2785 (1949).
308. TICHE, J. J. — et al., *Anal. Chem., 23,* 669 (1951).
309. TIMMERMANNS, J. — et al., *J. Chim. phys., 23,* 693 (1926).
310. TÍMMERMANNS, J. — et al., *J. Chim. phys., 23,* 747 (1926).

311. Timmermanns, J. — et al., *J. Chim. phys, 25,* 411 (1928).
312. Timmermanns, J. — et al., *J. Chim. phys., 27,* 401 (1930).
313. Tonberg, C. O. — et al., *Ind. Eng. Chem., 24,* 814 (1932).
314. Tonberg, C. O. — et al., *Ind. Eng. Chem., 25,* 733 (1933).
315. Toops, E. E. — não foi publicado.
316. Tschugaeff, L. — *Berg., 32,* 3332 (1899).
317. Turkevich, A. — et al., *J. Am. Chem. Soc., 62,* 2468 (1940).
318. Ueno, S. — et al., *J. Soc Chem. Ind. Japan, 49,* 161 (1946); *Chem. Abstr., 42,* 6738 (1948).
319. Verhock, F. H. — *J. Am. Chem. Soc., 58,* 2577 (1936).
320. Vogel, A. I. — *J. Chem. Soc.,* (1938), 1323.
321. Vogel, A. I. — *J. Chem. Soc.,* (1946), 133.
322. Vogel, A. I. — *J. Chem. Soc.,* (1948), 607.
323. Vogel, A. I. — *J. Chem. Soc.,* (1948), 616.
324. Vogel, A. I. — *J. Chem. Soc.,* (1948), 624.
325. Vogel, A. I. — *J. Chem. Soc.,* (1948), 644.
326. Vogel, A. I. — *J. Chem. Soc.,* (1948), 654.
327. Vogel, A. I. — *J. Chem. Soc.,* (1948), 1814.
328. Vogel, A. I. — *J. Chem. Soc.,* (1948), 1825.
329. Vogel, A. I. — *J. Chem. Soc.,* (1948), 1833.
330. Waddington, G. — et al., *J. Am. Chem. Soc., 69,* 2275 (1947).
331. Walden, P. — *Z. physik. Chem., 65,* 129 (1909).
332. Walden, P. — et al., *Z. physik. Chem., 111,* 465 (1924).
333. Walden, P. — et al., *Z. physik. Chem., 144* A, 269 (1929).
334. Walden, P. — et al., *Z. physik. Chem., 144* A, 395 (1929).
335. Walden, P. — et al., *Z. physik. Chem.,* (A) *153,* 1 (1931).
336. Wallerstein, R. — et al., *Chem. Abstr., 39,* 2378 (1945).
337. Walton, J. H. — et al., *J. Am. Chem. Soc., 45,* 2689 (1923).
338. Walton, J. H. — et al., *J. Am. Chem. Soc., 50,* 1648 (1928).
339. Warshowsky, B. — et al., *Ind. Eng. Chem. Anal. Ed., 18,* 257 (1946).
340. Waterman, H. I. — et al., *Ree trav. chim., 48,* 637 (1929); *Chem. Abstr., 22,* 218 (1928).
341. Webb, J. L. A. — et al., *J. Am. Chem. Soc., 71,* 2285 (1949).
342. Weinland, R. F. — et al., *Ber., 38,* 2327 (1905).
343. Weissberger, A. — et al., *Z. physik. Chem., 157* A, 65 (1931).
344. Weissberger, A. — et al., *J. prakt. Chem., 135,* 209 (1933).
345. Weizmann, C. — *Chem. Abstr., 43,* 2632 (1949).
346. Werner, E. A. — *Analyst, 58,* 335 (1933).
347. Whitmore, F. C. — *Org. Syn.,* vol. VII (1927).
348. Whitmore, F. C. — *Org. Syn.,* vol. XII, (1932).
349. Whitmore, F. C. — et al., *J. Am. Chem. Soc., 55,* 3803 (1933).

350. WHITMORE, F. C. — et al., *J, Am, Chem, Soc., 60,* 2569 (1938),
351. WHITNACK, G. C. — et al., *Ind. Eng. Chem. Anal. Ed., 16,* 496 (1944).
352. WILLIAMS, E. C, *Chem. Ind., 55,* 580 (1936).
353. WILSON, C. L. — *Chem. Abstr., 41,* 6275 (1947).
354. WOHLLEBEN, G. — *Angew. Chem., 68,* 752 (1956).
355. YAMASHITA, M. — et al., *J. Chem. Soc Japan, 64,* 506 (1943); *Chem. Abstr., 41,* 3753 (1947).
356. YURA, S. — et al., *J. Soc Chem. Ind. Japan, 46,* 82 (1943); *Chem. Abstr., 42,* 6339 (1948).
357. ZELINSKY, N. D. — et al., *Ber., 65,* 1299 (1932).
358. ZETZSCHE, F. — et al., *Helv. Chim. Acta, 9,* 288 (1926); *Chem. Abstr., 20,* 2996 (1926).

Patentes

359. B. P. 569.625 (1945).
360. B. P. 573.507 (1945).
361. B. P. 575.362 (1946).
362. B. P. 584.788 (1947).
363. B. P. 585.076.
364. B. P. 590.311.
365. B. P. 597.078.
366. B. P. 607.130 (1948).
367. B. P. 735.575 (1955).
368. D. R. P. 324.862.
369. D. R. P. 618.972 (1935).
370. D. R. P. 740.366.
371. D. R. P. 910.166 (1942).
372. D. R. P. 1.023.040 (1958).
373. Fr. P. 808.057 (1937).
374. Fr. P. 868.182 (1941).
375. Swed. P. 119.077 (1947).
376. Swed. P. 151.609 (1955).
377. U. S. P. 2.154.930 (1939).
378. U. S. P. 2.204.956 (1940).
379. U. S. P. 2.233.620.
380. U. S. P. 2.247.255.
381. U. S. P. 2.267.309.
382. U. S. P. 2.366.990 (1945).
383. U. S. P. 2.381.055.
384. U. S. P. 2.410.642.
385. U. S. P. 2.414.385.
386. U. S. P. 2.435.404.
387. U. S. P. 2.441.095 (1948).
388. U. S. P. 2.445.520.
389. U. S. P. 2.448.660.
390. U. S. P. 2.451.298.
391. U. S. P. 2.451.485.
392. U. S. P. 2.451.712.
393. U. S. P. 2.451.949.
394. U. S. P. 2.456.549.
395. U. S. P. 2.459.432 (1949).
396. U. S. P. 2.461.048.
397. U. S. P. 2.477.087.
398. U. S. P. 2.507.048 (1950).
399. U. S. P. 2.581.050.
400. U. S. P. 2.615.028.
401. U. S. P. 2.657.970.
402. U. S. P. 2.667.497.
403. U. S. P. 2.688.645 (1952).
404. U.S. P. 2.751.421 (1956).
405. U. S. P. 2.779.807.

ÍNDICE ANALÍTICO

Absorventes, 382
carvão ativo, 382
caulim, 382
caulim D, 383
hidróxido de cálcio, 383
o-hidróxido de alumínio, 383
óxido de alumínio, 383
óxido de magnésio, 383
poli-hidróxido de alumínio, 383
terra ativada, 383
Acetais, 561
Acetal (solvente), 561
preparação de, 561
purificação de, 562
Acetaldeído (solução padrão), 190
Acetaldeído (solvente), 562
preparação de, 563
purificação de, 563
Acetato de *n*-amila (solvente), 520
purificação de, 520
Acetato de amônio (solução), 2
Acetato de benzila (solvente), 577
preparação e purificação de, 577
Acetato de *n*-butila (solvente), 519
purificação de, 519
Acetato de cálcio, 2
determinação quantitativa de F, 2
Acetato de chumbo (solução), 2
descolorizante, 389
determinação qualitativa de CS_2, 4
determinação quantitativa de $2H_2S$, 6
determinação quantitativa de açúcar, 4
determinação quantitativa de enxofre, 6
determinação quantitativa de glicerina, 5
determinação quantitativa de molibdênio, 6
determinação de valor de tiocianato em gordura, 4
identificação de fibras, 6
padronização de, 3
papel reativo de, 6
solução diluída de subacetato de chumbo, 5
solução padrão de subacetato de chumbo, 5
Acetato de cromo e formol (solução), 144
fixação de enzima, 144
Acetato de etila (solvente), 518
purificação de, 518
Acetato de glicol mono-etil éter (solvente), 496
Acetato de glicol mono-metil éter (solvente), 496
Acetato de isoamila (solvente), 520
purificação de, 520
Acetato de isobutila (solvente), 519
purificação de, 519
Acetato de isopropila (solvente), 575
preparação de, 575
purificação de, 576
Acetato mercúrico (solução), 144
determinação quantitativa de vitamina C, 144
Acetato de metila (solvente), 518
purificação de, 518
Acetato de potássio (solução), 7
Acetato de propila (solvente), 575
preparação de, 575
purificação de, 575
Acetato de sódio (solução), 7
extração de chumbo, 6
Acetato de uranila (solução), 144
Acetato de uranila e cobalto (solução), 144
Acetato de uranila e magnésio (solução), 145

análise de Na, 145
Acetato de uranila e manganês (solução), 145
análise de Na, 145
Acetato de uranila e níquel (solução), 146
determinação qualitativa de Na, 146
Acetato de uranila e zinco (solução), 146
análise de Na, 146
Acetato de zinco
determinação de, 188
solução de, 7
Acetato de zinco e cádmio (solução), 146
absorção de H_2S, 146
Acetileno
determinação de, 323, 344
gás, 422
Acetofenona (solvente), 572
preparação e purificação de, 572
Acetona
determinação de, 352
Acetona (solvente), 506
determinação de água em, 506
determinação de aldeídos, 506
determinação de metanol em, 506
purificação de, 507
Acetonitrila (solvente), 513
purificação de, 513
Acidamidas, 514
Ácidos, 573
Ácido acetacético (solução), 190
Ácido acético (solução), 190
determinação de, 176, 288
padronização de, 191
tabela de concentração e densidade relativa de, 192
Ácido acético (solvente), 511
purificação de, 511
Ácido acetil salicílico (solução), 193
determinação qualitativa de Mn, 193
Ácido α-amino-*n*-capróico (solução), 193
determinação qualitativa de Cu, 193
Ácido α-cetoglutárico determinação de, 229
Ácido 3-amino-2-naftóico (solução), 193
determinação quantitativa de Cu, 193
Ácido antranílico (solução), 193
determinação quantitativa inorgânica, 193
Ácido arsenoso (solução), 8
padronização de, 8
purificação do produto comercial, 8
solução padrão de, 8
Ácido aurinatricarboxílico (solução), 194
determinação quantitativa de Al, 194
Ácido benzóico (solução), 194
Ácido β-naftol naftilamina sulfônico (solução), 195
determinação qualitativa de NO_2^-, 195
Ácido bismútico-iodeto de potássio (solução), 147
determinação qualitativa de Cs, 147
Ácido bórico
desidratante, 390
determinação de, 210, 223, 410
eliminação de, 247
padronização de, 10
secante, 415
solução de, 10
tampão (solução), 297
Ácido brômico (solução), 147
Ácido capróico (solvente), 573
preparação de, 573
purificação de, 573
Ácido carbônico (solução padrão), 147
Ácidos carboxílicos, 510
Ácido carmínico, 420
Ácido cítrico (solução), 195
determinação de, 182

determinação quantitativa de ácido fosfórico, 195
determinação quantitativa de níquel, 195
Ácido clorídrico (solução), 11
determinação de, 235, 373
determinação quantitativa de Se em Cu, 14
identificação de cloro livre em, 14
solubilidade de, 13
solução padrão de, 13
tabela de concentração e densidade relativa de, 11
tampão (solução), 297
Ácido cloroplatínico (solução), 148
precipitação de alcalóides, 148
Ácido crômico (solução), 149
absorção de SO_2, 149
determinação de, 377
determinação quantitativa de corrosão, 149
Ácido cromotrópico (solução), 195
determinação qualitativa de metanol, 196
determinação qualitativa de química inorgânica, 195
Ácido diazobenzeno sulfônico
preparação de, 203
determinação de carbonila, 203
Ácido di-hidroxitartárico (solução), 196
determinação quantitativa de Na, 196
Ácido esteárico (solução), 196
determinação quantitativa de Ca, 196
determinação quantitativa de Li, 196
determinação quantitativa de sulfatos, 197
Ácido fenilarsônico (solução), 197
determinação quantitativa de Zr, 197
Ácido fenol-dissulfônico (solução), 234
Ácido fluorídrico (solução), 14
gás, 442
padronização de, 14
tabela de concentração e densidade relativa de, 15
Ácido fluossilícico (solução), 149
padronização de, 150
tabela de concentração e densidade relativa de, 149
Ácido fórmico
determinação de, 62
Ácido fórmico (solvente), 510
purificação de, 510
Ácido fosfórico
determinação de, 57, 94, 95, 97, 101, 127, 169, 183, 195, 241
padronização de, 15
solução de, 14
tabela de concentração e densidade relativa de, 15
Ácido fosfomolibdênico (solução), 150
determinação qualitativa de proteínas, 150
precipitação de alcalóides, 150
Ácido fosfotungstênico (solução), 151
determinação quantitativa de uréia, 151
preparação de, 151
Ácido H
determinação de, 203
determinação quantitativa de naftol, 197
solução de, 197
Ácido hipocloroso (solução), preparação de, 17
Ácido iodídrico (gás), 442
Ácido iodoacético (solução)
determinação quantitativa de vitamina C, 197
Ácido 7-iodo-8-hidroxiquinolina-5-sulfônico (solução), 198
determinação quantitativa de Ca, 198
determinação quantitativa de fluoretos, 198

Ácido isopicrâmico, 420
Ácido láctico
determinação de, 59, 233, 236
Ácido *m*-fosfórico (tampão), 301
Ácido *m*-nitrobenzóico (solução), 198
determinação quantitativa de Th, 198
Ácido *m*-silícico, 181
Ácidos mistos (soluções), 268
dissolução de ferro fundido e ferro coado, 268
decomposição de aço, ferro forjado e aço de baixo teor de silício, 268
decomposição de aço de silício sem grafite, 268
decomposição de bronze de manganês, 268
decomposição de bauxita, 268
decomposição de metal de alumínio, 268
dissolução de platina, 268
Ácido monoiodoacético, 384
determinação quantitativa de vitamina C, 384
Ácido nicotínico
determinação de, 156, 252
Ácido nítrico determinação de, 129
padronização de, 18
solubilidade, 19
solução de, 17
solução mista de, 19
solução padrão de, 20
tabela de concentração e densidade relativa de, 18
Ácido nítrico - ácido perclórico (solução mista), 18, 280
determinação quantitativa de Mo, 280
Ácido nitroso, 20
solução padrão de, 20
padronização de, 20
decomposição de, 153
Ácido nucléico (análise), 59, 249
Ácido oléico (solvente), 574
preparação e purificação de, 574
Ácido *p*-aminobenzóico (solução padrão), 198
preparação de solução padrão de, 198
Ácido *p*-dimetilaminoazofenilarsônico (solução), 199
Ácido perclórico (solução), 21
determinação quantitativa de potássio, 22
eliminação de K em perclorato de sódio comercial, 22
preparação de, 22
Ácido pícrico (solução), 199
determinação qualitativa de açúcar, 199
determinação qualitativa de creatinina, 200
determinação qualitativa química inorgânica, 199
identificação de celulose, 200
precipitação de alcalóides, 199
solução padrão colorimétrica, 199
solução padrão de farmacopéia de, 200
Ácido picrolônico (solução), 200
análise de química inorgânica, 200
determinação qualitativa de tório, 201
Ácido quinaldínico (solução), 201
análise de química inorgânica, 201
Ácido rosólico, 420
Ácido rubeânico (solução), 201
análise de química inorgânica, 201
preparação de, 201
Ácido salicílico (solução), 202
determinação qualitativa de Ag, 202
determinação qualitativa inorgânica, 202
Ácido silícico
determinação de, 67, 258
gel de, 271
solução coloidal de, 274

Ácido sílico-tungstênico (solução), 152
determinação quantitativa de nicotina, 152
Ácido sulfanílico (solução), 202
determinação qualitativa de N, 202
determinação qualitativa de proteína e hidroxila, 202
determinação qualitativa de NO_2 e NO_3^2, 203
determinação quantitativa de ácido H, 203
determinação qualitativa de compostos de carbonila, 200
determinação quantitativa de vitamina B6, 203
solução padrão de farmacopéia de, 203
Ácido sulfídrico
absorção de, 147
padronização de, 23
preparação, 443
solução de, 23
Ácido sulfosalicílico (solução), 204
determinação quantitativa de Fe^3, 204
determinação quantitativa de Fe^2, 204
Ácido sulfúrico
cálculo para preparação do ácido sulfúrico, 25
determinação quantitativa de cério, 26
dissolução de oxicelulose, 27
padronização de, 25
secante, 416
solubilidade de, 26
solução de, 23
solução padrão de, 25
tabela de concentração e densidade relativa de, 25
Ácido sulfuroso absorção de, 149
determinação de, 171
padronização de, 28
solução de, 27
tabela de concentração e densidade relativa de, 27
Ácido tânico
determinação de, 64, 206, 219, 280
determinação qualitativa de química inorgânica, 204
determinação quantitativa de chumbo (indicador), 204
identificação de corantes, 205
mordentação, 205
precipitação de alcalóides, 204
solução de, 204
solução padrão de farmacopéia de, 205
Ácido tartárico (solução), 205
Ácido tioglicólico (solução), 206
Ácido tiossulfúrico
determinação de, 154
Ácido tricloroacético (solução), 206
determinação quantitativa de vitamina C, 206
Ácido uréico
determinação de, 167, 186
Ácido úrico
determinação de, 353
Ácido vanádico (solução), 152
determinação qualitativa de H_2O_2, 152
Acroleína (solvente), 567
preparação de, 567
purificação de, 567
Açúcar
clarificação de, 270
determinação de, 4, 107, 125, 126, 200, 249, 327
Adams-Hall-Bailey (reagente), 308
determinação qualitativa de Na e K, 308
Adrenalina
determinação de, 186, 311
Agentes Frigoríficos (misturas refrigerantes), 385
tabelas de agentes frigoríficos, 385
Água
análise de, 284, 379, 409

determinação de, 215, 252, 264, 339, 344, 346
Água para uso em medida de eletrocondutibilidade, 269
Água régia, 270
Agulhon (reagente), 308
identificação de substâncias redutoras, 308
Alaranjado de metila, 421
Alaranjado de propil-α-naftol, 421
Albumina
análise de ácido tânico, 206
determinação de, 310, 324, 345, 360, 365, 368, 373
solução de, 206
Alcalóides
coloração de, 237, 356, 357, 366, 378
determinação de, 33, 96, 309, 323, 326, 327, 345, 347, 349, 355, 366
precipitação de, 148, 150, 155, 158, 167, 170, 171, 199, 204, 355, 376, 377
Alcana vermelha (tintura), 305
tingimento, 305
Álcoois e fenóis, 484-548
Álcool
análise de, 79, 182
Álcool amílico e éter (solução mista), 281
determinação quantitativa de aminoácido, 281
Álcool-benzeno (solução mista), 281
determinação quantitativa de oxidação, 281
Álcool benzílico (solvente), 492
purificação de, 492
Álcool diacetônico (solvente), 495
purificação de, 495
Álcool furfurílico (solvente), 493
Álcool isoamílico (solvente), 491
Álcool tetrahidrofurfurílico (solvente), 497
purificação de, 498
Aldeídos, 562
determinação de, 107, 246, 313, 315, 326, 370
oxidação de, 179
Aldeídos e cetonas, 505
Aldose
determinação de, 323
Alexander (reagente), 308
identificação de polpa, 308
α-dinitrofenol, 421
α-naftilamina (solução), 206
determinação qualitativa de NO_2^-, 206
α-naftilamina-ácido acético (solução mista), 281
determinação qualitativa de NO_2^- e NO_3^-, 281
α-naftilamina - ácido sulfanílico (solução mista), 281
determinação qualitativa de NO_2^-, 281
solução padrão de farmacopéia de, 282
α-naftoflavona (solução), 208
determinação qualitativa de Br, 208
determinação qualitativa de Cu^2, 208
α-naftol
determinação de, 311
determinação qualitativa de cetose, 208
determinação qualitativa de peroxidase, 208
determinação qualitativa de proteínas, 208
identificação de fibras, 209
solução de, 208
α-naftol-benzeno, 422
α-naftolftaleína, 422
α-naftolftaleína e fenolftaleína (solução mista), 435
α-nitroso-β-naftol (solução), 208
determinação qualitativa de química inorgânica, 208
determinação colorimétrica de Co, 209
solução em acetona de, 209

Algodão
determinação de, 171
Alilamina (solvente), 601
preparação e purificação de, 601
Alizarina (solução), 209
determinação qualitativa de química inorgânica, 209
identificação de celulose, 210
solução padrão de, 209
Alizarina S, 210, 423
determinação qualitativa de ácido bórico, 210
determinação qualitativa de alumínio, 210
solução de, 210
Almen (reagente), 204
Aloy (reagente), 309
determinação qualitativa de alcalóides, 309
AloY-Laprade (reagente), 309
determinação qualitativa de fenóis, 309
Aloy-Valdiguie (reagente), 309
determinação qualitativa de codeína, morfina e etil-morfina, 309
Alquil-benzenos (solvente), 473
purificação de, 473
Alúmen de potássio (solução), 28
outros alumens, 29
Alumínio
amálgama de, 386, 390
determinação de, 71, 194, 210, 240, 259
dissolução de, 84
solução padrão de, 152
Aluminona (solução), 210
determinação qualitativa de Al, Fe^3 e Cr^3, 210
Alvarez (reagente), 310
determinação qualitativa de Ni, Co e Zn, 310
Almagamas, 386
alumínio, 386
magnésio, 386
sódio, 386
zinco, 386
zinco líquido, 387
Amann (reagente), 310
determinação de albumina, 310
Amarelo de alizarina, 423
Amarelo brilhante, 423
Amarelo crômico (solução padrão), 152
Amarelo de dimetila e azul de metileno (solução mista), 435
Amarelo de metanilina, 423
Amarelo de metila, 423
Amarelo de salicila, 424
Amianto de paládio, 387
determinação quantitativa de hidrogênio, 387
Amido (solução), 211
identificação de enzima, 212
solução de amido de batata-inglêsa, 211
solução de amido - NaCl de farmacopéia, 212
solução farmacopéia de, 212
solução indicador de, 211
titulação de enxofre (indicador), 211
Amido-dextrina (solução), 272
análise colorimétrica de Fe^3, 249
Amido-iodeto de potássio (solução), 272
papel reativo de, 273
solução pastosa de, 273
solução reagente de farmacopéia de, 273
Amido-iodeto de zinco (solução), 273
determinação qualitativa de NO_2^-, 273
solução reagente de farmacopéia de, 273
Amigdarina
determinação de, 410
Aminas, 521-597
determinação de, 326
Aminoácido
determinação de, 117, 281
Amônio

determinação de, 118, 240, 254, 263, 315, 336, 345, 349, 361, 367
gás, 444
Análises eletrolíticas (soluções), 289
chumbo, 290
cobre, 289
níquel, 289
zinco, 289
Anidrido acético (solvente), 512
purificação de, 512
Anidrido de ácido carboxílico, 512
Anilina (reagente), 212
determinação colorimétrica de cloratos, 213
determinação qualitativa de Cu e V, 212, 214
determinação qualitativa de fosgênio, 212
determinação qualitativa de furfural, 212
determinação qualitativa de nitritos, 214
determinação qualitativa de pentose e hexose, 214
papel reativo de, 212
separação e determinação quantitativa de potássio e sódio, 213
Anilina (solvente), 521
purificação de, 521
Anisol (solvente), 504
purificação de, 504
Antimonato de potássio (solução), 29
Antimoneto de hidrogênio (gás), 444
Antimônio
determinação de, 136
solução padrão de, 152
Antipirina
análise inorgânica, 214
determinação de, 264, 365
determinação qualitativa de nitritos, 214
determinação qualitativa de Sb e Bi, 214
solução de, 214
Arndt (liga), 402
redução de sulfatos, 402
Arnold-Mentzel (solução), 310
determinação qualitativa de H_2O_2, 310
Arrhenius (indicador), 437
Arseneto de hidrogênio (gás), 445
Arseniato de sódio (solução), 29
solução padrão de, 29
Arsênio
determinação de, 287, 314, 353
solução padrão de, 153
Arsenito de sódio
solução padrão de, 153
Ativação de permutita, 387
determinação quantitativa de vitamina B1, 387
Aurina, 424
Azoteto de sódio (solução), 153
decomposição de ácido nitroso, 153
determinação qualitativa de ácido tiossulfúrico, 154
Azul de alizarina S, 424
Azul de bromocresol, 424
Azul de bromofenol, 424
Azul de bromotimol, 425
análise de água, 215
identificação de fungos, 215
solução de, 215
Azul de metileno (solução), 215
determinação qualitativa inorgânica, 215
medida de intensidade de ultravioleta, 215
solução farmacopéia de, 216
tingimento de fungos, 215
Azul de metileno e vermelho neutro (solução mista), 436
Azul do Nilo, 435
Azul do Nilo e fenolftaleína (solução mista), 435
Azul de timol (ácida), 435
Aymonier (reagente), 311
determinação qualitativa de α-naftol, 311

B

Bach (reagente), 311
  determinação qualitativa de H_2O_2, 311
Bactérias
  tingimento de, 239
  cultura de, 340
Baeltz (água), 311
  solução cosmética, 311
Baginski (reagente), 311
  identificação histoquímica de adrenalina, 311
Baine (reagente), 312
  determinação qualitativa de brometos solúveis, 312
Ball (reagente), 312
  determinação qualitativa de Na, 312
Barfoed (reagente), 313
  determinação qualitativa de glicose, 313
Bário
  determinação de, 261
Barnard (reagente), 313
  determinação qualitativa de aldeídos, 313
Bechi-Hehner (reagente), 313
  determinação qualitativa de óleo de algodão, 313
Benedict (reagente), 313
  determinação qualitativa de glicose, 313
Benzaldeído (solvente), 566
  preparação de, 566
  purificação de, 567
Benzeno cresol, 425
Benzeno (solvente), 468
  determinação de impurezas contidas no, 469
  purificação de, 470
Benzidina (solução), 216
  determinação qualitativa inorgânica, 216
Benzina (solvente), 464
Benzoato de etila (solvente), 578
  preparação e purificação de, 578
Benzoato de metila (solvente), 577
  preparação e purificação de, 577
Benzoato de propila (solvente), 578
  preparação e purificação de, 578
Benzoíla (grupo)
  determinação de, 323
Benzonitrila (solvente), 513
  purificação de, 513
Benzo purpurina, 426
Benzenotiol, 602
Berílio
  determinação de, 183, 259
  solução padrão de, 154
β-dinitrofenol, 426
β-naftol
  análise inorgânica, 217
  determinação de, 254
  solução de, 217
  solução padrão de farmacopéia de, 217
β-naftoquinolina (solução), 218
  determinação qualitativa inorgânica, 218
Bettendorff (solução), 314
  determinação qualitativa de As_2O_3, 314
Bial (reagente), 314
  determinação qualitativa de pentoses, 314
Bicarbonato de potássio (solução), 30
  padronização de, 30
Bicarbonato de sódio (solução), 31
  padronização de, 31
Bicromato de potássio (solução), 31
  determinação colorimétrica, 34
  determinação quantitativa de glicerina, 33
  determinação quantitativa de molibdênio, 34
  lavagem de instrumentos, 33
  padronização de, 32
  precipitação de alcalóides, 33
  solução padrão de, 32
Biiodato de potássio (solução), 34
Bióxido (dióxido) de nitrogênio (gás), 445
Bismark (marrom de), 285

Bismutiol (solução), 274
determinação qualitativa de Bi, 274
Bismuto
determinação de, 41, 48, 183, 214, 220, 245, 274, 344, 361, 376
solução padrão de, 154
Bissulfato de potássio (solução), 34
Bissulfato de sódio (solução), 35
Bissulfito de sódio (solução), 35
análise de aldeído, 35
solução reagente de farmacopéia, 35
Blom (reagente), 314
determinação qualitativa de hidroxilamina, 314
Boeseken (reagente), 315
determinação qualitativa de aldeídos e cetonas, 315
Bogen E. (indicador), 437
Bohlig (solução), 315
determinação de amônio e sais de amônio, 315
Bohme (reagente), 316
determinação qualitativa de indol, 316
Borato de tri-*n*-butila (solvente), 580
preparação de, 580
purificação de, 580
Borde (reagente), 316
determinação de índice de iôdo, 306
Bordeaux (solução), 259
Boro
determinação de, 245, 258
solução padrão de, 154
Böttger (reagente), 316
determinação qualitativa de NO_2^-, 316
Bouchardat (reagente), 171
Bougault (reagente), 317
determinação nefelométrica de As(v), 317
precipitação de sódio, 317
Bright (solução), 317
identificação de celulose, 317
Brodie (solução), 318
vedação, 318
Bromato
determinação de, 361
Bromato de potássio (solução), 35
Brometo
determinação de, 246, 312
Brometo de amônio (solução), 37
padronização de, 37
Brometo de bário (solução), 37
Brometo de cálcio
padronização de, 38
solução de, 38
secante, 416
Brometo de etila (solvente), 588
preparação de, 588
purificação de, 589
Brometo de hidrogênio (gás), 446
Brometo de mercúrio (solução alcoólica), 271
Brometo de ouro-brometo de platina (solução), 155
determinação qualitativa de Rb e Cs, 155
Brometo de potássio (solução), 38
padronização de, 39
determinação quantitativa de telúrio, 39
Brometo de sódio
determinação quantitativa de triptofana, 39
padronização de, 40
secante, 416
solução de, 39
Bromo (solução), 40
determinação de, 208, 238, 246
determinação quantitativa de bismuto, 41
determinação quantitativa de enxofre, 41
gás, 41
padronização de, 41
solução de, 41
solução padrão de, 41
solução reagente de farmacopéia, 42
Bromobenzeno (solvente), 590

preparação de, 590
purificação de, 590
Bromoxina (solução), 218
análise de Fe, 218
análise de Pb, 218
Brucina (solução), 218
determinação qualitativa de NO_3^-, 218
Brücke (reagente), 170
n-Butanol (solvente), 489
purificação de, 489
Butanol-sec (solvente), 490
Butanol-t (solvente), 490
2-Butanona (solvente), 507
purificação de, 507
Butilbenzeno (solvente), 540
preparação e purificação de, 540
Butilbenzeno-sec (solvente), 539
preparação e purificação de, 539
Butilbenzeno-t (solvente), 540
preparação e purificação de, 540
Butiraldeído (solvente), 565
preparação de, 565
purificação de, 566

C

Cacotelina (solução), 219
determinação qualitativa de Sn^2, 219
Cádmio
determinação de, 245
galvanoplastia (soluções), 292
Cádmio-iodeto de potássio (solução), 155
precipitação de alcalóides, 155
Caille-Viel (reagente), 214
Cal viva (desidratante), 391
Cálcio
determinação de, 73, 104, 196, 198
desidratante, 391
solução padrão de, 155
Caley (reagente), 318
determinação qualitativa de sódio, 318
d-Cânfora (solvente), 571
purificação de, 571
Candussio (reagente), 318
determinação qualitativa de fenóis, 318
Carbeto de cálcio (desidratante), 391
Carbonato de amônio (solução), 42
padronização de, 43
Carbonato básico de cobre, 388
Carbonato de cálcio (solução), 43
dissolução de lignina, 43
padronização de água de sabão, 43
Carbonato de dietila (solvente), 517
Carbonato de etileno (solvente), 520
Carbonato de lítio (solução), 155
padronização de, 155
Carbonato de magnésio (solução), 43
padronização de, 44
preparação de carbonato de magnésio básico, 44
Carbonato de potássio desidratante, 391
fundente, 398
padronização de, 44
solução de, 44
Carbonato de prata, 388
determinação quantitativa de glicerina, 388
Carbonato de sódio
fundente, 398, 399
obtenção de, 45
padronização de, 46
solução de, 45
solução reagente de farmacopéia, 46
tabela de concentração e densidade relativa de, 46
Carbonato de zinco (suspensão), 304
análise de S, 304
Carbono
determinação de, 158
oxidação de, 124
Carmim de índigo (solução), 219
determinação quantitativa de ácido antranílico (indicador), 219

determinação quantitativa de tanino, 219
identificação de enzima, 219
Caron (reagente), 319
determinação qualitativa de nitratos, 319
Carrez (reagente), 319
precipitação de proteína, 319
Carvão ativo, 382, 389
Catechol (solução), 219
determinação qualitativa de Ti, 219
Caulim, 382, 389
Celsi (reagente), 319
determinação qualitativa de potássio, 319
Celulose
coloração de, 99
dissolução de, 66
identificação de, 108, 124, 171, 199, 210, 225, 238, 317, 355, 371
solventes de, 303
Cério
determinação de, 26, 89, 131, 284
Césio
determinação de, 147, 155
Cetonas, 568
determinação de, 182, 315
Cetose
determinação de, 208, 323
Chiarottino (reagente), 320
determinação qualitativa de Co, 320
Christensen (reagente), 320
determinação qualitativa de quinina, 320
Chumbo
análise eletrolítica (solução), 290
determinação de, 6, 136, 138, 156, 204, 239, 245, 344
extração de, 231
galvanoplastia (solução), 296
liga de, 393
solução padrão de, 156
Cianeto
determinação de, 351, 410
identificação de, 373
Cianeto de benzila (solvente), 596
preparação de, 596
purificação de, 596
Cianeto de bromo (solução), 156
determinação quantitativa de ácido nicotínico, 156
Cianeto de hidrogênio (gás), 447
Cianeto de potássio
fundente, 400
solução de, 47
solução reagente de farmacopéia, 47
Cianeto de sódio (solução), 47
Cianogênio (gás), 447
Ciclo-hexano (solvente), 466
eliminação de benzeno contido no, 466
purificação de, 466
Ciclo-hexanol (solvente), 492
Ciclo-hexanona (solvente), 509
Ciclo-hexano (solvente), 545
preparação de, 545
purificação de, 545
Ciclopentano (solvente), 532
preparação e purificação de, 532
p-Cimeno (solvente), 473
purificação de, 473
Cinchonina (solução), 220
análise de Bi, 220
determinação qualitativa de W e S, 220
Cineol
determinação de, 371
1,8-Cineol (solvente), 559
separação e purificação de, 559
Cisteína
determinação de, 328
Cistina
determinação de, 125
Citrato
determinação de, 364
Citrato de amônio (solução), 157
determinação colorimétrica de cobre, 157

determinação quantitativa de chumbo, 157
determinação quantitativa de fósforo, 157
Citrato ferroso (solução), 157
revelação de fotografia, 157
Clark-Lubs (tampão), 298
Claudius (reagente), 320
determinação qualitativa de albumina, 320
Cloramina T (solução), 220
padronização de, 221
Clorato
determinação de, 213
Clorato de potássio (solução), 48
determinação quantitativa de bismuto, 48
padronização de, 48
Clorela
cultura de, 348
Cloreto de alumínio (solução), 49
determinação quantitativa de vitamina, 49
Cloreto de amônio (solução), 49
determinação quantitativa de, 50
solução amoniacal de, 50
tabela de concentração e densidade relativa de, 50
Cloreto de antimônio (solução), 50
determinação de hidrocarbonetos aromáticos, 51
Cloreto arsênico (gás), 448
Cloreto áurico (solução), 158
análise orgânica, 158
precipitação de alcalóides, 158
Cloreto de bário (solução), 51
análise turvométrica de SO_4^{2}, 52
determinação quantitativa de enxofre, 52
tabela de concentração e densidade relativa de, 53
Cloreto de *n*-butila (solvente), 583
preparação de, 583
purificação de, 583
Cloreto de *t*-butila (solvente), 584
preparação de, 584
purificação de, 584
Cloreto de cádmio (solução), 53
absorção de H_2S, 53
determinação quantitativa de enxofre, 53
Cloreto de cálcio desidratante, 392, 416
fundente, 400
identificação de solução de sabão, 54
padronização de, 54
solução de, 54
tabela de concentração e densidade relativa de, 55
Cloreto cobaltoso (solução), 158
Cloreto de cobre e potássio (solução), 158
determinação quantitativa de carbono, 158
determinação quantitativa de selênio, 159
Cloreto crômico (solução), 159
Cloreto de cromila, 388
oxidação, 388
Cloreto cromoso (solução), 159
absorção de oxigênio, 159
Cloreto cuproso (solução), 160
absorção de CO (ácida), 160
absorção de CO (amoniacal), 160
identificação de ligação acetilênica, 160
obtenção de, 161
Cloreto estânico (solução), 55
identificação de fibras, 55
Cloreto estanoso (solução), 56
descolorizante, 389
determinação colorimétrica de ácido fosfórico, 57
determinação de Sn, 56
redução de cloreto férrico, 56
solução de, 56
Cloreto de estrôncio (solução), 161
Cloreto de etila (solvente), 582
purificação de, 582
Cloreto de etileno (solvente), 480
purificação de, 480
Cloreto férrico (solução), 57
análise de ácido nucléico, 57

determinação de ácido láctico, 59
determinação qualitativa de indicana, 58
determinação qualitativa de formaldeído, 58
determinação quantitativa de fósforo, 58
identificação de fenol, 54
padronização de, 57
solução padrão de, 57
solução reagente de, 59
Cloreto ferroso (solução), 59
Cloreto de hidrogênio (gás), 448
Cloreto de iôdo (solução), 161
como catalisador, 161
identificação de índice de iodo, 162
Cloreto de lítio
desidratante, 392
solução de, 162
Cloreto de magnésio
secante, 416
solução de, 60
tabela de concentração e densidade relativa de, 60
Cloreto manganoso (solução), 61
determinação quantitativa de oxigênio, 61
solução ácida de, 61
Cloreto mercúrico (solução), 61
absorção de hidrocarbonetos acetilenos, 62
determinação quantitativa de ácido fórmico, 62
fixação de enzima, 62
Cloreto mercuroso (solução), 62
padronização de, 63
Cloreto de paládio (solução), 162
absorção de hidrogênio, 162
Cloreto de potássio padronização de, 63
solução de, 63
solução tampão de, 63, 297
Cloreto de sódio (solução), 63
determinação quantitativa de tanino, 64
padronização de, 64
solução biológica de, 64
solução padrão de, 64
tabela de concentração e densidade relativa de, 65
Cloreto de zinco
desidratante, 392
determinação quantitativa de enxofre, 65
dissolução de celulose, 66
identificação de fibras, 65
solução de, 65
Clorimida de dibromoquinona (solução), 221
prova de leite, 221
solução emulsificada de, 221
Clorimida de dicloroquinona (solução), 222
determinação quantitativa de vitamina B_6, 222
Cloro
água de, 66
determinação de, 14, 67, 249, 351
gás, 449
precipitação de, 107
solução padrão de, 66
Cloracetil-l-tirosina (solução), 222
Clorobenzeno (solvente), 482
purificação de, 482
Clorofórmio (solvente), 477
determinação de impurezas contidas no, 477
eliminação de fosgênio contido no, 477
purificação de, 478
Cloronaftaleno (solvente), 484
Cobalto
determinação de, 209, 310, 320
galvanoplastia (solução), 293
Cobre
análise eletrolítica (solução), 289
determinação de, 13, 127, 157, 170, 193, 208, 212, 214, 229, 243, 245, 249, 262, 264, 271, 279, 325, 346

galvanoplastia (soluções), 294, 295
solução padrão de, 162
Cochenille (tintura), 305
determinação quantitativa de nitrogênio, 305
identificação de fibras, 305
Cochonilha, 426
Codeína
determinação de, 309
Cohn (solução), 320
cultura de fungos, 320
Cole (reagente), 321
determinação qualitativa de Au, 321
Colina
determinação de, 350
Colódio (solução), 274
Compostos de carbonila
determinação de, 203
Cone-Cady (reagente), 321
determinação qualitativa de Zn, 321
Cor azul (solução padrão), 284
Cor vermelha (solução padrão), 284
Corante
identificação de, 205
Corleeis (solução), 321
análise de Fe, 321
Corrosão
determinação de, 149
Creatinina
determinação de, 200
Creme de alumina, 270
clarificação de açúcar, 270
Criogenina
determinação de, 365
Criswell (reagente), 322
determinação qualitativa de glicose, 322
Cromato de bário (solução), 163
análise de enxôfre, 163
solução emulsificada, 163
solução padrão de suspensão, 163
Cromato de potássio (solução), 66
determinação colorimétrica quantitativa de ácido silícico, 67
determinação colorimétrica quantitativa de cloro, 67
determinação colori métrica quantitativa de SO_4^2, 67
solução indicador de (método de Mohr), 67
Cromo
determinação de, 210, 226
galvanoplastia (solução), 293
solução padrão de, 164
Cupferron (solução), 222
análise inorgânica, 222
precipitação de urânio, 223
Curcumina, 427
determinação qualitativa de ácido bórico e ácidos orgânicos, 223
purificação de, 223
solução de, 223
Curtman (solução), 323
determinação qualitativa de NO_2^-, 323

D

Damien (reagente), 322
absorção de monóxido de carbono, 322
Danheiser (solução), 322
determinação de níquel contido no aço, 322
Decalinas (solvente), 467
purificação de, 467
Decano (solvente), 537
preparação e purificação de, 537
Deniges (reagente), 323
determinação qualitativa de acetileno, 323
determinação qualitativa de aldose e cetose, 323
determinação qualitativa de grupo benzoíla, 323
precipitação de selenatos, selenitos e teluratos, 323

Descolorizante de tinta (solução), 270
Descolorizantes, 389
- acetato básico de chumbo, 389
- carvão ativo, 389
- caulim D, 389
- cloreto estanoso, 389
- hidróxido de alumínio, 390
- outros descolorizantes, 390
- peróxido de benzoíla, 389
- peróxido de hidrogênio, 389

Desidratantes, 390
- ácido bórico, 390
- amálgama de alumínio, 390
- amálgama de magnésio, 390
- cal viva, 391
- cálcio metálico, 391
- carbeto de cálcio, 391
- carbonato de potássio, 391
- cloreto de cálcio, 392
- cloreto de lítio, 392
- cloreto de zinco, 392
- hidreto de cálcio, 393
- hidróxidos alcalinos, 393
- liga de chumbo e sódio, 393
- liga de potássio e sódio, 393
- magnésio metálico, 393
- óxido de bário, 394
- pentóxido de fósforo, 394
- sódio metálico, 394
- sulfato de cobre, 395
- sulfato de sódio, 395
- triacetato de cromo e triacetato de boro, 396

Devarda (liga), 402
- determinação de N03-, 402

Diazina verde S (solução), 224
- determinação qualitativa de Sn, 224

Diazo (reação), 202
Diazotação (solução), 252
Diazo violeta, 427
1,2-Dibrometo de etila (solvente), 591
- preparação e purificação de, 591
- purificação de, 591

1,1-Dicloreto de etila (solvente), 585
- preparação de, 585
- purificação de, 585

Dicloreto de metileno (solvente), 476
- purificação de, 476

o-Diclorobenzeno (solvente), 483
- purificação de, 483

p-Diclorobenzeno (solvente), 483
1,2-Dicloroetileno (cis e trans) (solvente), 586
- purificação de, 586

Dietil anilina (solução), 224
- determinação qualitativa de Zn, 224

Dietileno glicol (solvente), 497
Difenilamina (solução), 224
- determinação colorimétrica de dezoxipentose, 225
- determinação qualitativa inorgânica, 224
- determinação qualitativa de sacarose, 225
- identificação de celulose, 225
- solução reagente de Tillmans, 225
- solução padrão de farmacopéia de, 225
- solução indicador de, 225

Difenil-carbazida (solução), 226
- determinação colorimétrica de Cr, 226
- determinação qualitativa de Hg, 226
- determinação qualitativa inorgânica, 226
- determinação qualitativa de Mo, 226
- preparação de, 227
- solução indicador de, 227

Dimetilacetamida (solvente), 516
- purificação de, 516

Dimetilanilina (solução), 227
- determinação colorimétrica de nitritos, 227
- determinação qualitativa de H_2O_2, 227

N,N-Dimetilanilina (solvente), 523
- purificação de, 523

2,2-Dimetilbutano (solvente), 533
preparação e purificação de, 533
2,3-Dimetilbutano (solvente), 534
preparação e purificação de, 534
N,N-Dimetilformamida (solvente), 515
Dimetilglioxima (solução), 228
análise inorgânica, 228
teste de galvanoplastia de níquel, 229
2.3-Dimetilpentano (solvente), 536
preparação de, 536
purificação de, 536
2,4-Dimetilpentano (solvente), 536
preparação de, 536
purificação de, 536
Dinitrofenil-hidrazina (solução), 229
determinação quantitativa de ácido α-cetoglutárico, 229
determinação quantitativa de vitamina C, 229
solução padrão de, 229
Dinitroresorcina (solução), 229
determinação qualitativa de Cu, 229
1.4-Dioxana (solvente), 503
purificação de, 503
Dióxido de carbono (gás), 450
Dióxido de cloro (gás), 451
Dióxido de enxofre (gás), 451
Dióxido de manganês (solução coloidal), 275
Dioxima de α-benzila (solução), 230
determinação quantitativa de Ni, 230
Dioxitartarato de sódio-osazona, 396
Dipicrilamina (solução), 230
análise de K, 230
preparação de, 231
2,2'-Dipiridila (solução), 230
determinação qualitativa de ferro, 230
determinação qualitativa de molibdênio, 230
Ditizona, 396
análise inorgânica, 231
extração de chumbo, 231
solução padrão de, 232
Dittmar (reagente), 323
determinação qualitativa de alcalóides, 323
Doctor (solução), 324
determinação qualitativa de gasolina, 324
Dodsworth-Lyons (reagente), 324
determinação qualitativa de formaldeído em álcool, 324
Dohmêe (reagente), 324
precipitação de albumina, 324
Dudley (reagente), 325
determinação qualitativa de glicose, 325
Dulcina
determinação de, 265
Duplas ligações (em compostos orgânicos)
determinação de, 186
Duyk (reagente), 325
determinação qualitativa de glicose, 325
Dwyer-Murphy (reagente), 325
determinação qualitativa de Cu, 325

E

Eder (solução), 326
medida de intensidade de luz, 326
Eichler (reagente), 326
determinação qualitativa de aminas primárias e sais diazotados, 326
Ellram (reagente), 326
determinação qualitativa de alcalóides e resinas, 326
Enxofre
compostos de (solventes), 524-602
determinação de, 6, 41, 52, 53, 65, 134, 164, 211, 220, 304, 335, 365
solução coloidal de, 275
solução padrão de, 164
Enzima

fixação de, 62
identificação de, 187, 212, 219
solução de, 279
Enzima de caseína (solução de decomposição), 279
Epicloroidrina (solvente), 603
preparação e purificação de, 603
Erdmann (solução), 327
determinação colorimétrica qualitativa de alcalóides, 327
Eritrocita
determinação de, 338
Eritrosina (solução), 232
determinação de alcalinidade, 232
Esbach (reagente), 200
Escala de cores (solução padrão), 284
análise de água, 284
Eschka, 401
Espartina (solução), 401
Estanho
determinação de, 56, 219, 224
galvanoplastia (soluções), 294
solução padrão de, 164
Estanito de sódio (solução), 68
Ésteres, 517-574
Éster de oxiácido, 603
Estireno (solvente), 546
preparação de, 546
purificação de, 546
Estrôncio
determinação de, 120
solução padrão de, 164
1,2-Etanodiol (solvente), 554
determinação de água em, 554
preparação de, 554
purificação de, 554
Etanol (solvente), 486
desidratação de, 487
determinação de água contido no, 486
determinação de metanol contido no, 486
determinação de óleo fúsel contido no, 486
purificação de, 487
Éter-ácido clorídrico (solução mista), 282
extração de metais, 282
Éter amílico (solvente), 558
preparação e purificação de, 559
Éter *n*-butílico (solvente), 557
preparação de, 557
purificação de, 558
Éter butil-etílico (solvente), 557
preparação e purificação de, 557
Éteres, 498-556
Éter etílico (solvente), 499
determinação de água em, 498
determinação de etanol e acetaldeído em, 499
determinação de peróxido em, 488
eliminação de etanol em, 500
eliminação de peróxido em, 499
purificação de, 500
Éter isoamílico (solvente), 501
purificação de, 501
Éter isopropílico (solvente), 501
Éter de petróleo (solvente), 464
Etil-benzeno (solvente), 473
purificação de, 473
2-Etil-1-butanol (solvente), 552
preparação de, 552
purificação de, 552
Etileno (gás), 452
Etilenoglicol (solvente), 493
Etil-morfina
determinação de, 309
Etil-xantogenato de potássio (solução), 279
determinação colorimétrica de Cu, 279
2-(2-etoxietoxi) etanol (solvente), 497
Etoxietanol (solvente), 497
Eucaliptol
determinação de, 371

F

Feder (reagente), 327
determinação qualitativa de aldeídos, 327
Fehling (solução), 327

análise de açúcar, 327
Fenetol (solvente), 504
purificação de, 504
Fenil-fosfato de sódio (tampão), 298
Fenil-hidrazina
determinação de, 232
determinação colorimétrica de fenil-hidrazina, 233
determinação qualitativa de Mo, 232
determinação de sacarose, 233
Fenol
determinação de, 309
determinação colorimétrica quantitativa de nitratos, 234
determinação qualitativa de ácido láctico, 233
determinação quantitativa de vitamina B1, 233
identificação de, 59, 318, 379
padronização de, 234
solução de, 234
tingimento de fungos, 234
Fenol (solvente), 495
purificação de, 496
Fenolftaleína, 427
Fenolftaleína e formol (solução mista), 436
Fenolftaleína sódica (solução), 279
determinação qualitativa inorgânica, 279
Fenolftaleína e verde de metila (solução mista), 436
Fermento
cultura de, 240, 348
fixação de, 370
Ferricianeto
determinação de, 374
Ferricianeto de potássio (solução), 68
determinação quantitativa de vitamina, 69
padronização de, 69
solução alcalina de, 69
solução indicador de, 69
solução padrão de, 69
Ferro
determinação de, 132, 204, 210, 218, 236, 256, 268, 380
galvanoplastia (solução), 294
solução padrão de, 164
Ferrocianeto de potássio (solução), 68
padronização de, 69
solução padrão de, 69
Ferroína (solução), 284
Ferroprussiato (solução), 164
Ferroxila (solução), 280
teste de galvanoplastia, 280
Fibras
identificação de 6, 55, 65, 172, 207, 244, 305, 366, 375
medida de viscosidade de, 178
Fibras animais (identificação), 359
Fischer (elétrodo), 289
Fleming (reagente), 328
determinação qualitativa de cisteína, 328
Floroglucina (solução), 235
análise orgânica, 235
determinação qualitativa de ácido clorídrico liberado e ácido láctico, 235
determinação qualitativa de formaldeído, 235
Flúor
determinação de, 177, 235, 241, 289, 358, 412
solução padrão de, 166
Fluoresceína (solução), 235
determinação qualitativa de flúor, 235
determinação qualitativa de HCN, 234
preparação de papel reativo de, 235
Fluoreto
determinação de, 198
Fluoreto de amônio (solução), 166
Fluoreto de cromo (solução), 166
solução indicador de corante, 166
Fluoreto de potássio (solução), 71
análise de Al, 71

Fluorobenzeno (solvente), 581
preparação de, 581
purificação de, 582
Fluossilicato de potássio (solução), 166
Fluossilicato de sódio (solução), 71
Folin (reagente), 186
Follin-McEllroy (solução), 328
determinação qualitativa de glicose, 328
Formaldeído
determinação de, 58, 235, 324, 333, 347
Formaldoxima (solução), 236
determinação colorimétrica de Mn, 236
Formamida (solvente), 514
purificação de, 515
Formiato de amônio (solução), 236
determinação quantitativa de Zn, 236
Formiato de etila (solvente), 517
purificação de, 517
Formiato de metila (solvente), 517
purificação de, 517
Formiato de propila (solvente), 574
preparação de, 574
purificação de, 575
Formiato de sódio (solução), 236
padronização de, 236
Formol (solução), 237
coloração de alcalóides, 237
determinação quantitativa de nitrogênio, 237
Formol e timolftaleína (solução mista), 436
Fosfato de cálcio (solução), 71
padronização de, 72
solução neutra de, 72
solução padrão de, 72
Fosfato dissódico (solução), 73
determinação quantitativa de cálcio, 73
Fosfato monopotássico (solução), 74
outros fosfatos de potássio, 74
Fosfato de potássio (tampão), 299
Fosfeto de hidrogênio (gás), 453
Fósforo
determinação de, 58, 112, 157
solução padrão de, 167
Fosfotungstato de sódio (solução), 167
análise de ácido uréico, 167
precipitação de alcalóides, 167
Fosgênio
determinação de, 212
Fotografia
fixação de, 142
revelação de, 157, 242, 257
Frankel (solução), 329
cultura de fungos, 329
Franzen (reagente), 329
absorção de oxigênio em análise de gás, 329
Fraude (solução), 329
determinação qualitativa de alcalóides, 329
Fremming (solução), 329
tingimento de fungos, 329
Fröhde (reagente), 330
determinação colorimétrica quali tativa de alcalóides, 330
Frutose
determinação de, 372
solução padrão de, 237
Ftalato ácido de potássio (solução), 74
padronização de, 75
Ftalato de potássio
solução padrão, 238
solução tampão, 298
Fucsina (solução), 238
determinação qualitativa de bromo, 238
identificação de celulose, 238
tingimento de esporângio de bactérias, 239
Fundentes, 397
ácido bórico, 397
bicarbonato de sódio + alumínio + carvão, 397
bissulfato de potássio, 398
bissulfato de potássio + H_2SO_4, 398

bórax, 398
carbonato de cálcio + cloreto de amônio, 398
carbonato de potássio, 398
carbonato de potássio + carbonato de sódio, 398
carbonato de potássio + nitrato de sódio, 398
carbonato de sódio anidro, 399
carbonato de sódio + enxofre, 399
carbonato de sódio + oxidantes, 399
carbonato de sódio + óxido de zinco, 400
carbonato de sódio e sulfato de sódio, 400
cianeto de potássio, 400
cloreto de cálcio, 400
hidróxidos alcalinos, 400
mistura de Eschka, 401
mistura de Turner, 401
peróxido de sódio, 401
sulfeto de amônio, 401

Fungos
cultura de, 320, 329, 332, 354, 364, 376
identificação de, 215
tingimento de, 215, 222, 256, 329, 364

Furano (solvente), 560
preparação e purificação de, 560

Furfural
análise orgânica, 239
determinação de, 213
solução padrão de, 239

Furfural (solvente), 505

G

Galocianina (solução), 239
determinação qualitativa de Pb^2, 239

Galvanoplastia (soluções), 290
cádmio (ácida), 292
cádmio (alcalina), 292
chumbo, 296
cobalto, 293
cobre (ácida), 295
cobre (alcalina), 295
cobre amarelo, 294
cromo, 293
estanho (ácida), 294
estanho (alcalina), 294
ferro, 294
níquel, 296
prata, 292
zinco (ácida), 290
zinco (alcalina), 291

Ganassini (reagente), 330
determinação qualitativa de H_2S em gás, 330

Gás carbônico
absorção de, 81
análise de, 83

Gasolina
determinação de, 324

Gelatina (solução), 280
análise de ácido tânico, 280

Germuth (reagente), 330
determinação de nitritos, 330

Giemsa (reagente), 331
determinação qualitativa de quinina, 331

Gies (reagente), 331
determinação qualitativa de proteínas, 331

Giri (reagente), 331
determinação qualitativa de vitamina C, 331

Glicerina
determinação de, 5, 33, 388

Glicogênio
determinação de, 332

Glicol mono-etil éter 496
purificação, 496

Glicose
cultura de fermento, 240
determinação de, 313, 322, 325, 328, 348, 363, 377
fermentação de vitamina B1, 239
solução padrão de, 239

Gmelin (reagente), 332
determinação qualitativa de corante de bílis, 332

Goldstein (reagente), 332
determinação de glicogênio, 332
Gordura
análise de, 286, 360
índice de iodo, 336, 342
tingimento de, 263
Gorodokowa (agar-agar), 332
formação de esporângio, 332
Grafe (reagente), 333
determinação qualitativa de formaldeído, 333
Grandmouglin-Havas (reagente), 333
determinação titrimétrica de corante e azo, 333
Grau de turvação (solução padrão) 285
Greiss (reagente), 333
Griess-Romijin (reagente), 333
determinação qualitativa de NO_3^-, 333
determinação qualitativa de NO_2^-, 333
Grignard (reagente), 334
síntese de química orgânica, 334
Grossmann (reagente), 335
determinação quantitativa de química inorgânica, 335
Grote (reagente), 335
determinação qualitativa de enxofre em compostos orgânicos, 335
Guerin (reagente), 335
determinação qualitativa de Se, 335
Gunzbcrg (reagente), 236

H

Hahn (solução), 259
Halden (reagente), 335
determinação qualitativa de vitamina D, 335
Halphen (reagente), 336
determinação qualitativa de óleo de algodão, 336
Hansen (reagente), 336
determinação qualitativa de amônio, 336
Hantsh (solução), 337
tingimento, 337
Hanus (solução), 337
determinação de índice de iodo de óleo e gordura, 337
Hatchett, 280
Hayduck (solução), 337
cultura de fungos, 337
Hayem (reagente), 338
determinação quantitativa de eritrocita, 338
Heczko (reagente), 338
determinação de manganês, 338
Hehner (solução), 338
identificação de fibra, 338
Heidenhain (solução), 339
Hematoxilina (solução), 240
análises orgânicas. 240
determinação qualitativa de Al e NH_3, 240
determinação quantitativa de F, 240
solução padrão de, 240
Hemoglobina (solução padrão), 241
Hempel, Fig. IV
Henle (reagente), 339
determinação qualitativa de água em solventes orgânicos, 339
Hennberg (solução), 339
cultura de fungos do ácido acético, 339
cultura de fungos e fermentos, 339
cultura de mofos, 339
n-Heptano (solvente), 465
2-Heptanol (solvente), 553
preparação de, 553
purificação de, 553
Herzberg
identificação de polpa, 340
solução de, 340
solução corante de, 340
Hess (agar-agar), 340
cultura de bactérias, 340
Hexahidroanisol (solvente), 504
Hexanitrocobaltito de sódio (solução), 167

solução reagente de farmacopéia de, 167
n-Hexano (solvente), 464
purificação de, 465
1-Hexanol (solvente), 551
preparação de, 551
purificação de, 551
2-Hexanona, 568
preparação e purificação, 568
Hexose
determinação de, 214
Heyn-Bauer (reagente), 341
precipitação de S, Se e Te em cobre, 341
Hick (reagente), 341
identificação de resinas, 341
Hidrazona
determinação de, 172, 349
Hidrocarbonetos, 464
Hidrocarbonetos alifáticos saturados, 532
Hidrocarbonetos aromáticos, 538
determinação de, 51
Hidrocarbonetos halogenados, 476-581
Hidrocarbonetos insaturados, 541
Hidrogênio
absorção de, 162
determinação de, 387
gás, 454
Hidroquinona (solução), 241
determinação colorimétrica de ácido fosfórico, 241
revelação de filmes, 241
Hidrossulfito de sódio (solução), 169
absorção de oxigênio, 169
Hidróxido de alumínio, 401
clarificação de solução de sacarose, 276
descolorizante, 390
identificação de nitrogênio em forma de ácido nítrico e uso em descoloração, 401
solução coloidal de, 276
Hidróxido de amônio (solução), 75
análise de corante, 76
padronização de, 76
solução padrão de, 76
solução padrão de farmacopéia de, 77
tabela de concentração e densidade relativa de, 76
Hidróxido de bário (solução), 77
análise de gás carbônico, 78
determinação quantitativa de uréia, 78
tabela de concentração e densidade relativa de, 78
Hidróxido de cálcio, 383
análise de álcool, 79
padronização de, 79
tabela de concentração e densidade relativa de, 80
solução de, 79
Hidróxido de potássio (solução), 80
absorção de gás carbônico, 81
padronização de, 81
saponificação da gordura, 82
solução alcoólica de farmacopéia de, 82
tabela de concentração e densidade relativa de, 82
Hidróxido de sódio
determinação quantitativa de óleo, 82
determinação quantitativa de piretrina, 84
dissolução de alumínio ou absorção de gás, 84
padronização de, 83
solução de, 82
solução tampão de, 84, 299
tabela de concentração e densidade relativa de, 85
Hidroxi-éteres e seus ésteres, 496
Hidroxila
determinação de, 202
Hidroxilamina
determinação de, 314
determinação quantitativa de ácido fosfórico,169
solução de, 169
8-hidroxiquinaldina (solução), 242

determinação quantitativa de Zn e Mg, 242
Hilpertwolf (reagente), 51
Hipobromito de sódio (solução), SO
determinação quantitativa de N_2, 85
Hipoclorito de cálcio (solução), 86
padronização de, 86
solução de pó de branquear, 86
Hipoclorito de sódio (solução), 86
determinação quantitativa de proteína, 86
padronização de, 86
Hipofosfito de sódio (solução), 169
Hirschsohn (reagente), 341
determinação qualitativa de óleo de algodão, 341
determinação qualitativa de óleos voláteis, 342
Hohnel (reagente), 342
identificação de seda, 342
Holl (reagente), 342
determinação qualitativa de óleo de pinho em óleo de terebintina, 342
Hopkins-Cole (reagente), 182, 342
precipitação de triptofano, 342
Hoshida (reagente), 343
determinação qualitativa de morfina, 343
Huber (solução), 343
determinação qualitativa de ácidos minerais livres, 343
Hübl (solução), 343
determinação de índice de iodo de óleos e gorduras, 343
determinação quantitativa de ácidos insaturados em gorduras, 343

I

Ilosvay (reagente), 344
determinação qualitativa de acetileno, 344
Indicadores fluorescentes, 439
tabela de indicadores, 439
Indicadores individuais, 420
Indicadores mistos e especiais, 435
Indicador de pressão reduzida, 268
Indicana
determinação de, 58
Índice de iodo
identificação de, 161, 316, 337, 343, 378
Índigo (solução), 242
determinação qualitativa de NO_3^-, 242
solução padrão de, 242
Indol
determinação de, 316, 369
Iodato de potássio (solução), 88
padronização de, 88
precipitação de cério, 89
solução padrão de, 89
Iodeto de amônio (solução), 89
Iodeto de bário (solução), 169
Iodeto de etila (solvente), 593
preparação de, 593
purificação de, 593
Iodeto de isopropila (solvente), 595
preparação de, 595
purificação de, 595
Iodeto de metila (solvente), 592
preparação de, 592
purificação de, 593
Iodeto de potássio (solução), 90
padronização de, 90
solução padrão de, 90
Iodeto de potássio - mercúrico (solução), 170
análise de cobre, 170
precipitação de alcalóides, 170
solução alcalina de, 170
solução reagente de Brücke, 170
Iodeto de potássio e sódio (solução), 171
determinação quantitativa de oxigênio, 171
Iodeto de *n*-propila, 594
preparação de, 594
punficação de, 594
Iodeto de sódio (solução), 91
determinação qualitativa de Iperite, 91

Iodo
 água de, 93
 determinação de índice de, 317
 gás, 455
 padronização de, 92
 solução de, 92
 solução padrão de, 93
 tintura de, 94
Iodo-iodeto de potássio (solução), 171
 determinação qualitativa de algodão, 171
 determinação qualitativa de celulose, 171
 determinação qualitativa de morfina, 171
 determinação quantitativa de SO_2, 171
 identificação de fibras, 172
 precipitação de alcalóides, 171
 solução de Lugol, 172
Iodoplatinato de potássio (solução), 172
 determinação qualitativa de hidrazona, 172
Iperite
 determinação de, 91
Irídio
 determinação de, 244
Isatina (solução), 243
 determinação qualitativa de tiofeno, 243
 determinação qualitativa de cobre e prata, 243
Isobutanol (solvente), 490
Isocapronitrila (solvente), 596
 preparação e purificação de, 596
Isopropanol (solvente), 488
 desidratação de, 489
Isopropilbenzeno (solvente), 473
 purificação de, 473
Isovalerato de etila (solvente), 576
 preparação de, 576
 purificação de, 576
Iwanow (reagente), 344
 determinação qualitativa de chumbo em água, 344

J

Jaffe (reagente), 344
 determinação qualitativa de Bi e Sb, 344
Jannasch (reagente), 344
 decomposição de compostos orgânicos (oxidante), 344
Jawarowski (reagente), 345
 determinação de albumina em urina, 345
 determinação qualitativa de alcalóides, 345
 determinação qualitativa de amônio, 345
Jodlbauer (reagente), 345
 determinação de nitrogênio, 345
Jorissen (reagente), 345
 determinação qualitativa de glicósidos e alcalóides, 345

K

Karl-Fischer (reagente), 346
 determinação quantitativa de água, 346
Kastle-Clark (reagente), 346
 determinação qualitativa de ácidos livres, 346
Kastle-Meyer (reagente), 346
 determinação qualitativa de Cu^2, 346
Kaufmann (reagente), 5
Kentmann (reagente), 347
 determinação qualitativa de formaldeído, 347
Kerbosch (reagente), 347
 determinação qualitativa de alcalóides, 347
Kharichkov (reagente), 347
 determinação qualitativa de bases orgânicas, 347
Klein (solução), 348
 determinação de nitratos, 348
 separação de minerais, 348
Knapp (reagente), 348
 determinação quantitativa de glicose, 348
Knopp (solução), 348

cultura de clorela, 348
cultura de fermento, 348
Kolthoff (tampão), 300
Kolthoff I. M, (indicador), 438
Koninck (reagente), 167
Korenman (reagente), 349
determinação de amônio livre em piridina, 349
Krant-Dragendorff (reagente), 349
determinação qualitativa de hidrazona, 349
precipitação de alcalóides, 349
Kraut (reagente), 350
determinação de colina, 350
Kubel, 115

L

Lacmóide, 428
Lactoflavina (solução), 243
determinação quantitativa de vitamina B, 243
Lailler (reagente), 350
determinação de pureza de óleo de oliva, 350
Laranja IV (solução), 244
determinação quantitativa de Zn, 244
Lassaigne (reagente), 350
Lea (reagente) 351
determinação qualitativa de cianetos, 351
Leite
teste de, 221, 253, 363, 369
Le Roy (reagente), 351
determinação qualitativa de cloro livre em água, 351
Leuchter (reagente), 351
determinação qualitativa de H_2O_2, 351
determinação qualitativa de óleo de pinho, 351
determinação qualitativa de óleo de terebentina, 351
Lieben (solução), 352
determinação de acetona, 352
Liebermann (reagente), 352
determinação qualitativa de tiofeno em benzeno, 352
Liebig (reagente), 352
determinação quantitativa de uréia, 352
Ligação acetilênica
identificação de, 160
Lignina
determinação de, 180, 254, 287, 372, 380
Ligroína (solvente), 464
Lítio
determinação de, 196
Locke (solução), 353
fisiológico, 353
Locke-Ringer (solução), 353
fisiológico, 353
Löfler (reagente), 205, 215
Loof (reagente), 353
determinação de arsênio, 353
Loston Merilt (solução), 244
Ludwig (reagente), 353
determinação quantitativa de ácido úrico, 353
Lugol (solução), 172
Lund (reagente), 354
ensaio de mel, 354

M

Maassen (solução), 354
cultura de fungos, 354
Magnésia (solução mista), 283
análises de elementos raros, 283
análises inorgânicas, 283
solução mista de farmacopéia de, 283
Magnésio
amálgama de, 388, 390
desidratante, 393
determinação de, 242, 255, 259
reagente de, 231
solução padrão de, 172
Malaquita verde (solução), 244
determinação qualitativa de Ir e W, 244
determinação qualitativa de SO_3^2, 244
identificação de fibras, 244

Manchot-Scherer (reagente), 354
determinação de monóxido de carbono, 354
Mandelin (reagente), 355
coloração de alcalóides, 355
Manganês
determinação de, 118, 193, 236, 338
solução padrão de, 171
Mangin (solução) 355
identificação de celulose, 355
Manitol (solução), 245
determinação de boro e ânion bórico, 245
Marme (solução), 355
precipitação de alcalóides, 355
Marmes (reagente), 155
Marquis (solução)
determinação qualitativa de alcalóides, 237, 356
Materiais para filtração, 402
amianto, 403
papel de filtro duro, 402
papel de filtro qualitativo, 402
papel de filtro quantitativo, 402
tecido de nitrocelulose, 403
tabela de comparação de amianto, 404
tecido para filtração, 403
Mato (reagente), 356
identificação de sedas artificiais, 356
Mauveína, 428
Mayer (solução), 241, 357
determinação quantitativa de alcalóides, 357
McIlvaine (tampão), 300
Meaurio (reagente), 357
determinação qualitativa de vanádio em água, 357
Mecke (reagente), 357
coloração de alcalóides, 357
Mel
ensaio de, 354
Membrana negativa, 404
ultrafiltração, 405
Membrana de permeação, 404
inspeção de, 405
membrana de acetil-celulose, 406
membrana animal de permeação, 406
membrana de argila, 406
membrana de colódio, 405
membrana de gelatina, 406
papel de colódio, 405
preparação de membrana forte de colódio, 404
preparação de solução original de, 405
Membrana positiva, 406
Mercaptobenzotiazol (solução), 245
determinação quantitativa de Cu, Au e Hg, 245
determinação quantitativa de Pb, Te e Bi, 245
determinação quantitativa de Cd, 245
Mercúrio
determinação de, 227
solução padrão de, 173
Merzer (reagente), 358
coloração de alcalóides, 358
m-arsenito de sódio (solução), 174
m-fenilenodiamina (solução), 246
determinação qualitativa de aldeídos, 246
determinação qualitativa de bromo e brometos, 246
determinação qualitativa de NO_2^-, 246
m-fosfato de sódio (solução), 173
m-nitrofenol, 428
Metano (gás), 455
Metanol
determinação de, 196, 246, 367
eliminação de ácido bórico, 247
solução padrão de, 246
tabela de concentração de, 247
Metanol (solvente), 484
eliminação de água contida no, 484
eliminação de aldeídos e cetonas contidas no, 484

purificação de, 485
Metilal (solvente), 561
preparação de, 561
purificação de, 561
N-Metilanilina (solvente), 522
purificação de, 522
2-Metil-1-butanol (solvente), 550
preparação de, 550
purificação de, 550
Metil-ciclo-hexano (solvente), 467
2-Metil-ciclo-hexanol (solvente), 552
preparação e purificação de, 552
Metil-etil-cetona (solvente), 507
purificação de, 507
Metil isobutil cetona (solvente), 508
Metil-naftalenos (solvente), 475
purificação de, 475
2-Metilpentano (solvente), 533
preparação e purificação de, 533
3-Metilpentano (solvente), 533
preparação e purificação de, 533
Método para operação de materiais de platina, 407
Metoxietanol (solvente), 496
Meyer (reagente), 170, 358
determinação de tório, 358
Middleton (reagente), 358
determinação de peróxido em éter, 358
Miller (reagente), 107, 358
determinação de F, 359
Millon (reagente), 359
determinação qualitativa de proteínas, 359
identificação de fibras animais, 359
Minnesota (reagente), 360
determinação quantitativa de gordura, 360
Mofo
cultura de, 339, 361, 365
Molibdato de amônio (solução), 94
coloração de alcalóides, 96
determinação colorimétrica quantitativa de ácido fosfórico, 95
determinação qualitativa de ácido fosfórico, 95
determinação quantitativa de ácido fosfórico, 95
solução padrão de, 95
solução reagente de, 95
Molibdato de sódio (solução), 175
determinação quantitativa de piretrina, 175
Molibdênio
determinação de, 6, 34, 130, 227, 230, 233, 250, 280
solução padrão de, 174
Molisch (reagente), 360
determinação qualitativa de albumina, 360
Monóxido de carbono absorção de, 160, 322
determinação de, 354
gás, 456
Montequi (reagente), 360
determinação qualitativa de zinco, 360
Montequi-Puncel (reagente), 361
determinação qualitativa de bromatos, 361
Morfina
determinação de, 170, 309, 343
Morina (solução), 247
determinação qualitativa inorgânica, 247
Muir (reagente), 361
determinação qualitativa de bismuto, 361

N

Nadi (reagente), 207
Naftaleno (solvente), 474
Naftol
determinação de, 197
Nageli (solução), 361
cultura de mofo, 361
Narcotina
determinação de, 177
Nessler (reagente), 361
determinação qualitativa de amônio, 361
preparação de, 362

Newman (solução corante), 363
  teste de leite, 363
Nicotina
  determinação de, 152
Ninhidrina (solução), 248
  determinação qualitativa de proteínas, 248
Níquel
  análise de nitrogênio, 175
  determinação de, 193, 195, 230, 250, 262, 310
  reagente de, 184
  solução de análise eletrolítica, 289
  solução de galvanoplastia, 295
  solução reagente de, 175
  uso em redução, 408
Nitramina, 428
Nitrato
  determinação de, 185, 203, 234, 242, 255, 281, 319, 333, 348, 402
Nitrato de alumínio (solução), 96
Nitrato de amônio (solução), 96
  determinação quantitativa de ácido fosfórico, 97
Nitrato de bário (solução), 97
Nitrato de bismutila (solução), 176
Nitrato de bismuto (solução), 97
Nitrato de cádmio (solução), 98
  determinação qualitativa de SO_4^2, 98
Nitrato de cálcio (solução), 98
  coloração de celulose, 99
Nitrato de cério-amônio (solução), 176
Nitrato de chumbo (solução), 99
Nitrato de cobalto (solução), 99
Nitrato cúprico (solução), 100
Nitrato de cromo (solução), 100
Nitrato de estrôncio (solução), 100
Nitrato férrico (solução), 101
Nitrato de lantânio (solução), 176
  determinação qualitativa de ácido acético, 176
Nitrato de magnésio (solução), 101
  determinação quantitativa de ácido fosfórico, 101
  solução amoniacal, 101
Nitrato de manganês (solução), 102
Nitrato mercúrico (solução), 102
  determinação qualitativa de dulcina-ácido *p*-oxibenzóico, 102
Nitrato mercuroso (solução), 103
  determinação quantitativa de vanádio, 103
Nitrato de níquel (solução), 103
  determinação qualitativa de cálcio, 104
Nitrato de óxido de zinco (solução), 177
  determinação quantitativa de Se, 177
Nitrato de potássio (solução), 104
  padronização de, 104
  solução padrão (determinação colorimétrica), 105
Nitrato de prata (solução), 105
  determinação qualitativa de aldeído e açúcar, 107
  identificação de celulose, 108
  padronização de, 106
  precipitação de cloro, 107
  solução alcoólica de, 106
  solução padrão de, 107
Nitrato de sódio (solução), 108
Nitrato de tório (solução), 177
  determinação quantitativa de F, 177
Nitrato de zinco (solução), 108
Nitrilas, 513-595
Nitrito
  determinação de, 194, 203, 206, 207, 208, 220, 246, 273, 285, 316, 321, 328, 331, 363, 366, 375
Nitrito de potássio (solução), 108
Nitrito de prata, 409
Nitrito de sódio (solução), 109
  determinação quantitativa de vitamina B, 110
  padronização de, 109

solução reagente de farmacopéia de, 110
Nitrobenzeno (solvente), 528
determinação de impurezas ácidas em, 528
purificação de, 528
Nitroetano (solvente), 527
Nitrogênio
compostos, 527
decomposição de, 414
determinação de, 85, 175, 202, 237, 315, 345, 365
gás, 457
solução padrão de, 177
Nitrometano (soivente), 527
Nitrona (solução), 248
análise de NO_3^-, 248
Nitroparafinas, 527
1-Nitropropano (solvente), 527
2-Nitropropano (solvente), 527
Nitroprussiato de sódio (solução), 110
Nonano (solvente), 536
preparação e purificação de, 536
Novelli (reagente), 363
determinação qualitativa de nitritos, 363
Nylander (reagente), 363
determinação qualitativa de glicose, 363

O

n-Octano (solvente), 465
1-Octanol (solvente), 553
preparação de, 553
purificação de, 553
Óleo de algodão
determinação de, 313, 336, 341
Óleo de oliva
determlnação de pureza, 350
Óleo de pinho
determinação de, 342, 351
Óleo de terebintina determinação de, 342, 351
Orcina (solução), 248
análise de ácido nucléico, 249
determinação qualitativa de açúcar, 249
determinação qualitativa de pentose, 248
Orcinol (reação), 248
o-fenantrolina-sulfato ferroso (solução mista), 284
determinação quantitativa de Ce, 284
o-hidróxido de alumínio, 382
o-tolidina (solução), 249
análise de cloro, 249
determinação colorimétrica de Au, 249
determinação quantitativa de I, Ag, Co e Cu, 249
separação de tungstênio, 250
solução reagente de farmacopéia de, 249
Ouro
determinação de, 245, 249, 253, 321
solução coloidal de, 276
solução padrão de, 177
Oxalato de amônio (solução), 110
solução padrão de, 110
Oxalato de dietila (solvente), 579
preparação de purificação de, 579
Oxalato de potássio (solução), 110
Oxalato de sódio (solução), 111
determinação quantitativa de fósforo, 112
solução padrão de, 112
Oxalenodiuramidóxima (solução), 250
determinação qualitativa de Ni, 250
Óxido de alumínio, 383
Óxido de bário
desidratante, 394, 416
Óxido de cobre-amônio (solução), 177
medida de viscosidade de fibras, 177
Óxido de magnésio, 415
Óxido mercúrico (solução), 111

padronização de, 111
Óxido de mesitila (solvente), 509
Óxido nítrico (gás), 458
Óxido nitroso (gás), 459
Óxido de prata (solução), 178
oxidação de aldeídos, 178
Oxigênio
absorção de, 159, 167, 256, 330
determinação de, 61, 130, 169, 285
gás, 459
identificação de, 138
Oxima de α-benzoína (solução), 250
análise de Cu, W e Mo, 250
Oxina (solução), 250

P

Paládio
determinação de, 252
Paládio negro, 412
Palmitato de potássio (solução), 251
determinação de dureza de água, 251
Papel reativo de alizarina, 409
Papel reativo de brometo mercúrico. 272
Papel reativo de chumbo - iodeto de potássio, 409
identificação de água, 409
Papel reativo de curcumina, 410
determinação qualitativa de ácido bórico, 410
Papel reativo de guaiacol-cobre, 410
determinação qualitativa de CN^-, 410
Papel reativo de picrato de sódio, 410
determinação qualitativa de amigdarina, 410
Papel reativo de resorcina, 410
papel azul, 411
papel vermelho, 412
Papel reativo de termo-resistência, 411
detecção do grau de estabilidade de celulóides, 411
Papel reativo de violeta de metila, 411
ensaio de explosão, 411
Papel reativo de zircônio-alizarina, 412
determinação qualitativa de F, 412
p-aminoacetofenona (solução), 252
determinação qualitativa de paládio, 252
determinação quantitativa de ácido nicotínico, 252
determinação quantitativa de vitamina, 252
p-aminodimetilanilina (solução), 253
determinação qualitativa de H_2S, 253
p-dimetilaminobenzilideno rodanina (solução), 253
determinação qualitativa inorgânica, 253
p-fenilenodiamina (solução), 253
determinação qualitativa inorgânica, 253
teste de leite, 253
p-metilaminofenol (solução), 254
determinação quantitativa de Au, 254
determinação qualitativa de Ag, 254
p-nitro anilina (solução), 254
análise de β-naftol, 254
determinação qualitativa de amônio, 254
determinação qualitativa de lignina, 254
p-nitrobenzeno-azo-α-naftol (solução), 255
determinação qualitativa de Mg, 255
p-nitrobenzeno azoresorcina (solução), 255
determinação qualitativa de Mg, 255
p-nitrofenol, 429
Pavy (solução), 363
determinação de glicose, 363

Pentacloreto de etila (solvente), 585
purificação de, 586
Pentacloreto de antimônio (solução), 179
determinação qualitativa de tiofeno, 179
Pentaclorofenol (solução), 255
determinação qualitativa de nitratos, 255
1-Pentanol (solvente), 548
preparação de, 548
purificação de, 549
2-Pentanol (solvente), 549
preparação e purificação de, 549
3-Pentanona (solvente), 570
preparação de, 570
purificação de, 571
1-Penteno (solvente), 541
preparação de, 541
purificação de, 543
2-Penteno (solvente), 544
preparação e purificação de, 544
Pentose
determinação de, 214, 225, 236, 314, 370
Pentóxido de fósforo (secante), 417
Perclorato de bário, 417
Perclorato de magnésio (secante), 417
Perclorato de potássio (solução), 113
Perenyl (solução), 364
tingimento de fungos, 364
Periodato de potássio (solução), 113
análise de Na, 113
Permanganato de potássio (solução), 113
análise de metanol, 117
determinação quantitativa de aminoácido, 117
determinação quantitativa de amônio em proteína, 116
padronização de, 115
solução alcalina de, 116
solução padrão de, 116
Peróxido
determinação, 358
Peróxido de dibenzoíla (descolorizante), 389
Peróxido de hidrogênio, 380
determinação de, 152, 227, 310
gás, 460
padronização de, 117
solução de, 117
solução padrão de, 118
Peróxido de sódio
fundente, 401
Peroxitase
determinação de, 207
Persulfato de amônio (solução), 118
determinação quantitativa de Mn, 118
padronização de, 118
Peterman (reagente), 207
Peterson (reagente), 364
determinação de citratos e tartaratos, 364
Pfeffer (solução), 365
cultura de mofo, 365
Picro-formol (solução), 256
tingimento de fungos, 256
Pierce (reagente), 365
determinação de enxofre e CS_2 em óleo, 365
Pinacromo, 429
α-Pineno (solvente), 547
separação e purificação de, 547
Pinoff (reagente), 207
Piramidona (solução), 256
Piretrina
determinação de, 84, 124, 175
Piridina (solvente), 523
purificação de, 523
Piroantimonato de potássio (solução), 119
solução reagente de, 119
Piroborato de sódio (solução), 119
padronização de, 119
solução padrão de, 120
Pirocatequina - ferroso (solução), 285
determinação qualitativa de oxigênio, 285
Pirogalol (solução), 256

absorção de oxigênio, 257
determinação quantitativa de vitamina D, 257
determinação qualitativa inorgânica, 256
revelação fotográfica, 257
Piroxilina, 274
Pirrol
determinação de, 369
determinação qualitativa de SeO_3^{2} e ácido silícico, 258
solução de, 258
Platina
solução coloidal, 277
solução padrão, 179
Platina negra, 412
Plumbita (solução), 4
Poli-hidróxido de alumínio, 383
Polpa
identificação de, 308, 340
Ponceau GR (solução), 286
Pons (reagente), 365
precipitação de albumina, 365
Potássio
determinação de, 23, 213, 230, 308, 318
liga de, 383
solução padrão, 179
Prata
determinação de, 202, 243, 248, 252
galvanoplastia (solução), 292
solução coloidal, 277
solução padrão, 179
Primot (reagente), 365
identificação de criogenina e antipirina, 365
1,2- Propanodiol (solvente), 494
solubilidade de, 494
1,3-Propanodiol (solvente), 494
solubilidade de, 494
n-Propanol (solvente), 488
desidratação de, 488
eliminação de álcool alílico contido no, 488
1,2,3-Propanotriol (solvente), 554
preparação de, 554
purificação de, 554
Propionaldeído (solvente), 564
preparação de, 564
purificação de, 565
Propionitrila (solvente), 595
preparação de, 595
purificação de, 595
Proteínas
determinação de, 87, 125, 150, 179, 202, 207, 247, 333, 344, 360, 373
Purificação de carvão preto de osso, 414
Purificação de mercúrio, 414
Purificação de persulfato de potássio, 414
decomposição de nitrogênio de ptelóides, 414
Purificação de tungstato de sódio, 414
Púrpura de bromocresoL, 429

Q

Quinalizarina (solução), 258
determinação qualitativa de Be, Al e Mg, 259
determinação qualitativa inorgânica, 259
determinação quantitativa de B, 258
Quinina
detaminação de, 320, 329, 373
Quinolina
determinação colorimétrica inorgânica, 259
determinação qualitativa de Bi, 259
solução de, 259
Quinolina (solvente), 524

R

Raikow (reagente), 366
determinação de enxofre em compostos orgânicos, 366
Raulin (solução), 366
cultura de fungos, 366
Reinhardt (reagente), 378

Renteln (solução), 366
determinação qualitativa de alcalóides, 366
Resacetofenona (solução), 259
determinação qualitativa de Fe, 259
Resazurina, 429
Resina de guaiacol (solução), 269
determinação qualitativa de Cu, 269
Resorcina (solução), 259
Richardson (solução), 366
identificação de fibras, 366
Riegler (reagente), 367
determinação qualitativa de amônio, 367
determinação qualitativa de nitritos, 367
precipitação de albumina, 367
Rijmsdijk (solução), 269
Rimini (reagente), 367
determinação qualitativa de metanol, 367
Ringer
medida de respiração, 367
solução de farmacopéia de, 368
tampão de, 301
Rithausen (solução), 368
precipitação de compostos de nitrogênio, 368
Robert (reagente), 368
determinação qualitativa de albumina, 368
Rochelle (sal), 137
Rodamina B (solução), 261
determinação qualitativa inorgânica, 261
Rhodes (reagente), 170
Ródio negro, 415
Rodizonato de sódio (solução), 261
determinação qualitativa inorgânica, 261
Rosenthaler-Turk (reagente), 368
coloração de alcalóides de ópio, 368
Rotenona (solução), 261
análises farmacêuticas, 261
Rothenfusser (reagente), 369
determinação de leite não fervido, 369
determinação de sucrose, 369
Rubídio
determinação de, 155

S

Sabão de coco (solução), 286
análise de gordura, 286
Sabetay (reagente), 369
identificação de ligação dupla em compostos orgânicos, 186, 369
Sacarose
determinação de, 225, 231
clarificação de, 276
Sal complexo de periodato-férrico (solução), 286
determinação qualitativa de Li, 286
Sal de nitroso-R (solução), 286
determinação qualitativa inorgânica, 262
Salicilaldeído (solução), 262
determinação quantitativa de Ni e Cu, 262
Salicilato de aldoxima (solução), 262
determinação quantitativa de Cu, 262
Salicilato de metila (solvente), 603
preparação e purificação de, 603
Salkowski (reagente), 369
determinação qualitativa de pirrol e indol, 369
Schaudinn (solução), 370
fixação de fermento, 370
Scheibler (reagente), 167
Schupp, Fig. II
Schiff (reagente), 370
análise de aldeídos, 370
determinação qualitativa de dessoxipentose, 371
Schiff-Elvove (reagente), 371
Schorn (reagente), 371
determinação de eucaliptol e cineol, 371

Schulze, 115
Schuweitzer (reagente), 371
    identificação de celulose, 371
Secantes, 415
    ácido bórico anidro, 415
    ácido sulfúrico, 416
    brometo de cálcio, 416
    brometo de sódio, 416
    cal, 416
    cloreto de cálcio, 416
    cloreto de magnésio, 416
    hidróxidos alcalinos, 416
    óxido de alumínio, 416
    óxido de bário, 417
    pentóxido de fósforo, 417
    perclorato de bário, 417
    perclorato de magnésio, 417
    sílica gel, 417
    sulfato de alumínio, 417
Seda
    identificação de, 342, 356
Seeliger (reagente), 372
    identificação de lignina em papel, 372
Seignette (sal), 137
Selênio
    determinação colorimétrica, 180
    determinação qualitativa de narcotina, 181
    solução padrão, 180
    determinação de, 13, 158, 174, 257, 323, 335, 339
Seliwanoff (reagente), 260, 372
    determinação de frutose, 372
Shear (reagente), 372
    determinação qualitativa de vitamina D, 372
Sílica gel, 417
    solução padrão de, 181
    solução padrão de ácido metasilícico, 181
Siliceto de hidrogênio (gás), 461
Sódio
    amálgama de, 386
    desidratante, 394
    determinação de, 113, 145, 196, 308, 312, 317
    liga de, 393
    precipitação de, 316
    solução padrão, 182
Soluções tampão; 297
    ácido acético-acetato, 302
    ácido bórico-cloreto de potássio, 297
    ácido *m*-fosfórico, 301
    Clark-Lubs, 298
    fenil-fosfato de sódio, 298
    fosfato de potássio-hidróxido de sódio, 299
    ftalato ácido de potássio - HCl 298
    ftalato ácido de potássio NaOH, 299
    Kolthoff, 300
    McIlvaine, 300
    Ringer, 301
    Sörensen ($NaHPO_4$ - KH_3PO_4), 301
    Sörensen (glicocol - HCl), 302
    Sörensen (glicocol - NaOH), 302
    veronal, 303
Solventes de celulose, 303
Sonnenschein (reagente), 150
Sörensen
    determinação quantitativa de ácido clorídrico, 373
    reagente de, 373
    tampão de, 301
Spierger (reagente), 373
    determinação qualitativa de albumina, 373
Stamm (reagente), 373
    identificação de cianeto, 373
Sterkin-Helfgat (reagente), 373
    determinação qualitativa de quinina, 373
Stewart (reagente), 374
    precipitação de albumina, 374
Storfer (reagente), 374
    determinação qualitativa de ferricianeto, 374
Stuszer (solução de cobre), 374
    determinação quantitativa de proteínas, 374

Subacetato de chumbo (solução), 5
Sucrose
determinação de, 369
Sudão III (solução), 263
tingimento de gordura, 263
Sulfanilamida (solução padrão), 263
Sulfato
determinação de, 88, 97, 196
Sulfato de aluminio
secante, 417
solução de, 120
Sulfato de amônio (solução), 121
determinação qualitativa de estrôncio, 121
Sulfato de anilina (solução), 288
determinação qualitativa de lignina, 288
Sulfato de cálcio (solução), 121
Sulfato cérico (solução), 121
padronização de, 121
Sulfato cérico amoniacal (solução), 121
padronização de, 121
Sulfato cobaltoso (solução), 182
Sulfato cúprico (solução), 123
análise de proteina, 125
determinação qualitativa de açúcar, 125
determinação quantitativa de cistina, 125
determinação quantitativa de piretrina, 124
identificaçio de celulose, 124
padronização de, 123
oxidação de carbono, 124
reagente de Ottel, 125
solução padrão amoniacal de, 124
Sulfato férrico (solução), 125
determinação quantitativa de açúcar, 126
padronização de, 126
Sulfato férrico amoniacal (solução), 126
determinação quantitativa de ácido fosfórico, 127
determinação quantitativa de titânio, 127
determinação da valência do cobre, 127
solução indicador de, 127
solução padrão de farmacopéia de, 127
Sulfato ferroso (solução), 128
determinação quantitativa de ácido nítrico em ácido arsênico ou ácido fosfórico, 129
determinação quantitativa de ácido nítrico contido em ácido sulfúrico, 129
padronização de, 128
Sulfato ferroso amoniacal (solução), 129
determinação quantitativa de cério, 131
determinação quantitativa de molibdênio, 130
determinaçio quantitativa de oxigênio, 130
padronização de, 130
Sulfato de hidrazina (solução), 287
determinação qualitativa de álcali, 287
determinação quantitativa de arsênio, 287
Sulfato de magnésio (solução), 131
Sulfato mangânico (solução), 131
padronização, 132
Sulfato manganoso (solução), 132
determinação quantitativa de ferro, 132
Sulfato mercúrico (solução), 182
análise de álcool, 182
análise de proteínas e triptofana, 182
determinação qualitativa de cetona e ácido cítrico, 182
Sulfato de molibdênio (solução reagente), 183
determinação quantitativa de ácido fosfórico contido no silicato, 183
Sulfato de potássio (solução), 132

Sulfato de prata (solução), 133
solução padrão de, 133
Sulfato de sódio desidratante, 393
fundente, 397
solução de, 133
Sulfato de zinco (solução), 133
determinação quantitativa de enxofre, 134
padronização de, 134
Sulfeto de amônio fundente, 401
solução amarela de, 135
solução incolor de, 134
Sulfeto arsenoso
solução coloidal de, 278
solução padrão de, 183
Sulfeto de cádmio (solução coloidal), 278
Sulfeto de carbono
determinação de, 4, 365
Sulfeto de carbono (solvente), 524
purificação de, 524
Sulfeto mercúrico (solução coloidal), 278
Sulfeto de sódio (solução), 135
determinação qualitativa de chumbo, 136
solução amarela de, 135
solução incolor de, 134
Sulfito
determinação de, 244
Sulfito de sódio (solução), 136
Sulfocianato de sódio, 140
Sulfocrômica, 304
lavagem, 304
Sulfóxido de dimetila (solvente), 525
Sutermeister (solução), 375
identificação de fibras, 375

T

Tabelas, 605
Tananaev (reagente), 376
determinação de bismuto, 376
Tanret (reagente), 376
precipitação de alcalóides, 376
Tálio
determinação de, 245
Tartarato
determinação de, 366
Tartarato de amônio (solução), 183
determinação quantitativa de Bi, 183
Tartarato de antimônio e potássio (solução), 136
determinação quantitativa de antimônio, 136
padronização de, 137
Tartarato de potássio (solução), 184
determinação quantitativa de Be, 184
Tartarato de potássio e sódio (solução), 137
determinação colorimétrica quantitativa de chumbo, 138
identificação de oxigênio, 138
solução alcalina de, 137
solução amoniacal de, 137
solução reagente de farmacopéia de, 138
Tartarato de sódio (solução), 138
solução reagente de farmacopéia de, 139
Telúrio
determinação de, 38, 323, 341
Terra ativada, 383
Tetracloreto de carbono (solvente), 479
purificação de, 479
Tetracloreto de etileno (solvente), 587
purificação de, 587
1,1,2,2-Tetracloroetano (solvente), 481
purificação de, 481
Tetra-hidrofurano (solvente), 502
purificação de, 502
Tetralina (solvente), 476
purificação de, 476
Tetrametilenossulfona (solvente), 526
Tillmans (solução reagente), 225
Timol (solução), 263
determinação qualitativa de amônio, 263
determinação qualitativa de Ti, 263

Timolftaleína, 430
Tinta de anilina preta, 304
Tinta azul, 305
Tiocarbonato de potássio (solução), 184
Tiocianato de amônio (solução), 139
padronização de, 139
Tiocianato de chumbo (solução), 4
Tiocianato de cobalto (solução reagente), 180
determinação qualitativa de lignina, 180
Tiocianato de potássio (solução), 140
Tiocianato de sódio (solução), 140
Tiocromo (solucão padrão), 184
determinação fluorométrica de vitamina B" 184
Tiofeno
determinação de, 179, 243, 352
Tiofenol, 602
preparação e purificação, 602
Tiossulfato de sódio (solução), 140
fixação fotográfica, 140
padronização de, 140
Tiouréia (solução), 264
determinação qualitativa inorgânica, 264
determinação quantitativa de vitamina C, 264
Titânio
determinação de, 127, 219, 263
solução padrão colorimétrica, 179
Tollens (reagente), 107
Tolueno (solvente), 473
Toluidina (*o. m. p.*) (solvente), 596
preparação de, 597
purificação de, 601
Tório
determinação de, 198, 201, 358
Tornassol, 430
Trammsdorf (reagente), 376
determinação qualitativa de NO_2^-, 376
Triacetato de boro, 396
Triacetato de cromo, 396
Tricloreto de antimônio (solução), 185
determinação de duplas ligações em compostos orgânicos, 185
determinação quantitativa de vitamina, 185
padronização de, 185
Tricloroetileno (solvente), 481
métodos de purificação, 482
Trietilenoglicol (solvente), 497
Trifenil-cloreto de estanho (solução), 287
determinação quantitativa de F, 287
Trinitrobenzeno, 430
Triptofana
determinação de, 39, 182, 187, 342
Tropeolina O, 430
Tropeolina OO, 431
Tropeolina OOO, 431
Tungstato de sódio (solução), 186
análise de sangue, 186
determinação qualitativa de ácido uréico, 186
determinacão qualitativa de adrenalina, 186
determinação quantitativa de triptofana, 186
determinação quantitativa de vitamina C, 187
identificação de enzima, 187
purificação de, 414
Tungstênio
determinação de, 244, 250
separacão de, 250
solução padrão de, 186
Turnbull, 280
Turner, 401

U

Udylite, 292
Uffermann (reagente), 233
Uranilo-formiato de sódio (solução), 288

determinação qualitativa de ácido acético, 287
Urânio
determinação quantitativa de acetato de zinco, 188
precipltação de, 223
reagente de, 188
Uréia
determinação de, 78, 151, 352
Urotropina (solução), 264
análises inorgânicas, 264
Uschinsky (solução), 376
cultura de fungos, 376

V

Van Eck (reagente) 377
determinação qualitativa de ácido crômico, 377
Van Urk H. W. (indicador), 437
Vanádio
determinação de, 103, 357
solução padrão, 188
Vanilina (solução), 264
análise de óleo fúsel, 264
determinação qualitativa de antipirina, 264
solução reagente de farmacopéia de, 264
Verde de bromocresol, 431
Verde de bromocresol e vermelho de metila (solução mista), 433
Vermelho de clorofenol, 432
Vermelho congo, 432
Vermelho de cresol, 432
Vermelho de fenol, 432
análise de água, 264
determinação colorimétrica, 265
solução de, 264
Vermelho de metila, 433
Vermelho neutro, 433
Vermelho de *o*-cresol, 434
Vermelho de quinaldina, 434
Verven (reagente), 377
precipitação de alcalóides, 377
Vigreux, Fig. III
Violeta de metila, 434
Vitamina
determinação de, 49, 69, 186, 252
Vitamina B
determinação de, 110
Vitamina B1
determinação de, 184, 233, 387
fermentação de, 240
solução padrão, 265
Vitamina B_2
determinação de, 243
Vitamina B_2
determinação de, 203, 222
solução padrão, 265
Vitamina C
determinação de, 144, 187, 197, 203, 229, 263, 331, 384
Vitamina D
determinação de, 257, 335, 372
Vitamina E (solução padrão), 265

W

Wagner (reagente), 377
análise de minério de fosfato, 377
Wayne (solução), 377
identificação de glicose, 377
Weppen (reagente), 378
coloração de alcalóides, 378
Widmer (tubo de destilação), Fig. I
Wij (reagente), 378
determinação de índice de iôdo de óleos, 378
Willard-Young (solução indicador), 378
Winkler (reagente), 379
determinação de dureza de água, 379
Wischo (reagente), 379
identificação de fenóis, 379
Wisner (reagente), 235
Wolesky (solução), 380
identificação de lignina, 380

X

Xantidrol (solução), 265
determinação de antipirina, 265

determinação quantitativa de dulcina, 265
Xilenos (solvente), 471
purificação de, 471
separação de *o*, *m* e *p*-xileno, 472
Xilenoftaleína, 434

Z

Ziehl (reagente), 239
Zimmermann-Reinhardt (solução), 380
determinação quantitativa de ferro, 380
Zinco
amálgama de, 386, 387
análise eletrolítica (solução), 289
determinação de, 224, 236, 242, 244, 310, 321, 360
galvanoplastia (soluções), 290
solução padrão de, 188
Zircônio
determinação de, 197
Zircônio-alizarina S (solução), 288
análise de F, 288
Zircônio-quinalizarina (reagente), 288
determinação colorimétrica quantitativa de F, 288